"先进化工材料关键技术丛书"
编委会

龚俊波　天津大学，教授

贺高红　大连理工大学，教授

胡　杰　中国石油天然气股份有限公司石油化工研究院，教授级高工

胡迁林　中国石油和化学工业联合会，教授级高工

胡曙光　武汉理工大学，教授

华　炜　中国化工学会，教授级高工

黄玉东　哈尔滨工业大学，教授

蹇锡高　大连理工大学，中国工程院院士

金万勤　南京工业大学，教授

李春忠　华东理工大学，教授

李群生　北京化工大学，教授

李小年　浙江工业大学，教授

李仲平　中国运载火箭技术研究院，中国工程院院士

梁爱民　中国石油化工股份有限公司北京化工研究院，教授级高工

刘忠范　北京大学，中国科学院院士

路建美　苏州大学，教授

马　安　中国石油天然气股份有限公司石油化工研究院，教授级高工

马光辉　中国科学院过程工程研究所，中国科学院院士

马紫峰　上海交通大学，教授

聂　红　中国石油化工股份有限公司石油化工科学研究院，教授级高工

彭孝军　大连理工大学，中国科学院院士

钱　锋　华东理工大学，中国工程院院士

乔金樑　中国石油化工股份有限公司北京化工研究院，教授级高工

邱学青　华南理工大学／广东工业大学，教授

瞿金平　华南理工大学，中国工程院院士

沈晓冬　南京工业大学，教授

史玉升　华中科技大学，教授

孙克宁　北京理工大学，教授

谭天伟　北京化工大学，中国工程院院士

汪传生　青岛科技大学，教授

王海辉　清华大学，教授

王静康　天津大学，中国工程院院士

王　琪　四川大学，中国工程院院士

王献红　中国科学院长春应用化学研究所，研究员

国家出版基金项目
NATIONAL PUBLICATION FOUNDATION

中国化工学会成立100周年纪念精品专著
The 100th Anniversary of the Founding of CIESC

先进化工材料关键技术丛书

中国化工学会　组织编写

智 能 膜

Smart Membranes

褚良银　谢　锐　巨晓洁　汪　伟　刘　壮　著

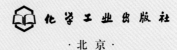

·北京·

内容简介

　　《智能膜》是"先进化工材料关键技术丛书"的一个分册。

　　由于智能膜材料和膜系统在控制释放、化学分离、生物分离、化学传感、人工细胞、人工脏器、水处理等许多领域具有重要的应用价值，被认为是21世纪膜科学与技术领域的重要发展方向之一。作为新兴的仿生膜，智能膜已成为国内外膜材料与膜系统领域研究的新热点。本书是作者团队20年来对"973计划"、国家杰出青年科学基金项目、国家优秀青年科学基金项目、国家自然科学基金重大项目等40余项国家级和省部级项目系列创新性成果的总结。不仅全面介绍智能膜的概况，而且系统介绍智能膜材料和膜过程方面的研究新进展，包括：绪论、智能膜的制备策略和方法、温度响应型智能膜、pH响应型智能膜、醇浓度响应型智能膜、葡萄糖浓度响应型智能膜、离子识别型智能膜、分子识别型智能膜、多重刺激响应型智能膜、智能膜在控制释放中的应用、智能膜在可控分离中的应用、智能膜在可控反应中的应用、智能膜在传感检测中的应用、智能膜在细胞培养中的应用等。

　　《智能膜》适合材料、化工领域，尤其是膜材料领域科研和工程技术人员阅读，也可供高等学校高分子、功能材料、化工及相关专业师生参考。

图书在版编目（CIP）数据

智能膜/中国化工学会组织编写；褚良银等著. —
北京：化学工业出版社，2021.7
（先进化工材料关键技术丛书）
国家出版基金项目
ISBN 978-7-122-38949-7

Ⅰ.①智⋯　Ⅱ.①中⋯ ②褚⋯　Ⅲ.①膜材料－研究
Ⅳ.①TB383

中国版本图书馆CIP数据核字（2021）第066473号

责任编辑：向　东　杜进祥
责任校对：刘曦阳
装帧设计：关　飞

出版发行：化学工业出版社（北京市东城区青年湖南街13号　邮政编码100011）
印　　装：中煤（北京）印务有限公司
710mm×1000mm　1/16　印张34　字数681千字
2022年4月北京第1版第1次印刷

购书咨询：010-64518888　售后服务：010-64518899
网　　址：http://www.cip.com.cn
凡购买本书，如有缺损质量问题，本社销售中心负责调换。

定　　价：268.00元

作者简介

褚良银，现任四川大学副校长、二级教授、博士生导师，九三学社中央委员兼四川省委员会副主任委员，四川省政协常委、科技委副主任。国家杰出青年科学基金获得者，教育部长江学者特聘教授，国务院学位委员会学科评议组成员，教育部科学技术委员会委员，享受国务院政府特殊津贴专家，国家百千万人才工程入选者、有突出贡献中青年专家，全国优秀博士学位论文指导教师，教育部创新团队带头人，英国伯明翰大学荣誉教授，英国皇家化学会会士（FRSC）。

长期从事膜材料与膜过程、传质与分离、微流控、先进功能材料、控制释放等方面的研究工作，先后主持国家杰出青年科学基金项目、国家"973计划"课题、国家自然科学基金重点项目等40余项科研课题，取得了重要的创新性成果，受到了国内外同行的重视和高度评价，成果多次被 *Nature Materials* 等国际知名学术杂志作为"研究亮点"专题报道。成果已获得授权中国专利47项和国际专利15项，出版学术著作6部；部分成果已在国内外得到了成功应用与推广。获国家技术发明奖二等奖1项、省部级自然科学奖3项和省级科技进步奖3项；并获侯德榜化工科学技术创新奖，被评为"科学中国人（2006）年度人物"。

谢锐，四川大学教授、博士生导师。国家优秀青年科学基金获得者，教育部新世纪优秀人才，四川省有突出贡献优秀专家，四川省杰出青年科技人才。曾任哈佛大学访问学者。从事高性能智能膜的创新设计和制备及其在化工、医药、环境、能源等领域的应用研究。承担国家级、省部级科研项目10余项。发表学术成果论文200余篇，授权中国发明专利22项；参编英文学术著作2部。获四川省科技进步奖一等奖2项、侯德榜化工科学技术青年奖等。兼任《膜科学与技术》编委、中国化工学会过滤与分离专业委员会委员等。

巨晓洁，四川大学教授、博士生导师。国家优秀青年科学基金获得者，国家"万人计划"青年拔尖人才，教育部"长江学者奖励计划"青年学者，四川省学术与技术带头人，四川省杰出青年科技人才。主要从事智能化控制释放系统、生物医用材料等领域的研究，主持了包括国家优秀青年科学基金、国家"863计划"课题子课题等17项科研项目。迄今，已在 Nature Communications、PNAS 等高水平国内外学术期刊发表论文 220 余篇，获发明专利授权 29 项；获省级科技进步奖一等奖 2 项、侯德榜化工科学技术青年奖等奖励。

汪伟，四川大学教授、博士生导师。国家优秀青年科学基金获得者，四川省学术和技术带头人。主要从事微流控技术、智能膜材料等方面的研究，已在 Acc Chem Res、Angew Chem Int Ed、PNAS、Nat Commun 等国际学术期刊发表论文 130 余篇；授权中国发明专利 25 项；受邀参编英文学术专著 4 部。作为主要完成人荣获国家技术发明奖二等奖 1 项、四川省科技进步奖自然科学类一等奖 2 项，并荣获侯德榜化工科学技术青年奖、英国皇家化学会 Lab on a Chip 新科学家等奖项和荣誉。

刘壮，四川大学教授。曾为英国曼彻斯特大学国家石墨烯研究所访问学者。获侯德榜化工科学技术青年奖、省级科技进步奖一等奖；获国家优秀青年科学基金和中国科协青年人才托举工程资助。主要从事离子识别膜与离子分离膜、二维膜与纳流控、智能软湿材料和智能膜组件的研究。在 Chem Soc Rev、Adv Funct Mater 等学术期刊上发表一作及通讯作者论文 40 篇；申请发明专利 20 项，已授权 12 项，已转化 2 项；受邀参编英文专著 2 部、参编《膜技术手册》1 章。受邀担任 Chin Chem Lett、Chinese J Chem Eng、《膜科学与技术》杂志青年编委。

丛书序言

  材料是人类生存与发展的基石，是经济建设、社会进步和国家安全的物质基础。新材料作为高新技术产业的先导，是"发明之母"和"产业食粮"，更是国家工业技术与科技水平的前瞻性指标。世界各国竞相将发展新材料产业列为国际战略竞争的重要组成部分。目前，我国新材料研发在国际上的重要地位日益凸显，但在产业规模、关键技术等方面与国外相比仍存在较大差距，新材料已经成为制约我国制造业转型升级的突出短板。

  先进化工材料也称化工新材料，一般是指通过化学合成工艺生产的、具有优异性能或特殊功能的新型化工材料。包括高性能合成树脂、特种工程塑料、高性能合成橡胶、高性能纤维及其复合材料、先进化工建筑材料、先进膜材料、高性能涂料与黏合剂、高性能化工生物材料、电子化学品、石墨烯材料、3D打印化工材料、纳米材料、其他化工功能材料等。

  我国化工产业对国家经济发展贡献巨大，但从产业结构上看，目前以基础和大宗化工原料及产品生产为主，处于全球价值链的中低端。"一代材料，一代装备，一代产业"，先进化工材料具有技术含量高、附加值高、与国民经济各部门配套性强等特点，是新一代信息技术、高端装备、新能源汽车以及新能源、节能环保、生物医药及医疗器械等战略性新兴产业发展的重要支撑，一个国家先进化工材料发展不上去，其高端制造能力与工业发展水平就会受到严重制约。因此，先进化工材料既是我国化工产业转型升级、实现由大到强跨越式发展的重要方向，同时也是我国制造业的"底盘技术"，是实施制造强国战略、推动制造业高质量发展的重要保障，将为新一轮科技革命和产业革命提供坚实的物质基础，具有广阔的发展前景。

  "关键核心技术是要不来、买不来、讨不来的"。关键核心技术是国之重器，要靠我们自力更生，切实提高自主创新能力，才能把科技发展主动权牢牢掌握在自己手里。新材料是国家重点支持的战略性新兴产业之一，先进化工材料作为新材料的重要方向，是化工行业极具活力和发展潜力的领域，受到中央和行业的高度重视。面向国民经济和社会发展需求，我国先进化工材料领域科技人员在"973 计划"、"863 计划"、国家科技支撑计划等立项支持下，集中力量攻克了一批"卡脖子"技术、补短板技术、颠覆性技术和关键设备，取得了一系列具有自主知识产权的重大理论和工程化技术突破，部分科技成果已达到世界领先水平。中国化工学会组织编写的"先进化工材料关键技术丛书"正是由数十项国家重大课题以及数十项国家三大科技奖孕育，经过 200 多位杰出中青年专家深度分析提炼总结而成，丛书各分册主编大都由国家科学技术奖获得者、国家技术发明奖获得者、国家重点研发计划负责人等担任，代表了先进化工材料领域的最高水平。丛书系统阐述了纳米材料、新能源材料、生物材料、先进建筑材料、电子信息材料、先进复合材料及其他功能材料等一系列创新性强、关注度高、应用广泛的科技成果。丛书所述内容大都为专家多年潜心研究和工程实践的结晶，打破了化工材料领域对国外技术的依赖，具有自主知识产权，原创性突出，应用效果好，指导性强。

创新是引领发展的第一动力，科技是战胜困难的有力武器。无论是长期实现中国经济高质量发展，还是短期应对新冠疫情等重大突发事件和经济下行压力，先进化工材料都是最重要的抓手之一。丛书编写以党的十九大精神为指引，以服务创新型国家建设，增强我国科技实力、国防实力和综合国力为目标，按照《中国制造 2025》、《新材料产业发展指南》的要求，紧紧围绕支撑我国新能源汽车、新一代信息技术、航空航天、先进轨道交通、节能环保和"大健康"等对国民经济和民生有重大影响的产业发展，相信出版后将会大力促进我国化工行业补短板、强弱项、转型升级，为我国高端制造和战略性新兴产业发展提供强力保障，对彰显文化自信、培育高精尖产业发展新动能、加快经济高质量发展也具有积极意义。

中国工程院院士：

前言

随着膜科学技术的迅速发展，功能膜在现代生活及工业生产中占有越来越重要的地位，受到了国内外越来越广泛的关注和重视。功能膜技术被认为在 21 世纪的工业技术改造中起战略作用，是最有发展前景的高新技术之一。

仿生技术正不断地从自然界中为我们带来新思想、新原理和新方法，以发展新的高科技世界。自然界中的生物膜具有跨膜的环境刺激响应型通道，为膜领域的科学家和研究人员开发人工仿生智能膜提供了原始灵感。这类具有环境刺激响应型通道的膜不仅具有选择因子，而且具有环境刺激响应因子和开关因子，对制备更先进、更高效的人工仿生膜具有极大的吸引力。环境刺激响应型智能材料是一种具有感知环境信号和响应能力的材料。它们可以通过响应外部刺激（如温度、pH 值、应力、湿度、电场或磁场信号变化），在一个或多个特性方面以可控方式产生显著改变。如今，刺激响应型智能材料正受到世界各国越来越广泛的关注和重视。这种智能材料的诞生，使设计和制备人工仿生智能膜成为可能。

智能膜作为一种人工仿生膜，能够对环境刺激做出响应，引起了各个领域越来越广泛的关注和重视。智能膜的表面特性和渗透特性，包括水力渗透性（即溶剂的压力驱动的流体流动）和扩散渗透性（即溶质的浓度驱动的分子扩散），可根据环境中的微小化学或物理信号变化，如温度、pH 值、离子强度、电场、光照、葡萄糖浓度、氧化还原、化学或生物物质种类等信号的变化，进行显著的自我调节或调控。由于智能膜材料和膜系统在控制释放、化学分离、生物分离、化学传感、人工细胞、人工脏器、水处理等许多领域具有重要的应用价值，被认为是 21 世纪膜科学与技术领域的重要发展方向之一。作为新兴的仿生膜，智能膜受到了前所未有的关注和重视。目前智能膜已成为国内外膜学领域研究的新热点。

近 20 年来，笔者团队在国家重点基础研究发展计划（973 计划）课题"智能膜材料设计与制备科学研究"（2009CB623407）、国家杰出青年科学基金项目"环境响应型智能膜材料创新与膜过程强化基础研究"（20825622）、国家优秀青年科学基金项目"智能膜材料与膜过程"（21622604）、国家自然科学基金重大项目重点课题"离子响应性分离膜限域结构的构筑与调控"（21490582）、国家自然科学基金项目"智能化手性拆分膜的制备及其自律式膜分离机理研究"（50373029）等 40 余项国家级和省部级项目资助下，在智能膜领域取得了系列创新性成果，受到了国内外同行广泛关注和重视，智能膜相关的部分研究成果已获得省部级自然科学奖一等奖。

本书内容主要是笔者团队——四川大学膜科学与功能材料研究团队在智能膜方面的研究成果，旨在为读者提供一本系统地介绍智能膜方面的中文书籍，不仅全面介绍智能膜的概况，而且系统介绍智能膜材料和膜过程方面的研究新进展，以期促进和推动中国在智能膜领域的进步和发展。主要内容包括智能膜的设计思想、制备策略及方法、微结构及性能、应用领域以及展望等，对于膜科学技术及相关领域广大学者，特别是对设计和制备人工仿生智能膜材料和膜系统感兴趣的广大科技人员，具有重要参考价值。

全书由十四章组成。第一章简要介绍智能膜的定义、设计策略、制备方法、分类、应用等。第二章主要介绍智能膜的制备策略和方法。第三章至第九章介绍各种不同类型的智能膜，第三章主要介绍温度响应型智能膜，第四章主要介绍 pH 响应型智能膜，第五章主要介绍醇浓度响应型智能膜，第六章主要介绍葡萄糖浓度响应型智能膜，第七章主要介绍离子识别型智能膜，第八章主要介绍分子识别型智能膜，第九章主要介绍多重刺激响应型智能膜。第十章至第十四章介绍智能膜的各种应用，第十章主要介绍智能膜在控制释放中的应用，第十一章主要介绍智能膜在可控分离中的应用，第十二章主要介绍智能膜在可控反应中的应用，第十三章主要介绍智能膜在传感检测中的应用，第十四章主要介绍智能膜在细胞培养中的应用。

第一章和第二章由褚良银教授撰写，第三章、第五章和第八章由谢锐教授撰写，第四章、第九章和第十章由巨晓洁教授撰写，第六章、第十二章和第十三章由汪伟教授撰写，第七章、第十一章和第十四章由刘壮教授撰写。

在此，谨代表作者团队衷心感谢国家自然科学基金委员会、科技部、教育部、四川省科技厅、四川大学、霍英东教育基金会、高分子材料工程国家重点实验室等对我们从事智能膜相关研究工作的大力资助，衷心感谢一直以来给予我们指导、帮助和支持的各位前辈、专家、领导、同行和朋友！同时，也借此机会衷心感谢为智能膜相关研究工作做出贡献的团队所有成员。

本书有幸入选中国化工学会组织编写、化学工业出版社出版的"先进化工材料关键技术丛书"，在此衷心感谢中国化工学会、化学工业出版社的盛情邀请和帮助以及丛书编委会专家的指导。

由于笔者水平有限，本书难免存在不足之处，恳请有关专家和读者不吝指正。

褚良银

2021 年 10 月于四川大学

目录

第一章

绪论   001

第一节　智能膜的特点与优越性　002
第二节　智能膜的设计策略　003
第三节　智能膜的制备方法　004
第四节　智能膜的种类　006
　一、温度响应型智能膜　009
　二、pH 响应型智能膜　009
　三、离子响应型智能膜　009
　四、分子响应型智能膜　010
　五、紫外线响应型智能膜　010
　六、葡萄糖浓度响应型智能膜　011
　七、磁场响应型智能膜　011
　八、离子强度响应型智能膜　011
　九、氧化还原响应型智能膜　012
第五节　智能膜的用途　012
　一、水力学渗透性的刺激响应性自调节　012
　二、扩散渗透性的刺激响应性自调节　013
　三、基于尺寸效应的刺激响应筛选　013
　四、基于亲和性的刺激响应性吸附 / 解吸　013
　五、功能膜的刺激响应性自清洁　014
参考文献　014

第二章

智能膜的制备策略和方法 017

第一节 基膜改性法 018
一、化学接枝法 018
二、物理改性法 030
第二节 共混成膜法 037
一、液体诱导相分离共混法 038
二、蒸汽诱导相分离共混法 043
参考文献 052

第三章

温度响应型智能膜 053

第一节 具有正向响应特性的温度响应型智能开关膜和
纳米凝胶复合智能膜 054
一、具有正向响应特性的温度响应型智能开关膜 054
二、具有正向响应特性的温度响应型纳米凝胶复合智能膜 080
第二节 具有反向响应特性的温度响应型智能开关膜 115
一、具有反向响应特性的温度响应型智能开关膜的设计 115
二、具有反向响应特性的温度响应型智能开关膜的制备 116
三、具有反向响应特性的温度响应型智能开关膜的表征 116
四、智能开关膜的温度响应性能 118
参考文献 120

第四章

pH响应型智能膜 123

第一节 具有反向响应特性的pH响应型智能开关膜 125

一、具有反向响应特性的 pH 响应型智能开关膜的设计与制备　125

二、具有反向响应特性的 pH 响应型智能开关膜的表征　127

三、智能开关膜的 pH 响应性能　133

第二节　具有正向响应特性的pH响应型智能囊膜　141

一、具有正向响应特性的 pH 响应型智能囊膜的设计　141

二、具有正向响应特性的 pH 响应型智能囊膜的制备　142

三、具有正向响应特性的 pH 响应型智能囊膜的表征　144

四、智能囊膜的 pH 响应性能　148

参考文献　151

第五章

醇浓度响应型智能膜　153

第一节　乙醇浓度响应型智能开关膜　154

一、乙醇浓度响应型智能开关膜的设计　154

二、乙醇浓度响应型智能开关膜的制备　155

三、乙醇浓度响应型智能开关膜的表征　156

四、智能开关膜的温度响应性能　159

五、智能开关膜的乙醇浓度响应性能　160

第二节　乙醇浓度响应型纳米凝胶复合智能膜　164

一、采用液体诱导相分离法制备乙醇浓度响应型纳米凝胶复合
智能膜　164

二、采用蒸汽诱导相分离法制备乙醇浓度响应型纳米凝胶复合
智能膜　174

第三节　乙醇和甲醇浓度响应型智能凝胶微囊膜　180

一、乙醇和甲醇浓度响应型智能凝胶微囊膜的设计　180

二、乙醇和甲醇浓度响应型智能凝胶微囊膜的制备　181

三、乙醇和甲醇浓度响应型智能凝胶微囊膜的表征　182

四、智能凝胶微囊膜的乙醇和甲醇浓度响应性能　183

参考文献　187

第六章

葡萄糖浓度响应型智能膜 189

第一节　葡萄糖浓度响应型智能开关膜 190
一、葡萄糖浓度响应型智能开关膜的设计 190
二、葡萄糖浓度响应型智能开关膜的制备 191
三、葡萄糖浓度响应型智能开关膜的表征 192
四、智能开关膜的葡萄糖浓度响应性能 193
第二节　葡萄糖浓度响应型智能微囊膜 198
一、葡萄糖浓度响应型智能微囊膜的设计 198
二、葡萄糖浓度响应型智能微囊膜的制备 201
三、葡萄糖浓度响应型智能微囊膜的表征 202
四、智能微囊膜的葡萄糖浓度响应性能 205
参考文献 212

第七章

离子识别型智能膜 213

第一节　铅离子识别型智能开关膜 214
一、铅离子识别型智能开关膜的设计 214
二、铅离子识别型智能开关膜的制备 216
三、铅离子识别型智能开关膜的表征 217
四、智能开关膜的铅离子识别响应性能 219
第二节　钾离子识别型智能开关膜 226
一、钾离子识别型智能开关膜的设计 227
二、钾离子识别型智能开关膜的制备 227
三、钾离子识别型智能开关膜的表征 228
四、智能开关膜的钾离子识别响应性能 234
参考文献 240

第八章
分子识别型智能膜   **243**

第一节　分子识别型智能开关膜　　　　　　　　　　244
  一、分子识别型智能开关膜的设计　　　　　　　244
  二、分子识别型智能开关膜的制备　　　　　　　245
  三、分子识别型智能开关膜的表征　　　　　　　246
  四、智能开关膜的温度和分子识别响应性能　　　249
第二节　分子识别型智能凝胶微囊膜　　　　　　　　256
  一、分子识别型智能凝胶微囊膜的设计　　　　　256
  二、分子识别型智能凝胶微囊膜的制备　　　　　257
  三、分子识别型智能凝胶微囊膜的表征　　　　　258
  四、智能凝胶微囊膜的分子识别响应性能　　　　261
参考文献　　　　　　　　　　　　　　　　　　　264

第九章
多重刺激响应型智能膜   **267**

第一节　温度/pH双重刺激响应型智能膜　　　　　　268
  一、温度 /pH 双重刺激响应型智能膜的设计与制备　268
  二、温度 /pH 双重刺激响应型智能膜的表征　　　270
  三、智能膜的温度 /pH 双重刺激响应性能　　　　274
第二节　温度/pH/磁场三重刺激响应型智能膜　　　　277
  一、温度 /pH/ 磁场三重刺激响应型智能膜的设计与制备　278
  二、温度 /pH/ 磁场三重刺激响应型智能膜的表征　280
  三、智能膜的温度 /pH/ 磁场三重刺激响应性能　281
第三节　温度/pH/盐浓度/离子种类四重刺激响应型智能膜　288
  一、温度 /pH/ 盐浓度 / 离子种类四重刺激响应型智能膜的设计　289
  二、温度 /pH/ 盐浓度 / 离子种类四重刺激响应型智能膜的制备　290
  三、温度 /pH/ 盐浓度 / 离子种类四重刺激响应型智能膜的表征　291
  四、智能膜的温度 /pH/ 盐浓度 / 离子种类四重刺激响应性能　292
参考文献　　　　　　　　　　　　　　　　　　　299

第十章
智能膜在控制释放中的应用　301

第一节　智能膜用于"开关型"控制释放　302
一、"开关型"控制释放智能膜的设计与制备　302
二、"开关型"控制释放智能膜的表征　309
三、"开关型"控制释放智能膜的应用性能　317
第二节　智能膜用于"突释型"控制释放　331
一、"突释型"控制释放智能膜的设计与制备　331
二、"突释型"控制释放智能膜的表征　338
三、"突释型"控制释放智能膜的应用性能　351
第三节　智能膜用于"程序式"控制释放　360
一、"程序式"控制释放智能膜的设计与制备　360
二、"程序式"控制释放智能膜的表征　363
三、"程序式"控制释放智能膜的应用性能　376
参考文献　381

第十一章
智能膜在可控分离中的应用　385

第一节　智能膜用于手性分子拆分　386
一、手性分子拆分智能膜的设计　386
二、手性分子拆分智能膜的制备　387
三、手性分子拆分智能膜的表征　390
四、手性分子拆分智能膜的应用性能　393
第二节　智能膜用于分子亲和分离　400
一、分子亲和分离智能膜的设计　400
二、分子亲和分离智能膜的制备　401
三、分子亲和分离智能膜的表征　401
四、温敏型分子识别开关膜温度敏感特性　405
五、分子亲和分离智能膜的应用性能　409

第三节　智能膜用于蛋白质吸附分离　414

　　一、蛋白质吸附分离智能膜的设计　415

　　二、蛋白质吸附分离智能膜的制备　416

　　三、蛋白质吸附分离智能膜的表征　416

　　四、蛋白质吸附分离智能膜的应用性能　421

参考文献　424

第十二章

智能膜在可控反应中的应用　429

第一节　智能膜用于催化反应调控　430

　　一、催化反应调控智能膜的设计　430

　　二、催化反应调控智能膜的制备　432

　　三、催化反应调控智能膜的表征　432

　　四、催化反应调控智能膜的应用性能　434

第二节　智能膜用于酶催化反应控制　439

　　一、酶催化反应控制智能膜的设计　439

　　二、酶催化反应控制智能膜的制备　440

　　三、酶催化反应控制智能膜的表征　441

　　四、酶催化反应控制智能膜的应用性能　444

参考文献　453

第十三章

智能膜在传感检测中的应用　455

第一节　智能膜用于水中痕量铅离子检测　456

　　一、痕量铅离子检测智能膜的设计　456

　　二、痕量铅离子检测智能膜的制备　458

　　三、痕量铅离子检测智能膜的表征　459

　　四、痕量铅离子检测智能膜的应用性能　463

第二节　智能膜用于乙醇浓度检测　470
　一、乙醇浓度检测智能膜的设计　470
　二、乙醇浓度检测智能膜的制备　473
　三、乙醇浓度检测智能膜的表征　474
　四、乙醇浓度检测智能膜的应用性能　476
参考文献　484

第十四章
智能膜在细胞培养中的应用　487

第一节　细胞培养智能膜的设计　488
第二节　细胞培养智能膜的制备　490
第三节　细胞培养智能膜的表征　491
　一、聚多巴胺包覆对 PNG 的影响　491
　二、PNG 在表面固定的稳定性　495
　三、PNG 在表面的温敏性　499
第四节　细胞培养智能膜的应用性能　507
参考文献　513

索　引　515

第一章

绪　论

第一节　智能膜的特点与优越性 / 002

第二节　智能膜的设计策略 / 003

第三节　智能膜的制备方法 / 004

第四节　智能膜的种类 / 006

第五节　智能膜的用途 / 012

第一节
智能膜的特点与优越性

    膜是一种选择性屏障，可以分离具有不同物理/化学性质的组分。通常情况下，由于膜的传质和分离具有许多优点，如在膜过程中无相变、无添加剂、能耗低，以及膜设备结构紧凑、占地面积小[1-4]，因此，膜技术在节约和再生能源[5]、减少污染物排放[6]、高效利用资源[7]，以及血液透析[8]等众多领域的应用，对全球可持续发展具有重要意义。

    通常，膜的性能取决于其渗透性和选择性[1]。膜渗透性的表征，是用跨膜通量来衡量膜过程的生产能力；而膜选择性的表征，用膜对特定物质的截留或渗透能力来衡量膜分离的效率。膜渗透性和膜选择性都取决于膜的孔径和表面性质。一般来说，膜孔径的增大有助于提高膜的渗透性，膜孔径的大小也决定了膜对基于粒径大小进行分离的选择性。同时，膜的选择性还取决于膜孔表面与分离物质之间的亲和力。

    然而，传统的多孔膜由于其不可改变的物理/化学结构，其膜孔径和膜表面性质通常是不可改变的。因此，在不可避免的膜污染情况下，它们的性能将被削弱，因为沉积在膜孔表面上的污染物会使膜有效孔径减小、阻碍分离物质与膜之间的相互作用[9]。而且，这种不可改变的膜孔径和膜表面性质，可能会限制传统膜在许多领域的高效应用。例如，基于生物发酵生产乙醇的过程中，通常需要用分离膜将乙醇从发酵反应器中不断移除，使反应器中具有恒定的乙醇浓度，以实现高效的连续发酵[10]。因此，随着发酵过程中乙醇浓度的增加，需要增加膜的渗透性来及时去除乙醇以保持发酵反应器中乙醇的浓度。对于基于粒径大小的膜分离，可调孔径对于分离膜来说是非常有用的，可以实现可调的选择性，从而实现用同一张膜有效分离不同粒径的多种物质。然而，这些要求对传统膜来说仍然具有挑战性，尽管传统膜已经在许多领域发挥了重要作用。开发具有自我调节渗透性和选择性的智能膜，可以为功能膜的应用创造更多的新机遇。

    受具有刺激响应通道的细胞膜对环境信号的自我调节渗透性和选择性的启发[11]，通过化学/物理方法将刺激响应材料整合到多孔膜基材中作为功能开关，研究者们研制出了人工智能膜[2-4, 12-20]。智能膜可响应环境刺激，如温度、pH、特定离子/分子、光、磁场、氧化还原等的变化，使它们的功能开关发生构象改变，从而能够调节膜的孔径和/或表面性质，达到调控智能膜的渗透性和选择性的目的。

    这种智能膜结合了多孔膜基材和智能开关的优点，具有更先进的性能和更好的应用。例如，对于由淤泥、蛋白质和细菌等物质引起的膜污染，可以通过打开膜开关来增大孔径以提高膜通量，从而增加智能开关膜的渗透性。同时，还可以通过改变膜开关的润湿性来调节膜的表面性质，从而削弱污染组分与膜表面的亲和力，减少甚至消除膜污染[6]。智能膜的这种自我调节的渗透性，有助于维持乙醇生物发酵反应器中乙醇的浓度恒定[21]，可用于药物递送系统囊膜中的活性物质的控制释放[15-18, 22]，以及通过单张膜在基于尺寸大小分离的过程中简单地实现不同大小物质的分离[23]。此外，刺激响应性亲和力调节也可用于调控蛋白质与接枝刺激响应性聚合物［如聚（N-异丙基丙烯酰胺）（PNIPAM）］的膜孔表面之间的相互作用，以进行简单可控的蛋白质分离[24]。

因此，这种具有自我调节渗透性和选择性的智能膜，不仅在传统的应用领域中能够明显提升其性能，同时也能够拓展功能膜的应用领域，甚至是全新的应用领域，如：环境保护领域中有害污染物的检测[25]，以及生物医学领域中药物的刺激响应型控制释放[15-18, 26]，等等。

第二节
智能膜的设计策略

自然界给我们提供了环境刺激响应智能膜的极好例子。离子通道是一种成孔蛋白，通过允许离子沿其电化学梯度流动，从而建立和控制所有活细胞膜上的跨膜电压梯度[11, 27, 28]。在细胞膜的某些离子通道中，通过孔的通道是由一个"开关"控制的，它可以根据化学信号或电信号、温度或机械力的刺激而"开启"或"关闭"，具体取决于通道的种类。例如，钾离子通道可以被膜电压或信号分子激活，从"关闭"状态切换到"开启"状态，而且过程是可逆的。因此，钾离子可以选择性地通过膜。这种生物膜的环境刺激响应开关功能，为功能膜领域的科学家和技术人员研发人工智能膜提供了极好的启示[2-4]。

人工智能膜可以设计成各种各样的类型（图 1-1）。通常，人工智能膜类型可以是平板膜（图 1-1 a1）、纤维膜（图 1-1 a2）或囊膜（图 1-1 a3），它们可以用于多种应用，如刺激响应性分离、水处理和控制释放。人工智能膜孔中的功能开关，通常可以是线型聚合物链（图 1-1 b1）、交联水凝胶网络（图 1-1 b2）或凝胶微球（图 1-1 b3），这些开关具有刺激响应性膨胀/收缩转换特性，从而能够调节人工智能膜的有效孔径和表面性质。膜孔功能开关材料可以以孔填充形式（图 1-1 c1）引入膜孔中，以获得稳定的开关性能；也可以以孔覆盖形式（图 1-1 c2）引入膜孔表面，以获得快速响应的开关性能。由于刺激响应材料的多样性，可以通过将这些材料作为人工智能膜孔功能开关来开发多种多样的智能膜。

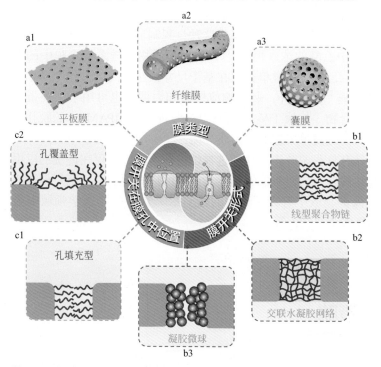

图1-1 智能膜，其灵感来源于带有响应型离子通道的细胞膜（中心图），可设计成多种多样的形式[4]

注：膜类型可以是平板膜（a1）、纤维膜（a2）或囊膜（a3）；膜开关形式可以是线型聚合物链（b1）、交联水凝胶网络（b2）或凝胶微球（b3）；膜开关在膜孔中的位置可以是孔填充型（c1）或孔覆盖型（c2）

第三节
智能膜的制备方法

人工智能膜的制备技术，根据智能材料何时被引入到膜上，可分为两类，即膜形成后引入智能材料或膜形成过程中引入智能材料。

膜形成后引入智能材料的策略，通常是通过"接枝"技术将智能材料引入到现有的多孔膜基材上，分为"接枝自单体"和"聚合物接枝至"两种方法。这两种方法都可以制备结构稳定、性能高效的智能膜。对于"接枝自单体"方法，首先在多孔膜孔表面诱导产生活性位点，然后在活性位点上接枝聚合功能单体，在膜孔表面形成线型聚合物或交联聚合物网络作为智能开关，从而制备出智能膜［图 1-2（a）］[29, 30]。通过化学接枝、紫外诱导接枝、等离子体诱导接枝等接枝方法，多种多样的功能性智能材料可以被引入不同的多孔膜基材中，从而制备出具有不同功能和性能的智能膜。

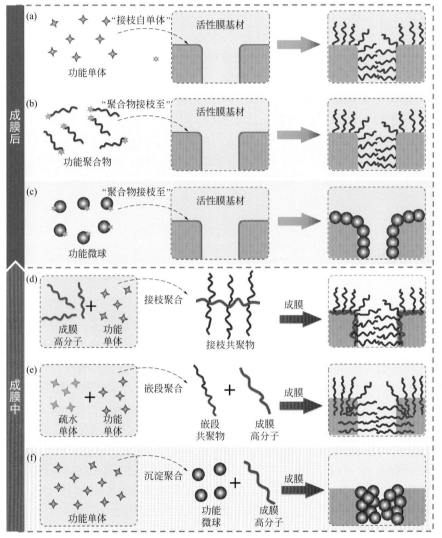

图1-2 在成膜后［（a）~（c）］或成膜中［（d）~（f）］引入刺激响应材料来制备智能膜的策略

（a）采用功能单体接枝的方法在多孔膜基材上制备膜开关；（b），（c）通过将功能聚合物（b）或功能微球（c）接枝到多孔膜基材上制备膜开关；（d）~（f）将功能性接枝共聚物（d）或嵌段共聚物（e）或功能微球（f）与成膜材料混合，在膜形成过程中制备出膜开关[4]

对于"聚合物接枝至"方法，是通过化学方法将预先形成的功能性智能材料（通常是聚合物链或微球的形式）键合到具有预处理产生的活性位点的多孔膜孔表面上，来制备出智能膜［图 1-2（b），（c）］[31, 32]。与用范德华力等物理作用实现的智能材料与膜孔表面的结合相比，基于化学共价键的结合在智能膜应用过程中具有更强的稳定性。此外，由于长度或大小可控的聚合物链或微球可以通过成熟的方法预先合成，因此"聚合物接枝至"方法为智能膜功能开关微观结构的精确设计与制备提供了更好的可控性和灵活性。

在膜形成过程中引入智能材料的策略，允许同时一步形成膜和刺激响应开关，因此具有易于规模生产的巨大潜力。该策略通过利用具有刺激响应侧链的聚合物或将其与成膜聚合物共混成膜，从而实现智能膜的制备［图 1-2（d）］[33]。或者，刺激响应性嵌段共聚物［图 1-2（e）］[34]或功能微球［图 1-2（f）］[19, 35]也可以作为功能性智能材料引入，方法是在膜形成过程中将它们与成膜聚合物共混成膜。这些方法将智能材料的引入与膜的形成过程结合起来，为利用现有成膜设备进行智能膜的工业生产提供了一种高效和应用前景看好的策略。

第四节
智能膜的种类

一般来说，为了满足各种各样应用场景的多样性功能需求，开发具有多种多样功能的智能膜是非常必要的。通常，智能膜的刺激响应性开关功能可分为两种模式，即具有正向响应特性的开关模式（图 1-3）和具有反向响应特性的开关模式（图 1-4）。对于具有正向响应特性的开关模式，随着环境刺激信号出现或增强，智能膜的渗透性显著增加［图 1-3（a）］；而对于具有反向响应特性的开关模式，随着环境刺激信号出现或增强，智能膜的渗透性则正好相反地显著降低［图 1-4（a）］。

智能膜的响应性开关功能是通过作为膜开关的刺激响应性智能材料的收缩 / 膨胀转变来实现的，它可以"打开""关闭"膜孔以显著地增加 / 降低膜的渗透性。此外，某些刺激响应性智能材料的收缩 / 膨胀转变同时所引起的疏水 / 亲水性变化，可以调节智能膜膜孔的表面性质。由于刺激响应性智能材料的多样性，许多对工业生产或生物活动具有重要意义的环境刺激信号可以作为实现智能膜响应开关功能的触发信号。例如，温度和 pH 值，是生物 / 化学反应以及人体或动物器官和组织中最常见的变量参数 [36]；钾离子（K^+）等金属离子是生物代谢所必需的 [37]，而铅离子（Pb^{2+}）等重金属离子则对生物体有严重危害 [38]；特定分子，如葡萄糖分子，其在血液中的浓度是糖尿病和低血糖的重要指标 [39]；光和磁场则是可用于遥控操作的刺激信号 [40,41]。

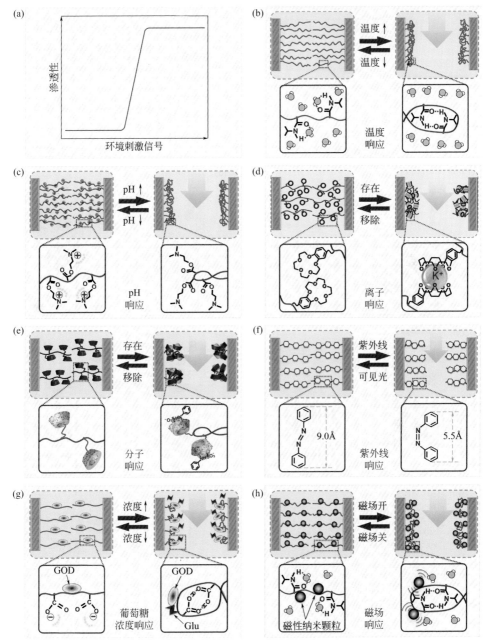

图1-3 具有正向响应特性的智能开关膜[4]

（a）随着环境刺激信号出现或增强，膜渗透性显著增加；（b）温度响应型；（c）pH响应型；（d）离子响应型；
（e）分子响应型；（f）紫外线响应型；（g）葡萄糖浓度响应型；（h）磁场响应型
1Å=10⁻¹⁰m，Glu—葡萄糖

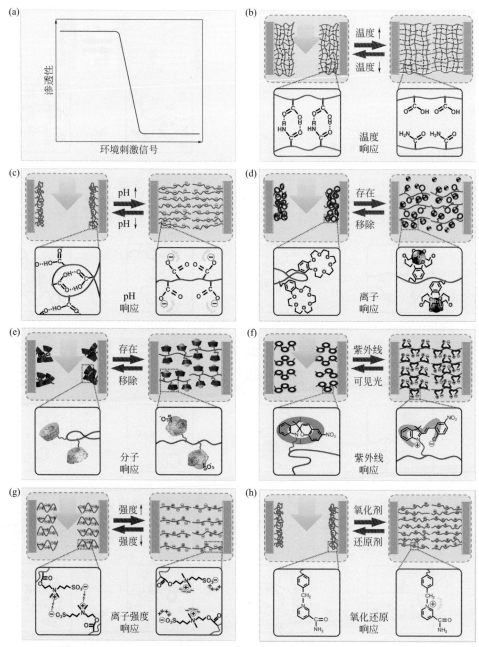

图1-4 具有反向响应特性的智能开关膜[4]

（a）随着环境刺激信号出现或增强，膜渗透性显著降低；（b）温度响应型；（c）pH响应型；（d）离子响应型；（e）分子响应型；（f）紫外线响应型；（g）离子强度响应型；（h）氧化还原响应型

一、温度响应型智能膜

温度响应型聚合物，如 *N*- 取代聚酰胺、聚醚、聚 2-噁唑啉、聚乙烯基己内酯和聚甲基乙烯基醚[41]，通常呈现出对具有正向响应特性的开关功能至关重要的低临界溶解温度（LCST）。例如，聚 *N*- 异丙基丙烯酰胺（PNIPAM）具有接近人体温度的 LCST（约 32℃），被广泛用于制备具有正向响应开关功能的温度响应型智能膜［图 1-3（b）］[23]。在低于 LCST 的温度下，由于酰胺基和水分子之间的氢键作用，PNIPAM 链溶胀且亲水，因此智能膜膜孔"关闭"；当温度升高到 LCST 以上时，PNIPAM 链由于酰胺基和水分子之间的氢键裂解而变得收缩和疏水，从而使智能膜膜孔"打开"。由于 LCST 可以通过在 PNIPAM 链中加入亲水性或疏水性基团来调节，因此可以制备出具有可调触发温度的智能膜，从而实现更灵活的应用场景[42]。

由聚丙烯酰胺（PAAm）和聚丙烯酸（PAA）组成的互穿网络聚合物（IPN），可用于制备具有反向响应开关功能的温度响应型智能膜［图 1-4（b）］[29]。当温度低于互穿网络聚合物的高临界溶解温度（UCST）时，PAAm/PAA 互穿网络聚合物中的 PAAm 和 PAA 通过氢键形成络合物，导致智能膜孔中的聚合物开关收缩，从而使智能膜膜孔"打开"；当温度高于 UCST 时，PAAm/PAA 互穿网络聚合物因 PAAm 和 PAA 之间的氢键断裂而解离，导致智能膜膜孔中的聚合物开关溶胀，从而使智能膜膜孔"关闭"。因此，一旦环境温度升高到 UCST 以上，智能膜膜孔就会从"打开"状态切换到"关闭"状态；反之亦然。

二、pH响应型智能膜

含弱碱性基团的聚合物，可通过质子化或去质子化以改变其构象，可用于制备具有正向响应开关特性的 pH 响应型智能膜。例如，聚甲基丙烯酸 -*N*,*N*- 二甲氨基乙酯（PDM），在酸性环境中，由于质子化—$N(CH_3)_2$ 基团之间的静电排斥作用而溶胀；相反地，在碱性环境中，PDM 由于氨基的去质子化而收缩［图 1-3（c）］[33]。

具有弱酸性基团的聚合物，也能在 pH 变化时获得或失去质子，可用于制备具有反向响应开关特性的 pH 响应型智能膜。例如，聚丙烯酸链，在酸性环境中，由于其羧基之间形成分子间氢键而收缩［图 1-4（c）］[34]；而在碱性环境中，由于质子化羧基间的静电排斥作用，聚丙烯酸链会发生大幅度的溶胀。

三、离子响应型智能膜

基于 PNIPAM 和冠醚的共聚物[43]，可用于制备以冠醚为离子受体、PNIPAM

为执行单元的离子响应型智能膜。代表性的，将 PNIPAM 与 15- 冠 -5 的冠醚单元结合做成智能膜膜孔开关，可以制备具有正向响应开关功能的钾离子响应型智能膜；一旦钾离子出现，15- 冠 -5 的冠醚单元就会捕获钾离子并形成稳定的 2∶1 "三明治"络合物 [43]。这类主客体络合物，会破坏冠醚和水分子之间的氢键作用，导致共聚物链收缩，从而实现智能膜膜孔开关从"关闭"到"打开"的状态转换 [图 1-3（d）] [44]。

将 PNIPAM 与 18- 冠 -6 的冠醚单元结合做成智能膜膜孔开关，可以制备出具有反向响应开关功能的离子响应型智能膜。作为典型例子，18- 冠 -6 的冠醚单元可以选择性地识别某些离子，如铅离子（Pb^{2+}），并形成稳定的 1∶1 主客体络合物。当铅离子出现时，由于智能膜膜孔开关的离子响应性等温溶胀，智能膜膜孔开关实现从"打开"到"关闭"的状态转换 [图 1-4（d）] [25]。

四、分子响应型智能膜

结合 β- 环糊精（β-CD）的分子识别能力和 PNIPAM 的温度响应特性，可以设计制备具有正向响应开关功能的分子响应型智能膜，用于分离或检测特定分子 [图 1-3（e）] [45]。在一定的温度下，通过 β-CD 识别具有疏水侧基的客体分子 [例如：8- 苯氨基 -1- 萘磺酸铵盐（ANS）]，β-CD 和 PNIPAM 的共聚物由于 β-CD/ANS 络合而引起收缩，从而实现智能膜膜孔开关状态从"关闭"到"打开"的等温转换。

环糊精和 PNIPAM 的共聚物也可用于制备具有反向响应开关功能的分子响应型智能膜，因为可以通过 β-CD 识别具有亲水侧基或不具有侧基的客体分子（例如：2- 萘磺酸），β-CD 和 PNIPAM 的共聚物在一定温度下实现从收缩到溶胀的等温变化 [45]。因此，由于智能开关材料的分子响应性体积改变，可实现智能膜膜孔开关状态从"打开"到"关闭"的等温转换 [图 1-4（e）]。

五、紫外线响应型智能膜

利用偶氮苯基材料在紫外线下发生顺反异构化转变的特性，可用其作为开关材料设计制备具有正向响应开关功能的紫外线响应型智能膜 [图 1-3（f）] [46]。在紫外线照射下，偶氮苯基团可以将其平面构型转变为非平面构型，对位碳原子之间的距离从 9.0Å 急剧减小到 5.5Å。偶氮苯基团的这种构型变化，引起膜孔内偶氮苯基材料开关的体积变化，可以用于有效地调控智能膜的有效孔径，即：在紫外线照射下，可实现智能膜膜孔开关状态从"关闭"到"打开"的转换。

利用含螺吡喃的聚合物，可以设计制备具有反向响应开关功能的紫外线响应型智能膜 [47]。在可见光下，螺吡喃基团的非极性形式在溶液中呈疏水和收缩状态；当暴露在紫外线下时，螺吡喃基团可以异构化成带电荷的极性部花青（merocyanine）形式，在溶液中呈亲水和溶胀状态［图 1-4（f）］。因此，在紫外线照射下，可实现智能膜膜孔开关状态从"打开"到"关闭"的转换。

六、葡萄糖浓度响应型智能膜

通过将葡萄糖氧化酶（GOD）与具有弱酸基团（如羧酸基团）的 pH 响应型聚合物相结合，可以设计制备出具有正向响应开关功能的葡萄糖浓度响应型智能膜[26]。例如，当以含有固定化葡萄糖氧化酶的聚丙烯酸链作为智能膜膜孔开关时，在没有葡萄糖的情况下，聚丙烯酸链的羧基在中性 pH 下解离；因此，由于其带负电荷的羧基之间的静电排斥作用，聚丙烯酸链的伸展会导致智能膜膜孔开关呈"关闭"状态。

当葡萄糖浓度增加时，固定在聚丙烯酸链上的葡萄糖氧化酶将葡萄糖转化成葡萄糖酸，导致聚丙烯酸链周围局部的 pH 值降低，使得羧酸基团质子化；因此，由于羧酸基团之间的静电斥力降低，使得聚丙烯酸链收缩，从而导致智能膜膜孔开关呈"打开"状态［图 1-3（g）］。

七、磁场响应型智能膜

在温度响应型聚合物中掺杂磁性纳米颗粒（例如：氧化铁纳米颗粒），可以将磁场响应特性引入到智能膜开关中，设计制备出磁场响应型智能膜。

通常，由于超顺磁性 Fe_3O_4 纳米颗粒具有易于获得和热效率高等优点，可通过将其与温度响应型 PNIPAM 聚合物相结合，来设计制备具有正向响应开关功能的磁场响应型智能膜［图 1-3（h）］[48]。由于超顺磁性 Fe_3O_4 纳米颗粒可以在交变高频磁场下产生热量，因此，通过"开 / 关"磁场则可以远程实现智能膜膜孔开关状态"打开"或"关闭"的转换。

八、离子强度响应型智能膜

利用两性离子聚合物，如聚 N,N- 二甲基（甲基丙烯酰乙基）丙烷磺酸铵（PDMAPS），由于其结构上同时存在正电荷和负电荷，可以设计制备出具有反向响应开关功能的离子强度响应型智能膜。这类两性离子聚合物可根据化合物（如氯化钠）的离子强度表现出构型变化[49]。例如，在氯化钠的低离子强度下，阳离子和阴离子之间的静电吸引迫使 PDMAPS 聚合物链形成卷曲状构象［图 1-4（g）］。相反，在高离子强度下，Na^+ 和 Cl^- 通过与 PDMAPS 聚合物的阴离子和阳离子形成离子对来破坏这些静电相互作用，从而导致 PDMAPS 聚合物链的净电荷增加，使得其构象更为拉伸[49]。因此，通过改变离子强度，可以有效地实现智能膜膜孔开关状态"打开"或"关闭"的转换。

九、氧化还原响应型智能膜

使用易氧化的聚合物，如聚 3- 氨甲酰 -1-（对乙烯基苄基）氯化吡啶（PCVPC），可以设计制备具有反向响应开关功能的氧化还原响应型智能膜［图 1-4（h）］。PCVPC 聚合物在氧化状态下是水溶性的，而在还原状态下是水不溶性的。用 PCVPC 聚合物作为智能膜膜孔开关材料，在还原状态下，聚合物被去离子化，因此它们会收缩，从而"打开"智能膜膜孔开关；相反，在氧化状态下，PCVPC 聚合物由于氧化形成的电荷而电离，因此它们会溶胀，从而"关闭"智能膜膜孔开关[50]。

第五节
智能膜的用途

智能膜对各种刺激的响应开关功能，可以精确控制智能膜的孔径和表面性质，以及其渗透性和选择性。智能膜的多样性及其可灵活设计的开关模式，为满足不同领域特定应用的需求提供了灵活的策略。

一、水力学渗透性的刺激响应性自调节

智能膜具有自我调节特性的水力学渗透性，即由压差驱动的流体流动，有望成为保持反应器内特定组分浓度或监测溶液中特定组分的化学阀。例如，具有乙醇浓度响应开关的智能膜[21]，为使生物发酵生产乙醇的反应器中保持相对稳定的乙醇浓度水平，从而提高发酵效率提供了机会。此外，由于这种浓度响应型自我调节水力学渗透性，智能膜也可用于传感监测特殊金属离子和有毒有机物。例如，具有正向响应开关功能的 K^+ 响应智能膜[44]，能够根据环境溶液中 K^+ 浓度的变化"打开"或"关闭"其膜孔开关，从而调节其跨膜渗透性；而具有反向响应开关功能的 Pb^{2+} 响应智能膜[25]，则可以感应监测到溶液中痕量浓度 Pb^{2+} 的出现而"关闭"其膜孔开关，从而显著降低其跨膜渗透性。这两种离子响应型智能膜都可以作为传感器，通过简单测量跨膜通量的变化来监测水中的特定离子。此外，将生物活

性膜与 pH 响应开关膜相结合，可以开发出降解有毒有机物的净水系统 [51]。

二、扩散渗透性的刺激响应性自调节

智能膜具有自调节特性的扩散通透性，即由浓度梯度驱动的分子扩散，有望用于调节活性物质的跨膜传质，实现活性物质的控制释放。特别是，智能微囊膜由于其封闭的内部结构，对药物的控制释放非常重要。例如，具有正向响应开关功能的葡萄糖浓度响应型智能膜，可在糖尿病治疗中实现胰岛素根据血糖浓度自我调节的可控释放 [52]。

三、基于尺寸效应的刺激响应筛选

通过对膜孔孔径的刺激响应性自我调节，智能膜可以应用于基于尺寸效应的分级筛分分离。一般来说，当膜孔呈"关闭"状态时，只有较小的分子 / 颗粒可以通过膜层；而当膜孔呈"打开"状态时，较小和较大的分子 / 颗粒都可以透过膜层。因此，利用同一张智能膜可以实现不同粒径物质的分离，因为膜孔孔径可以通过设计好的刺激信号来调节。例如，pH 响应型智能膜，可以根据环境 pH 值的不同，从分子量分别为 10kDa、40kDa 和 70kDa 的混合物中，选择性地截留具有适当分子量的葡聚糖分子 [34]。

四、基于亲和性的刺激响应性吸附/解吸

智能膜具有自我调节的表面特性，可以控制膜孔表面与物质之间的亲和力，为刺激响应性分离或纯化蛋白质和手性分子等物质提供了巧妙的工具。例如，温度响应型智能膜允许其膜孔开关通过响应环境温度变化而在亲水状态和疏水状态之间转换，可用于基于疏水吸附作用来分离疏水物质，例如牛血清白蛋白（BSA）。当膜孔开关呈疏水状态时，BSA 可以被吸附；而当膜孔开关呈亲水状态时，BSA 可以被解吸。这可以简单地通过改变操作温度来实现 [24]。又例如，用功能性 β- 环糊精（β-CD）作为主体分子或手性选择剂，将其与 PNIPAM 结合做成智能膜的膜孔开关，可以制备出实现手性拆分的智能膜 [14, 30]。当温度低于 PNIPAM 的 LCST 时，PNIPAM/β-CD 开关呈溶胀且亲水状态。当溶液透过膜的过程中，β-CD 基团以其较强的络合作用选择性地捕获其中一个对映体。当温度升高到 LCST 以上时，PNIPAM/β-CD 开关呈收缩且疏水状态，由于主客体分子之间的络合常数减小，导致 β-CD 与被捕获对映体的络合物解络合，从而实现对映体的分离。因此，这种具有对映体分离功能开关的智能膜，具有高效的选择性

手性拆分功能，并且可以通过简单地改变环境温度而实现膜的再生 [14, 30]。

五、功能膜的刺激响应性自清洁

膜污染是功能膜操作过程中不可避免的问题，通常会导致膜的渗透性等性能下降。通常，用于制备多孔膜的聚合物在理化性质上通常是疏水性的；因此，由于功能膜与污染物之间的疏水相互作用，水中的有机污染物极易沉积在膜表面。因此，接枝在膜表面的亲水性聚合物可以提供空间屏障，阻止污染物在膜表面上的吸附，从而降低膜污染；但由于膜孔上的接枝聚合物会造成部分膜孔被堵塞，因此也降低了功能膜的固有渗透性 [6]。具有可调表面性质的智能膜创造了实现膜表面自清洁功能的机会，以减少膜污染，同时保持膜的渗透性。在外加刺激的情况下，智能膜的膜孔开关能够从收缩和疏水状态转换成膨胀和亲水状态。这种构象转换，削弱了污染物与膜表面之间的相互作用，导致污染物从膜表面的脱落。因此，污染物可以很容易地通过水洗来清除。然后，智能膜开关可以通过环境刺激信号的改变而恢复到收缩和疏水状态，以保持膜在自清洁后的渗透性。这种具有刺激诱导自清洁功能的智能膜有望成为新一代的功能膜材料。

参考文献

[1] Mulder M. Basic Principles of Membrane Technology[M]. Dordrecht: Kluwer Academic Publishers, 1996.

[2] Chu L Y. Smart Membrane Materials and Systems[M]. Berlin: Springer-Verlag, 2011.

[3] Chu L Y, Xie R, Ju X J. Stimuli-responsive membranes: Smart tools for controllable mass transfer and separation processes[J]. Chinese Journal of Chemical Engineering, 2011, 19(6):891-903.

[4] Liu Z, Wang W, Xie R, et al. Stimuli-responsive smart gating membranes[J]. Chemical Society Reviews, 2016, 45(3):460-475.

[5] Logan B E, Elimelech M. Membrane-based processes for sustainable power generation using water[J]. Nature, 2012, 488: 313-319.

[6] Shannon M A, Bohn P W, Elimelech M, et al. Science and technology for water purification in the coming decades[J]. Nature, 2008, 452: 301-310.

[7] Brown A J, Brunelli N A, Eum K, et al. Interfacial microfluidic processing of metal-organic framework hollow fiber membranes[J]. Science, 2014, 345: 72-75.

[8] Gokal R, Mallick N P. Peritoneal dialysis[J]. Lancet, 1999, 353: 823-828.

[9] Tijing L D, Woo Y C, Choi J S, et al. Fouling and its control in membrane distillation—A review[J]. Journal of Membrane Science, 2015, 475: 215-244.

[10] Lin Y, Tanaka S. Ethanol fermentation from biomass resources: Current state and prospects[J]. Applied Microbiology and Biotechnology, 2006, 69: 627-642.

[11] Jiang Y, Lee A, Chen J, et al. The open pore conformation of potassium channels[J]. Nature, 2002, 417: 523-526.

[12] Stuart M A C, Huck W T S, Genzer J, et al. Emerging applications of stimuli-responsive polymer materials[J]. Nature Materials, 2010, 9(2):101-113.

[13] Wandera D, Wickramasinghe S R, Husson S M. Stimuli-responsive membranes[J]. Journal of Membrane Science, 2010, 357(1-2):6-35.

[14] 褚良银, 陈文梅. 智能化手性拆分亲和膜及其制备方法: ZL03117249.0[P]. 2004-12-22.

[15] 褚良银, 陈文梅. 细胞坏死信号识别型智能给药载体: ZL200410022302.5[P]. 2006-08-16.

[16] 汪伟, 褚良银, 刘丽, 等. 热引发自爆式磁靶向微囊及其制备方法: ZL200910059956.8[P]. 2011-08-31.

[17] 巨晓洁, 魏竭, 谢锐, 等. 释放传质速率可调控型智能给药载体及其制备方法: ZL201110197551.8[P]. 2012-10-03.

[18] 刘丽, 褚良银, 杨建平, 等. 具有 pH 突释特性的壳聚糖中空和核壳微囊的制备方法: ZL201110044973.1[P]. 2012-11-28.

[19] 骆枫, 褚良银, 谢锐, 等. 聚醚砜温度刺激响应膜及其制备方法: ZL201410532365.9[P]. 2016-08-24.

[20] 张磊, 褚良银, 刘壮, 等. 一种温度响应型复合开关膜的制作方法: ZL201710348441.4[P]. 2020-08-21.

[21] Li P F, Xie R, Fan H, et al. Regulation of critical ethanol response concentrations of ethanol-responsive smart gating membranes[J]. Industrial & Engineering Chemistry Research, 2012, 51(28):9554-9563.

[22] Wei J, Ju X J, Zou X Y, et al. Multi-stimuli-responsive microcapsules for adjustable controlled-release[J]. Advanced Functional Materials, 2014, 24(22):3312-3323.

[23] Chu L Y, Niitsuma T, Yamaguchi T, et al. Thermo-responsive transport through porous membranes with grafted PNIPAM gates[J]. AIChE Journal, 2003, 49(4):896-909.

[24] Meng T, Xie R, Chen Y C, et al. A thermo-responsive affinity membrane with nano-structured pores and grafted poly (N-isopropylacrylamide) surface layer for hydrophobic adsorption[J]. Journal of Membrane Science, 2010, 349(1-2):258-267.

[25] Liu Z, Luo F, Ju X J, et al. Gating membranes for water treatment: Detection and removal of trace Pb^{2+} ions based on molecular recognition and polymer phase transition[J]. Journal of Materials Chemistry A, 2013, 1(34):9659-9671.

[26] Chu L Y, Li Y, Zhu J H, et al. Control of pore size and permeability of a glucose-responsive gating membrane for insulin delivery[J]. Journal of Controlled Release, 2004, 97(1):43-53.

[27] Dutzler R, Campbell E B, MacKinnon R. Gating the selectivity filter in ClC chloride channels[J]. Science, 2003, 300: 108-112.

[28] The nature reviews drug discovery ion channel questionnaire participants, the state of ion channel research in 2004[J]. Nature Reviews Drug Discovery, 2004, 3: 239-278.

[29] Chu L Y, Li Y, Zhu J H, et al. Negatively thermoresponsive membranes with functional gates driven by zipper-type hydrogen-bonding interactions[J]. Angewandte Chemie International Edition, 2005, 44(14):2124-2127.

[30] Yang M, Chu L Y, Wang H D, et al. A thermo-responsive membrane for chiral resolution[J]. Advanced Functional Materials, 2008, 18(4):652-663.

[31] Menne D, Pitsch F, Wong J E, et al. Temperature-modulated water filtration using microgel-functionalized hollow-fiber membranes[J]. Angewandte Chemie International Edition, 2014, 53(22):5706-5710.

[32] Clodt J I, Filiz V, Rangou S, et al. Double stimuli-responsive isoporous membranes via post-modification of pH-sensitive self-assembled diblock copolymer membranes[J]. Advanced Functional Materials, 2013, 23(6):731-738.

[33] Xue J, Chen L, Wang H L, et al. Stimuli-responsive multifunctional membranes of controllable morphology from poly (vinylidene fluoride) -graft-poly[2- (N, N-dimethylamino) ethyl methacrylate] prepared via atom transfer radical polymerization[J]. Langmuir, 2008, 24(24):14151-14158.

[34] Luo T, Lin S, Xie R, et al. pH-Responsive poly (ether sulfone) composite membranes blended with amphiphilic polystyrene-block-poly (acrylic acid) copolymers[J]. Journal of Membrane Science, 2014, 450: 162-173.

[35] Luo F, Xie R, Liu Z, et al. Smart gating membranes with in situ self-assembled responsive nanogels as functional gates[J]. Scientific Reports, 2015, 5: 14708.

[36] Schmaljohann D. Thermo- and pH-responsive polymers in drug delivery[J]. Advanced Drug Delivery Reviews, 2006, 58(15):1655-1670.

[37] Kuo H C, Cheng C F, Clark R B, et al. A defect in the Kv channel-interacting protein 2 (KChIP2) gene leads to a complete loss of I_{to} and confers susceptibility to ventricular tachycardia[J]. Cell, 2001, 107(6):801-813.

[38] Canfield R L, Henderson C R, Cory-Slechta D A, et al. Intellectual impairment in children with blood lead concentrations below 10μg per deciliter[J]. New England Journal of Medicine, 2003, 348(16):1517-1526.

[39] Kelley E G, Albert J N L, Sullivan M O, et al. Stimuli-responsive copolymer solution and surface assemblies for biomedical applications[J]. Chemical Society Reviews, 2013, 42(17):7057-7071.

[40] Pasparakis G, Manouras T, Argitis P, et al. Photodegradable polymers for biotechnological applications[J]. Macromolecular Rapid Communications, 2012, 33(3):183-198.

[41] Thevenot J, Oliveira H, Sandre O, et al. Magnetic responsive polymer composite materials[J]. Chemical Society Reviews, 2013, 42(17):7099-7016.

[42] Xie R, Li Y, Chu L Y. Preparation of thermo-responsive gating membranes with controllable response temperature[J]. Journal of Membrane Science, 2007, 289(1-2):76-85.

[43] 米鹏，褚良银. 离子识别型智能高分子材料及其制备方法与用途：ZL200710048725.8[P]. 2009-12-09.

[44] Liu Z, Luo F, Ju X J, et al. Positively K+-responsive membranes with functional gates driven by host-guest molecular recognition[J]. Advanced Functional Materials, 2012, 22(22):4742-4750.

[45] Yang M, Xie R, Wang J Y, et al. Gating characteristics of thermo-responsive and molecular- recognizable membranes based on poly (N-isopropylacrylamide) and β-cyclodextrin[J]. Journal of Membrane Science, 2010, 355(1-2):142-150.

[46] Liu N G, Chen Z, Dunphy D R, et al. Photoresponsive nanocomposite formed by self assembly of an azobenzene-modified silane[J]. Angewandte Chemie International Edition, 2003, 42(15):1731-1734.

[47] Nayak A, Liu H W, Belfort G. An optically reversible switching membrane surface[J]. Angewandte Chemie International Edition, 2006, 45(25):4094-4098.

[48] Gajda A M, Ulbricht M. Magnetic Fe₃O₄ nanoparticle heaters in smart porous membrane valves[J]. Journal of Materials Chemistry B, 2014, 2(10):1317-1326.

[49] Zhai G Q, Toh S C, Tan W L, et al. Poly (vinylidene fluoride) with grafted zwitterionic polymer side chains for electrolyte-responsive microfiltration membranes[J]. Langmuir, 2003, 19(17):7030-7037.

[50] Ito Y, Nishi S, Park Y S, et al. Oxidoreduction-sensitive control of water permeation through a polymer brushes-grafted porous membrane[J]. Macromolecules, 1997, 30(19):5856-5859.

[51] Lewis S R, Datta S, Gui M H, et al. Reactive nanostructured membranes for water purification[J]. Proceedings of the National Academy of Sciences of the United States of America, 2011, 108(21):8577-8582.

[52] Chu L Y, Liang Y J, Chen W M, et al. Preparation of glucose-sensitive microcapsules with a porous membrane and functional gates[J]. Colloids and Surfaces B: Biointerfaces, 2004, 37(1-2):9-14.

第二章

智能膜的制备策略和方法

第一节　基膜改性法 / 018

第二节　共混成膜法 / 037

智能膜的制备策略和方法，可根据智能材料如何被引入到膜材料上而分为两大类，即基膜改性法和共混成膜法。基膜改性法是先用成膜材料制备出多孔膜基材，再用化学接枝或物理改性的方法将智能材料引入到多孔膜基材上。共混成膜法是将刺激响应性聚合物或功能微球等智能材料共混到成膜材料中，然后通过相分离方法一步形成智能膜。

第一节
基膜改性法

　　基膜改性法可以通过化学接枝和物理改性等多种方法，将不同的功能性智能材料引入不同的多孔膜基材中，从而制备出具有多种多样功能和性能的智能膜。

一、化学接枝法

　　化学接枝法是通过"接枝"方法将智能材料（一般是聚合物高分子）引入到现有的多孔膜基材上，将智能材料和膜基材通过稳定的化学作用键合在一起，可以制备出结构稳定的智能膜。这类方法一般可分为"接枝自单体"和"聚合物接枝至"两种途径。"接枝自单体"方法，首先是在膜基材表面通过各种物理化学方式产生活性位点，然后在活性位点上接枝聚合功能单体，在膜孔表面形成线型聚合物或交联聚合物网络作为智能开关，从而制备出智能膜［图1-2（a）］。"聚合物接枝至"方法，是通过化学方法将预先形成的功能性智能材料（通常是聚合物链或微球）结合到具有预处理产生的活性位点的多孔膜孔表面上，来制备出智能膜［图1-2（b），（c）］。"聚合物接枝至"方法中，由于长度或大小可控的聚合物链或微球可以通过成熟的方法预先合成，因此可为智能膜功能开关微观结构的精确设计与制备提供更好的可控性和灵活性。在实际操作中，由于"聚合物接枝至"法中先接枝的聚合物链或微球会对未接枝的聚合物链或微球造成空间位阻效应，而在"接枝自单体"法中由于单体分子小而不会有明显的空间位阻；所以，"接枝自单体"法的接枝密度一般大于"聚合物接枝至"法，而且相对来说"接枝自单体"法的应用更为广泛。常用的对膜基材进行表面处理而生成活性位点的方法有高能电子束、紫外线、等离子体、臭氧等；随着化学合成技术的发展，活性可控自由基聚合也被应用于基材膜改性制备智能膜。

（一）等离子体诱导接枝法

等离子体是部分电离了的气体，是由电子、正离子、原子（或分子）、原子团（活性基）、激发的原子（分子）以及光子等粒子组成的混合体，呈电中性。目前，实验室和生产上实际使用的低温等离子体绝大多数是用气体放电法发生的，尤其是高频放电用得最多。利用等离子体进行高分子材料表面改性的方法通常有等离子体处理、等离子体聚合及等离子体接枝聚合。等离子体处理是将材料暴露于非聚合性气体等离子体中，其中的活性粒子可与高分子材料表面进行多种作用，引起高分子材料表面分子结构发生变化，从而实现对高分子材料表面的改性。等离子体聚合是将高分子材料暴露于聚合性气体中，表面沉积一层较薄的聚合物膜。等离子体引发接枝聚合是指暴露在等离子体中的膜材料经短时间（数秒到数分钟）处理，在表面生成活性点（通常可引发自由基聚合），然后引发单体的接枝聚合[1, 2]。等离子体诱导接枝聚合法是采用低气压放电产生 Ar 等离子体。它包括等离子体诱导过氧化自由基聚合法（peroxide radical method）和等离子体诱导自由基法（free radical method）两种方法。等离子体诱导过氧化自由基聚合法是让等离子体处理后的基材膜与空气接触，将膜表面生成的自由基转化为过氧化基，然后引发溶液中单体在适当的温度下聚合；等离子体诱导自由基法是将等离子体处理后的基材膜直接与单体溶液接触，引发自由基接枝聚合。笔者团队[1, 2]采用等离子体接枝聚合法将聚 N- 异丙基丙烯酰胺（PNIPAM）接枝到平均孔径为 200nm、孔密度为 $3×10^8$ 个 /cm^2、厚度为 10μm 的聚碳酸酯核孔（polycarbonate track-etched，PCTE）膜上，并采用 X 射线光电子能谱、扫描电镜、傅里叶变换红外光谱、原子力显微镜、接触角测试仪和过滤实验对 PNIPAM-g-PCTE 接枝膜的微观结构和温度响应特性进行了系统研究，为设计与制备刺激响应开关膜和温度响应分子识别膜提供了有价值的指导和依据。

利用 300W 射频功率源的等离子体诱导接枝装置，可同时在多孔 PCTE 膜基材的表面及膜孔中接枝线型 PNIPAM 链[1, 2]。根据前期研究结果[3]，可以推测 PNIPAM 是均匀地接枝在 PCTE 膜的表面及孔中（如图 2-1）。PCTE-g-PNIPAM 膜的接枝量大小用填孔率（pore-filling ratio）F 表示［式（2-1）］，即接枝在膜孔中的 PNIPAM 体积占膜孔总体积的百分数。

$$F = \frac{V_{p,g}}{V_p} = 1 - \left(\frac{d_g}{d_0}\right)^2 = 1 - \left(1 - \frac{2\delta}{d_0}\right)^2 \tag{2-1}$$

式中，$V_{p,g}$ 是膜孔中 PNIPAM 接枝层的体积，cm^3；V_p 是接枝前膜孔的总体积，cm^3；d_0 和 d_g 分别是接枝前和接枝后 PCTE 膜的平均孔径，cm；δ 是 PNIPAM 接枝层的平均厚度，cm。

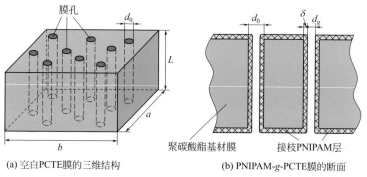

膜孔

d_0

L

a

b

(a) 空白PCTE膜的三维结构

d_0　δ　d_g

聚碳酸酯基材膜　　　接枝PNIPAM层

(b) PNIPAM-*g*-PCTE膜的断面

图2-1　PCTE膜接枝前后的微结构示意图[1, 2]

图 2-2 是空白膜和接枝膜表面及断面的扫描电镜照片。首先，从空白膜的表面和断面照片［图 2-2（a），（b）］可见，PCTE 膜具有几何形状较好的圆柱形指状通孔，孔径的尺寸分布在一个较窄的范围内。比较空白膜和接枝膜的表面［图 2-2(a),(c),(e)］可以看出，接枝膜的孔径有所减小，膜孔的轮廓也变得模糊了。对于断面来说，膜孔在接枝后的变化很明显，从图 2-2（d）和（f）中可以清楚地看到膜孔内整个厚度都均匀地覆盖着接枝层。随着填孔率的增加，孔内的接枝物越多，图 2-2（f）中膜孔几乎被接枝链完全填满。但由于即使在较高的填孔率（$F=76.1\%$）时，PNIPAM 在膜表面不形成致密层，因此膜厚度的变化不明显。这些现象表明，正如图 2-1（b）所示，采用等离子体接枝聚合法能在 PCTE 膜的表面和孔内都均匀地接枝上 PNIPAM。

图 2-3（a）是空白膜和接枝膜（$F=23.9\%$）的水通量随温度变化曲线。由于液体黏度随着温度上升而降低，空白膜的水通量随温度线性增加；而在相同的环境温度下，填孔率为 23.9% 的接枝膜的水通量随温度的变化趋势有所不同。接枝膜的水通量在 LCST 附近（28～34℃）发生突变，而在低于 LCST（25～28℃）和高于 LCST（34～40℃）的温度范围内随温度升高而线性增加，且前者低于后者。当环境温度低于 PNIPAM 的 LCST 时，接枝在膜孔中的 PNIPAM 链处于伸展构象，这时膜孔被PNIPAM开关"关闭"，于是水通量变小；相反，当 T>LCST时，膜孔内接枝的 PNIPAM 链处于收缩构象，使得膜孔"打开"，于是水通量变大。

根据哈根 - 泊肃叶方程（Hagen-Poiseuille's equation），可以通过跨膜水通量计算出多孔膜的孔径：

$$d = \sqrt[4]{\frac{128\eta LJ}{n\pi p}} \qquad (2\text{-}2)$$

式中，d 为 PCTE 膜的平均孔径，cm；J 为 T℃时膜的水通量，mL/（cm^2·s）；n 为单位膜面积上的孔数量，个 /cm^2；p 为膜过滤压力差，Pa；η 为水的黏度，Pa·s；L

为膜的厚度，cm。不同温度下膜的平均孔径计算结果如图 2-3（b）所示。空白膜的孔径在 25 ~ 40℃温度范围内保持不变，不具备温度响应特性；而接枝膜（$F=23.9\%$）的孔径只在 34 ~ 40℃和 25 ~ 28℃范围内保持基本不变，而在 28 ~ 34℃范围内发生较大的突变，说明具有较好的温度响应特性。接枝膜在高温（34 ~ 40℃）时的孔径几乎是低温（25 ~ 28℃）时的两倍，说明接枝膜具有良好的温度响应性。

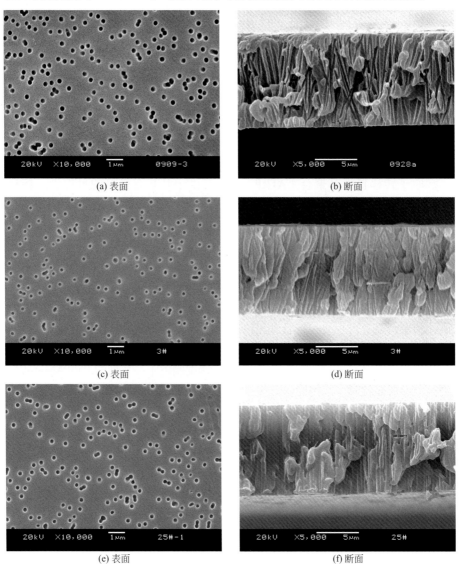

(a) 表面

(b) 断面

(c) 表面

(d) 断面

(e) 表面

(f) 断面

图2-2　空白膜［（a），（b）］和不同填孔率的接枝膜［（c）~（f）］表面和断面的扫描电镜图[1, 2]

（c），（d）和（e），（f）的填孔率分别为57.0%和76.1%

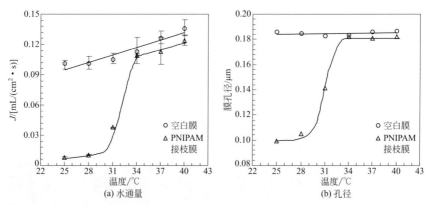

图2-3 空白膜和PNIPAM接枝PCTE膜（$F=23.9\%$）的水通量（a）及孔径（b）的温度响应特性[1, 2]

（二）原子转移自由基聚合接枝法

原子转移自由基聚合（ATRP）法[4]，由于其具有良好的可控性、接枝单体范围广、能够以水做溶剂、室温下可以进行接枝聚合且能够实现孔内均匀接枝等优点，越来越受到关注和重视。笔者团队[5, 6]利用ATRP法在孔径为200nm的多孔阳极氧化铝（AAO）膜基材上制备了一系列具有可控的接枝链长和接枝密度的PNIPAM温度响应开关膜，系统地研究了接枝温度、接枝时间、单体浓度和—Br的密度对接枝膜（PNIPAM-g-AAO）上PNIPAM链长的影响，并研究了PNIPAM接枝链长和密度对溶质分子透过PNIPAM接枝膜时温度响应扩散性能的影响，为设计和制备具有可控接枝链长和密度聚合物开关的环境响应型智能膜提供了参考。

为了研究制备条件对接枝的PNIPAM链长和密度的影响，通过改变接枝温度、接枝时间、NIPAM单体浓度和膜上—Br的密度制备了一系列的PNIPAM-g-AAO膜。当一个参数变化时，其他的参数保持不变。为了系统地研究PNIPAM接枝链长和接枝密度对制备的PNIPAM-g-AAO膜温度响应开关特性的影响，制备了三张具有不同PNIPAM链长和密度的PNIPAM-g-AAO膜（编号为M-1、M-2和M-3，如图2-4所示）。

对接枝温度、接枝时间、NIPAM单体浓度和膜上—Br的密度对制备接枝链长和密度可控的PNIPAM-g-AAO膜的影响进行了系统的研究。研究接枝温度对PNIPAM接枝率的影响时，只有接枝温度一个条件变化而其他三个条件不变。当接枝温度升高的时候，PNIPAM-g-AAO膜的接枝率也线性增加［图2-5（a）］。这是因为温度越高，催化剂和单体的活性越高，结果膜的接枝率（Y_{PNIPAM}）就越高。当膜上—Br的密度相同时，高接枝率意味着膜上PNIPAM链越长。也就是说，如果—Br的密度和接枝时间固定时，通过变化接枝温度就可以实现接枝链长可控地制备PNIPAM-g-AAO膜。在接下来的膜制备过程中，为了便于操作，将选择25℃作为接枝温度进行接枝操作。

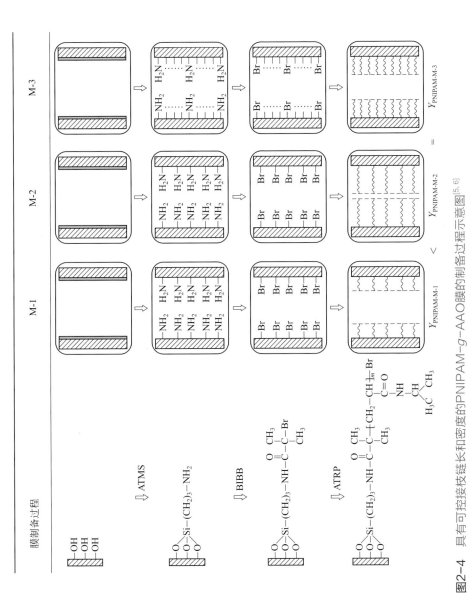

图2-4 具有可控接枝链长和密度的PNIPAM-g-AAO膜的制备过程示意图[5, 6]

图中的M-1和M-2膜上—NH₂和—Br的密度相同，而且M-3膜上—NH₂和—Br的密度被调控至大于M-1和M-2，M-1、M-2和M-3膜的接枝率（Y_{PNIPAM}）被调控至
$Y_{PNIPAM-M-1}<Y_{PNIPAM-M-2}=Y_{PNIPAM-M-3}$；因此，M-1和M-2上PNIPAM链的接枝密度相同，但密度小于M-3，且M-2膜上PNIPAM接枝链最长
ATMS—（3-氨基丙基）三甲氧基硅烷；BIBB—2-溴基异丁酰溴

接枝时间对 PNIPAM-g-AAO 膜接枝率的影响如图 2-5（b）所示。在 480min 以内，接枝率随着接枝时间的增加而增加，而当接枝时间超过 480min 后，接枝率随着接枝时间的增加变化很小。原因可能是当反应时间超过 480min 后，膜上末端的—Br 基团由于自由基耦合和歧化反应而丢失。因为—Br 基团是 NIPAM 发生自由基聚合的活性位点，所以当—Br 基团脱落时反应就会自动终止。这个结果表明 PNIPAM-g-AAO 膜上接枝的 PNIPAM 链长可以在固定—Br 的密度和接枝温度后，通过调整接枝时间来调控。

接枝单体浓度（C_{NIPAM}）对 PNIPAM 接枝率（Y_{PNIPAM}）的影响如图 2-5（c）所示。PNIPAM-g-AAO 膜的 PNIPAM 接枝率随着接枝单体浓度的增加而增加，这是由于反应体系的单体浓度越高，NIPAM 与—C—Br 发生 ATRP 接枝反应的概率越高。这个结果表明在 AAO 膜上—Br 密度相近时，通过改变单体浓度可以调节 PNIPAM 在膜上的接枝率。也就是说 ATRP 反应是一个可控过程。然而，从图 2-5（c）同样可以看出，在单体浓度为 0.0795g/mL 处，接枝率存在一个拐点：即在单体浓度低于 0.0795g/mL 时，接枝率的增加速度较快；而高于这个浓度时接枝率的增加速度较慢。这可能是由于当单体浓度超过这个拐点后，随着浓度的升高，在膜表面生成的聚合物将膜孔堵死，使得在膜孔内会发生自由基终止聚合或单体耗尽的现象，进而只有在表面发生随着单体浓度升高而接枝率增加的现象，故接枝率的增加速度变慢。这说明接枝单体的浓度应该控制在一定范围之内，而不是越多越好。

膜上—Br 密度［$w(Br)$］对 PNIPAM 接枝率（Y_{PNIPAM}）的影响如图 2-5（d）所示。—C—Br 对于 ATRP 反应来说是活性位点，即发生接枝反应的地方。基于此，通常认为—C—Br 越多，接枝率应该越高。然而，研究发现，当 NIPAM 单体浓度固定时，接枝率与 $w(Br)$ 并不是一个线性关系。当 $w(Br)$ 低于 0.09% 时，接枝率与它的关系可以看成是线性过程。然而，当接枝率高于 0.09% 时，利用相同浓度的 NIPAM 接枝时，接枝率并不是随着膜上 $w(Br)$ 的增加而增加。在相同的接枝时间内，膜的接枝率随着接枝单体浓度的升高而增加。这意味着，在一定的接枝浓度范围内，膜上聚合物的接枝速率随着单体浓度的升高而增加。由此可以推断，当 $w(Br)$ 低于 0.09% 时，在整个反应过程中 ATRP 反应体系内的单体浓度都足够使得接枝反应进行（也就是说在整个反应过程中不会发生自由基终止聚合的现象）。因此，当 $w(Br)$ 越大时，膜的接枝率就越高。然而，当 $w(Br)$ 高于 0.09% 时，由于—Br 多到使 ATRP 反应体系中的单体浓度在反应时间结束之前就已经低于反应要求的临界浓度，也就是说所有能够反应到膜上的 NIPAM 都已经耗尽。所以当单体浓度为 0.0795g/ mL 且 $w(Br)$ 高于 0.09% 时，膜的接枝率只会随着—Br 数量的增加而略有升高。

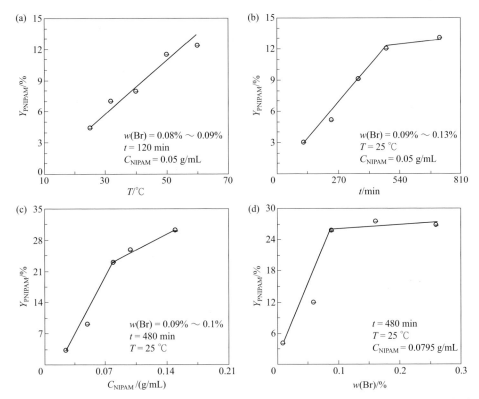

图2-5 接枝温度（a）、接枝时间（b）、NIPAM单体浓度（c）和膜上–Br的密度（d）对 PNIPAM-*g*-AAO膜接枝率（以质量分数计）的影响[5,6]

为了量化 PNIPAM-*g*-AAO 膜的温度响应性能，特定义了一个温度响应系数（R），是 40℃下的跨膜扩散系数（D_{40}）与 25℃下的跨膜扩散系数（D_{25}）的比值。图 2-6 显示的是 AAO 基材膜和三张 PNIPAM-*g*-AAO 膜的温度响应系数及在 PNIPAM 的 LCST 上下膜孔的温度响应变化情况示意图。根据 Stokes-Einstein 方程[3]，由于温度升高后溶液的黏度降低，所以基材膜的扩散系数随着环境温度的升高略有增加，这样 AAO 基材膜的 R 值应该略高于 1（为 1.47）。这个依据实验测量的 R 值与利用 Stokes-Einstein 方程计算的结果（1.45）接近。如图 2-6 所示，M-2 膜的温度响应系数（$R=8.1$）要高于 M-1 膜（$R=1.58$）。在 40℃时，接枝在膜孔内的 PNIPAM 处于收缩状态，所以膜孔处于"开"的状态。在此温度下，M-2 膜的孔径要小于 M-1 膜，这是因为在 M-2 膜膜孔内的 PNIPAM 链较长。结果，M-1 膜的 D_{40} 是 M-2 的 2 倍。在 25℃下，接枝的 PNIPAM 链处于伸展状态，这使得膜孔的尺寸较小。在此温度下，接枝的 PNIPAM 链越长，则膜孔的尺寸越小。结果，M-1 膜的 D_{25} 是 M-2 膜的 10 倍。因此，M-2 膜的温度响应系数（D_{40}

与 D_{25} 的比值）明显高于 M-1 膜。相比于 AAO 基材膜，M-1 膜的 R 值只略高一点，差别不是那么明显。上述结果表明，接枝在膜孔内的 PNIPAM 链的长度是获得具有良好的温度响应特性的 PNIPAM 接枝膜的一个非常重要的参数。

为了研究 PNIPAM 接枝链的密度对 PNIPAM-g-AAO 膜的温度响应效果的影响，对 M-1 膜和 M-3 膜进行了对比。接枝在 M-3 膜上的 PNIPAM 链的密度是 M-1 膜的 1.67 倍，且 M-3 膜的接枝率是 M-1 膜的 2.18 倍。因此，接枝在 M-3 膜上的 PNIPAM 链的长度是 M-1 膜 1.3 倍（见图 2-4）。M-3 膜的温度响应系数（R=4.4）是 M-1 膜（R=1.58）的 2 倍多（见图 2-6）。相比于 M-1 膜，M-3 膜的 R 值较大可以归因于接枝的 PNIPAM 链长和密度均较大。在 40℃，M-3 膜的孔径小于 M-1 膜，因为接枝在 M-3 膜孔内的 PNIPAM 链长是 M-1 膜孔内的 1.3 倍，且 M-3 膜孔内的接枝密度是 M-1 膜的 1.67 倍。结果，M-1 膜的 D_{40} 是 M-3 膜的 7 倍。在 25℃下，M-3 膜的孔径依然稍微小于 M-1 膜，且膜孔内溶胀的 PNIPAM 链仍然比 M-1 致密。由于在温度低于 LCST 时 PNIPAM 链处于伸展状态，溶质扩散至膜的另一侧的膜孔径尺寸效应更明显。结果，M-1 膜的 D_{25} 是 M-3 膜的 22 倍。因此，M-3 的温度响应系数 R 大于 M-1 膜。这个结果表明膜孔内 PNIPAM 接枝链的密度是得到制备具有良好温度响应特性的 PNIPAM-g-AAO 膜的另一个重要因素。

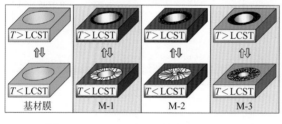

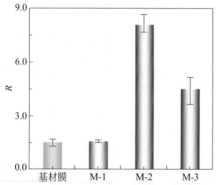

图2-6　具有不同接枝链长和接枝密度的PNIPAM-g-AAO膜的温度响应开关特性[5,6]

对于 M-2 膜和 M-3 膜来说，接枝率几乎相同而 M-2 膜的接枝密度小于 M-3 膜。因此，M-2 膜膜孔内的接枝链长度要大于 M-3 膜，但是 M-3 膜的 PNIPAM

接枝密度大于 M-2 膜（见图 2-4）。通过比较 M-2 膜和 M-3 膜的 R 值，能够进一步地了解接枝链长和接枝密度哪一个因素对 PNIPAM-g-AAO 膜的温度响应效果影响更大。很明显，M-2 膜的温度响应系数（$R=8.1$）比 M-3（$R=4.4$）的大（见图 2-6）。也就是说，对于 PNIPAM-g-AAO 膜的温度响应性能来说，膜孔内 PNIPAM 的接枝链长比接枝密度更重要。

（三）紫外线诱导接枝法

笔者团队[7, 8]采用"聚合物接枝至"的方法，将交联的温度响应型微球固载到膜表面及孔内，制备了一种新型的温度响应型微球接枝膜。该新型微球接枝膜是利用氨基改性的膜与环氧基团的聚（N-异丙基丙烯酰胺-共聚-甲基丙烯酸缩水甘油酯）（PNG）微球共价结合制备得到的。首先采用两步沉淀聚合法制备了 PNG 温度响应型微球，然后采用紫外线（UV）诱导接枝法对聚对苯二甲酸乙二醇酯（PET）基材膜进行改性，并在膜上成功接枝 PNG 温度响应微球。带有环氧基团的核壳型 PNG 温敏微球由 N-异丙基丙烯酰胺（NIPAM）和甲基丙烯酸缩水甘油酯（GMA）单体通过两步沉淀聚合得到（图 2-7）。采用两步沉淀聚合法制备的温敏 PNG 微球的表面较一步沉淀聚合法微球表面有更多的环氧基团，有利于后续接枝过程中的温敏微球与带有氨基基团的 PET 膜的进一步反应。采用 UV 诱导接枝法对 PET 基材膜氨基化包括羧基化和氨基化两步，如图 2-8。图 2-9 是利用紫外线诱导接枝法制备的不同接枝率的微球接枝膜的扫描电镜图。不同接枝率的微球膜都能够将微球接枝到膜表面和膜孔内，图 2-9（a）~（d）的膜接枝率较低，膜上的微球排列稀疏，但在膜表面及孔内的分布是比较均匀的；图 2-9（e），（f）的膜接枝率很高（247.5%），其表面也已形成很厚的一层微球层，不仅有膜与微球之间的共价结合，还有微球之间的粘连或交联。总之，利用紫外线诱导接枝法可制备得到微球在膜表面和膜孔内分布都较均匀的接枝膜，并且制备的重复性较好。

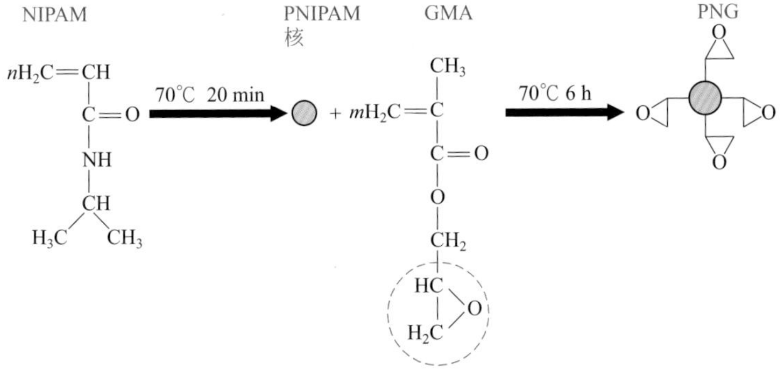

图2-7　两步沉淀聚合法制备PNG微球的实验路线[7, 8]

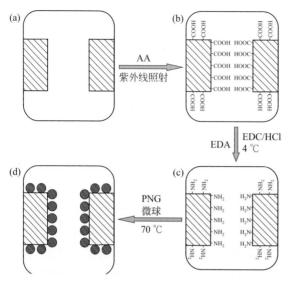

图2-8 紫外线诱导接枝法制备微球接枝膜的示意图[7, 8]

（a）基材膜；（b）羧基化膜；（c）氨基化膜；（d）微球接枝膜

EDA—乙二胺；EDC/HCl—1-乙基-3-（3-二甲基氨基丙基）碳二亚胺盐酸盐

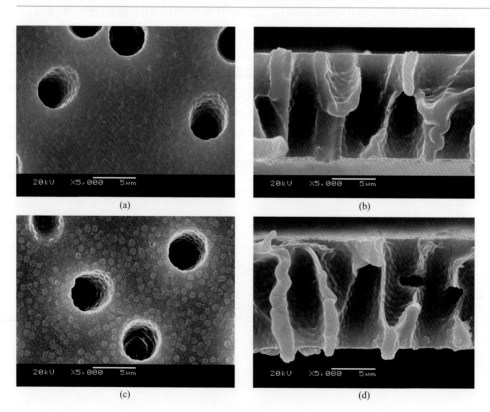

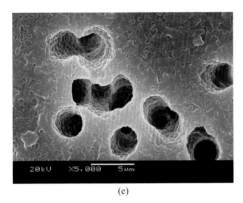
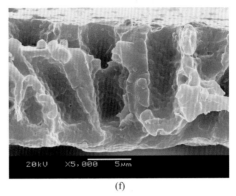

(e)   (f)

图2-9　紫外线诱导接枝法制备的不同接枝率的微球接枝膜表面［（a），（c），（e）］和断面［（b），（d），（f）］的扫描电镜图（基材膜孔径4μm）[7,8]

（a），（b）接枝率2.6%；（c），（d）接枝率4.2%；（e），（f）接枝率247.5%

　　图 2-10 是基材膜和紫外线诱导接枝法制备得到的微球接枝膜在不同温度下的水通量。基材膜的水通量随着环境温度的升高而线性增加，这是由于水的黏度随温度升高而减小，水通量则相应增加［图 2-10（a）］。而接枝有 PNG 微球的膜的水通量在 32℃左右时发生突变，这个温度与 PNG 微球的相转变温度（VPTT）相同，结果表明接枝膜具有良好的温度响应性。在温度低于 VPTT 时，PNG 微球溶胀，膜孔尺寸减小，水通量较小；但环境温度高于 VPTT 时，PNG 微球产生突发的体积相变（从溶胀到收缩），使得膜孔尺寸和水通量增加［图 2-10（b）］。因此，当环境温度变化越过 VPTT 时，膜孔内的温敏 PNG 微球体积变化使得膜孔和水通量发生明显的变化。

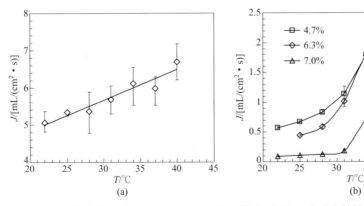

图2-10　空白膜（a）及不同接枝率微球接枝膜（b）的温度响应特性[7,8]

操作压力为0.04MPa

二、物理改性法

（一）表面涂覆法

笔者团队[9-11]首先采用沉淀聚合的方法合成了 PNIPAM 温敏凝胶微球，然后借助于多巴胺（dopamine，DA）在溶液自聚合过程中产生的黏附性将 PNIPAM 温敏凝胶微球通过一步溶液浸涂的方式固定在多孔基材膜的表面，从而构建得到具有温敏表面的智能膜。PNIPAM 温敏凝胶微球在基材膜表面的固定原理及过程如图 2-11 所示。将 PNIPAM 温敏凝胶微球均匀分散到含有多巴胺的弱碱性三羟甲基氨基甲烷（Tris）缓冲溶液中；由于 PNIPAM 温敏凝胶微球的表面能远大于基材的表面能，因此 PNIPAM 温敏凝胶微球会在基材膜表面均匀沉积以达到最低的能量排布。此时，溶液中的 DA 分子在氧气的存在下发生氧化作用，多巴胺分子中的邻苯酚基团去质子化氧化为苯醌基团进而与自身的氨基发生迈克尔加成反应并形成复杂的三聚体结构。溶液中生成的多巴胺寡聚物分子在基材膜表面以及 PNIPAM 温敏凝胶微球表面同时附着；接下来，DA 的寡聚物分子会进一步发生自聚合反应从而在 PNIPAM 温敏凝胶微球与基材表面同时形成 PDA 纳米黏附层，从而将 PNIPAM 温敏凝胶微球稳定地固定在基材表面［图 2-11（a），（b）］。PNIPAM 温敏凝胶微球与基材表面的固定作用分别为苯醌与氨基之间的迈克尔加成反应产生的共价键作用、含氮及含氧基团与氢原子之间的氢键作用、质子化的带正电的氨基与芳香环间的阳离子-π 作用以及芳香环与芳香环之间的 π-π 堆积作用。与 PNIPAM 线型高分子相同，PNIPAM 温敏凝胶微球在低于或高于其体积相变温度（VPTT，约 32℃）时，PNIPAM 温敏凝胶微球凝胶网络内的酰胺基团会与水分子形成氢键或发生氢键断裂，从而产生溶胀亲水或收缩疏水的状态。通过将 PNIPAM 温敏凝胶微球固定在二维平面基材上可以使基材的表面润湿特性随温度的变化而发生改变［图 2-11（c），（d）］。通过将 PNIPAM 温敏凝胶微球固定在聚碳酸酯核孔膜材料的膜孔表面，可以使智能膜的孔道尺寸随温度的变化而发生改变从而达到"开关"的效果［图 2-11（e），（f）］。

PNIPAM 温敏凝胶微球涂覆制备得到的聚碳酸酯核孔复合开关膜的表面及断面 SEM 图如图 2-12 所示。从图 2-12 中 a0 和 b0 可以看出，空白聚碳酸酯核孔膜的表面及膜孔断面都较为光滑，无颗粒状物质存在。而经过一次 PNIPAM 温敏凝胶微球沉积后，温敏型聚碳酸酯核孔智能复合开关膜的表面和膜孔中出现了圆球状颗粒物质，且这种颗粒在膜孔及表面均匀分散（图 2-12 中 a1、b1）。随着沉积次数的增加，温敏型聚碳酸酯核孔智能复合开关膜的表面和膜孔内的 PNIPAM 温敏凝胶微球的数量逐渐增加（图 2-12 中 a2、b2 和 a3、b3）。因此，SEM 的观察结果表明，通过一步溶液浸涂的方式已经成功将 PNIPAM 温敏凝胶微球固定在了聚碳酸酯核孔膜的表面及膜孔中，且膜表面固定的 PNIPAM 温敏凝胶微球的密度可以通过 PNIPAM 温敏凝胶微球的沉积次数来加以控制。表面固定的 PNIPAM 温敏凝胶微球分散均匀并且保持了良好的球形度，在经过长时间清洗及储存后不会从膜材上脱落。当该温敏型聚碳酸酯核孔复合开关膜处于低温（低于 PNIPAM 温敏凝胶微球的 VPTT）的水环境中时，沉积在膜孔中的 PNIPAM 温敏凝胶微球会发生亲水溶胀变化。此时将膜孔堵塞，膜孔处于"关闭"状态。而当其处于高温（高于 PNIPAM 温敏凝胶微球的 VPTT）的水环境中时，PNIPAM 温敏凝胶微球的凝胶网络与水分子形成的氢键断裂，因而发生疏水收缩的行为，致使膜孔处于"打开"状态。由于本实验中使用的是直孔聚碳酸酯核孔膜，因此制备得到的温敏型聚碳酸酯核孔复合开关膜有望在静压力下实现膜孔的开关行为。

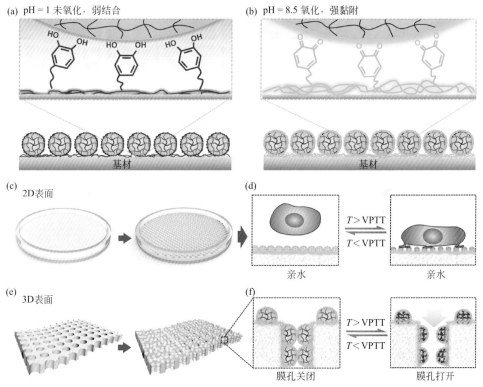

图2-11 基于多巴胺的自聚合行为一步法固定温敏凝胶微球构建温敏膜的示意图

（a）、（b）不同pH条件下温敏凝胶微球在基材表面的固定过程；（c）、（d）温敏纳米凝胶颗粒在基材表面上的固定及表面浸润性的变化；（e）、（f）温敏凝胶微球在多孔膜表面的固定及膜孔开关过程[9-11]

　　为了更直观地研究温敏型聚碳酸酯核孔复合开关膜的膜孔开关情况，使用原子力显微镜（AFM）分别在30℃及40℃的纯水环境下对聚碳酸酯核孔复合开关膜的表面形貌进行了观察，结果如图 2-12（c）~（f）所示。从图 2-12 中 c1、c2 和（e）、（f）可以看到，在 30℃的纯水中，PNIPAM 温敏凝胶微球处于溶胀状态，此时膜孔被 PNIPAM 温敏凝胶微球堵塞处于关闭状态；当把温度升高至 40℃时，聚碳酸酯核孔复合开关膜表面的 PNIPAM 温敏凝胶微球及处于膜孔内的 PNIPAM 温敏凝胶微球发生明显的收缩行为，此时膜孔处于打开状态［图 2-12 中 d1、d2 和（e）、（f）］。以上结果表明，制备得到的温敏型聚碳酸酯核孔复合开关膜实现了设计的思路，通过改变溶液温度可以直接改变膜孔的开关状态，这使制备得到的聚碳酸酯核孔复合开关膜可以直接在静压力下响应温度变化而表现出开关行为。

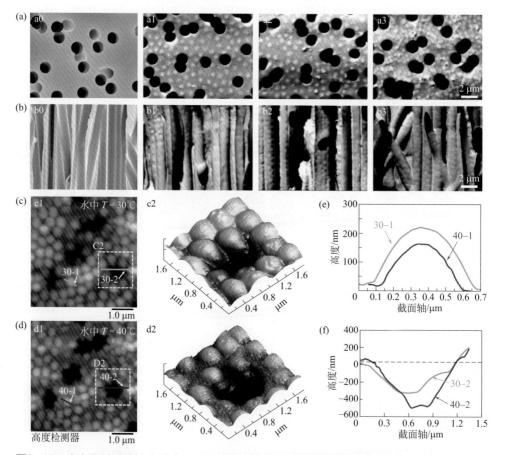

图2-12 空白聚碳酸酯核孔膜（a0，b0）及PNIPAM温敏凝胶微球沉积一次（a1，b1）、二次（a2，b2）和三次（a3，b3）的聚碳酸酯核孔膜的表面和断面SEM图片［（a），（b）］；PNIPAM温敏凝胶微球涂覆的温敏型聚碳酸酯复合开关膜的AFM图片［（c），（d）］，其中c1、c2分别为在30℃的纯水中的平面AFM图及局部放大的三维AFM图，d1、d2分别为在40℃的纯水中的平面AFM图及局部放大的三维AFM图；AFM图片（c1，d1）中对应的PNIPAM温敏凝胶微球和膜孔在30℃和40℃时的高度曲线［（e），（f）］[9-11]

温度响应速率是评价温敏膜温度响应性能的一个重要参数。温度响应速率的大小可以直观地反映出温敏膜在响应温度变化后膜孔的开关时间。笔者团队[9-11]通过简易装置[图2-13（a）]研究了制备得到的温敏型聚碳酸酯核孔复合开关膜在响应温度变化后的膜孔"打开"和"关闭"的速率。测试过程中液柱高度随时间变化的数码照片如图2-13（b）所示。聚碳酸酯核孔复合开关膜被固定在玻璃管的底端，实验过程中将一定温度的纯水加入玻璃管中。待达到指定的6cm液柱高度后，此时算为测试零点并通过相机将液面的下降过程记录下来。从图2-13（b）可以看出，当纯水温度为20℃时，液柱的液面高度在1min内基本上没有发生变化，这说明此时聚碳酸酯核孔复合开关膜的膜孔几乎处于完全关闭的状态；当倒入50℃的纯水时，刻度管内的液面高度在7s后迅速下降，这说明此时聚碳酸酯核孔复合开关膜的膜孔在7s内已经完全打开。

为了研究制备得到的温敏型聚碳酸酯核孔复合开关膜在静压力下的温度响应特性，对该温敏膜在高低温下的水通量变化进行了测试。实验中，分别控制通过膜的纯水温度为25℃和45℃，每个测试温度点平衡30min。然后，在6cm水柱的静压力下测量在一定时间内通过膜的水的质量，并计算得到通过膜的水通量。作为空白对照组，同时测试了未沉积PNIPAM温敏凝胶微球的空白聚碳酸酯核孔膜在25℃和45℃下的水通量，测试结果如图2-13（c）所示，显示出良好的可重复特性和可循环使用特性。

通过测量图2-13（b）中纯水液面在不同时间的下降高度，可以计算出聚碳酸酯核孔复合开关膜的瞬时跨膜水通量，如图2-13（d）和（e）所示。从图2-13（d）可知，当刻度管内的纯水温度为50℃时，聚碳酸酯核孔复合开关膜的膜孔处于完全"打开"的状态，此时的跨膜水通量约为424.6kg/（m²·h）。当迅速将50℃的纯水更换为20℃的纯水时，聚碳酸酯核孔复合开关膜的跨膜水通量在7s内由427.4kg/（m²·h）下降至18.6kg/（m²·h）。这说明聚碳酸酯核孔复合开关膜的膜孔可以快速响应温度的变化，可以在10s的时间内从膜孔"打开"状态转换为"关闭"状态。同样地，反过来测试了聚碳酸酯核孔复合开关膜的瞬时跨膜水通量从20℃测试温度快速升高到50℃的变化情况。由图2-13（e）所示，当刻度管内的纯水温度为20℃时，聚碳酸酯核孔复合开关膜的水通量在60s内基本维持在约15.6kg/（m²·h）的极低水平，此时几乎用肉眼看不到有液体从聚碳酸酯核孔膜底面流出。当将刻度管内的20℃的纯水溶液换为50℃的纯水溶液时，在7s内聚碳酸酯核孔复合开关膜的跨膜水通量从12.4kg/（m²·h）快速增加到416.4kg/（m²·h），随后跨膜水通量会平衡在428.6kg/（m²·h）左右。以上数据说明，制备得到的温敏型聚碳酸酯核孔复合开关膜可以在10s的时间内从膜孔"关闭"状态转换为"打开"状态。以上结果表明，制备得到的温敏型聚碳酸酯核孔复合开关膜可以在10s的时间内快速实现正向或反向的膜孔开关行为。

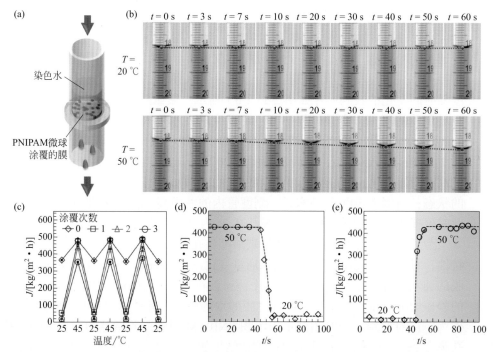

图2-13 PNIPAM温敏凝胶微球涂覆的温敏型聚碳酸酯核孔复合开关膜的温度响应特性[9-11]
（a）水通量测试装置示意图；（b）当纯水温度为20℃（上）和50℃时（下），刻度管内的液面随时间变化的数码照片；（c）温敏型聚碳酸酯核孔复合开关膜的水通量随高低温循环温度（25℃和45℃）的变化；（d）当滤过液由50℃纯水变为20℃纯水时，温敏型聚碳酸酯核孔复合开关膜的跨膜水通量随时间的快速变化；（e）当滤过液由20℃纯水变为50℃纯水时，温敏型聚碳酸酯核孔复合开关膜的跨膜水通量随时间的快速变化

（二）填孔聚合法

笔者团队[5, 12]提出了一种比较简单有效的方法来制备温敏智能膜——利用自由基聚合方法制备的交联 PNIPAM 凝胶以物理方式填充到多孔的尼龙 6（nylon6，简称 N6）膜中，N6 基材能提供良好的机械强度和空间稳定性，而填充的 PNIPAM 凝胶则能提供温敏性能。PNIPAM 填充膜是分别在 25℃（低于 PNIPAM 的 LCST）和 60℃（高于 LCST）下，利用自由基聚合方法在制备交联 PNIPAM 凝胶的过程中，将其填充在多孔的 N6 膜孔内得到的。具体操作如下：将一张 N6 膜放入一个透明的玻璃管中，然后将玻璃管抽真空。NIPAM（1.5mol/L）、MBA（*N,N′-*亚甲基双丙烯酰胺，15mmol/L）和 APS（7.5mmol/L）溶于去离子水中，鼓氮气5min 以除去溶液中的溶解氧。接着，溶液被迅速地转移至透明的玻璃管中将 N6 膜淹没。为了除去膜孔中的气泡，玻璃管装置用超声振荡 5 次。接着玻璃管迅速密封置于常温水浴中进行反应。水浴的温度维持在 25℃或 60℃，时间为 10h。对于在 25℃进行的聚合反应，TEMED 作为催化剂加入反应体系，TEMED 在水

中体积分数为 0.3%。聚合反应结束后，PNIPAM 填充膜表面上多余的水凝胶用一个小刀片刮去，接着将此膜浸于过量的去离子水中清洗。每 12h 换一次水以除去未反应的物质，且连续清洗 7d。PNIPAM 凝胶在膜孔内的填充率可用如下公式计算：

$$Y = \frac{V_g}{V_m} \times 100 \qquad (2\text{-}3)$$

式中，Y 表示 PNIPAM 凝胶在膜孔内的填充率，%；V_g 和 V_m 分别表示填充在膜孔内的 PNIPAM 凝胶的总体积和膜孔的总体积，cm^3。膜被称重 5 次，相对误差在 0.06% 以内。

图 2-14 所示为基材 N6 膜及在 25℃和 60℃下制备的 PNIPAM 填充膜的断面 SEM 形貌图。基材膜和 PNIPAM 填充膜明显具有不同的断面结构。如图 2-14（a）所示，基材膜具有蜂窝状的多孔结构。而当 PNIPAM 填充在膜孔中后［如图 2-14（b）和（c）所示］，膜的断面变得更加致密。SEM 形貌结果表明，利用自由基聚合方法可以将 PNIPAM 凝胶均匀地填充在膜孔内。同时，SEM 形貌结果也表明了在 60℃下制备的 PNIPAM 填充膜的断面比在 25℃下制备的膜更加致密，也就是说，更多的 PNIPAM 凝胶填充在了膜孔当中，这与 PNIPAM 填充膜的填充率结果是一致的。

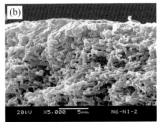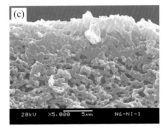

图2-14 N6基材膜（a）、25℃下制备的PNIPAM填充膜（b）和60℃下制备的PNIPAM填充膜（c）的SEM断面图[5, 12]

图 2-15 所示为维生素 B_{12}（VB_{12}）透过基材膜和在不同温度下制备的 PNIPAM 填充膜的温敏扩散特性。PNIPAM 在膜孔内的填充率越大，相同温度下 VB_{12} 的扩散系数越小。例如，当环境温度为 25℃时，VB_{12} 透过在 25℃下 PNIPAM 填充 N6 膜的扩散系数为 $0.62 \times 10^{-7} cm^2/s$，而透过在 60℃下 PNIPAM 填充 N6 膜的扩散系数为 $0.31 \times 10^{-7} cm^2/s$。膜孔内填充的 PNIPAM 凝胶越多，扩散通道越小，因此，在相同的环境温度下 VB_{12} 透过膜孔的扩散能力越小。对于在 25℃和 60℃下制备的 PNIPAM 填充 N6 膜，当环境温度处于 25 ~ 31℃时，VB_{12} 透过膜孔的扩散系数变化非常慢，而当温度处于 34 ~ 40℃时，扩散系数变化非常快。当温度由 31℃变化到 34℃时，扩散系数发生了急剧的变化，这是由于

PNIPAM 在此温度范围内发生了相转变（其 LCST 大约 32℃）。另外，N6 基材膜在相同的实验条件下其扩散系数没有在 31 ~ 34℃变化大。在低于 LCST 时，填充在膜孔内的交联 PNIPAM 凝胶处于溶胀状态，致使膜孔被凝胶填满，因此扩散系数比较低。反过来，当环境温度高于 PNIPAM 的 LCST 时，膜孔内的 PNIPAM 凝胶处于收缩状态，因此，膜上溶质的扩散通道变大，所以此时的扩散系数较高。当温度在 25 ~ 31℃或 34 ~ 40℃区间变化时，VB_{12} 透过 PNIPAM 凝胶填充膜的扩散系数变化很小，而且透过 N6 基材膜的扩散系数在 25 ~ 40℃范围内线性增加，这是由于 VB_{12} 的扩散性能随着温度的升高而增加的缘故。

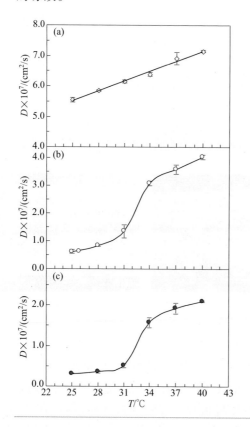

图2-15

VB_{12}透过N6基材膜（a）、25℃下制备的PNIPAM填充膜（b）和60℃下制备的PNIPAM填充膜（c）的温敏曲线[5, 12]

为了定量地描述填充膜的温敏扩散性能，将在 40℃下和 25℃下的扩散系数的比值定义为温度响应系数，具体如下：

$$R = \frac{D_{40}}{D_{25}} \qquad (2\text{-}4)$$

式中，R 为温度响应系数；D_{40} 和 D_{25} 分别为 40℃和 25℃下的扩散系数，

cm²/s。在25℃和60℃下填充PNIPAM凝胶的膜的温度响应系数分别为7.84和6.68。也就是说，在25℃下填充PNIPAM凝胶的膜的温度响应系数高于在60℃下填充PNIPAM凝胶的膜。当PNIPAM凝胶在25℃下制备时，其体积溶胀比高于在60℃下制备的凝胶，所以其温度响应系数较大。也就是说，构象变化和膜孔内PNIPAM凝胶的填充率决定了PNIPAM填充膜的温度响应特性。

为了验证填充在膜孔内PNIPAM凝胶的温敏性能的可重复性，在跨越PNIPAM的LCST两侧通过变化环境温度反复进行了扩散实验。选择的路线如下：25℃→40℃→25℃→40℃→25℃→40℃。PNIPAM填充膜温敏扩散性能的可重复性如图2-16所示。VB$_{12}$透过PNIPAM填充膜的温敏扩散性能重复性很好，意味着即使经过反复跨越LCST的温度变化，填充在膜孔内的PNIPAM凝胶依然保持着良好的溶胀-收缩特性。这是因为N6基材膜是三维蜂窝状多孔结构，因此NIPAM在利用自由基聚合法交联为PNIPAM凝胶时和N6基材形成了三维互穿网络。这种三维互穿网络构型能够有效地防止PNIPAM凝胶从基材中脱落，这样就可以制备温敏性能重复性极高的温敏膜。

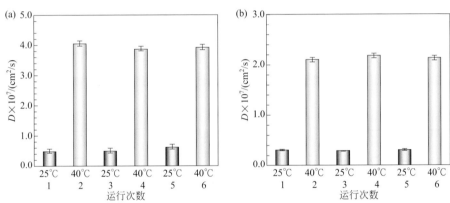

图2-16　在不同温度下制备的PNIPAM填充膜的温敏行为的可逆性[5, 12]
（a）25℃下制备的PNIPAM填充膜；（b）60℃下制备的PNIPAM填充膜

第二节
共混成膜法

共混成膜法通过在膜形成过程中共混引入智能材料，将智能材料的引入与膜的形成过程结合起来，可以实现一步法制备智能膜，因此具有易于规模生产的巨大潜力。

一、液体诱导相分离共混法

（一）共混具有响应型嵌段的两亲性嵌段高分子

笔者团队[13, 14]通过在液体诱导相分离法（liquid-induced phase separation，LIPS）制膜时向聚醚砜（PES）铸膜液中共混两亲性嵌段高分子聚苯乙烯 - 聚丙烯酸（PS-*b*-PAA）制备 pH 响应型聚醚砜复合智能膜（图 2-17）。制膜所用的 PES 铸膜液都用 *N,N*- 二甲基乙酰胺（DMAc）配制，PES 高分子的质量分数固定为 15%，凝固浴为纯水，温度固定在 15℃。液体诱导相分离法制膜的具体过程为：首先将高分子添加剂溶解于 DMAc 中，PES 在 120℃下真空干燥 4h，真空状态下降温至室温后加入 DMAc 溶液中，添加 PES 时保持溶液一直处于搅拌状态。搅拌直至溶液澄清后，密封并静置过夜以脱除一部分溶解的气体，然后在刮膜前常温条件下真空脱气 1h。将洗净并干燥的玻璃平板置于刮膜机上，调整刮刀距玻璃表面高度为 190μm，然后将新脱气的高分子溶液倾倒其上，调整刮刀水平移动速率刮出连续均匀的高分子溶液液膜。迅速将玻璃平板取下，水平放入纯水凝固浴。高分子液膜会在水中迅速固化成膜，并脱离玻璃平板。待膜脱离平板 20min 后，将制备好的膜转移到另一个纯水浴中继续洗涤其中残留的溶剂 DMAc，每 12h 换一次水，洗涤过程持续 2d。膜制备好后，一直保存于纯水中待用。所有膜的厚度通过测厚规测量，用于通量表征的膜的厚度为（105±5）μm。

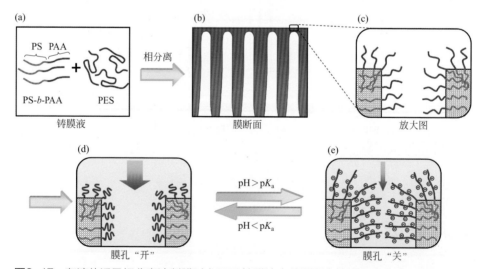

图2-17 在液体诱导相分离法制膜时向PES铸膜液中共混两亲性嵌段高分子PS-*b*-PAA（a）制备pH响应型聚醚砜复合智能膜 [（b），（c）]，以及pH响应特性原理示意图 [（d），（e）][13, 14]

PAA 嵌段在膜的整个断面的孔表面富集，通过 PSA$_{280}$-1.5 膜（添加两亲高分子 PS$_{130}$-b-PAA$_{280}$，摩尔比 1.5）和 PES 空白膜参照的罗丹明 B 染色实验来表征。通过图 2-18，膜在碱性罗丹明 B 溶液中浸泡的染色结果，可以清楚地看到在所有染色操作及荧光表征参数相同的情况下，整个 PSA$_{280}$-1.5 膜断面的荧光强度［图 2-18（e）］都明显强于 PES 膜［图 2-18（b）］。PES 膜非常弱的红色荧光是由于非特异性吸附造成的，而 PSA$_{280}$-1.5 的荧光则是因为罗丹明 B 中的叔胺与 PAA 中羧酸反应成盐造成的化学吸附。在普通光学通道和荧光通道照片的叠加结果中［图 2-18（c）和（f）］，荧光强度与膜结构结合的照片更加清晰地显示出了这种差异。另外，过滤染色实验也有类似于浸泡染色实验的结果，表明 50mL 1μmol/L 的罗丹明 B 溶液的过滤已经可以确保将膜整个断面的 PAA 高分子有效地染色；即使是过滤了 50mL 的染料，空白 PES 膜断面的荧光强度也很弱。浸泡和过滤染色后膜断面荧光强度的表征结果表明，在共混了 PS$_{130}$-b-PAA$_{280}$ 两亲高分子的膜中，整个断面都分布着 PAA 高分子。同时也说明两亲高分子可以稳定地留在膜中，而这也是膜具有稳定 pH 响应特性的基础。

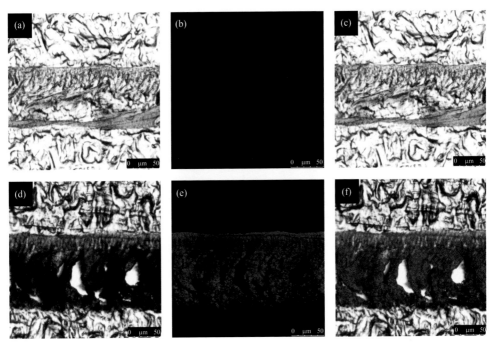

图2-18 PES膜［（a）~（c）］和PSA$_{280}$-1.5复合膜［（d）~（f）］断面的激光共聚焦照片[13, 14]

（a），（d）普通光学通道的照片；（b），（e）红色荧光通道的照片；（c），（f）两个通道照片的叠加。膜通过在碱性罗丹明 B 溶液中浸泡的方式染色。所有标尺表示50μm

智能膜响应外界环境刺激并产生渗透性能改变的速度也是其性能的重要指标，快速的刺激响应特性也是理想的性能。研究中对 pH 响应膜通量的 pH 响应速度也进行了考察，图 2-19 是 PSA_{72}-1 膜（添加两亲高分子 PS_{130}-b-PAA_{72}，摩尔比 1.0）［图 2-19（a）］和 PSA_{280}-1.5 膜［图 2-19（b）］的实验结果。对于 PSA_{72}-1 膜，过滤刚开始 pH = 8 的缓冲液的通量稳定在 175L/（m²·h），每个数据点是之前约 40s 的平均通量；当料液全部换为 pH = 3 的缓冲液，加压开始过滤并计时，前 40s 的平均通量达到了约 440L/（m²·h），后 3 次计时区间的平均通量保持在这个水平，但却有所下降。这表明在环境 pH 从弱碱性转换到酸性时，膜孔能在短时间内迅速响应 pH 的改变而"打开"，表现出膜水通量的增加。当将料液又全部换为 pH = 8 的缓冲液后，第一个计时区间的平均通量又回到了 175L/（m²·h）左右，表明膜孔的"关闭"同样迅速。在后续的 5 个循环中，膜的 pH 响应特性并没有明显改变。对于 PSA_{280}-1.5 膜，实验获得了非常类似的结果。只是由于 PSA_{280}-1.5 膜在 pH = 3 时通量相对较小，一次平均通量的计时时间延长至 120s。在近 2h 的循环测定中，膜孔快速响应酸性和碱性环境而相应"开"和"关"的性能表现得很稳定。这组实验很好地证明，共混了线型两亲高分子的pH 响应膜，其渗透性能快速响应环境 pH 的特点。

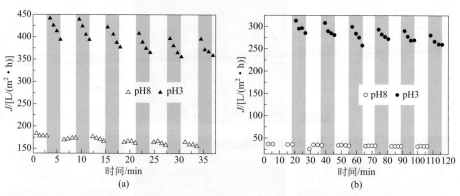

图2-19　PSA_{72}-1膜（a）和PSA_{280}-1.5膜（b）水通量的快速pH响应特性[13, 14]

（二）共混响应型聚合物微球

　　通过液体诱导相分离法制备的聚醚砜膜一般为多孔的非对称超滤膜，具有典型的两层结构，一层为厚度很薄的致密皮层，孔径较小，过滤与分离的阻力大，这是决定膜性能与功能的主要结构，承担着分离的作用；而另外一层则为大孔状的或是海绵结构的支撑层，这一层的过滤与分离的阻力小，一般是起到支撑和增强膜结构和机械强度的作用，而对过滤与分离和膜的截流性能没有决定性作用。

笔者团队[15, 16]利用在聚醚砜铸膜液中共混 PNIPAM 微球、液体诱导相分离成膜的方法，制备得到具有温度响应特性的智能膜，其温度响应原理如图 2-20 所示。分布在复合膜表面的 PNIPAM 微球和致密皮层的 PNIPAM 微球在制膜的过程中被紧紧地"镶嵌"在膜内部结构当中。在温度低于 PNIPAM 的 VPTT 时，微球处于溶胀状态，此时即为微球与膜主体之间紧紧地包裹在一起，使致密皮层这一主要过滤层的通道被堵塞而起到"关"的作用；而当温度高于 PNIPAM 的 VPTT时，原本被膜主体所紧紧包埋的 PNIPAM 微球因为脱水收缩而导致中间产生空隙，使得原本被堵塞的通道重新打开，这时表现出来即为"开"的状态。通过对温度的调控而控制 PNIPAM 微球溶胀与收缩的这一过程，实现了膜对温度响应的特性。

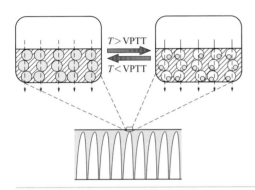

图2-20
液体诱导相分离法制备的共混PNIPAM微球的聚醚砜膜温度响应原理[15, 16]

不同 PNIPAM 微球含量的聚醚砜复合膜在不同温度下的水通量如图 2-21所示，相同的膜在高温时其水通量都要大于在低温时的水通量，其原因有以下三点：

① 根据哈根-泊肃叶（Hagen-Poiseuille）方程可以知道，决定其通量的大小与压力降、孔径大小、膜厚度以及流体的黏度这些因素相关，在其他条件不变的情况下，因为温度的升高导致流体黏度的减小，所以其水通量有增加的趋势。

② 由于包埋在聚醚砜膜内的 PNIPAM 微球在环境温度变化时，所发生的构相变化。在外界环境温度低于其 VPTT 时，PNIPAM 微球处于溶胀的状态导致膜孔被堵塞，此时膜孔处于"关"的状态下，所以水通量较小；当外界环境温度高于其 VPTT 时，PNIPAM 微球失水收缩导致膜孔被打开，此时膜孔处于"开"的状态下，所以水通量较大。

③ PNIPAM 微球导致膜表面和断面上会出现多孔的结构，影响水通量的因素之一即是单位面积上的孔的个数，随着微球含量的增加，复合膜的上表面以及断面结构上孔个数变多同时也会导致其通量增大。

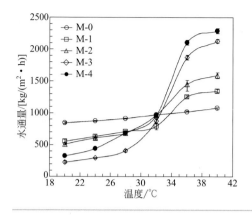

图2-21

不同PNIPAM微球含量的聚醚砜复合膜在
不同温度下的水通量[15, 16]

M-0、M-1、M-2、M-3、M-4分别代表PNIPAM
微球含量（质量分数）为0%，5.7%，8.6%，
11.4%和17.1%

　　对于纯 PES 膜，在 20℃时的水通量略低于 40℃时水通量，是因为温度的改变导致水黏度的变化。对于添加有 PNIPAM 微球的膜，可以看出其在 40℃时的通量都远大于 20℃时的通量，这是因为除了纯水黏度的变化以外，其中添加的 PNIPAM 微球构相变化也引起了通量的变化。添加有 PNIPAM 微球的膜在低温时水通量都比基材膜要小，除了微球含量为 17.1% 的复合膜以外，其他复合膜的水通量都随着微球含量的增加依次变得越来越小。在温度高于 PNIPAM 的 VPTT时，添加有 PNIPAM 微球的复合膜水通量比纯 PES 基材膜的水通量要大，并且随着 PNIPAM 微球含量的增加依次变大。这是因为在复合膜内部 PNIPAM 微球含量的增加使得微球在膜内部的密度越来越大，也即是说 PNIPAM 微球在膜内的分布会占据越来越多的空间即堵住的膜孔也越来越多，这样其在低温时的溶胀状态下因为堵住的膜孔增多，所以水通量较低。在温度高于其 VPTT 时，高含量的微球失水退溶胀收缩后形成的空腔结构也就相比低含量的微球收缩后形成的空腔结构多，也即是说形成的孔道就会相对增多，这就会使得在高温时复合膜的水通量依次增加。在这时，因为复合膜内部 PNIPAM 微球溶胀和收缩对膜的平均孔径的影响有着主导的作用，所以通量的变化主要归结于平均孔径的变化。但是，对于高含量微球的复合膜来说，通量不仅仅取决于孔径的大小，同时也取决于单位面积上孔的个数，当 PNIPAM 微球含量为 17.1% 时，复合膜的水通量要略大于微球含量为 11.4% 的复合膜，但是依旧小于纯 PES 基材膜。因为在微球含量过大时，微球所能堵住的膜内的孔道已经固定，也就是说全部的孔道已经被微球以一定的密度堵塞了，即使过多的微球加入也没有办法进一步填充到膜表面致密皮层的孔洞当中，这时继续增加 PNIPAM 微球的含量也不会导致复合膜平均孔径的变化；但是，却会影响到膜表面和断面结构上的孔洞个数。在这时孔的个数成为影响其在低温时水通量的主导因素，所以其通量变化有升高的趋势。同时，可以发现在高温时水通量有所增加，这也是因为其孔径的变化已经是非主导

因素，而孔的个数占据主导因素而导致的通量增加。

　　复合智能膜的分离性能除了温度响应性以外，还应该具有可重复使用的能力，可以在反复多次的使用当中保持其温度响应性和分离性。为了进一步地考察其可重复性，对温度响应性最明显的编号为 M-3 的复合膜做重复的水通量实验，选定温度为 20℃和 40℃，在重复的低温和高温时测定其水通量的变化来表征复合膜的重复使用性能。图 2-22 是重复开关条件下的水通量，可以看出连续重复三次以后，低温和高温的通量都几乎没有变化，依旧表现出良好的温度响应性。说明这种共混包埋有 PNIPAM 微球的复合智能膜具有良好的可重复性能。

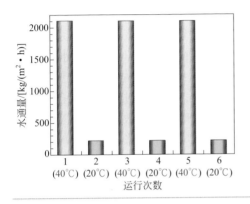

图2-22
共混PNIPAM微球的温度响应性PES复合膜M-3的可重复特性[15, 16]

二、蒸汽诱导相分离共混法

1. 蒸汽诱导相分离共混法制备共混响应型聚合物微球智能膜的策略

　　上述将智能材料与成膜材料共混、进而通过液体诱导相分离（LIPS）法成膜的这类制备方法，其突出优势在于其成膜过程快捷简便，利于进行工业放大；但是，也是由于 LIPS 法成膜速度太快，在一定程度上存在难以调控智能材料在膜中分布等缺点。本书作者团队[17-19] 提出了一种在蒸汽诱导相分离（vapor-induced phase separation，VIPS）过程中诱导响应型聚合物凝胶微球组装在膜孔表面作为功能性开关，制备同时具有高通量、快速响应能力和优良力学性能的智能开关膜的新策略。与 LIPS 过程相比，由于动力学条件的不同，VIPS 的过程是非常缓慢的。通常，VIPS 过程中铸膜液需要数分钟的时间完成固化。因此，在 VIPS 过程中可以更加灵活地调节膜的结构和形貌。但在 VIPS 过程中一般会得到具有对称胞状孔结构的聚合物膜，由于这些胞状孔之间的互通性很差，导致跨膜通量很低［图 2-23（a），（b）］。所以，这一封闭的对称胞状孔结构是不利于膜的应用的。笔者团队[17-19] 尝试利用这类尺寸均一、分布均匀的对称胞状孔结构，并设计一种简单可控的策略使聚合物微球在相分离过程中迁移到膜孔／基材界面上，通过这一过程可有效地改善膜孔间的互通性［图2-23（e），（f）］。在论证制膜策略的实验中，使用了典型的具有温度响应能力的PNIPAM聚合物微球，其体积相转变温度（VPTT）约为32℃，在环境温度跨过该温度时，PNIPAM聚合物微球的体积会在很短的时间内发生显著的可逆转变。通过在成膜前将PNIPAM聚合物微球和聚醚砜铸膜液简单混合，接下来，在VIPS制膜过程中，聚合物微球在生长粗化的膜孔／基材界面上发生原位组装。具体地说，分散在聚醚砜铸膜液中的PNIPAM聚合物微球吸附在生长的膜孔／基材界面上，是由系统界面能的降低（ΔG_1）引起的，而由于聚合物微球从膜孔／基材界面上脱离需要克服增长的系统界面能（ΔG_2），所以聚合物微球倾向于停留在膜孔／基材界面上，因为该种情况下系统界面能是最低的［图2-23（c），（d）］。同时，PNIPAM在25℃时是具有亲水性的，所以PNIPAM聚合物微球在生长的膜孔／基体界面上组装的过程中会吸收更多的水到生长的膜孔中，进而使得固化后的膜孔尺寸增大，且在该过程中胞状孔之间的连通性也会得到提升，处于膜孔连接处的聚合物微球作为温敏性开关。当环境温度低于PNIPAM聚合物微球的VPTT时，聚合物微球处于溶胀状态，此时开关是关闭的。而当环境温度高于PNIPAM聚合物微球的VPTT时，聚合物微球处于收缩的状态，此时开关变为开启状态［图2-23（g），（h）］。因为这些具有组装聚合物微球作为开关的膜孔是相互连通的，这些温敏开关就如同一系列的三维互通的开关网络将膜孔连接起来，由于这种独特的内部结构［图2-23（i）～（l）］，该温敏智能开关膜可以同时表现出高通量、显著而快速的响应能力和优良的力学性能。

2. 蒸汽诱导相分离共混法制备共混响应型聚合物微球智能膜的结构与性能

使用沉淀聚合法制备的PNIPAM聚合物微球在干态和湿态下的形貌如图2-24 a1和a2所示。场发射扫描电镜和激光共聚焦图片均显示该方法得到的聚合物微球具有良好的单分散性和球形度。在风干状态下，扫描电镜图片显示干态时PNIPAM聚合物微球的平均尺寸在400nm左右。如图2-24 a3所示，动态光散射数据显示PNIPAM聚合物微球在水中约32℃附近表现出显著的温度敏感性体积变化。在20℃时PNIPAM聚合物微球的水力学直径约为820nm，在44℃时显著收缩为约400nm。

为了研究PNIPAM聚合物微球含量对膜结构和性能的影响，制备了不同PNIPAM聚合物微球含量的PES温敏智能复合膜，其断面和表面结构如图2-24（b）～（f）所示。加入PES中的PNIPAM聚合物微球的质量与PES高分子聚合物的质量比，被定义为复合膜中PNIPAM聚合物微球含量。PNIPAM聚合物微球的含量从0逐级增加到17.00%。扫描电镜的图片显示，PNIPAM聚合物微球的混入显著地影响了膜孔的结构。作为空白参照的未添加聚合物微球的空白膜在整个膜断面显示出典型的对称胞状孔结构，其膜表面上孔的尺寸和数量也都非常小［图 2-24（b）］。正如设计那样，混合在 PES 铸膜液中的 PNIPAM 聚合物微球出现在膜孔的表面［图 2-24（c）～（f）］。放大的扫描电镜图片清晰地显示出，PNIPAM 聚合物微球在膜孔表面有序地排列，并大量地位于相互贯通的膜孔的交界处，起到开关阀门的作用。总的来说，随着聚合物微球的含量从 4.25% 增加到 17.00%，处于膜孔和表面上的 PNIPAM 聚合物微球的数量会显著增加，膜孔间的互通性也会显著提升［图 2-24（c）～（f）］。

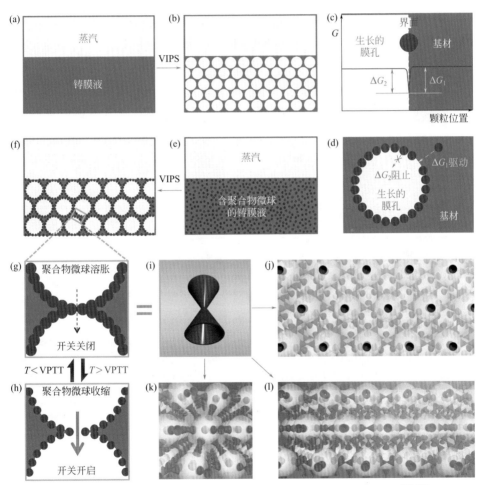

图2-23 蒸汽诱导相分离共混法制备共混响应型聚合物微球智能膜的示意图[17-19]

（a），（b）蒸汽诱导相分离法制备对称胞状孔多孔膜过程；（c），（d）聚合物微球在膜孔/基材界面的组装原理；（e），（f）聚合物微球组装在膜孔表面的多孔膜的制备过程；（g），（h）组装聚合物微球实现温敏开关功能的放大示意图；（i）～（l）功能开关和连接膜孔的互通开关网络的3D示意图

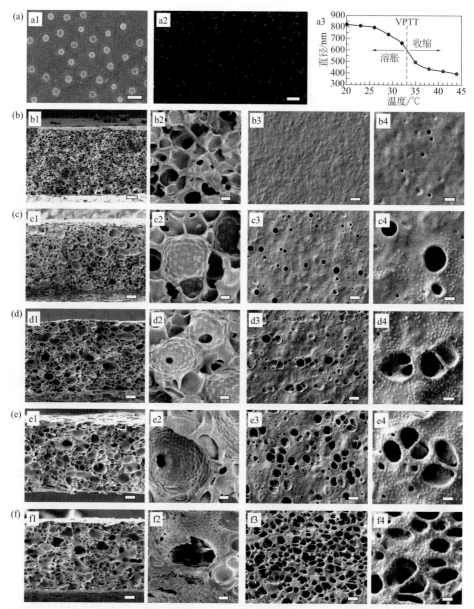

图2-24 （a）PNIPAM聚合物微球的干态扫描电镜图（a1，标尺为1μm）、湿态下激光共聚焦显微镜荧光图（a2，标尺为3μm）以及在水中的温敏性水力学直径变化图（a3）；（b）VIPS法制备PES空白膜的断面（b1和放大图b2）和表面（b3和放大图b4）扫描电镜图片；（c）~（f）VIPS法制备PES复合温敏膜的断面（c1~f1和放大图c2~f2）和表面（c3~f3和放大图c4~f4）扫描电镜图片，对应聚合物微球含量分别为4.25%（c）、8.50%（d）、12.75%（e）和17.00%（f），对应标尺分别为10μm（b1~f1和b3~f3）、1μm（b2~f2）以及3μm（b4~f4）[17-19]

具有足够多的组装迁移到膜孔表面的 PNIPAM 聚合物微球作为温度响应开关的 PES 复合膜同时表现出高通量和显著的响应性能（图 2-25）。作为参照的空白 PES 膜，由于不含 PNIPAM 聚合物微球，膜孔间的互通性是很差的，以致跨膜水通量非常低。随着温度增加，水的黏度降低，水通量有微小的增加。而随着膜中 PNIPAM 聚合物微球含量的增加，跨膜水通量显著增加，这一结果是由于 PNIPAM 聚合物微球的添加使得膜孔增大，且膜孔间互通性提升。进一步分析，随着 PNIPAM 聚合物微球含量的增加，表面膜孔数目进一步增加，膜孔孔径进一步变大，膜孔间互通性也显著提升，实现的效果就是跨膜流体传输通道的增加，使得水通量增大。随着聚合物微球的含量达到 17.00%，在 44℃和 0.2MPa 的操作压力下跨膜水通量高达 8558kg/（m²·h）。

同时，随着 PNIPAM 聚合物微球组装在膜孔 / 基材界面上，制备的 PES 复合膜表现出显著的温敏特性［图 2-25（a）］。其中水通量在 32℃附近出现急剧变化，即 PNIPAM 聚合物微球的 VPTT 附近。当环境温度低于 32℃时，PNIPAM 聚合物微球处于溶胀状态，膜孔是关闭的，所以跨膜水通量较低；相反地，当环境温度高于 32℃时，PNIPAM 聚合物微球处于收缩状态，膜孔打开，所以水通量提升。进一步地，为了定量描述膜的温敏特性，设定在 0.2MPa 下，39℃水通量与 20℃水通量的比值为温敏响应系数（$R_{39/20}$）。自然地，膜中混合 PNIPAM 聚合物微球的含量越大，就越多 PNIPAM 聚合物微球充当温敏开关，从而使得膜的温敏性更为显著。当 PNIPAM 聚合物微球的含量为 17.00% 时，温敏性系数高达 10.2［图 2-25（b）］。如图 2-25（c）所示，为了确认位于膜孔 / 基材界面的 PNIPAM 聚合物微球的稳定性，实验中将温度固定在 20℃和 39℃下线性地增加操作压力，结果表明跨膜水通量随操作压力的增加而线性增加，说明 PNIPAM 聚合物微球在膜中能稳定存在并在一定压力范围内持续稳定发挥作用。此外，实验中使用 DLS 测量跨膜溶液，结果显示跨膜水溶液中没有可检测物质，进一步说明 PNIPAM 聚合物微球能稳定地存留在膜中。同时，实验中制备的 PES 复合膜在温敏性方面拥有优良的可逆性和可重复性。如图 2-25(d) 所示，通过在 20℃和 39℃间反复切换跨膜溶液的温度，可以发现在循环操作过程中跨膜水通量基本稳定。而且，即使是在膜已被放置达到 70d 后，其温敏性能依然十分稳定。

笔者团队 [17, 20] 通过系统调节蒸汽诱导相分离过程中湿膜在蒸汽相中的暴露时间、蒸汽相温度和湿度等制膜参数，系统地研究了湿膜在蒸汽相中的暴露时间及蒸汽相温度和湿度对膜结构、性能以及聚合物微球在膜基材中的迁移过程的影响规律。在蒸汽相中的暴露过程，是 VIPS 法和 LIPS 法的本质区别，也是使得膜结构和性能发生重大变化的根本原因，所以我们在 LIPS（即暴露时间 0min）和完整 VIPS（暴露时间 20min）之间选取多个时间点，观察膜结构变化和聚合

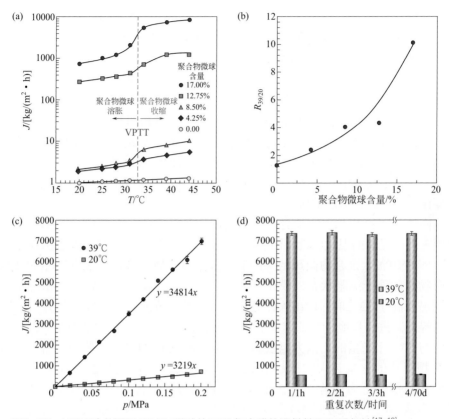

图2-25 VIPS法共混PNIPAM微球的PES复合膜的温敏性和可重复性[17-19]

（a）不同聚合物微球含量PES复合温敏膜的水通量，跨膜压力为0.2MPa；（b）聚合物微球含量对PES复合温敏膜响应系数的影响；（c）跨膜压力对跨膜水通量的影响，微球含量为17.00%，在39℃和20℃下进行实验；（d）温敏跨膜水通量的可重复性，微球含量为17.00%，跨膜压力为0.2MPa

物微球在其中的迁移情况，并研究了不同批次膜的性能变化规律。以蒸汽温度25℃、相对湿度70%条件下制备成膜为例，当暴露时间从0min增加到1.5min，在膜表面和膜孔表面都很难观察到PNIPAM聚合物微球；但当暴露时间达到2min时，可以在膜表面和膜孔表面看到少量的PNIPAM聚合物微球。当进一步延长暴露时间，PNIPAM聚合物微球完全地从聚合物溶液中移动到膜孔/基材界面，所以可以在电镜图片中更清晰地观察到更多的聚合物微球。如图2-26所示，成膜过程中，PNIPAM聚合物微球均匀地分散在铸膜液中，在蒸汽诱导相分离过程开始之后，它会由于其在25℃的亲水性逐渐吸收水分向孔和基材相的界面移动，同时还伴随着不规则的布朗运动。如果暴露时间较短，PNIPAM聚合物微球还没能在铸膜液固化之前到达孔/基材界面，伴随着接下来的LIPS过程，PNIPAM聚合微球在铸膜液快速固化的过程中也被固定在了膜基材中［图 2-26（a）～（d）］。反之，当暴露时间延长至 2min 时，膜结构发生临界转变，同时，PNIPAM 聚合物微球也部分到达了孔和基材的界面［图 2-26（d）～（e）］。而一旦当 PNIPAM 聚合物微球到达孔和基材相界面时，由于系统界面能趋于最低的原理，聚合物微球会固定在相界面。随着暴露时间延长到 20min，由于系统界面能趋于最低的作用，更多的 PNIPAM 聚合物微球会进一步地移动到孔和基材相的界面，从而在该界面出现大量的聚合物微球［图 2-26（f）～（h）］。这些 PNIPAM 聚合物微球作为智能膜的开关，在环境温度变化时可调节膜的跨膜水通量。上述结果说明，充足的暴露时间对于 PNIPAM 聚合物微球从聚合物溶液中移动到孔和基材相界面是非常重要且很有必要的。

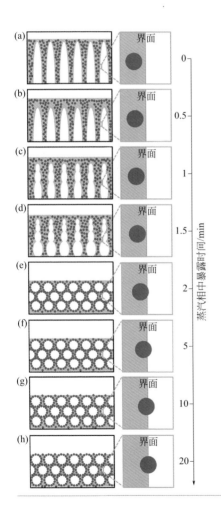

图2-26

VIPS法制备PES复合膜结构和共混
PNIPAM聚合物微球位置随铸膜液在蒸
汽中暴露时间变化的示意图[17, 20]

制备条件：蒸汽温度25℃，蒸汽相对湿度70%。
暴露时间分别对应为0min（a），0.5min（b），
1min（c），1.5min（d），2min（e），5min（f），
10min（g），20min（h）

3. 蒸汽诱导相分离共混法制备条件对智能膜性能的影响

笔者团队[17, 20]系统研究了 VIPS 制膜条件对 PES 复合温敏膜温敏性能的影响。如图 2-27，当水温从 20℃提高到 39℃，在不同制膜条件下制备的 PES 复合膜的跨膜水通量都表现出显著的增长［图 2-27（a），（c），（e）］。这一结果说明由于共混在高分子膜中的 PNIPAM 聚合物微球具有显著的温敏性，所以所有的 PES 复合膜都具有温敏特性。同时，PES 复合膜的跨膜水通量和温敏特性都受到膜微结构和 PNIPAM 聚合物微球分布的影响。在同样的操作温度下，具有典型 VIPS 结构的高分子膜的水通量要显著大于那些具有典型 LIPS 结构的高分子膜。这是因为具有典型 VIPS 的膜在整个断面有着会使跨膜阻力降低更多的大孔和更薄的膜厚。如图 2-27（b）、（d）、（f），在不同制膜条件下制备的 PES 复合膜的温敏响应系数变化趋势是相似的。具有典型 LIPS 结构的膜的温敏响应系数（$R_{39/20}$）值在临界暴露时间前出现了一个峰值，这一峰值明显大于具有 VIPS 结构膜的温敏响应系数。这是因为在暴露时间变化时，高分子膜在 20℃和 39℃下跨膜水通量的变化趋势不同。在暴露时间较短时，由于致密皮层的存在，高分子膜的跨膜水通量在 20℃时变化不大［图 2-27（a），（c），（e）］。当制膜的暴露时间接近临界暴露时间，在膜表面和整个断面出现了大量的微孔，这导致在 20℃时的跨膜水通量出现增长。同时，39℃下的跨膜水通量随着暴露时间的增长逐渐地增大。所以，39℃和 20℃下跨膜水通量的比值在临近暴露时间时出现了极大值。而对于具有典型 VIPS 结构的膜，其 $R_{39/20}$ 值随着暴露时间的增加而线性地增大。为了进一步分析这一现象，选择在蒸汽温度为 25℃、相对湿度为 70% 时制备的膜为例，在暴露时间从 0min 增大到 1min 的过程中，尽管高分子膜依然是典型的厚实皮层和指状孔的 LIPS 结构，但膜表面的断面微结构在逐渐地变得多孔。同时，20℃和 39℃下跨膜水通量以不同的速率改变。当暴露时间为 0.5min，在水温为 20℃时，跨膜水通量从 62.4kg/（$m^2 \cdot h$）增加到 72.6kg/（$m^2 \cdot h$）；而在水温为 39℃时，跨膜水通量从 984.6kg/（$m^2 \cdot h$）增加到了 2701.0kg/（$m^2 \cdot h$）。所以，随着暴露时间从 0min 增加到 1min，PES 复合膜的 $R_{39/20}$ 值从 14.2±1.6 增加到峰值的 43.2±4.3［图 2-27（b）］。当暴露时间为 1.5min 时，膜微结构的变化累积到了一个临界点，在膜表面和断面都出现了许多较大的微孔，使得 20℃下的跨膜水通量快速增加到了 133.6kg/（$m^2 \cdot h$），进而 $R_{39/20}$ 值回落到 24.3±1.8。在暴露时间达到 2min 时，由于形成了典型的 VIPS 结构且膜厚减小，20℃时跨膜水通量立即增大到了 606.6kg/（$m^2 \cdot h$）。由于暴露时间 2min 增大到 20min 的过程中，膜微结构没有明显的变化，所以在 20℃时的跨膜水通量也相对稳定。同时，随着暴露时间的延长，PNIPAM 聚合物微球向膜孔和基材界面迁移的程度和数目都增加，所以在 39℃时的跨膜水通量有小幅度的增大，进而使得具有典型 VIPS 结构的膜的温敏响应系数从 6.5±1.1 线性增加到 10.2±1.6［图 2-27（b）］。

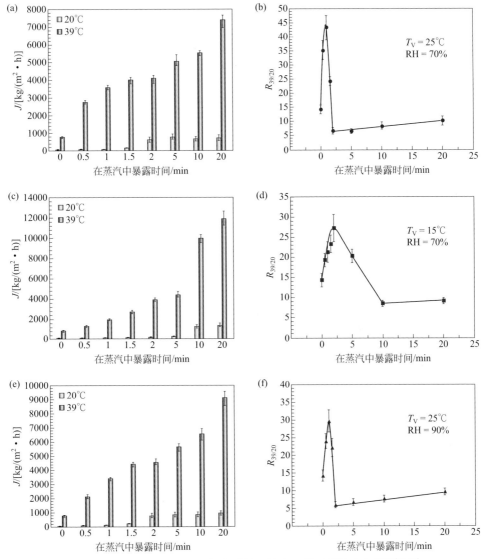

图2-27 不同VIPS条件下制备的PES复合膜的温敏水通量和温敏响应系数[17, 20]

（a），（b）制备条件25℃/70%；（c），（d）制备条件15℃/70%；（e），（f）制备条件25℃/90%

　　综上所述，通过蒸汽诱导相分离法诱导响应型聚合物微球组装固定在膜孔表面作为功能开关的方法，可制备出具备高通量和显著响应性能的智能膜，有望在水处理、控制释放、化学／生物分离、化学检测器、化学阀门和工业催化等领域发挥重要作用。同时，该策略还有望用于制备用途广泛的其他响应型纳米颗粒固定在孔中的多孔响应型膜材料，包括智能开关膜、智能催化膜、抗污染膜，等等[21-23]。

参考文献

[1] 谢锐. 温度响应与分子识别型智能核孔膜的制备与性能研究 [D]. 成都：四川大学，2007.

[2] Xie R, Chu L Y, Chen W M, et al. Characterization of microstructure of poly (*N*-isopropylacrylamide) -grafted polycarbonate track-etched membranes prepared by plasma-graft pore-filling polymerization[J]. Journal of Membrane Science, 2005, 258(1-2):157-166.

[3] Chu L Y, Niitsuma T, Yamaguchi T, et al. Thermo-responsive transport through porous membranes with grafted PNIPAM gates[J]. AIChE Journal, 2003, 49(4):896-909.

[4] Matyjaszewski K, Xia J H. Atom transfer radical polymerization[J]. Chemical Reviews, 2001, 101(9):2921-2990.

[5] 李鹏飞. 温度、乙醇和 pH 响应型智能膜的制备及性能研究 [D]. 成都：四川大学，2010.

[6] Li P F, Xie R, Jiang J C, et al. Thermo-responsive gating membranes with controllable length and density of poly (*N*-isopropylacrylamide) chains grafted by ATRP method[J]. Journal of Membrane Science, 2009, 337(1-2):310-317.

[7] 吴成静. 接枝温敏微球的新型智能膜的制备及性能研究 [D]. 成都：四川大学，2012.

[8] Wu C J, Xie R, Wei B, et al. A thermo-responsive membrane with cross-linked smart gates via "grafting-to" method[J]. RSC Advances, 2016, 6(51):45428-45433.

[9] 张磊. 基于多巴胺自聚合可控构建温敏及催化功能纳米表面的研究 [D]. 成都：四川大学，2017.

[10] 张磊，褚良银，刘壮，等. 一种温度响应型复合开关膜的制作方法：ZL201710348441.4[P]. 2020-08-21.

[11] Zhang L, Liu Z, Liu L Y, et al. Nanostructured thermo-responsive surfaces engineered via stable immobilization of smart nanogels with assistance of polydopamine[J]. ACS Applied Materials & Interfaces, 2018, 10(50):44092-44101.

[12] Li P F, Ju X J, Chu L Y, et al. Thermo-responsive membranes with crosslinked poly (*N*-isopropylacrylamide) hydrogels inside porous substrates[J]. Chemical Engineering and Technology, 2006, 29(11):1333-1339.

[13] 罗涛. 两亲嵌段聚合物共混法制备 pH 响应智能膜的研究 [D]. 成都：四川大学，2013.

[14] Luo T, Lin S, Xie R, et al. pH-Responsive poly (ether sulfone) composite membranes blended with amphiphilic polystyrene-block-poly (acrylic acid) copolymers[J]. Journal of Membrane Science, 2014, 450: 162-173.

[15] 王冠. 包埋有聚 *N*- 异丙基丙烯酰胺微球的温度响应型聚醚砜复合膜的制备与性能研究 [D]. 成都：四川大学，2012.

[16] Wang G, Xie R, Ju X J, et al. Thermo-responsive polyethersulfone composite membranes blended with poly (*N*-isopropylacrylamide) nanogels[J]. Chemical Engineering and Technology, 2012, 35(11):2015-2022.

[17] 骆枫. 蒸汽诱导相分离法制备温敏型智能开关膜和催化膜的研究 [D]. 成都：四川大学，2017.

[18] 骆枫，褚良银，谢锐，等. 聚醚砜温度刺激响应膜及其制备方法：ZL201410532365.9[P]. 2016-08-24.

[19] Luo F, Xie R, Liu Z, et al. Smart gating membranes with in situ self-assembled responsive nanogels as functional gates[J]. Scientific Reports, 2015, 5: 14708.

[20] Luo F, Zhao Q, Xie R, et al. Effects of fabrication conditions on the microstructures and performances of smart gating membranes with in situ assembled nanogels as gates[J]. Journal of Membrane Science, 2016, 519: 32-44.

[21] 李晓迎. 微米液滴 / 凝胶颗粒对二氧化碳和温度响应型智能膜的结构和性能的调控 [D]. 成都：四川大学，2019.

[22] Li X Y, Xie R, Zhang C, et al. Effects of hydrophilicity of blended submicrogels on the microstructure and performance of thermo-responsive membranes[J]. Journal of Membrane Science, 2019, 584: 202-215.

[23] Xie R, Luo F, Zhang L, et al. A novel thermo-responsive catalytic membrane with multi-scale pores prepared via vapor-induced phase separation[J]. Small, 2018, 14(18):1703650.

第三章
温度响应型智能膜

第一节　具有正向响应特性的温度响应型智能开关膜和纳米凝胶复合智能膜 / 054

第二节　具有反向响应特性的温度响应型智能开关膜 / 115

在众多的刺激信号中，温度是最容易设计和控制的一种，因此，温度响应开关膜倍受人们的关注[1]。根据刺激响应型聚合物的不同响应特性，温度响应型智能膜可分为具有正向响应特性的温度响应型智能膜和具有反向响应特性的温度响应型智能膜两种[2]。前者的渗透性随温度的升高而增加，而后者的渗透性则随温度的升高而降低。这是因为具有正向响应特性的温度响应型智能膜上的温度响应型聚合物具有低临界溶解温度（lower critical solution temperature，LCST）或体积相转变温度（volume phase transition temperature，VPTT）[3, 4]，即聚合物链的构象随温度升高由伸展变为蜷缩，或者聚合物凝胶的体积由溶胀变为收缩，使得智能膜的孔径增大、渗透性增加。相反地，具有反向响应特性的温度响应型智能膜则结合了具有高临界溶解温度（upper critical solution temperature，UCST）的聚合物[5]，温度升高时聚合物溶胀，智能膜的渗透性减小。典型的具有LCST的聚合物是聚（N-异丙基丙烯酰胺）（PNIPAM），它有响应速度快（< 30s[6]）、其LCST（约为32℃）与人体温度接近且可调节等特点。具有UCST的聚合物则以基于磺酸甜菜碱类两性离子聚合物[7-9]和半互穿网络结构的聚丙烯酸/聚丙烯酰胺类聚合物[2, 5, 10]为代表。具有上述两种响应模式的温度响应型智能膜可以适应不同的应用场合，在许多领域如药物释放、化学分离、组织工程等方面有着诱人的潜在应用前景。

第一节
具有正向响应特性的温度响应型智能开关膜和纳米凝胶复合智能膜

一、具有正向响应特性的温度响应型智能开关膜

（一）采用等离子体诱导填孔接枝聚合法制备具有正向响应特性的温度响应型智能开关膜

1. 具有正向响应特性的温度响应型智能开关膜的设计

采用等离子体诱导填孔接枝聚合法[11, 12]在不同材料和结构的多孔基材的膜孔中接枝PNIPAM均聚物、添加亲水性单体（丙烯酰胺，AAM）或疏水性单体（甲基丙烯酸丁酯，BMA）的PNIPAM共聚物作为智能开关，制备具有正向响应

特性的温度响应型智能开关膜。利用膜表面和膜孔内的接枝聚合物在其 LCST 上下的构象变化，调节接枝膜孔径，从而利用环境温度调控接枝膜的渗透性等性能。谢锐[1] 等系统研究了智能膜的填孔率或接枝率对其微观结构、渗透性能和响应性能的影响，揭示了智能膜响应温度的调节规律。

2. 具有正向响应特性的温度响应型智能开关膜的制备

以具有指状直通孔的聚碳酸酯核孔（polycarbonate track-etched，PCTE）膜、具有皮层和多孔亚层的非对称聚偏氟乙烯（polyvinylidene fluoride，PVDF）微孔膜作为多孔基材膜。PCTE 膜的平均孔径为 0.2μm，孔密度为 3×10^8 个 /cm²，厚度为 10μm。PVDF 膜的平均孔径为 0.22μm，厚度约为 100μm。上述多孔基材膜经过预处理和氩等离子体引发处理后，与反复"冻 - 融"脱气后的单体溶液接触，并在一定的温度下聚合反应一定时间，结束后清洗、干燥待用[1, 2, 13, 14]。

3. 基于聚碳酸酯核孔基材膜的具有正向响应特性的温度响应型智能开关膜的表征和温度响应性能 [1, 15]

（1）PNIPAM-g-PCTE 智能开关膜填孔率的定义　根据前人的研究结果[13]，假设 PNIPAM 是均匀地接枝在 PCTE 膜的表面及孔中（图 2-1），得到的温度响应型智能开关膜 PNIPAM-g-PCTE 的接枝量大小用填孔率（pore-filling ratio）F 表示［式（3-1）］，即接枝在膜孔中的 PNIPAM 体积占膜孔总体积的百分数。

$$F = \frac{V_{p.g}}{V_p} = 1 - \left(\frac{d_g}{d_0}\right)^2 = 1 - \left(1 - \frac{2\delta}{d_0}\right)^2 \tag{3-1}$$

式中，$V_{p.g}$ 是膜孔中 PNIPAM 接枝层的体积，cm³；V_p 是接枝前膜孔的总体积，cm³；d_0，d_g 分别是接枝前和接枝后 PCTE 膜的平均孔径，cm；δ 是 PNIPAM 接枝层的平均厚度，cm。

根据 PNIPAM 均匀接枝在膜表面和孔内这一假设，δ 可由 PNIPAM 接枝层的总体积除以膜的总接枝面积［式（3-2）］得到。PNIPAM 接枝层的总体积可通过膜在接枝后的增重除以 PNIPAM 的密度［式（3-3）］得到。膜的总接枝面积包括膜的外表面积和所有孔的内表面积，通过膜的长、宽、厚度、孔密度和孔径来计算［式（3-4）~式（3-6）］。

$$\delta = \frac{V_g}{A} \tag{3-2}$$

式中，V_g 为 PNIPAM 接枝层的总体积，cm³；A 为膜的总接枝面积，cm²。

$$V_g = \frac{W_g - W_0}{\rho} \tag{3-3}$$

式中，W_0，W_g 分别为 PCTE 膜接枝前和接枝后的重量，g；ρ 为 PNIPAM 接

枝链的密度，视为 1g/cm³[13]。

$$A=A_\text{p}+A_\text{s} \tag{3-4}$$

式中，A_p 和 A_s 分别代表所有膜孔内表面的接枝面积之和和膜外表面的接枝面积之和，分别由式（3-5）和式（3-6）计算得到。

$$A_\text{p} = n\pi d_0(ab)L \tag{3-5}$$

$$A_\text{s} = 2(a+b)L + 2(ab)(1-n\pi d_0^2/4) \tag{3-6}$$

式中，n 为孔密度，即单位面积上的孔数量，个/cm²；a 和 b 分别为膜的宽、长，cm；L 为膜厚度，cm。

（2）PNIPAM-*g*-PCTE 智能开关膜的化学组成 PCTE 基材膜和不同填孔率的 PNIPAM-*g*-PCTE 膜的 XPS 谱图如图 3-1 所示。PCTE 膜的 N1s 谱图中没有特征峰出现［图 3-1（a）］，说明基材膜中不含有氮元素。与之相比，PNIPAM-*g*-PCTE 接枝膜在结合能为 399.7eV（C—N 键中的氮原子）处均出现明显的特征峰，如图 3-1（c）和（e），证明接枝膜表面上接枝上了 PNIPAM 高分子。基材膜的 C1s 谱图中有三个峰，相应的结合能为 285.0eV（C—C、C—H 键中的 C 原子）、286.2eV（C—O 键中的 C 原子）和 289.1eV（O=C—O 键中的 C 原子）［图 3-1（b）］。而接枝膜的 C1s 谱［图 3-1（d）和（f）］中，结合能为 288.0eV 处出现新的特征峰，为 PNIPAM 高分子上 C=O 的碳原子。通过峰面积计算得出（只考虑 C、N 两种元素），随着填孔率从 15.3% 增大到 76.1%，接枝膜表面的含氮百分数分别从 7.34% 增加至 11.57%，同时 C=O 中碳原子的百分数也从 5.19% 增加到 7.94%，以上分析显示采用等离子体接枝聚合法成功地在 PCTE 膜表面上接枝 PNIPAM，并且填孔率也高，PNIPAM 在膜表面的含量也随之增加。与空白膜相比，接枝膜的 FT-IR 谱图（图 3-2）在 1650cm⁻¹ 处出现了 PNIPAM 酰胺 I 特征峰（羰基吸收），在 1550cm⁻¹ 处增加酰胺 II 特征峰（酰胺基中 N—H 及 C—N 吸收）。这两处特征峰的出现再一次说明采用等离子体接枝聚合法成功地在 PCTE 膜上接枝上了 PNIPAM。

（3）PNIPAM-*g*-PCTE 智能开关膜的温度响应性能

① 填孔率对 PNIPAM-*g*-PCTE 智能开关膜的温度开关特性的影响 采用等离子体接枝聚合法可在 PCTE 膜的表面和孔内均匀地接枝上 PNIPAM，如图 2-2 所示。PNIPAM-*g*-PCTE 膜的水通量和孔径随温度的变化如图 2-3 所示，与基材膜相比，接枝膜具有良好的温度响应性。基材膜的孔径在 25 ~ 40℃温度范围内保持不变，而接枝膜（F=23.9%）在高温时（34 ~ 40℃）的孔径几乎是低温时（25 ~ 28℃）的两倍。

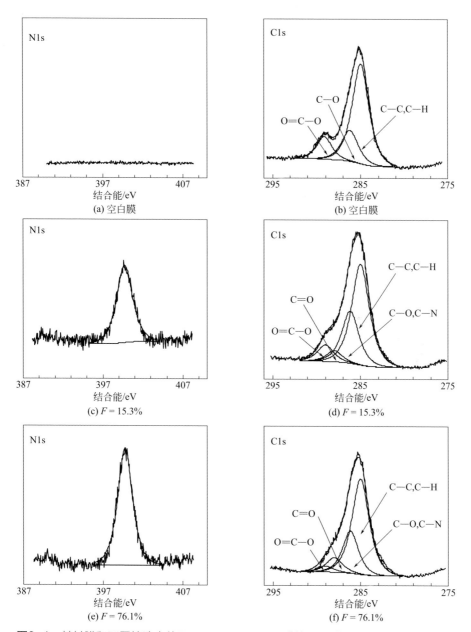

图3-1 基材膜和不同填孔率的PNIPAM-*g*-PCTE膜的XPS谱图

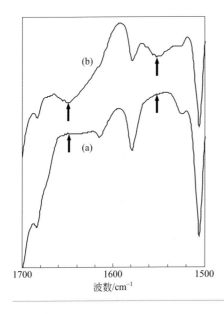

图3-2
基材膜（a）和PNIPAM-*g*-PCTE膜
[（b），*F*=67.0%]的FT-IR谱图

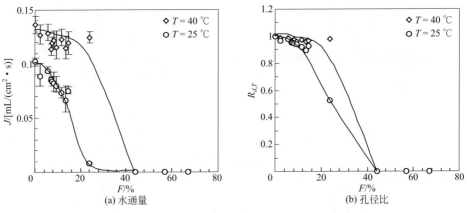

图3-3 填孔率对PNIPAM-*g*-PCTE膜的水通量（a）和孔径比（b）的影响

填孔率对 PNIPAM-*g*-PCTE 膜水通量的影响如图 3-3（a）所示。无论是在 25℃还是 40℃，基材膜的水通量都比接枝膜大，因为接枝 PNIPAM 后膜孔径有所减小。并且随着填孔率的增加，PNIPAM 接枝膜的水通量逐渐减小。对于填孔率小于 44.2% 的 PNIPAM-*g*-PCTE 膜来说，40℃的水通量总要比 25℃时大。原因有两点，一是温度升高水的黏度会减小，根据哈根 - 泊肃叶方程[16]［Hagen-Poiseuille's equation，式（3-7）]，水通量会增大，如图 2-3（a）所示。二是当环境温度在 LCST 附近变化时，接枝在膜孔中的 PNIPAM 链发生构象

变化（LCST ≈ 32℃）。当环境温度低于 PNIPAM 的 LCST 时，接枝在膜孔中的 PNIPAM 链处于伸展构象，使得膜孔变小甚至"关闭"，水通量变小；当温度高于 LCST 时，膜孔内接枝的 PNIPAM 链则处于收缩构象，使得膜孔变大，水通量变大。随着填孔率的增大，由于孔径的减小，接枝膜的水通量呈现下降的趋势。但是，当填孔率太高（大于 44.2%）时，25℃ 和 40℃ 时水通量均降为零。此时膜孔已完全被接枝的 PNIPAM 堵塞，接枝膜不再具有温度响应特性。

$$J = \frac{n\pi d^4 p}{128\eta L} \tag{3-7}$$

式中，J 为温度为 T℃ 时膜的水通量，mL/（cm²·s）；n 为单位膜面积上的孔数量，个 /cm²；d 为 PCTE 膜的平均孔径，cm；p 为膜过滤压力差，Pa；η 为水的黏度，Pa·s；L 为膜的厚度，cm。可见，膜在一定温度下的平均孔径可由哈根 - 泊肃叶方程［式（3-7）］变形后得到，如式（3-8）所示。

$$d = \sqrt[4]{\frac{128\eta L J}{n\pi p}} \tag{3-8}$$

为了排除水的黏度对接枝膜水通量的影响，定义了孔径比［$R_{d,T}$，式（3-9）］，即在相同温度下接枝膜与基材膜的平均孔径之比。研究 25℃ 和 40℃ 时接枝膜的孔径比，可清楚观察温度对膜孔径的影响。

$$R_{d,T} = \frac{d_g}{d_0} = \sqrt[4]{\frac{J_{g,T}}{J_{0,T}}} \tag{3-9}$$

式中，d_0 和 d_g 分别是基材膜和接枝膜在相同温度下的平均孔径，cm；$J_{0,T}$ 和 $J_{g,T}$ 分别是基材膜和接枝膜在 T℃ 时的水通量，mL/（cm²·s）。图 3-3（b）显示了填孔率对接枝膜在 25℃ 和 40℃ 下孔径比的影响。可知，$R_{d,T}$ 的值总是小于 1，因为接枝膜的孔径由于 PNIPAM 的存在而比基材膜减小了。填孔率对 $R_{d,T}$ 的影响相似于对水通量的影响，即当接枝膜的填孔率小于 44.2% 时，$R_{d,40}$ 总是大于 $R_{d,25}$，因为膜孔中接枝的 PNIPAM 链在温度高于 LCST 时的收缩和低于 LCST 时的伸展使得膜孔径发生变化。随着填孔率的增大，接枝膜在 25℃ 和 40℃ 的孔径比均有所减小。当填孔率大于 44.2% 时，$R_{d,25}$ 和 $R_{d,40}$ 均为 0。$R_{d,40}$ 和 $R_{d,25}$ 的值相差越大，PNIPAM 接枝膜的温度响应特性越明显。由图 3-3（b）可知，填孔率在 23.9% 附近时，接枝膜的温度响应特性最好，而当填孔率大于 44.2%，接枝膜不再具有温度响应特性。

根据填孔率的定义［式（3-1）］，接枝膜在干态下的孔径可由式（3-10）计算。图 3-4 比较了不同填孔率的接枝膜在干态下的孔径［由式（3-10）计算］和40℃水溶液中的孔径［由式（3-8）计算］。当 $F<23.9\%$ 时，两个公式的计算结果非常接近；而当 $F\geqslant44.2\%$ 时，干态下接枝膜的平均孔径随 F 的增加而逐渐减小，湿态下的孔径却变为零。当 PNIPAM 浸入水溶液中（40℃），即使此时孔内PNIPAM 接枝链是呈收缩状态的，但由于 PNIPAM 链体积溶胀，使得膜孔比干态下小得多。因此，尽管填孔率远小于 100%（即 44.2%），浸在水中的接枝膜的膜孔被 PNIPAM 链完全堵塞，水通量变为零。实验结果表明，40℃的水溶液中接枝膜膜孔被堵塞的临界填孔率在 30% ~ 40%。

$$d_g = d_0\sqrt{1-F} \qquad\qquad (3\text{-}10)$$

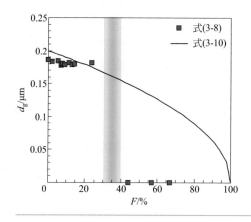

图3-4
PNIPAM-*g*-PCTE膜的平均孔径在干态
（——）和40℃湿态下的比较（■）

图 3-5 为基材膜和接枝膜在空气中和水溶液中的 AFM 照片及相应的膜孔测量深度。由图 3-5（a）和（b）可见，在干态下，接枝膜（ F=67.0%）的孔径与基材膜相比没有明显的变化。而在水溶液中，接枝膜［图 3-5（c）］的孔径和测量孔深都明显减小。测量时样品槽中的水温约为 30℃（低于 LCST），膜孔中的PNIPAM 接枝链处于伸展状态，使膜的孔径比干态时小。由于 PNIPAM 接枝链的存在和溶胀，干态下接枝膜的孔深比基材膜浅，而接枝膜的孔深在水溶液中比在干态下进一步变浅。

根据图 3-4 的结论，填孔率超过 30% ~ 40% 的接枝膜浸入温度低于 LCST的水溶液中，其孔径应该变为零。而图 3-5（c）所示的填孔率为 67.0% 的接枝膜在 30℃的水溶液中的孔径虽然显著减小，但仍然能清晰地观察到膜孔。推测浸没在水溶液中的接枝膜的孔内 PNIPAM 接枝层的结构如图 3-6 所示，即膜孔是被离表面较远而不是近表面的接枝链堵住，所以 AFM 照片仍能看到膜孔。

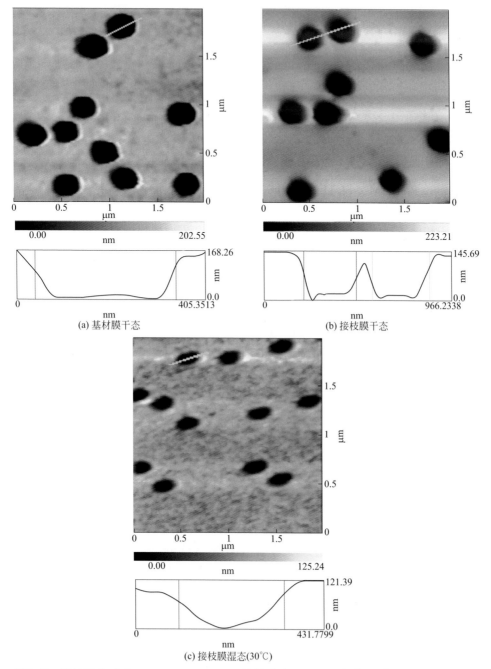

(a) 基材膜干态

(b) 接枝膜干态

(c) 接枝膜湿态(30℃)

图3-5　基材膜（a）和PNIPAM-g-PCTE接枝膜（F=67.0%）［（b），（c）］的AFM
照片

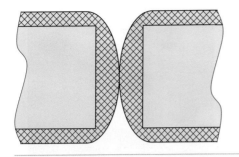

图3-6
膜孔中的PNIPAM接枝链在水中的可能存在形式

② PNIPAM-*g*-PCTE 智能开关膜温度敏感的表面特性研究　图 3-7 是基材膜和接枝膜的表面接触角随温度变化的规律。根据 AFM 结果（表 3-1）可知，基材膜和接枝膜的表面粗糙度非常接近，因此，表面粗糙度对接触角的影响可以忽略不计。

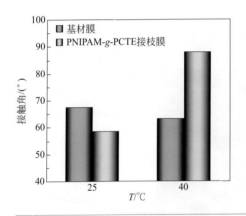

图3-7
基材膜和PNIPAM-*g*-PCTE接枝膜（*F*=76.1%）温度响应的接触角

表3-1　膜表面的平均粗糙度（R_a）和均方根粗糙度（R_{rms}）

膜名称	R_a / nm	R_{rms} / nm
基材膜	34.27	49.98
PNIPAM-*g*-PCTE膜（*F*=76.1%）	30.94	46.12

随着温度从 25℃上升到 40℃，基材膜的接触角略有降低，由 67.5°减小到 63.1°。众所周知，液气之间的表面张力随温度的增加而减小，而液体表面张力的减小导致接触角的减小[17, 18]。而在相同的条件下，PNIPAM 接枝膜的接触角却表现出相反的趋势，接触角反而由 58.5°增加到 87.9°，说明此时接枝膜表面的 PNIPAM 接枝层在 LCST 附近的亲水／疏水转变起到主导作用。在 40℃时，膜表面的 PNIPAM 接枝链变得疏水，使得接触角增大（大于相同温度基材膜的接触

角），尽管此时较高的液体温度会使接触角有所减小；在25℃时，PNIPAM接枝层变得亲水，使得接枝膜的接触角比相同温度下基材膜的接触角要小，虽然较低的温度会获得较大的接触角。尽管比起疏水的膜表面和孔表面，亲水的膜表面和孔表面有利于提高水通量，但图3-3和图2-3的实验结论表明，接枝膜的水通量和孔径在高温时较大，在低温时较小。以上现象说明接枝膜的水通量主要依赖于孔径的变化而不是膜表面亲疏水性的变化。

综上，采用等离子体接枝聚合法在PCTE核孔膜的表面和孔内成功接枝了PNIPAM高分子，得到的温度响应型智能开关膜在填孔率为23.9%附近具有良好的温度响应特性。接枝膜的孔径、水通量和表面浸润性可由温度进行有效调节。

4．基于聚偏氟乙烯非对称基材膜的具有正向响应特性的温度响应型智能开关膜的表征和温度响应性能

（1）PNIPAM-*g*-PVDF智能开关膜接枝率的定义　采用等离子体填孔接枝聚合法在聚偏氟乙烯（PVDF）微孔膜上接枝PNIPAM高分子得到温度响应型智能开关膜PNIPAM-*g*-PVDF，该膜的接枝量大小用接枝率来表示，即PVDF多孔基材膜接枝PNIPAM开关前后的质量变化率，由式（3-11）计算得到[2, 19]。

$$Y = \frac{W_g - W_0}{W_0} \times 100\% \qquad (3\text{-}11)$$

式中，W_g、W_0分别是膜在接枝后、接枝前的质量，g。

（2）PNIPAM-*g*-PVDF智能开关膜的化学组成　PVDF基材膜在接枝PNIPAM前后的红外光谱如图3-8所示。可见，与基材膜的谱线相比，接枝膜的谱线在波数为1658.9cm^{-1}和1548.6cm^{-1}处均出现新的吸收峰，分别为酰胺I特征峰（羰基吸收）和酰胺II特征峰（酰胺基中N—H及C—N吸收）。结果表明PNIPAM高分子已成功地接枝到PVDF膜上。

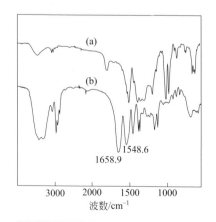

图3-8
基材膜（a）和PNIPAM-*g*-PVDF膜（b）的FT-IR谱图

（3）PNIPAM-*g*-PVDF 智能开关膜的微观结构　通过提高等离子体发生装置中射频电源的放电功率、NIPAM 单体浓度和延长接枝聚合时间等工艺条件，可以制备出具有不同接枝率的 PNIPAM-*g*-PVDF 智能开关膜。得到的具有不同接枝率的 PNIPAM-*g*-PVDF 智能开关膜的断面 SEM 照片如图 3-9 所示。PVDF 基材具有皮层和多孔亚层组成的非对称膜孔结构，如图 3-9（a）所示。而接枝膜的断面 SEM 照片上明显出现了一层均匀的 PNIPAM 接枝层，如图 3-9（b）~（d）所示。并且，随着接枝率从 2.81% 增加到 16.61%，膜表面的 PNIPAM 接枝层越来越厚，膜孔中的接枝物也明显增多。当接枝率达到 16.61% 时，接枝膜的表面粗糙度明显增加。与采用等离子填孔接枝聚合法制备得到的 PNIPAM-*g*-PCTE 膜相比，该方法制备的 PNIPAM-*g*-PVDF 膜在低接枝率时接枝主要发生在膜表面，而在高接枝率时膜表面和膜孔中都可接枝 PNIPAM。

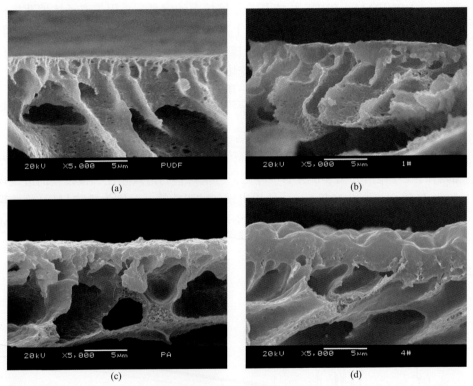

图3-9　基材（a）和不同接枝率的PNIPAM-*g*-PVDF膜［（c）~（d）］的SEM断面照片
接枝率分别为2.81%（b），7.94%（c）和16.61%（d）

（4）PNIPAM-*g*-PVDF 智能开关膜的温度响应性能
① 接枝率对 PNIPAM-*g*-PVDF 智能开关膜水通量的影响　具有不同接枝率

的 PNIPAM-*g*-PVDF 膜在真空过滤时的水通量随温度的变化如图 3-10 所示，跨膜压差为 0.09MPa。在 25 ~ 40℃范围内，PVDF 基材膜（接枝率为 0%）的水通量随温度的升高略有上升，这是水的黏度的影响。而接枝率适中的 PNIPAM-*g*-PVDF 膜（即接枝率分别为 0.19%、0.79% 和 0.80%）的水通量在 32℃附近发生了较显著的变化，这是因为膜上接枝的 PNIPAM 链对膜孔的"开关"作用。由于 PNIPAM 链的链长度随接枝率不同而不同，因此具有不同接枝率的智能开关膜对温度的响应特性也不同。但是，当接枝率太高（即接枝率分别为 6.38%、14.03% 和 14.95%）时，接枝膜的水通量不论是在 25℃还是在 40℃时都趋近于 0。这是因为膜孔内接枝的 PNIPAM 链太长或接枝密度太大导致膜孔被 PNIPAM 链堵住，即使在 PNIPAM 链处于收缩构象时膜孔也不能再开启，此时 PNIPAM 链失去了对水通量的调节作用，接枝膜不再具有温度响应特性。

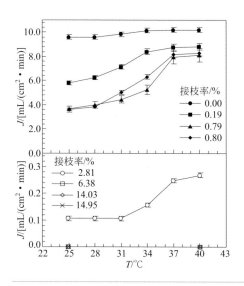

图3-10
基材膜和不同接枝率的PNIPAM-*g*-PVDF膜的水通量随温度变化曲线

② 接枝率对 PNIPAM-*g*-PVDF 智能开关膜温度响应特性的影响　接枝率对 PNIPAM-*g*-PVDF 膜的温度响应开关特性的影响如图 3-11 所示，其中温度响应开关系数（或称响应系数，简称 *R*）定义为接枝膜在高温 40℃的水通量与低温 25℃的之比，可由公式（3-12）计算。

$$R = \frac{J_{40}}{J_{25}} \qquad (3\text{-}12)$$

式中，J_{40} 和 J_{25} 分别为接枝膜在 40℃和 25℃的水通量，mL/（cm^2·min）。接枝膜在两个温度下的水通量差异越大，响应系数 *R* 越大，膜的温度响应性越好；若接枝膜在两个温度下的水通量相同，则响应系数 *R* 为 1，此时膜不具备温度响应性。

随着 PNIPAM 接枝率的增加，25℃和 40℃时膜的水通量都有所减小；当接枝率超过 6.38% 时，膜的水通量都减至零，如图 3-11 所示。当接枝率不超过 2.81% 时，温度响应开关系数随接枝率增加而增加；当接枝率在 2.81% ~ 6.38% 范围内时，温度响应开关系数随接枝率增加而减小；而当接枝率超过 6.38% 后，响应系数趋近于 1。可见，只有当接枝率小于 6.38% 时，膜孔内接枝的 PNIPAM 链才能起到温度响应和水通量调节阀的作用；当接枝率为 2.81%，接枝膜的响应系数达到最大值 2.5。

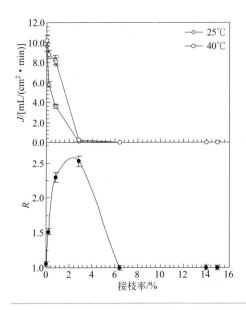

图3-11
接枝率对PNIPAM-*g*-PVDF膜的温度响应开关特性的影响

③ 接枝率对 PNIPAM-*g*-PVDF 智能开关膜孔径的影响　将具有皮层和多孔亚层的非对称结构的 PVDF 膜近似看作具有均匀指状通孔的膜，假设指状通孔为一组垂直于膜表面直径相同的直筒细管，流体通过膜孔时呈层流流动，则 PVDF 膜的水通量可用 Hagen-Poiseuille 方程 ［式（3-7）］来描述。

对于 PNIPAM-*g*-PVDF 膜，由于膜表面上接枝层的存在，膜孔的尺寸比接枝前有所减小。由式（3-7）可知，膜的水通量与膜孔径的 4 次方成正比，因此，膜孔内接枝的 PNIPAM 层随温度变化而引起的 PNIPAM 链构象变化将会极大地影响膜的水通量。根据式（3-7）和式（3-12），可定义膜孔径的温度响应系数（$N_{d,T/25}$），即接枝膜在温度 T℃和 25℃时的膜孔径 $d_{g,T}$ 和 $d_{g,25}$ 的比值，由式（3-13）计算。

$$N_{d,T/25} = \frac{d_{g,T}}{d_{g,25}} = \left(\frac{J_T \eta_T}{J_{25} \eta_{25}}\right)^{\frac{1}{4}} \qquad (3\text{-}13)$$

式中，J_T 和 J_{25} 分别为接枝膜在温度为 T℃和25℃时的水通量，mL/（cm^2·s）；η_T 和 η_{25} 分别为水在 T℃和25℃时的黏度，Pa·s。

接枝率为2.81%的PNIPAM-g-PVDF膜的膜孔径温度响应系数随温度的变化规律如图3-12所示。可见，由于PNIPAM接枝链构象的改变，使得接枝膜的膜孔径在PNIPAM的LCST附近（31～37℃）发生显著改变，而在温度低于31℃或高于37℃时，膜孔径几乎保持不变，这与PNIPAM-g-PCTE膜的研究结果一致。

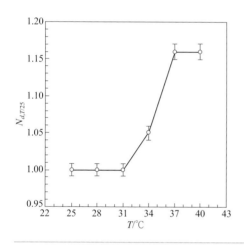

图3-12
接枝率为2.81%的PNIPAM-g-PVDF膜的膜孔径温度响应系数随温度的变化

为了定量描述接枝率对PNIPAM-g-PVDF膜的膜孔开关行为的影响，研究了接枝膜在温度40℃和25℃时的膜孔径温度响应系数［$N_{d,40/25}$，式（3-14）］，结果如图3-13所示。

$$N_{d,40/25} = \frac{d_{g,40}}{d_{g,25}} \qquad (3\text{-}14)$$

接枝率对PNIPAM-g-PVDF膜的膜孔径温度响应系数具有显著影响。当接枝率较低时，PNIPAM链的长度较短，此时PNIPAM链构象变化引起的孔径变化不明显；随着接枝率的升高，PNIPAM接枝链的构象变化显著影响孔径变化；但接枝率过高时，PNIPAM接枝链将膜孔堵塞，其构象变化已不能引起膜孔径变化。这与图3-11中温度响应开关系数随接枝率的变化趋势一致，说明了PNIPAM-g-PVDF膜随温度改变发生的孔径变化是其温度响应的水通量的主要原因。

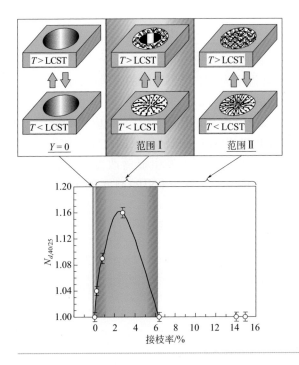

图3-13
接枝率对PNIPAM-*g*-PVDF的膜孔
径温度响应系数的影响和温度控制的
膜孔径变化示意图

④ 接枝率对 PNIPAM-*g*-PVDF 智能开关膜跨膜扩散系数的影响　溶质 NaCl 透过基材膜和接枝膜的跨膜扩散系数随温度变化趋势如图 3-14 所示。其中，溶质的跨膜扩散系数根据菲克第一扩散定律导出，由式（3-15）计算。

$$D = -\frac{VL}{2A}\frac{1}{t}\ln\left[1 - 2\frac{(C_2)_t}{(C_1)_0}\right] \quad (3-15)$$

式中，D 为扩散系数，cm^2/s；$(C_1)_0$ 和 $(C_2)_t$ 分别为扩散池中 NaCl 的初始浓度和 t 时刻接收池中 NaCl 浓度，mol/L；V 为扩散池和接收池中的溶液体积，cm^3；L 为干膜的厚度，cm；A 为膜的有效面积，cm^2。

由图 3-14 可知，基材膜的扩散系数随温度的增加而线性增加。与基材膜相比，接枝率分别为 0.15% 和 6.46% 的接枝膜的扩散系数则表现出温度响应性，但趋势相反。对于低接枝率（0.15%）的 PNIPAM-*g*-PVDF 膜，其扩散系数随温度的增加而增加；而高接枝率（6.46%）膜则随温度的增加而降低。这是因为接枝率较高时，PNIPAM-*g*-PVDF 膜的表面和膜孔内均接枝了大量的 PNIPAM，使得膜孔堵塞；扩散实验时，低温下 PNIPAM 亲水，亲水性的 NaCl 的扩散阻力较小；而高温时 PNIPAM 疏水，NaCl 扩散阻力增大，扩散系数呈现下降趋势，其原理如图 3-15 所示。

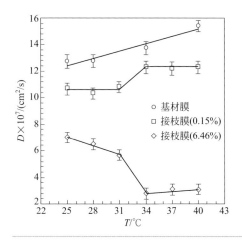

图3-14

不同接枝率的PNIPAM-*g*-PVDF膜
的扩散系数

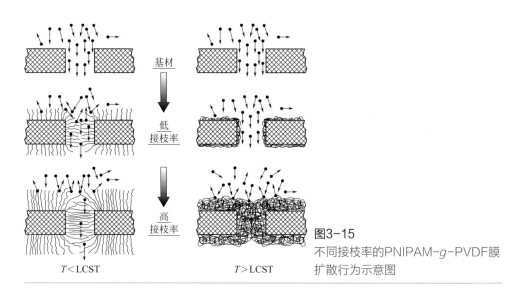

图3-15

不同接枝率的PNIPAM-*g*-PVDF膜
扩散行为示意图

⑤ 温度响应型智能开关膜响应温度的调节　通常，PNIPAM 接枝膜的响应温度在 PNIPAM 高分子的 LCST 附近，约为 32℃，使得基于 PNIPAM 智能开关的温度响应型智能膜的应用受限[20]。这里的响应温度是指当环境温度变化时膜孔径或跨膜水通量变化最明显处对应的温度。据报道[21-23]，向 PNIPAM 聚合物中添加亲水单体可提升其 LCST。因此，在采用等离子体诱导填孔接枝聚合法制备温度响应型智能开关膜时，向 *N*-异丙基丙烯酰胺（NIPAM）单体溶液中加入亲水性共聚单体丙烯酰胺（AAM）可提升智能膜的响应温度[20]。得到的接枝 P

（NIPAM-*co*-AAM）共聚物的 PVDF 膜（PNA-*g*-PVDF）的水通量随温度的变化趋势如图 3-16 所示。纵坐标 J/J_{25} 表示接枝膜在 T℃的水通量与 25℃的水通量之比，反映跨膜水通量的大小。与 PNIPAM-*g*-PVDF 类似，PNA-*g*-PVDF 膜的水通量在某一温度附近显著变化，说明亲水性单体的加入未影响接枝膜的温度响应性，该温度即为接枝膜的响应温度。但不同的是，随着 AAM 单体投料比的增加，接枝膜的响应温度也随之升高，如图 3-17 所示。当 AAM 投料比（摩尔分数）从 0% 增加到 7% 时，接枝膜的响应温度可由 32℃升高到 40℃。这是因为 AAM 单体中具有较高的氨基含量，因此比 NIPAM 单体更加亲水，可提供更多的氢键供体，使得需要较高的温度破坏氢键，从而引发从伸展到收缩的构象变化。

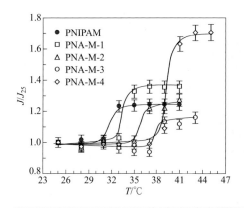

图3-16
PNIPAM-*g*-PVDF和PNA-*g*-PVDF膜的温敏水通量
PNA-M-1、PNA-M-2、PNA-M-3和PNA-M-4膜中AAM投料比（摩尔分数）分别为1%、3%、5%和7%，而单体溶液中NIPAM含量恒定在15.05mmol/85mL水

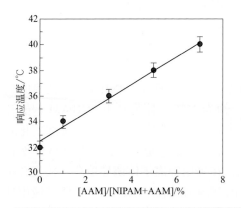

图3-17
亲水单体AAM的投料比例对PNA-*g*-PVDF膜的响应温度的影响

5．基于尼龙6对称基材膜的具有正向响应特性的温度响应型智能开关膜的表征和温度响应性能

（1）PNB-*g*-N6智能开关膜的化学组成　采用等离子体诱导填孔接枝聚合法在尼龙6（N6）基材膜上引发NIPAM和疏水性共聚单体甲基丙烯酸丁酯（BMA）接枝聚合，从而获得比PNIPAM接枝膜的响应温度更低的温度响应型智能开关膜。对比N6基材膜和PNB-*g*-N6膜的XPS谱图（图3-18）发现，C1s谱图并没有明显区别，分别在结合能285.0eV、286.2eV和288.11eV处出现特征峰，对应的是C—H/C—C单键，C—N单键和C＝O双键中的C原子；而接枝膜的O1s谱中出现了新的特征峰，即在533.2eV处出现了O＝C—O（酯基）中的O原子。结果表明，在N6基材上成功地接枝了P（NIPAM-*co*-BMA）共聚物。

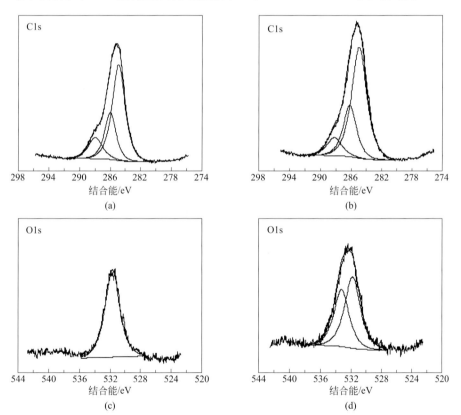

图3-18　N6基材膜［（a），（c）］和PNB-*g*-N6膜［（b），（d）］的XPS C1s和O1s谱图
PNB-*g*-N6膜的接枝率为4.42%

（2）PNB-*g*-N6智能开关膜的微观结构　N6基材膜的断面SEM照片呈现出蜂窝状孔结构，如图3-19（a）所示。接枝P（NIPAM-*co*-BMA）共聚物之后，

PNB-*g*-N6 接枝膜的断面膜孔中均匀分布有接枝聚合物［图 3-19（b）］。

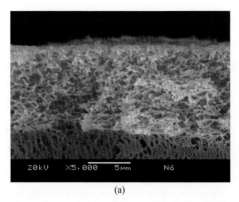
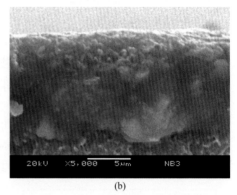

(a) (b)

图3-19 N6基材膜（a）和PNB-*g*-N6膜（接枝率为53.19%）的SEM断面照片

（3）PNB-*g*-N6 智能开关膜响应温度的调节　PNIPAM-*g*-N6 和 PNB-*g*-N6 膜的水通量均具有温度响应特性，如图 3-20 所示。相比于 PNIPAM-*g*-N6 膜，PNB-*g*-N6 膜的响应温度更低，并且随着 BMA 单体投料比的增加，接枝膜的响应温度也随之降低，如图 3-21 所示。当 BMA 投料比（摩尔分数）从 0% 增加到 10% 时，PNB-*g*-N6 接枝膜的响应温度由 32℃降低至 17.5℃。这响应温度降低的原因是更加疏水的 BMA 单体提供的氢键供体比 NIPAM 单体更少，使得较低的环境温度就能破坏氢键，引发接枝链从伸展到收缩的构象变化。

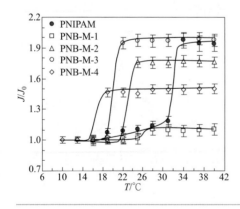

图3-20

PNIPAM-*g*-N6和PNB-*g*-N6膜的温敏水通量

PNB-M-1、PNB-M-2、PNB-M-3和PNB-M-4膜中BMA投料比（摩尔分数）分别为2.5%、5%、7.5%和10%，而单体溶液中NIPAM含量恒定在3.76mmol，溶剂为85mL含0、3.5%、5.9%、9.4%和14%（体积分数）N,N-二甲基甲酰胺（DMF）的水溶液

N6 基材膜和 PNB-*g*-N6 接枝膜在高低温下的接触角如图 3-22 所示。N6 基材膜在 15℃和 30℃时的接触角均较小，约为 32°，且相差不大。接枝 P（NIPAM-*co*-BMA）共聚物之后，接枝膜（PNB-M-2）的接触角随温度升高而增大，这是因

为当环境温度超过接枝膜的响应温度时，膜表面 P（NIPAM-*co*-BMA）共聚物变得更加疏水所致。

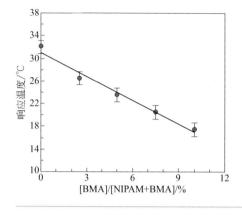

图3-21
疏水单体BMA的投料比例对PNB-*g*-N6膜的响应温度的影响

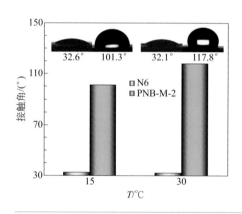

图3-22
N6基材膜和PNB-*g*-N6膜的接触角
PNB-M-2膜的接枝率和响应温度分别为3.23%和23.5℃

（二）采用原子转移自由基聚合法制备具有正向响应特性的温度响应型智能开关膜

1. 具有正向响应特性的温度响应型智能开关膜的设计

采用 ATRP 法在多孔阳极氧化铝（AAO）膜上可控接枝链长和链密度可调的 PNIPAM 高分子，得到正向响应特性的温度响应型智能开关膜（PNIPAM-*g*-AAO）[24, 25]。系统地研究接枝温度、接枝时间、单体浓度和活性位点密度对 PNIPAM 接枝链的链长和密度等微观结构的影响，并研究 PNIPAM 接枝链微观结构对溶质跨膜扩散性能的影响，为设计和制备具有可控接枝链长和密度的聚合物开关环境响应型智能膜提供参考。

2. 具有正向响应特性的温度响应型智能开关膜的制备

采用 ATRP 法制备 PNIPAM-g-AAO 接枝膜可分为硅烷化、酰化和接枝聚合三步[24, 25]，如图 2-4 所示。在硅烷化过程中，富含羟基的 AAO 基材膜（孔径为 0.2μm）与硅烷偶联剂［如（3- 氨基丙基）三甲氧基硅烷，ATMS］反应，获得表面富含氨基（—NH₂）的改性膜；接着，利用改性 AAO 膜上的氨基与引发剂（如 2-溴代异丁酰溴，BIBB）反应，获得表面带有活性位点—Br 基团的 AAO 膜；AAO 膜上的—Br 基团在铜系催化剂和烷基氨类配体（如 1,1,4,7,7- 五甲基二亚乙基三胺，PMDTA）的作用下，引发 NIPAM 单体接枝聚合后得到 PNIPAM-g-AAO 膜。通过改变接枝温度、接枝时间、NIPAM 单体浓度和膜上—Br 的密度制备了具有不同 PNIPAM 链长和密度的 PNIPAM-g-AAO 膜，如图 2-4 所示。

3. 具有正向响应特性的温度响应型智能开关膜的表征

（1）PNIPAM-g-AAO 智能开关膜的接枝率定义　在上述硅烷化和酰化过程中，引入的—NH₂ 基团和—Br 基团的密度可采用相应基团引入前后的膜的质量变化率计算，见式（3-16）和式（3-17）。

$$w(\mathrm{NH_2}) = \frac{m_{\mathrm{NH_2}} - m_0}{m_0} \times 0.186 \times 100 \tag{3-16}$$

$$w(\mathrm{Br}) = \frac{m_{\mathrm{Br}} - m_{\mathrm{NH_2}}}{m_{\mathrm{NH_2}}} \times 0.533 \times 100 \tag{3-17}$$

式中，$w(\mathrm{NH_2})$ 和 $w(\mathrm{Br})$ 分别表示膜上—NH₂ 和—Br 的密度，%；m_0，$m_{\mathrm{NH_2}}$ 和 m_{Br} 分别为基材膜、带有—NH₂ 的膜和带有—Br 的膜的质量，g；系数 0.186 和 0.533 分别为—NH₂ 对—（CH₂）₃NH₂ 和—Br 对—（C═O）C（CH₃）₂Br 的质量比。PNIPAM-g-AAO 膜上 PNIPAM 链的密度与接枝 PNIPAM 前—Br 的密度相同。

PNIPAM 在 PNIPAM-g-AAO 膜上的接枝率定义为接枝后膜的质量变化率，其受接枝在膜孔上的 PNIPAM 的链长和密度的影响，可用式（3-18）计算。

$$Y_{\mathrm{PNIPAM}} = \frac{m_{\mathrm{PNIPAM}} - m_{\mathrm{Br}}}{m_{\mathrm{Br}}} \times 100 \tag{3-18}$$

式中，Y_{PNIPAM} 表示 PNIPAM-g-AAO 膜上 PNIPAM 的接枝率，%；m_{PNIPAM} 是 PNIPAM-g-AAO 膜的质量，g。

（2）PNIPAM-g-AAO 智能开关膜的化学组成　AAO 基材膜、含有—NH₂ 的膜、含有—Br 的膜以及 PNIPAM-g-AAO 膜的 FT-IR 谱图如图 3-23 所示。与 AAO 基材膜相比，含有—NH₂ 的膜［图 3-23（b）］在 2931cm⁻¹ 出现了一个亚甲基（—CH₂）峰，即 ATMS 的特征峰。含有—Br 的膜［图 3-23（c）］在 1641cm⁻¹ 处出现羰基（—C═O）特征峰和 2990cm⁻¹ 处 BIBB 上甲基（—CH₃）的特征峰。结果表明，通过硅烷化和酰化反应已经成功地将活性位点—Br 基团引入到了膜上。PNIPAM-*g*-AAO 膜的谱图中在 1368cm^{-1} 和 1388cm^{-1} 处出现 PNIPAM 的异丙基 [—CH(CH$_3$)$_2$] 特征峰 [图 3-23（d）]，这表明利用 ATRP 法成功地实现了在膜上接枝 PNIPAM。

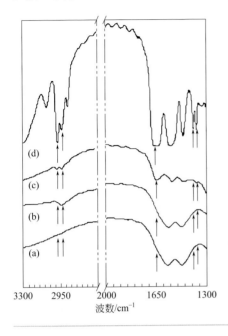

图3-23

AAO基材膜（a），带有-NH$_2$的膜 [*w*（NH$_2$）=0.15%]（b），带有-Br的膜 [*w*（Br）=0.06%]（c）和PNIPAM-*g*-AAO膜（Y_{PNIPAM}=11.9%）（d）的FT-IR谱图

（3）PNIPAM-*g*-AAO 智能开关膜的微观结构　基材膜与具有不同接枝链长和密度的 PNIPAM-*g*-AAO 膜（即图 2-4 和表 3-2 中编号为 M-2 和 M-3 的膜）的 SEM 图片如图 3-24 所示。AAO 基材膜明显具有均匀垂直的多孔结构但上下表面孔径略有不同，如图 3-24（a）~（d）所示。相比于 AAO 基材膜，PNIPAM-*g*-AAO 膜具有明显不同的微观结构，其膜的孔径明显变小 [如图 3-24（a′）和（c′）的 M-2 膜或图 3-24（a″）和（c″）的 M-3 膜所示]。PNIPAM 接枝层均匀且没有堵孔现象，如图 3-24（b′）和（d′）的 M-2 膜或图 3-24（b″）和（c″）的 M-3 膜所示。结果表明，利用 ATRP 法成功地在多孔的 AAO 基材膜上均匀地接枝了 PNIPAM。

表3-2　PNIPAM-*g*-AAO膜各步改性后的增重率及温度响应系数

序号	*w*（NH$_2$）/%	*w*（Br）/%	PNIPAM-*g*-AAO		R
			C_{NIPAM}/（g/mL）	Y_{PNIPAM}/%	
M-1	0.16	0.06	0.05	5.55	1.58
M-2	0.15	0.06	0.08	11.9	8.1
M-3	0.24	0.1	0.04	12.1	4.4

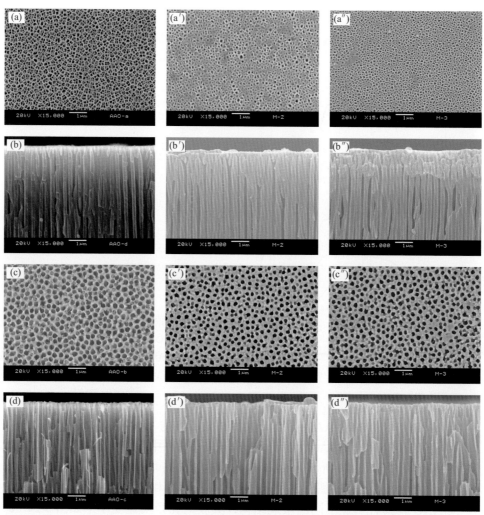

图3-24　AAO基材膜［（a）～（d）］与具有不同PNIPAM接枝链长和密度的PNIPAM-g-AAO膜［M-2（a′）～（d′）和M-3（a″）～（d″）］的SEM照片

（a），（a′），（a″）上表面；（b），（b′），（b″）上断面；（c），（c′），（c″）下表面；（d），（d′），（d″）下断面

（4）接枝条件对 PNIPAM-g-AAO 智能开关膜的接枝链结构的影响　接枝温度、接枝时间、NIPAM 单体浓度和膜上—Br 的密度等接枝条件对 PNIPAM-g-AAO 膜的接枝率的影响如图 2-5 所示。研究接枝温度的影响规律时，膜上—Br 的密度保持在 0.08% ～ 0.09% 范围内，且 NIPAM 单体浓度和接枝时间分别保持在 0.05g /mL 和 120min。当接枝温度从 25℃升高到 60℃时，PNIPAM-g-AAO 膜的接枝率也线性增加，如图 2-5（a）所示。这是因为温度越高，催化剂

和单体的活性越高，结果膜的接枝率（Y_{PNIPAM}）就越高。此时膜上—Br 的密度相同，因此高接枝率意味着膜上 PNIPAM 链越长。也就是说，如果—Br 的密度和接枝时间固定时，通过变化接枝温度就可以实现接枝链长可控地制备 PNIPAM-g-AAO 膜。

接枝时间对 PNIPAM-g-AAO 膜接枝率的影响如图 2-5（b）所示，此时膜上—Br 密度控制在 0.09% ~ 0.13% 范围内且 NIPAM 单体浓度为 0.05g/mL。在 480min 以内，接枝率随着接枝时间的增加而增加，而当接枝时间超过 480min 后，接枝率随着接枝时间的增加变化很小。这一现象与文献报道的采用 ATRP 法的研究结果相近[26, 27]。主要原因是当反应时间过长时，膜上末端的基团—Br 由于自由基耦合和歧化反应而丢失，导致引发 NIPAM 单体发生自由基聚合的活性位点减少，反应逐渐减慢。接枝单体浓度（C_{NIPAM}）对 PNIPAM 接枝率（Y_{PNIPAM}）的影响如图 2-5（c）所示，此时 AAO 膜上—Br 密度在 0.09% ~ 0.1% 范围内，接枝时间控制在 480min。PNIPAM-g-AAO 膜的 PNIPAM 接枝率随着接枝单体浓度的增加而增加，这是由于反应体系的单体浓度越高，NIPAM 与—C—Br 发生 ATRP 接枝反应的概率越高。然而，在单体浓度为 0.0795g/mL 处，接枝率存在一个拐点，即在单体浓度低于 0.0795g/mL 时，接枝率的增加速度较快；而高于此浓度时接枝率的增加速度较慢。可能的原因是由于当单体浓度过高时，随着浓度的升高，在膜表面生成聚合物将膜孔堵死，使得在膜孔内会发生自由基终止聚合或单体耗尽的现象，进而只有在表面发生随着单体浓度升高而接枝率增加的现象，故接枝率的增加速度变慢。

膜上—Br 密度［$w(\text{Br})$］对 PNIPAM 接枝率（Y_{PNIPAM}）的影响如图 2-5（d）所示。—Br 基团作为 ATRP 反应的活性位点，其对 PNIPAM-g-AAO 膜接枝率的影响也存在一个拐点。当 NIPAM 单体浓度固定为 0.0795g/mL、$w(\text{Br})$ 低于 0.09% 时，接枝率随 $w(\text{Br})$ 的增加而线性增加；而当 $w(\text{Br})$ 高于 0.09% 时，膜的接枝率只会随着 $w(\text{Br})$ 的增加而略有升高。当 $w(\text{Br})$ 较低时，在整个反应过程中 ATRP 反应体系内的单体浓度都足够使接枝反应进行，也就是说在整个反应过程中不会发生自由基终止聚合的现象。因此，当 $w(\text{Br})$ 在低于 0.09% 范围内增加时，膜的接枝率会线性升高。然而，当 $w(\text{Br})$ 过高时，由于—Br 的数量多到使 ATRP 反应体系中的单体浓度在反应时间结束之前就已经低于反应要求的临界浓度，也就是说所有能够反应到膜上的 NIPAM 都已经耗尽。所以当单体浓度为 0.0795g/mL 且 $w(\text{Br})$ 高于 0.09% 时，膜的接枝率只会随着 Br 数量的增加而略有升高。上述研究结果表明，接枝膜的接枝率可由接枝温度、接枝时间、NIPAM 单体浓度和膜上—Br 的密度等制备条件有效调控，并且当恒定 PNIPAM 接枝链的链密度时，其链长度也可以调控。因此，采用 ATRP 法可以精确可控地调节接枝膜上的接枝链长度和密度。

4．智能开关膜的温度响应性能

（1）接枝链长度和密度对 PNIPAM-*g*-AAO 智能开关膜温敏扩散性能的影响　溶质维生素 B_{12}（VB_{12}）在 25℃（低于 PNIPAM 的 LCST）和 40℃（高于 LCST）下透过 PNIPAM-*g*-AAO 智能开关膜的扩散系数（D，cm^2/s）可由式（3-19）计算[13, 19, 28]。

$$D = \frac{kL}{A} \frac{V_1 V_2}{V_1 + V_2} \qquad (3\text{-}19)$$

式中，V_1 和 V_2 分别为扩散池和接收池中的溶液体积；A 和 L 分别为膜的有效面积和厚度；k 为 $-\ln[1-(C_2)_t(1+V_2/V_1)/(C_1)_0]$ 项与扩散时间 t 的关系曲线斜率；$(C_1)_0$ 和 $(C_2)_t$ 分别是扩散池中溶质的初始浓度（0.2mmol/L）和 t 时刻接收池中溶质的浓度。以 M-2 膜为例，$-\ln[1-(C_2)_t(1+V_2/V_1)/(C_1)_0]$-$t$ 曲线在 25℃ 和 40℃ 温度下均呈现线性关系，如图 3-25 所示。40℃ 下曲线的斜率远大于 25℃ 的，代入式（3-19）计算得到高温下的扩散系数相应地更高。

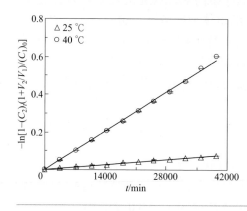

图3-25

VB_{12} 在25℃和40℃透过PNIPAM-*g*-AAO膜（M-2）的$-\ln[1-(C_2)_t(1+V_2/V_1)/(C_1)_0]$-$t$曲线

为了量化 PNIPAM-*g*-AAO 膜的温敏扩散性能，定义了扩散温度响应系数（R），即溶质在 40℃ 下透过膜的扩散系数与 25℃ 下的扩散系数的比值，如式（3-20）所示。

$$R = \frac{D_{40}}{D_{25}} \qquad (3\text{-}20)$$

式中，R 为温度响应系数；D_{40} 和 D_{25} 分别为 40℃ 和 25℃ 下的溶质透过膜的扩散系数，cm^2/s。

AAO 基材膜和 PNIPAM-*g*-AAO 膜的扩散温度响应系数及膜孔的温敏变化示意图如图 2-6 所示。根据斯托克斯 - 爱因斯坦（Stokes-Einstein）方程[13]，由于温度升高后溶液的黏度降低，因此溶质透过基材膜的扩散系数随着环境温度的升高略有增加，相应的 R 值略高于 1（约为 1.47），该值与 Stokes-Einstein 方程计算的结果（约为 1.45）吻合。结果表明，AAO 基材膜孔径并没有随着环境温度的变化而变化。由图 2-4 和表 3-2 可知，M-1 和 M-2 膜上—Br 的密度相同，M-2 膜孔的 PNIPAM 接枝链比 M-1 膜孔中的更长。如图 2-6 所示，M-2 膜的扩散温度响应系数（R=8.1）比 M-1 膜（R=1.58）高得多。在 40℃时，膜孔中的 PNIPAM 接枝链处于收缩状态，此时链长度的影响不明显，M-2 膜的孔径略小于 M-1 膜，此时溶质透过 M-1 膜的扩散系数 D_{40} 是 M-2 膜的 2 倍。但在 25℃下，PNIPAM 接枝链处于伸展状态，此时接枝链长的作用更加明显，具有更长 PNIPAM 链的 M-2 膜的孔径比 M-1 膜小很多，此时，M-1 膜的扩散系数 D_{25} 是 M-2 膜的 10 倍。因此，M-2 膜的扩散温度响应系数（D_{40} 与 D_{25} 的比值）明显高于 M-1 膜。由表 3-2 可知，M-3 膜孔中的 PNIPAM 链密度是 M-1 膜的 1.67 倍，且 M-3 膜的接枝率是 M-1 膜的 2.18 倍，因此，M-3 膜的链长度是 M-1 膜 1.3 倍。M-3 膜的扩散温度响应系数（R_D = 4.4）是 M-1 膜（R_D = 1.58）的 2 倍多。可见，M-3 膜的 R 值相比于 M-1 膜更大，可以归因于接枝的 PNIPAM 链长和密度均较大。无论是 40℃还是 25℃，M-3 膜的孔径均小于 M-1 膜，但在低温下孔径差异更明显，且 M-3 膜上的 PNIPAM 链更加致密，因此更长和更密的 PNIPAM 接枝链对溶质在不同温度下的扩散系数影响更大。对于具有更长接枝链的 M-2 膜和具有更大接枝密度的 M-3 膜来说，M-2 膜的扩散温度响应系数（R_D = 8.1）比 M-3 膜（R_D = 4.4）的大。综上，膜孔中 PNIPAM 接枝链的链长度和链密度都是获得具有良好的温度响应特性的智能开关膜的重要参数，且链长度比链密度更显著。

（2）PNIPAM-g-AAO 智能开关膜温敏扩散性能的可逆性　在三次高低温循环扩散实验中，具有最大的扩散温度响应系数的 PNIPAM-g-AAO 膜（M-2）的温敏扩散特性具有良好的可逆性，如图 3-26 所示。溶质 VB_{12} 在 25℃时透过 M-2 膜的扩散系数 D_{25} 均小于 40℃时的 D_{40}，且扩散系数在三次循环实验中保持稳定。这说明经过反复跨越 LCST 的温度变化后，膜孔内接枝的 PNIPAM 依然保持良好的温敏溶胀 - 收缩特性。

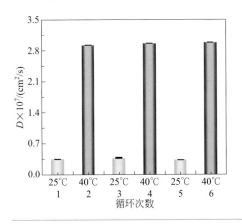

图3-26
VB_{12}透过PNIPAM-g-AAO膜（M-2）温敏扩散性能的可逆性

综上，采用 ATRP 法可成功制备具有正向温度响应开关性能的 PNIPAM-*g*-AAO 膜，并且 PNIPAM 接枝链的链密度和链长度可以通过调整硅烷化反应时间、接枝温度、接枝时间和 NIPAM 单体浓度来调控，以此获得具有良好温度响应特性的智能开关膜。

二、具有正向响应特性的温度响应型纳米凝胶复合智能膜

（一）采用液体诱导相分离法制备具有正向响应特性的温度响应型纳米凝胶复合智能膜

1. 温度响应型纳米凝胶复合智能膜的设计

将 PNIPAM 高分子微球与基材膜（如聚醚砜，PES）物理共混，并采用液体诱导相分离法（liquid induced phase separation，LIPS）[29, 30] 制备具有正向响应特性的温度响应型纳米凝胶复合智能膜。分布在复合膜表面的 PNIPAM 微球和致密皮层的 PNIPAM 微球被紧紧地"镶嵌"在膜基体中，起到温度响应"开/关"的作用，如图 2-20。当温度低于 PNIPAM 的 VPTT 时，微球处于溶胀状态，致密皮层中的过滤通道被堵塞而起到"关"的作用；而当温度高于 PNIPAM 的 VPTT 时，PNIPAM 微球收缩而在微球和膜基体之间产生空隙，这时表现为"开"的状态。通过对温度的调控而控制 PNIPAM 微球溶胀与收缩，实现复合膜的温度响应特性。

2. 温度响应型纳米凝胶复合智能膜的制备

首先，以 *N,N'*- 亚甲基双丙烯酰胺（MBA）为交联剂、过硫酸铵为引发剂，采用沉淀聚合法在 70℃下反应 5h，得到 PNIPAM 高分子微球[3]。随后，将冻干的 PNIPAM 微球分散在溶剂（如 *N,N*- 二甲基乙酰胺，DMAc）中，并加入一定量膜材料（如 PES）。待铸膜液完全溶解后，脱泡、流延成膜，在空气中蒸发一段时间后（如 10s）置于凝固浴中完全固化。当铸膜液沉浸在凝固浴中，铸膜液中的溶剂和凝固浴中的非溶剂双向扩散，高分子铸膜液变成热力学不稳定体系并发生液 - 液相分离，聚合物富相析出并固化形成高分子膜基体，而聚合物贫相则形成膜孔。

3. 温度响应型纳米凝胶复合智能膜的表征

（1）PNIPAM 微球的形貌　采用沉淀聚合法制备的 PNIPAM 微球具有良好的球形度和单分散性，如图 3-27 所示。干燥的 PNIPAM 微球的平均粒径约为 606nm，其变异系数（coefficient of variation，CV）[31] 为 3%（小于 5% 视为单分散性良好）。

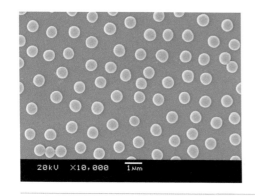

图3-27
干燥的PNIPAM微球的SEM照片

（2）温度响应型纳米凝胶复合智能膜的微观结构　未添加 PNIPAM 微球的 PES 基材膜［图 3-28（a）］的表面致密，而共混 PNIPAM 微球的聚醚砜复合膜的表面则出现了微米级孔［图 3-28（b）~（e）］，并且其孔径约为 1μm。随着 PNIPAM 微球含量的增加，PES 复合膜表面的微孔数量随之增加，但膜孔径基本不变。在制膜过程中亲水 PNIPAM 微球的加入增加了铸膜液体系的热力学不稳定性，并促进了微相分离，因此 PES 复合膜表面出现了大量的微米级孔。随着 PNIPAM 微球含量的增加，铸膜液体系中更多的地方发生微相分离，形成更多的微米级孔。但是，因为微相区的大小几乎相同，所以微孔孔径随 PNIPAM 微球含量的增加基本不变。

未添加 PNIPAM 微球的 PES 基材膜［图 3-29（a）］的断面呈现出典型的非对称膜孔结构，即致密皮层和多孔亚层结构。共混 PNIPAM 微球的 PES 复合膜同样具有非对称膜孔结构［图 3-29（b）~（e）］，不同的是，在 PES 基体上出现跟膜表面类似的微米级孔。随着 PNIPAM 微球含量的增加，微米级孔的数量也明显增加。其原因与 PNIPAM 微球的加入导致聚醚砜膜表面结构变化相同，即是在微相分离过程当中，亲水 PNIPAM 微球使溶剂 / 凝固浴的体系双向扩散速度的加快，聚合物贫相由于浓度梯度的作用而分散于聚合物富相当中，并且相互连接和贯穿，最终在聚合物富相固化成膜以后形成通孔或是多孔的结构。

4. 纳米凝胶复合智能膜的温度响应性能

不同 PNIPAM 微球含量的聚醚砜复合膜的水通量随温度变化的趋势如图 2-21 所示。PES 基材膜的水通量随温度升高而线性增加，主要是水黏度降低的影响。对 PES 复合膜而言，高温时的水通量均大于低温时的水通量，并且其水通量在 PNIPAM 微球的 VPTT 附近发生显著变化。PES 复合膜的水通量随温度变化的规律归因于纯水黏度、PNIPAM 微球的温敏特性和 PNIPAM 微球对 PES 基体的致孔作用三方面。

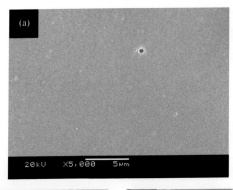

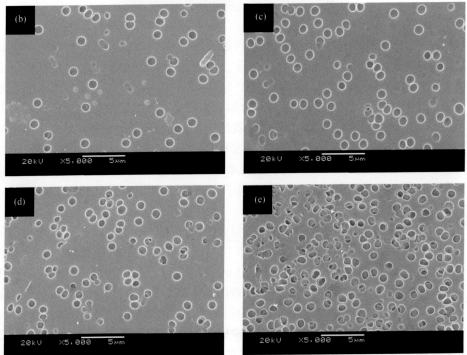

图3-28 不同PNIPAM微球含量（质量分数）的PES复合膜的表面扫描电镜照片
（a）0%；（b）5.7%；（c）8.6%；（d）11.4%；（e）17.1%

添加有 PNIPAM 微球的复合膜在低温时水通量都比基材膜小，并且，除了微球含量为 17.1% 的复合膜以外，其他复合膜的水通量都随着微球含量的增加依次变小。而在温度高于 PNIPAM 的 LCST 时，复合膜的水通量比 PES 基材膜的要大，并且随着 PNIPAM 微球含量的增加依次变大。由图 3-28 和图 3-29 可知，复合膜内部 PNIPAM 微球含量的增加会使复合膜表面和基体整个断面上产生更多的微米级孔。当复合膜中的 PNIPAM 微球含量在 5.7% ~ 11.4% 范围内时，产生

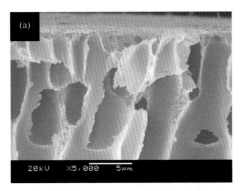

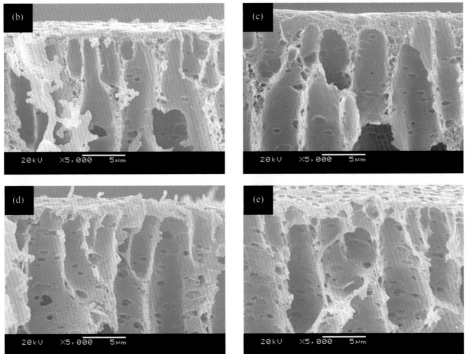

图3-29 不同PNIPAM微球含量（质量分数）的PES复合膜的断面扫描电镜图片
（a）0%；（b）5.7%；（c）8.6%；（d）11.4%；（e）17.1%

的微米级孔可以被低温溶胀的 PNIPAM 微球堵住，并且微球含量越高，更多膜孔被堵住，因此复合膜的低温水通量随微球含量增加而下降。当温度高于 LCST 时，高含量的微球收缩后形成的空腔更多，这些空腔与产生的大量微米级孔之间相互贯通，使得在高温时复合膜的水通量随微球含量依次增加。当 PNIPAM 微球含量较高（即 17.1%）时，该复合膜的低温水通量要略大于微球含量为 11.4% 的复合膜，但是依旧小于 PES 基材膜。略微增加的低温水通量是因为微球含量过大时会产生大量微米级孔，复合膜内部的微球不能很好堵住膜孔。

随着复合膜内 PNIPAM 微球含量从 0% 增加到 17.1%，其温度响应开关系数 $[R = J_{40}/J_{25}$，见式（3-12）] 先增后降。当微球含量为 11.4% 的 M-3 膜达到最大值，约为 9.26，如图 3-30。此时，由于 PNIPAM 微球在高、低温时对膜孔的有效调控，复合膜具有最佳的温度响应特性。由式（3-13）计算可得，M-3 膜在 40℃时的平均孔径约为 20℃时的 1.89 倍。微球含量为 17.1% 的 M-4 膜的温度响应开关系数的下降是因为低温时 PNIPAM 微球"关闭"膜孔的效果不佳所致。

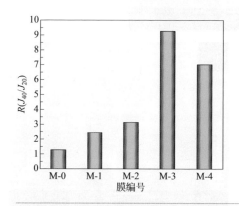

图3-30
复合膜的温度响应开关系数

在三次高低温循环水通量测试中，PES 复合膜（M-3）的水通量显示出较好的稳定性和可逆性，如图 2-22 所示。结果说明，复合膜内部的 PNIPAM 微球在反复溶胀 - 收缩和加压过滤（0.3MPa）的过程中，仍能稳定分布在复合膜中并维持良好的温度响应特性。

综上所述，采用液体诱导相分离方法成功制备了物理共混 PNIPAM 微球的具有正向响应特性的智能开关膜，PNIPAM 微球的引入会显著地影响膜的微观结构和温度响应性能。

（二）采用蒸汽诱导相分离法制备具有正向响应特性的温度响应型纳米凝胶复合智能膜

1. 温度响应型纳米凝胶复合智能膜的设计

采用蒸汽诱导相分离（vapor induced phase separation，VIPS）法诱导温度响应型高分子微球（如 PNIPAM 微球等）富集在膜孔表面作为智能开关，并利用亲水性高分子微球的致孔作用，获得同时具有高通量、优异响应性能和力学性能的智能开关膜，如图 2-23 所示[32-34]。采用 VIPS 法通常会得到具有对称胞状孔结构的高分子膜，但由于胞状孔为盲孔、缺乏相互之间的贯通性，导致膜的跨膜通量很低 [如图 2-23（a）和（b）所示][35]。骆枫等[32-34]利用系统界面能最低原理和适宜的过程参数，使高分子微球经 VIPS 过程富集在聚合物贫相 / 聚合物富相界面上，最终使其稳定在固化后的膜孔表面上，如图 2-23（c）和（d）所示。即均匀分散在铸膜液中的 PNIPAM 微球向聚合物贫相 / 聚合物富相界面（或生长的膜孔 / 基材界面）上的富集是由系统界面能（ΔG_1）的降低引起的[36]，而由于 PNIPAM 微球从聚合物贫相 / 聚合物富相界面上脱离则需要克服增长的系统界面能（ΔG_2）。因此，膜孔 / 基材界面上的系统界面能是最低的［图 2-23（d）］，PNIPAM 微球可稳定地富集在膜孔 / 基材界面。同时，在成膜条件下（低于 VPTT），PNIPAM 微球是亲水性的，其加入增加了铸膜液体系的热力学不稳定性，促进微相分离，因此在膜内部产生大量相互贯通的胞状孔，如图 2-23（e）和（f）所示。这一结构不仅有利于复合膜跨膜水通量的显著提升，又可以增加其机械强度。此外，富集在膜孔表面的 PNIPAM 微球作为智能开关，可根据环境温度变化来调控复合膜的跨膜水通量，如图 2-23（g）和（h）所示。

2. 温度响应型纳米凝胶复合智能膜的制备

将冻干的 PNIPAM 微球（占膜材料的质量分数为 0 ~ 17.00%）分散在溶剂（如 *N*- 甲基吡咯烷酮，NMP）中，并加入一定量的膜材料（如 PES）。待铸膜液完全溶解后，脱泡、流延成膜，并迅速将湿膜转移至恒定温度和湿度的非溶剂蒸气（如水蒸气）氛围中，静置一定时间（如 0.5 ~ 20min）后，再置于凝固浴中使其完全固化。制备过程中，可通过改变 PNIPAM 含量、蒸气温度、蒸气湿度和蒸气暴露时间等参数来有效调节复合膜的形貌和微观结构，以获得具有优异性能的智能开关膜。

3. 温度响应型纳米凝胶复合智能膜的表征和性能

（1）PNIPAM 微球含量对纳米凝胶复合智能膜微观结构和性能的影响

① PNIPAM 微球含量对纳米凝胶复合智能膜微观结构的影响　采用沉淀聚合法制备的 PNIPAM 高分子微球在干态和湿态下的形貌如图 2-24 所示。场发射扫描电镜（FESEM）和激光共聚焦（CLSM）图片均显示 PNIPAM 微球具有良好的单分散性和球形度（图 2-24 a1 和 a2），动态光散射（DLS）结果表明，得到的 PNIPAM 微球具有良好的温度响应特性（图 2-24 a3）。采用 VIPS 法制备的 PES 基材膜和具有不同 PNIPAM 微球含量的 PES 复合膜的断面和表面结构如图 2-24（b）~（f）所示。对于未添加 PNIPAM 微球的 PES 基材膜，膜断面呈现出典型的对称胞状孔结构，但胞状孔之间互不贯通，同时其膜表面上孔的尺寸很小和数量也很少，如图 2-24（b）所示。而添加 PNIPAM 微球之后，复合膜的微观结构发生了显著的变化。此时，在复合膜的表面和整个断面上，均观察到微米级大孔且相互贯通，而 PNIPAM 微球则均匀分布在膜表面和膜孔表面［图 2-24（c）~（f）］。随着 PNIPAM 微球的含量从 4.25% 增加到 17.00%，膜孔和表面上的 PNIPAM 微球的数量会显著增加，膜孔间的贯通性也会显著提升。这种均匀

分布有 PNIPAM 微球作为智能开关且相互贯通的胞腔状多孔结构将有利于复合膜的渗透性、响应性以及机械强度的提高。

② PNIPAM 微球含量对纳米凝胶复合智能膜温度响应性能的影响 VIPS 法制备得到的 PES 基材膜和添加 PNIPAM 微球的 PES 复合膜的跨膜水通量随温度的变化如图 2-25（a）所示。在测试温度范围内（20 ~ 44℃），不含 PNIPAM 微球的 PES 基材膜的跨膜水通量非常低，不超过 2kg/（$m^2 \cdot h$）；并且随着温度增加，水通量线性增加。其原因是胞腔状膜孔互不贯通（如图 2-24 b2），这一现象与文献［35］研究结果吻合。相比于 PES 基材膜，添加 PNIPAM 微球的 PES 复合膜在高低温的跨膜水通量均有大幅提升，且随 PNIPAM 微球含量的增加而增加。当 PNIPAM 微球含量达到 17.00% 时，复合膜在 44℃和操作压力为 0.2MPa 下的跨膜水通量高达 8558kg/（$m^2 \cdot h$）。温度低于 VPTT 时，复合膜跨膜水通量随温度的增加主要是因为微米级孔数目的增多、孔径的增大和其贯通性的增加，使得流体在膜内的跨膜阻力显著下降。而当温度高于 VPTT 时，复合膜跨膜水通量的增加除了上述膜基体中孔结构的影响之外，还与 PNIPAM 微球的温度响应特性有关。此时，收缩的 PNIPAM 微球进一步增大了膜孔的尺寸和贯通性，使得跨膜水通量进一步提升。

添加 PNIPAM 微球的 PES 复合膜的跨膜水通量在 32℃（即 PNIPAM 微球的 VPTT）附近显著变化［图 2-25（a）］，说明 PES 复合膜具有温度响应特性。当环境温度低于 32℃时，PNIPAM 微球溶胀，膜孔"关闭"，此时跨膜水通量较低；相反地，当温度高于 32℃时，PNIPAM 微球处于收缩状态，膜孔"开启"，水通量升高。将 39℃和 20℃下复合膜的跨膜水通量之比（J_{39}/J_{20}）作为温度响应系数（$R_{39/20}$），来定量描述复合膜的温度响应特性。可见，PNIPAM 微球的含量越大，温度响应开关系数就越高，复合膜的温度响应开关性能就越好。$R_{39/20}$ 的最大值为 10.2，对应的 PNIPAM 微球的含量为 17.00%，如图 2-25（b）所示。

采用操作压力在 0 ~ 0.2MPa 范围内逐步增加的过滤实验来考察富集在膜孔表面上的 PNIPAM 微球的稳定性，结果如图 2-25（c）所示。可见，无论是高温 39℃还是低温 20℃，复合膜（PNIPAM 微球含量为 17.00%）的跨膜水通量都随操作压力的增加而线性增加。结果表明，PNIPAM 微球在测试压力范围内能够稳定存在并保持良好的温度响应特性。同时，该膜在高温 39℃/低温 20℃三次循环水通量实验及 70d 之后的高低温水通量实验中均保持良好的可逆性和可重复性，如图 2-25（d）所示。

将文献［30，37-45］中报道的采用 LIPS 法制备的温度响应型智能开关膜的跨膜水通量和温度响应开关系数进行比较，结果列在图 3-31 和表 3-3 中。其中，纵坐标"N"为归一化温度响应开关系数，其定义为低温下的跨膜阻力和高温下的跨膜阻力之比，由哈根 - 泊肃叶方程［式（3-7）］推导得到，按照式（3-21）计算。横坐标"J"则为归一化跨膜水通量，即单位操作压力下的水通量，单位为 L/（m²·h·bar）。将跨膜水通量和温度响应开关系数进行归一化处理后，可以消除操作压力和溶液温度对它们的影响。

$$N = \frac{R_\text{L}}{R_\text{H}} = \frac{\dfrac{\Delta p_\text{L}}{\eta_\text{L} J_\text{L}}}{\dfrac{\Delta p_\text{H}}{\eta_\text{H} J_\text{H}}} = \frac{\Delta p_\text{L}}{\Delta p_\text{H}} \times \frac{\eta_\text{H}}{\eta_\text{L}} \times \frac{J_\text{H}}{J_\text{L}} \tag{3-21}$$

式中，R_L 和 R_H 分别为低温和高温下的跨膜阻力；Δp_L 和 Δp_H 分别为低温和高温下跨膜压力差，bar（1bar=10⁵Pa）；J_L 和 J_H 分别为低温和高温下跨膜水通量；η_L 和 η_H 分别为低温和高温下溶液的黏度。

对于用温度响应型高分子接枝的膜基材制备的温度响应型开关膜（即图3-31和表3-3中的"系列1"），其最大的归一化跨膜水通量的值较大，但最大的归一化温度响应开关系数确不高（一般约低于3）。对于将温度响应型高分子作为添加剂共混到基膜材料中制备得到的温度响应型开关膜（即图3-31和表3-3中的"系列2"），其最大的归一化跨膜水通量和温度响应开关系数都较低，一般低于 870L/（m²·h·bar）和约1.8。而对于在基膜材料中共混温度响应型高分子微球作为添加剂制备得到的温度响应型智能开关膜（即图3-31和表3-3中的"系列3"），一般来说，最大的归一化温度响应开关系数可达到约5.9，但其最大归一化跨膜水通量却很低，一般不超过 700L/（m²·h·bar）。可见，文献报道的采用 LIPS 法制备温度响应型开关膜的渗透性和温度响应特性很难同时提高，而采用 VIPS 法制备的温度响应型开关膜（微球含量为17.00%）[32, 33] 的性能却突破了现有"上限"（图3-31），其归一化跨膜水通量和温度响应开关系数分别达到了 4300L/（m²·h·bar）和6。对比结果说明，VIPS 法相比于 LIPS 法更有利于温度响应型智能开关膜综合性能的提高。

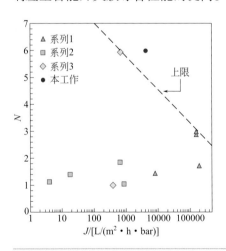

图3-31
不同方法制备的温度响应型智能开关膜的归一化跨膜水通量和温度响应系数的最大值比较
系列1—利用温度响应型高分子接枝的膜基材，LIPS法成膜；系列2—将温度响应型高分子作为添加剂共混到基膜材料中，LIPS成膜；系列3—将温度响应型高分子微球作为添加剂共混到基膜材料中，LIPS法成膜；本工作—将温度响应型高分子微球作为添加剂共混到基膜材料中，VIPS成膜

表3-3　不同方法制备温度响应型智能开关膜的最大归一化跨膜水通量和温度响应开关系数的比较

系列	膜材料	制备方法	最大归一化水通量/[L/(m²·h·bar)]	最大归一化温度响应系数N	参考文献
1	PVDF（聚偏氟乙烯）	PVDF-g-PNIPAM共聚物，LIPS法成膜	160000	2.90	[37]
	PVDF	PVDF-g-PNIPAM共聚物，LIPS法成膜	160000	3.00	[38]
	PVDF	PAA-g-PNIPAM共聚物和PNIPAM，LIPS法成膜	200000	1.73	[39]
	FPI（氟化聚酰亚胺）	FPI-g-PNIPAM共聚物，LIPS法成膜	8250	1.46	[40]
2	PVDF	PVDF-g-PNIPAM共聚物和PVDF共混，LIPS法成膜	870	1.04	[41]
	PES	P（NIPAM-co-methacrylic acid-co-methyl methacrylate）三元共聚物和PES共混，LIPS法成膜	4	1.13	[42]
	PAN（聚丙烯腈）	PAN-g-PNIPAM共聚物和PAN共混，LIPS法成膜	667	1.84	[43]
	PSF	P（N-vinylcaprolactam-co-acrylic acid）共聚物和PSF共混，LIPS法成膜	19	1.39	[44]
3	PES	PNIPAM微球和PES共混，LIPS法成膜	700	5.94	[30]
	PVDF	PNIPAM微球和PVDF共混，LIPS法成膜	400	1.00	[45]
	PES	PNIPAM微球和PES共混，VIPS法成膜	4300	6.00	[33]

　　具有不同摩尔质量的溶质分子在不同温度下通过VIPS法制备的智能开关膜的扩散性能如图3-32。同一溶质的扩散系数随着温度降低而迅速减小，这与跨膜水通量随温度的变化趋势一致。同时，随着溶质的摩尔质量增加，扩散系数也减小，这是由于溶质分子Stokes-Einstein扩散半径增加。当溶质的摩尔质量从1355g/mol（维生素B_{12}）增加到40000g/mol（FITC标记的葡聚糖）时，扩散温敏响应系数$R_{D(39/20)}$（这里为溶质分子在39℃和20℃时扩散系数的比值，即D_{39}/D_{20}）先从3.3增长到22.5，之后又下降到11.25。对于摩尔质量最小的维生素B_{12}分子，其扩散过程受到高低温变化带来的膜孔尺寸改变的影响不大。但对于摩尔质量较大的葡聚糖分子（4000g/mol和10000g/mol），其分子尺寸大于20℃下"关闭"状态的膜孔尺寸，此时溶质分子较难透过复合膜，扩散系数较小；而在39℃时，由于膜孔尺寸大于溶质分子的尺寸，使得溶质分子较易跨过复合膜，扩散系数较大，因此它们的$R_{D(39/20)}$值较大。而当摩尔质量增大到40000g/mol时，即使在39℃下膜孔"打开"时其尺寸仍小于溶质分子的尺寸，

此时溶质分子受到膜孔尺寸效应的影响而较难跨膜。对于尺寸适中的溶质分子（摩尔质量为 10000g/mol），该复合膜具有最佳的扩散温敏响应系数，高达 22.5。

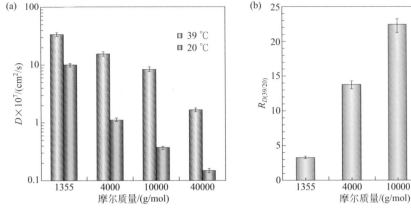

图3-32 不同摩尔质量的溶质分子的跨膜扩散性能
（a）温度响应的扩散系数；（b）扩散温敏响应系数

③ PNIPAM 微球含量对纳米凝胶复合智能膜力学性能的影响　VIPS 法和 LIPS 法制备的 PES 复合膜的力学性能的对比结果如图 3-33 所示。VIPS 法制备的复合膜的力学性能要显著优于 LIPS 法制备的复合膜［图 3-33（a）和（b）］。对于 LIPS 法制备的膜，不管 PNIPAM 高分子微球的含量如何变化，其最大拉伸应变均低于 8.0%，断裂拉伸强度（σ_b）小于 3.8MPa，并随 PNIPAM 微球含量的增加变化不大；然而，利用 VIPS 法制备的复合膜，最大拉伸应变约为 23.0%，断裂拉伸强度均高于 9.2MPa。并且，随着 PNIPAM 微球的含量从 4.25% 增加到 17.00%，VIPS 法所制备的复合膜的断裂拉伸强度从 9.2MPa 增加到 13.0MPa。相比于 LIPS 法获得的非对称皮层和多孔亚层结构相比，VIPS 法可获得机械强度更高的复合膜的原因是其具有更加致密的对称多孔结构。相比于 PES 基材膜，复合膜的相对密度（ρ^*/ρ_s）较高，且随微球含量增加而增加。随着 PNIPAM 微球的含量从 4.25% 增加到 17.00%，VIPS 法制备的复合膜的相对密度从 0.26 增加到 0.33［图 3-33（c）］。这里相对密度指多孔材料的体积密度 ρ^* 与其材料真实密度 ρ_s 的比值，它是孔隙率的相反数，是影响材料力学性能的重要参数。其值越大，说明复合膜的孔隙率越低，膜基体变得更加致密。当湿膜的厚度均为 200μm，利用 VIPS 法获得的复合膜在干燥后的厚度为（64±4）μm，而利用 LIPS 法制备的复合膜厚度为（98±5）μm。这一现象也能反映出 VIPS 法制备的复合膜更加致密。此外，复合膜的断裂拉伸强度可用相对密度和膜基材的屈服强度来计算[32]，其计算结果与实验数据相符合［图 3-33（d）］。

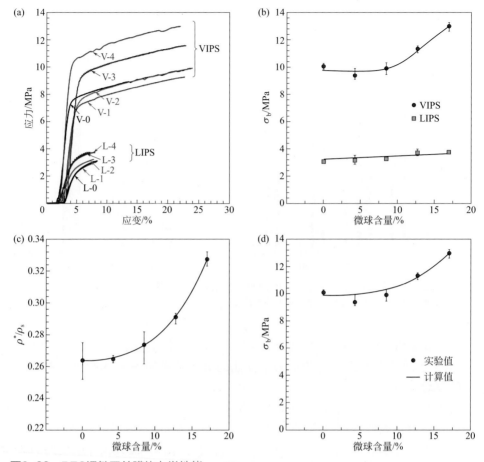

图3-33 PES温敏开关膜的力学性能

（a）不同条件制备PES膜的拉伸应力对拉伸应变的典型曲线，"V"和"L"分别代表制膜使用的是VIPS方法和LIPS方法，0、1、2、3、4分别对应高分子微球的含量0%、4.25%、8.50%、12.75%、17.00%；（b）微球含量对PES膜断裂拉伸强度的影响；（c）微球含量对PES膜相对密度的影响；（d）PES膜断裂强度计算值和实验值的比较

（2）蒸气暴露时间对纳米凝胶复合智能膜微观结构和性能的影响

① 蒸气暴露时间对纳米凝胶复合智能膜微观结构的影响 在一定的蒸气温度和湿度下，蒸气暴露时间对PES复合膜微观结构的影响如图3-34～图3-36所示。采用LIPS法制备的添加PNIPAM微球的PES复合膜［即对应蒸气暴露时间0min，如图3-34（a），图3-35（a）和图3-36（a）］具有典型的非对称结构，即致密皮层和多孔亚层的结合。而当采用VIPS方法和蒸气暴露时间20min时，无论蒸气温度和湿度如何改变，复合膜的断面结构均为对称胞状孔结构［图3-34

（h），图 3-35（h）和图 3-36（h）]。随着蒸气暴露时间从 0min 增加到 20min，
PES 复合膜的微观结构逐渐从非对称的多孔结构转化成对称的胞状孔结构，如
图 3-34 a2 ~ h2、图 3-35 a2 ~ h2 和图 3-36 a2 ~ h2 所示。但采用不同的蒸气
温度和湿度时，PES 复合膜发生膜孔结构转变的时间点有所不同，该时间或称
临界时间。对于蒸气温度 / 湿度分别为 25℃ /90%，25℃ /70% 和 15℃ /70% 条
件下，PES 复合膜结构转变的临界时间分别是 1.5min（图 3-36 d2）、2min（图
3-34 e2）和 10min(图 3-35 g2)。以蒸气温度 / 湿度为 25℃ /70% 的制膜条件为例，
当蒸气暴露时间不超过该膜的临界时间 2min 时，PES 复合膜均呈现出 LIPS 典

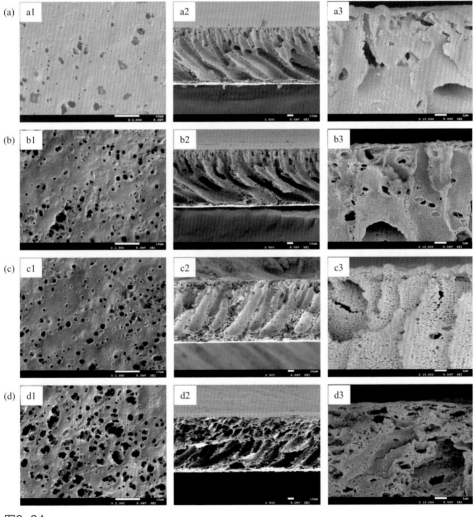

图3-34

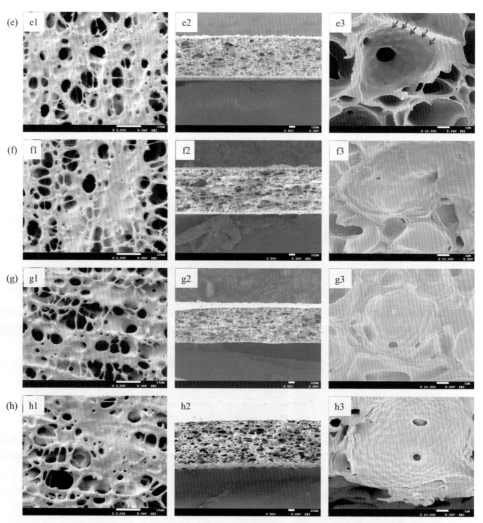

图3-34 VIPS法制备的PES复合膜（PNIPAM微球含量为17.00%）表面和断面扫描电镜图片（一）

制备条件：蒸气温度25℃，蒸气相对湿度70%。暴露时间：0min（a），0.5min（b），1min（c），1.5min（d），2min（e），5min（f），10min（g），20min（h）。a1～h1表面；a2～h2断面；a3～h3断面放大。e3图中的红色箭头指向膜孔中的PNIPAM微球。标尺为10μm（a1～h1和a2～h2），1μm（a3～h3）

型的非对称膜孔结构（图 3-34 a2～d2），随着蒸气暴露时间的延长，膜表面上的微孔数量和尺寸逐渐增长（图 3-34 a1～d1），同时膜基材中出现微孔而由致密发展为多孔（图 3-34 a3～d3）。而当蒸气暴露时间超过临界时间 2min 时，PES 复合膜的结构转变为贯穿整个断面的胞状孔结构（图 3-34 e2～h2），膜孔之间的贯通性随蒸气暴露时间延长而逐步增加，膜表面上孔的尺寸较暴露时间较短时也显著地增加（图 3-34 e1 ~ h1）。在 VIPS 过程中，非溶剂水蒸气和溶剂之间发生缓慢的双向扩散，发生微相分离并形成聚合物富相和聚合物贫相共存的体系，在较长的蒸气暴露时间下，聚合物贫相有充足的时间粗化生长，最终可以获得贯穿整个膜断面的胞状孔结构和具有大孔的膜表面。相反，若蒸气暴露时间小于 2min，聚合物贫相在 VIPS 过程中来不及粗化生长和固化，铸膜液体系浸没在凝固浴时，大量非溶剂水进入铸膜液诱导发生 LIPS 过程，从而获得典型的 LIPS 膜孔结构。

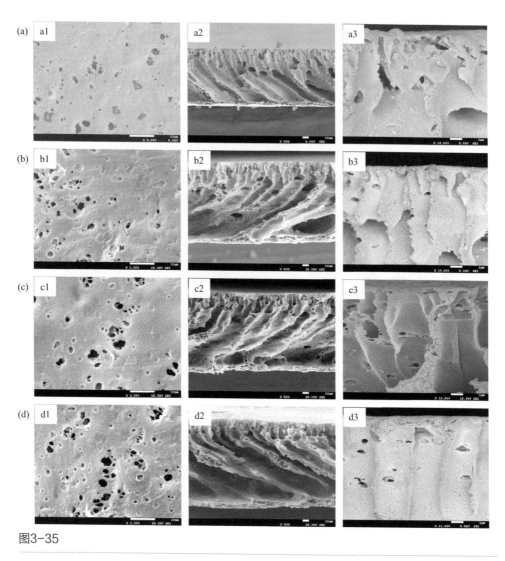

图3-35

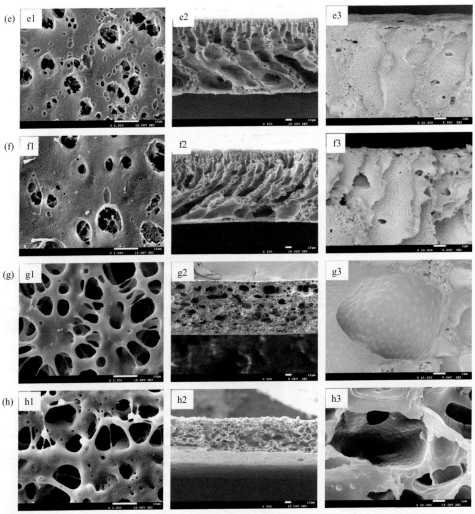

图3-35 VIPS法制备的PES复合膜（PNIPAM微球含量为17.00%）表面和断面扫描电镜图片（二）

制备条件：蒸气温度15℃，蒸气相对湿度70%。暴露时间：0min（a），0.5min（b），1min（c），1.5min（d），2min（e），5min（f），10min（g），20min（h）。a1 ~ h1表面；a2 ~ h2断面；a3 ~ h3断面放大。标尺为10μm（a1 ~ h1和a2 ~ h2），1μm（a3 ~ h3）

对比25℃/70%制膜条件下，采用VIPS法制备的与PES复合膜（图3-34）具有相同暴露时间的PES基材膜（图3-37）的微观结构。总的来说，PES基材膜的微观结构随着暴露时间的变化趋势和PES复合膜是相似的，都经历了一个从典型的LIPS孔结构向典型的VIPS孔结构的转变，临界时间稍早于2min

［图 3-37（e）］。不同的是，添加 17.00% 的 PNIPAM 微球后，PES 复合膜断面上的胞状孔结构具有更大的尺寸，说明亲水 PNIPAM 的加入促进了微相分离的发生。但是，PNIPAM 微球的加入也大大提高了铸膜液的黏度，铸膜液［即溶解有浓度（w/V）为 17.5% PES 的 NMP 溶液］在添加 PNIPAM 微球前后的黏度为（915.2±18.6）mPa·s 和（4505.8±93.2）mPa·s。因此，在相同的蒸气温度和相对湿度下，添加微球的铸膜液体系的相分离速率减缓，这也是 PES 基材膜的临界时间稍早于 PES 复合膜的原因。

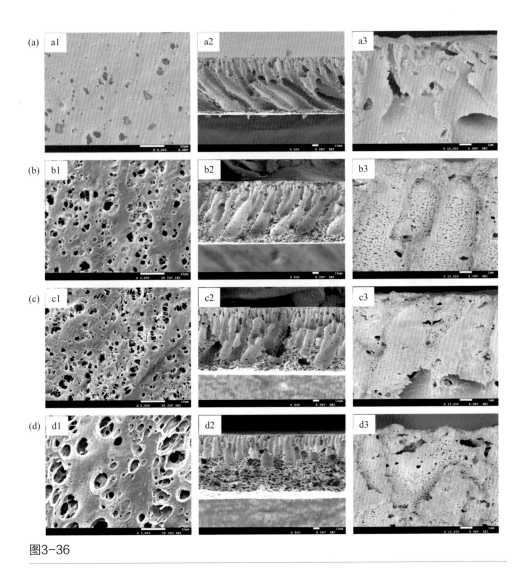

图3-36

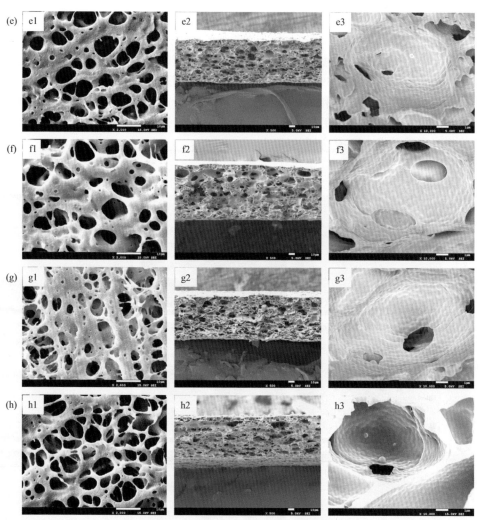

图3-36 VIPS法制备的PES复合膜（PNIPAM微球含量为17.00%）表面和断面扫描电镜图片（三）

制备条件：蒸气温度25℃，蒸气相对湿度90%。暴露时间：0min（a），0.5min（b），1min（c），1.5min（d），2min（e），5min（f），10min（g），20min（h）。a1～h1表面；a2～h2断面；a3～h3断面放大。标尺为10μm（a1～h1和a2～h2），1μm（a3～h3）

　　铸膜液中的 PNIPAM 微球在成膜过程中向生长的膜孔/基材界面富集的情况也可以通过图 3-34～图 3-36 观察到。由图 3-34 a1～d1 和 a3～d3 可知，当蒸气暴露时间不超过临界时间 2min 时，很难在膜表面和膜孔表面上观察到 PNIPAM 微球；而当暴露时间达到 2min 时，便可以在膜表面和膜孔表面观察到少量的 PNIPAM 微球（图 3-34 e1 和 e3）。随着蒸气暴露时间进一步延长，更多

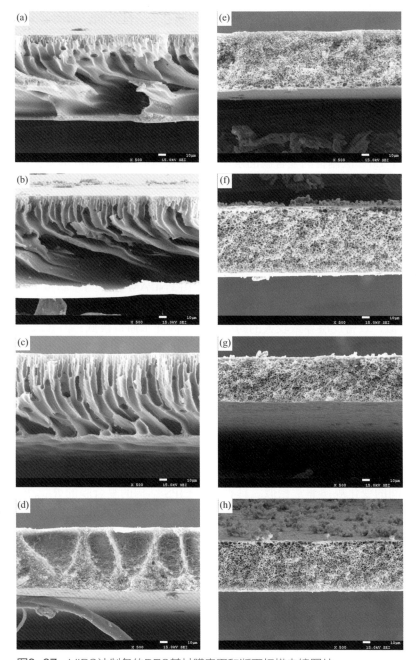

图3-37 VIPS法制备的PES基材膜表面和断面扫描电镜图片

制备条件：蒸气温度25℃，蒸气相对湿度70%。暴露时间：0min（a），0.5min（b），1min（c），1.5min（d），2min（e），5min（f），10min（g），20min（h）。标尺为10μm

的 PNIPAM 微球从聚合物富相中富集到生长的膜孔 / 基材界面，如图 3-34 e1 和 h3 所示。PNIPAM 微球随蒸气暴露时间逐步富集到膜孔表面的过程如图 2-26 所示。如图 2-23 所示，当 PNIPAM 微球富集到膜孔 / 基材界面，由于系统界面能趋于最低的原理，PNIPAM 微球会稳定地固定在界面或膜孔上。可见，充足的蒸气暴露时间对于制备膜孔表面上稳定分布 PNIPAM 微球的智能开关膜是必要的。

② 蒸气暴露时间对纳米凝胶复合智能膜温度响应性能的影响　在一定的蒸气温度和湿度下，无论操作温度为 20℃ 还是 39℃，VIPS 法制备的 PES 复合膜的跨膜水通量均高于 LIPS 法制备的复合膜的水通量，并且随蒸气暴露时间的延长而提高［图 2-27（a）、（c）和（e）］。PES 复合膜的跨膜水通量受到膜孔结构和 PNIPAM 微球开关作用的影响。对于采用不同蒸气温度 / 湿度制膜条件得到的 PES 复合膜来说，当采用的蒸气暴露时间较短（即不超过 25℃ /70%、15℃ /70% 和 25℃ /90% 条件下对应的临界时间 2min、10min 和 1.5min）时，其在 20℃ 的跨膜水通量非常低；相比之下，当超过临界时间时，其跨膜水通量有明显提升。这一现象的原因是在 20℃ 下 PNIPAM 微球溶胀，水溶液的跨膜通道主要由 PNIPAM 微球与基材或 PNIPAM 微球与膜孔之间的空隙提供；而当暴露时间较短时，PES 复合膜的膜结构与典型的 LIPS 结构类似，致密皮层导致较大的跨膜阻力，因此水通量很低；但暴露时间足够长，复合膜呈现出具有大孔的胞腔状孔结构，因此水通量明显提高。当环境温度升高到 39℃，复合膜中的 PNIPAM 微球体积收缩，使其跨膜水通量显著提高。这是因为高温下膜孔结构是影响跨膜水通量的主要因素，而此时无论是具有 LIPS 孔结构还是 VIPS 孔结构的复合膜，都随暴露时间的增加变得更加多孔。

在一定的蒸气温度 / 湿度制膜条件下制备 PES 复合膜的温度响应开关系数的变化趋势如图 2-27（b）、（d）和（f）所示。可见，由于 PNIPAM 微球的加入，所有 PES 复合膜均具有温度响应特性（$R_{39/20} > 1$），并且其温敏响应系数随蒸气暴露时间的变化规律非常相似。具有典型 LIPS 结构的复合膜的 $R_{39/20}$ 值先增后减，在临界时间之前出现了一个峰值，而达到临界时间时具有最低值；具有典型 VIPS 结构的复合膜的 $R_{39/20}$ 值随蒸气暴露时间增加而增加，但始终低于具有 LIPS 结构的复合膜。这是由于具有 LIPS 结构的复合膜在 39℃ 下的跨膜水通量随蒸气暴露时间延长的增长程度比 20℃ 大。例如，在 25℃ /70% 制膜条件下，蒸气暴露时间从 0min 增大到 0.5min 时，PES 复合膜 20℃ 的跨膜水通量从 62.4kg/（m²·h）增加到 72.6kg/（m²·h），而 39℃ 的跨膜水通量从 984.6kg/（m²·h）增加到了 2701.0kg/（m²·h）［图 2-27（a）］。蒸气暴露时间从 0min 增大到 1min 时，对应的 $R_{39/20}$ 值从 14.2±1.6 增加到最大值 43.2±4.3［图 2-27（b）］。在蒸气暴露时间 2min 增大到 20min 的过程中，具有 VIPS 结构复合膜的膜孔结构没有明显变化，但由于 PNIPAM 微球向膜孔 / 基材界面富集的程度和数目都增加，因此 39℃ 的跨膜水通量有小幅度的增大，此时复合膜的温敏响应系数从 6.5±1.1 线性增加到

10.2±1.6 [图 2-27 (b)]。

③ 蒸气暴露时间对纳米凝胶复合智能膜力学性能的影响 在一定的蒸气温度和湿度下，随蒸气暴露时间的延长，PES 复合膜的断裂拉伸强度和最大拉伸应变均增大 (图 3-38)。以制备条件 25℃/70% 为例，当暴露时间从 0min 延长到 2min 时，PES 复合膜的断裂拉伸强度 (σ*) 从 3.1MPa 升至 8.8MPa [图 3-38 (b)]，而继续延长暴露时间到 20min，断裂拉伸强度可升至 13.0MPa；当暴露时间由 0min 增加到 20min 时，其最大拉伸应变由 4.7% 增加到 20.3% [图 3-38 (a)]。可见，当其他条件相同时，具有 VIPS 膜孔结构的 PES 复合膜的机械强度均高于具有 LIPS 膜孔结构的复合膜；而对于具有相同膜孔结构的 PES 复合膜 (图 3-34 a2 ~ d2 或图 3-34 e2 ~ h2)，随着暴露时间的延长，聚合物贫相粗化伴随的聚合物富相的聚并，使得膜结构更为致密(此时当复合膜的膜孔结构没有明显变化时)，其力学性能会有一定的提升。此外，复合膜的断裂拉伸强度随暴露时间变化的曲线的斜率越大，说明膜的微结构变化越快，反之亦然。由称重法得到相对密度后可计算得到孔隙率 (是相对密度的相反数)，结果表明，当暴露时间从 0min 延长到 20min 时，在 25℃/70% 下制备的 PES 复合膜的孔隙率从 79% 降至 67%。

(3) 蒸气温度对纳米凝胶复合智能膜微观结构和性能的影响 在 VIPS 过程中，蒸气温度是影响溶剂/非溶剂双向扩散的重要参数[35, 46]，因此对膜的微观结构和共混的微球向膜孔上的富集产生影响。当蒸气相对湿度恒定在 70% 时，将蒸气温度由 25℃降低到 15℃，复合膜的断面结构随着暴露时间的延长依然显示出从典型 LIPS 结构往典型 VIPS 结构的转变。但 15℃下制备膜的临界时间比 25℃下制备膜的长。如图 3-35 g2，直到暴露时间达到 10min 时，膜结构才转变为胞状孔结构，而在蒸气温度为 25℃时，这一过程仅需要 2min (图 3-34 e2)。这是由于较低的蒸气温度较大幅度地减缓了聚合物贫相生长粗化和固化的速度。相应地，PNIPAM 微球向膜孔的富集也减慢，同样当暴露时间达到 10min 时，才能在膜孔表面观察到 PNIPAM 微球 (图 3-35 g3)。

对于在更低蒸气温度下制备的 PES 复合膜来说，其跨膜水通量和温敏响应系数随蒸气暴露时间的变化趋势和在 25℃/70% 条件下制备的复合膜是相似的。即 20℃下复合膜的跨膜水通量在达到临界时间后会显著提高，而温敏响应系数随着暴露时间的延长先增长后减小之后再线性增加，最大值约为 27。

(4) 蒸气湿度对纳米凝胶复合智能膜微观结构和性能的影响 制膜过程中的蒸气湿度同样对复合膜的结构和 PNIPAM 微球的富集产生影响。研究报道，当蒸气相对湿度低于 65% 时将不能诱导铸膜液发生相分离[47]，因此研究中通常采用 70% 甚至更高的蒸气相对湿度。当制膜时蒸气相对湿度由 70% 升高到 90%，复合膜发生膜结构转变的临界时间从 2min 提前到 1.5min，此时膜断面结构是典型的 LIPS 结构和 VIPS 结构共存的过渡结构 (图 3-36 d2)。这是因为更高的相

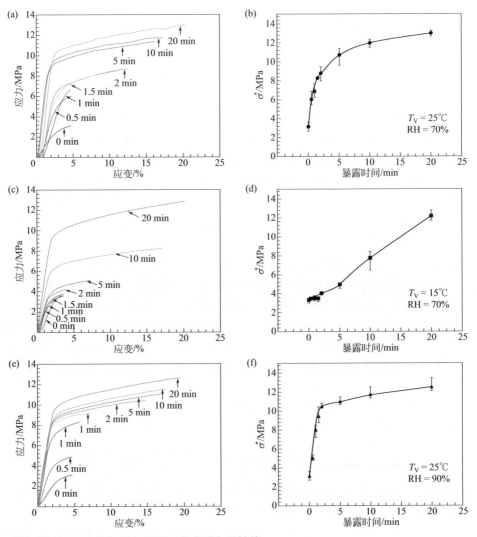

图3-38　不同条件下制备的PES复合膜力学性能

制备条件：25℃/70%［(a)、(b)］，15℃/70%［(c)、(d)］，25℃/90%［(e)、(f)］

对湿度提供了更大的驱动力来推动聚合物贫相的生长和固化过程，因此加速了膜微结构的转变。对于在不同蒸气湿度下制备的PES复合膜来说，其跨膜水通量和温敏响应系数的变化趋势和在25℃/70%、15℃/70%下制备的高分子膜相似，温敏响应系数最大值约为29.5。

　　总的来说，在VIPS法成膜的过程中，蒸气暴露时间对复合膜结构和微球富集起着最主要的作用，临界时间前后会发生膜结构从典型LIPS结构向VIPS结构转变的过程。而通过调节蒸气温度和相对湿度，这一临界时间会发生改变；蒸气温度和相对湿度越高，相分离速度越快，临界时间越短。

（5）PNIPAM 微球亲疏水性对纳米凝胶复合智能膜微观结构和性能的影响

① 具有不同亲疏水性的 PNIPAM 微球的形貌和温度响应特性　聚（N- 正丙基丙烯酰胺）（PNN）、聚（N- 异丙基丙烯酰胺）（PNI）和聚（N- 异丙基甲基丙烯酰胺）（PNM）微球的化学结构如图 3-39 所示[48, 49]。可见，三种微球的化学结构很相似，都具有亲水的酰胺基和疏水的正丙基或异丙基。由三种材料制备的大凝胶的水接触角测试可以反映对应微球的亲疏水特性，如图 3-40。PNN、PNI 和 PNM 大凝胶的水接触角值依次减小，分别为 83°、64° 和 20°，说明亲水性依次递增。这是由于异丙基和甲基的空间位阻作用使得 PNM 凝胶在三种凝胶中具有最强的亲水性，PNI 凝胶次之，PNN 凝胶的亲水性最弱。

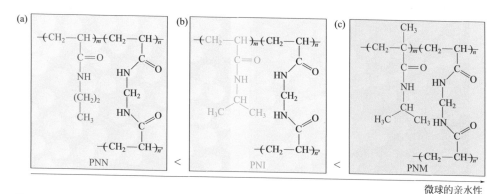

图3-39　具有不同亲疏水特性微球的化学结构

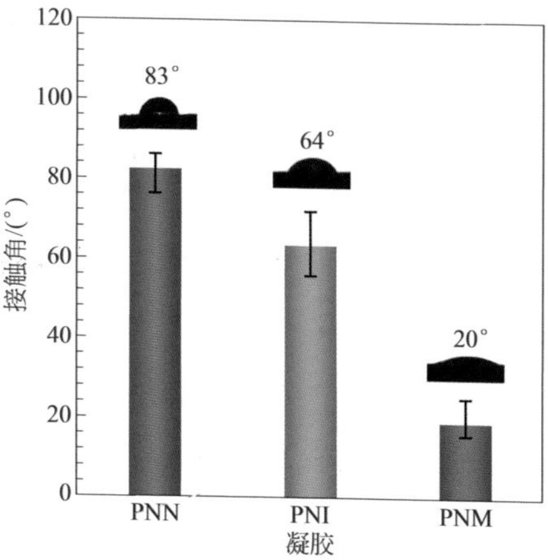

图3-40
PNN、PNI和PNM大凝胶的水接触角

干态下 PNN、PNI 和 PNM 微球的微观形貌和温度响应特性如图 3-41 所示。可见，由沉淀聚合法制备的三种微球均具有良好的单分散性及球形度。PNN、PNI 和 PNM 微球在干态下的平均直径约为 410nm、500nm 和 390nm。随着 PNN、PNI 和 PNM 微球亲水性的增强，其 VPTT 值显著增加，分别为 22℃、32℃ 和 45℃。当温度低于相应的 VPTT 值时，微球呈溶胀状态，PNN、PNI 和 PNM 微球的水力学直径分别为 615nm（15℃）、727nm（20℃）和 650nm（30℃）。三种微球的粒径基本一致，偏差小于 9.5%。同时，三种微球呈现良好的单分散性，多分散性指数（PDI）均低于 0.05。动态光散射数据（dynamic light scattering，DLS）表明，随着水溶液温度升高，PNN、PNI 和 PNM 三种微球的粒径减小。定义低于 VPTT 和高于 VPTT 的温度下微球直径的比值为微球的温敏响应系数以定量描述它们的温度响应特性，其值依次为 2.3、2.0 和 2.7。

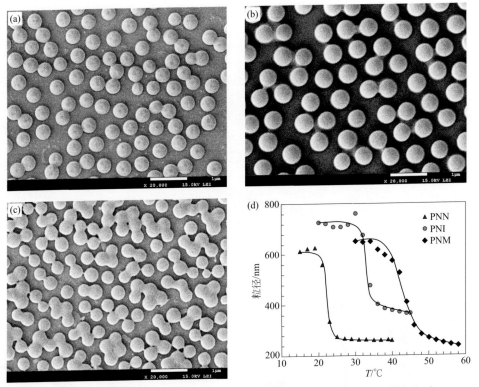

图3-41 干态下微球的FESEM照片［（a）～（c）］和微球的温度响应特性（d）
（a）PNN微球；（b）PNI微球；（c）PNM微球。标尺为1μm

② PNIPAM 微球亲疏水性对其在智能膜上分布和稳定性的影响　根据文献报道 [33, 36]，添加在铸膜液中的微球富集在聚合物贫相和聚合物富相的界面上，是

由系统界面能（ΔG）趋于最低引起的，其值可由式（3-22）[36] 计算，主要取决于界面面积及界面自由能。然而，界面自由能随各组分之间的相容性等物理和化学相互作用力的增加而减小 [50-52]。由于微球的亲水性会影响微球与溶液之间的相容性，因此，它能可控调节相分离过程中微球由聚合物溶液向界面的富集和最终微球在膜上的分布。

$$\Delta G = a_1(\sigma_2 - \sigma_1) + a_3\sigma_3 \qquad (3\text{-}22)$$

式中，a_1 为微球 / 水界面的面积，m^2；a_3 为由于微球的存在而减小的聚合物贫相 / 聚合物富相界面的面积，m^2；σ_1、σ_2 和 σ_3 分别为微球 / 聚合物贫相、微球 / 聚合物富相和聚合物贫相 / 聚合物溶液的界面自由能，mN/m。

由于微球的亲水性增加，其与聚合物溶液间的相容性减弱，两者之间的界面自由能（σ_2）增加；然而，微球与非溶剂水的界面自由能（σ_1）降低。由式（3-22）可知，随着微球亲水性的增加，ΔG 值增加，这有利于微球向界面的富集。微球与聚合物溶液之间的相容性可由添加不同亲水性微球的铸膜液的 DLS 数据证明。根据文献 [50，52] 报道，提高添加剂的相容性使得聚合物具有更小的尺寸。在 15℃下，PNN、PNI 和 PNM 微球和 PES 高分子在 NMP 溶剂中的平均尺寸分别为 688nm、833nm、792nm 和 11nm [图 3-42（a）～（d）]。三种微球均很好地分散在 NMP 溶剂中，它们的 PDI 值均低于 0.1；PES 高分子在 NMP 中的 PDI 值为 0.25 左右。然而，当将 PES 高分子加入分散有微球的 NMP 溶液共混后，铸膜液中的聚合物尺寸分布发生了明显的变化。PNN/PES 和 PNI/PES 溶液的 DLS 曲线，在直径约为 10nm 和 1500nm 处出现了两个峰，分别对应舒展的 PES 高分子链和微球。随着微球亲水性增加，PES 高分子对应的峰逐渐变弱直至消失；而第二个峰却迁移到 1675nm 处，并由于 PNM 微球与聚合物溶液之间的相容性变差而导致的 PES 高分子链缠绕而逐渐增强 [图 3-42（c）]。可见，具有最强亲水性的 PNM 微球与聚合物溶液间的相容性最差而 ΔG 值最大，因此，最容易富集至水相与聚合物溶液相的界面上。

将上述三种化学结构相似、粒径和温度响应特性相当，而亲水性不同的 PNN、PNI 和 PNM 微球共混在 PES 膜材料中，采用 VIPS 法制备温度响应型开关膜。得到的 PES 复合膜未经过纯水洗涤而直接干燥，以观察微球在复合膜上的分布，其 FESEM 和 AFM 照片如图 3-43 和图 3-44 所示。可见，复合膜表面上分布的微球数量随着微球亲水性的增强及在湿蒸气中暴露时间的延长而增多。当暴露时间为 0min 时（相当于 LIPS 法），仅在共混有最亲水的 PNM 微球的 PNM/PES 膜表面观察到一些微球（图 3-43 c1）。这一现象跟 AFM 照片 [图 3-44（a），（c）和（e）] 上观察到的结果一致，尺寸相近的 PNN、PNI 和 PNM 微球在膜表面的高度分别为 21nm、41nm 及 47nm，说明它们向膜表面富集的程度随亲水性

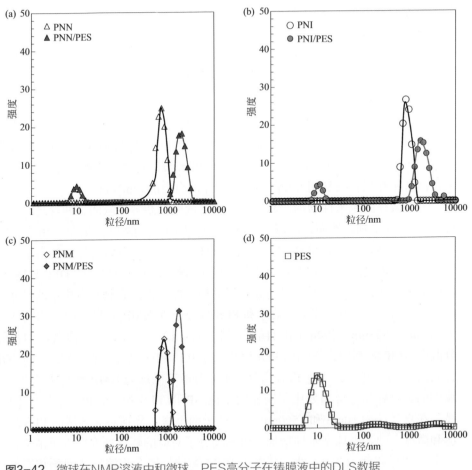

图3-42 微球在NMP溶液中和微球、PES高分子在铸膜液中的DLS数据

依次增加。当暴露时间延长至 5min（图 3-43 a2，b2 和 c2），PNN/PES 膜、PNI/PES 膜及 PNM/PES 膜的表面均出现了更多的微球，并且随着微球亲水性的增加而显著增加。

　　对比洗涤前后复合膜的 FESEM 照片（图 3-43 和图 3-45）发现，膜底面上分布有大量 PNM 微球的 PNM/PES 膜（图 3-43 c1 和 c2）在洗涤后几乎观察不到微球（图 3-45 c1 和 c3），这说明亲水性较强的 PNM 微球不能稳定固定在膜孔上。在不同蒸气暴露时间下制备的 PNM/PES 膜经洗涤后断面 FESEM 照片上同样未观察微球的存在［图 3-46（c）］。而对于亲水性较弱的 PNN 及 PNI 微球，它们在洗涤前、后复合膜膜孔中微球的数量没有明显的变化，说明 PNN 及 PNI 微球能更稳定固定在膜孔上。对于 PNN/PES 和 PNI/PES 膜，随着蒸气暴露时间的延长，它们的膜底面和膜孔中的微球数量也逐步增加［图 3-45（a）和（b），图 3-46（a）和（b）］。

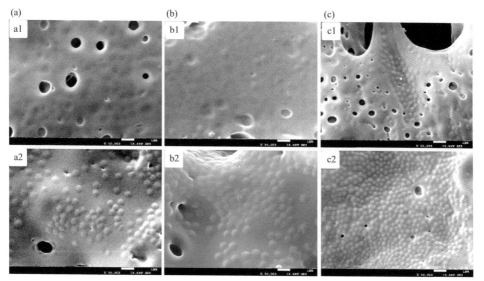

图3-43　成膜后直接干燥的复合膜底面的FESEM照片

（a）PNN/PES膜；（b）PNI/PES膜；（c）PNM/PES膜。暴露时间：a1～c1为0min；a2～c2为5min。标尺为1μm

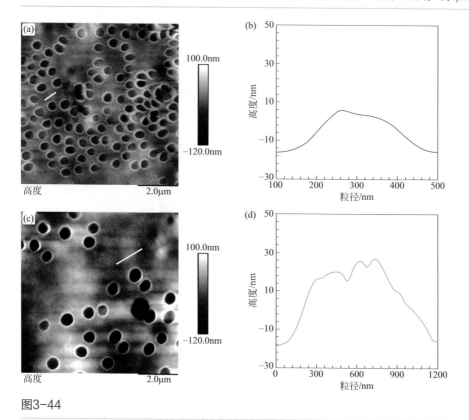

图3-44

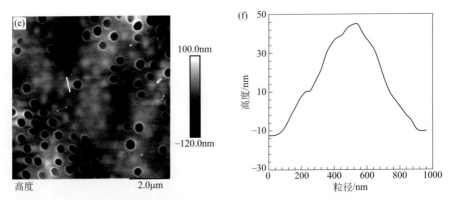

图3-44 暴露时间为0min制备的复合膜底面的AFM照片［（a），（c）和（e）］及微球在膜表面上的高度［（b），（d）和（f）］

（a），（b）PNN/PES膜；（c），（d）PNI/PES膜；（e），（f）PNM/PES膜

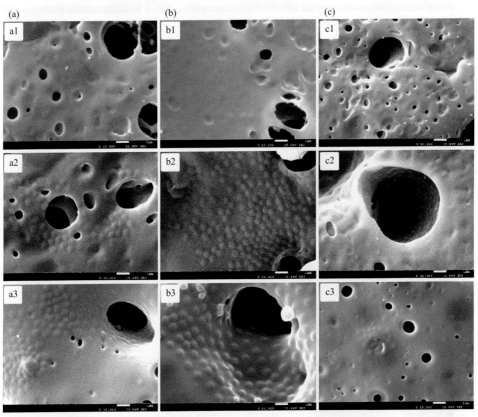

图3-45 成膜后洗涤2～3d的复合膜底面的FESEM照片

（a）PNN/PES膜；（b）PNI/PES膜；（c）PNM/PES膜。暴露时间：a1～c1为0min；a2～c2为3min；a3～c3为5min。标尺为1μm

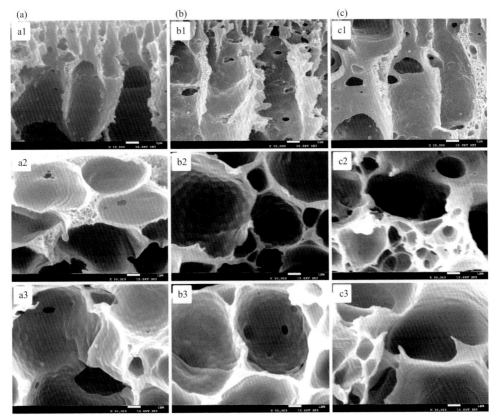

图3-46 成膜后洗涤2～3d的复合膜断面的FESEM照片

（a）PNN/PES膜；（b）PNI/PES膜；（c）PNM/PES膜。暴露时间：a1～c1为0min；a2～c2为3min；a3～c3为5min。标尺为1μm

微球在复合膜膜孔中的稳定性取决于系统界面能降低（ΔG）和脱离能（$\Delta G'$），后者是指微球从聚合物贫相／聚合物富相界面脱离所需的能量，可由式（3-23）计算[36]。换句话说，ΔG 和 $\Delta G'$ 值越高，微球在聚合物贫相／聚合物富相界面或者膜孔上的稳定性越好。

$$\Delta G' = \pi r^2 \sigma_3 (1 - \cos\theta)^2 \tag{3-23}$$

式中，r 是微球的半径，nm；σ_3 是聚合物贫相与聚合物溶液相的界面自由能，mN/m；θ 是水对处在聚合物溶液中微球上的浸润角，（°）。对于具有粒径相当、不同亲水特性的微球来讲，$\Delta G'$ 值的大小主要取决于浸润角 θ。由式（3-23）可知，$\Delta G'$ 的值随着 θ 的减小而减小，即微球的亲水性越强，θ 值越小，从而 $\Delta G'$

值越小。这就是最亲水的 PNM 微球在膜孔上的稳定性最差的原因。

③ PNIPAM 微球亲疏水性对纳米凝胶复合智能膜微观结构的影响 添加 PNN、PNI 和 PNM 微球的复合膜的表面及断面 FESEM 照片如图 3-47 ~ 图 3-49 所示。可见，随着蒸气暴露时间的延长和微球亲水性的增加，复合膜的微观结构明显不同。随着暴露时间的延长，复合膜的上、下表面（图 3-47 和图 3-48）均出现了微米级的孔，同时膜表面也逐渐变得致密。同时，复合膜的断面从典型的 LIPS 结构（即致密皮层与多孔亚层的非对称孔结构）逐渐过渡为典型的 VIPS 结构（即对称胞状孔结构），如图 3-49 所示。对于添加不同亲水性微球的复合膜来讲，它们的临界暴露时间差异不大，约为 3min（图 3-49 a4 ~ c4）。在 VIPS 过程中，聚合物贫相的粗化使得膜表面的孔变大及膜断面的孔结构转变，而聚合物富相的合并使得膜基材变得致密[35]。在一定的暴露时间下，相比于 PNN/PES 膜及 PNI/PES 膜，添加亲水性最强的 PNM 微球的复合膜表面出现更多的微米级孔。随着微球亲水性的增加，膜断面的胞状孔的尺寸略有增加。由于微球与水相的亲和性随着其亲水性的增加而增加，从而促进聚合物贫相的粗化，并在膜表面形成较大的微米级孔和在断面形成较大尺寸的胞状孔。

在不同暴露时间下制备的添加不同亲水性微球的复合膜的孔径如图 3-50 所示。随着暴露时间的增加，添加亲水性最弱的 PNN 微球的 PNN/PES 膜的孔径单调递减，而添加亲水性较强微球的 PNI/PES 和 PNM/PES 膜的孔径呈现先增后减的趋势。如前所述，在成膜过程中随着暴露时间的增加，聚合物贫相粗化伴随着聚合物富相合并同时发生。因此，相比 PNN/PES 膜，当暴露时间不超过 3min 时，添加亲水性较强的 PNI 和 PNM 微球的复合膜在成膜时聚合物贫相的粗化过程强于聚合物富相合并的过程。在固定的暴露时间下，随着微球亲水性的增加，复合膜的平均孔径增大。在暴露时间为 0min 下制备的 PNN/PES、PNI/PES 和 PNM/PES 膜的孔径分别为 0.39μm、0.43μm 和 1.26μm；而当暴露时间延长至 5min 时，对应的孔径分别为 0.04μm、0.09μm 和 0.15μm。

不同暴露时间下制备的复合膜的孔隙率和厚度如图 3-51 和图 3-52 所示。添加不同亲水特性的微球对 PES 复合膜的孔隙率影响不大，但孔隙率随暴露时间的延长略有减小的趋势。同时，随着暴露时间的延长，添加微球的亲水性越强，对应复合膜的厚度变化程度越小。当暴露时间不超过 3min 时，复合膜的厚度减小的幅度相对较大，而当暴露时间超过 3min 后，其厚度几乎不变。复合膜厚度的变化趋势与其膜孔结构的变化是一致的。

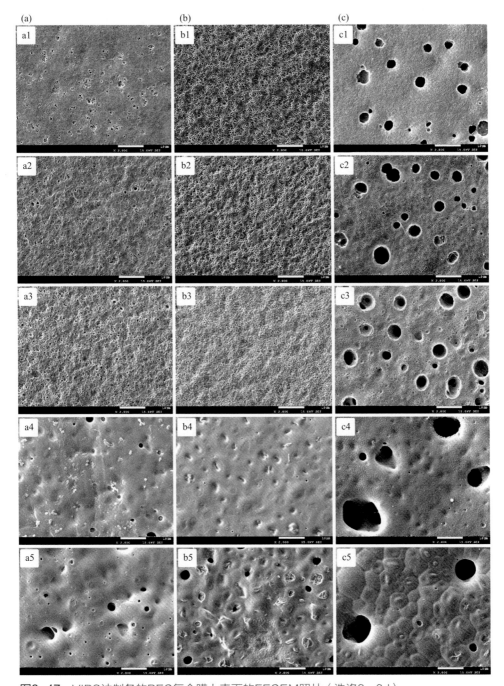

图3-47 VIPS法制备的PES复合膜上表面的FESEM照片（洗涤2～3d）

（a）PNN/PES膜；（b）PNI/PES膜；（c）PNM/PES膜。暴露时间：0min（a1～c1），1min（a2～c2），2min（a3～c3），3min（a4～c4）和5min（a5～c5）。标尺为10μm

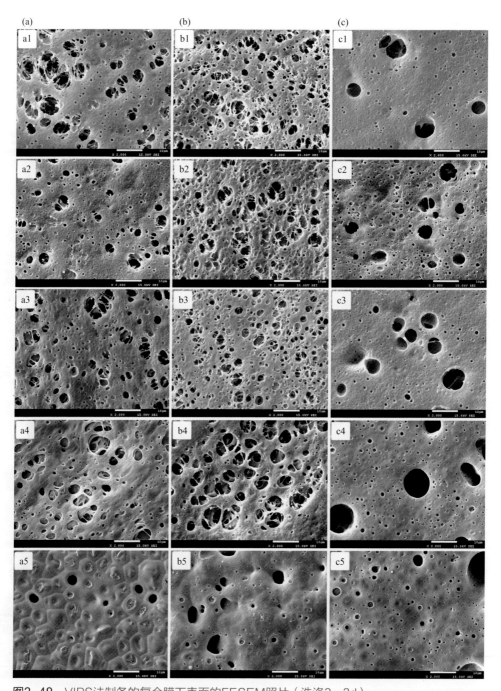

图3-48 VIPS法制备的复合膜下表面的FESEM照片（洗涤2~3d）

（a）PNN/PES膜；（b）PNI/PES膜；（c）PNM/PES膜。暴露时间：0min（a1~c1），1min（a2~c2），2min（a3~c3），3min（a4~c4）和5min（a5~c5）。标尺为10μm

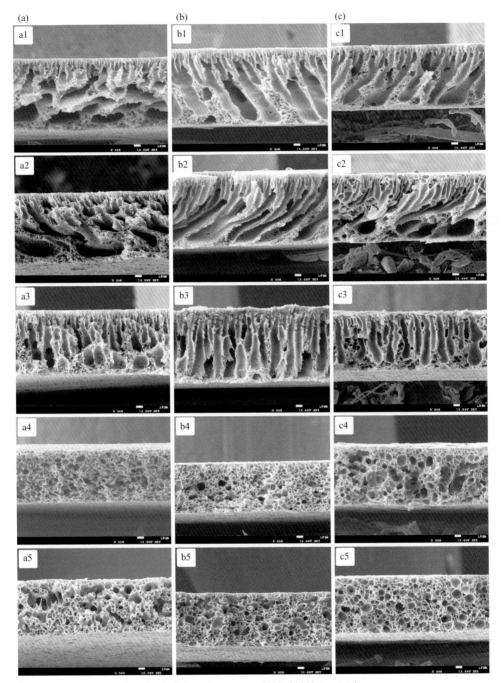

图3-49 VIPS法制备的复合膜断面的FESEM照片（洗涤2～3d）

（a）PNN/PES膜；（b）PNI/PES膜；（c）PNM/PES膜。暴露时间：0min（a1～c1），1min（a2～c2），2min（a3～c3），3min（a4～c4）和5min（a5～c5）。标尺为10μm

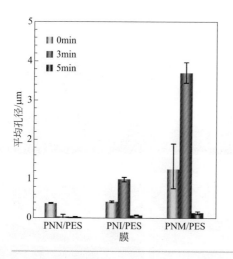

图3-50

不同暴露时间下采用VIPS法制备的PES
复合膜的平均孔径

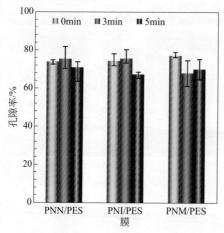

图3-51

不同暴露时间下制备的复合膜的孔隙率

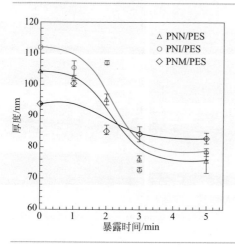

图3-52

不同暴露时间下制备的复合膜的厚度

智能膜

④ PNIPAM 微球亲疏水性对纳米凝胶复合智能膜温度响应性能的影响　不同暴露时间下制备的 PNN/PES、PNI/PES 和 PNM/PES 膜在高于及低于 VPTT 的操作温度下的归一化跨膜水通量和温敏响应系数如图 3-53 所示。根据 Hagen-Poiseuille 方程［式（3-7）］可知，在一定的温度下，复合膜的归一化跨膜水通量主要受孔径的影响，因此，湿蒸气中的暴露时间、微球的亲水性和操作温度等影响膜结构特别是孔径的参数将显著影响膜的跨膜水通量。

具体来说，当操作温度低于三种纳米颗粒的 VPTT（即 15℃、20℃和 30℃）时，相比于 PNN/PES 膜和 PNI/PES 膜，添加亲水性最强的 PNM 微球得到的 PNM/PES 膜孔径最大（如图 3-50），因此 PNM/PES 膜在一定的暴露时间下具有更高的跨膜水通量。但是，当操作温度高于微球对应的 VPTT（即 40℃、45℃和 55℃）时，PNN/PES、PNI/PES 和 PNM/PES 膜的跨膜水通量均高于低温下的跨膜水通量，并随暴露时间的延长先增大后减小。温度响应型 PNN、PNI 和 PNM 微球在温度高于各自的 VPTT 时收缩，导致复合膜的孔径增大、跨膜水通量升高。以 PNI/PES 膜为例，其跨膜水通量在 45℃下随暴露时间的变化趋势与膜孔径相一致，即在临界暴露时间为 3min 时，膜平均孔径和跨膜水通量均达到了最大值，分别为 1μm（图 3-50）和 26271kg/（m^2·h·bar）［图 3-53（b）］。此时，PNI/PES 膜孔径的增大是因为延长暴露时间及添加较为亲水的 PNI 微球引起的孔径增加，和在高温 45℃下膜孔上大量分布的 PNI 微球的温度响应收缩共同作用的结果。然而，与 PNI/PES 膜相比，PNM/PES 膜在较短的暴露时间 1min 下达到最大跨膜水通量［即 13658kg/（m^2·h·bar）］。其原因是亲水性最强的 PNM 微球的加入，可以在促进聚合物贫相粗化的同时促进聚合物富相的聚并，使得复合膜在更短的暴露时间下变致密。而 PNM/PES 膜的最大跨膜水通量低于 PNI/PES 膜的原因是，亲水的 PNM 微球不能稳定地存在于膜孔上［图 3-46（c）］，从而起到高温"开启"膜孔的作用。对于 PNN/PES 膜来说，最大的归一化水通量为 6139kg/（m^2·h·bar），对应暴露时间为 2min。尽管 PNN/PES 膜的膜孔径随暴露时间从 0min 增加到 5min 而单调递减（图 3-50），但是，由于共混亲水性较弱的 PNN 微球的铸膜液分相速率最慢[48]，聚合物富相的聚并也相对较慢，因此在暴露时间为 3min 时膜基体仍不够致密，因此 PNN 微球在高温收缩后能获得较高的跨膜水通量。可见，在 PNN/PES、PNI/PES 和 PNM/PES 膜中，PNI/PES 膜在高温下的最大归一化水通量最大，其值分别是 PNN/PES 膜和 PNM/PES 膜的 4.3 倍和 1.9 倍。这主要是由于相比 PNN/PES 膜，PNI/PES 膜具有更大的孔（图 3-50），而相比 PNM/PES 膜，PNI/PES 膜膜孔内分布有更多的温度响应型微球［图 3-46（b）和（c）］。

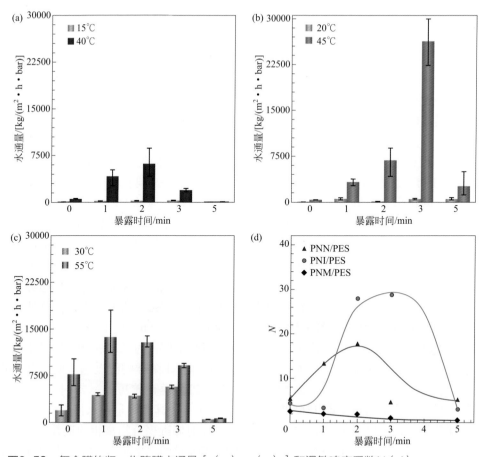

图3-53 复合膜的归一化跨膜水通量 [（a）~（c）] 和温敏响应系数N（d）

（a）PNN/PES膜；（b）PNI/PES膜；（c）PNM/PES膜；（d）N值被定义为PNN/PES、PNI/PES和PNM/PES膜分别在15℃和40℃、20℃和45℃、30℃和55℃下膜阻力的比值

　　PNN/PES、PNI/PES和PNM/PES膜的归一化温敏响应系数N如图3-53（d）所示。在暴露时间为0min时，PNN/PES、PNI/PES、PNM/PES膜的N值相近，分别为5.4、4.3和2.5。随着暴露时间的延长，PNM/PES膜的N值单调递减，PNN/PES膜和PNM/PES膜的则先增后减。PNN/PES、PNI/PES、PNM/PES膜的最大N值分别为17.9（2min）、28.7（3min）和2.5（0min）。在较短的暴露时间（如0min）内，由于含微球的湿膜立即被浸入非溶剂水中固化成膜，在快速相分离过程中，来不及发生聚合物贫相的粗化和膜中微球向界面的富集，因此，在0min时，微球的亲水特性对膜微观结构的影响相对较小。随着暴露时间的延

长，PNM/PES 膜 N 值的单调下降是由于亲水性最强的 PNM 微球的不稳定性和致孔作用。而 PNI/PES 膜和 PNN/PES 膜 N 值的变化可以概括为受到孔径变化及富集在膜孔表面上微球的"开关"作用的综合影响。在 1min 低暴露时间下，由于微球在 PNI/PES 和 PNN/PES 膜孔上的富集程度均不明显，因此，高温下微球的收缩对孔径较小的膜的水通量影响较大。因此，与 PNI/PES 膜相比，孔径较小的 PNN/PES 膜在 1min 时的 N 值更大。随着暴露时间的延长，相比 PNN/PES 膜，PNI/PES 膜的 N 值更大。原因是随着暴露时间的增加，即使由于聚合物贫相的粗化、膜孔径增大，使复合膜在低温的水通量增加，但是大量微球在膜孔上的富集使高温下的孔径明显增大，跨膜水通量显著提高。因此，膜孔上大量分布有最佳亲水特性的温度响应型微球作为智能开关，并具有合适膜孔尺寸的 PNI/PES 膜具有最佳的温度响应性能。

第二节
具有反向响应特性的温度响应型智能开关膜

一、具有反向响应特性的温度响应型智能开关膜的设计

具有反向响应特性的温度响应型智能开关膜的原理如图 3-54 所示 [2, 53]。其智能开关是由聚丙烯酰胺（PAAm）和聚丙烯酸（PAA）构成的温度响应的互穿聚合物网络组成。据文献报道 [54]，PAAm 和 PAA 分别带有酰胺基团和羧酸基团，可通过氢键在溶液中形成复合物。利用基于氢键的分子间协同"拉链"作用，具有 IPN 结构的 PAAm/PAA 智能凝胶开关具有与 PNIPAM 相反的温度响应体积相转变特性，即由升温触发凝胶溶胀。当环境温度低于 PAAm/PAA 智能凝胶开关的高临界溶解温度（UCST）时，PAAm 与 PAA 形成分子间氢键，此时智能凝胶开关因两种聚合物链间的相互作用或链间"拉链"效应而处于收缩状态；相反，当环境温度高于 UCST 时，分子间氢键断裂，PAAm 与 PAA 之间的相互作用不复存在，此时智能凝胶开关处于溶胀状态。因此，该智能凝胶开关在温度低于 UCST 时基于氢键形成复合物而收缩，但在温度高于 UCST 时，PAAm/PAA 复合物因氢键断裂而分解，智能凝胶开关溶胀。可见，当温度跨过 UCST 时，温度响应型智能开关膜的膜孔由"开启"到"关闭"。

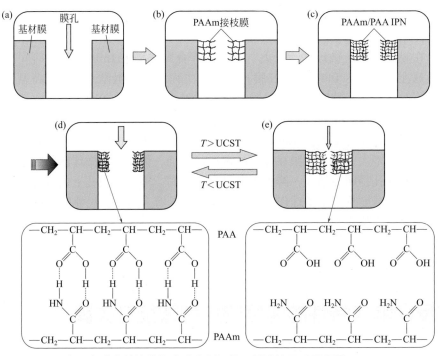

图3-54 具有反向响应特性的温度响应型智能开关膜的原理示意图

二、具有反向响应特性的温度响应型智能开关膜的制备

上述具有反向响应特性的智能开关膜采用两步法来合成。首先，以孔径为0.22μm、厚度为62.5μm的多孔N6膜作为膜基材，采用等离子体诱导填孔接枝聚合法将交联的PAAm接枝到N6膜的孔中。然后，将得到的PAAm接枝膜浸没在甲酸水溶液中溶胀2h后，洗至中性，再放入含有引发剂、交联剂和丙烯酸（AA）单体的水溶液中，利用化学接枝法在膜孔中的PAAm凝胶中聚合PAA凝胶，形成具有IPN结构的PAAm/PAA凝胶开关。其中，单体AAm和AA的浓度（质量分数）范围分别为1%～3%和0.2%～2.0%，交联剂MBA占单体的质量分数为1%，引发剂KPS（过硫酸钾）含量为0.1g。反应结束后，智能开关膜用纯水反复洗涤，并在50℃真空干燥。PAAm接枝率（Y_{PAAm}，%）和PAA接枝率（Y_{PAA}，%）分别定义为接枝PAAm前后和合成PAA前后的质量增加百分数。

三、具有反向响应特性的温度响应型智能开关膜的表征

与N6基材膜［图3-55（a）］相比，PAAm接枝膜（$Y_{PAAm} = 4.61\%$）和具有IPN

结构的 PAAm/PAA 接枝膜（$Y_{PAAm} = 4.25\%/Y_{PAA} = 2.20\%$）的断面上明显出现一层接枝高聚物。从图 3-55（b）和（c）中可见，PAAm 凝胶层的厚度约为 2μm，而继续交联 PAA 之后，PAAm/PAA 凝胶层的厚度基本不变，但更加致密。这说明具有 IPN 结构的 PAAm/PAA 凝胶是在第一步膜孔中接枝的 PAAm 凝胶上成功合成的。

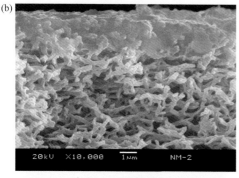

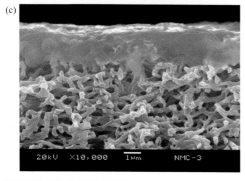

图3-55 膜断面的SEM照片

（a）N6 基材膜；（b）PAAm 接枝膜（$Y_{PAAm} = 4.61\%$）；（c）具有 IPN 结构的 PAAm/PAA 接枝膜（$Y_{PAAm} = 4.25\%/Y_{PAA} = 2.20\%$）。标尺为 1μm

对于 N6 基材膜的 XPS O1s 谱图，仅在结合能为 531.7eV 处出现一个峰，可归属于基材上的 C=O［图 3-56（a）］。对于接枝 PAAm 后的 N6 膜（$Y_{PAAm} = 7.57\%$），其谱图上的 C=O 所对应的峰面积增大，这是由于 PAAm 接枝链上 C=O

的贡献。然而，具有 IPN 结构的 PAAm/PAA 接枝膜（$Y_{PAAm} = 6.94\%/Y_{PAA} = 7.53\%$）的 XPS O1s 谱图上，在结合能为 533.2eV 处新增一个特征峰，对应 PAA 高分子链上的 O—H。SEM 和 XPS 表征结果证明，采用等离子体诱导填孔接枝聚合和化学接枝法可在 N6 膜的表面上制备具有 IPN 结构的 PAAm/PAA 高分子。

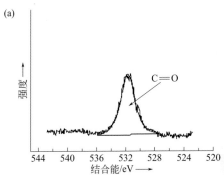

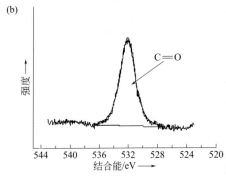

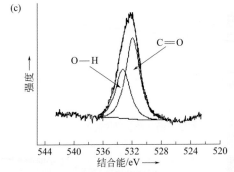

图3-56

膜的XPS O1s谱图

（a）N6基材膜；（b）PAAm接枝膜（$Y_{PAAm} = 7.57\%$）；（c）具有IPN结构的PAAm/PAA接枝膜（$Y_{PAAm} = 6.94\%/Y_{PAA} = 7.53\%$）

四、智能开关膜的温度响应性能

N6 基材膜的跨膜水通量随环境温度的升高而线性增加，如图 3-57（a）所示。

相比之下，具有 IPN 结构的 PAAm/PAA 接枝膜表现出反向的温度响应特性，即随着环境温度升高而跨膜水通量下降，并且在 20 ~ 25℃范围内急剧下降（对应着具有 IPN 结构的 PAAm/PAA 凝胶的 UCST）[55]，如图 3-57（a）和（b）所示。由于膜孔中接枝 PAAm/PAA 凝胶开关或凝胶开关中 Y_{PAAm} 和 Y_{PAA} 的增加，接枝膜的有效孔径减小，因此，跨膜水通量将显著下降［图 3-57（b）和（c）］。如图 3-54 所示，接枝膜的膜孔在环境温度低于 UCST 时"开启"、跨膜水通量增大，此时"拉链"效应使得具有 IPN 结构的 PAAm/PAA 凝胶收缩；而由于复合物氢键断裂，接枝膜的膜孔在温度高于 UCST 时"关闭"、跨膜水通量减小。

在压力驱动的过滤过程中，交替改变环境温度使其跨过 UCST 以测试膜孔内接枝的 PAAm/PAA 凝胶开关的可逆性，结果如图 3-57（d）所示。可见，在三次低温/高温循环过滤实验中，PAAm/PAA 接枝膜温度响应的跨膜水通量具有良好的可逆性和稳定性，说明具有 IPN 结构的 PAAm/PAA 凝胶开关的温度响应特性并未发生变化。

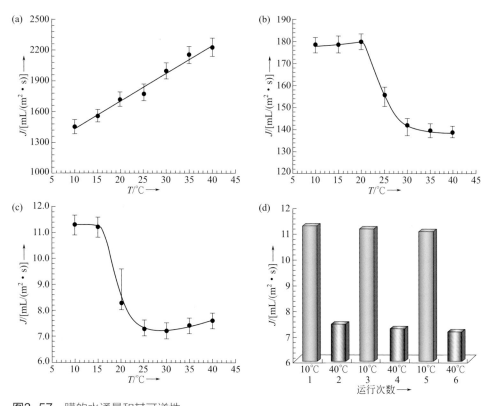

图3-57　膜的水通量和其可逆性

（a）N6基材膜；（b）~（c）PAAm/PAA接枝膜，其中 Y_{PAAm} = 2.94%/Y_{PAA} = 4.12%（b），Y_{PAAm} = 5.01%/Y_{PAAm} = 4.64%［（c），（d）］

综上，采用等离子诱导填孔接枝聚合和化学接枝法成功制备了一类新型的具有反向响应特性的智能开关膜，其智能开关是由具有 IPN 结构的 PAAm/PAA 凝胶开关构成。

参考文献

[1] 谢锐. 温度响应与分子识别型智能核孔膜的制备与性能研究 [D]. 成都：四川大学，2007.

[2] 李艳. 正相与反相感温型开关膜的制备及其感温特性的研究 [D]. 成都：四川大学，2004.

[3] Pelton R. Temperature-sensitive aqueous microgels[J]. advances in colloid and interface science, 2000, 85(1):1-33.

[4] Gan D J, Lyon L A. Tunable Swelling kinetics in core-shell hydrogel nanoparticles[J]. Journal of The American Chemical Society, 2001, 123(31):7511-7517.

[5] Katono H, Maruyama A, Sanui K, et al. Thermo-responsive swelling and drug release switching of interpenetrating polymer networks composed of poly (acrylamide-co-butyl methacrylate) and poly (acrylic acid)[J]. Journal of Controlled Release, 1991, 16: 215-228.

[6] Yamaguchi T, Ito T, Shinbo T, et al. Development of a fast response molecular recognition ion gating membrane[J]. Journal of The American Chemical Society, 1991, 121(16):4078-4079.

[7] Seuring J, Agarwal S. Polymers with upper critical solution temperature in aqueous solution[J]. Macromolecular Rapid Communications, 2012, 33(22):1898-1920.

[8] 杨卫海，窦红静，孙康. 具有高临界相转变温度的热敏性高分子材料 [J]. 华东理工大学学报，2006, 32(6):731-735.

[9] Pascaline M, Bendejacq D D, Marie-Pierre L, et al. Reconciling low- and high-salt solution behavior of sulfobetaine polyzwitterions[J]. Journal of Physical Chemistry B, 2007, 111: 7767-7777.

[10] Takashi A, Masahiko K, Hiroki K, et al. Temperature-responsive interpenetrating polymer networks constructed with poly (acrylic acid) and poly (N,N-dimethylacrylamide)[J]. Macromolecules, 1994, 27: 947-952.

[11] Yamaguchi T, Nakao S, Kimura S. Plasma-graft filling polymerization: preparation of a new type of pervaporation membrane[J]. Macromolecules, 1991, 24(20):5522-5527.

[12] Yamaguchi T, Nakao S, Kimura S. Evidence and mechanisms of filling polymerization plasma-induced graft polymerization[J]. Journal of Polymer Science Part A-Polymer Chemistry, 1996, 34(7):1203-1208.

[13] Chu L Y, Niitsuma T, Yamaguchi T, et al. Thermo-responsive transport through porous membranes with grafted PNIPAM gates[J]. AIChE Journal, 2003, 49(4):896-909.

[14] Chu L Y, Park S H, Yamaguchi T, et al. Preparation of thermoresponsive core-shell microcapsules with a porous membrane and poly (N-isopropylacrylamide) gates[J]. Journal of Membrane Science, 2001, 192(1-2):27-39.

[15] Xie R, Chu L Y, Chen W M, et al. Characterization of microstructure of poly (N-isopropylacrylamide) -grafted polycarbonate track-etched membranes prepared by plasma-graft pore-filling polymerization[J]. Journal of Membrane Science, 2005, 258(1-2):157-166.

[16] 时均，袁权，等. 膜技术手册 [M]. 北京：化学工业出版社，2001.

[17] Henn A R. The surface tension of water calculated from a random network model[J]. Biophysical Chemistry,

2003, 105(2-3):533-543.

[18] Extrand C W, Kumagai Y. An experimental study of contact angle hysteresis[J]. Journal of Colloid and Interface Science, 1997, 191(2):378-383.

[19] Li Y, Chu L Y, Zhu J H, et al. Thermoresponsive gating characteristics of poly (*N*-isopropylacrylamide) -grafted porous poly (vinylidene fluoride) membranes[J]. Industrial & Engineering Chemistry Research, 2004, 43: 2643-2649.

[20] Xie R, Li Y, Chu L Y. Preparation of thermo-responsive gating membranes with controllable response temperature[J]. Journal of Membrane Science, 2007, 289(1-2):76-85.

[21] Chee C K, Rimmer S, Shaw D A, et al. Manipulating the thermoresponsive behavior of poly (*N*-isopropylacrylamide) . 1. On the conformational behavior of a series of *N*-isopropylacrylamide-styrene statistical copolymers[J]. Macromolecules, 2001, 34: 7544-7549.

[22] Barker I C, Cowie J M G, Huckerby T N, et al. Studies of the "smart" thermoresponsive behavior of copolymers of *N*-isopropylacrylamide and *N, N*-dimethylacrylamide in dilute aqueous solution[J]. Macromolecules, 2003, 36: 7765-7770.

[23] Okano T, Bae Y H, Jacobs H, et al. Thermally on-off switching polymers for drug permeation and release[J]. Journal of Controlled Release, 1990, 11: 255-265.

[24] 李鹏飞. 温度、乙醇和 pH 响应型智能膜的制备及性能研究 [D]. 成都：四川大学，2010.

[25] Li P F, Xie R, Jiang J C, et al. Thermo-responsive gating membranes with controllable length and density of poly (*N*-isopropylacrylamide) chains grafted by ATRP method[J]. Journal of Membrane Science, 2009, 337: 310-317.

[26] Huang W X, Kim J B, Bruening M L, et al. Functionalization of surfaces by water-accelerated atom-transfer radical polymerization of hydroxyethyl methacrylate and subsequent derivatization[J]. Macromolecules, 2002, 35(4):1175-1179.

[27] Matyjaszewski K, Shipp D A, Wang J L, et al. Utilizing halide exchange to improve control of atom transfer radical polymerization[J]. Macromolecules, 1998, 31(20):6836-6840.

[28] Wang W, Liu L, Ju X J, et al. A novel thermo-induced self-bursting microcapsule with magnetic-targeting property[J]. Chem Phys Chem, 2009, 10(14):2405-2409.

[29] 王冠. 包埋有聚 (*N*- 异丙基丙烯酰胺) 微球的温度响应型聚醚砜复合膜制备及其性能研究 [D]. 成都：四川大学，2012.

[30] Wang G, Xie R, Ju X J, et al. Thermo-responsive polyethersulfone composite membranes blended with poly (*N*-isopropylacrylamide) nanogels[J]. Chemical Engineering & Technology, 2012, 35(11):2015-2022.

[31] Wandera D, Wickramasinghe S R, Husson S M. Stimuli-responsive membranes[J]. Journal of Membrane Science, 2010, 357(1-2):6-35.

[32] 骆枫. 蒸汽诱导相分离法制备温敏型智能开关膜和催化膜的研究 [D]. 成都：四川大学，2017.

[33] Luo F, Xie R, Liu Z, et al. Smart gating membranes with in situ self-assembled responsive nanogels as functional gates[J]. Scientific Reports, 2015, 5: 14708.

[34] Luo F, Zhao Q, Xie R, et al. Effects of fabrication conditions on the microstructures and performances of smart gating membranes with in situ assembled nanogels as gates[J]. Journal of Membrane Science, 2016, 519: 32-44.

[35] Venault A, Chang Y, Wang D M, et al. A Review on polymeric membranes and hydrogels prepared by vapor-induced phase separation process[J]. Polymer Reviews, 2013, 53: 568-626.

[36] Chen L Y, Xu J Q, Choi H, et al. Rapid control of phase growth by nanoparticles[J]. Nature Communication, 2014, 5(1):3879.

[37] Ying L, Kang E T, Neoh K G. Synthesis and characterization of poly (*N*-isopropylacrylamide) -graft-poly

(vinylidene fluoride) copolymers and temperature-sensitive membranes[J]. Langmuir, 2002, 18: 6416-6423.

[38] Ying L, Kang E T, Neoh K G, et al. Novel poly (N-isopropylacrylamide) -graft-poly (vinylidene fluoride) copolymers for temperature-sensitive microfiltration membranes[J]. Macromolecular Materials and Engineering, 2003, 288: 11-16.

[39] Ying L, Kang E T, Neoh K G. Characterization of membranes prepared from blends of poly (acrylic acid) -graft-poly (vinylidene fluoride) with poly (N-isopropylacrylamide) and their temperature- and pH-sensitive microfiltration[J]. Journal of Membrane Science, 2003, 224: 93-106.

[40] Wang W C, Ong G T, Lim S L, et al. Synthesis and characterization of fluorinated polyimide with grafted poly (N-isopropylacrylamide) side chains and the temperature-sensitive microfiltration membranes[J]. Industrial & Engineering Chemistry Research, 2003, 42: 3740-3749.

[41] Yu J Z, Zhu L P, Zhu B K, et al. Poly (N-isopropylacrylamide) grafted poly (vinylidene fluoride) copolymers for temperature-sensitive membranes[J]. Journal of Membrane Science, 2011, 366: 176-183.

[42] Li H J, Liao J Y, Tao X, et al. Preparation and characterization of pH- and thermo-sensitive polyethersulfone hollow fiber membranes modified with P (NIPAAm-MAA-MMA) terpolymer[J]. Desalination, 2013, 309: 1-10.

[43] Fei Z D, Wan L S, Wang W M, et al. Thermo-responsive polyacrylonitrile membranes prepared with poly (acrylonitrile-g-isopropylacrylamide) as an additive[J]. Journal of Membrane Science, 2013, 432: 42-49.

[44] Sinha M K, Purkait M K. Preparation and characterization of stimuli-responsive hydrophilic polysulfone membrane modified with poly (N-vinylcaprolactam-co-acrylic acid)[J]. Desalination, 2014, 348:16-25.

[45] Chen X, Bi S Y, Shi C C, et al. Temperature-sensitive membranes prepared from blends of poly (vinylidene fluoride) and poly (N-isopropylacrylamides) microgels[J]. Colloid and Polymer Science, 2013, 291: 2419-2428.

[46] Zhao Q, Xie R, Luo F, et al. Preparation of high strength poly (vinylidene fluoride) porous membranes with cellular structure via vapor-induced phase separation[J]. Journal of Membrane Science, 2018, 549: 151-164.

[47] Park H C, Kim Y P, Kim H Y, et al. Membrane formation by water vapor induced phase inversion[J]. Journal of Membrane Science, 1999, 156: 169-178.

[48] 李晓迎. 微米液滴 / 凝胶颗粒对二氧化碳和温度响应型智能膜的结构和性能的调控 [D]. 成都 : 四川大学, 2019.

[49] Li X Y, Xie R, Ju X J, et al. Effects of hydrophilic property of blending nanogels on the microstructures and performances of thermo-responsive membranes[J]. Journal of Membrane Science, 2019, 584: 202-215.

[50] Ryu S C, Kim J Y, Kim W N. Relationship between the interfacial tension and compatibility of polycarbonate and poly (acrylonitrile-butadiene-styrene) blends with reactive compatibilizers[J]. Journal of Applied Polymer Science, 2018, 135(26):46418.

[51] Jannerfeldt G, Boogh L, Månson J A E. Influence of hyperbranched polymers on the interfacial tension of polypropylene/polyamide-6 blends[J]. Journal of Polymer Science Part B-Polymer Physics, 1999, 37: 2069-2077.

[52] Lee J B, Lee Y K, Choi G D, et al. Compatibilizing effects for improving mechanical properties of biodegradable poly (lactic acid) and poly- carbonate blends[J]. Polymer Degradation and Stability, 2011, 96: 553-560.

[53] Chu L Y, Li Y, Zhu J H, et al. Negatively thermoresponsive membranes with functional gates driven by zipper-type hydrogen-bonding interactions[J]. Angewandte Chemie International Edition, 2005, 44: 2124-2127.

[54] Eustace D J, Siano D B, Drake E N. Polymer compatibility and interpolymer association in the poly (acrylic acid) -polyacrylamide-water ternary system[J]. Journal of Applied Polymer Science, 1988, 35: 707-716.

[55] Llmain F, Tanaka T, Kokufuta E. Volume transition in a gel driven by hydrogen bonding[J]. Nature, 1991, 349(6308):400-401.

第四章

pH 响应型智能膜

第一节　具有反向响应特性的 pH 响应型智能开关膜 / 125

第二节　具有正向响应特性的 pH 响应型智能囊膜 / 141

pH 是最为常见的一种环境刺激因素。一方面，在生物医药的应用中，pH 是一个重要的环境参数，例如，胃肠道不同部位的 pH 不同，特定病灶引起的局部 pH 变化（如肿瘤部位的 pH 异常现象）等用来控制药物释放。另一方面，在化学反应以及环境变化中，pH 变化也非常常见。因此，具有 pH 响应特性的智能膜受到众多关注，具有重要的学术研究价值和应用前景[1-3]。

pH 响应型智能膜是一种对环境 pH 值存在响应特性的智能膜。pH 值的变化会引起膜表面电荷或膜孔结构的变化，进而导致膜的渗透性 / 选择性的变化。pH 响应智能膜的响应特性同样依赖于具有 pH 响应性的智能高分子材料，其在水溶液中的分子构象会随着环境 pH 的不同而发生改变。通常，pH 响应型智能高分子的主链、侧基或链端结构中带有可电离的弱酸或弱碱基团，在不同 pH 条件下，这些可电离的基团结合或解离质子而发生电离，使高分子链上带上电荷，所以也称为聚电解质[4, 5]。由于带电基团之间存在静电斥力，因此聚电解质的高分子链在不同 pH 条件的水溶液中可发生伸展或收缩的构象变化。根据可电离基团的类型不同，可以将 pH 响应型高分子分为阴离子型和阳离子型两种。阴离子型 pH 响应型高分子也称为聚阴离子，其结构中通常含有弱酸性基团，这些基团在较低 pH 条件下（pH<pK_a）不带电，而在较高 pH 条件下（pH>pK_a）质子解离而带负电荷。常见的弱酸性基团有羧酸基团［如聚丙烯酸、聚甲基丙烯酸、聚（4-乙烯基苯甲酸）等］、膦酸基团［如聚乙烯基膦酸、聚（4- 乙烯基 - 苄基膦酸）等］、磺酸基团（如聚乙烯基磺酸等）、硼酸基团（如聚乙烯基苯硼酸等）等。阳离子型 pH 响应型高分子也称为聚阳离子，其结构中通常含有弱碱性基团，这些基团在较低 pH 条件下（pH<pK_a）结合质子而带正电荷，而在较高 pH 条件下（pH>pK_a）不带电。常见的弱碱性基团一般为氨基（如聚丙烯酰胺、聚乙烯亚胺、聚乙烯吡啶等）。

pH 响应型智能膜按结构可以分为两种：pH 响应型智能开关膜和 pH 响应型智能凝胶膜[6-8]。pH 响应型智能开关膜是由具有多孔结构的基材膜与膜孔上的 pH 响应型智能高分子组成，膜的孔径会随着智能高分子响应环境 pH 变化发生分子构象变化而改变［图 4-1（a）］。pH 响应型智能凝胶膜整体由 pH 响应型凝胶材料构成，在响应环境 pH 变化后，整个膜发生溶胀或收缩，使得其渗透性能发生改变［图 4-1（b）］。其中，通过响应环境 pH 升高的刺激信号而致使膜孔"关闭"、渗透性能降低的 pH 响应型智能膜也被称为具有反向响应特性的 pH 响应型智能膜。相对应，通过响应环境 pH 升高的刺激信号而致使膜孔"开启"、渗透性能提高的 pH 响应型智能膜也被称为具有正向响应特性的 pH 响应型智能膜。

(a)

聚合物刷　　　　多孔基材膜+智能高分子

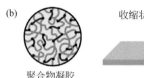

(b)

| 收缩状态 | 溶胀状态 |

聚合物凝胶　　　　智能凝胶膜

图4-1

响应型智能开关膜（a）和响应型智能凝胶膜（b）示意图（修改自参考文献［7］）

第一节
具有反向响应特性的 pH 响应型智能开关膜

一、具有反向响应特性的pH响应型智能开关膜的设计与制备

对于膜孔上接有阴离子型聚电解质（如聚羧酸类）的智能开关膜，如图 4-2 所示，当环境 pH>pK_a（电离稳定常数）时，聚阴离子因质子解离而带负电荷，由于带负电荷官能团之间的静电斥力使高分子链处于伸展构象，膜孔"关闭"，膜的渗透率降低；当环境 pH < pK_a 时，聚阴离子因质子化而不带电荷，高分子链处于收缩构象，膜孔"开启"，膜的扩散渗透性变大。这种 pH 响应型聚阴离子智能开关膜由于响应环境 pH 升高的刺激信号而致使膜孔关闭，也被称为具有反向响应特性的 pH 响应型智能开关膜。

智能开关膜的制备方法主要有三种：成膜后对基材膜改性、成膜前对膜材料改性以及成膜过程中添加刺激响应型智能材料[6, 9]。

成膜后对基材膜改性是研究最多的智能开关膜制备方法，主要依据孔内填充机理，选用具有明晰孔径大小的多孔膜作为基材膜，将刺激响应型智能高分子引入到多孔膜当中。引入智能高分子的方法包括涂覆、吸附和接枝等。其中，接枝法是利用射线、化学引发剂、等离子体在多孔基材膜上产生自由基，利用自由基引发将智能高分子接枝在多孔膜的膜孔表面或膜孔内部，从而制备得到智能接枝开关膜。由于智能高分子与膜基材是通过稳定的共价键结合，制备的智能膜其刺激响应特性稳定，是最为常用的方法。pH 响应型智能接枝开关膜的制备是采用含有弱酸或弱碱基团的单体（如丙烯酸、甲基丙烯酸、乙烯基吡啶等）作为反应单体，在多孔膜的膜孔内接枝 pH 响应型聚电解质。孔内的"聚电解质刷"响应溶液中 pH 变化而离子化，引起链收缩或伸展导致膜孔的变大与缩小，从而起到"开 - 关"效应。

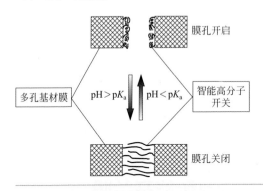

图4-2
pH响应型聚阴离子智能开关膜示意图

Qu 等[10, 11]采用等离子体诱导填孔接枝聚合法在聚偏氟乙烯（PVDF）多孔膜上接枝聚甲基丙烯酸（PMAA）高分子链作为 pH 响应型"开关"，在不同放电功率、不同单体浓度、不同反应时间下制备了一系列不同接枝率的 pH 响应型聚阴离子智能接枝开关膜（PMAA-g-PVDF）。

在成膜过程中添加刺激响应型智能材料也是常见的一种制备智能开关膜的方法。例如，在成膜过程中加入"外源"的两亲性嵌段高分子，与相转化法相结合一步制备智能复合开关膜。这些两亲性嵌段高分子的结构特点是：亲水嵌段是膜刺激响应功能的基础，相转化法成膜过程中在膜孔表面大量富集；疏水嵌段提供了两亲性高分子在膜内的稳定性。该方法能够与工业制膜过程结合，实现对膜整个断面的孔进行表面改性，并可以通过对两亲性高分子的结构进行精确控制，进一步调控开关膜的结构和性能。

Luo 等[12, 13]通过在相转化制膜过程中，将聚苯乙烯 - 聚丙烯酸（PS-b-PAA）两亲性嵌段高分子与疏水膜基材聚醚砜高分子（PES）共混，制备得到了 pH 响应型智能复合开关膜，其制备过程和 pH 响应性"开关"性能如图 2-17 所示，所制备的膜的组别及铸膜液具体组成见表 4-1。

表4-1　制备的膜组别与铸膜液的组成[12, 13]

膜编号[1]	添加剂				PES /g	DMAc /g
	高分子种类	物质的量[2]/mol	质量/g	相对于PES的质量分数 /%		
PES	—	—	—	—	7.50	42.50
PS_{130}-1	PS_{130}	1.0	0.4445	5.93	7.50	42.50
PAA_{97}-1	PAA_{97}	1.0	0.1168	3.11	3.75	21.25

膜编号[1]	添加剂				PES /g	DMAc /g
	高分子种类	物质的量[2]/mol	质量/g	相对于PES的质量分数 /%		
PSA$_{72}$-1	PS$_{130}$-b-PAA$_{72}$	1.0	0.3067	8.18	3.75	21.25
PSA$_{280}$-0.5	PS$_{130}$-b-PAA$_{280}$	0.5	0.2754	7.34	3.75	21.25
PSA$_{280}$-1	PS$_{130}$-b-PAA$_{280}$	1.0	0.5508	14.69	3.75	21.25
PSA$_{280}$-1.5	PS$_{130}$-b-PAA$_{280}$	1.5	0.8262	22.03	3.75	21.25

① 膜的编号用共混的高分子表示（空白膜直接用 PES 表示），其中 PSA 是指共混了 PS-b-PAA 两亲高分子的膜，下标表示聚合度；连字符后的数值表示添加剂的物质的量。

② 相对于 7.50g PES，32.6μmol 的高分子添加剂为 1mol。

二、具有反向响应特性的pH响应型智能开关膜的表征

智能开关膜的表征通常包括对膜的化学组成、接枝量、微观结构、表面亲疏水性、膜孔径分布、开关性能等进行表征。

1. 智能开关膜的化学组成表征

X 射线电子能谱分析（XPS）是一种研究物质表面（界面）的物理方法，它能够对物质表面所含化学元素进行定性分析和定量分析，通过对智能开关膜进行光电子能谱分析，即根据 XPS 能谱图进行智能开关膜表面元素的定性、定量分析。

曲剑波[11]用 XPS 分别对 PVDF 基材膜和制备的 PMAA-g-PVDF 接枝开关膜的表面元素进行分析，XPS 谱图如图 4-3、图 4-4 所示。可以发现，与基材膜相比，接枝开关膜的 XPS 谱图发生了很大变化。在图 4-3 中，基材膜的 C1s 谱中有束缚能分别为 285.00eV（C—H、C—C 中的碳原子）和 289.56eV（C—F 中的碳原子）两个峰，F1s 谱中有束缚能为 688.58eV（C—F 中的氟原子）一个峰，而且无 O 元素存在。在图 4-4 中，PMAA-g-PVDF 接枝开关膜的 C1s 谱中新增加了一个峰，三个峰的束缚能分别为 285.05eV（C—H、C—C 中的碳原子）、288.90eV（COOH 中的碳原子）和 289.85eV（C—F 中的碳原子），碳原子的百分数由 54.38% 增加到 71.90%；F1s 谱与基材膜一样，只有束缚能为 688.60eV（C—F 中的氟原子）一个峰，但是因为等离子体的照射作用而使氟的原子百分数大大降低，由 45.62% 降至 5.95%；O1s 谱中出现了束缚能分别为 531.14eV（C=O 中的氧原子）和 532.48eV（C—OH 中的氧原子）两个峰，氧原子的百分数由 0.00 增加到 22.15%。XPS 结果表明，在 PVDF 基材膜上成功接枝了 PMAA 高分子。

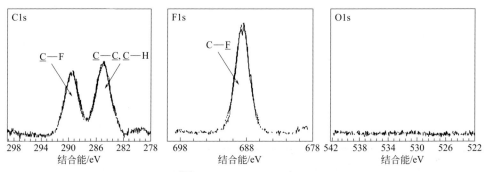

图4-3　PVDF基材膜的XPS谱图[11]

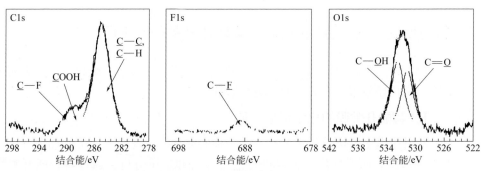

图4-4　PMAA-*g*-PVDF接枝开关膜的XPS谱图[11]

2．智能开关膜的接枝量表征

接枝开关膜的接枝量大小一般用接枝率 Y 来表示，即多孔基材膜接枝智能高分子开关前后的质量变化率，用公式（4-1）计算：

$$Y = \frac{W_g - W_0}{W_0} \times 100\% \tag{4-1}$$

式中，W_g、W_0 分别是膜在接枝后、接枝前的质量。

等离子体处理工艺条件（包括处理功率、处理时间）、接枝工艺条件（单体浓度、接枝聚合时间、脱气除氧和接枝反应介质）和等离子处理前 Ar 气气压大小等均是影响接枝率的因素。曲剑波[11]通过改变等离子体照射功率、照射时间、单体浓度、接枝时间制备出一系列具有不同接枝率的 PMAA-*g*-PVDF 接枝开关膜。结果表明，在一定照射功率下，接枝率随着单体浓度增大或反应时间延长均会增大，因为随着 MAA 单体浓度的增大以及反应时间的延长都将有更多的 MAA 单体分子扩散到膜孔表面参与接枝反应，从而使膜上的 PMAA 接枝量上升。当其他条件相同时，PMAA 接枝率随着放电功率增加而增大。这是由于，放电功率越高，多孔基材膜孔表面因等离子体诱导而产生的自由基数量就会越多，于是在同样反应时间内接枝聚合到膜上的 PMAA 量就会越大。

3．智能开关膜的微观结构表征

智能开关膜的表面和断面形貌结构一般用扫描电镜（SEM）进行观察：将膜冻干脱除水分后，上下表面直接用导电胶粘于样品台。断面样品的制备为：将膜浸入液氮中深冷一定时间，取出后快速脆断，然后将平整的断面样品用导电胶粘于样品台。表面与断面样品在喷金后进行观察。

曲剑波[11] 利用 SEM 观察了具有不同接枝率的 PMAA-g-PVDF 接枝开关膜的断面结构，如图 4-5 所示。可以看出，4 组膜的断面结构有明显的区别。图 4-5（a）为未接枝的 PVDF 基材膜，可以明显看出膜表层的多孔状结构，并且每个大孔上面还有蜂窝状小孔；图 4-5（b）~（d）为 PMAA-g-PVDF 接枝开关膜，可以看出，接枝后的开关膜表面和孔内都均匀附着一层 PMAA，比基材膜显得致密，这说明沿整个膜厚度方向都较均匀地接枝上了 PMAA；还可以看出，随着 PMAA 接枝率的增大，膜断面变得更加致密，也就是说膜孔隙率会随接枝率的增大而降低。

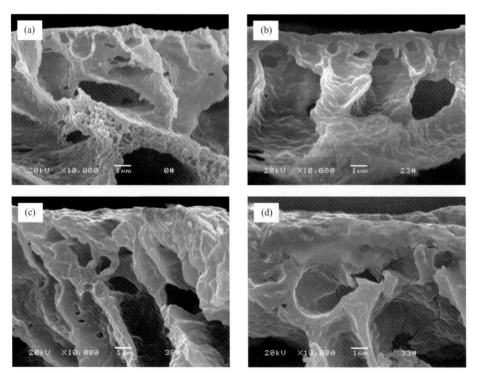

图4-5　PVDF基材膜（a）以及接枝率为8.58%（b）、16.36%（c）、28.14%（d）的 PMAA-g-PVDF接枝开关膜的断面SEM图[11]

Luo 等[12, 13]通过 SEM 观察了 PES 空白膜以及添加了不同种类 / 量的高分子添加剂的膜表面、断面结构，结果如图 4-6 所示。可以看到，与 PES 空白膜 [图 4-6（a）]的表面相同，添加了疏水性 PS 高分子 [图 4-6（c）]或者亲水性 PAA 高分子 [图 4-6（e）]的膜的表面并没有可见的微孔。然而，在添加了两亲性 PS-b-PAA 高分子的膜的表面观察到了 300nm 左右的微孔 [图 4-6（g），（i），（k）]，这是由于两亲性 PS-b-PAA 高分子加入铸膜液中后，较长的亲水 PAA 嵌段会使得疏水 PES 膜材料的溶液在热力学上变得更加不稳定，导致铸膜液发生微相分离（nano-phase separation），最终在相转化法制备的膜中产生微孔。并且，随着两亲性 PS-b-PAA 高分子量的增加，膜表面微孔的数目也不断增多，而微孔的大小并没有太明显的改变。膜断面的 SEM 图 [图 4-6（b），（d），（f），（h），（j），（l）]显示，这些由相转化法制备的高分子膜都具有典型的非对称结构：薄的皮层以及位于皮层之下的指状大孔结构。同时，亲水性 PAA 发挥了致孔剂的作用，使得膜的断面结构变得更加多孔 [图 4-6（f）]。随着两亲性 PS-b-PAA 高分子在膜中的物质的量增加，铸膜液中微相分离导致的膜结构中的多孔结构也变得越来越明显 [图 4-6（h），（j），（l）]。总的来说，两亲性 PS-b-PAA 高分子在铸膜液中的浓度对膜的微结构有显著影响，但这些高分子添加剂的加入并不会影响膜非对称结构的形成。

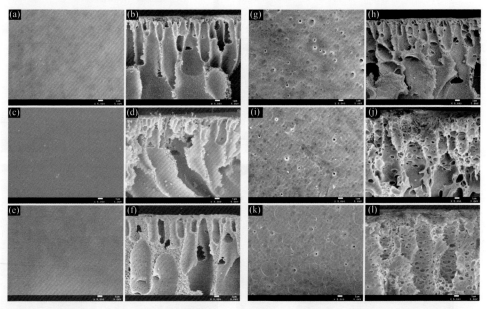

图4-6 膜表面 [（a），（c），（e），（g），（i），（k）]和断面 [（b），（d），（f），（h），（j），（l）]的SEM照片[12, 13]

（a），（b）PES；（c），（d）PS$_{130}$-1；（e），（f）PAA$_{97}$-1；（g），（h）PSA$_{280}$-0.5；（i），（j）PSA$_{280}$-1；（k），（l）PSA$_{280}$-1.5。标尺：1μm

4．智能开关膜表面亲疏水性表征

水接触角可以用来表征膜表面的亲疏水性，一般可以用接触角测定仪测定，将水滴滴于样品膜表面，通过显微镜与相机获得水滴的外形图像，再运用数字图像处理将图像中水滴的接触角计算出来。

两亲性嵌段高分子加入铸膜液制膜，具有 pH 响应性的亲水嵌段在膜基材表面（膜表面和整个断面膜孔的表面）的富集是多孔膜具有 pH 响应性的基础。Luo 等[12] 为了验证亲水 PAA 嵌段在膜表面的富集，通过水接触角的测定考察了高分子添加剂的加入对膜表面亲疏水性的影响。如图 4-7 所示，PES 空白膜的水接触角为 69.6°±4.9°，而添加了 1mol PS-*b*-PAA 高分子的 PSA_{72}-1 和 PSA_{280}-1 膜的水接触角分别为 49.7°±3.5° 和 52.7°±3.5°，比 PES 空白膜小了近 20°，表明开关膜的表面更为亲水，说明了 PAA 高分子在膜表面的大量富集。PSA_{280}-1 膜的水接触角并没有因为添加的两亲性 PS-*b*-PAA 高分子中 PAA 嵌段长度比 PSA_{72}-1 膜中 PAA 嵌段长度长而更小，表明这两组膜中 PAA 嵌段在膜表面的覆盖率已经非常接近，并且可能已经达到了两亲性高分子在膜表面分布的热力学平衡状态。

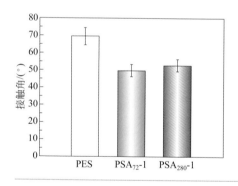

图4-7

PES、PSA_{72}-1和PSA_{280}-1膜表面的水接触角[12]

5．智能开关膜的孔径分布表征

膜的孔径分布和平均孔径通常可以用液液置换法（liquid displacement）进行测定。首先测定干态膜在气体压力从 0MPa 升至一定压力时的气体通量，然后用浸润液"Porefill"将膜完全润湿，再次将气体压力从 0MPa 升至一定压力，记录泡点（bubble point）压力和整个过程中透膜的气体通量；通过 Washburn 公式计算出膜的孔径分布和平均孔径。浸润液可以完全浸润膜材料，且不会引起膜的溶胀。

Luo[13] 利用液液置换法测定和计算了 PES 空白膜、PSA_{72}-1 膜和 PSA_{280}-1.5 膜的孔径分布和平均孔径，结果如图 4-8 所示。图 4-8 中显示的是 200nm 以下的孔径分布，三种膜中大于 200nm 的孔所占百分数都很小。实验中气体的最大压力为 3.5MPa，对应的可测定的最小膜孔径为 20nm，这种方法测定的是膜中的贯穿孔。结果显示，添加了两亲性 PS-*b*-PAA 高分子后，膜的平均孔径变化并不大，都在 30～40nm 之间。PES 空白膜的大部分膜孔孔径都在 70nm 以下，极大值在 40～50nm 之间；PSA$_{72}$-1 膜的膜孔大小在 50～70nm 之间的较多，小于 40nm 的膜孔也有较大比例；PSA$_{280}$-1.5 膜的孔径分布很宽，20～30nm 之间的小孔有一定比例，此外 80～120nm 之间的孔也较多。可以看到，虽然 PES 膜的平均孔径在加入 PS-*b*-PAA 高分子后只是略微增大，但是加入嵌段高分子后膜中出现较多尺寸较大的孔，并且随着两亲性高分子中亲水 PAA 嵌段变长，纳米级微孔的尺寸有变大的趋势。

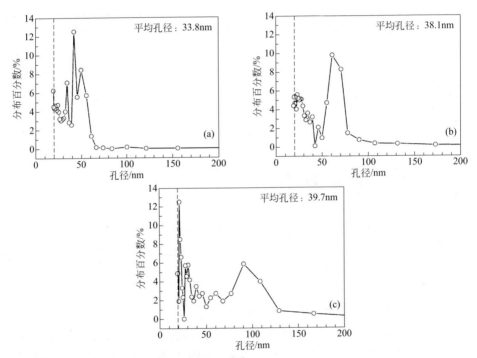

图4-8　用液液置换法测定的膜的孔径分布[13]
（a）PES、（b）PSA$_{72}$-1、（c）PSA$_{280}$-1.5

6. 智能开关膜的开关性能

pH 响应型智能开关膜的 pH 响应开关特性可以通过测定其在不同 pH 条件下的水通量（J）、扩散系数（D）的变化来进行表征。

平板膜的水通量实验一般采用过滤装置进行，采用死端过滤（dead-end

filtration）的方式，测定不同 pH 条件下水通量的变化。多孔膜的过滤通量可用 Hagen-Poiseuille 方程（4-2）来描述[14]：

$$J = \frac{n\pi d^4 p}{128\eta l}$$

（4-2）

式中，J 为过滤速率，mL/（cm^2·s）；n 为单位面积的孔数，个/cm^2；d 为多孔膜膜孔的动力学直径，cm；p 为过滤时膜两侧的压差，Pa；η 为过滤液体的黏度，Pa·s；l 为膜孔长度（即膜的厚度），cm。

平板膜的扩散实验一般采用扩散装置进行，分别测得在不同 pH 缓冲液中溶质分子透过智能开关膜的扩散系数。平板膜扩散系数计算公式可由 Fick 第一扩散定律推导出来，溶质从扩散装置的贡献侧通过平板膜进入接受侧的扩散过程可用图 4-9 来表示。

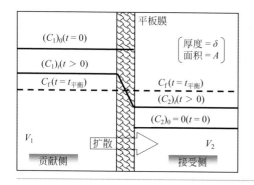

图4-9
溶质通过平板膜的扩散示意图

以单位时间溶质分子从扩散槽中的扩散量来表征膜的扩散系数。溶质从贡献侧通过平板膜扩散进接受侧环境溶液的扩散速率可用 Fick 第一扩散定律公式（4-3）来描述：

$$\frac{\mathrm{d}M}{\mathrm{d}t} = -AD\frac{\partial C}{\partial l} = AD\frac{\Delta C}{\delta}$$

（4-3）

式中，$\mathrm{d}M/\mathrm{d}t$ 是环境溶液中溶质的变化率；A 是有效扩散面积；D 是平板膜的扩散系数；$\partial C/\partial l$ 是平板膜与环境溶液界面上的浓度梯度；ΔC 是扩散槽内液体与环境溶液的浓度差；δ 是平板膜的厚度。

三、智能开关膜的pH响应性能

1. 智能开关膜的 pH 响应膜通量性能

曲剑波[11]研究了不同 pH 条件下 PMAA-g-PVDF 接枝开关膜的过滤水通量

的变化。如图 4-10 所示，PVDF 空白基材膜的水通量随 pH 值的升高略有下降，这是由于过滤过程中一定程度的膜污染而导致过滤阻力有所增大、水通量略微减小。在接枝 PMAA 后，接枝开关膜的水通量在 PMAA 的 pK_a 附近（pH 3 ~ 6）发生了较显著的变化，这是由于当环境 pH>pK_a 时，膜孔内接枝的 PMAA 高分子链处于伸展构象，从而使得膜孔变小或关闭，于是水通量变小；当 pH<pK_a 时，PMAA 接枝分子链则处于收缩构象，使得膜孔变大或开启，于是水通量变大。也就是说，膜孔内接枝的 PMAA 高分子链可以起到 pH 响应智能开关的作用。

定义 R_1 值为膜的 pH 响应开关系数（也称响应系数），如公式（4-4）所示，式中，$J_{pH2.1}$、J_{pH7} 分别为接枝膜在 pH 2.1 和 pH 7 时的水通量，mL/（cm^2·min）。如果膜在两个 pH 值下的水通量均为零，则定义膜的 pH 响应开关系数 $R_1 = 1$，即无 pH 响应性。

$$R_1 = \frac{J_{pH2.1}}{J_{pH7}} \quad\quad\quad (4-4)$$

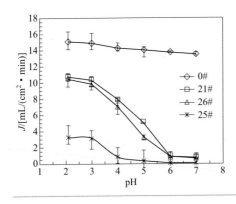

图4-10

不同接枝率的PMAA-g-PVDF接枝开关膜的水通量随pH变化曲线（0#为PVDF空白膜，21#、26#、25#膜的接枝率分别为2.18%、2.38%和5.98%）[11]

图 4-11 显示了接枝率对 PMAA-g-PVDF 接枝开关膜的 pH 响应开关特性的影响[11]。在 pH 2.1 时，PMAA-g-PVDF 接枝开关膜的水通量先增加后减少，原因是 PVDF 膜是强疏水性膜，在低接枝率情况下亲水性的 PMAA 会有助于过滤水通量增加，但随着接枝率进一步增加，膜孔径减小占主导因素导致水通量迅速下降。在 pH 7 时，膜的水通量随着接枝率的增加而迅速减小，这表明 PMAA 链在伸展状态下起到了有效的开关作用。当接枝率大于 13.38% 时，水通量全部为零。接枝率小于 5.98% 时，pH 感应开关系数随接枝率的增加而增加；接枝率大于 5.98% 时，pH 感应开关系数随接枝率的增加而减少，直至等于 1（此时膜不再具备 pH 响应开关特性）。可以看出，接枝率在 5% ~ 6% 范围内的 PMAA-g-

PVDF 接枝开关膜的 pH 响应开关系数最佳。

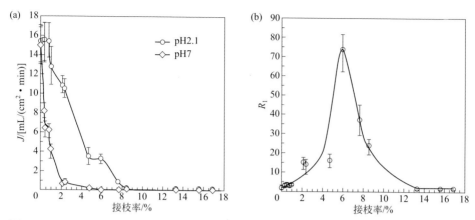

图4-11 不同接枝率的PMAA-*g*-PVDF接枝开关膜的pH响应特性曲线[11]

PMAA-*g*-PVDF 接枝开关膜在 pH x 和 pH 7 时的有效孔径 d_{pHx} 和 d_{pH7} 的比值定义为 pH 响应孔径变化倍数，可用公式（4-5）表示[11]：

$$N_{d,\mathrm{pH}x/\mathrm{pH}7} = \frac{d_{\mathrm{pH}x}}{d_{\mathrm{pH}7}} = \left(\frac{J_{\mathrm{pH}x}}{J_{\mathrm{pH}7}}\right)^{\frac{1}{4}} \qquad （4-5）$$

由于接枝的 PMAA 高分子链构象在 pK_a 附近发生了改变，使得开关膜的膜孔孔径在 PMAA 的 pK_a 附近发生了显著改变。考察了接枝率对 PMAA-*g*-PVDF 接枝开关膜在 pH 2.1 和 pH 7 时膜孔径 pH 响应变化倍数（即，膜的有效孔径 $d_{\mathrm{pH}2.1}$ 和 $d_{\mathrm{pH}7}$ 的比值）的影响，如图 4-12 所示。接枝率很小时，接枝的 PMAA 高分子链很短，由于其构象变化而引起的孔径变化倍数很小；随着接枝率的增大，接枝的 PMAA 高分子链长度增大，由于其构象变化而引起的孔径变化率也增加；但如果接枝率增加太多时，接枝的 PMAA 高分子链太长或者密度太大，其构象变化已不能引起膜孔径变化、膜孔已被接枝的 PMAA 堵塞。与图 4-11 比较可以看出，膜的 pH 响应开关系数和膜 pH 响应孔径变化倍数随接枝率变化而变化的趋势是一样的，这也说明了 PMAA 接枝开关膜随 pH 改变而引起的水通量变化和膜孔径变化之间具有一致性。因此，要依靠膜孔的开关行为来实现较满意的 pH 响应性透过性能，就必须严格控制 PMAA-*g*-PVDF 接枝开关膜的制备过程参数，使其具备适当的接枝率，从而具有合适的动力学孔径范围。

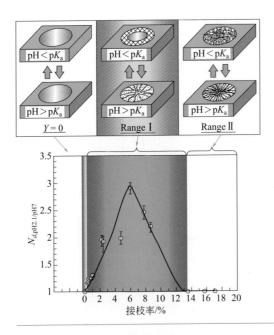

图4-12
接枝率对PMAA-g-PVDF接枝开关膜膜孔径pH响应变化倍数的影响[11]

同样，对于PES智能开关膜，添加的两亲嵌段高分子的组成与含量对膜水通量pH响应性也有影响。Luo等[12, 13]测定了在150kPa、25℃条件下用柠檬酸-Na₂HPO₄缓冲液测定的膜的水通量，结果见图4-13。PES空白膜、PS₁₃₀-1膜、PAA₉₇-1膜的水通量并没有随着缓冲液pH的改变而改变。相反的是，添加了两亲性PS-b-PAA高分子的各组膜，其跨膜水通量都表现出了明显的pH响应特性：pH低的时候，膜的水通量大，膜孔呈现出"开"的状态，这是由于PAA嵌段高分子中的羧基质子化造成膜孔表面的高分子链呈现收缩的构象，从而膜的有效孔径增大；pH高的时候，膜的水通量变小，膜孔呈现出"关"的状态，这时膜孔表面的PAA高分子链上的羧酸解离，高分子链因为带负电而呈伸展状态，膜有效孔径减小。具体而言，具有接近两亲分子添加质量的PSA₇₂-1膜和PSA₂₈₀-0.5膜，它们在pH 3时的水通量都很大，分别达到了约475L/（m²·h）和590L/（m²·h）；而这两组膜在pH 8时的水通量却分别仅有175L/（m²·h）和200L/（m²·h）。低pH条件下，这两组膜较大的水通量，一是由于其薄的皮层，二是由于PAA高分子的表面富集使得膜孔表面亲水。对于PSA₂₈₀膜，随着添加的两亲性高分子的量逐渐增加，膜的水通量整体下降：pH 3时，膜的水通量从PSA₂₈₀-0.5膜的590L/（m²·h）直降到PSA₂₈₀-1膜和PSA₂₈₀-1.5膜的300L/（m²·h）左右。这主要是由于膜的皮层厚度随着PS₁₃₀-b-PAA₂₈₀添加量的增大而逐渐增加。这些结果不仅表明，在制膜过程中添加pH响应型两亲性嵌段高分子能够赋予膜pH

响应特性，而且可以通过改变亲水嵌段 PAA 的链长或者添加的高分子的量，来改变膜的渗透性能。

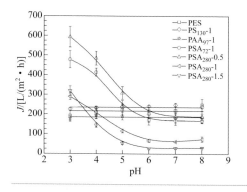

图4-13
用不同pH值的缓冲液测定的膜的跨膜水通量，其中膜编号的含义如表4-1所示[12, 13]

2. 智能开关膜的 pH 响应膜扩散性能

曲剑波[11] 以维生素 B_{12}（VB_{12}）作为模型溶质分子，测定了 VB_{12} 透过 PMAA-g-PVDF 接枝开关膜的扩散系数。由公式（4-3）推导出扩散系数 D 的计算公式（4-6）：

$$D_t = \frac{\ln\dfrac{2.4\times10^{-3}}{2.4\times10^{-3}-112C_t}}{3.26} \qquad (4\text{-}6)$$

式中，C_t 为环境溶液 t 时刻的浓度。

通过测定不同时刻 VB_{12} 通过膜扩散到接受侧的吸光度数值，进行数据处理，分别计算得到在 pH 2 和 pH 7 缓冲液中 VB_{12} 透过 PVDF 空白膜和 58#、47#、37#、72#、31# PMAA-g-PVDF 接枝开关膜的扩散系数，结果见表4-2。

表4-2　VB_{12}透过 PVDF 空白膜和 PMAA-g-PVDF 接枝开关膜的扩散系数[11]

样品	pH 2		pH 7	
	$k\times10^{5}/s^{-1}$	$D\times10^{6}/(cm^2/s)$	$k\times10^{5}/s^{-1}$	$D\times10^{6}/(cm^2/s)$
基材膜	2.32	7.12	2.34	7.19
58#（1.7%）	1.97	6.04	1.89	5.82
47#（3.13%）	1.92	5.89	1.67	5.13
37#（5.35%）	1.71	5.26	1.40	4.29
72#（8.43%）	1.62	4.96	1.26	3.86
31#（15.65%）	1.42	4.35	0.76	2.32

根据表 4-2 数据做出 VB$_{12}$ 透过不同接枝率的 PMAA-g-PVDF 接枝开关膜在 pH 2 和 pH 7 缓冲溶液中的扩散系数变化曲线，如图 4-14 所示。可以看出：VB$_{12}$ 通过 PVDF 空白基材膜的扩散系数在 pH 2 和 pH 7 时基本一致，均大于 VB$_{12}$ 通过 PMAA-g-PVDF 接枝开关膜的扩散系数。在 pH 2 溶液中 VB$_{12}$ 通过接枝开关膜的扩散系数均大于在 pH 7 溶液中的 VB$_{12}$ 扩散系数，并且随着接枝率的增大，两者相差的倍数也随之增大。原因是，pH>pK_a 时，膜孔内接枝的 PMAA 高分子链处于伸展构象，从而使得膜孔变小，VB$_{12}$ 扩散系数随之变小；当 pH<pK_a 时，膜孔内接枝的 PMAA 高分子链则处于收缩构象，使得膜孔变大或开启，VB$_{12}$ 扩散系数相应变大。也就是说，膜孔内接枝的 PMAA 高分子链可以起到 pH 响应智能开关的作用。

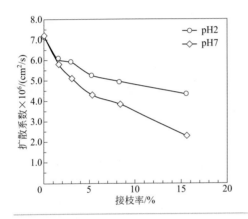

图4-14

维生素B$_{12}$透过不同接枝率的PMAA-g-PVDF接枝开关膜的扩散系数的pH响应特性[11]

从图 4-14 中还可以看出，在 4 张膜中接枝率为 15.65% 的接枝开关膜的扩散系数 pH 响应性最好，而在水通量实验中当接枝率在 5% ～ 6% 时 pH 响应性最好，接枝率大于 13.38% 时，水通量已全部为零（图 4-11）。这说明，接枝开关膜应用目的不同时其表现出最佳 pH 响应性开关性能的接枝率范围也不同。

3．智能开关膜的 pH 响应膜截留性能

Luo 等[12] 通过测定 PSA$_{280}$-1.5 复合膜对不同分子量大分子的 pH 响应截留性能，进一步研究了其 pH 响应性门控功能。图 4-15 显示了 PES 空白膜和 PSA$_{280}$-1.5 复合膜在 pH 值为 3 和 8 的环境条件下对 FITC- 葡聚糖的截留率。

如图 4-15（a）所示，与弱碱性条件相比，酸性条件下的 PES 空白膜对 FITC- 葡聚糖的截留程度更高：对于分子量为 10kDa 的 FITC- 葡聚糖，pH 3 条件下的截留率为 42%，而 pH 8 条件下的截留率仅为 3%。这可能是由于荧光素发色团上苯酚和羧基的 pH 依赖性解离导致 FITC- 葡聚糖大分子构象变化，而这种

影响在分子量较低的FITC-葡聚糖中最为明显。随着FITC-葡聚糖分子量的增加，两种pH条件下的截留率逐渐增大。对于分子量为70kDa的FITC-葡聚糖，pH 8条件下的截留率为97%，pH 3条件下的截留率为99%，二者几乎处于同一水平，说明在这种情况下，解离对FITC-葡聚糖溶质的水动力半径的影响在过滤截留过程可以忽略。

但是，对于PSA$_{280}$-1.5复合膜，FITC-葡聚糖在pH 8的条件下总是更容易被截留，如图4-15（b）所示。分子量为10kDa和40kDa的FITC-葡聚糖在pH 3条件下几乎可以完全过滤通过复合膜，但在pH 8条件下，这两种FITC-葡聚糖大分子的截留率分别达到44%和55%。当使用70kDa的FITC-葡聚糖时，截留率从pH 3条件下的28%增加到pH 8条件下的90%。在弱碱性条件下观察到的FITC-葡聚糖的较大截留率，这是由于在高pH值条件下，复合膜的膜孔"关闭"和FITC-葡聚糖与膜孔表面之间电荷排斥两种作用的综合结果，而膜孔的"关闭"是由于pH 8条件下PAA高分子链呈伸展状态。

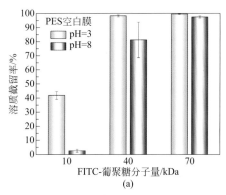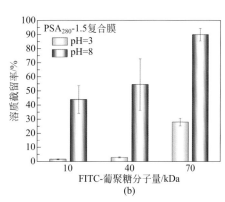

图4-15　PES空白膜（a）和pH响应型PSA$_{280}$-1.5复合膜（b）在pH 3和pH 8条件下对FITC-葡聚糖的截留率[12]

4. 智能开关膜的快速pH响应特性

智能开关膜的快速刺激响应特性也是其理想的性能。Luo等[12,13]对共混两亲性PS-*b*-PAA高分子的PES膜的pH响应速度也进行了考察，图2-19是PSA$_{72}$-1膜［图2-19（a）］和PSA$_{280}$-1.5膜［图2-19（b）］对pH 8和pH 3的缓冲液交替进行过滤的实验结果。对于PSA$_{72}$-1膜，过滤刚开始pH 8缓冲液的水通量稳定在175L/（m^2·h），每个数据点是之前约40s的平均通量；当料液全部换为pH 3的缓冲液，加压开始过滤并计时，前40s的平均通量达到了约440L/（m^2·h），后3次计时区间的平均通量保持在这个水平，但却有所下降。这表明在环境pH从弱碱性转换到酸性时，膜孔能在短时间内迅速响应pH的改变而"打开"，表现出膜水通量的增加。当将料液又全部换为 pH 8 的缓冲液后，第一个计时区间的平均通量又回到了 175L/（m²·h）左右，表明膜孔的"关闭"同样迅速。在后续的 5 个循环中，膜的 pH 响应特性并没有明显改变。对于 PSA$_{280}$-1.5 膜，实验获得了非常类似的结果。只是由于 PSA$_{280}$-1.5 膜在 pH 3 时通量相对较小，一次平均通量的计时时间延长至 120s。在近 2h 的循环测定中，膜孔快速响应酸性和碱性环境而相应"开"和"关"的性能表现得很稳定。实验结果证明，共混了两亲性嵌段高分子的 pH 响应型智能开关膜，具有能快速响应环境 pH 变化的特点。

5. 智能开关膜 pH 响应特性的可重复性和稳定性

为了验证共混两亲性 PS-*b*-PAA 高分子的 PES 膜的 pH 响应特性的可重复性（reversibility）和稳定性（durability），Luo 等[12, 13]通过跨膜水通量实验，考察了过滤料液在 pH 8 缓冲液和 pH 3 缓冲液之间循环改变时，智能开关膜的水通量变化。图 4-16（a）是添加了 1mol 不同两亲性高分子的膜在循环过滤实验中的通量变化，可以看到在 6 个循环中，膜在 pH 3 和 pH 8 的条件下通量都保持稳定。这说明了表面富集的 PS-*b*-PAA 高分子，其疏水的 PS 嵌段与膜基材 PES 高分子的缠结作用可以使 PAA 高分子稳定地附着在膜孔表面，从而使智能开关膜具有稳定的 pH 响应特性。为了定量地表示膜通量的 pH 响应程度，引入了公式（4-7）所示的响应性系数 R_2，即为膜在 pH 3 和 pH 8 时通量 J_{pH3} 与 J_{pH8} 的比值。

$$R_2 = \frac{J_{pH3}}{J_{pH8}} \tag{4-7}$$

图 4-16（b）是 6 次循环测定中的 R_2 值：PSA$_{72}$-1 膜和 PSA$_{280}$-1 膜的 R_2 值分别稳定在 2.5 和 4.0 左右。在添加的两亲高分子具有相同的物质的量时，假定两种高分子的表面富集程度接近，可以看到，PAA 嵌段更长的链长能够赋予智能开关膜更为显著的 pH 响应性水通量变化。

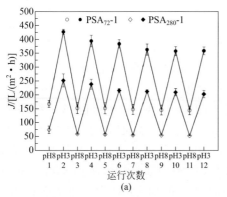
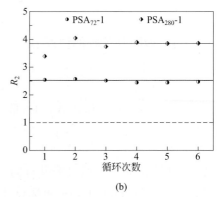

图4-16 共混PS-*b*-PAA高分子的PES复合膜的pH响应特性的可重复性[12, 13]

对于同一种两亲高分子，PS$_{130}$-b-PAA$_{280}$，不同的添加量情况下膜的循环通量和响应性系数 R_2 的值如图 4-17 所示。可以看到，3 组膜的通量在 6 次循环后依然保持稳定，并且 PSA$_{280}$ 膜并没有随着 PS$_{130}$-b-PAA$_{280}$ 添加量的减少，水通量表现出不稳定的情况。并且，3 组膜的 pH 响应系数 R_2 随着两亲性高分子量的增加而相应提高，这一方面源自膜皮层厚度的逐渐加大，另一方面是两亲性高分子表面富集程度的加大。相转化法制备的非对称膜，起分离作用和过滤阻力主要贡献者都是皮层，皮层厚度的加大会使得膜孔改变对通量的影响更为显著。此外，随着两亲性高分子含量的增加，在相转化成膜后 PAA 嵌段在膜孔表面的覆盖率或者富集程度也会相应地加大。可以看出，制备的 pH 响应型智能开关膜的 pH 响应性能具有良好的可重复性和稳定性。

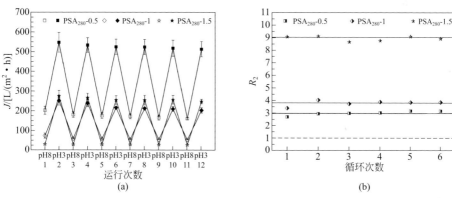

图4-17 共混不同量PS$_{130}$-b-PAA$_{280}$高分子的PES复合膜的pH响应特性的可重复性[12, 13]

第二节
具有正向响应特性的pH响应型智能囊膜

一、具有正向响应特性的pH响应型智能囊膜的设计

胶囊膜能包封多种多样的化学物质，通过选择适当的囊膜材料能控制化学物质的跨膜透过性能。由于胶囊膜具有尺寸小、比表面积大、中空结构和膜性能稳定等优点，在药物控释、酶固定化、化学催化、生化分离等领域有十分广阔的应

用。所包封的物质从囊膜中的释放速率一般是由通过囊膜的扩散速率所控制[15]。

pH 响应型智能囊膜的控制释放机理与 pH 响应型智能平板膜略有差异[3, 15, 16]。以在半透性胶囊膜表面上接枝 pH 响应型聚电解质而得到的 pH 响应型智能囊膜为例，如图 4-18 所示。在不同 pH 环境下聚电解质的分子构象会发生变化，从而影响囊膜的扩散透过率，这样就实现了响应环境 pH 值的控制释放。对于接枝阴离子型聚电解质（如聚羧酸类），当环境 pH > pK_a 时，聚阴离子因电离而带负电，由于静电斥力作用接枝高分子链处于伸展构象，囊膜扩散渗透率较大；当环境 pH < pK_a 时，聚阴离子因质子化而不带电荷，接枝高分子链处于收缩构象，致使胶囊表面致密，从而使囊膜扩散渗透率变小。相反，对于接枝阳离子型聚电解质（如聚吡啶类），当环境 pH > pK_a 时，聚阳离子不带电荷而处于收缩构象，胶囊表面致密而使扩散渗透率较小；但当环境 pH < pK_a 时，聚阳离子因质子化带正电，由于静电斥力使接枝高分子链处于伸展构象，胶囊表面变得疏松而使扩散渗透率变大。

这种表面接枝有阴离子型聚电解质的智能囊膜，能够响应环境 pH 升高的刺激信号致使囊膜扩散渗透率变大，亦被称为具有正向响应特性的 pH 响应型智能囊膜。

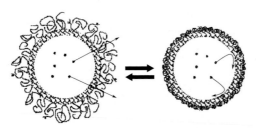

图4-18　接枝在胶囊膜表面上的聚电解质层随环境pH变化而发生构象变化的示意图[3]

二、具有正向响应特性的pH响应型智能囊膜的制备

胶囊膜表面接枝智能高分子的方法与平板膜类似，即利用射线辐照、化学引发、等离子体技术等将高分子链接枝在半透性胶囊膜的表面，从而制备得到智能囊膜。

Mei 等[17, 18]结合共挤出毛细管装置、生物硅化技术和紫外线辐照诱导接枝技术，制备得到了表面接枝聚甲基丙烯酸（PMAA）高分子链的 pH 响应型智能囊膜（PMAA-APSi），用作酶固定化的载体，实验中以蔗糖酶作为模型酶。制备工艺主要包括三个步骤：首先，利用共挤出毛细管装置[19]一步制得载有蔗糖酶的海藻酸钙囊［图4-19（a）］；然后，利用生物硅化技术制备表面包覆二氧化硅壳层的海藻酸钙复合囊（APSi）［图4-19（b）］；最后，采用紫外线辐照诱导接枝技术在APSi复合囊表面接枝PMAA高分子制备得到pH响应型PMAA-APSi智能囊膜［图4-19（c）］。

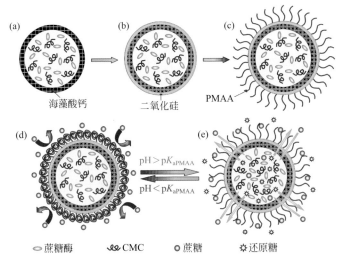

蔗糖酶　　CMC　　蔗糖　　还原糖

图4-19 表面接枝PMAA高分子链的pH响应型酶固定化载体的制备工艺［（a）～（c）］与响应机理［（d）、（e）］[17, 18]
（a）海藻酸钙囊；（b）表面包覆二氧化硅壳层的海藻酸钙复合囊（APSi）；（c）表面接枝PMAA高分子链的pH响应型智能囊膜（PMAA-APSi）；（d）催化反应停止；（e）催化反应正常进行

可以看出，该智能囊膜由两个功能层组成：一层是海藻酸钙凝胶疏松层，另一层是表面接枝有PMAA高分子链的二氧化硅致密层。其中，内部的海藻酸钙凝胶柔软层为内部包埋的酶提供了一层生物相容性良好的保护层，而表面接枝有PMAA高分子链的二氧化硅坚硬壳层则具有pH响应特性，可通过表面接枝的PMAA高分子链对环境pH值变化的响应作用实现对囊膜内部的酶催化反应进行控制。

当环境pH值低于PMAA的电离平衡常数（pK_{aPMAA}）时，PMAA聚电解质因质子化作用而呈现电中性，高分子链处于收缩构象，如图4-19（d）所示，此时，二氧化硅壳层表面的孔隙将被收缩的链段所覆盖，反应底物难以透过壳膜进入囊内部，酶催化反应无法正常进行；当环境pH值高于pK_{aPMAA}时，PMAA聚电解质因电离而带负电，由于静电斥力作用使得高分子接枝链处于伸展构象，如图4-19（e）所示，此时，二氧化硅壳层表面的孔隙处于通畅状态，反应底物可自由进入囊内部，酶催化反应顺利进行。

三、具有正向响应特性的pH响应型智能囊膜的表征

1. 智能囊膜的形貌表征

纳米尺寸的智能囊膜可以采用数码相机拍照观察囊膜的外形，利用统计软件计算囊膜的平均直径，绘制尺寸分布曲线，同时根据公式（4-8）来计算囊膜的直径偏差系数CV值：

$$\mathrm{CV} = 100\% \times \left(\sum_{i=1}^{N} \frac{(D_i - \overline{D})^2}{N-1} \right)^{\frac{1}{2}} \Big/ \overline{D} \qquad (4\text{-}8)$$

式中，D_i 是指第 i 个囊膜的直径，m；N 是指囊膜的总数量；$\overline{D}$ 是指直径的算术平均值，m。

囊膜的微观结构可以利用扫描电镜（SEM）和激光共聚焦显微镜（CLSM）进行观察表征。对于囊膜断面结构的 SEM 表征，是对囊膜样品冻干后，进行机械破坏制得具有良好断面的样品，喷金后用 SEM 观察。对于囊膜内部结构的 CLSM 表征，首先将囊膜样品置于荧光染料溶液中浸泡一定时间，再冻干后用 CLSM 观察。

Mei 等 [17, 18] 对所制备的 pH 响应型 PMAA-APSi 智能囊膜进行了形貌表征。图 4-20(a) 是 PMAA-APSi 智能囊膜的光学照片，图 4-20(b) 给出了其尺寸分布，经过统计软件分析，PMAA-APSi 智能囊膜的平均直径为 4.2mm，CV 值为 4.0%，结果表明，所制备的 PMAA-APSi 智能囊膜具有良好的尺寸单分散性。

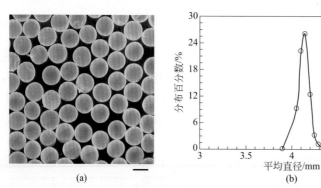

图4-20 PMAA-APSi智能囊膜的光学照片（a）和尺寸分布曲线（b）（标尺：4.0mm）[17, 18]

Mei 等 [17] 用 SEM 观察 PMAA-APSi 智能囊膜的微观结构，图 4-21 分别给出了 PMAA-APSi 智能囊膜的表面及断面 SEM 照片。从图 4-21（a）可看出，PMAA-APSi 智能囊膜在宏观上具有良好的球形度，微观上如图 4-21（c）所示，

表面呈现凹凸不平的粗糙状态，原因是在紫外线辐照的过程中剧烈的接枝反应所造成的。图 4-21（b）显示了 PMAA-APSi 智能囊膜的中空结构，其壳层由致密的 PMAA- 二氧化硅层（外层）与疏松的海藻酸钙凝胶层（内层）构成，图 4-21（d）是 PMAA-APSi 智能囊膜断面的微观照片，通过测量得到其致密层的厚度为 3.3μm。

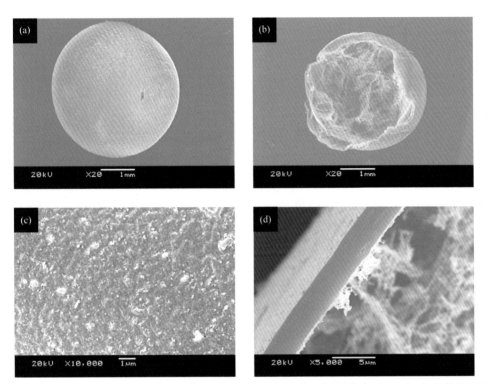

图4-21 PMAA-APSi智能囊膜表面［（a）、（c）］和断面［（b）、（d）］的SEM照片[17]

2. 智能囊膜的成分表征

智能囊膜的成分可以采用傅里叶红外光谱（FT-IR）、元素分析（EA）等进行表征。

梅丽[18]采用 EA 对接枝反应前后的囊膜成分分别进行测定，根据反应前后囊膜成分的含量来证明最终产品表面的 MAA 高分子链是否接枝成功。由于在 PMAA-APSi 智能囊膜的整个制备过程中，其壳膜内的氮元素是在第二个步骤——生物硅化中由硫酸鱼精蛋白分子所引入的，而第三个步骤 PMAA 高分子的接枝只会引入更多的碳、氢和氧元素，不会再引入氮元素，于是理论上来说囊膜在接枝反应的前后所含的氮元素含量应该是恒定的，所含的碳元素含量应该是增加的。接枝前的 APSi 复合囊和接枝后的 PMAA-APSi 智能囊膜的元素分析结果如表 4-3 所示，APSi 复合囊的碳元素与氮元素的浓度分别为 35.92% 和 6.12%，而 PMAA-APSi 智能囊膜的碳元素与氮元素的浓度分别为 35.90% 和 3.58%，APSi 复合囊与 PMAA-APSi 智能囊膜的碳氮比（C/N）分别为 5.87 和 10.03，接枝后 C/N 值明显升高，表明接枝后碳元素含量大大增加，证明 PMAA-APSi 智能囊膜的表面已成功地接枝上了 PMAA 高分子链。

表4-3　元素分析结果[18]

项目	N/%	C/%	H/%	C/N
APSi囊膜	6.12	35.92	5.65	5.87
PMAA-APSi囊膜	3.58	35.90	5.35	10.03

　　为了进一步验证在 APSi 复合囊的表面上成功接枝了 PMAA 高分子链，Mei 等[17] 还采用 ATR-FTIR 进行了分析。如图 4-22 所示，在 APSi 复合囊膜的 ATR-FTIR 谱图中，在 1033cm^{-1} 处有一个显著的吸收峰，这是二氧化硅（Si—O—Si）的特征峰。在囊膜表面接枝 PMAA 高分子后，在 1033cm^{-1} 处的特征吸附峰消失，而在 1701cm^{-1} 处出现的吸收峰是 PMAA 高分子羰基的特征峰。同时，在接枝 PMAA 高分子链的 PMAA-APSi 智能囊膜的 ATR-FTIR 谱图中出现了两个新的吸收峰，分别是 C—O 基团的特征峰，C—O 基团是由二氧化硅层的羟基与 MAA 的羰基反应生成的。ATR-FTIR 结果表明，PMAA 高分子已成功接枝到 APSi 复合囊膜的表面。

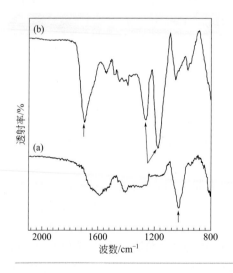

图4-22

APSi复合囊膜（a）和PMAA-APSi智能囊膜（b）的ATR-FTIR谱图[17]

3. 智能囊膜的 pH 响应性控释性能研究

智能囊膜的 pH 响应性控释性能主要通过测定不同 pH 条件下内载溶质分子的跨膜扩散速率来表征。

在静态扩散实验中，将载有不同 pH 值的溶质溶液的囊膜置于相应 pH 值的空白缓冲溶液中进行扩散实验，每隔一定时间间隔检测溶液中溶质的浓度。同样采用 Fick 第一扩散定律来建立溶质分子透过囊膜的扩散模型，通过推导，囊膜的渗透系数 P 值可以根据公式（4-9）计算得到：

$$P = \frac{V_s V_m}{A(V_s + V_m)} K = \frac{n \frac{1}{6} \pi \overline{D}^3}{n \pi \overline{D}^2} \frac{V_s}{V_s + V_m} K = \frac{1}{6} \overline{D} \frac{V_s}{V_s + V_m} K \qquad （4-9）$$

式中，n 是囊膜的总数量；$\overline{D}$ 是囊膜的平均直径，m；V_s 是外部溶液的体积；V_m 是囊膜的总体积；K 是 $\ln [(C_f - C_i)/(C_f - C_t)] - t$ 图中直线的斜率，C_i 是外部溶液中溶质分子的初始浓度，C_t 是时间 t 时外部溶液的溶质浓度，C_f 是扩散平衡状态时外部溶液和囊膜内的终浓度。

在动态扩散实验中，将载有 pH 为 a 的溶质溶液的囊膜置于 pH 为 a 的空白缓冲溶液中进行扩散实验，隔一定时间后再将囊膜分别快速地转移至 pH 为 b 的空白缓冲溶液中继续进行扩散，在两个扩散阶段中每间隔一定时间则取样检测溶液中溶质的浓度。这里将囊膜在 pH b 与 pH a 时的 K 值之比定义为 R_3，该值与溶质分子透过囊膜的渗透系数之比值成正比，计算式如公式（4-10）所示，式中，K_{pHa}、K_{pHb} 是 pH 为 a 和 b 时 $\ln [(C_f - C_i)/(C_f - C_t)] - t$ 直线的斜率。

$$R_3 = \frac{K_{pHa}}{K_{pHb}} \qquad （4-10）$$

4. 智能囊膜的 pH 响应性酶催化反应研究

pH 响应型智能囊膜可以作为载体用于酶的包封，通过响应环境 pH 的变化来控制酶的催化反应。

Mei 等 [17, 18] 采用蔗糖酶作为模型酶进行催化反应研究，在 25℃条件下，蔗糖在蔗糖酶的催化作用下被水解为葡萄糖和果糖，统称为还原糖。在静态催化实验中，将制备得到的载有蔗糖酶的 PMAA-APSi 智能囊膜放入用一定 pH 值缓冲溶液配制的蔗糖溶液中进行催化反应，整个反应过程在 25℃的连续搅拌状态下完成，在反应过程中，每间隔一定时间取样检测产物中还原糖的浓度（C），还原糖的生成量根据 3,5- 二硝基水杨酸法（DNS 法）采用紫外分光光度计在 540nm 波长下进行检测 [20]，还原糖的浓度 C 通过公式（4-11）计算得到：

$$C = \frac{M}{V_{DNS}} \qquad （4-11）$$

式中，M 是还原糖生成量，μg；V_{DNS} 是检测样品的体积，mL。

由于还原糖生成浓度随时间的关系呈一条直线，于是将该直线的斜率定义为酶催化反应的速率 v，μg/（mL·min）。

在动态催化实验中，将一定量载有蔗糖酶的 PMAA-APSi 智能囊膜放入用 pH 5 缓冲溶液配制的蔗糖溶液中进行催化反应，一定时间后将智能囊膜快速地转移至用 pH 6 缓冲溶液配制的蔗糖溶液中继续进行催化反应，整个反应过程均在 25℃的连续搅拌状态下完成，在两个分别的催化反应过程中，每间隔一定时间则取样检测产物中还原糖的浓度 C，方法同静态催化实验。酶催化反应的速率就是 C-t 直线的斜率，因而智能囊膜在 pH 6 与 pH 5 下的催化反应速率比（R_4）即智能囊膜在 pH 6 与 pH 5 下的 C-t 直线的斜率比，如公式（4-12）所示：

$$R_4 = \frac{v_{pH6}}{v_{pH5}} \qquad (4\text{-}12)$$

式中，v_{pH6}、v_{pH5} 分别为智能囊膜在 pH 6 与 pH 5 下的催化反应速率，μg/（mL·min）。

四、智能囊膜的pH响应性能

1．智能囊膜的 pH 响应控制释放性能

Mei 等[17, 18]为了考察 PMAA-APSi 智能囊膜的 pH 响应性控制释放性能，采用 VB$_{12}$ 作为模型溶质，在 25℃的条件下进行了控制释放实验。图 4-23（a）是 PMAA-APSi 智能囊膜内的 VB$_{12}$ 在不同 pH 环境下向外扩散的浓度随时间变化的曲线，结果显示，在 pH 3 ~ 5 范围内的外部溶液中的 VB$_{12}$ 浓度增加很慢，但当 pH 升高后（pH 6 和 pH 7），VB$_{12}$ 浓度增加速率大幅度提高，根据公式（4-9）计算并绘制渗透系数 P 随 pH 值变化的曲线，如图 4-23（b）所示，曲线直观地表明，VB$_{12}$ 透过 PMAA-APSi 智能囊膜的渗透系数 P 在 pH 5 与 pH 6 之间发生了突变。

PMAA 的 pK_a 值（pK_{aPMAA}）为 4.65 ~ 5.3[21]，当环境 pH 值高于 pK_{aPMAA} 时，即 pH 6 和 pH 7 时，PMAA 发生电离带负电，由于静电排斥作用使得 PMAA 呈现溶胀的状态，因而 PMAA-APSi 囊膜表面的孔隙处于开放状态，内部的 VB$_{12}$ 分子可自由地穿过 PMAA-APSi 囊膜而进入外部溶液中，渗透系数较高。然而，当环境 pH 值低于 pK_{aPMAA} 时，即 pH 3、pH 4 和 pH 5 时，PMAA 高分子链由于质子化作用而呈现电中性，于是发生收缩，并且覆盖了载体表面的孔隙，膜阻大大增加，内部的 VB$_{12}$ 分子不能自由地穿过 PMAA-APSi 囊膜，渗透

系数非常小。

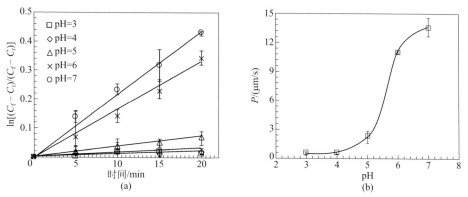

图4-23 25℃下静态扩散实验中 VB$_{12}$ 穿透过 PMAA–APSi 智能囊膜的 ln[$(C_f-C_i)/(C_f-C_t)$]–t 关系图（a）及其渗透系数 P 随 pH 值变化的曲线（b）[17, 18]

另外，Mei 等 [17, 18] 还考察了 PMAA-APSi 智能囊膜的动态响应扩散性能。图 4-24 是当环境 pH 值突然从 3 转变为 7 时，VB$_{12}$ 扩散速率发生的变化情况。在 pH 3 条件下实验时，由于 PMAA 高分子链处于收缩状态，PMAA-APSi 智能囊膜的传质阻力很大，VB$_{12}$ 透过囊膜的扩散速度很慢，渗透系数 P 值为 0.39μm/s；而当 pH 突然变为 7 后，PMAA 聚合物刷处于溶胀状态，PMAA-APSi 智能囊膜的传质阻力很小，VB$_{12}$ 扩散速度大大提高，P 值高达 13.83μm/s，R_3 值约为 35。实验结果表明 PMAA-APSi 智能囊膜具有优良的 pH 响应控制释放特性。

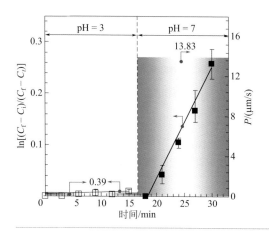

图4-24
25℃下动态扩散实验中pH值由3变为7时VB$_{12}$透过PMAA-APSi智能囊膜的ln[$(C_f-C_i)/(C_f-C_t)$] –t关系图[17, 18]

2．智能囊膜的 pH 响应酶催化反应控制性能

Mei 等 [17, 18] 通过载于 PMAA-APSi 智能囊膜中蔗糖酶的静、动态催化实验来考察智能囊膜的 pH 响应催化反应控制性能。图 4-25（a）显示了静态催化实验中不同 pH 下还原糖生成浓度随时间的变化情况，整个曲线可分为虚线段与实线段，其中虚线段代表的是酶催化反应的起始阶段，实线段代表酶催化反应的稳定阶段。在起始阶段，底物蔗糖需从外部溶液穿过壳膜逐渐扩散进入载体内部并与蔗糖酶接触，酶催化反应才得以进行。同时，反应生成的产物还原糖也需要穿过壳膜逐渐扩散至外部溶液并被取样进行检测，因而与后面实线段所代表的稳定阶段相比，产物生成的速度明显要慢很多，只有当进入稳定阶段后，才能够很好地考察 PMAA-APSi 智能囊膜的 pH 响应催化反应控制性能。酶催化反应的速率就是 C-t 直线的斜率，从图 4-25（a）中实线部分可观察到，pH 4 与 pH 5 下的还原糖生成速度比 pH 6 时要慢很多。图 4-25（b）给出了不同 pH 条件下酶催化反应速率。从 pH 4 到 pH 6，酶催化速率分别为 6.13μg/（mL·min）、10.92μg/（mL·min）和 27.64μg/（mL·min）。正如实验所设计的一样，当环境 pH 值低于 pK_{aPMAA} 时，即实验中的 pH 4 和 pH 5 时，PMAA 高分子链处于收缩状态，囊膜表面的孔隙被覆盖，此时传质阻力大，底物蔗糖无法透过囊膜进入内部，酶催化反应不能进行。然而，当环境 pH 值高于 pK_{aPMAA} 时，即实验中的 pH 6 时，PMAA 高分子链处于溶胀状态，囊膜表面的孔隙被打开，此时传质阻力较小，底物蔗糖可顺利透过囊膜进入内部，酶催化反应正常进行。

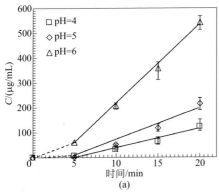 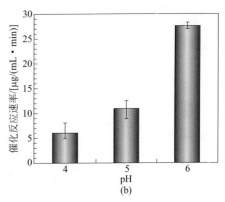

图4-25 25℃下静态催化实验中不同pH时载于PMAA-APSi智能囊膜中的蔗糖酶催化生成还原糖的浓度随时间变化的曲线（a）和蔗糖酶的催化反应速率（b）[17, 18]

为了考察 PMAA-APSi 智能囊膜的 pH 响应催化反应控制性能的好坏，Mei 等 [17, 18] 还进行了动态催化实验，如图 4-26 所示。动态催化实验是通过突然将环

境 pH 值由 5 改变为 6 来实施的。结果表明，载于 PMAA-APSi 智能囊膜中蔗糖酶的催化反应速率在改变前后分别为 14.08μg/（mL·min）和 25.07μg/（mL·min），R_4 值约为 2，说明虽然环境 pH 值只有很小的改变，PMAA-APSi 智能囊膜仍具有良好的 pH 响应酶催化反应控制性能。

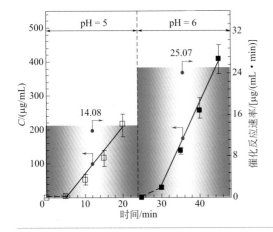

图4-26

25℃下动态催化实验中pH由5变为6时载于PMAA-APSi智能囊膜中的蔗糖酶催化生成还原糖的浓度随时间变化的曲线[17, 18]

参考文献

[1] Zhao C, Nie S, Tang M, et al. Polymeric pH-sensitive membranes—A review[J]. Progress in Polymer Science, 2011, 36(11):1499-1520.

[2] 孟永涛. pH 响应型高分子膜的制备与应用研究进展 [J]. 化学世界，2018, 59(9):537-544.

[3] 谢锐，褚良银，曲剑波. pH 响应型微囊膜的研究与应用进展 [J]. 膜科学与技术，2005, 25(1):69-73, 80.

[4] Kocak G, Tuncer C, Butun V. pH-responsive polymers[J]. Polymer Chemistry, 2017, 8(1):144-176.

[5] Dai S, Ravi P, Tam K C. pH-responsive polymers: Synthesis, properties and applications[J]. Soft Matter, 2008, 4(3):435-449.

[6] Liu Z, Wang W, Xie R, et al. Stimuli-responsive smart gating membranes[J]. Chemical Society Reviews, 2016, 45(3):460-474.

[7] Tokarev I, Minko S. Multiresponsive, hierarchically structured membranes: New, challenging, biomimetic materials for biosensors, controlled release, biochemical gates, and nanoreactors[J]. Advanced Materials, 2009, 21(2):241-247.

[8] Wandera D, Wickramasinghe S R, Husson S M. Stimuli-responsive membranes[J]. Journal of Membrane Science, 2010, 357(1-2):6-35.

[9] 秦佳旺，付国保，谢锐，等. 环境响应型智能开关膜的应用研究进展 [J]. 膜科学与技术，2020, 40(1):294-302.

[10] Qu J B, Chu L Y, Yang M, et al. A pH-responsive gating membrane system with pumping effects for improved

controlled-release. Advanced Functional Materials, 2006, 16(14):1865-1872.

[11] 曲剑波. pH 感应型耦合泵送控制释放膜系统研究 [D]. 成都：四川大学，2005.

[12] Luo T, Lin S, Xie R, et al. pH-responsive poly (ether sulfone) composite membranes blended with amphiphilic polystyrene-block-poly (acrylic acid) copolymers. Journal of Membrane Science, 2014, 450: 162-173.

[13] 罗涛. 两亲嵌段聚合物共混法制备 pH 响应智能膜的研究 [D]. 成都：四川大学，2013.

[14] 时均，袁权，等. 膜技术手册 [M]. 北京：化学工业出版社，2001: 336-337.

[15] Liu Z, Ju X J, Wand W, et al. Stimuli-responsive capsule membranes for controlled release in pharmaceutical applications[J]. Current Pharmaceutical Design, 2017, 23(2):295-301.

[16] Delcea M, Moehwald H, Skirtach A G. Stimuli-responsive LbL capsules and nanoshells for drug delivery[J]. Advanced Drug Delivery Reviews, 2011, 63(9):730-747.

[17] Mei L, Xie R, Yang C, et al. pH-responsive Ca-alginate-based capsule membranes with grafted poly (methacrylic acid) brushes for controllable enzyme reaction[J]. Chemical Engineering Journal, 2013, 232: 573-581.

[18] 梅丽. 基于海藻酸钙/精蛋白复合结构的 pH 响应型生物医用载体研究 [D]. 成都：四川大学，2013.

[19] Wang J Y, Jin Y, Xie R, et al. Novel calcium-alginate capsules with aqueous core and thermo-responsive membrane[J]. Journal of Colloid and Interface Science, 2011, 353(1):61-68.

[20] Miller G L. Use of dinitrosalicylic acid reagent for determination of reducing sugar[J]. Analytical Chemistry, 1959, 31(3):426-428.

[21] Lowe A B, McCormick C L. Synthesis and solution properties of zwitterionic polymers[J]. Chemical Reviews, 2002, 102(11):4177-4189.

第五章
醇浓度响应型智能膜

第一节 乙醇浓度响应型智能开关膜 / 154

第二节 乙醇浓度响应型纳米凝胶复合智能膜 / 164

第三节 乙醇和甲醇浓度响应型智能凝胶微囊膜 / 180

153

醇类物质是一类常用的溶剂。在有机合成中，醇溶剂的浓度会影响反应环境，从而影响产物的生成[1]。过量饮用以乙醇为主要成分的酒精饮料时，人体血液中的乙醇浓度过高时会引起中毒。因此，开发具有醇浓度响应特性的智能膜，用于醇类物质浓度检测和控制释放具有重要的意义。

第一节
乙醇浓度响应型智能开关膜

一、乙醇浓度响应型智能开关膜的设计

基于聚（N-异丙基丙烯酰胺）（PNIPAM）高分子，设计和制备了具有可调临界乙醇响应浓度的智能开关膜[2, 3]。众所周知，PNIPAM 高分子除了具有良好的温度响应特性之外，还具有醇浓度响应特性[4]。事实上，PNIPAM 高分子同时具有两个临界乙醇响应浓度，即低临界乙醇响应浓度（C_{E1}）和高临界乙醇响应浓度（C_{E2}），如图 5-1（a）所示。其乙醇浓度响应的机理为：当外界乙醇浓度低于 C_{E1} 时，随着乙醇浓度的增加，乙醇分子会逐步破坏 PNIPAM 高分子链的水合作用（源自高分子链和水分子之间氢键）直到完全破坏，此时达到低临界乙醇响应浓度 C_{E1}，PNIPAM 产生从溶胀到收缩的构象转变；而当乙醇溶液的浓度进一步提高时，乙醇溶液的活化能超过了聚合物的内聚力，乙醇分子与 PNIPAM 高分子形成氢键使 PNIPAM 高分子链由收缩转变为伸展[3]，此时达到高临界乙醇响应浓度（C_{E2}）。PNIPAM 之所以会在不同浓度的乙醇溶液中发生从伸展 - 收缩 - 伸展的构象转变，是因为两亲的醇分子会分别通过极性和非极性基团与聚合物作用，而水只含有极性基团，所以在水中只会发生从伸展到收缩的构象转变[2]。

当 PNIPAM 高分子接枝在多孔基材膜的膜孔中［如图 5-1（b），（c）］，接枝膜的膜孔可在外界乙醇浓度发生变化时表现出"开/关"作用［如图 5-1（d）~（f）］。具体来讲，当外界乙醇浓度低于低临界乙醇响应浓度（C_{E1}）时，PNIPAM 接枝链处于伸展状态，膜孔减小，因而跨膜通量较低［如图 5-1（d）］；而当乙醇浓度达到低临界乙醇响应浓度（C_{E1}）时，接枝链收缩，膜孔增大，跨膜通量显著增加［如图 5-1（e）］；当继续增加乙醇浓度到高临界乙醇响应浓度（C_{E2}）时，接枝链重新伸展，膜孔再次关闭而处于低通量状态［如图 5-1（f）］。

据文献［5］报道，向 PNIPAM 高分子中加入亲疏水单体可以调节其临界乙

醇响应浓度和低临界溶解温度。因此，将亲水的 *N,N*- 二甲基丙烯酰胺（DMAA）和疏水的甲基丙烯酸丁酯（BMA）引入到 PNIPAM 高分子链中作为智能开关，制备得到具有不同临界乙醇响应浓度的聚（*N*- 异丙基丙烯酰胺 *-co-N,N*- 二甲基丙烯酰胺）（PND-*g*-N6）接枝膜和聚（*N*- 异丙基丙烯酰胺 *-co*- 甲基丙烯酸丁酯）（PNB-*g*-N6）接枝膜。

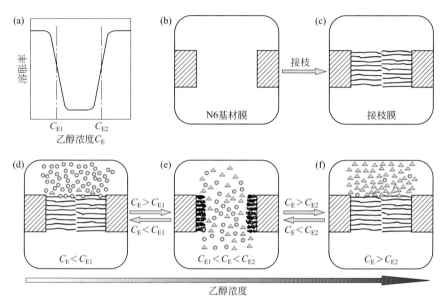

图5-1 乙醇响应型智能开关膜的设计和响应机理示意图
（a）PNIPAM 高分子的乙醇浓度响应特性；（b），（c）接枝膜的制备过程；（d）～（f）接枝膜的乙醇响应开关特性

二、乙醇浓度响应型智能开关膜的制备

采用原子转移自由基聚合法制备乙醇响应型智能开关膜的过程可分为三步，即基材膜的羟基化、酰化和接枝聚合。首先，以磷酸作为催化剂，尼龙 6（N6）基材膜与甲醛溶液在高温（如 60℃）下反应，在基材膜表面的氨基（—NH）位点上引入羟基（—OH），得到 N6-OH 膜，如图 5-2 所示。羟基化的 N6 膜在三乙胺和二氯甲烷混合溶液中与 2- 溴代异丁酰溴（BIBB）反应，以引入活性位点—Br 基团，得到 N6-Br 膜。最后，将 *N*- 异丙基丙烯酰胺（NIPAM）或 NIPAM和共聚单体（DMAA 或 BMA）溶解于甲醇 / 水溶液中，并在催化剂溴化铜 / 溴化亚铜（CuBr/CuBr$_2$）和配体 1,1,4,7,7- 五甲基二亚乙基三胺（PMDTA）作用下，引发单体在膜孔中的接枝聚合。

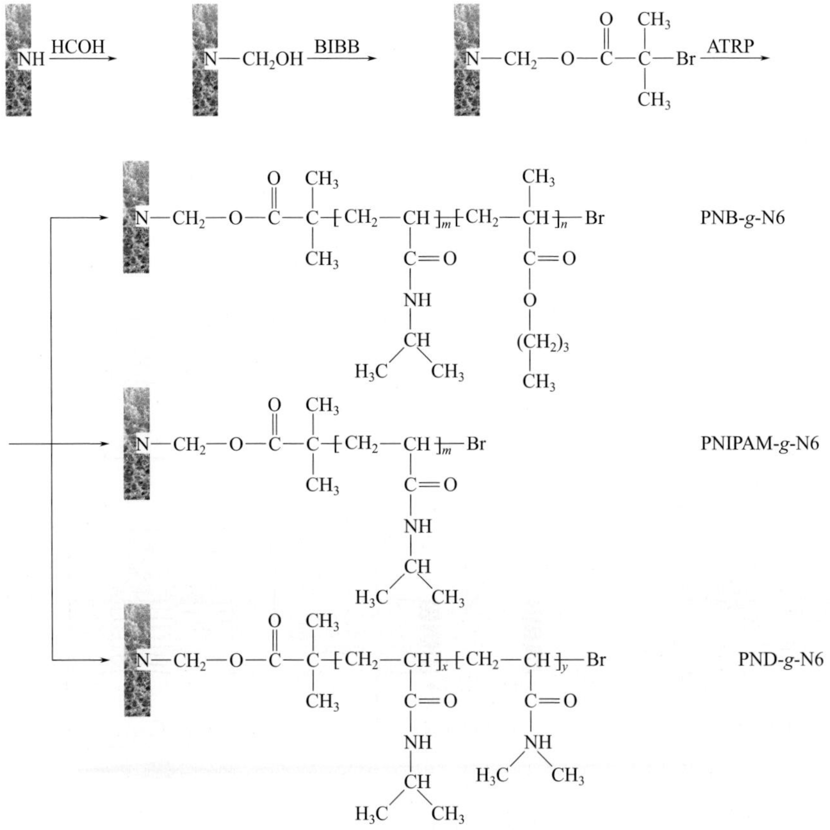

图5-2 接枝膜的制备路线示意图

三、乙醇浓度响应型智能开关膜的表征

1. 乙醇浓度响应型智能开关膜的接枝率表征

采用各步反应前后膜的质量变化百分数来量化表征—OH、—Br 以及接枝高分子在膜上的含量，分别记为 $w(OH)$、$w(Br)$ 和 Y_E。其中，接枝膜上 PNIPAM 均聚物或 PNIPAM 共聚物的接枝量大小用接枝率 Y_E 来表示，即 N6 膜在 ATRP 接枝智能开关前后的质量增加百分数，可用公式（5-1）计算。

$$Y_E = \frac{W_g - W_0}{W_0} \times 100\% \tag{5-1}$$

式中，W_g 为接枝 PNIPAM 均聚物或 PNIPAM 共聚物后膜的质量，g；W_0 为接枝前或接枝活性位点—Br 之后膜的质量，g。为考察接枝率对智能开关膜微观结构和性能的影响，选择 $w(Br)$ 值大小相近的膜，采用不同的单体投料比，制备得到具有不同接枝率的智能开关膜，结果列于表 5-1 中。

表5-1　接枝膜的各步改性后的结果

编号	$w(Br)$/%	共聚单体的投料比[1]/(mol/mol)	Y_E/%	响应温度/℃
PNB-g-N6-1	2.42	1/35［BMA/NIPAM］	71	28
PNB-g-N6-2	2.23	1/40［BMA/NIPAM］	99	31
PNIPAM-g-N6	2.29	0/100［—/NIPAM］	88	35
PND-g-N6-1	2.27	1/20［DMAA/NIPAM］	98	37.5
PND-g-N6-2	2.24	1/10［DMAA/NIPAM］	110	42.5

① 总的单体浓度恒定在 0.178mol/L。

2．乙醇浓度响应型智能开关膜的微观结构

N6 基材膜和接枝膜的表面和断面扫描电镜照片如图 5-3 所示。相比于具有蜂窝状多孔结构的 N6 基材膜［图 5-3（a）和（a′）］，接枝膜的微观结构显著不同，其表面和断面明显有一层致密且凹凸不平的接枝物［图 5-3（b）～（f）和图 5-3（b′）～（f′）］。并且，对于同一种接枝聚合物，随着接枝率的增加，接枝膜表面的接枝层变得更加致密，同时，膜孔中接枝物也更多。结果表明，采用 ATRP 法，PNIPAM 均聚物、PNB 和 PND 共聚物均被成功地接枝到 N6 膜表面及膜孔内。此外，上述聚合物主要位于接枝膜的表面和近表面的膜孔中，其原因是随着接枝聚合的进行，在 ATRP 法初期接枝在膜表面和近表面膜孔中的聚合物链逐步增长，以至于阻碍单体进一步向膜孔的扩散并在膜孔内部继续接枝聚合。在相同的接枝率下，这种具有类似于"封盖型（pore-covering）"结构的智能开关因为在近表面处更加致密且具有更长的链长，因此比接枝层均匀分布在整个膜孔内部的"填孔型（pore-filling）"智能开关具有更好的开关特性。

3．乙醇浓度响应型智能开关膜的化学组成

基材膜和 ATRP 法各步得到的改性膜的红外谱图如图 5-4 和图 5-5 所示。N6 基材膜经过羟基化后，在波数为 $1034cm^{-1}$ 处新增一个特征峰，该峰与羟基的 C—OH 伸缩振动峰（$1260 \sim 1000cm^{-1}$）相吻合［图 5-4（b）］。由于 N6 基材膜上并不存在 C—OH，说明—CH_2OH 被成功引入到 N6 基材膜上。N6-OH 膜进一步酰化之后，在波数为 $1700cm^{-1}$ 处出现了一个强度较弱的特征峰，其与酯类中的羰基 C＝O 出峰位置较为接近；结合 N6-Br 膜谱图中 $1034cm^{-1}$ 处—OH 特征峰的消失，可以证明通过 N6-OH 膜上—OH 基团与 BIBB 反应在 N6 膜上成功引入了—Br 基团。

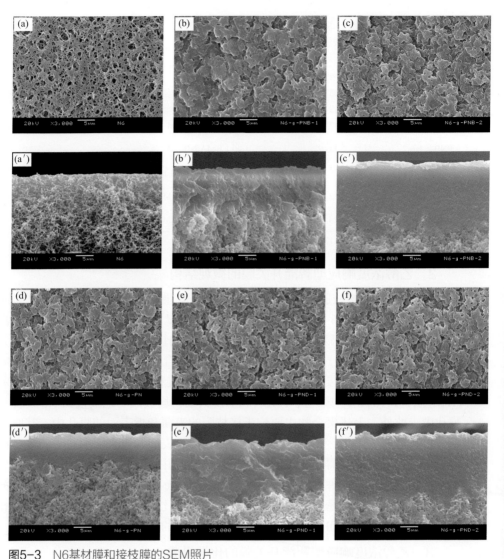

图5-3 N6基材膜和接枝膜的SEM照片

（a），（a′）基材膜；（b），（b′）PNB-g-N6-1膜；（c），（c′）PNB-g-N6-2膜；（d），（d′）PNIPAM-g-N6膜；（e），（e′）PND-g-N6-1膜；（f），（f′）PND-g-N6-2膜。（a）～（f）表面；（a′）～（f′）断面。标尺为5μm

与 N6 基材膜、N6-OH 膜和 N6-Br 膜相比，PNIPAM-g-N6 膜（$Y_E = 88\%$）、PND-g-N6-2 膜（$Y_E = 110\%$）和 PNB-g-N6-2 膜（$Y_E = 99\%$）的 FT-IR 谱图在波数为 1367cm^{-1} 和 1388cm^{-1} 处出现明显的异丙基—CH（CH$_3$）$_2$ 的特征峰，如图 5-5。此外，PND-g-N6-2 膜和 PNB-g-N6-2 膜的谱图上还分别出现了 1059cm^{-1} 处的 C—N 伸缩振动峰和 1730cm^{-1} 处—O—C=O 的伸缩振动峰。上述结果再次证明，PNIPAM 均聚物、PNB 和 PND 共聚物已成功接枝到 N6 膜的表面和膜孔中。

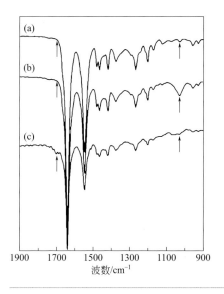

图5-4

N6基材膜（a）、N6-OH膜［w（OH）=0.89%］（b）和N6-Br膜［w（Br）=2.23%］（c）的FT-IR谱图

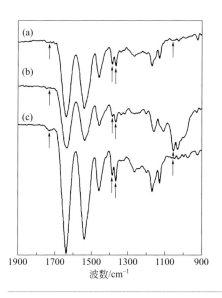

图5-5

接枝膜的FT-IR谱图

（a）PNIPAM-g-N6膜（Y_E = 88%）；（b）PND-g-N6-2膜（Y_E = 110%）；（c）PNB-g-N6-2膜（Y_E = 99%）

四、智能开关膜的温度响应性能

接枝膜温度响应的水通量如图5-6所示，跨膜水通量是在操作压力0.1MPa、不同温度条件下测定的。在实验温度范围内，所有接枝膜的水通量随温度变化

的趋势均一致，即都在聚合物的低临界溶解温度（LCST）或者智能开关膜的响应温度附近发生显著的变化，并且高温水通量高于低温。水通量的大小不仅跟环境温度有关，还受膜孔中接枝聚合物的亲疏水特性和接枝膜的接枝率有关。由于环境温度低于聚合物的 LCST 时，接枝聚合物溶胀，使膜孔减小，此时所有接枝膜的跨膜水通量均很小。而当接枝率一定时，接枝聚合物越亲水，接枝膜的高温跨膜水通量越高；当接枝聚合物相同时，接枝率越小，高温水通量越高。

根据接枝膜随温度变化的曲线可以获得其响应温度，结果列在表 5-1 中。随着亲水单体 DMAA 投料摩尔比的增加，接枝膜的响应温度逐渐升高；而随着疏水单体 BMA 投料摩尔比的增加，接枝膜的响应温度逐渐降低。PNB-*g*-N6-1、PNB-*g*-N6-2、PNIPAM-*g*-N6、PND-*g*-N6-1 和 PND-*g*-N6-2 接枝膜的响应温度分别为 28℃、31℃、35℃、37.5℃ 和 42.5℃。PNIPAM 高分子在水中的温度响应特性是来自聚合物链上氨基与水分子之间氢键的形成和断裂。DMAA 比 NIPAM 的亲水性强，其投料摩尔比增加，使得共聚物中亲水基团的比例增加，即与水形成氢键的供体数量增加，因此要使共聚高分子与水之间的氢键断裂即从伸展状态变为收缩状态将需要更高的温度，对应接枝膜的响应温度升高。反之，随着比 NIPAM 更疏水的 BMA 投料摩尔比增加，使得氢键的供体数量减少，因此在较低的温度就可以使聚合物与水之间的氢键断裂，接枝膜的响应温度下降。

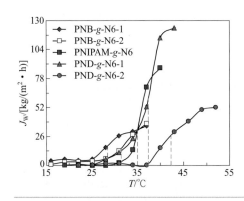

图5-6
N6接枝膜的温度响应水通量（J_{w}）

五、智能开关膜的乙醇浓度响应性能

1. 智能开关的亲疏水性对智能开关膜临界乙醇响应浓度的影响

在 0.1MPa、22℃ 下测定的接枝膜在不同浓度乙醇溶液中的跨膜通量如图 5-7

所示。可见，所有接枝膜的乙醇溶液通量都在低临界乙醇响应浓度 C_{E1} 和高临界乙醇响应浓度 C_{E2} 附近发生显著变化。在乙醇浓度低于 C_{E1} 或者高于 C_{E2} 时，接枝膜的乙醇溶液通量较低，此时膜孔处于"关闭"状态；而当乙醇浓度在 C_{E1} 和 C_{E2} 之间时，由于膜孔"开启"，乙醇溶液通量增大。添加亲水单体 DMAA 和疏水单体 BMA 后，接枝膜仍具有乙醇响应特性，但两个临界乙醇响应浓度的大小和乙醇响应浓度区间（$C_{E2} \sim C_{E1}$）发生了变化。随着亲水单体 DMAA 投料比的增加，PND-g-N6 接枝膜的低临界乙醇响应浓度 C_{E1} 随之增加，均大于 PNIPAM-g-N6 接枝膜的 C_{E1} 值；而其高临界乙醇响应浓度 C_{E2} 减小，均小于 PNIPAM-g-N6 接枝膜的 C_{E2} 值，此时乙醇响应浓度区间（$C_{E2} \sim C_{E1}$）变窄。与之相反，随着疏水单体 BMA 投料比的增加，PNB-g-N6 接枝膜的 C_{E1} 随之减小，而其 C_{E2} 略有减小，乙醇响应浓度区间（$C_{E2} \sim C_{E1}$）变宽。在 22℃下，PNB-g-N6-1、PNB-g-N6-2、PNIPAM-g-N6、PND-g-N6-1 和 PND-g-N6-2 膜的 C_{E1}（体积分数）值分别为 14.0%、15.0%、16.8%、17.9% 和 17.5%；对应的 C_{E2}（体积分数）值分别为 35.3%、34.5%、35.0%、31.5% 和 27.0%。

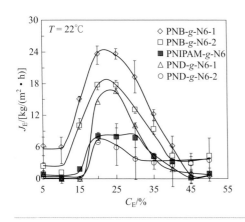

图5-7

在22℃下N6接枝膜乙醇响应的醇溶液通量（J_E）

低临界乙醇响应浓度（C_{E1}）随共聚单体含量的变化趋势与接枝膜的响应温度随其变化趋势类似，其原理也颇为相似。由于亲水单体 DMAA 含量增加使得聚合物链中的氢键供体数量增加，因此，需要更多的乙醇分子才能破坏聚合物链的水合作用，PND-g-N6 膜的 C_{E1} 比 PNIPAM-g-N6 膜要高。由于共聚单体的总摩尔浓度恒定在 0.178mol/L，亲水单体 DMAA 含量的增加使得接枝链中 PNIPAM 比例减少，聚合物的内聚力也就更小；因此，在第二次相变时较低的乙醇浓度就可以实现共聚高分子链上溶剂化壳层的形成，使得高分子由收缩构象变为伸展构象，因而 PND-g-N6 膜的 C_{E2} 下降。相反，随着疏水单体 BMA 在接枝链中比例的增加，PNB 共聚高分子的水合作用较弱，在第一次相变时较低的乙醇浓度就能破坏 PNB 高分子链的水合作用，因而 PNB-g-N6 膜的 C_{E1} 比 PNIPAM-g-N6 膜下降。据文献［6］报道，PNIPAM 高分子的 C_{E1} 值的大小主要取决于亲水基团，而 C_{E2} 值则主要取决于疏水基团。由表 5-1 可见，BMA/NIPAM 投料比为 1/35、1/40，小于 DMAA/NIPAM 的投料比 1/20、1/10，PNB-g-N6 膜中 BMA 含量比亲水单体 DMAA 要少得多，所以其 C_{E2} 值变化相当小。结果表明，亲水单体 DMAA 和疏水单体 BMA 的含量能够有效可控地调节接枝膜的临界乙醇响应浓度和乙醇浓度响应范围。

2．操作温度对智能开关膜临界乙醇响应浓度的影响

如图 5-8，随操作温度（始终低于接枝膜的响应温度）的升高，PNIPAM-g-N6、PND-g-N6 和 PNB-g-N6 接枝膜的 C_{E1} 和 C_{E2}（体积分数）有所降低，但明显 C_{E2} 的降低幅度小于 C_{E1}。以 PND-g-N6-1 为例，其在 22℃、25℃和 28℃的低临界乙醇响应浓度（C_{E1}）分别是 17.9%、15.7% 和 13.0%，而高临界乙醇响应浓度（C_{E2}）也随之降低，分别是 31.5%、30.5% 和 28.5%。这是由于操作温度的升高破坏了部分聚合物链和水分子之间形成的氢键，聚合物链发生溶胀到收缩构象变化所需要的乙醇分子数量减少，C_{E1} 降低；而随着操作温度的升高，聚合物链的内聚力一定程度地减小，聚合物链由收缩再溶胀的构象变化所需的乙醇浓度也低，故而接枝膜的 C_{E2} 也降低。结果表明，当所加入的亲疏水单体含量一定时，改变温度也可调节接枝膜的两个乙醇响应临界浓度。

3．智能开关膜的乙醇浓度响应性和温度响应性的关联

PNIPAM-g-N6、PND-g-N6 和 PNB-g-N6 接枝膜的响应温度与其临界乙醇响应浓度的关系如图 5-9 所示。在不同的操作温度下，接枝膜的低临界乙醇响应浓度（C_{E1}）随着其响应温度的升高而线性升高［图 5-9（a）］。为获得较低的 C_{E1} 值，需要接枝膜具有较低的响应温度和较高的操作温度。而接枝膜的高临界乙醇响应浓度（C_{E2}）随着其响应温度的升高先保持不变，随后呈线性下降的趋势［图 5-9（b）］。此时，为获得较低的 C_{E2} 值，需要接枝膜具有较高的响应温度和较高的操作温度。然而，操作温度对各接枝膜的乙醇响应浓度区间（C_{E2}-C_{E1}）的影响却不明显，如图 5-9（c）。综上，接枝膜的临界乙醇响应浓度及其响应区间可由接枝膜的响应温度和操作温度进行调节。针对某一具体应用场合，通常已知操作温度和所需的临界乙醇响应浓度，则可根据图 5-9 选择具有最佳响应温度或亲水单体添加量的接枝膜。

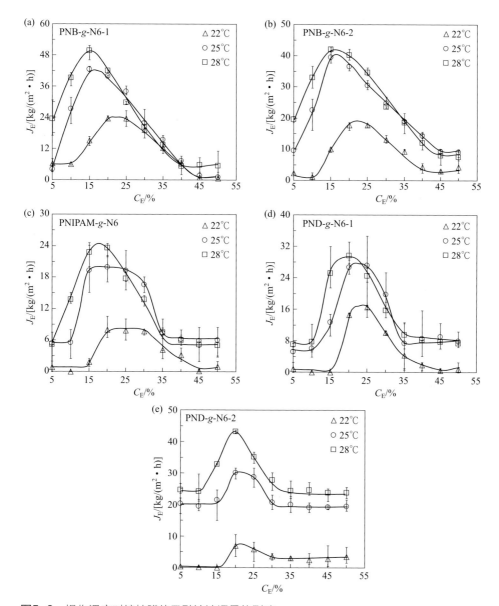

图5-8 操作温度对接枝膜的乙醇溶液通量的影响

（a）PNB-*g*-N6-1膜；（b）PNB-*g*-N6-2膜；（c）PNIPAM-*g*-N6膜；（d）PND-*g*-N6-1膜；（e）PND-*g*-N6-2膜

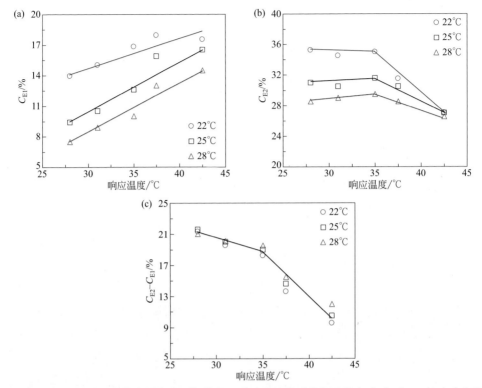

图5-9 N6接枝膜的响应温度分别与临界乙醇响应浓度（体积分数）［（a），（b）］和乙醇响应浓度区间（c）的关系

第二节
乙醇浓度响应型纳米凝胶复合智能膜

一、采用液体诱导相分离法制备乙醇浓度响应型纳米凝胶复合智能膜

1．乙醇浓度响应型纳米凝胶复合智能膜的设计

将具有乙醇响应特性的 PNIPAM 微球与基材膜（如聚醚砜，PES）物理共混，并采用液体诱导相分离法（LIPS）制备乙醇浓度响应型纳米凝胶复合智能膜[7, 8]，

其乙醇响应特性如图 5-10 所示。在低浓度的乙醇溶液中，包埋在复合膜内部的 PNIPAM 微球处于溶胀状态，减少了膜孔的连通性，导致复合膜渗透通量较低。随着乙醇浓度增加到低临界乙醇响应浓度（C_{E1}），PNIPAM 微球收缩，复合膜内出现较大的孔隙，膜的渗透通量明显增大。可见，乙醇响应型复合智能膜可通过乙醇响应性微球响应乙醇浓度的体积变化来调节膜的渗透通量。

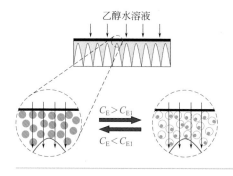

图5-10
LIPS法制备纳米凝胶复合智能膜的乙醇浓度响应特性的示意图
C_E 和 C_{E1} 分别为溶液中的乙醇浓度和低临界乙醇响应浓度

2．乙醇浓度响应型纳米凝胶复合智能膜的制备

首先，采用沉淀聚合法[9, 10]制备具有乙醇响应特性的 PNIPAM 纳米凝胶微球。然后，向铸膜液中加入 PNIPAM 微球，并通过液体诱导相转化法[11, 12]制备共混 PNIPAM 微球的乙醇浓度响应型纳米凝胶复合膜。铸膜液是由分散有冻干 PNIPAM 微球和聚合物（如聚醚砜，PES）的溶剂（如 N,N- 二甲基乙酰胺，DMAc）组成。采用液体诱导相转化法制备高分子膜时，铸膜液中的聚合物浓度（质量分数）一般为 15% ～ 20%。铸膜液经过超声、溶解、脱泡处理后，流延成膜，湿膜迅速浸没于常温凝固浴中固化。PES 基材膜（浓度为 17.5%）和包埋 5%、10% 和 15% 的 PNIPAM 微球的复合智能膜分别记为 M-0、M-5、M-10 和 M-15。

3．PNIPAM 微球的形貌和乙醇浓度响应性能

利用沉淀聚合法得到的 PNIPAM 微球（交联度为 5%，摩尔分数计）的形貌特征如图 5-11 所示。可见，PNIPAM 微球具有良好的球形度和单分散性，自然干燥后粒径约为 600nm。在 25℃纯水中，PNIPAM 微球的 PDI 值仅为 0.051。

PNIPAM 微球的粒径大小随温度和乙醇浓度变化的三维曲线如图 5-12 所示。PNIPAM 微球在 20℃的纯水中呈现溶胀状态，然后随着乙醇浓度（质量分数）的增加而逐渐收缩；当乙醇浓度进一步增加到 45% 时，PNIPAM 微球恢复溶胀状态。PNIPAM 微球的这种溶胀 - 收缩 - 再溶胀的体积相变行为与 PNIPAM 高分子链的原理一样，是由于氢键的断裂与再形成引起的。随着溶液中乙醇浓度增加，乙醇分子聚集在 PNIPAM 链周围，破坏已存在的水合作用，即 PNIPAM 链上的酰胺基团与水分子之间的氢键断裂，因此 PNIPAM 微球开始收缩。当乙

醇浓度增加到超过低临界乙醇响应浓度时，乙醇溶液中的活化能大于PNIPAM链的内聚力，使得PNIPAM链的氨基基团开始与乙醇分子形成新的氢键作用，PNIPAM微球又开始溶胀[3, 13-15]。此外，环境温度也是影响PNIPAM微球相变行为的关键因素之一。当温度在PNIPAM微球的体积相转变温度（VPTT）以下时，PNIPAM链上的氨基基团与水分子之间的氢键使得PNIPAM微球呈溶胀状态。随着温度的升高，氢键断裂，PNIPAM微球发生溶胀-收缩的体积相变行为。因此，PNIPAM微球同时具有温度和乙醇浓度响应特性。

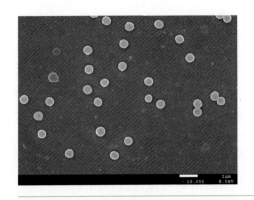

图5-11
交联度为5%的PNIPAM微球的扫描电镜图
标尺为1μm

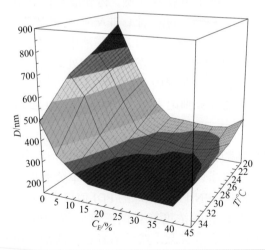

图5-12
交联度为5%的PNIPAM微球粒径随乙醇浓度（质量分数）和温度的变化

4. 乙醇浓度响应型纳米凝胶复合智能膜的微观结构表征

采用液体诱导相分离法制备得到的空白膜和复合智能膜的干膜厚度约50～60μm，它们的湿膜厚度固定为120μm。PES基材膜（M-0）和包埋有不同

PNIPAM 含量的 PES 复合膜（M-5、M-10、M-15）的表面和断面 SEM 照片分别如图 5-13 和图 5-14 所示。基材膜 M-0 [图 5-13（a）和图 5-14（a）] 具有 LIPS 典型的致密皮层和多孔亚层的非对称孔结构。而 PNIPAM 微球的加入虽然没有改变膜的非对称孔结构，但 PES 复合智能膜的表面和断面孔壁上出现许多亚微米级的微孔（大小为 1μm 左右），如图 5-13（b）~（d）和图 5-14（b）~（d）所示。并且，随着 PNIPAM 微球含量的增多，微孔的数量也越来越多。微孔的形成是由于在制膜的相分离过程中，热力学稳定性和动力学速率受到 PNIPAM 微球的亲水性和铸膜液黏度变化的共同影响而引起的。在铸膜液中混入 PNIPAM 微球

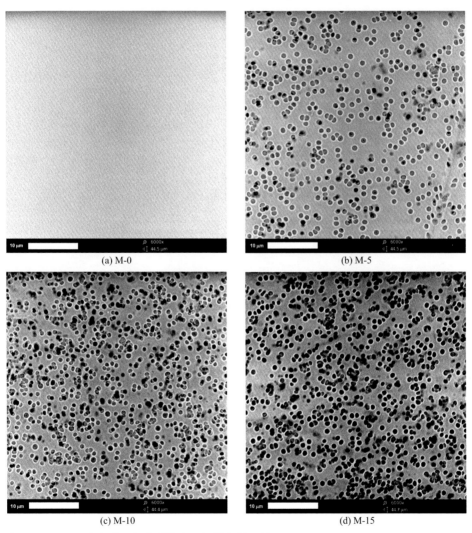

(a) M-0

(b) M-5

(c) M-10

(d) M-15

图5-13　PES空白膜和复合膜的表面扫描电镜照片

之后，铸膜液的黏度增加并导致溶剂与非溶剂的交换速率变缓，同时 PNIPAM 微球的亲水性增加了铸膜液的热力学不稳定性，引发了微相分离[16,17]，使得膜表面和孔壁上出现了更多的亚微孔。由此说明 PES 复合智能膜的微观结构可以由 PNIPAM 微球的含量来调控。但由于膜断面皮层上显示微孔并不是通孔[18]，因此复合膜的乙醇渗透性仍然是由包埋在其中的 PNIPAM 微球的溶胀 - 收缩行为所调控。

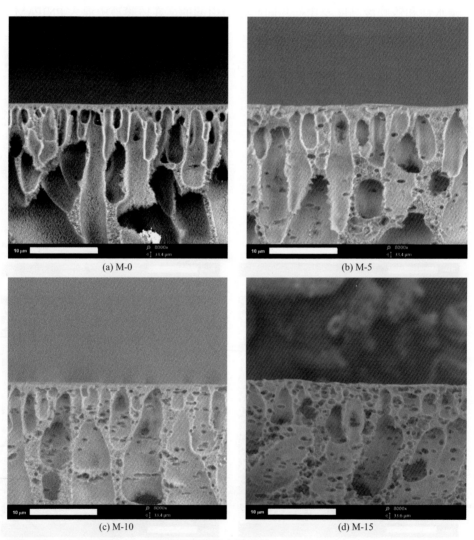

(a) M-0

(b) M-5

(c) M-10

(d) M-15

图5-14 PES空白膜和复合膜的断面扫描电镜照片

5.纳米凝胶复合智能膜的温度响应性能

PES复合智能膜的乙醇渗透通量随温度的变化如图5-15所示。无论是纯水还是乙醇溶液，基材膜M-0的渗透通量仅仅随着温度的升高而线性地增加。而对于包埋有5%、10%和15%PNIPAM微球的PES复合膜（M-5、M-10和M-15）来说，当环境温度增加时，纯水或者乙醇溶液的渗透通量在一个特定的温度下突然增加，这个温度被称为复合膜的响应温度。以通量的最大值与最小值的中点所对应的温度作为复合膜的响应温度。当环境温度低于响应温度时，复合膜中的PNIPAM微球处于溶胀状态，增加了溶液渗透阻力，导致渗透通量较低；当环境温度高于复合膜的响应温度时，溶液的通量变大，因为PNIPAM微球处于

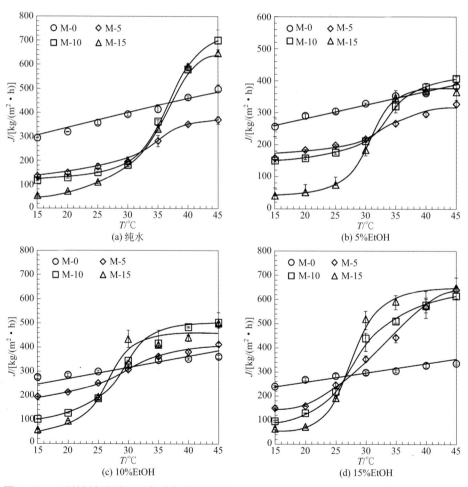

图5-15 乙醇溶液透过PES复合智能膜的渗透通量随温度的变化

收缩状态，微球周围形成的通道促进了溶液的渗透。并且，随着复合膜中包埋的 PNIPAM 微球越多，透过复合膜的溶液通量在低于响应温度的环境温度下越小；而在高于响应温度的环境中，通量越大。

从图 5-15 可见，具有不同 PNIPAM 含量的 PES 复合智能膜在相同的乙醇溶液中具有相同的响应温度。然而随着乙醇浓度增加，复合膜的响应温度向低温迁移，即乙醇浓度越高，响应温度越低。M-5、M-10 和 M-15 复合智能膜在浓度分别为 0%、5%、10% 和 15% 乙醇溶液中的响应温度分别为 35℃、32℃、30℃ 和 28℃。乙醇浓度的增加将有助于破坏 PNIPAM 链与水分子之间形成的氢键，因此当乙醇浓度较高时，温度对氢键的破坏作用也会更容易，响应温度也就越低。

为了定量地考察复合智能膜的温度响应特性，这里引入温度响应开关系数 $R_{T/15}$。其定义为透过智能膜的溶液渗透通量在给定温度下的值与其在 15℃ 下的值之比，如公式（5-2）所示。

$$R_{T/15} = \frac{J_T}{J_{15}} \tag{5-2}$$

式中，J_T 表示在给定温度 T 下，纯水或乙醇溶液透过膜的渗透通量，kg/（$m^2 \cdot h$）；J_{15} 表示在温度 15℃ 时的渗透通量，kg/（$m^2 \cdot h$）。

包埋不同 PNIPAM 含量的 PES 复合智能膜的温度响应特性如图 5-16 所示。无论是在纯水中还是在不同浓度的乙醇溶液中，PES 基材膜的温度响应开关系数 $R_{T/15}$ 随着温度的升高而稍有增大。这是由于随着温度的升高，溶液黏度略为减小，导致膜的渗透通量随温度略有增加。例如，在 45℃，以纯水为渗透溶液时，基材膜实测的最大 $R_{T/15}$ 值为 1.7，该结果与利用哈根 - 泊肃叶方程（Hagen-Poiseuille's law）[19] 计算结果 1.8 相近。而复合膜的 $R_{T/15}$ 值在响应温度附近有明显的变化，在相同浓度的乙醇溶液中，复合膜的 $R_{T/15}$ 值受 PNIPAM 含量的影响。例如，在 10% 乙醇溶液中复合膜 M-5、M-10 和 M-15 的最大 $R_{T/15}$ 值为 2.1、5.0 和 8.5。可见，在相同的温度 T 下，PNIPAM 微球含量越多，$R_{T/15}$ 值越大。

6. 纳米凝胶复合智能膜的乙醇浓度响应性能

在温度范围 20 ~ 35℃、乙醇浓度范围 0 ~ 15% 内研究复合智能膜的乙醇浓度响应的渗透特性，如图 5-17 所示。对于 PES 基材膜 M-0 来讲，乙醇溶液的渗透通量随着乙醇浓度的增加和温度的降低而稍有下降，这是溶液黏度的变化引起的。在考察的乙醇浓度范围内，乙醇水溶液的黏度在一定温度下是随浓度的增大而增大的；而在恒定乙醇浓度下，乙醇水溶液的黏度随温度的增大而减小 [20]。因此，当乙醇浓度较大和温度较低时，溶液的黏度增加了其渗透阻力，使得通量减小，反之则增大。但是，对于包含有不同含量 PNIPAM 微球的 PES 复合智能膜来说，乙醇溶液透过膜的通量则是随着乙醇浓度的增加和温度的升高而增大。

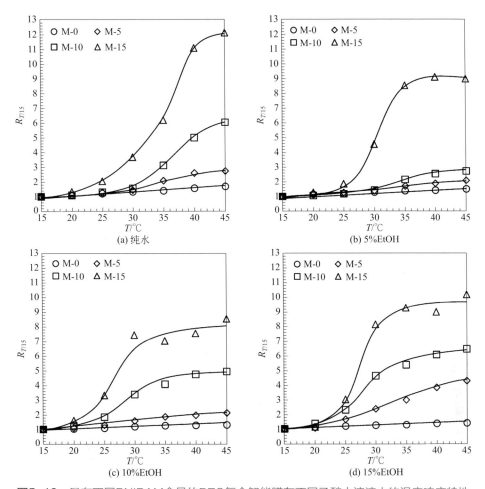

图5-16 具有不同PNIPAM含量的PES复合智能膜在不同乙醇水溶液中的温度响应特性

在考察的温度和乙醇浓度范围内，溶液透过 PES 复合膜 M-5、M-10 和 M-15 的通量分别从 150kg/（$m^2 \cdot$h）、125kg/（$m^2 \cdot$h）和 70kg/（$m^2 \cdot$h）增加到 450kg/（$m^2 \cdot$h）、500kg/（$m^2 \cdot$h）和 580kg/（$m^2 \cdot$h）。显然，当 PNIPAM 含量越高时，乙醇溶液在高温、高乙醇浓度下的渗透通量越大，而在低温、低乙醇浓度下的渗透通量越小；且复合智能膜中 PNIPAM 含量越多，渗透通量的差值越大。例如，M-5 膜的最大通量是最小通量的 3 倍，而 M-15 膜的最大通量达到了最小通量的 8.2 倍。当复合膜内含有较多的 PNIPAM 微球时，在低温和低乙醇浓度时较多的溶胀状态的微球堵塞膜孔，而在高温和高乙醇浓度时较多收缩状态的微球为渗透提供了更多的通道，因此 PNIPAM 含量最多的复合智能膜 M-15 表现出最好的温度响应和乙醇响应特性。与接枝线型 PNIPAM 高分子链的乙醇响应型膜相比[3, 21]，共混 PES 复合膜的乙醇响应型复合膜具有通量更大和乙醇响应渗透变化更大的优势。

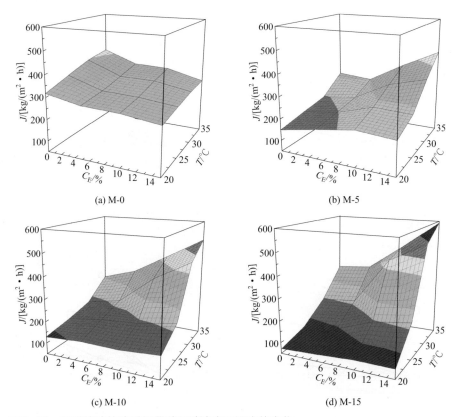

图5-17 乙醇溶液的渗透通量随乙醇浓度和温度的变化

定义乙醇响应开关系数（$R_{CE/0}$）来定量表示复合智能膜的乙醇响应特性，即在给定的温度下，乙醇溶液的通量大小与纯水通量值之比，可由公式（5-3）计算。

$$R_{CE/0} = \frac{J_{CE}}{J_0} \tag{5-3}$$

式中，J_{CE} 表示在一定温度下、一定浓度的乙醇溶液透过复合智能膜的渗透通量，$kg/(m^2 \cdot h)$；J_0 表示在相同温度下，复合膜的纯水渗透通量，$kg/(m^2 \cdot h)$。

操作温度对 PES 复合智能膜的乙醇响应特性的影响如图 5-18 所示。如前所述，由于受到溶液黏度的影响，基材膜的乙醇响应开关系数 $R_{CE/0}$ 随着乙醇浓度的增加而稍微降低。在不同操作温度下，基材膜的 $R_{CE/0}$ 值也几乎相同，说明操作温度对其乙醇响应特性几乎没有影响。但对于 PES 复合膜来说，其 $R_{CE/0}$ 值在任一操作温度下都会随着乙醇浓度的变化而变化明显。以复合膜 M-10 为例，当乙醇浓度从 5% 增加到 15% 时，M-10 膜的 $R_{CE/0}$ 值在 30℃ 的操作温度下由 1.2 增加到 2.4。而操作温度的不同也会对复合膜的 $R_{CE/0}$ 有明显的影响。在浓度一定的乙醇溶液中，随着操作温度的升高，复合膜的 $R_{CE/0}$ 值先增加再降低。复合膜 M-10 的 $R_{CE/0}$ 最大值在 20℃、25℃、30℃和 35℃下分别为 1.2、1.4、2.4 和 1.9。由于 PES 复合膜也是温度响应型智能膜，因此操作温度也会影响复合膜的乙醇响应性能。正如上节所提到，随着乙醇浓度从 0 增加到 15%，复合膜的响应温度从 35℃降低到 28℃。在乙醇溶液渗透实验中，操作温度为 20℃和 25℃时，此时温度明显低于复合膜的最低响应温度 28℃，因此溶液的通量是随着乙醇浓度的增加而稍有增加。复合膜 M-10 在乙醇浓度为 15% 的溶液中的 $R_{CE/0}$ 值分别为 20℃时的 1.2 和 25℃时的 1.4。当操作温度为 35℃时，此温度高于复合膜在纯水和乙醇水溶液中的响应温度，因此透膜通量也是随着乙醇浓度的增加而缓慢增加。此时，复合膜 M-10 在乙醇浓度为 15% 的溶液中的 $R_{CE/0}$ 值为 1.9。而当操作温度为 30℃时，此温度高于复合膜在 15% 乙醇溶液中的响应温度 28℃，同时又低于在纯水中的响应温度 35℃，因此使得 15% 乙醇溶液的渗透通量明显大于纯水的渗透通量。从而使得在所有操作温度中，复合膜 M-10 的 $R_{CE/0}$ 在 30℃时到达了最大。同时，这也说明共混有 PNIPAM 微球的 PES 复合膜在 30℃时具有最佳的乙醇响应特性。

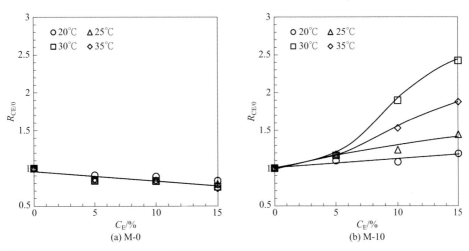

图5-18 操作温度对PES复合智能膜乙醇响应特性的影响

PNIPAM 含量对 PES 复合膜乙醇响应特性的影响如图 5-19 所示。在相同操作温度和相同乙醇浓度（质量分数）下，复合膜的乙醇响应开关系数 $R_{CE/0}$

是随着共混的 PNIPAM 微球含量的增多而增加。在 30℃ 和浓度为 15% 的乙醇溶液中，复合膜 M-15 的 $R_{CE/0}$ 值为 2.6，分别大于相同条件下膜 M-10 的 2.4 和 M-5 的 1.8。并且，随着乙醇浓度的增加，PNIPAM 微球含量对乙醇响应因子的影响越明显。PNIPAM 微球含量越大，乙醇溶液的渗透通量和纯水的渗透通量之间的差距也就越大，特别是当乙醇溶液的浓度大于低临界乙醇响应浓度（C_{E1}）的时候。无论温度是 25℃ 还是 30℃，在高乙醇浓度时，PNIPAM 含量越高的复合膜更容易形成空隙，因此 $R_{CE/0}$ 在 15% 时表现出最大值。同样，在 30℃ 时，相同复合膜的最大 $R_{CE/0}$ 值比其在 25℃ 时要大，即当温度从 25℃ 增加到 30℃，M-5、M-10 和 M-15 的 $R_{CE/0}$ 最大值分别从 1.4、1.5 和 2.0 增加到 1.8、2.4 和 2.6。这一结论再次证实了 30℃ 是乙醇响应型 PES 复合膜的最佳操作温度。

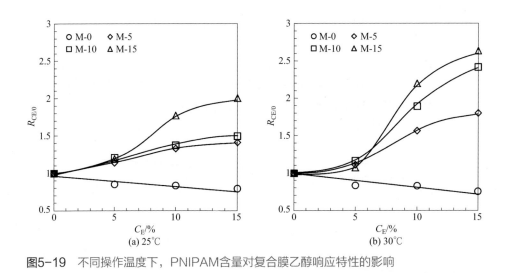

图5-19　不同操作温度下，PNIPAM含量对复合膜乙醇响应特性的影响

二、采用蒸汽诱导相分离法制备乙醇浓度响应型纳米凝胶复合智能膜

1. 乙醇浓度响应型纳米凝胶复合智能膜的设计

将具有乙醇响应型的 PNIPAM 纳米凝胶物理共混到膜基材中，并采用蒸汽诱导相分离法（VIPS）制备具有胞状孔结构的乙醇响应型复合智能膜，其乙醇浓度响应特性如图 5-20 所示[7, 22]。PNIPAM 纳米凝胶被包埋在高分子膜的孔壁内，当在低浓度的乙醇溶液中，纳米凝胶处于溶胀状态，占据了膜内更多的空间，降低了膜孔内的连通性，导致复合膜较低的渗透通量。随着乙醇溶液浓度的

增加，当乙醇浓度到达临界响应浓度（C_{E1}），乙醇响应型PNIPAM纳米凝胶收缩，此时复合膜内有较大的空隙，透过膜的通量将明显增大。因此，该复合智能膜可根据PNIPAM纳米凝胶响应外界乙醇浓度的体积变化来调节其膜孔大小和渗透性能。

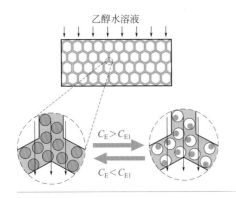

图5-20　VIPS法制备纳米凝胶复合智能膜的乙醇浓度响应特性示意图
C_E和C_{E1}分别为溶液中的乙醇浓度和低临界乙醇响应浓度

2. 乙醇浓度响应型纳米凝胶复合智能膜的制备

采用物理共混和VIPS法制备共混PNIPAM纳米凝胶的乙醇浓度响应型复合膜。具体来讲，将PNIPAM纳米凝胶均匀分散在溶剂N-甲基吡咯烷酮（NMP）中，然后加入干燥的聚偏氟乙烯（PVDF）粉末（浓度为15%），在65℃下溶解，冷却至室温脱气。湿膜（厚度为150μm）在温度65℃、相对湿度70%的水蒸气氛围暴露20min，再进入20℃的纯水完全固化。PVDF基材膜和包埋有5%、10%和15%（质量分数）的PNIPAM纳米凝胶的PVDF复合膜分别编号为MF-0、MF-5、MF-10和MF-15。

3. 乙醇浓度响应型纳米凝胶复合智能膜的表征

利用VIPS法得到的PVDF复合膜的表面和断面电镜照片如图5-21和图5-22所示。可见，采用VIPS法制备的PVDF基材膜和PVDF复合膜均具有对称膜孔结构。不同的是，PVDF基材膜MF-0的断面结构是一种具有高连通性的双连续结构，而加入PNIPAM纳米凝胶之后的PVDF复合膜，孔结构由双连续结构向具有孔壁的多孔结构转变。这是由于亲水性的PNIPAM纳米凝胶的加入，使水蒸气更快速地进入到湿膜内，促进相分离过程。在一定的蒸汽暴露时间内，有充足的时间使聚合物贫相粗化形成大孔，同时也伴随着聚合物富相的聚并，从而使孔壁形成[23]。

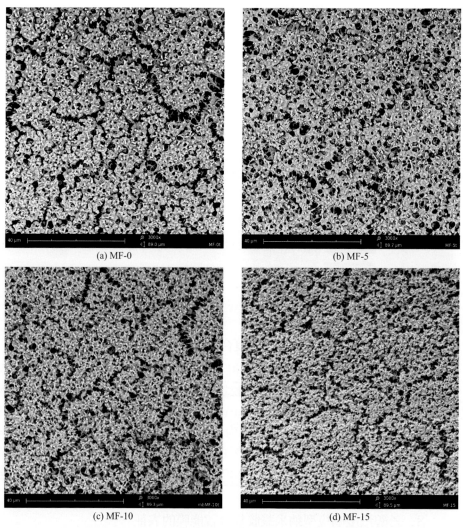

(a) MF-0   (b) MF-5

(c) MF-10   (d) MF-15

图5-21　PVDF基材膜（a）和复合膜［（b）~（d）］的表面扫描电镜照片

　　PNIPAM 纳米凝胶的加入对膜孔径的影响如图 5-23 所示。加入 PNIPAM 纳米凝胶的 PVDF 复合膜的孔径比基材膜更大。MF-0 的孔径为 0.49μm，而 MF-5、MF-10 和 MF-15 的孔径分别为 0.67μm、0.65μm、0.69μm。虽然随 PNIPAM 纳米凝胶含量的增多，使断面产生了孔壁（如图 5-22）、减少了连通性，却并未增加膜孔径。

4．纳米凝胶复合智能膜的乙醇浓度响应性能

　　PVDF 复合膜渗透通量随温度和乙醇浓度变化的曲线如图 5-24 所示。PVDF

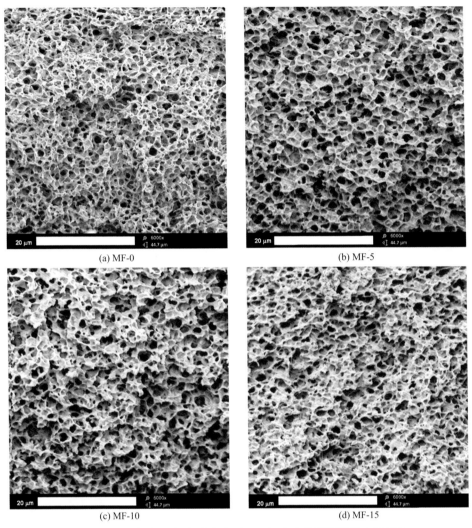

(a) MF-0   (b) MF-5

(c) MF-10   (d) MF-15

图5-22　PVDF基材膜（a）和复合膜［（b）~（d）］的断面扫描电镜照片

基材膜的渗透通量随着乙醇浓度的升高和温度的降低而稍稍降低。而 PVDF 复合膜［图 5-24（b）~（d）］渗透通量随着乙醇浓度的升高和温度的升高逐渐增大，表现出温度响应特性和乙醇浓度响应特性。MF-5、MF-10 和 MF-15 膜分别从最小值 768.6kg/（m²·h）、475.5kg/（m²·h）、235.6kg/（m²·h）增加到最大值 1487kg/（m²·h）、1379kg/（m²·h）、1488kg/（m²·h）。并且，随着 PNIPAM 含量的增大，溶液透过 MF-5、MF-10 和 MF-15 膜的渗透通量差值逐渐增大。例如，MF-5 膜的最大通量是最小通量的 2 倍，而 MF-15 膜的最大通量达到了最小通量的 6.6 倍。

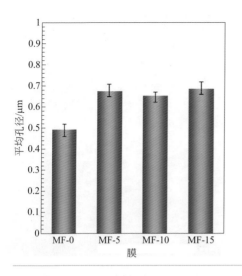

图5-23

PNIPAM含量对PVDF膜孔径的影响

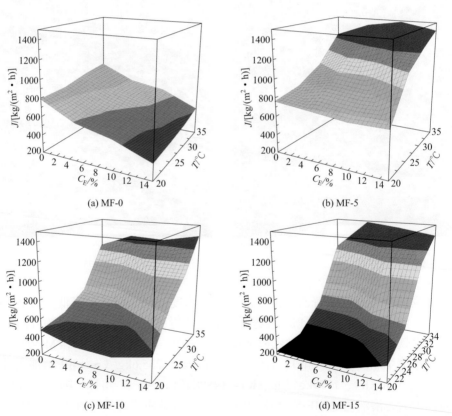

(a) MF-0

(b) MF-5

(c) MF-10

(d) MF-15

图5-24 PVDF基材膜(a)和复合膜[(b)~(d)]渗透通量随乙醇浓度和温度的变化

操作温度对 PVDF 复合膜的乙醇响应特性的影响如图 5-25 所示。PVDF 基材膜（MF-0）不具有乙醇响应特性，仅由于乙醇浓度增加引起的溶液黏度增大，$R_{CE/0}$ 值稍有减小。而 PVDF 复合膜 MF-10 的 $R_{CE/0}$ 值在不同温度下均有明显的变化。当温度低于 PNIPAM 纳米凝胶的 VPTT 时（即 20℃和 25℃），MF-10 的 $R_{CE/0}$ 值随着乙醇浓度的增加先逐渐减小再增大。例如，在 25℃时，MF-10 的 $R_{CE/0}$ 值从 1 降到了 0.8，当乙醇浓度达到 15% 时，$R_{CE/0}$ 值又增加到 1.5。复合膜 $R_{CE/0}$ 值的这种先减小再增大的变化趋势是因为溶液黏度的变化和 PNIPAM 纳米凝胶的开关作用的共同影响。当乙醇浓度较低时，所包埋的 PNIPAM 纳米凝胶的溶胀 - 收缩变化并不足以来控制溶液的渗透性，反而是溶液黏度的影响使渗透阻力增大；$R_{CE/0}$ 值随后增大说明随着乙醇浓度的增大，PNIPAM 颗粒的溶胀 - 收缩更加明显，成为控制溶液渗透性的主导作用，而黏度变化的影响则相对较弱。

当操作温度为 30℃时，即更接近 PNIPAM 纳米凝胶的 VPTT，有利于 PNIPAM 纳米凝胶的收缩，从而当乙醇浓度从 5% 增加到 10% 时，MF-10 膜的 $R_{CE/0}$ 值有明显的增长，即从 0.9 增加到 1.5。但是，在高温 35℃时，MF-10 膜的乙醇响应特性相对较弱，其最大 $R_{CE/0}$ 值也仅为 1.2。这是因为高温已经驱使 PNIPAM 纳米凝胶收缩到一定的程度，乙醇浓度引起的 PNIPAM 纳米凝胶的开关作用不明显。

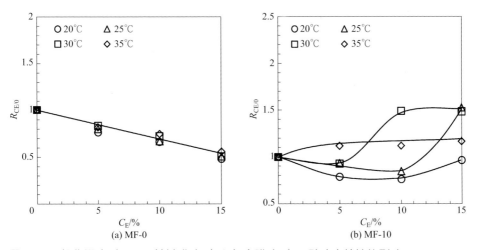

图5-25 操作温度对PVDF基材膜（a）和复合膜（b）乙醇响应特性的影响

在不同的操作温度下，PNIPAM 含量对 PVDF 复合膜乙醇响应特性的影响如图 5-26 所示。PVDF 复合膜因其包埋有不同含量的 PNIPAM 纳米凝胶而呈现出不同的乙醇响应特性。在低乙醇浓度时，含有较多颗粒的复合膜 MF-10 和 MF-15 的乙醇响应特性却不如含少量颗粒的 MF-5。例如在 30℃、乙醇浓度为

5% 时，MF-5 的 $R_{CE/0}$ 值为 1.2，大于 MF-10 的 0.9 和 MF-15 的 1.1。这是因为 PNIPAM 纳米凝胶的添加量影响了复合膜的微观结构，从而影响了其乙醇响应特性。根据 PVDF 复合膜断面照片（图 5-22）可知，含 PNIPAM 纳米凝胶更多的 MF-10 和 MF-15 膜由于孔壁更多，膜孔连通性较差。因此在低浓度范围，断面孔壁较少的 MF-5 膜会受到 PNIPAM 开关作用的主导，$R_{CE/0}$ 值较大；而 MF-10 和 MF-15 却受到渗透阻力的主导作用，$R_{CE/0}$ 值较小。然而，在高浓度乙醇溶液中，含 PNIPAM 纳米凝胶较多的复合膜的 $R_{CE/0}$ 值逐渐增大，表现出较好的乙醇响应特性。比如在 30℃时，MF-5、MF-10 和 MF-15 的 $R_{CE/0}$ 值在 15% 浓度时分别为 1.3、1.5 和 2.1。这是因为高浓度的乙醇溶液促使大量 PNIPAM 纳米凝胶表现出更显著的开关作用，相应地获得较高的 $R_{CE/0}$ 值。

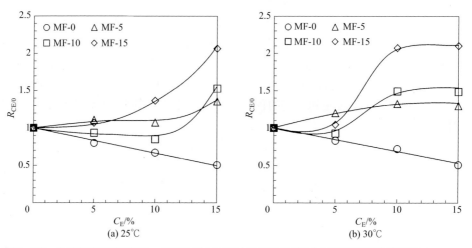

图5-26　在不同操作温度下，PNIPAM含量对复合膜的乙醇响应开关系数的影响

第三节
乙醇和甲醇浓度响应型智能凝胶微囊膜

一、乙醇和甲醇浓度响应型智能凝胶微囊膜的设计

设计了一种醇浓度响应的 PNIPAM 微囊，该微囊能响应外界醇浓度的变化

从而释放内部油核[1, 13]，其化学结构和醇浓度响应特性如图 5-27 所示。据文献[14] 报道，在富含水的溶剂中，水分子可以和 PNIPAM 高分子链上的疏水基团形成笼状结构，同时与酰胺基团形成氢键。因此，在低浓度醇溶液中，PNIPAM 微囊囊层处于溶胀状态，油核被完全包封在微囊内部。随着醇浓度的升高，因为溶剂 - 溶剂相互作用逐渐变成主导，水分子更容易和醇分子之间形成复合物。因此，导致 PNIPAM 高分子链上的水分子数量下降，结果使 PNIPAM 的溶剂化程度降低，并在特定的醇浓度范围内（$C_{E1} < C_{醇} < C_{E2}$）降到最低；高分子 - 高分子之间的相互作用变成主导，从而 PNIPAM 高分子链变成卷缩状态，整个囊层收缩[14, 15, 24-27]。由于微囊内部的油核是不可压缩的流体，在受到囊壁收缩挤压过程中撑破囊壁而喷射到环境中。这种醇响应的快速、完全的释放模式可以为醇环境中的物质输送提供一条新的途径。

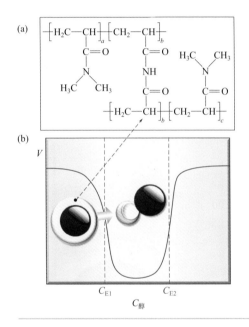

图5-27

PNIPAM微囊的化学结构和醇浓度响应特性示意图

二、乙醇和甲醇浓度响应型智能凝胶微囊膜的制备

醇浓度响应型智能凝胶微囊膜是先通过微流控乳化技术制备液滴模板，再由紫外线（UV）引发原位聚合法得到的[1, 13]。在微流控乳化技术制备液滴模板过程中，油包水包油（O/W/O）双重乳液模板是以溶解荧光染料（Lumogen Red 300）的大豆油或硅油作为内油相（即油核），含有交联剂、引发剂（Pluronic

F127）、乳化剂的 NIPAM 单体水溶液作为中间相，乳化剂（聚甘油蓖麻醇三酯，PGPR90）的大豆油作为外油相。内相和中间相的流速分别为 250μL/h 和 1000μL/h，外相流速为 5000μL/h（内相流体为大豆油时）或 3500μL/h（内相流体为硅油时）。得到的 O/W/O 双重乳液收集在含有光引发剂安息香双甲醚（BDK）的大豆油中，并在冰浴中用紫外线（功率 250W，波长 250 ~ 450nm）照射 10min 引发其聚合成微囊。在紫外线辐照下，被活化的光引发剂 BDK 扩散到外油相和中间水相的界面上，引发中间水相中的单体和交联剂聚合。聚合完成后，PNIPAM 微囊用苯甲酸苄酯和去离子水洗涤、分离。

三、乙醇和甲醇浓度响应型智能凝胶微囊膜的表征

O/W/O 复乳的光学显微镜照片和聚合后 PNIPAM 微囊的 CLSM 照片如图 5-28 所示。利用微流控技术可以精确地控制内相流体的液滴数目，得到一个油核的复乳作为核壳型结构微囊的液滴模板。即使内部油核成分不同，复乳都具有均一的结构和尺寸。相比于部分溶解于乙醇的大豆油，硅油在乙醇中溶解度较小且黏度低，因此，将其作为内相流体制备 PNIPAM 微囊。得到的 PNIPAM 微囊在室温下分散在水中的 CLSM 照片如图 5-28（b）和（d）。由于水温低于 PNIPAM 的 VPTT，微囊的凝胶囊层呈透明溶胀的状态，此时内部包裹的油核完全不溶于水，不能穿透囊层进入到外部环境中。

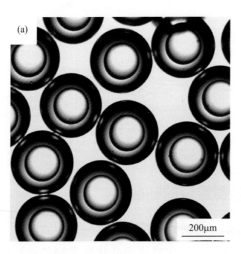

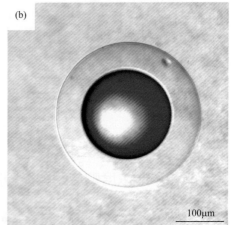

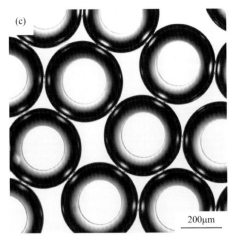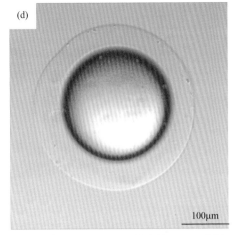

图5-28 O/W/O复乳的光学显微镜照片 [（a）、（c）] 和PNIPAM微囊的CLSM照片 [（b）、（d）]，内部油核分别为大豆油 [（a）、（b）] 和硅油 [（c）、（d）]

四、智能凝胶微囊膜的乙醇和甲醇浓度响应性能

1. 智能凝胶微囊在醇溶液中的VPTT

在一定醇溶液中，PNIPAM微囊的直径随温度变化的曲线如图5-29所示，微囊事先用异丙醇溶解和去离子水反复洗涤以去除内部油核。可见，PNIPAM微囊在不同浓度的醇溶液中发生急剧体积收缩对应的温度（即VPTT）明显不同。但是，无论是在甲醇还是乙醇溶液中，微囊的VPTT随醇浓度的迁移具有相似的规律。在实验考察的醇浓度范围（0～40%）内，PNIPAM微囊的VPTT随着醇浓度升高呈线性下降的趋势，从12℃到32℃不等（图5-30）。而在相同的醇浓度和温度下，乙醇表现出比甲醇更强的脱水能力，即随着醇浓度的升高，VPTT下降得更快，这与文献 [6] 报道相吻合。在低醇浓度范围内，随着醇分子中碳原子数的增加，PNIPAM微凝胶的体积急剧地下降，且其在乙醇中能达到的最小体积比在甲醇中要小许多。

2. 智能凝胶微囊的临界醇响应浓度

在室温附近（20℃、25℃、28℃和30℃），PNIPAM微囊的直径随醇浓度变化的趋势如图5-31所示。在醇浓度为0～40%范围内，PNIPAM微囊随着醇浓度升高表现出从溶胀变为收缩的体积变化。在所考察的温度范围内，PNIPAM微囊在40%浓度的甲醇或者30%的乙醇中收缩到最小体积。在这些浓度下，PNIPAM高分子链的周围没有更多的水分子可以与醇分子结合。对于同一种醇溶液，PNIPAM微囊在不同温度下所能收缩到的最小体积几乎一样。

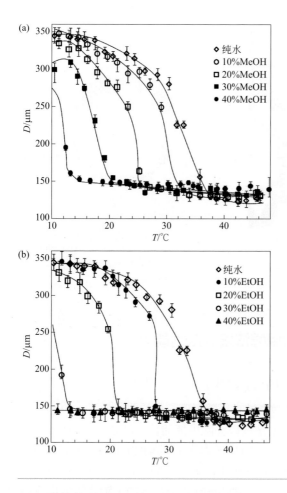

图5-29
中空PNIPAM微囊直径随温度变化的曲线
（a）甲醇溶液；（b）乙醇溶液

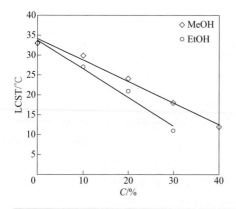

图5-30
中空PNIPAM微囊的VPTT随醇浓度变化的曲线

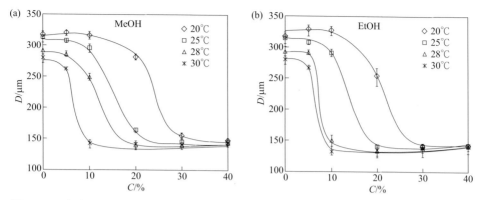

图5-31 中空PNIPAM微囊直径随醇浓度变化的曲线
（a）甲醇溶液；（b）乙醇溶液

在不同温度下，引起微囊等温体积相变的醇溶液浓度称为低临界乙醇浓度（C_{E1}），其值如图5-32表示。C_{E1}值随着温度的升高线性地下降，表明操作温度越高，引起等温体积相变所需要的醇浓度越低。在同样温度下，乙醇的C_{E1}值要低于甲醇的。前人研究并报道了随着醇分子中碳原子数目的增加，PNIPAM聚合物收缩到最小体积所需要的醇浓度也向低值迁移[15, 28, 29]。较低的C_{E1}值是由于醇分子的碳原子数目越多，在其周围形成笼形结构所需要的水分子越多，结果，越多的水分子被醇分子从PNIPAM高分子链周围被夺去。

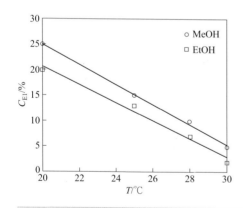

图5-32
中空PNIPAM微囊的低临界乙醇响应浓度
值随温度变化的曲线

3. 智能凝胶微囊的动态收缩过程

在加入醇溶液之后，PNIPAM微囊体积收缩率随时间变化的曲线如图5-33所示。体积收缩率（shrinking ratio）是指加入醇溶液后某一时刻微囊的体积与加入醇溶液前的体积之比，可按照公式（5-4）计算。

$$体积收缩率 = \frac{V_t}{V_0} \times 100\% \qquad (5\text{-}4)$$

式中，V_t 为加入醇溶液后 t 时刻的微囊的体积，m^3；V_0 是加入醇溶液之前，微囊在去离子水中的平衡体积，m^3。

总的来说，醇浓度越高，微囊收缩得越快。有文献报道 PNIPAM 水凝胶在脱水化过程中很容易形成一层致密的皮层[30, 31]，导致囊层难以破裂而释放内部物质。欲使微囊成功释放油核，必须在微囊形成皮层之前，收缩到足够小的尺寸以产生足够的挤压力使囊层破裂。尽管 25℃、20% 的甲醇溶液，能够使中空的 PNIPAM 微囊产生相变，如图 5-31 所示；但是在该温度和醇浓度下 PNIPAM 微囊不能将内部包裹的油核挤出，这是因为在该条件下微囊的收缩速度太慢的缘故，见图 5-33（a）。相反，在 25℃的 30% 或 40% 的醇溶液中，微囊可以在 40s 甚至更短的时间内收缩到最小体积，因此，这些条件下微囊迅速地收缩可以产生足够大的挤压力使囊层在皮层形成之前破裂，从而挤出油核。

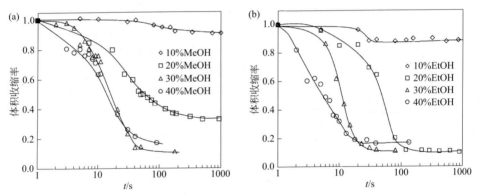

图5-33 加入醇溶液后，中空微囊体积随时间变化的曲线（25℃）
（a）甲醇溶液；（b）乙醇溶液

4. 智能凝胶微囊在醇溶液中释放油核的过程

PNIPAM 微囊在醇溶液中挤出油核的动态过程如图 5-34 所示。在 25℃下，PNIPAM 微囊在去离子水中保持着完全溶胀的状态，接着，快速将去离子水替换成一定浓度的醇溶液，微囊逐步收缩并释放出内部油核。通常，由于 O/W/O 乳液模板中的内油相与单体水相之间存在密度差，聚合得到的微囊囊壁的厚度并不是完全均一，如图 5-34 所示。在醇分子的脱水化作用下，微囊囊壁迅速地收缩，但由于囊壁厚度的不均一性，囊壁收缩所产生的力度也不是各向均一的，因此，微囊内部的油核被挤到一侧。最终，微囊收缩到一定程度，其内部不能够再为油核提供足够的空间，因此囊壁破裂，微囊内部累积的压力使油核被喷射出来。

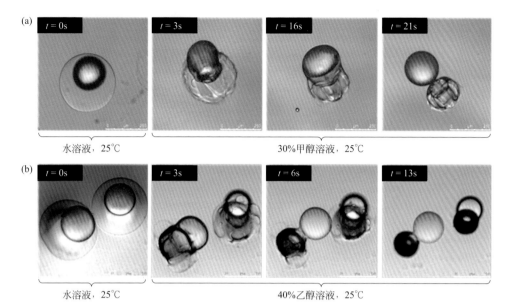

(a) 水溶液，25℃ 30%甲醇溶液，25℃

(b) 水溶液，25℃ 40%乙醇溶液，25℃

图5-34 PNIPAM微囊在醇溶液中挤出油核的动态过程
（a）甲醇溶液；（b）乙醇溶液
标尺为250μm

参考文献

[1] 刘丽. 以复乳为模板的功能高分子微囊的微流控制备与表征 [D]. 成都：四川大学，2012.

[2] 李鹏飞. 温度、乙醇和 pH 响应型智能膜的制备及性能研究 [D]. 成都：四川大学，2010.

[3] Li P F, Xie R, Fan H, et al. Regulation of critical ethanol response concentrations of ethanol-responsive smart gating membranes[J]. Industrial Engineering Chemistry Research, 2012, 51: 9554-9563.

[4] Winnik F M, Ringsdorf H, Venzmer J. Methanol-water as a co-nonsolvent system for poly (N-isopropylacrylamide) [J]. Macromolecules, 1990, 23(8):2415-2416.

[5] 朱小丽. 乙醇浓度响应型智能材料系统的研究 [D]. 成都：四川大学，2008.

[6] Zhu P W, Napper D H. Coil-to-globule type transitions and swelling of poly (N-isopropylacrylamide) and poly (acrylamide) at latex interfaces in alcohol-water mixtures[J]. Journal of Colloid and Interface Science, 1996, 177: 343-352.

[7] 宋筱露. 乙醇响应型 PES 和 PVDF 智能复合膜的制备与性能研究 [D]. 成都：四川大学，2014.

[8] Song X L, Xie R, Luo T, et al. Ethanol-responsive characteristics of polyethersulfone composite membranes blended with poly (N-isopropylacrylamide) nanogels[J]. Journal Applied Polymer Science, 2014, 131: 41032.

[9] Xiao X C, Chu L Y, Chen W M, et al. Preparation of submicrometer-sized monodispersed thermoresponsive core-shell hydrogel microspheres[J]. Langmuir, 2004, 20(13):5247-5253.

[10] Zhang Y Q, Qin Z, Tu Z Y. Study of the preparation of flavone imprinted silica microspheres and their molecular recognition function[J]. Chemical Engineering & Technology, 2007, 30(8):1014-1019.

[11] Li C, Zhu Y, Lv R, et al. Poly (vinylidene fluoride) membrane with piezoelectric β - form prepared by immersion precipitation from mixed solvents containing an ionic liquid[J]. Journal of Applied Polymer Science, 2014, 131: 40505.

[12] Maghsoud Z, Famili M H N, Madaeni S S. Preparation of polyvinylchloride membranes from solvent mixture by immersion precipitation[J]. Journal of Applied Polymer Science, 2014, 131: 40206.

[13] Liu L, Song X L, Ju X J, et al. Conversion of alcoholic concentration variations into mechanical force *via* core-shell capsules[J]. The Journal of Physical Chemistry B, 2012, 116(3):974-979.

[14] Crowther H, Vincent B. Swelling behavior of poly-*N*-isopropylacrylamide microgel particles in alcoholic solutions[J]. Colloid and Polymer Science, 1998, 276(1):46-51.

[15] Chee C K, Hunt B J, Rimmer S, et al. Time-resolved fluorescence anisotropy studies of the cononsolvency of poly (*N*-isopropyl acrylamide) in mixtures of methanol and water[J]. Soft Matter, 2011, 7(3):1176-1184.

[16] Han M J, Nam S T. Thermodynamic and rheological variation in polysulfone solution by PVP and its effect in the preparation of phase inversion membrane[J]. Journal of Membrane Science, 2002, 202(1):55-61.

[17] Rahimpour A, Madaeni S S. Improvement of performance and surface properties of nano porous polyethersulfone (PES) membrane using hydrophilic monomers as additives in the casting solution[J]. Journal of Membrane Science, 2010, 360(1):371-379.

[18] 王冠. 包埋有聚 (*N*- 异丙基丙烯酰胺) 微球的温度响应型聚醚砜复合膜制备及其性能研究 [D]. 成都：四川大学，2012.

[19] Chen Y C, Xie R, Yang M, et al. Gating characteristics of thermo-responsive membranes with grafted linear and crosslinked poly (*N*-isopropylacrylamide) gates[J]. Chemical Engineering & Technology, 2009, 32(4):622-631.

[20] Shukla R, Cheryan M. Performance of ultrafiltration membranes in ethanol-water solutions: Effect of membrane conditioning[J]. Journal of Membrane Science, 2002, 198(1):75-85.

[21] Ito Y, Ito T, Takaba H, et al. Development of gating membranes that are sensitive to the concentration of ethanol[J]. Journal of Membrane Science, 2005, 261(1):145-151.

[22] Xie R, Song X L, Luo F, et al. Ethanol-responsive poly (vinylidene difluoride) membranes with nanogels as functional gates[J]. Chemical Engineering Technology, 2016, 39(5):841-848.

[23] Venault A, Chang Y, Wang D M, et al. A review on polymeric membranes and hydrogels prepared by vapor-induced phase separation process[J]. Polymer Reviews, 2013, 53(4):568-626.

[24] Schild H G, Muthukumar M, Tirrell D A. Cononsolvency in mixed aqueous solutions of poly (*N*-isopropylacrylamide)[J]. Macromolecules, 1991, 24: 948-952.

[25] Acharya A, Goswami A, Pujari P K, et al. Positron annihilation studies of poly (*N*-isopropyl acrylamide) gel in mixed solvents[J]. Journal of Polymer Science Part A-Polymer Chemistry, 2002, 40:1028-1036.

[26] Patil P N, Kathi S, Dutta D, et al. Understanding the swelling of poly (*N*-isopropyl acrylamide) gels through the study of free volume hole size distributions using positron annihilation spectroscopy[J]. Polymer Bulletin, 2010, 65: 577-587.

[27] Zhu P W, Napper D H. Light scattering studies of poly (*N*-isopropylacrylamide) microgel particles in mixed water-acetic acid solvents[J]. Macromolecular Chemistry and Physics, 1999, 200: 1950-1955.

[28] Saeed A, Georget D M R, Mayes A G. Synthesis, characterisation and solution thermal behaviour of a family of poly (*N*-isopropyl acrylamide-*co-N*-hydroxymethyl acrylamide) copolymers[J]. Reactive & Functional Polymers, 2010, 70: 230-237.

[29] Dai Z, Ngai T, Wu C. Internal motions of linear chains and spherical microgels in dilute solution[J]. Soft Matter, 2011, 7: 4111-4121.

[30] Beines P W, Klosterkamp I, Menges B, et al. Responsive thin hydrogel layers from photo-cross-linkable poly (*N*-isopropylacrylamide) terpolymers[J]. Langmuir, 2007, 23: 2231-2238.

[31] Shiotani A, Mori T, Niidome T, et al. Stable incorporation of gold nanorods into *N*-isopropylacrylamide hydrogels and their rapid shrinkage induced by near-infrared laser irradiation[J]. Langmuir, 2007, 23: 4012-4018.

第六章

葡萄糖浓度响应型智能膜

第一节　葡萄糖浓度响应型智能开关膜 / 190

第二节　葡萄糖浓度响应型智能微囊膜 / 198

在生物医学工程领域中，开发面向糖尿病治疗的葡萄糖响应型胰岛素控制释放系统是一个长期的挑战[1]。糖尿病是工业化国家中人的主要死因之一，定期注射胰岛素为目前胰岛素依赖型糖尿病患者的标准治疗方法。然而，该方法较难对血糖浓度进行灵活有效的控制，并且患者的药物依从性差[2]。为了使血糖浓度保持在正常范围内，需要开发能适应葡萄糖浓度变化而进行胰岛素释放速率自律式调节的给药系统[3]。能响应葡萄糖浓度变化而调控物质跨膜扩散传质过程的智能膜系统为开发葡萄糖响应型胰岛素控制释放系统提供了一个良好的选择。通过将葡萄糖响应型智能高分子接枝到多孔膜的膜孔中，或者直接利用葡萄糖响应型智能高分子构建凝胶囊膜，则可通过其膜孔中智能高分子或者智能凝胶囊膜在响应葡萄糖浓度变化时的溶胀－收缩变化，调控膜的渗透性和药物的跨膜扩散传质过程，从而实现封装药物的葡萄糖浓度响应型自律式控制释放。在本章中，针对智能膜在葡萄糖响应型控制释放领域中的应用，重点介绍多孔结构中结合有葡萄糖浓度响应型智能高分子开关的智能平板膜和微囊膜[4, 5]，以及具有葡萄糖浓度响应型凝胶囊膜的智能微囊膜[6]，这些不同形式的智能膜可响应溶液中葡萄糖浓度的变化而调控物质的跨膜扩散传质过程，从而实现对物质释放过程的智能化自律式调控。

第一节
葡萄糖浓度响应型智能开关膜

一、葡萄糖浓度响应型智能开关膜的设计

作为多孔膜膜孔开关的智能高分子，需要能响应葡萄糖浓度的变化而产生构象变化。为了实现这一功能，选用了葡萄糖氧化酶（GOD）作为葡萄糖分子的传感元件。GOD是一种需氧脱氢酶，能催化葡萄糖氧化成葡萄糖酸并产生过氧化氢[7, 8]。由于产生的葡萄糖酸会导致局部微环境的pH变化，因而，通过将GOD与具有pH响应性体积相变特性的智能高分子材料结合起来，则可利用GOD特异性催化葡萄糖为葡萄糖酸后导致的pH变化来触发高分子的构象变化，从而调控膜孔的开启／关闭以及膜的渗透性，实现物质跨膜传质过程的调控。笔者团队基于这一设计构思，首先采用了等离子体接枝填孔聚合法将pH响应性聚丙烯酸（PAA）接枝在聚偏二氟乙烯（PVDF）多孔膜上[9, 10]，同时用碳二

亚胺法将 GOD 结合到膜上接枝的 PAA 高分子链上[11]，制备得到了葡萄糖浓度响应型智能开关膜。图 6-1 所示为该葡萄糖浓度响应型智能开关膜的制备过程及其葡萄糖浓度响应型渗透性调控原理示意图。当在中性 pH 条件下无葡萄糖存在时，膜孔上接枝的 PAA 高分子链的羧基被解离并带负电荷；此时 PAA 链由于负电荷之间的排斥作用而处于伸展状态，因而膜孔关闭、渗透性降低。当溶液中葡萄糖浓度升高时，GOD 催化葡萄糖使其氧化为葡萄糖酸，导致微环境中的局部 pH 值降低，使得膜孔上接枝的 PAA 高分子链的羧基质子化，此时 PAA 高分子链因相互间静电排斥作用减弱而处于蜷缩状态，因而膜孔打开、渗透性增强。

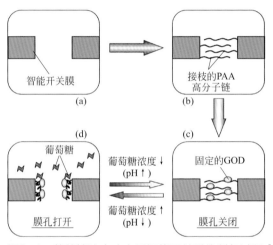

图6-1　葡萄糖浓度响应型智能开关膜的制备过程［（a）～（b）］及其葡萄糖响应型渗透性调控原理［（c）～（d）］示意图

二、葡萄糖浓度响应型智能开关膜的制备

　　葡萄糖浓度响应型智能开关膜主要通过等离子体接枝填孔聚合法将线型 PAA 高分子链接枝到 PVDF 膜的膜孔中，再通过碳二亚胺法在接枝的 PAA 高分子链上结合 GOD 来制备。简单来说，首先，将 PVDF 基材膜置于透明玻璃管中，并于真空条件下用等离子体处理以活化 PVDF 基材膜；接着，在惰性气氛条件下将活化的 PVDF 基材膜浸入含有丙烯酸（AA）单体的溶液中（质量分数为 3%～7%），在 30℃恒温槽中振荡进行聚合反应以在膜孔上接枝 PAA 高分子链；最后，采用碳二亚胺法在 PAA 高分子链上结合固定 GOD，从而制备得到葡萄糖浓度响应型智能开关膜。

三、葡萄糖浓度响应型智能开关膜的表征

图 6-2 为空白 PVDF 基材膜和不同接枝率的 PAA-*g*-PVDF 膜断面的扫描电镜图。PAA 在 PVDF 膜上的接枝率（Y）定义为接枝之后膜重量的增加率。从图 6-2（a）可看出，空白 PVDF 基材膜具有相对致密的表层和松散的支撑层，而从图 6-2（b）和（c）中可看出，当接枝 PAA 高分子链后，PAA-*g*-PVDF 膜的断面结构变得更加致密，且接枝的 PAA 高分子链均匀分布在基材膜断面的整个多孔结构上。

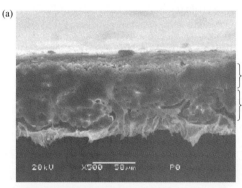

(a)

致密表层
支撑层

(b)

致密表层
支撑层

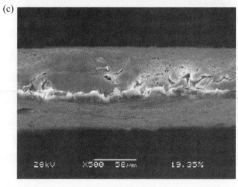

(c)

致密表层
支撑层

图6-2 空白PVDF膜（a）和接枝率为4.88%（b）、19.35%（c）的PAA-*g*-PVDF膜断面的扫描电镜图

对比图 6-2（b）和（c）可以发现，随着接枝率的增加，PAA-g-PVDF 膜的断面结构的致密程度明显增大。这说明，随着接枝率的增加，膜的孔隙率变小。

图 6-3 所示为空白 PVDF 膜（a）、PAA 高分子（b）以及 PAA-g-PVDF 膜（c）的红外光谱图。对比空白 PVDF 膜和 PAA 高分子的红外光谱图可发现，在 PAA-g-PVDF 膜的红外光谱图中，1715cm^{-1} 处属于 PAA 的特征峰得到增强，而 PAA 中另外两个特征峰（1453cm^{-1} 和 800cm^{-1}）亦在 PAA-g-PVDF 膜的红外光谱图中出现，这说明通过等离子接枝填孔聚合法成功将 PAA 高分子链接枝到了 PVDF 基材膜上。

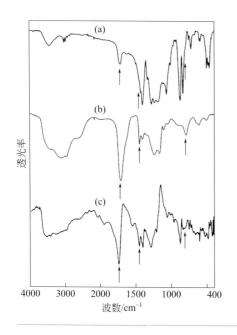

图6-3
空白PVDF膜（a）、PAA高分子（b）以及
PAA-g-PVDF膜（c）的红外光谱图

四、智能开关膜的葡萄糖浓度响应性能

图 6-4 所示为 PAA 接枝率对 PAA-g-PVDF 膜在不同 pH 条件下跨膜水通量的影响。从图 6-4 可看出，PAA-g-PVDF 膜在 pH=4 时的水通量始终大于其在 pH=7 时的水通量。在中性 pH 条件下，PAA 高分子链的羧基被解离并带负电荷，此时 PAA 高分子链因电荷排斥作用而处于伸展状态，因而膜孔关闭、液体渗透性较低。而当 pH 值低于 PAA 的 pK_a 时（pH 值约为 4.58），接枝 PAA 高分子链的羧基被质子化，此时 PAA 高分子链因其相互间静电斥力减弱而蜷缩，从而导致膜孔打开、水通量增大。因此，PAA-g-PVDF 膜上接枝的 PAA 高分子链在膜孔中

起到了智能 pH 响应开关的作用。

当 PAA 接枝率增加时，PAA-*g*-PVDF 膜在 pH=4 和 pH=7 条件下的跨膜水通量均减小。这主要是因为过多的 PAA 高分子被接枝到了膜孔中（如接枝率大于 4.5% 时），此时即使膜孔中接枝的 PAA 高分子链在 pH=4 时处于收缩状态，膜孔也仅能被略微开启。因此，随着 PAA 接枝率的增加，PAA-*g*-PVDF 膜的水通量将变得非常小。

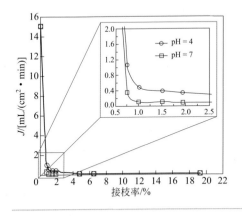

图6-4

PAA接枝率对PAA-*g*-PVDF膜在不同pH条件下跨膜水通量的影响

不同 pH 和接枝率条件下 PAA-*g*-PVDF 膜的孔径可利用哈根 - 泊肃叶公式 $J=n\pi d^4 p/(128\eta l)$ 进行估算；其中，J 表示水通量，$m^3/(m^2 \cdot s)$；n 为单位面积上的气孔数量，个 $/m^2$；d 为孔径，m；p 为跨膜压力，Pa；η 为流体黏度，$Pa \cdot s$；l 为膜厚度，m。由上述哈根 - 泊肃叶公式可知，水通量 J 与孔径 d 的四次方相关。由此，膜孔中接枝的 PAA 高分子链发生构象变化时，其所导致的膜孔径变化将会对跨膜水通量产生显著的影响。基于上述哈根 - 泊肃叶公式，可得到 PAA-*g*-PVDF 膜与空白 PVDF 膜的有效孔径比（R_d）为：$R_d=d_g/d_0=(J_g/J_0)^{1/4}$，其中，$d_g$ 和 d_0 分别为 PAA-*g*-PVDF 膜与空白 PVDF 膜的有效孔径，m；J_g 和 J_0 分别为 PAA-*g*-PVDF 膜与空白 PVDF 膜的水通量，$m^3/(m^2 \cdot s)$。相似地，PAA-*g*-PVDF 膜在 pH=4 和 pH=7 时的有效孔径比亦可被定义为膜孔径的 pH 响应开关因子 $\{N_{pH4/pH7} = d_{g,pH4}/d_{g,pH7} = [(J_{pH4}\eta_{pH4})/(J_{pH7}\eta_{pH7})]^{1/4}\}$；其中，$d_{g,pH4}$ 和 $d_{g,pH7}$ 分别为 pH=4 和 pH=7 时 PAA-*g*-PVDF 膜的有效孔径，m；J_{pH4} 和 J_{pH7} 分别为 pH=4 和 pH=7 时 PAA-*g*-PVDF 膜的水通量，$m^3/(m^2 \cdot s)$；η_{pH4} 和 η_{pH7} 分别为 pH=4 和 pH=7 时流体的黏度，$Pa \cdot s$。

图 6-5 所示为 PAA 接枝率对不同 pH 条件下 PAA-*g*-PVDF 膜 R_d 值的影响。当 PAA 接枝率在较低范围时（例如接枝率小于 2%），PAA-*g*-PVDF 膜的 R_d 值在 pH=4 和 pH=7 时均随着接枝率的升高而快速下降，并最终达到一个定值，不再明显减小。此外，由于 PAA 高分子链在 pH=4 时处于蜷缩状态，而在 pH=7 时处于伸展状态，因而 PAA-*g*-PVDF 膜在 pH=4 时的 R_d 值始终大于其在 pH=7 时的 R_d 值。

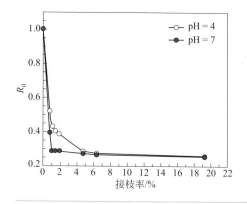

图6-5

PAA接枝率对不同pH条件下PAA-*g*-PVDF膜R_d值的影响

图 6-6 显示了 PAA-*g*-PVDF 膜的 pH 响应性膜孔径调控原理以及接枝率对 PAA-*g*-PVDF 膜的 pH 响应开关因子（$N_{\text{pH4/pH7}}$）的影响。对于 PVDF 基材膜来说，其孔径不会随着环境 pH 的改变而发生变化。而对于 PAA-*g*-PVDF 膜，接枝率会严重影响其 pH 响应开关因子。当接枝率小于 1.01% 时，PAA-*g*-PVDF 膜的 pH 开关因子会随着接枝率的增加而升高。而当接枝率大于 4.78% 时，其 pH 开关因子已趋近于 1。由此可看出，只有当接枝率小于 4.78% 时，膜孔中接枝的 PAA 高分子链才能很好地起到 pH 响应性开关的作用。

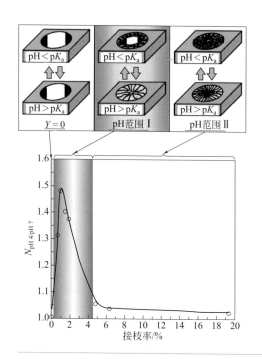

图6-6

接枝率对pH响应开关因子的影响及其作用原理

在该 PAA-g-PVDF 膜中,当接枝率太小时,接枝的 PAA 高分子链太短,导致膜孔径的响应变化较小。随着接枝率升高,接枝的 PAA 高分子链的长度和密度都会增加,从而使得膜孔径的 pH 响应开关因子提高。然而当接枝率太大(如大于 4.78%)时,在膜孔中接枝的 PAA 高分子链的长度已太长或者密度已太大,导致其失去了 pH 响应性开关的作用;此时 PAA 高分子链的构型改变也不会使得孔径发生明显变化,也就是说膜孔已经被接枝的高分子"堵塞"了。由于 PAA-g-PVDF 膜的 pH 响应开关因子亦反映了其跨膜水通量变化,因此接枝率对跨膜水通量的影响和接枝率对 pH 响应开关因子的影响具有相似的规律。对于环境刺激响应型智能开关膜,膜孔径的响应开关因子越大,其开关性能越好;因此设计合适的接枝率对于获得理想的开关响应特性是十分重要的。对于该 PAA-g-PVDF 膜,其接枝率设置在 0.5% ~ 3% 之间时能够获得优良的 pH 响应开关性能。

采用碳二亚胺法在接枝的 PAA 高分子链上进一步结合 GOD,则可制得葡萄糖浓度响应型智能开关膜(PAA/GOD-g-PVDF 膜)。该 PAA/GOD-g-PVDF 膜由多孔的 PVDF 基材膜及其膜孔中结合有 GOD 的 PAA 接枝高分子链组成。其中,GOD 能够作为葡萄糖传感器且具有催化剂作用,能够有效地将葡萄糖转化为葡萄糖酸[2, 3, 12, 13],从而导致微环境中局部 pH 值降低。而膜孔中的接枝 PAA 高分子链则起到 pH 响应性开关和制动器的作用。在无葡萄糖的中性环境中,PAA 高分子链因羧基解离而带负电,使得 PAA 高分子链因静电排斥而呈现伸展状态,导致膜孔关闭;当葡萄糖浓度升高时,GOD 催化氧化葡萄糖为葡萄糖酸,使得微环境中局部 pH 值降低、PAA 高分子链上的羧基质子化,因而 PAA 高分子链因静电斥力减弱而发生蜷缩,导致膜孔打开。这种葡萄糖响应型膜孔径调控特性可有效调控溶质的跨膜扩散渗透行为。

采用并排扩散单元对 PAA/GOD-g-PVDF 膜在 30℃进行不同溶质条件下的扩散渗透实验。当溶质是 NaCl 时,供给侧的初始 NaCl 浓度为 0.2mol/L,接收侧中加入去离子水。当溶质为胰岛素时,以 0.1mol/L 的 Tris-HCl 溶液作为缓冲溶液,并且在供给侧的初始胰岛素浓度为 0.1mg/mL,而接收侧中加入纯的 0.1mol/L Tris-HCl 缓冲液。在扩散渗透过程中,溶质的跨膜扩散系数可由菲克第一定律导出的公式进行计算[4, 14]。图 6-7、图 6-8 所示为以 NaCl 为溶质时,葡萄糖浓度对空白 PVDF 基材膜和 PAA/GOD-g-PVDF 膜的扩散渗透特性的影响。从图 6-7 可看出,对于 PVDF 基材膜(接枝率为 0),环境中葡萄糖浓度的变化几乎不影响溶质分子通过膜的扩散传质行为。而从图 6-8(a)可看出,对于接枝率为 1.5% 的 PAA/GOD-g-PVDF 膜,在不含葡萄糖的情况下溶液中 NaCl 的跨膜扩散渗透率较低。然而,当葡萄糖浓度从 0mol/L 升高至 0.2mol/L 时,NaCl 的跨膜扩散渗透率迅速升高,展现出了良好的葡萄糖浓度响应特性。此外,当 PAA/GOD-g-PVDF 膜的接枝率为 7.5% 时,随着葡萄糖浓度从 0mol/L 升高至 0.2mol/L,NaCl 的跨膜扩散渗透率只略微有所升高，即较大的接枝率抑制了膜的葡萄糖浓度响应特性。

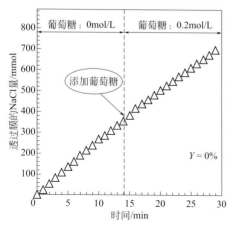

图6-7 葡萄糖浓度对空白PVDF基材膜的NaCl跨膜扩散传质行为的影响

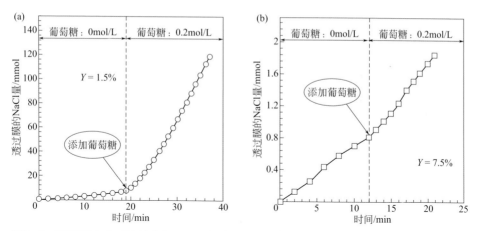

图6-8 葡萄糖浓度对接枝率为1.5%（a）和7.5%（b）的PAA/GOD-*g*-PVDF膜的NaCl跨膜扩散传质行为的影响

　　图6-9为接枝率1.5%的PAA/GOD-*g*-PVDF膜中胰岛素的葡萄糖浓度响应性跨膜扩散传质过程调控。当溶液中无葡萄糖时，胰岛素分子的跨膜扩散渗透系数低至$0.79×10^{-7}cm^2/s$，同时胰岛素的透过量随时间呈线性增加。而当葡萄糖浓度从0mol/L升高到0.2mol/L时，胰岛素的渗透系数迅速升高至$7.40×10^{-7}cm^2/s$，约为无葡萄糖条件下渗透系数的9.37倍。该结果表明PAA/GOD-*g*-PVDF膜对胰岛素的跨膜扩散传质过程具有优良的葡萄糖响应性自律式调控特性。

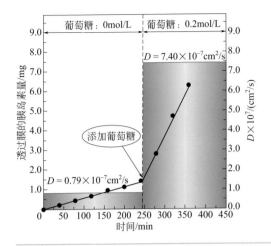

图6-9
葡萄糖浓度对PAA/GOD-g-PVDF膜（接枝率1.5%）中胰岛素跨膜扩散行为的影响

第二节
葡萄糖浓度响应型智能微囊膜

　　具有中空结构的微囊膜在药物装载与控制释放方面具有重要的作用，其内部中空结构可用于药物的高效封装，而其囊膜作为内部封装药物与外部环境之间的屏障，不仅可对内部药物起到保护作用，还可以通过自身渗透性的调控来实现药物跨膜扩散释放速率的调控[15, 16]。具有葡萄糖浓度响应性药物控释功能的微囊膜系统为自律式给药系统提供了一种新模式，该系统有望根据葡萄糖浓度的动态变化来自适应地调控胰岛素等药物的释放速率，从而将血糖水平保持在正常范围内，这对糖尿病治疗极具吸引力。本节主要介绍膜孔中结合有 PAA/GOD 高分子链的葡萄糖浓度响应型智能开关微囊膜[5]，以及具有葡萄糖浓度响应型凝胶囊膜的智能凝胶微囊膜[6, 17]，这些微囊膜系统可以实现葡萄糖浓度响应性自律式药物控制释放。

一、葡萄糖浓度响应型智能微囊膜的设计

1. 葡萄糖浓度响应型智能开关微囊膜的设计

　　如图 6-10 所示为葡萄糖浓度响应型智能开关微囊膜的结构及功能示意图。

该微囊膜具有中空结构，其外层具有一层多孔囊膜，膜孔中具有结合 GOD 的 PAA 高分子链。膜孔中的线型 PAA 高分子链可作为 pH 响应性开关，而 PAA 高分子链上结合的 GOD 则作为葡萄糖传感器和催化剂。在中性 pH 条件下，当外界溶液环境中无葡萄糖存在时，PAA 高分子链因静电斥力作用而处于伸展状态，使得微囊膜中的膜孔关闭；而当环境中葡萄糖浓度增加时，GOD 催化葡萄糖氧化成葡萄糖酸，使得环境 pH 降低，此时 PAA 高分子链因静电斥力减弱而发生蜷缩，导致微囊膜中的膜孔打开。基于这种葡萄糖浓度响应性膜孔"开启 / 关闭"调控特性，该微胶囊可作为智能药物载体用于药物的葡萄糖浓度响应性自律式控制释放。

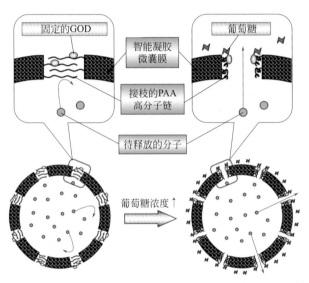

图6-10　葡萄糖浓度响应型智能开关微囊膜的结构及功能示意图

2. 葡萄糖浓度响应型智能凝胶微囊膜的设计

如图 6-11 所示为葡萄糖浓度响应型智能凝胶微囊膜的结构和功能示意图。该智能凝胶微囊膜采用了 3- 丙烯酰胺基苯硼酸（AAPBA）和聚（N- 异丙基丙烯酰胺）（PNIPAM）分别作为感应葡萄糖浓度变化的感应器和释放药物的执行器。其中，AAPBA 能可逆地与葡萄糖分子形成复合物。如图 6-12 所示，苯硼酸（PBA）在水溶液中平衡地存在着两种形式，即不带电荷的未电离态和带负电荷的电离态，这两种形式都可以可逆地和葡萄糖作用。然而，其中仅电离态 PBA 能可逆地与葡萄糖形成稳定的复合物，而未电离态 PBA 与葡萄糖形成的复合物则不稳定、易于水解[18]。PNIPAM 是一种典型的温敏性智能高分子材料，能在温度变化时展现出可逆的溶胀 - 收缩体积变化，其体积相转变温度（VPTT）约为32℃，接近人体温度37℃。由于 PNIPAM 结合了疏水的 PBA 基团后，其 VPTT 将低于32℃，因而在智能凝胶微囊膜中引入了亲水的 AA 来提升其 VPTT，使微囊膜能在37℃条件下响应葡萄糖浓度的变化而展现出溶胀 - 收缩变化。

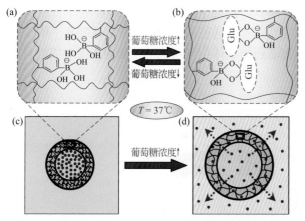

图6-11 葡萄糖浓度响应型智能凝胶微囊膜的结构和功能示意图

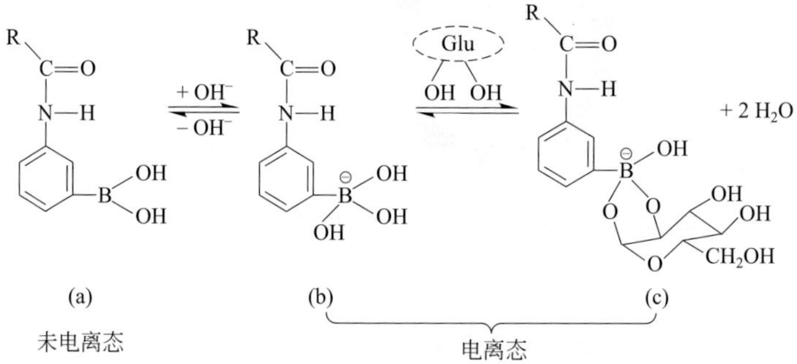

图6-12 水中PBA与葡萄糖形成复合物的示意图
（a）未电离态PBA；（b）电离态PBA；（c）电离态PBA/葡萄糖复合物

  对于该葡萄糖浓度响应型智能凝胶微囊膜，当环境 pH 值接近 AAPBA 的 pK_a 值（pH=8.6）时，PBA 同时具有未电离态和电离态，此时智能凝胶微囊膜在人体温度（37℃）处于收缩状态［图 6-11（a），（c）］。当葡萄糖浓度增加时，微囊膜中电离态的 PBA 与葡萄糖可逆结合形成稳定的复合物［图 6-11（b），（d）］。该复合物的形成消耗了电离态的 PBA 并改变了 PBA 原有的解离平衡，使得更多的疏水未电离态 PBA 转变为亲水电离态 PBA[19]。此时，微囊膜的高分子网络中将形成唐南电势，并且其 PNIPAM 高分子网络的 VPTT 将向更高温度迁移，从而导致微囊膜发生溶胀 [图 6-11（b），（d）]。相似地，当葡萄糖浓度降低时，该智能凝胶微囊膜将由于 PBA/ 葡萄糖复合物的分解而发生收缩。该葡萄糖浓度响应性体积变化特性可有效调控智能凝胶微囊膜的渗透性，从而实现内部封装药物的葡萄糖浓度响应性自律式控制释放 [图 6-11（c），（d）]。这种在生理温度下具有葡萄糖响应性溶胀 - 收缩特性的智能凝胶微囊膜可用作糖尿病治疗的自律式给药系统。

二、葡萄糖浓度响应型智能微囊膜的制备

1. 葡萄糖浓度响应型智能开关微囊膜的制备

葡萄糖浓度响应型智能开关微囊膜的制备主要包括三个步骤。首先，以含有对苯二甲酰氯（TDC）的苯 / 二甲苯混合溶液为分散相、含有十二烷基硫酸钠（SDS）的水相为连续相，通过机械搅拌制得 O/W 乳液，再加入单体乙二胺进行界面聚合反应[9, 10]，从而制备多孔微囊膜。接着，采用等离子体接枝填孔聚合法，通过等离子体辐照活化多孔微囊膜后，在膜孔中接枝 PAA 高分子链。最后，采用碳二亚胺法，通过基于 1-（3- 二甲氨基丙基)-3- 乙基碳二亚胺盐酸盐（EDC）的缩合反应，将 GOD 结合在 PAA 高分子链上，从而制备得到葡萄糖浓度响应型智能开关微囊膜。

2. 葡萄糖浓度响应型智能凝胶微囊膜的制备

以 NIPAM 和 AAPBA 作为基材 [图 6-13（a）]，采用微流控装置可控产生的 O/W/O 双重乳液作为模板 [图 6-13（b）]，制备葡萄糖浓度响应型智能凝胶微囊膜。其中，微流控装置根据文献报告的方法进行组装构建[20, 21]，而 AAPBA 单体以 EDC 为缩合剂，通过 3- 氨基苯硼酸和 AA 之间的缩合反应来合成[6]。在以 O/W/O 双重乳液为模板合成微囊膜时，采用了含有单体 NIPAM、AAPBA 和 AA、交联剂 N,N'- 亚甲基双丙烯酰胺、光引发剂 V50、甘油、表面活性剂 F127 的水相作为中间相来构建其 P（NIPAM-co-AAPBA-co-AAC）囊膜；采用了含有表面活性剂聚甘油蓖麻醇酸酯（PGPR）的大豆油以及含有 PGPR 和光引发剂 2- 二甲氧基 -2- 苯基苯乙酮的大豆油分别作为内相和外相溶液。通过注射管将内相、中间相和外相溶液分别以适当流速注入微流控装置后，可产生得到均一的 O/W/O 双重乳液。经 UV 光照引发双重乳液中间水层中的单体发生聚合并洗去内部油核后，可制得具有中空结构的葡萄糖浓度响应型智能凝胶微囊膜 [图 6-13（c）]。

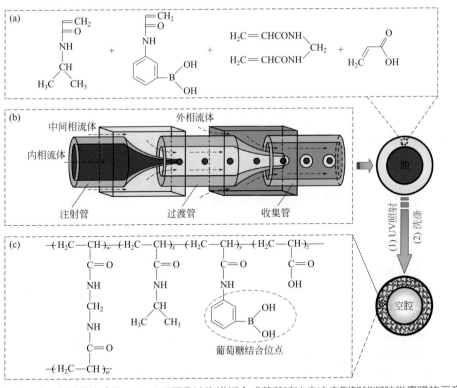

图6-13 微流控产生的O/W/O双重乳液为模板合成葡萄糖浓度响应型智能凝胶微囊膜的示意图

三、葡萄糖浓度响应型智能微囊膜的表征

1. 葡萄糖浓度响应型智能开关微囊膜的表征

图6-14为葡萄糖浓度响应型智能开关微囊膜［图6-14（a）］及其内表面［图6-14（b）］和外表面［图6-14（c）］多孔结构的扫描电镜图。如图6-14所示，该聚酰胺微囊膜具有不对称的多孔膜结构，其外表面（界面聚合过程中的水相一层）光滑，而内表面（界面聚合过程中的油相一层）粗糙。图6-15所示为PAA高分子（a）、聚酰胺微囊膜（b）以及葡萄糖浓度响应型智能开关微囊膜（c）的红外光谱图。与PAA高分子和聚酰胺微囊膜的红外光谱图相比，葡萄糖浓度响应型智能开关微囊膜的红外光谱图在1715cm^{-1}和1453cm^{-1}处出现两个新的吸收峰，其中1715cm^{-1}处的峰属于PAA中羧基的特征峰，这说明通过等离子接枝填孔聚合法成功地将PAA高分子接枝到了多孔聚酰胺微囊膜上。

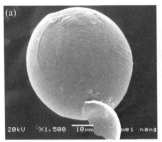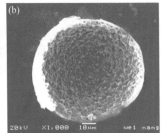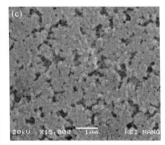

图6-14 葡萄糖浓度响应型智能开关微囊膜（a）及其内表面（b）和外表面多孔结构（c）的扫描电镜图

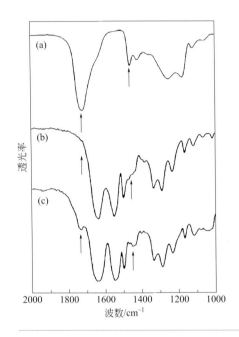

图6-15
PAA高分子（a）、聚酰胺微囊膜（b）以及葡萄糖浓度响应型智能开关微囊膜（c）的红外光谱图

2. 葡萄糖浓度响应型智能凝胶微囊膜的表征

如图 6-16（a）和（b）所示分别为微流控装置中形成 O/W/O 双重乳液的高速摄像图以及接收到容器中的 O/W/O 双重乳液的光学显微镜图。从图 6-16（a）和（b）中可看出，O/W/O 双重乳液具有均一的尺寸和结构，每个 O/W/O 双重乳液内部都含有一个经染料染色的红色内部油核。这些 O/W/O 乳液的平均外径约为 275μm，而其内部油核的平均直径约为 180μm，其外部直径以及内部油核直径的 CV 值分别为 1.25% 和 1.38%，表明 O/W/O 双重乳液具有良好的单分散性［图 6-17（a）］。

利用微流控技术可控产生的 O/W/O 双重乳液作为模板，由 UV 光照聚合，可制得与双重乳液模板结构相似的葡萄糖浓度响应型智能凝胶微囊膜。如图6-16（c）所示为分散于异丙醇中的智能凝胶微囊膜的光学显微镜图，该智能凝胶微囊膜具有明显的中空结构，尺寸较为均一。如图6-17（b）所示，智能凝胶微囊膜的平均外径约为358μm，而内部空腔的平均直径约为240μm，比其O/W/O双重乳液模板的尺寸稍大，这主要是因为智能凝胶微囊膜在异丙醇中处于高度溶胀状态所致。此外，智能凝胶微囊膜的外径以及内部空腔直径的CV值分别为1.23%和1.38%，亦表明其具有良好的单分散性。

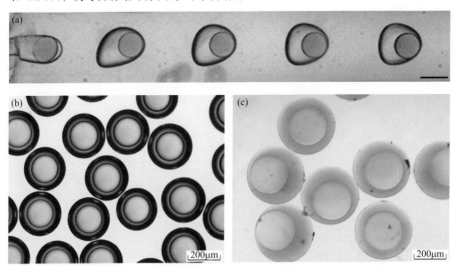

图6-16　O/W/O双重乳液为模板合成葡萄糖浓度响应型智能凝胶微囊膜
（a），（b）O/W/O双重乳液在微通道中形成过程的高速摄像图（a）及其在接收容器中的光学显微镜图（b）；（c）智能凝胶微囊膜的光学显微镜图。标尺为200μm

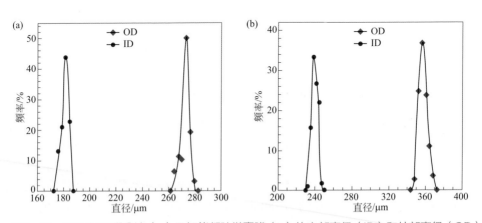

图6-17　O/W/O双重乳液（a）及智能凝胶微囊膜（b）的内部直径（ID）和外部直径（OD）的尺寸分布图

四、智能微囊膜的葡萄糖浓度响应性能

1. 葡萄糖浓度响应型智能开关微囊膜的葡萄糖浓度响应性能

通过在聚酰胺微囊膜的膜孔中接枝 PAA 高分子链并进一步结合 GOD 后，可利用 PAA/GOD 高分子链在响应葡萄糖浓度变化时的构象变化，调控膜孔的开启和关闭，从而实现药物的葡萄糖浓度响应型控制释放。基于该葡萄糖浓度响应型智能开关微囊膜的多孔结构，通过将智能开关微囊膜浸泡于含有药物的水溶液中，可通过扩散渗透过程实现药物在智能开关微囊膜中的装载。图 6-18 所示为聚酰胺微囊膜和葡萄糖浓度响应型智能开关微囊膜在不同葡萄糖浓度环境下的 NaCl 释放速率曲线图。从图 6-18 中可看出，对于未接枝 PAA 高分子链的聚酰胺微囊膜，其在无葡萄糖时和葡萄糖浓度为 0.2mol/L 时的 NaCl 释放速率均相同。相比之下，对于葡萄糖浓度响应型智能开关微囊膜，由于其膜孔内接枝了 PAA 高分子链，一定程度上减小了膜孔尺寸，因而其在无葡萄糖时的 NaCl 释放速率较聚酰胺微囊膜的 NaCl 释放速率慢。然而，当环境中的葡萄糖浓度从 0mol/L 突然升高至 0.2mol/L 时，由于 PAA/GOD 高分子链响应葡萄糖浓度变化后发生蜷缩，使得膜孔尺寸变大，因而葡萄糖浓度响应型智能开关微囊膜对 NaCl 的释放速率显著增大。对于该葡萄糖浓度响应性控制释放过程，在葡萄糖浓度为 0.2mol/L 时的扩散渗透系数为无葡萄糖时的约 7.9 倍。

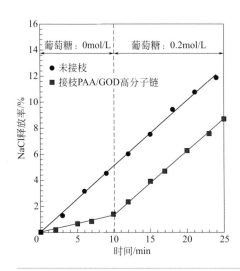

图6-18

聚酰胺微囊膜和葡萄糖浓度响应型智能开关微囊膜在不同葡萄糖浓度时的NaCl释放速率曲线

由于智能开关微囊膜中的 PAA/GOD 高分子链具有重复可逆的葡萄糖浓度响应性构象变化，因而该智能开关微囊膜在释放 NaCl 后，还可重复用于药物的装

载和控制释放。图 6-19 所示为重新装载维生素 B$_{12}$（VB$_{12}$）的聚酰胺微囊膜和葡萄糖浓度响应型智能开关微囊膜在不同葡萄糖浓度环境下的释放速率曲线图，其展现出了与图 6-18 所示的 NaCl 释放过程相似的特点。其中，聚酰胺微囊膜在葡萄糖浓度为 0mol/L 和 0.2mol/L 时均呈现出相同的 VB$_{12}$ 释放速率。而对于葡萄糖浓度响应型智能开关微囊膜，在葡萄糖浓度从 0mol/L 突然升高至 0.2mol/L 时，该智能开关微囊膜的 VB$_{12}$ 释放速率突然显著增大，其在葡萄糖浓度为 0.2mol/L 时的扩散渗透系数为无葡萄糖时的约 6 倍。上述结果表明，该智能开关微囊膜具有优良的、重复可逆的葡萄糖浓度响应性药物控释特性。

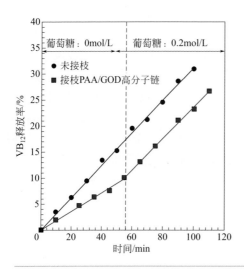

图6-19
聚酰胺微囊膜和葡萄糖浓度响应型智能开关微囊膜在不同葡萄糖浓度时的VB$_{12}$释放速率曲线

2．葡萄糖浓度响应型智能凝胶微囊膜的葡萄糖浓度响应性能

如图 6-20 所示为 AA 投料比（摩尔分数）为 2.5%、3.0%、3.5% 和 4.5% 的智能凝胶微囊膜在 0.4g/L 和 3.0g/L 葡萄糖缓冲液中的体积溶胀率随温度变化的曲线图。从图 6-20 中可以看出，由于 PNIPAM 高分子网络具有温敏体积相变特性，因而在一定的 AA 投料比下，智能凝胶微囊膜在 0.4g/L 和 3.0g/L 葡萄糖缓冲液中的体积均随温度的升高而减小。而随着 AA 投料比的逐渐增大，智能凝胶微囊膜的 VPTT 亦随之升高；在相同的温度下，在 3.0g/L 葡萄糖缓冲液中的智能凝胶微囊膜展现出了比其在 0.4g/L 葡萄糖缓冲液中时更高的溶胀率，表明其良好的葡萄糖浓度响应特性。

使用体积溶胀率之比（$R_{T,3.0}/R_{T,0.4}$）来评估智能凝胶微囊膜的葡萄糖响应性溶胀 - 收缩特性，其中 $R_{T,3.0}$ 和 $R_{T,0.4}$ 分别为温度 T 下微囊膜在 3.0g/L 和 0.4g/L 葡萄糖缓冲液中的溶胀率。根据图 6-20 所示的不同 AA 投料比的智能凝胶微囊膜在 3.0g/L 和 0.4g/L 葡萄糖缓冲液中的体积溶胀率随温度变化的实验数据，可得到智能凝胶微囊膜在各个温度点响应葡萄糖浓度变化后的 $R_{T,3.0}/R_{T,0.4}$ 值，并将最大 $R_{T,3.0}/R_{T,0.4}$ 值所对应的温度点作为智能凝胶微囊膜的最佳温度（T_{opt}）。如图 6-21 所示为具有不同 AA 投料比的葡萄糖浓度响应型智能凝胶微囊膜的 $R_{T,3.0}/R_{T,0.4}$ 值随温度的变化。对于 AA 投料比分别为 0、2.5%、3.0%、3.5%、4.5% 的智能凝胶微囊膜，其最大 $R_{T,3.0}/R_{T,0.4}$ 值所对应的温度点（即 T_{opt}）随着 AA 投料比的增加而向更高温度迁移。根据图 6-21 所示数据结果，可得到智能凝胶微囊膜 T_{opt} 随 AA 投料比变化的曲线（图 6-22）。从图 6-22 中可得出，当 AA 投料比为 2.4%（图中虚线标出）时，所得到的智能凝胶微囊膜的 T_{opt} 约为 37℃；即智能凝胶微囊膜在响应 0.4 ~ 3.0g/L 的葡萄糖浓度变化时，能展现良好的体积溶胀 - 收缩特性。

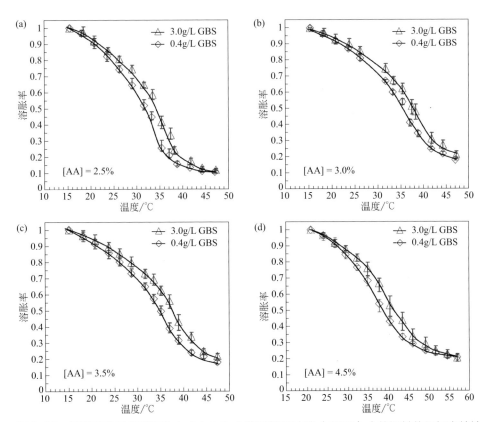

图6-20　智能凝胶微囊膜在0.4g/L与3.0g/L葡萄糖缓冲液（GBS）中的温敏体积相变特性
AA投料比分别为2.5%（a）、3.0%（b）、3.5%（c）、4.5%（d）

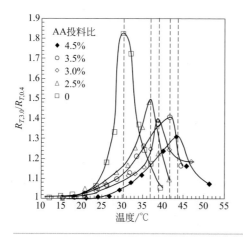

图6-21
具有不同AA投料比的葡萄糖浓度响应型
智能凝胶微囊膜的$R_{T,3.0}/R_{T,0.4}$值随温度变
化的曲线

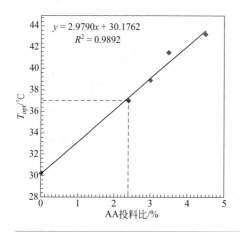

图6-22
葡萄糖浓度响应型智能凝胶微囊膜的T_{opt}
随AA投料比变化的曲线

　　如图 6-23 所示为 37℃条件下，AA 投料比（摩尔分数）为 2.4% 的智能凝胶
微囊膜在响应葡萄糖浓度变化时的体积相变行为的光学显微镜图。其中，图 6-23
（a）所示为智能凝胶微囊膜在响应葡萄糖浓度由 0.4g/L 升高至 3.0g/L 时的动态
体积溶胀过程，而图 6-23（b）为该微囊膜在响应葡萄糖浓度由 3.0g/L 降低至
0.4g/L 时的动态体积收缩过程。在 37℃时，智能凝胶微囊膜一开始处于收缩状态
［图 6-23（a1）］；当葡萄糖浓度由 0.4g/L 突然升高至 3.0g/L 时，由于更多的
AAPBA 基团与葡萄糖分子形成复合物，因而微囊膜由收缩状态迅速转变为溶胀
状态［图 6-23（a2）～（a4）］。相反地，当葡萄糖浓度由 3.0g/L 突然降低至 0.4g/L
时，微囊膜又由溶胀状态逐渐转变为收缩状态［图 6-23（b1）～（b4）］。在溶胀
［图 6-23（a1），（a2）］与收缩［图 6-23（b1），（b2）］过程中，微囊膜均在葡萄

糖浓度突然变化后的 0.75min 内展现出了明显的体积变化，这表明其具有快速的葡萄糖浓度响应性体积变化行为。此外，如图 6-23（c）所示，当葡萄糖浓度在 3.0g/L 和 4.5g/L 之间变化时，该智能微囊膜亦能展现出可逆的葡萄糖响应性体积溶胀 - 收缩变化，且其在葡萄糖浓度为 4.5g/L 时比其在葡萄糖浓度为 3.0g/L 时更为溶胀，这表明了微囊膜的溶胀率会随着葡萄糖浓度的增大而增大。

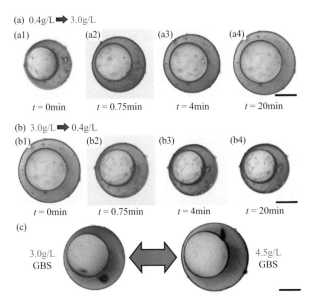

图6-23　智能凝胶微囊膜（AA投料比为2.4%）在37℃响应葡萄糖浓度变化的可逆体积相变行为的光学显微镜图
（a）葡萄糖浓度由0.4g/L升高到3.0g/L；（b）葡萄糖浓度由3.0g/L降低至0.4g/L；（c）葡萄糖浓度在3.0g/L和4.5g/L间变化。标尺为100μm

　　如图 6-24 所示为 AA 投料比（摩尔分数）为 2.4% 的智能凝胶微囊膜在 37℃ 响应葡萄糖浓度在 0.4g/L 和 3.0g/L 间重复变化时的可逆体积相变行为。从图 6-24 中可以看出，当初始时刻（t = 0min）葡萄糖浓度由 0.4g/L 迅速升高至 3.0g/L 时，微囊膜及其内部空腔的体积均发生了显著的溶胀，其外部直径以及内部腔室尺寸均随葡萄糖浓度升高而突然增大；相反地，当葡萄糖浓度再由 3.0g/L 迅速降低至 0.4g/L 时（t = 20min），微囊膜及其内部空腔的体积又发生了显著的收缩，其外部直径以及内部腔室尺寸亦随葡萄糖浓度降低而减小。同时，当葡萄糖浓度反复在 0.4g/L 与 3.0g/L 之间变化时，微囊膜可展现出重复可逆的葡萄糖浓度响应性体积相变特性。这种重复可逆的葡萄糖浓度响应性体积相变特性使得该微囊膜可用于葡萄糖浓度响应性自律式药物控制释放。

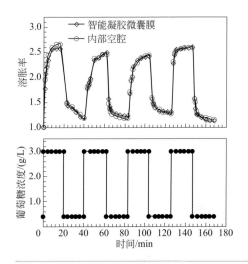

图6-24

智能凝胶微囊膜（AA投料比为2.4%）在37℃响应葡萄糖浓度在0.4g/L和3.0g/L间重复变化时的可逆体积相变行为

　　如图 6-25 所示为 AA 投料比（摩尔分数）为 2.4% 的智能凝胶微囊膜在 37℃条件下对罗丹明 B 的葡萄糖浓度响应性控制释放行为。在药物释放试验中，首先将微囊膜置于含有高浓度罗丹明 B 的 0.4g/L 葡萄糖缓冲液中以装载罗丹明 B。经 0.4g/L 葡萄糖缓冲液洗涤后，装载罗丹明 B 的微囊膜被迅速转移至不含罗丹明 B 的 0.4g/L 葡萄糖缓冲液，并用激光共聚焦显微镜测定智能凝胶微囊膜外部特定区域内的荧光强度随时间的变化，以反映出罗丹明 B 从微囊膜中向外释放的行为。在图 6-25 中，上部分图为激光共聚焦显微镜测得的智能凝胶微囊膜外部特定区域内的荧光强度随时间变化的曲线；而下部分图则为在对应的时间和环境中，微囊膜的体积溶胀率随时间变化的曲线。从图 6-25 中可看出，在初始的 10min 内，检测到的荧光强度处于较低水平，表明在 0.4g/L 葡萄糖缓冲液中罗丹明 B 仅以较慢的速率由微囊膜缓慢释放到外部环境中。当 10min 后将葡萄糖缓冲液浓度由 0.4g/L 迅速升高至 3.0g/L 时，微囊膜响应葡萄糖浓度的变化而发生体积溶胀，从而导致所测到的荧光强度突然增大、罗丹明 B 释放速率突然加快。当微囊膜在 3.0g/L 葡萄糖缓冲液中达到一个平衡溶胀状态后，罗丹明 B 的释放速率亦在达到一个峰值后逐渐降低，但仍以一个比其在 0.4g/L 葡萄糖缓冲液中更快的速率进行缓释。这种葡萄糖浓度响应性控释行为主要取决于微囊膜在响应葡萄糖浓度变化发生溶胀 - 收缩时所导致的膜渗透性变化。相比于 3.0g/L 葡萄糖缓冲液中的微囊膜，在 0.4g/L 葡萄糖缓冲液中的微囊膜一直处于较为收缩的状态，此时微囊膜高分子网络结构中网孔结构较小，阻碍了内部所装载的罗丹明 B 分子透过囊膜的扩散传质行为，使其仅能缓慢地扩散以实现释放。而当葡萄糖浓度由 0.4g/L 升高至 3.0g/L 时，微囊膜响应葡萄糖浓度的变化迅速发生体积溶胀，并使得其囊膜网络结构中的网孔也迅速变大，从而降低了对罗丹明 B 分子透过囊膜扩散的阻力，使得其释放速率突然增大。当微囊膜达到在 3.0g/L 葡萄糖缓冲液中的平衡溶胀状态后，其体积基本保持恒定，这使得罗丹明 B 的释放速率在随囊膜网孔的增大而达到一个峰值后，逐渐降低下来。而该释放速率的降低，可能是因为微囊膜中罗丹明 B 的浓度随释放而逐渐减低导致驱动扩散的浓度差减低所致。

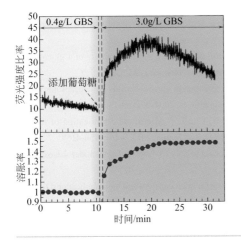

图6-25　智能凝胶微囊膜（AA投料比为2.4%）在37℃对罗丹明B的葡萄糖浓度响应性控制释放行为

上部分为微囊膜外部特定区域内的荧光强度随时间变化的曲线；下部分为微囊膜的体积溶胀率随时间变化的曲线

如图 6-26 所示为智能凝胶微囊膜（AA 投料比为 2.4%）在 37℃对异硫氰酸荧光素（FITC）标记胰岛素的葡萄糖浓度响应性控制释放行为。以检测的微囊膜内部区域的荧光强度来反映 FITC 标记胰岛素的释放行为。从图 6-26 中可以看出，当在 0.4g/L 葡萄糖缓冲液中时，由于微囊膜处于较为收缩的状态，使得其包载的 FITC 标记胰岛素的释放速率较慢，在约 120min 时释放量仅为约 25%。而对于在 3.0g/L 葡萄糖缓冲液中处于较为溶胀状态的微囊膜，其 FITC 标记胰岛素的释放量在约 120min 时则达到了约 60%。由此说明微囊膜对于包载的 FITC 标记胰岛素亦具有良好的葡萄糖响应性控制释放特性。

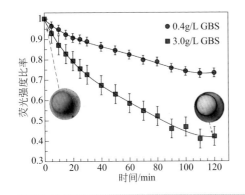

图6-26

智能凝胶微囊膜（AA投料比为2.4%）在37℃对FITC标记胰岛素的葡萄糖浓度响应性控制释放行为（微囊膜内部区域的荧光强度反映FITC标记胰岛素的释放行为）

参考文献

[1] Galaev I Y, Mattiasson B. 'Smart'polymers and what they could do in biotechnology and medicine[J]. Trends in Biotechnology, 1999, 17(8):335-340.

[2] Zhang K, Wu X Y. Modulated insulin permeation across a glucose-sensitive polymeric composite membrane[J]. Journal of Controlled Release, 2002, 80(1):169-178.

[3] Traitel T, Cohen Y, Kost J. Characterization of glucose-sensitive insulin release systems in simulated *in vivo* conditions[J]. Biomaterials, 2000, 21(16):1679-1687.

[4] Chu L Y, Li Y, Zhu J H, Wang H D, Liang Y J. Control of pore size and permeability of a glucose-responsive gating membrane for insulin delivery[J]. Journal of Controlled Release, 2004, 97(1):43-53.

[5] Chu L Y, Liang Y J, Chen W M, Ju X J, Wang H D. Preparation of glucose-sensitive microcapsules with a porous membrane and functional gates[J]. Colloids and Surfaces B: Biointerfaces, 2004, 37(1):9-14.

[6] Zhang M J, Wang W, Xie R, Ju X J, Liu L, Gu Y Y, Chu L Y. Microfluidic fabrication of monodisperse microcapsules for glucose-response at physiological temperature[J]. Soft Matter, 2013, 9(16):4150-4159.

[7] Hoare T, Pelton R. Engineering glucose swelling responses in poly (*N*-isopropylacrylamide) -based microgels[J]. Macromolecules, 2007, 40(3):670-678.

[8] Qi W, Duan L, Li J. Fabrication of glucose-sensitive protein microcapsules and their applications[J]. Soft Matter, 2011, 7(5):1571-1576.

[9] Chu L Y, Park S H, Yamaguchi T, Nakao S I. Preparation of thermo-responsive core-shell microcapsules with a porous membrane and poly (*N*-isopropylacrylamide) gates[J]. Journal of Membrane Science, 2001, 192(1):27-39.

[10] Chu L Y, Yamaguchi T, Nakao S. A molecular-recognition microcapsule for environmental stimuli-responsive controlled release[J]. Advanced Materials, 2002, 14(5):386-389.

[11] Ito Y, Casolaro M, Kono K, Imanishi Y. An insulin-releasing system that is responsive to glucose[J]. Journal of Controlled Release, 1989, 10(2):195-203.

[12] Kang S I, Bae Y H. A sulfonamide based glucose-responsive hydrogel with covalently immobilized glucose oxidase and catalase[J]. Journal of Controlled Release, 2003, 86(1):115-121.

[13] Podual K, Doyle F J, Peppas N A. Preparation and dynamic response of cationic copolymer hydrogels containing glucose oxidase[J]. Polymer, 2000, 41(11):3975-3983.

[14] Chu L Y, Niitsuma T, Yamaguchi T, Nakao S I. Thermoresponsive transport through porous membranes with grafted PNIPAM gates[J]. AIChE Journal, 2003, 49(4):896-909.

[15] He F, Zhang M J, Wang W, Cai Q W, Su Y Y, Liu Z, Faraj Y, Ju X J, Xie R, Chu L Y. Designable polymeric microparticles from droplet microfluidics for controlled drug release. Advanced Materials Technologies, 2019, 4(6):1800687.

[16] Wang W, Zhang M J, Chu L Y. Functional polymeric microparticles engineered from controllable microfluidic emulsions[J]. Accounts of Chemical Research, 2014, 47(2):373-384.

[17] 张茂洁. 葡萄糖响应型单分散微囊的制备与控释特性研究 [D]. 成都：四川大学，2013.

[18] Lapeyre V, Gosse I, Chevreux S, Ravaine V. Monodispersed glucose-responsive microgels operating at physiological salinity[J]. Biomacromolecules, 2006, 7(12):3356-3363.

[19] Kataoka K, Miyazaki H, Bunya M, Okano T, Sakurai Y. Totally synthetic polymer gels responding to external glucose concentration: Their preparation and application to on−off regulation of insulin release[J]. Journal of the American Chemical Society, 1998, 120(48):12694-12695.

[20] Wang W, Zhang M J, Xie R, Ju X J, Yang C, Mou C L, Weitz D A, Chu L Y. Hole-shell microparticles from controllably evolved double emulsions[J]. Angewandte Chemie International Edition, 2013, 52(31):8084-8087.

[21] Chu L Y, Utada A S, Shah R K, Kim J W, Weitz D A. Controllable monodisperse multiple emulsions[J]. Angewandte Chemie International Edition, 2007, 46(47):8970-8974.

第七章

离子识别型智能膜

第一节　铅离子识别型智能开关膜 / 214

第二节　钾离子识别型智能开关膜 / 226

重金属离子，如汞离子（Hg^{2+}）、铅离子（Pb^{2+}）、铬离子（Cd^{2+}）等，可通过食物链积聚在人体中，并且很难被排出体外。这些重金属离子在人体内对神经系统、肾脏和免疫系统都有很大的伤害。然而，一些金属离子，例如钠离子（Na^+）和钾离子（K^+），可以参与生命的新陈代谢活动。Na^+ 和 K^+ 参与神经系统的信号传递：在环境刺激下，神经细胞摄入大量 K^+ 并选择性地泵出 Na^+，使膜内外产生电势差信号，神经细胞交替地通过离子传递膜的运动来传递信号[1]。然而，生物体内所需的金属离子也需要保持在一定的浓度范围内，体内金属离子过多或过少都会引起机体的生理功能紊乱，从而导致多种疾病的发生[2]。设计和构建离子识别型智能膜可以应用于重金属离子检测或药物控释，成为近年来的研究热点[3]。

第一节
铅离子识别型智能开关膜

铅是一种常见的重金属，目前广泛应用于电镀、冶金、印刷电路板等行业[4-6]。这些行业排出的废水中常含有铅离子，对于含铅的工业废水排放，各国都制定了严格的铅浓度排放标准：国内废水中铅离子含量必须低于 0.5×10^{-6}（约 $2.5 \times 10^{-6} mol/L$），欧盟国家和美国的含铅离子废水排放标准是低于 0.4×10^{-6}。排放到环境中的痕量铅离子，可以通过饮用水和食物链在人体内积累。铅离子的摄入，会造成人体大脑的损伤，可以损坏人体中枢神经系统[7-9]，尤其是对儿童的智力发育具有很大影响[8]。目前，有效快速检测和去除痕量浓度的铅离子十分有必要。

近年来，智能膜材料与膜技术的发展，重金属离子识别响应型智能膜为工业废水处理提供了新途径[10-12]。智能开关膜可以被设计成识别环境中的重金属离子后膜孔关闭的模式，阻隔有害物质进一步传递。因此，跨膜通量会显著减小，以跨膜通量的改变直接反映出了铅离子的存在[13-21]。18- 冠 -6 可以专一识别包结 Pb^{2+}，基于 18- 冠 -6 主体分子，可以设计和构建能检验和去除痕量 Pb^{2+} 的智能开关膜。

一、铅离子识别型智能开关膜的设计

笔者团队在基材膜孔内接枝了聚（N- 异丙基丙烯酰胺 - 共聚 - 苯并 -18- 冠 -6-

丙烯酰胺）［P（NIPAM-*co*-AAB$_{18}$C$_6$）］线型高分子作为"开关"［图 7-1（a）］。当 P（NIPAM-*co*-AAB$_{18}$C$_6$）高分子识别 Pb^{2+} 后，高分子的低临界溶解温度（LCST）会由低温（LCST$_a$）迁至高温（LCST$_b$）［图 7-1（b）］[22-25]。因为，P（NIPAM-*co*-AAB$_{18}$C$_6$）高分子链上的 18- 冠 -6 基团 1∶1 识别络合 Pb^{2+} 后，形成的 18- 冠 -6/Pb^{2+} 络合物由于具有电荷而互相排斥[26, 27]，所以 P（NIPAM-*co*-AAB$_{18}$C$_6$）高分子会呈现舒展状态。在某一特定温度 T_2 下（LCST$_a$ 与 LCST$_b$ 之间），膜上的 P（NIPAM-*co*-AAB$_{18}$C$_6$）高分子处于收缩状态［图 7-1（c）］，膜孔打开。当痕量 Pb^{2+} 溶液通过膜时，18- 冠 -6 基团包结 Pb^{2+}，高分子链上的 AAB$_{18}$C$_6$/Pb^{2+} 络合体带电荷互相排斥，使得分子链舒展［图 7-1（d）］，膜孔关闭，跨膜通量明显减小。以跨膜通量显著减小作为信号，可以检测痕量铅离子。

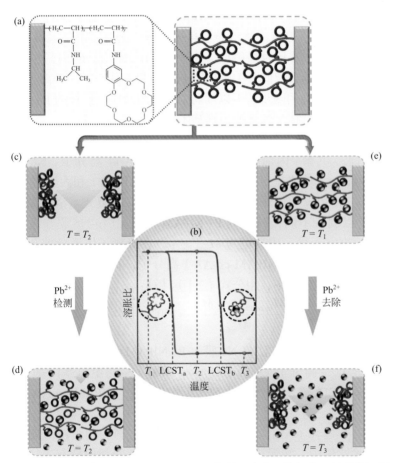

图7-1 接枝P（NIPAM-*co*-AAB$_{18}$C$_6$）共聚高分子的智能开关膜的识别、检测、去除痕量铅离子的原理示意图

另外，在低温 T_1 下（$<LCST_a$），P（NIPAM-*co*-AAB$_{18}$C$_6$）高分子舒展，18-冠 -6 基团之间的空间位阻小，Pb^{2+} 容易抵达 18- 冠 -6 基团附近形成络合物，所以 P（NIPAM-*co*-AAB$_{18}$C$_6$）高分子低温时具有最大 Pb^{2+} 吸附容量［图 7-1（e）］。依靠主体分子络合 Pb^{2+} 移除溶液中痕量的 Pb^{2+}。当 P（NIPAM-*co*-AAB$_{18}$C$_6$）高分子络合饱和之后，可以通过升高温度来解吸高分子链上的铅离子。当温度升高到 T_3（$>LCST_b$）下，高分子收缩，被包结的 Pb^{2+} 之间的静电斥力和高温破坏 18-冠 -6 基团与 Pb^{2+} 络合作用，Pb^{2+} 从 18- 冠 -6 基团受体中脱落［图 7-1（f）］[28]。基于这样的设计，可以通过控制温度实现痕量 Pb^{2+} 的分离。

二、铅离子识别型智能开关膜的制备

为识别痕量铅离子，P（NIPAM-*co*-AAB$_{18}$C$_6$）高分子上需要悬挂足够多的 18- 冠 -6 基团。当采用一步等离子体诱导填孔接枝聚合法时，由于冠醚基团大，位阻效应明显，聚（N- 异丙基丙烯酰胺 - 共聚 - 苯并 -18- 冠 -6- 丙烯酰胺）上 18- 冠 -6 基团数量不足，导致智能开关膜识别 Pb^{2+} 效果不佳[29-32]。等离子体诱导填孔接枝聚合结合化学修饰的两步法可以削弱空间位阻效应，接枝的 P（NIPAM-*co*-AAB$_{18}$C$_6$）高分子能够悬挂足够多的识别基团。

第一步：采用等离子体诱导填孔接枝聚合法在尼龙 -6（N6）膜孔内接枝聚（N- 异丙基丙烯酰胺 - 共聚 - 丙烯酸）［P（NIPAM-*co*-AA）］高分子。N6 膜为基材膜，其质量记为 M_{sub}。单体是 N- 异丙基丙烯酰胺（NIPAM）和丙烯酸（AA）。动态 10Pa 氩气下，用 30W 等离子体辐射 60s，置于 30℃往复式水浴恒温振荡器中反应 4 ~ 24h，以制备不同接枝率的 P（NIPAM-*co*-AA）-*g*-N6 膜。去离子水洗涤若干次之后，真空干燥，质量记为 $M_{mem(PNAA)}$。在等离子体诱导填孔接枝聚合过程中，膜上的共聚物为 P（NIPAM-*co*-AA）高分子，其接枝率（Y_{PNAA}）可以定义为接枝前后膜的质量变化率，用公式（7-1）计算：

$$Y_{PNAA} = \frac{M_{mem(PNAA)} - M_{sub}}{M_{sub}} \times 100\% \qquad (7-1)$$

第二步：采用化学修饰的方法将 N6 膜上 P（NIPAM-*co*-AA）高分子转化成 P（NIPAM-*co*-AAB$_{18}$C$_6$）高分子（如图 7-2 所示）。1-（3- 二甲氨基丙基）-3- 乙基碳二亚胺盐酸盐（EDC）为脱水催化剂。干燥后的 P（NIPAM-*co*-AA）-*g*-N6 膜置于无水乙醇中浸泡，置换无水乙醇 1 次后置于冰水中（低于 4℃），鼓 N$_2$ 除氧。4- 氨基苯并 -18- 冠 -6（AB$_{18}$C$_6$）溶于无水乙醇中，滴加到膜浸泡液中。随后，EDC 溶于无水乙醇中，缓慢滴加到膜浸泡液中，期间都保持在 N$_2$ 氛围中。密封低温反应 36h 后，用无水乙醇洗涤未反应的试剂，之后真空干燥，质量记为 $M_{mem(PNB_{18}C_6)}$。

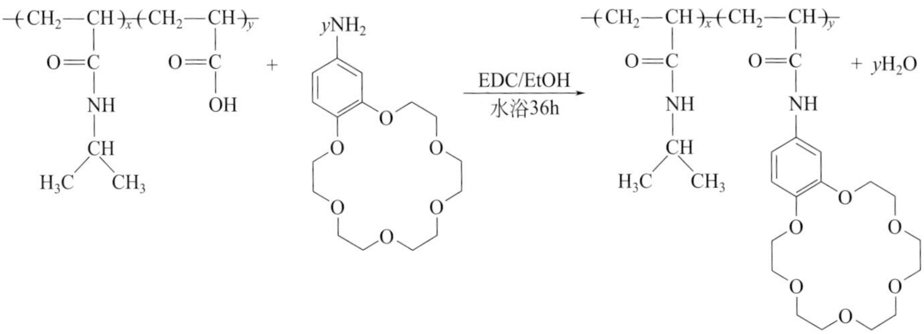

图7-2 P（NIPAM-*co*-AAB$_{18}$C$_6$）高分子的合成路线

在化学修饰过程中，18-冠-6基团被接枝到P（NIPAM-*co*-AA）高分子链上，其接枝率（$Y_{B_{18}C_6}$）定义为接枝前后膜的质量变化率，用公式（7-2）计算：

$$Y_{B_{18}C_6} = \frac{M_{mem(PNB_{18}C_6)} - M_{mem(PNAA)}}{M_{mem(PNAA)}} \times 100\% \tag{7-2}$$

三、铅离子识别型智能开关膜的表征

场发射扫描电镜（SEM）观察接枝高分子前和接枝后的形貌变化。如图7-3（a）所示，未接枝功能高分子的N6基材膜具有明显的蜂窝孔结构。而与N6基材膜相比，接枝了聚合物的N6膜具有不同的形貌结构［如图7-3（c），（e），（g）］，随着聚合物接枝率的增加，膜表面孔道变得更小。从断面SEM图［图7-3（b），（d），（f），（h）］可以观察到聚合物在整个膜层的膜孔中均有覆盖，但是膜表面接枝的聚合物较多。以上的结果表明，实验中采用的两步聚合方法可以将聚合物接枝到膜的外表面和膜孔内。

利用傅里叶变换红外光谱确定N6膜上的聚合物成分。图7-4中，曲线a是N6基材膜的FT-IR谱图，因为N6是聚酰胺类高分子，所以在1650cm^{-1}和1550cm^{-1}处有明显的酰胺类特征双峰，归属于羰基和酰胺基的吸收峰。当接枝了P（NIPAM-*co*-AA）高分子后（曲线b），谱图中出现了1388cm^{-1}和1366cm^{-1}的NIPAM中异丙基的特征峰，同时在1718cm^{-1}处出现了羧酸基的特征峰。以上分析结果表明，通过等离子体诱导填孔接枝聚合法P（NIPAM-*co*-AA）高分子成功地接枝到N6膜上。从曲线c～e谱图中得知，通过EDC的修饰后，在1718cm^{-1}处的羧酸基特征峰几乎完全消失，说明几乎所有的AA基团全部转化为AAB$_{18}$C$_6$基团。同时，在1518cm^{-1}处出现了苯环骨架伸缩振动特征吸收峰，在1228cm^{-1}处出现了Ar—O—C的C—O不对称伸缩振动特征吸收峰，在1058cm^{-1}

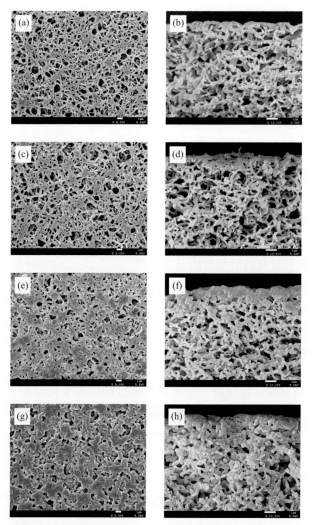

图7-3 N6基材膜及不同接枝率的接枝膜的表面[（a），（c），（e），（g）]和断面 [（b），（d），（f），（h）]的SEM图

（a）、（b）为基材膜；（c）、（d）为接枝率Y_{PNAA}=2.36%/$Y_{B_{18}C_6}$=1.38%；（e）、（f）为接枝率Y_{PNAA}=4.34%/$Y_{B_{18}C_6}$=2.15%；（g）、（h）为接枝率Y_{PNAA}=6.30%/$Y_{B_{18}C_6}$=2.81%的接枝膜（标尺为1μm）

处出现了 Ar—O—C 的 C—O 对称伸缩振动特征吸收峰。此外，随着接枝率的增加，$AAB_{18}C_6$ 基团上 1518cm^{-1} 肩峰特征峰强度也随之增加。以上数据充分地证明，N6 接枝膜上的 P（NIPAM-*co*-AA）高分子可以全部转化为 P（NIPAM-*co*-$AAB_{18}C_6$）高分子，最终形成 P（NIPAM-*co*-$AAB_{18}C_6$）-*g*-N6 接枝膜。

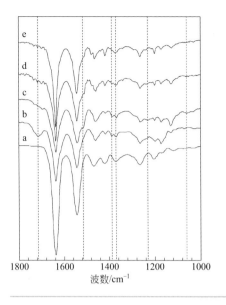

图7-4

N6基材膜及具有不同聚合物接枝率的N6接枝膜的FT-IR谱图

曲线a为N6基材膜；曲线b为接枝率 $Y_{PNAA}=6.30\%$ 的P（NIPAM-co-AA）-g-N6接枝膜；曲线c为接枝率 $Y_{PNAA}=6.30\%/Y_{B_{18}C_6}=2.81\%$，曲线d为接枝率 $Y_{PNAA}=4.34\%/Y_{B_{18}C_6}=2.15\%$，曲线e为接枝率 $Y_{PNAA}=2.36\%/Y_{B_{18}C_6}=1.38\%$ 的P（NIPAM-co-AAB$_{18}$C$_6$）-g-N6接枝膜

四、智能开关膜的铅离子识别响应性能

1. 智能开关膜的温度响应开关效果

在25℃和45℃恒定温度下，测定不同接枝率的P（NIPAM-co-AAB$_{18}$C$_6$）-g-N6智能开关膜的水通量，进而确定不同接枝率对膜孔开关系数的影响。水通量 J 值是跨膜压力差恒定 0.1MPa 下，单位面积上、单位时间内的溶液质量，由公式（7-3）计算：

$$J = \frac{m}{St} \qquad （7-3）$$

式中，J 表示过滤水通量，g/（cm^2·min）；m 表示过滤液的质量，g；S 表示膜有效过滤面积，cm^2；t 表示所经历的时间，min。

接枝膜上的功能高分子接枝量会影响开关膜的开关特性[33-36]。图 7-5（a）表明了不同接枝率的P（NIPAM-co-AAB$_{18}$C$_6$）-g-N6接枝膜在 25℃和 45℃下的水通量。随着接枝率的增加，由于 P（NIPAM-co-AAB$_{18}$C$_6$）-g-N6 接枝膜的膜孔会减小，膜的水通量随着聚合物接枝率的增加都有所减小。对于 N6 基材膜，45℃时的水通量要比 25℃的水通量稍大一些，主要是因为温度升高，水的黏度会明显减小。而 P（NIPAM-co-AAB$_{18}$C$_6$）-g-N6 接枝膜在 45℃时的水通量都明显比 25℃的水通量大，这是由于膜孔内接枝的 P（NIPAM-co-AAB$_{18}$C$_6$）高分子温敏开关的

"伸展-收缩"变化。25℃时，P（NIPAM-*co*-AAB$_{18}$C$_6$）高分子链处于"伸展"状态，膜孔小，导致水通量小；而45℃时，高分子链处于"收缩"状态，膜孔变大，导致水通量变大。

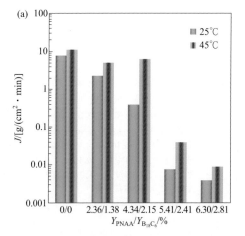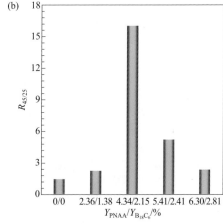

图7-5 接枝率对P（NIPAM-*co*-AAB$_{18}$C$_6$）-*g*-N6接枝膜在25℃和45℃下的水通量的影响（a）以及对温敏开关系数$R_{45/25}$的影响（b）

温敏开关系数 $R_{45/25}$ 值说明了该接枝膜的开关效果。温敏开关系数 $R_{45/25}$ 可以用公式（7-4）计算：

$$R_{45/25} = \frac{J_{45}}{J_{25}} \qquad (7\text{-}4)$$

式中，J_{45} 表示接枝膜在 45℃时的过滤水通量，g/（cm^2·min）；J_{25} 表示接枝膜在 25℃时的过滤水通量，g/（cm^2·min）。

从图 7-5（b）中可以看出，当接枝率为 Y_{PNAA}=4.34%/$Y_{B_{18}C_6}$=2.15% 时，其 $R_{45/25}$ 值最大，约为 16.0。当接枝率小于 Y_{PNAA}=4.34%/$Y_{B_{18}C_6}$=2.15% 时，膜上的聚合物接枝量小，无法有效填埋膜孔。此时接枝膜在高低温时的水通量都很大，开关效果不明显。当接枝率大于 Y_{PNAA}=4.34%/$Y_{B_{18}C_6}$=2.15% 时，膜上高分子接枝得多，低温时可以有效填埋膜孔，使得水通量很小；但高温时，高分子链收缩缠绕，膜孔无法明显地打开，水通量也没有明显增加。由以上结果可以得出，当接枝率为 Y_{PNAA}=4.34%/$Y_{B_{18}C_6}$=2.15% 时，接枝膜的开关效果最明显。

2. 智能开关膜的铅离子识别响应性能

通过测定接枝率为 Y_{PNAA}=4.34%/$Y_{B_{18}C_6}$=2.15% 的 P（NIPAM-*co*-AAB$_{18}$C$_6$）-*g*-N6

接枝膜在纯水中和不同浓度的 Pb^{2+} 溶液中的通量随温度的变化，并通过计算同一温度下 $J_{Pb^{2+}}$ 和 J_{water} 的比值，来确定检测不同浓度 Pb^{2+} 的最佳操作温度。如图 7-6（a），Pb^{2+} 溶液中，膜上 P（NIPAM-co-AAB$_{18}$C$_6$）高分子的 LCST 明显向高温迁移。这是因为高分子链上的 AAB$_{18}$C$_6$ 基团包结溶液中的 Pb^{2+} 形成带电 AAB$_{18}$C$_6$/Pb^{2+} 结合体互相排斥，使得 P（NIPAM-co-AAB$_{18}$C$_6$）高分子溶胀。而且，Pb^{2+} 浓度越大，LCST 向高温迁移越明显。值得关注的是浓度为 $1.5×10^{-6}$mol/L 的 Pb^{2+} 溶液可以引起 LCST 的明显迁移。这一浓度低于欧美和中国限定的工业 Pb^{2+} 废水排放标准。证实了接枝率为 Y_{PNAA}=4.34%/$Y_{B_{18}C_6}$=2.15% 的 P（NIPAM-co-AAB$_{18}$C$_6$）-g-N6 接枝膜可以识别痕量的 Pb^{2+}。图 7-6（b）中，Pb^{2+} 响应开关系数（$J_{Pb^{2+}}$/J_{water}）先随着温度的增加而减小，之后又随着温度的增加而增大。$J_{Pb^{2+}}$/J_{water} 值越小，意味着响应 Pb^{2+} 刺激后接枝膜的通量减小得越明显。而不同浓度的 Pb^{2+} 溶液中，$J_{Pb^{2+}}$/J_{water} 最小时对应一最佳温度（T）。这是因为在温度 T 下，膜上 P（NIPAM-co-AAB$_{18}$C$_6$）高分子可以对外加的 Pb^{2+} 刺激产生最佳的响应效果。

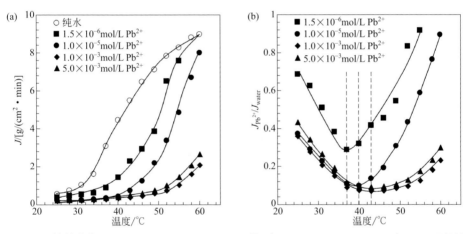

图7-6 接枝率为 Y_{PNAA}=4.34%/$Y_{B_{18}C_6}$=2.15%的P（NIPAM-co-AAB$_{18}$C$_6$）-g-N6接枝膜在纯水和不同浓度Pb^{2+}溶液中的跨膜水通量随温度的变化（a）和Pb^{2+}响应开关系数$J_{Pb^{2+}}$/J_{water}随温度的变化（b）

选定的接枝膜在 $1.5×10^{-6}$mol/L 的 Pb^{2+} 溶液中，37℃时，$J_{Pb^{2+}}$/J_{water} 的最小值为 0.28。也就是说，在 37℃下，过滤液从纯水换为 $1.5×10^{-6}$mol/L 的 Pb^{2+} 溶液，跨膜水通量减小得最明显，减小到原来的 28%。而同一接枝膜在 $1.0×10^{-5}$mol/L 的 Pb^{2+} 溶液中，$J_{Pb^{2+}}$/J_{water} 最小值 0.10 对应的温度是 40℃。$1.0×10^{-3}$mol/L 和 $5.0×10^{-3}$mol/L 的 Pb^{2+} 溶液中，$J_{Pb^{2+}}$/J_{water} 最小值 0.06 对应的温度均为 43℃。不

同 Pb^{2+} 浓度溶液中，同一张接枝膜检测 Pb^{2+} 的最佳操作温度也不同。而在 $1.0×10^{-5} \sim 5.0×10^{-3}mol/L$ 浓度范围内，37℃的 $J_{Pb^{2+}}/J_{water}$ 值都接近最佳温度下的最小值，跨膜水通量减小得也会很明显。所以，对于实际检测未知浓度 Pb^{2+} 时，可以选择在 37℃下操作。如果 Pb^{2+} 浓度高于 $1.5×10^{-6}mol/L$ 时，跨膜水通量就会明显减小，进而可以检测到 Pb^{2+} 的存在。如果 Pb^{2+} 浓度低于 $1.5×10^{-6}mol/L$ 时，可能检测不到 Pb^{2+} 存在，但该 Pb^{2+} 浓度也达到了工业排放的标准。

如图 7-7（a）所示，在 37℃纯水中，接枝膜上的 P（NIPAM-co-AAB$_{18}$C$_6$）高分子处于收缩状态，膜孔打开，跨膜水通量约有 3.0g/（cm^2·min）。相同温度条件下，把纯水变换为痕量 Pb^{2+} 溶液时（浓度约为 $1.5×10^{-6}mol/L$），因为环境中的痕量 Pb^{2+} 引起 P（NIPAM-co-AAB$_{18}$C$_6$）高分子由收缩状态转变为溶胀状态，进而膜孔关闭，跨膜水通量会明显减小至 0.75g/（cm^2·min）。然而，37℃下的痕量 K^+ 或 Ba^{2+} 溶液，跨膜水通量与纯水相比没有明显的变化。这是因为 18-冠-6 基团和 K^+ 或 Ba^{2+} 的包结常数比 Pb^{2+} 的小。痕量的 K^+ 或 Ba^{2+} 不能有效形成足够的带电主-客体结构，所以不能引起 P（NIPAM-co-AAB$_{18}$C$_6$）高分子的溶胀。37℃痕量 $1.0×10^{-6}mol/L$ K^+ 或 $1.3×10^{-6}mol/L$ Ba^{2+} 溶液中，膜孔仍然是打开的，跨膜水通量就没有明显的变化。当增大 K^+ 浓度至 $1.0×10^{-2}mol/L$ 时，高浓度的 K^+ 可以引起膜孔内 P（NIPAM-co-AAB$_{18}$C$_6$）高分子一定程度上溶胀，所以高浓度下的 K^+ 溶液的跨膜水通量会减小至约 1.8g/（cm^2·min）。在 37℃高浓度的 Pb^{2+} 溶液中，浓度为 $1.0×10^{-5}mol/L$，接枝膜的跨膜水通量减小得更明显，减小到了 0.35g/（cm^2·min）。为了证实，当在跨膜溶液中添加了痕量 K^+ 和 Ba^{2+} 作为干扰离子时，P（NIPAM-co-AAB$_{18}$C$_6$）-g-N6 接枝膜仍可以有效地检测痕量 Pb^{2+}。结果表明，只要溶液中存在痕量 Pb^{2+}，跨膜水通量就会明显减小。

根据哈根-泊肃叶方程[37]（Hagen-Poiseuille's law），由公式（7-5）计算接枝膜的平均孔径：

$$d = \sqrt[4]{\frac{128\eta lJ}{n\pi P\rho}} \qquad (7-5)$$

式中，d 为接枝膜的平均孔径，m；J 为接枝膜的水通量，kg/（m^2·s）；n 为单位膜面积上的孔数量，个/m^2；P 为膜过滤压力差，Pa；η 为水的黏度，Pa·s；l 为膜的厚度，m。

对于基材膜，膜孔平均大小约为 220nm。接枝功能高分子后，高分子会堵塞膜孔，使得孔径变小。如图 7-7（b）所示，接枝率为 $Y_{PNAA}=4.34\%/Y_{B_{18}C_6}=2.15\%$ 的 P（NIPAM-co-AAB$_{18}$C$_6$）-g-N6 开关膜在 37℃纯水中，其平均孔径为 159nm。在 37℃的痕量 $1.0×10^{-6}mol/L$ K^+ 或 $1.3×10^{-6}mol/L$ Ba^{2+} 溶液中，膜孔大小并没有明显的变化。而在高浓度（$1.0×10^{-2}mol/L$）K^+ 溶液中，膜孔孔径减小到 140nm。

当溶液中含有痕量的 Pb^{2+} 时，接枝膜的平均孔径明显减小到 114nm。这是因为痕量的 Pb^{2+} 就可以引起膜上 $P（NIPAM-co-AAB_{18}C_6）$ 高分子明显的溶胀。溶液中 Pb^{2+} 浓度越大时，膜孔减小得越明显。当溶液中含有 $1.0×10^{-5}mol/L$ Pb^{2+} 时，平均孔径减小到 94nm。

以上结果分析表明，在某一操作温度下，痕量的 Pb^{2+} 可以导致接枝膜平均孔径和跨膜水通量的明显减小。当以跨膜水通量减小作为痕量 Pb^{2+} 存在的反馈信号时，在 37℃ 操作温度下，可以利用接枝率为 $Y_{PNAA}=4.34\%/Y_{B_{18}C_6}=2.15\%$ 的 $P（NIPAM-co-AAB_{18}C_6）-g-N6$ 开关膜去检测环境中是否含有 Pb^{2+}。而这一检测手段相比于目前的 Pb^{2+} 检测技术（例如 GFAAS 和 CPI）突出了在线快速检测等优点。

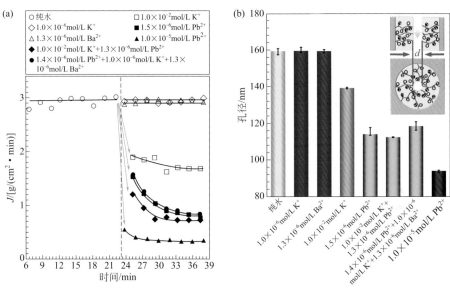

图7-7　接枝率为 $Y_{PNAA}=4.34\%/Y_{B_{18}C_6}=2.15\%$ 的 $P（NIPAM-co-AAB_{18}C_6）-g-N6$ 接枝膜跨膜水通量的等温变化图（a）以及估算的膜孔大小变化图（b）
操作温度为37℃；操作压力为0.1MPa

3. 智能开关膜的铅离子吸附和解吸性能

低温利于接枝膜上 $P（NIPAM-co-AAB_{18}C_6）$ 高分子捕获 Pb^{2+}，有两个主要原因：①低温时，膜上 $P（NIPAM-co-AAB_{18}C_6）$ 高分子处于舒展状态，18-冠-6 主体之间空间位阻小，18-冠-6 易于包结 Pb^{2+}。②18-冠-6 包结 Pb^{2+} 的过程是一个放热过程，降低温度利于包结过程的进行。所以，在 25℃ 下操作 $P（NIPAM-co-AAB_{18}C_6）-g-N6$ 接枝膜捕获并去除 Pb^{2+}。如图 7-8 所示，随着时间增加，各接枝膜的 Pb^{2+} 捕获容量（Q_c）不断增加，因为 Pb^{2+} 不断被膜上的 18-冠-6 基团捕获而在膜上积累。各接枝膜的 Q_c 对时间都有线性关系。通过比较 34h 后的 Q_c 值和膜上的冠醚基团含量，发现 Q_c 值远小于膜上的冠醚基团含量。说明 34h 的 Pb^{2+} 溶液处理时间，可能只是捕获 Pb^{2+} 的开始，需要很长时间捕获 Pb^{2+} 才可以使接枝膜达到饱和。膜上接枝的功能高分子越多，捕获到的 Pb^{2+} 就越多。从图 7-8（a）看出，接枝率为 Y_{PNAA}=5.41%/$Y_{B_{18}C_6}$=2.41% 和 Y_{PNAA}=7.64%/$Y_{B_{18}C_6}$=3.21% 的曲线很接近，说明接枝率大于 Y_{PNAA}=5.41%/$Y_{B_{18}C_6}$=2.41% 时，开始阶段捕获 Pb^{2+} 的 Q_c 值和 Pb^{2+} 在膜上积累的速率（直线的斜率）相近。

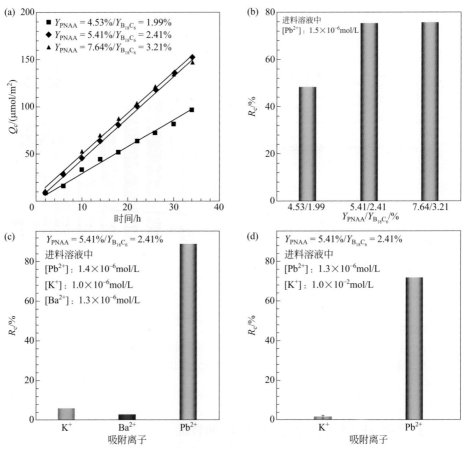

图7-8 25℃时接枝率对P（NIPAM-co-AAB$_{18}$C$_6$）-g-N6接枝膜的Pb^{2+}捕获容量Q_c（a）和Pb^{2+}截留率R_c（b）的影响（过滤液Pb^{2+}浓度为1.5×10^{-6}mol/L）；接枝率为Y_{PNAA}=5.41%/$Y_{B_{18}C_6}$=2.41%的接枝膜对不同离子的截留率R_c：（c）过滤液中含有痕量Pb^{2+}、K$^+$、Ba^{2+}，（d）过滤液中含有高浓度的K$^+$和痕量的Pb^{2+}

虽然图 7-7（a）中跨膜水通量很快达到平衡，但接枝膜上功能高分子的 18-冠 -6 基团捕获 Pb^{2+} 并没有达到平衡。图 7-7（a）中跨膜通量取决于 P（NIPAM-co-AAB$_{18}$C$_6$）高分子的舒展和收缩。在 37℃纯水中，P（NIPAM-co-AAB$_{18}$C$_6$）高分子在膜孔中处于收缩状态，当环境中存在 Pb^{2+} 时，18- 冠 -6 基团就会捕获 Pb^{2+}，即使短时间内 18- 冠 -6 基团捕获 Pb^{2+} 不会达到平衡，但也会形成一定数量的 18- 冠 -6/Pb^{2+} 带电体，而这些带电结合体会促使 P（NIPAM-co-AAB$_{18}$C$_6$）高分子在膜孔内快速地舒展。所以，开始的 10min 内，接枝膜的跨膜水通量会明显地减小。舒展后的高分子仍会继续捕获 Pb^{2+}，但 P（NIPAM-co-AAB$_{18}$C$_6$）高分子却不能继续明显地舒展，所以后来的跨膜水通量趋近于平衡。

图 7-8（b）是不同接枝率对痕量 Pb^{2+} 截留率（R_c）的影响。当接枝率大于 Y_{PNAA}=5.41%/$Y_{B_{18}C_6}$=2.41% 时，34h 内接枝膜对 Pb^{2+} 的平均截留率达到 75%。接枝率为 Y_{PNAA}=4.53%/$Y_{B_{18}C_6}$=1.99% 时，对 Pb^{2+} 的平均截留率为 48%。当接枝率为 Y_{PNAA}=5.41%/$Y_{B_{18}C_6}$=2.41% 的接枝膜处理含有痕量 Pb^{2+}、K^+、Ba^{2+} 的混合溶液时，因为 18- 冠 -6 对 Pb^{2+} 的包结常数最大，所以当 Pb^{2+}、K^+、Ba^{2+} 同时存在时，18- 冠 -6 会优先捕获 Pb^{2+}。如图 7-8（c）所示，接枝膜可以选择性地捕获 Pb^{2+}，对 Pb^{2+} 的平均截留率为 88%；而对 K^+ 和 Ba^{2+} 的截留率只有 5% 左右。当高浓度的 K^+ 和痕量 Pb^{2+} 同时存在时，接枝膜仍会选择性地捕获 Pb^{2+}，34h 内对 Pb^{2+} 的平均截留率有 78%；而对 K^+ 没有明显的截留［图 7-8（d）］。以上结果表明，P（NIPAM-co-AAB$_{18}$C$_6$）-g-N6 接枝膜可以选择性地捕获并从环境中去除 Pb^{2+}。

当 P（NIPAM-co-AAB$_{18}$C$_6$）-g-N6 接枝膜上 18- 冠 -6 基团包结 Pb^{2+} 达到饱和后，接枝膜就丧失了继续检测和去除 Pb^{2+} 的功能。可以通过升高温度对接枝膜进行再生，原因有两个：①温度升高利于客体 Pb^{2+} 从主体 18- 冠 -6 基团上脱落；②高温下 P（NIPAM-co-AAB$_{18}$C$_6$）高分子收缩而疏水，Pb^{2+} 易于从膜孔表面洗脱下来。

图 7-9 是接枝率为 Y_{PNAA}=5.41%/$Y_{B_{18}C_6}$=2.41% 的 P（NIPAM-co-AAB$_{18}$C$_6$）-g-N6 接枝膜的解吸量 Q_D 和解吸率 R_D 值。解吸分别在 37℃和 45℃下进行。在这两个温度下，P（NIPAM-co-AAB$_{18}$C$_6$）高分子处于收缩状态。纯水作为冲洗液时，跨膜水通量会慢慢增加。45℃时的水通量要比 37℃时的大。通过比较两个温度下的 Q_D 值和 R_D 值，45℃时膜再生的效果要比 37℃时的效果好。原因可能是：①45℃时水通量大，冲洗液的量多；②45℃时温度高，客体 Pb^{2+} 容易从主体 18- 冠 -6 基团上脱落。

综上，接枝 P（NIPAM-co-AAB$_{18}$C$_6$）线型共聚高分子刷的 Pb^{2+} 识别开关膜，在 37℃下，以跨膜水通量的显著减小为反馈信号，该膜可以有效、便捷地检测痕量的 Pb^{2+}。低温下，可以实现痕量 Pb^{2+} 的去除。该 Pb^{2+} 识别响应智能膜在含铅污水排放的在线检测和处理、水质分析、土壤处理等领域有重要的应用价值。

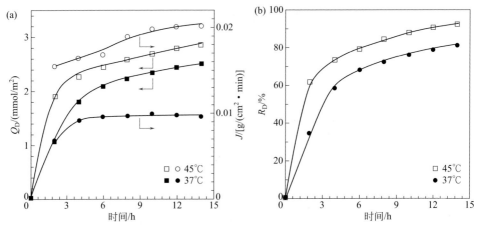

图7-9 接枝率为Y_{PNAA}=5.41%/$Y_{B_{18}C_6}$=2.41%的P（NIPAM-co-AAB$_{18}$C$_6$）-g-N6接枝膜在37℃和45℃温度下Pb^{2+}的解吸量Q_D（a）和解吸率R_D（b）

第二节
钾离子识别型智能开关膜

K$^+$作为人体细胞的主要阳离子，是维持生命不可缺少的物质[38]。细胞内外的钾离子浓度通过细胞膜上的钾离子通道来调节，细胞内的生理钾离子浓度高达0.1～0.15mol/L，而细胞内的钾离子浓度要比细胞外的钾离子浓度高出30多倍[39]。细胞膜上的钾离子通道损坏或者细胞大面积坏死会导致细胞外液钾离子浓度局部异常升高。因此，研究开发K$^+$识别响应的系统非常重要，这些系统可以应用于组织工程、药物释放、传感器等领域[40-45]。

本章第一节介绍的聚（N-异丙基丙烯酰胺-共聚-苯并-18-冠-6-丙烯酰胺）接枝膜具有反向钾离子响应特性[29-32, 46-49]，识别钾离子后膜孔"关闭"，跨膜的渗透性会显著减小。在某一特定温度下，开关高分子中的18-冠-6基团可以1:1识别K$^+$形成带正电荷的18-冠-6/K$^+$络合物。由于冠醚基团带上了同种电荷，因此它们之间就会存在静电斥力，从而使高分子链趋向伸展，此时膜孔关闭，开关膜的渗透通量降低。反向钾离子响应膜可以应用于组织工程，或者是识别钾离子抑制药物释放的场合。然而，治疗钾离子通道损坏或者细胞大面积坏死导致的生理K$^+$浓度局部升高的疾病时[50]，需要识别K$^+$后膜孔"打开"、促进药物释放的膜系统。

一、钾离子识别型智能开关膜的设计

为了得到一种识别 K$^+$ 后膜孔"打开"、跨膜渗透性明显增大的 K$^+$ 识别型智能开关膜，可以通过上述的两步接枝法在基材膜孔内接枝聚（N- 异丙基丙烯酰胺 - 共聚 - 苯并 -15- 冠 -5- 丙烯酰胺）[P（NIPAM-co-AAB$_{15}$C$_5$）] 高分子 [图 7-10（a）~（c）]。P（NIPAM-co-AAB$_{15}$C$_5$）高分子可以特异性地识别 K$^+$。高分子中 15- 冠 -5 基团空腔半径大约为 0.85 ~ 1.1Å（1Å=0.1nm）[51-53]，在水溶液中，15- 冠 -5 基团结合金属离子就要与水分子竞争和金属离子的配位。金属阳离子的水化能力弱，相应地，15- 冠 -5 基团就容易取代其水合层，与该金属离子形成稳定的络合物。K$^+$ 的水合能相对较小，15- 冠 -5 基团易与 K$^+$ 配位，然而 K$^+$ 的半径略大于苯并 -15- 冠 -5 的空腔半径，所以 15- 冠 -5 基团与 K$^+$ 会形成 2：1 的"夹心"结构。在 P（NIPAM-co-AAB$_{15}$C$_5$）高分子中，15- 冠 -5 基团与 K$^+$ 形成这样的 2：1 的"夹心"状稳定结合体。两个 15- 冠 -5 基团的拉扯会导致高分子的收缩。同时，15- 冠 -5 基团与 K$^+$ 配位后，15- 冠 -5 基团就不会和水分子形成氢键，P（NIPAM-co-AAB$_{15}$C$_5$）高分子的亲水性就会改变，P（NIPAM-co-AAB$_{15}$C$_5$）高分子的 LCST 就会往低温迁移。在某一特定温度下，P（NIPAM-co-AAB$_{15}$C$_5$）在没 K$^+$ 存在时处于溶胀状态，膜孔"关闭"，跨膜水通量小 [图 7-10（d）]。当 K$^+$ 在环境中存在时，膜孔中高分子的 15- 冠 -5 基团识别 K$^+$ 并形成 2：1 的夹心结构，由于高分子链之间互相拉扯且变得疏水，使得在该特定温度下 P（NIPAM-co-AAB$_{15}$C$_5$）高分子会收缩，从而膜孔"打开"，跨膜通量会明显增加 [图 7-10（e）]。15- 冠 -5 识别 K$^+$ 的过程是可逆的，所以在没有 K$^+$ 时，膜孔内 P（NIPAM-co-AAB$_{15}$C$_5$）高分子又会重新溶胀而使膜孔"关闭"。然而，对于其他离子（如 Na$^+$、Ca^{2+}、Mg^{2+}）不能诱导膜孔内高分子的等温收缩，膜孔仍会"关闭"，跨膜通量没有明显的变化 [图 7-10（f）][54]。因此，接枝 P（NIPAM-co-AAB$_{15}$C$_5$）高分子的正向 K$^+$ 识别型智能开关膜的"打开"和"关闭"过程具有可逆性。

二、钾离子识别型智能开关膜的制备

正向 K$^+$ 识别型 P（NIPAM-co-AAB$_{15}$C$_5$）-g-N6 接枝膜也采用等离子体诱导填孔接枝聚合法和化学修饰法两步接枝法制备。方法与本章第一节"二、铅离子识别型智能开关膜的制备"的内容相同，只是在第二步化学修饰过程中，将 4- 氨基苯并 -18 冠 -6 换成 4- 氨基苯并 -15 冠 -5（AAB$_{15}$C$_5$）。接枝率 Y_{PNAA} 和 $Y_{B_{15}C_5}$ 的定义、接枝膜的形貌和成分分析实验也参见本章第一节"二、铅离子识别型智能开关膜的制备"的内容。

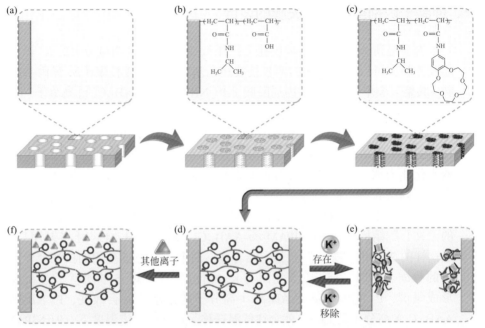

图7-10　正向钾离子识别型智能开关膜的设计图［（a）~（c）］及其识别钾离子的原理示意图［（d）~（f）］

三、钾离子识别型智能开关膜的表征

1. 钾离子识别型智能开关膜的成分与微结构

根据化学方程式（图 7-2）的质量守恒原理，P（NIPAM-*co*-AA）高分子的接枝率（Y_{PNAA}）和 15-冠-5 基团的接枝率（$Y_{\text{B}_{15}\text{C}_5}$）有公式（7-6）所示的关系：

$$Y_{\text{B}_{15}\text{C}_5} = \frac{(M_{\text{AB}_{15}\text{C}_5} - M_{\text{H}_2\text{O}})N_{\text{AA/NIPAM}}C_{\text{R}}}{M_{\text{AA}}N_{\text{AAc/NIPAM}} + M_{\text{NIPAM}}} \times \frac{Y_{\text{PNAA}}}{1 + Y_{\text{PNAA}}} \times 100 \qquad (7\text{-}6)$$

式中，$Y_{\text{B}_{15}\text{C}_5}$ 表示 15-冠-5 基团的接枝率（以质量分数计），%；Y_{PNAA} 表示 P（NIPAM-*co*-AA）-*g*-N6 膜上 P（NIPAM-*co*-AA）的接枝率（以质量分数计），%；$M_{\text{AB}_{15}\text{C}_5}$、$M_{\text{H}_2\text{O}}$、$M_{\text{AA}}$、$M_{\text{NIPAM}}$ 分别表示 AB$_{15}$C$_5$、H$_2$O、AA、NIPAM 的摩尔质量，g/mol；$N_{\text{AA/NIPAM}}$ 表示 AA 与 NIPAM 的摩尔比；C_{R} 表示 AA 的转化率。

图 7-11 是制膜过程中接枝率 Y_{PNAA} 和 $Y_{\text{B}_{15}\text{C}_5}$ 的关系图，实线是根据公式（7-6）算得的理论数值。在理论值计算中，$N_{\text{AA/NIPAM}}$ 取实验设计的摩尔比，理论值为 0.2；C_{R} 取理想转化率，理论值为 100%。图 7-11 中圆点有很好的线性关系且均

匀分布在理论直线的附近，说明通过两步法制备的开关膜与设计的开关膜接枝情况相似。

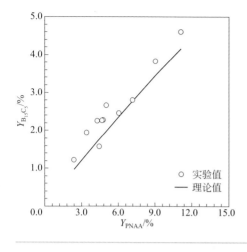

图7-11　P（NIPAM-*co*-AAB$_{15}$C$_5$）-*g*-N6 接枝膜制备过程中 Y_{PNAA} 和 $Y_{B_{15}C_5}$ 的关系图

对于 P（NIPAM-*co*-AAB$_{15}$C$_5$）-*g*-N6 接枝膜的形貌分析（图 7-12 的 SEM 图）和成分分析（图 7-13 的 FT-IR 谱图）跟本章第一节"三、铅离子识别型智能开关膜的表征"内容相似，①实验中采用的两步聚合方法可以将功能高分子接枝到 N6 膜的外表面和膜孔内，且接枝率越大，膜孔变得越小。② FT-IR 谱图证实 P（NIPAM-*co*-AAB$_{15}$C$_5$）-*g*-N6 接枝膜上的功能高分子是 P（NIPAM-*co*-AAB$_{15}$C$_5$），第二步中接枝膜上 P（NIPAM-*co*-AA）高分子上 AA 基团几乎全部反应成为 AAB$_{15}$C$_5$ 基团。这样的结果也与上述讨论的核磁表征结果吻合。

2. 智能开关膜表面的钾离子识别响应特征

图 7-14 显示了基材膜和接枝膜在 25℃下分别与纯水、0.1mol/L Na$^+$ 溶液和 0.1mol/L K$^+$ 溶液的静态接触角。对比图 7-14（a1）、（b1）和（c1），N6 基材膜与纯水的接触角是 28.3°，与 0.1mol/L Na$^+$ 溶液和 0.1mol/L K$^+$ 溶液的接触角分别为 27.3° 和 29.7°。可见相同温度下，基材膜与纯水、0.1mol/L Na$^+$ 溶液和 0.1mol/L K$^+$ 溶液的接触角都没有明显差异。而当基材膜接枝 P（NIPAM-*co*-AAB$_{15}$C$_5$）高分子后，可能是因为接枝的高分子覆盖了蜂窝状的膜表面，液体不易浸下去，使得接枝膜与纯水的接触角要比基材膜的稍大一些，当接枝率为 Y_{PNAA}=4.19%/$Y_{B_{15}C_5}$=2.05% 时，接枝膜与纯水的接触角为 54.2°［图 7-14（a2）］；接枝率为 Y_{PNAA}=7.18%/$Y_{B_{15}C_5}$=2.80% 时，接枝膜与纯水的接触角为 49.2°［图 7-14（a3）］，这说明 P（NIPAM-*co*-AAB$_{15}$C$_5$）-*g*-N6 接枝膜在 25℃纯水中表面具有亲水性。而对于 25℃的 0.1mol/L Na$^+$ 溶液，相应的接枝膜与 0.1mol/L Na$^+$ 溶液的接触角

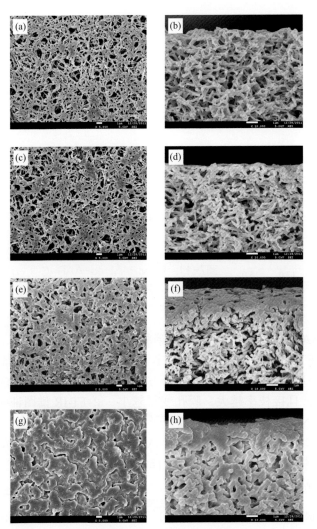

图7-12 N6基材膜及不同接枝率的P（NIPAM-*co*-AAB₁₅C₅）-*g*-N6接枝膜的表面
［（a），（c），（e），（g）］和断面［（b），（d），（f），（h）］的SEM图
（a），（b）为基材膜；（c），（d）为接枝率Y_{PNAA}=2.39%/$Y_{B_{15}C_5}$=1.22%，（e），（f）为接枝率Y_{PNAA}=4.77%/$Y_{B_{15}C_5}$=2.27%，（g），（h）为接枝率Y_{PNAA}=7.18%/$Y_{B_{15}C_5}$=2.80%的P（NIPAM-*co*-AAB₁₅C₅）-*g*-N6接枝膜（标尺为1μm）

与纯水相比没有明显差异。当接枝率为Y_{PNAA}=4.19%/$Y_{B_{15}C_5}$=2.05%时，接枝膜与0.1mol/L Na⁺溶液的接触角为49.8°［图7-14（b2）］；接枝率为Y_{PNAA}=7.18%/$Y_{B_{15}C_5}$=2.80%时，接枝膜与0.1mol/L Na⁺溶液的接触角为43.5°［图7-14（b3）］，换句话说，Na⁺不会使接枝膜的表面亲水性发生变化。而对于0.1mol/L K⁺溶液，接枝率为Y_{PNAA}=4.19%/$Y_{B_{15}C_5}$=2.05%的P（NIPAM-*co*-AAB₁₅C₅）-*g*-N6接枝膜

与 0.1mol/L K⁺ 溶液的接触角为 83.7° ［图 7-14（c2）］，接枝率为 Y_{PNAA}=7.18%/ $Y_{B_{15}C_5}$=2.80% 的 P（NIPAM-co-AAB$_{15}$C$_5$）-g-N6 接枝膜与 0.1mol/L K⁺ 溶液的接触角为 109.9° ［图 7-14（c3）］。25℃下，K⁺ 可以被 P（NIPAM-co-AAB$_{15}$C$_5$）高分子上

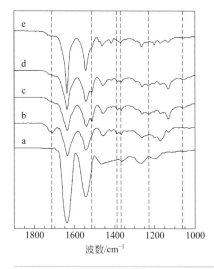

图7-13

N6基材膜及具有不同功能高分子的N6接枝膜的FT-IR谱图

曲线a为N6基材膜；曲线b为接枝率Y_{PNAA}=7.18%的 P（NIPAM-co-AA）-g-N6 接枝膜；曲线c为接枝率 Y_{PNAA}=7.18%/$Y_{B_{15}C_5}$=2.80%，曲线d为接枝率 Y_{PNAA}=4.77%/$Y_{B_{15}C_5}$=2.27%，曲线e为接枝率 Y_{PNAA}=2.39%/$Y_{B_{15}C_5}$=1.22% 的 P（NIPAM-co-AAB$_{15}$C$_5$）-g-N6 接枝膜

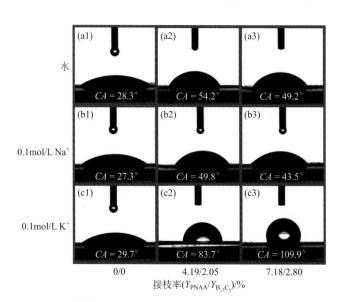

图7-14 基材膜和接枝膜在25℃分别与纯水、0.1mol/L Na⁺溶液和0.1mol/L K⁺溶液的静态接触角

（a1）、（b1）、（c1）基材膜；（a2）、（b2）、（c2）接枝率为Y_{PNAA}=4.19%/$Y_{B_{15}C_5}$=2.05%的接枝膜；（a3）、（b3）、（c3）接枝率为Y_{PNAA}=7.18%/$Y_{B_{15}C_5}$=2.80%的接枝膜

的 AAB$_{15}$C$_5$ 基团识别而使得高分子收缩发生构象变化，高分子变得疏水，使得接触角明显比纯水中的接触角大。简单地说，K$^+$ 可以使 P（NIPAM-co-AAB$_{15}$C$_5$）-g-N6 接枝膜的表面变为疏水，且接枝率越大，疏水效果越明显（图 7-15）。从图 7-15 看出接枝率大于 Y_{PNAA}=7.18%/$Y_{B_{15}C_5}$=2.80% 时，接枝膜与 K$^+$ 溶液的接触角变化不大，在 110° 附近。可能是此时的接枝率下，膜表面全部被 P（NIPAM-co-AAB$_{15}$C$_5$）高分子覆盖，所以疏水效果相同。

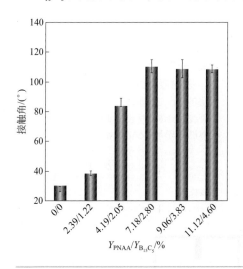

图7-15　不同接枝率的P（NIPAM-co-AAB$_{15}$C$_5$）-g-N6接枝膜在25℃时与0.1mol/L K$^+$溶液的静态接触角

图 7-16 是 N6 基材膜和 Y_{PNAA}=7.18%/$Y_{B_{15}C_5}$=2.80% 的 P（NIPAM-co-AAB$_{15}$C$_5$）-g-N6 接枝膜在 25℃纯水、0.1mol/L Na$^+$ 溶液和 0.1mol/L K$^+$ 溶液中的三维 AFM 图。从图 7-16（a）、（c）和（e）中看出，因为 N6 基材膜没有离子响应性，它在 25℃纯水、0.1mol/L Na$^+$ 溶液和 0.1mol/L K$^+$ 溶液中形貌没有差异，基材膜表面粗糙，明显凹凸不平。当接枝 P（NIPAM-co-AAB$_{15}$C$_5$）高分子后，Y_{PNAA}=7.18%/$Y_{B_{15}C_5}$=2.80% 的 P（NIPAM-co-AAB$_{15}$C$_5$）-g-N6 接枝膜在各溶液中的三维 AFM 图与基材膜的截然不同。接枝膜在纯水和 0.1mol/L Na$^+$ 溶液中，其表面比基材膜的显得稍光滑；接枝膜在 0.1mol/L K$^+$ 溶液中，表面形貌与其在纯水或 0.1mol/L Na$^+$ 溶液中不同。因为 P（NIPAM-co-AAB$_{15}$C$_5$）高分子在 25℃的 K$^+$ 溶液中收缩，所以此时的接枝膜形貌与基材膜相似。

图 7-17 是 N6 基材膜和 Y_{PNAA}=7.18%/$Y_{B_{15}C_5}$=2.80% 的 P（NIPAM-co-AAB$_{15}$C$_5$）-g-N6 接枝膜在 25℃不同溶液中的二维 AFM 图以及沿图中直线的膜表面粗糙度曲线。如图 7-17（a）所示，25℃纯水中 N6 基材膜呈现出纤维状粗糙表面，从其图中直线的粗糙度曲线可以看出，粗糙度的最大峰值有 700nm，其最大谷值也有 -800nm。相比于 N6 基材膜在 0.1mol/L Na$^+$ 溶液和 0.1mol/L K$^+$ 溶液中［图 7-17

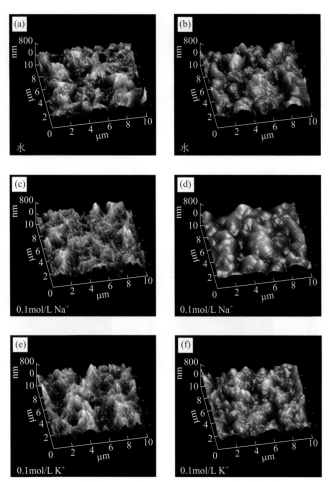

图7-16 N6基材膜［（a），（c），（e）］和接枝率为Y_{PNAA}=7.18%/$Y_{B_{15}C_5}$= 2.80%的 P（NIPAM-*co*-AAB$_{15}$C$_5$）-*g*-N6接枝膜［（b），（d），（f）］在25℃不同溶液中的三维AFM图

（a），（b）为纯水中；（c），（d）为0.1mol/L Na$^+$溶液中；（e），（f）为0.1mol/L K$^+$溶液中

（b）、（c）］，其表面的粗糙度的最大峰谷值都在 ±700nm 左右。因为表面覆盖了 P（NIPAM-*co*-AAB$_{15}$C$_5$）高分子，接枝膜在 25℃纯水中比 N6 基材膜表面光滑，其粗糙度最大峰谷值在 ±300nm 左右［图 7-17（d）］。接枝膜在 0.1mol/L Na$^+$ 溶液中，表面的粗糙度与其在纯水中相似，没有明显差异［图 7-17（e）］。与期望的一样，接枝膜在 0.1mol/L K$^+$ 溶液的粗糙度有明显变大，粗糙度的最大峰值达到 500nm 左右，最大谷值在 −600nm 左右，说明膜孔一定程度上"打开"［图 7-17（f）］。通过 AFM 的观察，说明 K$^+$ 可以使接枝膜的表面发生形貌变化，这也与接触角的数据吻合。

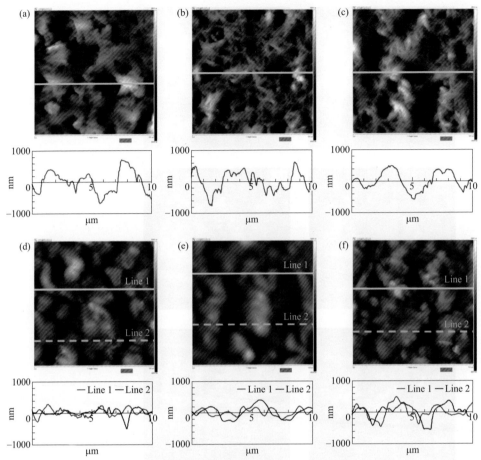

图7-17 N6基材膜［（a）～（c）］和接枝率为Y_{PNAA}=7.18%/$Y_{B_{15}C_5}$=2.80%的P（NIPAM-*co*-AAB$_{15}$C$_5$）-*g*-N6接枝膜［（d）～（f）］在25℃不同溶液中的二维AFM图以及沿图中直线的膜表面粗糙度曲线

（a），（d）纯水中；（b），（e）0.1mol/L Na$^+$溶液中；（c），（f）0.1mol/L K$^+$溶液中（标尺为1μm）

四、智能开关膜的钾离子识别响应性能

1．智能开关膜的钾离子识别响应型通量变化和膜孔开关效果

P（NIPAM-*co*-AAB$_{15}$C$_5$）-*g*-N6 开关膜的 K$^+$ 响应开关系数 $R_{(J_{0.1mol/L\ K^+}/J_{water})}$ 表示了接枝膜的开关效果，定义为：

$$R_{J_{0.1mol/L\,K^+}/J_{water}} = \frac{J_{0.1mol/L\,K^+}}{J_{water}} \tag{7-7}$$

式中，$J_{0.1mol/L\ K^+}$ 和 J_{water} 分别表示 P（NIPAM-co-AAB$_{15}$C$_5$）-g-N6 接枝膜在 0.1mol/L K$^+$ 溶液中和纯水中的水通量，kg/（m^2·h）。

25℃操作温度下，不同接枝率的 P（NIPAM-co-AAB$_{15}$C$_5$）-g-N6 接枝膜在纯水中和 0.1mol/L K$^+$ 溶液中的跨膜水通量如图 7-18（a）所示。对于 N6 基材膜，25℃时在纯水中的跨膜水通量和 0.1mol/L K$^+$ 溶液中的跨膜水通量没有明显差别。然而，接枝率越大，接枝膜上的高分子就越长且致密。随着接枝率的增加，P（NIPAM-co-AAB$_{15}$C$_5$）-g-N6 接枝膜的膜孔会减小，接枝膜的水通量在纯水中和 0.1mol/L K$^+$ 溶液中都有不同程度的减小。当接枝率为 Y_{PNAA}=7.18%/$Y_{B_{15}C_5}$=2.80% 时，接枝膜在纯水中的跨膜水通量都很小。25℃下接枝膜在纯水中的跨膜水通量都明显比 0.1mol/L K$^+$ 溶液中的跨膜通量小。这是因为 25℃下 K$^+$ 可以使接枝膜上的 P（NIPAM-co-AAB$_{15}$C$_5$）高分子发生收缩，膜孔"打开"使跨膜通量变大；而在 25℃时 P（NIPAM-co-AAB$_{15}$C$_5$）高分子在纯水中是溶胀的，接枝膜的膜孔"关闭"，跨膜通量小。

对于接枝膜的 K$^+$ 响应开关效果，K$^+$ 响应开关系数 $R_{J_{0.1mol/L\ K^+}/J_{water}}$ 越大，开关效果越明显。图 7-18（b）所示的是接枝率对 P（NIPAM-co-AAB$_{15}$C$_5$）-g-N6 接枝膜的开关系数 $R_{J_{0.1mol/L\ K^+}/J_{water}}$ 的影响。从图中可以看出，当接枝率为 Y_{PNAA}=4.77%/$Y_{B_{15}C_5}$=2.27% 时，其 $R_{J_{0.1mol/L\ K^+}/J_{water}}$ 值最大，约为 54.2，所以，Y_{PNAA}=4.77%/$Y_{B_{15}C_5}$=2.27% 的接枝率是 P（NIPAM-co-AAB$_{15}$C$_5$）高分子有效填埋膜孔的最佳接枝率。当接枝率大于 Y_{PNAA}=4.77%/$Y_{B_{15}C_5}$=2.27% 时，膜上高分子接枝得多，25℃时高分子溶胀，可以有效填埋膜孔，使得水通量很小，同一温度下，在 0.1mol/L K$^+$ 溶液中高分子链收缩缠绕反而堵塞了膜孔，膜孔并没有明显变化，跨膜通量也没有明显的增加。当接枝率小于 Y_{PNAA}=4.77%/$Y_{B_{15}C_5}$=2.27% 时，膜上的功能高

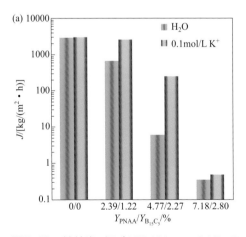
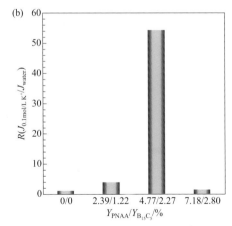

图7-18　接枝率对P（NIPAM-co-AAB$_{15}$C$_5$）-g-N6接枝膜在25℃下纯水中和0.1mol/L K$^+$溶液中的跨膜水通量的影响（a）以及对K$^+$响应开关系数$R_{J_{0.1mol/L\ K^+}/J_{water}}$的影响（b）

分子接枝量小，无法有效填埋膜孔，25℃时在纯水中和0.1mol/L K^+ 溶液中的水通量都很大，开关效果不明显。

图7-19（a）是接枝率为 Y_{PNAA}=4.77%/$Y_{B_{15}C_5}$=2.27% 的 P（NIPAM-*co*-AAB$_{15}$C$_5$）-*g*-N6 接枝膜25℃时在纯水和0.1mol/L 不同离子溶液中跨膜水通量的动态变化。当过滤液为纯水时，接枝膜上的 P（NIPAM-*co*-AAB$_{15}$C$_5$）高分子在25℃时溶胀，接枝膜膜孔"关闭"，此时跨膜水通量小，约为 4.5kg/（m²·h）。当过滤液从纯水换成0.1mol/L K^+ 溶液时，接枝膜上的 P（NIPAM-*co*-AAB$_{15}$C$_5$）高分子识别 K^+ 后发生等温收缩，接枝膜膜孔"打开"，跨膜水通量会明显变大至 245kg/（m²·h）。从图上可以看出，Na^+、Ca^{2+}、Mg^{2+} 不能使接枝膜的跨膜水通量发生明显的变化。接枝膜在0.1mol/L Na^+ 溶液、0.1mol/L Ca^{2+} 溶液和0.1mol/L Mg^{2+} 溶液中的跨膜水通量比纯水中的跨膜水通量稍变大，这归因于 Na^+、Ca^{2+}、Mg^{2+} 对接枝膜上 P（NIPAM-*co*-AAB$_{15}$C$_5$）高分子的盐析作用。P（NIPAM-*co*-AAB$_{15}$C$_5$）-*g*-N6 接枝膜识别 K^+ 的开关作用是可逆的。25℃下，过滤液从0.1mol/L K^+ 溶液换成纯水后，接枝膜上 P（NIPAM-*co*-AAB$_{15}$C$_5$）高分子会迅速溶胀，膜孔"关闭"，跨膜水通量也变小。在过滤液从纯水→0.1mol/L K^+→纯水→0.1mol/L K^+→纯水→0.1mol/L K^+ 的循环过程中，接枝膜的跨膜水通量也会交替地变小和变大。P（NIPAM-*co*-AAB$_{15}$C$_5$）-*g*-N6 接枝膜显示出很好的 K^+ 响应可重复性。以上结果表明，接枝率为 Y_{PNAA}=4.77%/$Y_{B_{15}C_5}$=2.27% 的 P（NIPAM-*co*-AAB$_{15}$C$_5$）-*g*-N6 接枝膜在识别0.1mol/L K^+ 后，通量会明显变大，突显出正向 K^+ 识别的特性，此外接枝膜识别 K^+ 的行为是可逆的，接枝膜是可再生的。

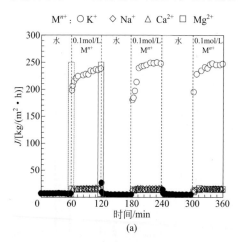
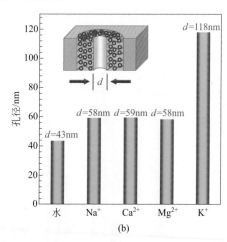

图7-19 25℃下接枝率为Y_{PNAA}=4.77%/$Y_{B_{15}C_5}$=2.27%的P（NIPAM-*co*-AAB$_{15}$C$_5$）-*g*-N6接枝膜从纯水中换到0.1mol/L的不同离子溶液中的跨膜水通量等温动态变化（a），以及该接枝膜在纯水中和0.1mol/L的不同离子溶液中平均膜孔径的变化（b）
图（a）中虚框中的 K^+ 响应的等温水通量变化见图7-20

根据哈根 - 泊肃叶方程［Hagen-Poiseuille's law，公式（7-5）］计算接枝率为 Y_{PNAA}=4.77%/$Y_{B_{15}C_5}$=2.27% 的 P（NIPAM-co-AAB$_{15}$C$_5$）-g-N6 接枝膜在纯水和 0.1mol/L 不同离子溶液中的平均孔径（d）。对于基材膜，膜孔平均大小约为 220nm。接枝 P（NIPAM-co-AAB$_{15}$C$_5$）高分子后，膜孔径变小。接枝率为 Y_{PNAA}=4.77%/$Y_{B_{15}C_5}$=2.27% 的 P（NIPAM-co-AAB$_{15}$C$_5$）-g-N6 接枝膜在 25℃纯水中，P（NIPAM-co-AAB$_{15}$C$_5$）高分子溶胀，膜孔减小到了 43nm。在 0.1mol/L Na$^+$ 溶液、0.1mol/L Ca^{2+} 溶液和 0.1mol/L Mg^{2+} 溶液中，因为离子的盐析作用，膜孔会略微变大，接枝膜的平均孔径增加到了 58nm 左右。而在 25℃的 0.1mol/L K$^+$ 溶液中，因为 P（NIPAM-co-AAB$_{15}$C$_5$）高分子的收缩，接枝膜的平均孔径明显增加，大小变为 118nm。通过平均孔径大小的比较，证实 K$^+$ 可以使接枝膜膜孔明显地打开。

图 7-20 显示了接枝率为 Y_{PNAA}=4.77%/$Y_{B_{15}C_5}$=2.27% 的 P（NIPAM-co-AAB$_{15}$C$_5$）-g-N6 接枝膜响应 K$^+$ 后膜孔"打开"和"关闭"的速率。当过滤液在 25℃从纯水变为 0.1mol/L K$^+$ 溶液时，接枝膜的跨膜水通量在 60s 内从 4.5kg／（m^2·h）增加到 200kg/（m^2·h），这归因于膜上 P（NIPAM-co-AAB$_{15}$C$_5$）高分子对 K$^+$ 的快速响应，随后跨膜通量会趋近于平衡在 245kg/（m^2·h）。在接枝膜等温再生过程中，过滤液 0.1mol/L K$^+$ 溶液变为纯水时，用纯水跨膜冲洗接枝膜，跨膜水通量在 50s 内从 245kg/（m^2·h）迅速减小到 20kg/（m^2·h），最后平衡到 4.5kg/（m^2·h）。以上结果表明，接枝率为 Y_{PNAA}=4.77%/$Y_{B_{15}C_5}$=2.27% 的 P（NIPAM-co-AAB$_{15}$C$_5$）-g-N6 接枝膜识别 K$^+$ 的开关行为是非常迅速的。

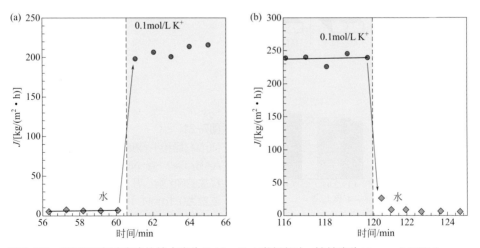

图7-20 25℃下当过滤液从纯水变为0.1mol/L K$^+$溶液时，接枝率为Y_{PNAA}=4.77%/$Y_{B_{15}C_5}$=2.27%的P（NIPAM-co-AAB$_{15}$C$_5$）-g-N6接枝膜的跨膜水通量快速变化图（a），以及等温下过滤液从0.1mol/L K$^+$变为纯水溶液时，该接枝膜的跨膜水通量快速变化图（b）

2. 智能开关膜的膜孔大小和表面亲疏水性协同作用控制跨膜扩散释放性能

采用不同分子量的亲水药物作为模型药物：分子量为180.18的葡萄糖、分子量为376.36的维生素 B_2、分子量为691.85的曙红 Y、分子量为1355.38的维生素 B_{12}，考察了 P（NIPAM-co-AAB$_{15}$C$_5$）-g-N6接枝膜识别离子后，其膜孔径变化和表面亲疏水性变化对不同分子量的亲水药物透膜扩散的影响。以探明正向钾离子响应开关膜依靠膜孔大小和亲疏水性协同控制药物扩散渗透特性，从而更好地实现其在药物控释、组织工程等领域的应用。

图 7-21 是 N6 基材膜和不同接枝率的 P（NIPAM-co-AAB$_{15}$C$_5$）-g-N6 接枝膜在 25℃时模型药物释放的 Na$^+$ 扩散系数比值（D_{Na^+}/D_{water}）。从图 7-21 上可以看出，所有的 D_{Na^+}/D_{water} 值都在 1.0 附近。这说明无论是 N6 基材膜还是 P（NIPAM-co-AAB$_{15}$C$_5$）-g-N6 接枝膜，四种不同大小的模型药物分子在 0.1mol/L Na$^+$ 溶液中扩散透膜的速率与纯水中的相同。Na$^+$ 不能被膜上 P（NIPAM-co-AAB$_{15}$C$_5$）高分子的 AAB$_{15}$C$_5$ 基团识别，膜上高分子不会发生收缩或构象变化。25℃时，高接枝率和低接枝率下的 P（NIPAM-co-AAB$_{15}$C$_5$）高分子在 0.1mol/L Na$^+$ 溶液和纯水中都处于溶胀状态。0.1mol/L Na$^+$ 溶液中的膜孔径相对于纯水中的没有明显变化，膜孔都处于"关闭"状态。模型药物分子通过高分子间的水通道缓慢扩散，且跨膜扩散速率相同。

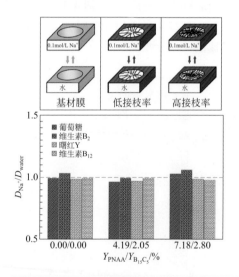

图7-21

N6基材膜和不同接枝率的P（NIPAM-co-AAB$_{15}$C$_5$）-g-N6接枝膜在25℃时模型药物释放的Na$^+$响应开关系数（D_{Na^+}/D_{water}）（Na$^+$浓度为0.1mol/L）

图 7-22 是 N6 基材膜和不同接枝率的 P（NIPAM-co-AAB$_{15}$C$_5$）-g-N6 接枝膜在 25℃时模型药物释放的 K$^+$ 响应开关系数（D_{K^+}/D_{water}）。从图 7-22 中可以看出，N6 基材膜没有 K$^+$ 响应性，模型药物的 D_{K^+}/D_{water} 值都在 1.0 附近。相比，

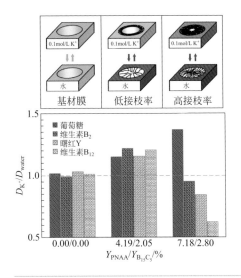

图7-22　N6基材膜和不同接枝率的P（NIPAM-co-AAB$_{15}$C$_5$）-g-N6接枝膜在25℃时模型药物释放的K$^+$响应开关系数（D$_{K^+}$/D$_{water}$）（K$^+$浓度为0.1mol/L）

P（NIPAM-co-AAB$_{15}$C$_5$）-g-N6接枝膜有明显的K$^+$响应控制模型药物扩散释放。接枝率不同，对于模型药物的K$^+$响应控制释放行为也不同。在低接枝率时（Y$_{PNAA}$=4.19%/Y$_{B_{15}C_5}$=2.05%），所选的四种不同分子量的模型药物的D$_{K^+}$/D$_{water}$值都大于1.0。这说明四种模型药物在0.1mol/L K$^+$溶液中跨膜扩散速率要比纯水中的快。原因是：25℃时，P（NIPAM-co-AAB$_{15}$C$_5$）高分子在纯水中溶胀，而在K$^+$溶液中收缩。低接枝率时，接枝膜上的P（NIPAM-co-AAB$_{15}$C$_5$）高分子收缩，膜孔明显增大。虽然从接触角的数据中（图7-14）得到K$^+$溶液中膜表面也会变得疏水，但接枝膜膜孔大小的明显变化是促进模型药物跨膜扩散的主导因素。在高接枝率时（Y$_{PNAA}$=7.18%/Y$_{B_{15}C_5}$=2.80%），小分子量的葡萄糖的D$_{K^+}$/D$_{water}$值为1.35，K$^+$可以促进葡萄糖的跨膜扩散释放。而对于分子量比葡萄糖大的维生素B$_{12}$、曙红Y和维生素B$_{12}$，它们的D$_{K^+}$/D$_{water}$值都要小于1.0，而且模型药物的分子量越大，D$_{K^+}$/D$_{water}$值越小。说明K$^+$抑制维生素B$_2$、曙红Y和维生素B$_{12}$的跨膜扩散。

产生这种现象可能的原因是：25℃时，K$^+$不仅可以使P（NIPAM-co-AAB$_{15}$C$_5$）收缩，导致膜孔大小变化，还使高分子收缩后发生构象变化，导致膜孔表面疏水。膜孔大小变化和膜孔表面亲疏水性协调作用控制模型药物的跨膜扩散释放。小分子量时，膜孔表面的亲疏水性对小分子亲水药物的跨膜扩散影响小，膜孔变大导致小分子在接枝膜中快速传递。虽然高接枝率的接枝膜在识别K$^+$后，膜孔会一定程度地增加，但对于大分子量时，膜孔表面的亲疏水性对大分子亲水药物的跨膜扩散影响很大。所以在K$^+$溶液中，分子量较大的亲水模型药物的跨膜扩散释放会被抑制，也就是说较纯水中的跨膜扩散会变慢。

本章基于18-冠-6和15-冠-5具有特异识别重金属离子Pb^{2+}和碱金属离子

K$^+$ 的特性，通过等离子体诱导填孔接枝聚合法和化学修饰法构建了 Pb^{2+} 和 K$^+$ 识别响应智能开关膜。介绍了 P（NIPAM-co-AAB$_{18}$C$_6$）-g-N6 接枝膜以其跨膜水通量明显减小为信号检测环境中痕量浓度 Pb^{2+} 的行为和接枝膜去除环境中 Pb^{2+} 的能力以及再生能力。介绍了不同接枝率 P（NIPAM-co-AAB$_{15}$C$_5$）-g-N6 接枝膜的 K$^+$ 响应特性和对不同分子量大小的亲水型药物控释规律。为离子识别响应型智能膜设计与构建及其在离子检测、水处理、控制释放等领域的应用提供了重要的指导和参考。

参考文献

[1] Hardin J, Bertoni G P, Kleinsmith L J. Becker's World of the Cell[M]. 8th ed. San Francisico: Benjamin Cummings, 2011.

[2] Thompson K H, Orvig C. Boon and bane of metal ions in medicine[J]. Science, 2003, 300(5621):936-939.

[3] 刘壮. 基于冠醚的铅/钾离子识别响应智能膜的设计、构建与性能研究 [D]. 成都：四川大学，2014.

[4] Nordberg G F, Fowler B A, Nordberg M, Friberg L T. Handbook on the Toxicology of Matals[M]. Boston: Academic Press Amsterdam, 2007.

[5] Natusch D F, Wallace J R, Evans C A J. Toxic trace elements: preferential concentration in respirable particles[J]. Science, 1974, 183(4121):202-204.

[6] Nriagu J O, Pacyna J M. Quantitative assessment of worldwide contamination of air, water and soils by trace metals[J]. Nature, 1988, 333(6169):134-139.

[7] Rosner D, Markowitz G. The politics of lead toxicology and the devastating consequences for children[J]. American Journal of Industrial Medicine, 2007, 50(10):740-756.

[8] Kleiner K. Toxicology—Lead may be damaging the intelligence of millions of children worldwide[J]. New Scientist, 2003, 178(2392).

[9] Winecker R E, Ropero-Miller J D, Broussard L A, Hammett-Stabler C A. The toxicology of heavy metals: Getting the lead out[J]. Laboratory Medicine, 2002, 33(12):934-947.

[10] Alkhudhiri A, Darwish N, Hilal N. Membrane distillation: A comprehensive review[J]. Desalination, 2012, 287: 2-18.

[11] Shannon M A, Bohn P W, Elimelech M, Georgiadis J G, Marinas B J, Mayes A M. Science and technology for water purification in the coming decades[J]. Nature, 2008, 452(7185):301-310.

[12] Henmi M, Nakatsuji K, Ichikawa T, Tomioka H, Sakamoto T, Yoshio M, Kato T. Self-organized liquid-crystalline nanostructured membranes for water treatment: Selective permeation of ions[J]. Advanced Materials, 2012, 24(17):2238-2241.

[13] Ito Y, Park Y S. Signal-responsive gating of porous membranes by polymer brushes[J]. Polymers for Advanced Technologies, 2000, 11(3):136-144.

[14] Ulbricht M. Advanced functional polymer membranes[J]. Polymer, 2006, 47(7):2217-2262.

[15] Bruening M L, Dotzauer D M, Jain P, Ouyang L, Baker G L. Creation of functional membranes using polyelectrolyte multilayers and polymer brushes[J]. Langmuir, 2008, 24(15):7663-7673.

[16] Savariar E N, Krishnamoorthy K, Thayumanavan S. Molecular discrimination inside polymer nanotubules[J].

Nature Nanotechnology, 2008, 3(2):112-117.

[17] Stuart M, Huck W, Genzer J, Muller M, Ober C, Stamm M, Sukhorukov G B, Szleifer I, Tsukruk V V, Urban M, Winnik F, Zauscher S, Luzinov I, Minko S. Emerging applications of stimuli-responsive polymer materials[J]. Nature Materials, 2010, 9(2):101-113.

[18] Tokarev I, Minko S. Stimuli-responsive porous hydrogels at interfaces for molecular filtration, separation, controlled release, and gating in capsules and membranes[J]. Advanced Materials, 2010, 22(31SI):3446-3462.

[19] Wandera D, Wickramasinghe S R, Husson S M. Stimuli-responsive membranes[J]. Journal of Membrane Science, 2010, 357(1-2):6-35.

[20] Chu L Y. Smart membrane materials and systems: From flat membranes to microcapsule membranes[M]. Heidelberg, Hangzhou: Springer-Verlag, Zhejiang University press, 2011.

[21] Chu L Y, Xie R, Ju X J. Stimuli-responsive membranes: smart tools for controllable mass-transfer and separation processes[J]. Chinese Journal of Chemical Engineering, 2011, 19(6):891-903.

[22] Irie M, Misumi Y, Tanaka T. Stimuli-responsive polymers: chemical induced reversible phase separation of an aqueous solution of poly (N-isopropylacrylamide) with pendent crown ether groups[J]. Polymer, 1993, 34(21):4531-4535.

[23] Zhang B, Ju X J, Xie R, Liu Z, Pi S W, Chu L Y. Comprehensive effects of metal ions on responsive characteristics of P(NIPAM-co-B$_{18}$C$_6$Am)[J]. The Journal of Physical Chemistry B, 2012, 116(18):5527-5536.

[24] Hara N, Ohashi H, Ito T, Yamaguchi T. Reverse response of an ion-recognition polyampholyte to specific ion signals at different pHs[J]. Macromolecules, 2009, 42(4):980-986.

[25] Ju X J, Zhang S B, Zhou M Y, Xie R, Yang L, Chu L Y. Novel heavy-metal adsorption material: Ion-recognition P (NIPAM-co-BCAm) hydrogels for removal of lead (Ⅱ) ions[J]. Journal of Hazardous Materials, 2009, 167(1-3):114-118.

[26] Izatt R M, Bradshaw J S, Nielsen S A, Lamb J D, Christensen J J, Sen D. Thermodynamic and kinetic data for cation-macrocycle interaction[J]. Chemical Reviews, 1985, 85(4).

[27] Izatt R M, Pawlak K, Bradshaw J S, Bruening R L. Thermodynamic and kinetic data for macrocycle interactions with cations and anions[J]. Chemical Reviews, 1991, 91(8):1721-2085.

[28] Liu Z, Luo F, Ju X J, Xie R, Sun Y M, Wang W, Chu L Y. Gating membranes for water treatment: detection and removal of trace Pb^{2+} ions based on molecular recognition and polymer phase transition[J]. Journal of Materials Chemistry A, 2013, 1(34):9659-9671.

[29] Yamaguchi T, Ito T, Sato T, Shinbo T, Nakao S. Development of a fast response molecular recognition ion gating membrane[J]. Journal of the American Chemical Society, 1999, 121(16):4078-4079.

[30] Ito T, Hioki T, Yamaguchi T, Shinbo T, Nakao S, Kimura S. Development of a molecular recognition ion gating membrane and estimation of its pore size control[J]. Journal of the American Chemical Society, 2002, 124(26): 7840-7846.

[31] Ito T, Yamaguchi T. Osmotic pressure control in response to a specific ion signal at physiological temperature using a molecular recognition ion gating membrane[J]. Journal of the American Chemical Society, 2004, 126(20):6202-6203.

[32] Ito T, Yamaguchi T. Nonlinear self-excited oscillation of a synthetic ion-channel-inspired membrane[J]. Angewandte Chemie International Edition, 2006, 45(34):5630-5633.

[33] Li Y, Chu L Y, Zhu J H, Wang H D, Xia S L, Chen W M. Thermoresponsive gating characteristics of Poly (N-isopropylacrylamide) -grafted porous poly (vinylidene fluoride) membranes[J]. Industrial & Engineering Chemistry Research, 2004, 43(11):2643-2649.

[34] Yang M, Chu L Y, Li Y, Zhao X J, Song H, Chen W M. Thermo-responsive gating characteristics of poly (N-isopropylacrylamide) -grafted membranes[J]. Chemical Engineering & Technology, 2006, 29(5):631-636.

[35] Li P F, Xie R, Jiang J C, Meng T, Yang M, Ju X J, Yang L H, Chu L Y. Thermo-responsive gating membranes

with controllable length and density of poly (N-isopropylacrylamide) chains grafted by ATRP method[J]. Journal of Membrane Science, 2009, 337(1-2):310-317.

[36] Kuroki H, Ohashi H, Ito T, Tamaki T, Yamaguchi T. Isolation and analysis of a grafted polymer onto a straight cylindrical pore in a thermal-responsive gating membrane and elucidation of its permeation behavior[J]. Journal of Membrane Science, 2010, 352(1-2):22-31.

[37] Bird R B, Stewart W E, Lightfoot E N. Transport Phenomena[M]. Revised 2nd ed. New York: John Wiley, 2006.

[38] Berg J M, Tymoczko J L, Stryer L. Biochemistry[M]. 5 ed. New York: W H Freeman, 2002.

[39] Kuo H C, Cheng C F, Clark R B, Lin J J C, Lin J L C, Hoshijima M, Nguyên-Trân V T B, Gu Y, Ikeda Y, Chu P H, Ross Jr J, Giles W R, Chien KR. A defect in the Kv channel-interacting protein 2 (KChIP2) gene leads to a complete loss of Ito and confers susceptibility to ventricular tachycardia[J]. Cell, 2001, 107(6):801-813.

[40] Okajima S, Yamaguchi T, Sakai Y, Nakao S. Regulation of cell adhesion using a signal-responsive membrane substrate[J] . Biotechnology and Bioengineering, 2005, 91(2):237-243.

[41] Okajima S, Sakai Y, Yamaguchi T. Development of a regenerable cell culture system that senses and releases dead cells[J] . Langmuir, 2005, 21(9):4043-4049.

[42] Mi P, Ju X J, Xie R, Wu H G, Ma J, Chu L Y. A novel stimuli-responsive hydrogel for K^+-induced controlled-release[J] . Polymer, 2010, 51(7):1648-1653.

[43] Mayer M, Semetey V, Gitlin I, Yang J, Whitesides G M. Using ion channel-forming peptides to quantify protein-ligand interactions[J]. Journal of the American Chemical Society, 2008, 130(4):1453-1465.

[44] Janovjak H, Szobota S, Wyart C, Trauner D, Isacoff E Y. A light-gated, potassium-selective glutamate receptor for the optical inhibition of neuronal firing[J]. Nature Neuroscience, 2010, 13(8):1027-1032.

[45] Zhou X F, Su F Y, Tian Y Q, Youngbull C, Johnson R H, Meldrum D R. A new highly selective fluorescent K^+ sensor[J] . Journal of the American Chemical Society, 2011, 133(46):18530-18533.

[46] Ito T, Yamaguchi T. Controlled release of model drugs through a molecular recognition ion gating membrane in response to a specific ion signal[J]. Langmuir, 2006, 22(8):3945-3949.

[47] Ito T, Oshiba Y, Ohashi H, Tamaki T, Yamaguchi T. Reentrant phase transition behavior and sensitivity enhancement of a molecular recognition ion gating membrane in an aqueous ethanol solution[J]. Journal of Membrane Science, 2010, 348(1-2):369-375.

[48] Chu L Y, Yamaguchi T, Nakao S. A molecular-recognition microcapsule for environmental stimuli-responsive controlled release[J]. Advanced Materials, 2002, 14(5):386-389.

[49] Ito T, Sato Y, Yamaguchi T, Nakao S. Response mechanism of a molecular recognition ion gating membrane[J]. Macromolecules, 2004, 37(9):3407-3414.

[50] Clausen T. Na^+-K^+ pump regulation and skeletal muscle contractility[J]. Physiological Reviews, 2003, 83(4):1269-1324.

[51] Basolo F, Pearson R G. Mechanisms of Inorganic Reactions: A Study of Metal Complexes in Solution[M]. 2nd ed. New York: Wiley, 1958.

[52] Jr Nightingale E R. Phenomenological theory of ion solvation—Effective radii of hydrated ions[J]. The Journal of Physical Chemistry, 1959, 63(9):1381-1387.

[53] Shannon R D, Prewitt C T. Effective ionic radii in oxides and fluorides[J]. Acta Crystallographica, Section B, 1969, 25: 925-946.

[54] Liu Z, Luo F, Ju X J, Xie R, Luo T, Sun Y M, Chu L Y. Positively K^+-responsive membranes with functional gates driven by host-guest molecular recognition[J]. Advanced Functional Materials, 2012, 22(22):4742-4750.

第八章
分子识别型智能膜

第一节　分子识别型智能开关膜 / 244

第二节　分子识别型智能凝胶微囊膜 / 256

243

分子识别是指主体（受体）对客体（底物）选择性结合并产生某种特定功能的过程[1]，其过程主要依靠非共价键力的分子间作用力，例如范德华力（包括离子-偶极、偶极-偶极和偶极-诱导偶极相互作用）、疏水相互作用和氢键等[2]。常见的主体分子包括环糊精、冠醚、杯芳烃等大环化合物，其中环糊精是超分子化学领域内最重要的主体分子之一[3]。环糊精（cyclodextrin，CD）由 6 ~ 8 个 D-（+）-吡喃葡萄糖单元通过 α-1,4 糖苷键首尾相连而成，具有"外亲水，内疏水"的结构特点，可与多种有机小分子形成包结配合物。将分子识别主体分子作为传感器（sensor）固定在接枝于基材膜孔中的执行器（actuator）智能高分子链上，可制备分子识别型智能膜，其在化学阀、物质的选择性分离和回收、仿生膜系统等领域具有广阔的应用前景。

第一节
分子识别型智能开关膜

一、分子识别型智能开关膜的设计

采用等离子体填孔接枝和化学反应相结合的方法制备基于 β-环糊精（β-CD）主体分子和聚（N-异丙基丙烯酰胺）（PNIPAM）智能高分子的分子识别型智能开关膜，即聚（N-异丙基丙烯酰胺-共聚-甲基丙烯酸-2-羟丙基乙二氨基-β-CD）接枝尼龙 6（PNG-ECD-g-N6）膜[2, 4]，其智能开关的化学结构和分子识别开关效应如图 8-1 所示。通过结合 PNIPAM 高分子的温度响应特性和 β-CD 的分子识别能力，分子识别型智能开关膜膜孔中接枝的智能开关具有温度响应开关效应、分子识别触发的"开"效应和分子识别触发的"关"效应三重开关功能。

当环境温度（T_1）低于智能开关高分子链在水中的低临界溶解温度（$LCST_a$）时，膜孔中的智能开关处于伸展状态，膜孔"关闭"；而当环境温度（T_2）高于 $LCST_a$ 时，智能高分子链转变为收缩状态，此时膜孔"开启"。可见，基于 β-CD和 PNIPAM 的分子识别型智能开关膜具有温度响应的开关特性。当膜孔中智能开关高分子链上的 β-CD 识别了不同的客体分子时，该分子识别型智能开关膜表现出不同的开关效应。当膜孔中高分子链上的 β-CD 识别了客体分子 8-苯胺-1-萘磺酸铵盐（ANS）之后，两者形成包合物的结构导致了聚合物链的低临界溶解温度向低温迁移至 LCST$_b$。因此，当环境温度处于 LCST$_b$ 和 LCST$_a$ 之间（即 LCST$_b$ < T_1 < LCST$_a$）时，智能开关高分子链将发生等温的伸展-收缩的构象转变，此时膜孔表现出从"关闭"到"开启"的分子识别触发"开"效应。然而，当膜孔中智能开关高分子链上的 β-CD 识别了客体分子 2-萘磺酸（NS）之后，形成的包合物结构使得聚合物链的低临界溶解温度向高温迁移至 LCST$_c$。若环境温度处于 LCST$_a$ 和 LCST$_c$ 之间（LCST$_a$ < T_2 < LCST$_c$），智能开关高分子链可发生等温收缩-伸展的构象变化，膜孔则表现出从"开启"到"关闭"的分子识别触发的"关"效应。具有不同开关效应的分子识别型智能开关膜在生物化学传感器、亲和分离等领域具有潜在应用。

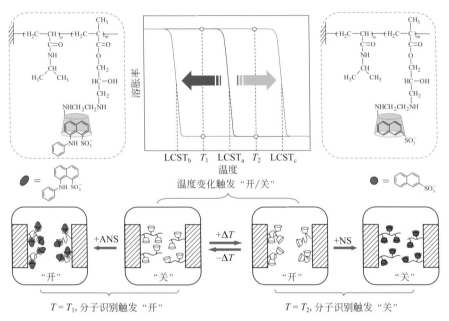

图8-1　基于β-CD和PNIPAM的分子识别型智能开关膜的智能开关化学结构和开关效应示意图

二、分子识别型智能开关膜的制备

基于 β-CD 和 PNIPAM 的分子识别型智能开关膜的制备过程分为两步，具体制备路线如图 8-2 所示。首先，采用等离子体诱导填孔接枝聚合法引发 N-异丙基丙烯酰胺（NIPAM）和甲基丙烯酸缩水甘油酯（glycidyl methacrylate，GMA）单体接枝聚合在多孔 N6 基材膜的表面和膜孔中，形成智能开关高分子链，得到 PNG-g-N6 膜，如图 8-2 中 A 步骤。接着，利用乙二胺修饰环糊精（ECD）与

GMA 环氧基团的化学反应将修饰环糊精主体分子固定在高分子链上，得到分子识别型智能开关膜 PNG-ECD-*g*-N6，如图 8-2 中 C 步骤。

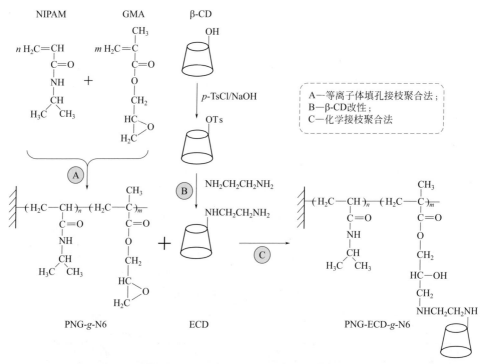

图8-2　分子识别型智能开关膜PNG-ECD-*g*-N6制备路线示意图

三、分子识别型智能开关膜的表征

1. 分子识别型智能开关膜接枝率的定义

由于 PNIPAM 和 ECD 是智能开关膜上起主要作用的功能组分，所以 Y_{PNIPAM} 和 Y_{CD} 被用来共同表征智能开关膜的接枝率，分别由公式（8-1）和公式（8-2）计算[2]。

$$Y_{PNIPAM} = \frac{Y_{PNG}}{1 + M_{GMA}/(\alpha M_{NIPAM})} \tag{8-1}$$

$$Y_{CD} = \frac{W_2 - W_1}{A_t} \tag{8-2}$$

式中，Y_{PNG} 代表 PNG 高分子链在膜上的接枝率，即基材膜接枝前后的单位面积上质量变化率，可由公式（8-3）计算，mg/cm^2；M_{NIPAM} 和 M_{GMA} 分别代表 NIPAM 和 GMA 的摩尔质量，g/mol；α 代表膜孔接枝的 PNG 高分子中 PNIPAM 和 PGMA 的摩尔比；W_1 和 W_2 分别代表膜在固载 ECD 前后的质量，mg；A_t 代表膜的总接枝面积，cm^2。

$$Y_{PNG} = \frac{W_1 - W_0}{A_t} \qquad (8\text{-}3)$$

式中，W_0 和 W_1 分别代表膜在接枝 PNG 前后的质量，mg。

2. 分子识别型智能开关膜的微观结构

N6 基材膜和 PNG-ECD-*g*-N6 膜的表面及断面 SEM 照片，如图 8-3 所示。与 N6 基材膜相比，PNG-ECD-*g*-N6 膜（$Y_{PNIPAM} = 131mg/cm^2$ 和 $Y_{CD} = 62mg/cm^2$）表面上覆盖了一层接枝物，膜孔径明显减小。同时，膜断面可以观察到基材膜蜂窝状多孔结构和膜孔中均匀接枝的聚合物。

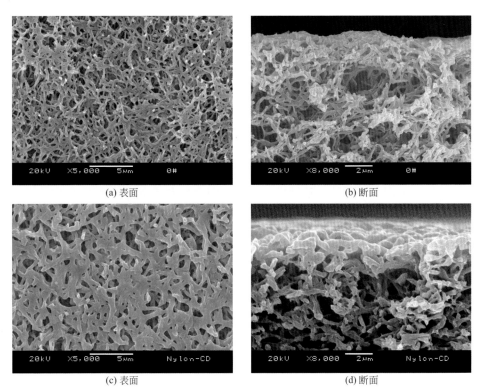

(a) 表面　　　　　　　　　　　　(b) 断面

(c) 表面　　　　　　　　　　　　(d) 断面

图8-3 N6基材膜［（a）、（b）］和PNG-ECD-*g*-N6膜［（c）、（d）］的表面和断面SEM照片

接枝率为 $Y_{PNIPAM} = 131mg/cm^2$ 和 $Y_{CD} = 62mg/cm^2$

3. 分子识别型智能开关膜的化学组成

N6 基材膜和 PNG-ECD-*g*-N6 接枝膜的 FT-IR 谱图如图 8-4 所示。N6 基材膜的酰胺基团特征峰出现在波数为 $1650\mathrm{cm}^{-1}$ 和 $1550\mathrm{cm}^{-1}$ 处，分别对应 C=O 伸缩振动和 N—H 变形振动。相比于基材膜，接枝膜谱图上新增了 GMA 在 $1720\mathrm{cm}^{-1}$ 附近的羰基特征峰，PNIPAM 的异丙基中甲基对称弯曲振动的裂分双峰 $1388\mathrm{cm}^{-1}$ 和 $1368\mathrm{cm}^{-1}$，以及 ECD 中在 $1030\mathrm{cm}^{-1}$ 附近的醚键特征峰。

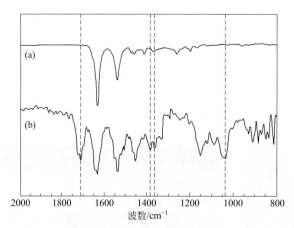

图8-4 N6基材膜（a）和PNG-ECD-*g*-N6膜（b）的FT-IR谱图
接枝率为 $Y_{\mathrm{PNIPAM}} = 220\mathrm{mg/cm^2}$ 和 $Y_{\mathrm{CD}} = 37\mathrm{mg/cm^2}$

N6 基材膜、PNG-*g*-N6 膜和 PNG-ECD-*g*-N6 膜的 X 射线光电子能谱（XPS）测试结果如图 8-5 所示。基材膜的 C1s 谱图中只有三个特征峰 [图 8-5（a）]，对应的结合能分别为 284.8eV（C—C 键和 C—H 键中的 C 原子）、285.8eV（C—N 键中的 C 原子）和 287.8eV（C=O 键中的 C 原子）。PNG-*g*-N6 膜和 PNG-ECD-*g*-N6 膜的 C1s 谱图，新增了结合能为 288.3eV 的特征峰，这是 GMA 中的 O=C—O 键中的 C 原子，如图 8-5（c）和（e）所示。此外，基材膜的 O1s 谱图中仅在结合能为 531.6eV 处出现 C=O 键中的 O 原子的特征峰 [图 8-5（b）]。PNG-*g*-N6 膜和 PNG-ECD-*g*-N6 膜的 O1s 谱图新出现了一个结合能为 532.7eV 的特征峰，即 GMA 的环氧基团中 C—O 中 O 原子 [图 8-5（d）和（f）]。并且，相比于 PNG-*g*-N6 膜 [图 8-5（d）]，PNG-ECD-*g*-N6 膜 [图 8-5（f）] 中 C—O 的峰面积比有所减小，说明固载 ECD 的化学反应中，有部分的环氧基被伯氨基消耗。结合 SEM、FT-IR 和 XPS 结果可知，采用等离子体诱导填孔接枝聚合和化学反应法成功地将 PNG-ECD 智能高分子链固载到了 N6 膜基材上。

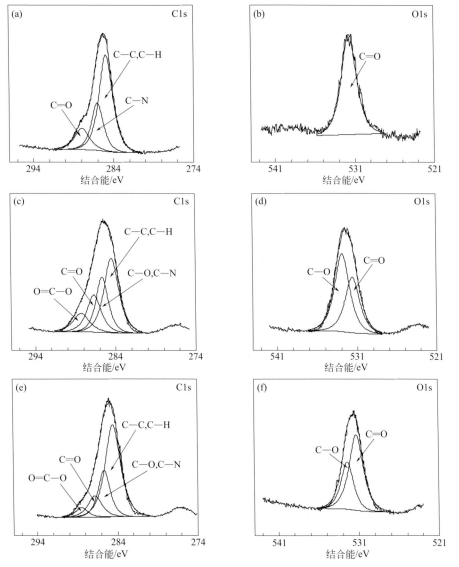

图8-5　N6基材膜［（a）、（b）］、PNG-*g*-N6膜［（c）、（d）］和PNG-ECD-*g*-N6膜［（e）、（f）］的XPS谱图

四、智能开关膜的温度和分子识别响应性能

接枝链中 NIPAM/GMA 比例为 1：1 的 PNG-ECD-*g*-N6 膜通量在不同溶液中随温度变化曲线如图 8-6 所示。该膜同时具有温度响应开关特性和分子识别开关

特性。其在水溶液、1.0mmol/L ANS 溶液和 1.0mmol/L NS 溶液中的低临界溶解温度分别为 41.5℃（LCST$_a$）、32.0℃（LCST$_b$）和 59.0℃（LCST$_c$）。可见，当 PNG-ECD-g-N6 膜与不同客体分子形成包结物时，膜孔中的 PNG-ECD 智能开关高分子链的构象转变趋势不同。根据图 8-6 的实验结果，可以在 LCST$_a$ 和 LCST$_b$ 之间以及 LCST$_a$ 和 LCST$_c$ 之间确定发生等温构象变化的温度，用于水通量和扩散实验。对于 ANS 溶液，可采用 32.0℃（LCST$_b$）和 41.5℃（LCST$_a$）之间的 37℃作为实验环境温度；对于 NS 溶液，则采用 41.5℃（LCST$_a$）和 59.0℃（LCST$_c$）之间的 50℃。

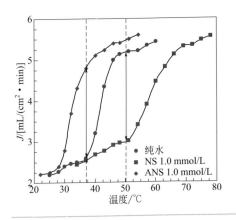

图8-6

接枝链中NIPAM/GMA比例为1∶1的PNG-ECD-g-N6膜通量在不同溶液中随温度变化曲线

1. 接枝率对智能膜温度响应开关特性的影响

智能开关膜的温度响应和分子识别的开关性能均可通过溶质维生素 B$_{12}$（VB$_{12}$）的跨膜扩散实验来表征。具有不同接枝率的 PNG-ECD-g-n6 膜在不同操作温度下的扩散系数如图 8-7 所示。无论是在 37℃还是在 50℃下，随着 PNIPAM 和 ECD 接枝率的增加，溶质的透膜扩散系数都有所减小，这是因为跨膜阻力随膜孔中接枝链的长度和密度增加而增大。同时，由于膜孔内接枝的温度响应智能开关的"伸展 - 收缩"变化，使得接枝膜在 50℃的溶质透膜扩散系数总是高于 37℃的。在 37℃时，分子链处于伸展状态，有效膜孔变小，导致扩散系数变小；50℃时，分子链处于收缩状态，有效膜孔变大，此时扩散系数变大。

定义了接枝膜在水溶液中的温度响应开关系数 $R_{D,H_2O(50/37)}$，以定量分析智能开关膜的温度响应开关效果，可用公式（8-4）计算。

$$R_{D,H_2O(50/37)} = \frac{D_{H_2O(50)}}{D_{H_2O(37)}} \tag{8-4}$$

式中，D_{H_2O} 代表接枝膜在纯水中的 VB$_{12}$ 扩散系数，cm^2/s；下标（37）和（50）表示环境温度为 37℃和 50℃。

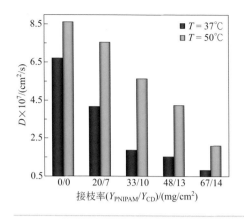

图8-7

具有不同接枝率的PNG-ECD-*g*-N6膜在不同温度下的VB$_{12}$扩散系数比较

接枝率对PNG-ECD-*g*-N6膜的温度响应开关系数的影响如图8-8所示。可见，基材膜的$R_{D,H_2O(50/37)}$值非常小，略大于1；而与基材膜相比，接枝膜的$R_{D,H_2O(50/37)}$值显著增加，说明接枝膜具有温度响应性能。这主要是由膜孔中接枝的智能开关高分子链在低临界溶解温度（LCST$_a$）附近发生"伸展-收缩"构象变化所导致的。接枝膜的温度响应开关系数随着接枝率的增加先增大后减小，主要原因是由于随着接枝率的增大，膜孔内接枝的高分子链变长，接枝密度变大，超过临界点之后致使膜孔被不断"堵小"，开关系数也随之减小。由图8-8可知，PNG-ECD-*g*-N6膜的温度响应开关效果以接枝率Y_{PNIPAM}=33mg/cm^{2}和Y_{CD}=10mg/cm^{2}为最佳，此时$R_{D,H_2O(50/37)}$达到最大值3.0。

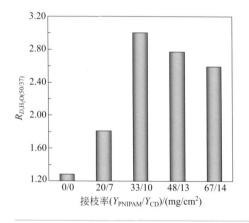

图8-8

接枝率对PNG-ECD-*g*-N6膜的温度响应开关系数的影响

2. 接枝率对智能膜分子识别开关特性的影响

（1）识别客体分子ANS　在一定的操作温度37℃下，具有不同接枝率的膜在识别客体分子 ANS 前后的 VB_{12} 扩散系数变化如图 8-9 所示。基材膜在纯水中的 VB_{12} 扩散系数比在 ANS 溶液中的大一些,这可能是由于膜表面上吸附 ANS 分子的影响;而接枝膜在纯水中的 VB_{12} 扩散系数却明显小于在 ANS 溶液中的扩散系数。这一结果表明,当膜孔中接枝的 PNG-ECD 高分子链识别 ANS 之后,ANS 的疏水基苯基仍暴露在 CD 空腔外部,接枝链的 LCST 向低温迁移,使得在同一温度下原本关闭的膜孔因为接枝链的收缩而开启,进而减小扩散阻力,使得 VB_{12} 跨膜扩散系数增加。随着膜上接枝的 PNG 和 ECD 的增加,接枝膜在纯水和 ANS 溶液中的 VB_{12} 扩散系数均减小,这主要是由于膜上的接枝物不同程度地将膜孔"堵小",导致 VB_{12} 扩散减慢,扩散系数变小。

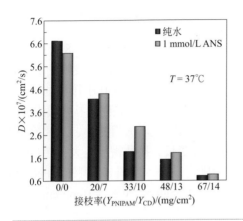

图8-9
具有不同接枝率的PNG-ECD-g-N6膜识别客体分子ANS前后VB₁₂扩散系数比较

定义了在恒定环境温度 37℃下,基于扩散系数的 ANS 分子识别开关系数 $R_{D,ANS/H_2O(37)}$,可用公式(8-5)计算。

$$R_{D,ANS/H_2O(37)} = \frac{D_{ANS(37)}}{D_{H_2O(37)}}$$ (8-5)

式中,D_{H_2O} 和 D_{ANS} 分别代表接枝膜在纯水和 1mmol/L ANS 溶液中的 VB_{12} 扩散系数,cm^2/s;下标(37)表示实验的环境温度是 37℃。

接枝率对 PNG-ECD-g-N6 膜的客体分子 ANS 识别开关系数的影响如图 8-10 所示。在操作温度为37℃下,基材膜由于 ANS 吸附在膜表面影响了 VB_{12} 的扩散,其开关系数略小于1;而接枝膜的开关系数都大于1,说明在识别 ANS 分子后膜孔"开启",并且随着接枝率的变化分子识别触发的"开"效应效果有所不同。主要是由于随着 PNIPAM 高分子接枝率和环糊精固载量同步增加,更多的 ANS 与 ECD 形成包结物,这会在更大程度上使得膜孔打开,分子识别开关系数会增大;但随着膜接枝率的进一步增加,膜孔会被接枝物越堵越小,导致开关系数又会变小。当接枝率为 $Y_{PNIPAM}=33mg/cm^2$ 和 $Y_{CD}=10mg/cm^2$ 时，接枝膜对 ANS 分子识别开关效果最佳。

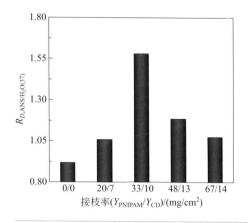

图8-10
接枝率对PNG-ECD-*g*-N6膜的客体分子ANS识别开关系数的影响

（2）识别客体分子 NS　在恒定的操作温度 50℃下，PNG-ECD-*g*-N6 膜识别客体分子 NS 前后的 VB_{12} 扩散系数如图 8-11 所示。可见，基材膜和接枝膜在纯水中的 VB_{12} 扩散系数均大于在 NS 溶液中的扩散系数，但接枝膜在纯水和 NS 溶液中的扩散系数的差异更明显。这一结果表明基材膜不具有分子识别的能力，溶液中有无客体分子对膜孔的影响不大；而接枝膜具有分子识别能力，并且在识别 NS 之后，由于 NS 分子在溶液中的酸性解离促使了环糊精/NS 包结物中亲水基团的增加，接枝链的 LCST 向高温迁移，使得在同一温度下原本开启的膜孔因为接枝链的伸展而关闭了，进而导致了 VB_{12} 扩散系数的减小。同样也可以看到，随着膜上接枝的 PNG 和 ECD 量的增加，接枝膜在纯水和 NS 溶液中的 VB_{12} 扩散系数均减小。

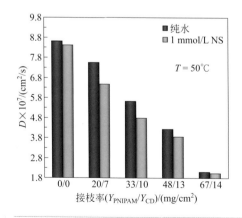

图8-11
具有不同接枝率的PNG-ECD-*g*-N6膜识别客体分子NS前后VB$_{12}$扩散系数比较

定义了在恒定环境温度 50℃下，基于扩散系数的 NS 分子识别开关系数 $R_{D,\mathrm{NS/H_2O(50)}}$，可用公式（8-6）计算。

$$R_{D,\mathrm{NS/H_2O(50)}} = \frac{D_{\mathrm{NS(50)}}}{D_{\mathrm{H_2O(50)}}} \qquad (8\text{-}6)$$

式中，$D_{\mathrm{H_2O}}$ 和 D_{NS} 分别代表接枝膜在纯水和 1mmol/L NS 溶液中的 VB$_{12}$ 扩散系数，cm^2/s；下标（50）表示实验的环境温度是 50℃。

接枝率对 PNG-ECD-g-N6 接枝膜的客体分子 NS 识别开关系数的影响如图 8-12 所示。在操作温度为 50℃时，所有膜的开关系数均小于 1，但接枝膜的开关系数随接枝率变化较大。基材膜是由于 NS 吸附在膜表面而导致了 VB$_{12}$ 的扩散受阻，故其开关系数略小于 1；接枝膜则是由于识别了 NS 分子后接枝链的 LCST 向高温迁移，原本开启的膜孔因为接枝链的伸展而关闭，分子识别开关系数减小。与分子识别开关系数 $R_{D,\mathrm{ANS/H_2O(37)}}$ 不同，$R_{D,\mathrm{NS/H_2O(50)}}$ 随着接枝率的增加先减小后增大，其值越小，开关效果越明显。同样地，接枝膜对 NS 分子进行识别后开关效果最佳的接枝率是 $Y_{\mathrm{PNIPAM}}=33\mathrm{mg/cm^2}$ 和 $Y_{\mathrm{CD}}=10\mathrm{mg/cm^2}$。

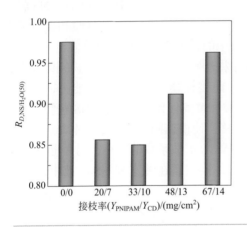

图8-12
接枝率对PNG-ECD-g-N6膜的客体分子 NS识别开关系数的影响

3. 接枝链中 NIPAM/GMA 比例对智能膜温度响应开关特性的影响

接枝链中 NIPAM/GMA 比例对接枝膜在纯水中 VB$_{12}$ 扩散系数和温度响应开关系数的影响如图 8-13 和图 8-14 所示。考察的接枝膜具有相近的 ECD 含量，但有不同的 PNIPAM 和 PGMA 摩尔比 α。对于基材膜来讲，温度越高，溶质 VB$_{12}$ 的扩散系数越大。与之相比，接枝膜在 37℃下的 VB$_{12}$ 扩散系数显著下降，而 37℃和 50℃时的扩散系数差异增大，并随接枝率的增加高低温扩散系数的差异显著增加。相应地，PNG-ECD-g-N6 膜的开关系数随着接枝链中的 PNIPAM 和 PGMA 摩尔比 α 的增大而逐步增大，这是由膜孔中接枝的聚合物在相变温度附近发生"伸展-收缩"相变所导致的。当 $\alpha = 8$ 时，PNG-ECD-g-N6 膜（接枝率为 $Y_{\text{PNIPAM}}=62\text{mg/cm}^2$ 和 $Y_{\text{CD}}=10\text{mg/cm}^2$）的温度响应开关系数可高达 5.0。

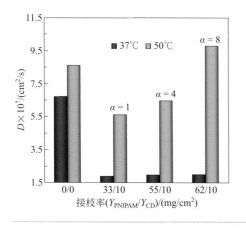

图8-13

具有不同NIPAM/GMA比例的PNG-ECD-g-N6膜的VB$_{12}$扩散系数

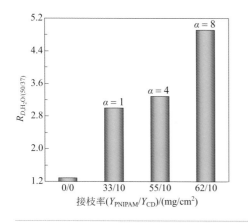

图8-14

NIPAM/GMA比例对PNG-ECD-g-N6膜的温度响应开关系数的影响

4. 接枝链中 NIPAM/GMA 比例对智能膜分子识别开关特性的影响

具有不同 NIPAM/GMA 比例的 PNG-ECD-g-n6 膜识别客体分子 ANS 前后的 VB$_{12}$ 扩散系数及分子识别开关系数如图 8-15 和图 8-16 所示。在操作温度恒定为 37℃时，接枝链中 $\alpha = 4$ 时，制备的接枝膜具有最佳的分子识别开关性能，此时分子识别开关系数 $R_{D,\text{ANS/H}_2\text{O(37)}}$ 为 2.0。究其原因，不同 α 值的接枝膜上固定的 ECD 含量是一致的，不同的是膜孔中接枝链上 PNIPAM 所占的比重。接枝膜的分子识别开关性能是 PNIPAM 和 ECD 的协同作用。随着接枝链中的 PNIPAM 含量增加，膜孔中 PNG 接枝链温度响应"伸展-收缩"构象变化就更加显著，并且 PNIPAM 和 ECD 的协同作用增强。但是，随着 PNIPAM 含量的进一步增加，膜孔内的接枝链构象变化引起的空间位阻效应必然影响到环糊精和客体分子ANS 的包结。当接枝链中 $\alpha = 8$ 时，ANS 分子识别开关系数 $R_{D,ANS/H_2O(37)}$ 有所下降。

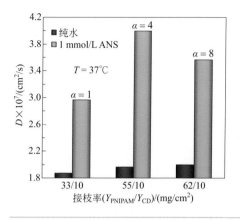

图8-15
具有不同NIPAM/GMA比例的PNG-ECD-g-N6膜识别客体分子ANS前后的VB$_{12}$扩散系数

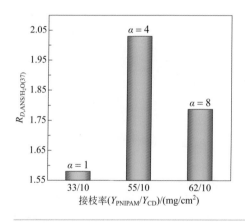

图8-16
NIPAM/GMA比例对PNG-ECD-g-N6膜的ANS分子识别开关系数的影响

第二节
分子识别型智能凝胶微囊膜

一、分子识别型智能凝胶微囊膜的设计

设计和制备一种基于 PNIPAM 与 β-CD 的分子识别型智能凝胶微囊膜，当其

识别芳环分子 NS 时发生等温溶胀，从而实现内载药物的等温控制释放，该释放模式如图 8-17 所示[5, 6]。当环境温度为 T_2，即高于智能凝胶微囊膜在水溶液中的体积相转变温度 VPTT₁ 时，分子识别型智能凝胶微囊膜处于收缩状态。由于 β-CD 识别 NS 后会露出亲水性磺酸根—SO_3^-，增加了微囊的亲水性，微囊的体积相转变温度迁移到较高的 VPTT₃（VPTT₃＞T_2＞VPTT₁），此时微囊在恒定温度 T_2 下等温溶胀。当微囊处于收缩状态，囊膜凝胶网络致密，内载药物分子透过囊膜的扩散阻力很大；而当微囊识别 NS 后溶胀，囊膜凝胶网络间隙增大，扩散阻力减小，内载药物迅速扩散到囊外，从而实现微囊基于等温溶胀模式的控制释放。

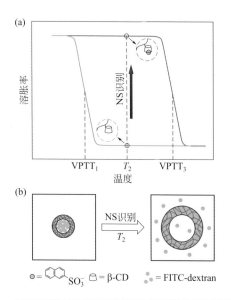

图8-17

分子识别型智能凝胶微囊膜的等温溶胀控制释放的原理（a）以及控制释放过程（b）

二、分子识别型智能凝胶微囊膜的制备

基于 PNIPAM 与 β-CD 的分子识别型智能凝胶微囊膜的制备过程分为三步，即采用微流控乳液模板法制备油包水包油（O/W/O）复乳模板，紫外线引发聚合法制备聚（N- 异丙基丙烯酰胺 - 共聚 - 丙烯酸）（PNA）微囊，并采用缩合反应制备固载环糊精的分子识别型智能凝胶微囊聚（N- 异丙基丙烯酰胺 - 共聚 - 丙烯酸 - 乙二氨基环糊精）（PNA-ECD），如图 8-18 所示。参考文献［7］中制备采用两级毛细管微流控装置，并用以制备 O/W/O 复乳模板。其中，内、外相流体为溶有乳化剂聚甘油蓖麻醇酯（PGPR）和引发剂安息香双甲醚（BDK）的大豆油，中间相则为溶有交联剂 N,N′- 亚甲基双丙烯酰胺（MBA）、光引发剂偶氮二

异丁脒盐酸盐（V50）、乳化剂普朗尼克（F127）的单体溶液（NIPAM 和丙烯酸 AA）。O/W/O 复乳模板在紫外线下照射 10min，在引发剂的作用下，中间相的单体发生交联聚合，去除油核后制备得到 PNA 微囊。据文献［8-10］报道，通过脱水缩合反应，可成功将氨基化的 β-环糊精接枝到丙烯酸高分子上。最后，在 1-乙基-（3-二甲基氨基丙基）碳酰二亚胺盐酸盐（EDC）的作用下，将 ECD 引入 PNA 微囊制备 PNA-ECD 分子识别型智能微囊膜。

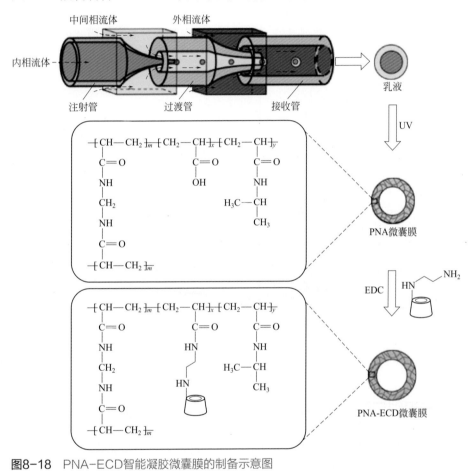

图8-18 PNA-ECD智能凝胶微囊膜的制备示意图

三、分子识别型智能凝胶微囊膜的表征

1. 分子识别型智能凝胶微囊膜的形貌

大豆油中的 O/W/O 复乳模板、异丙醇中的 PNA 微囊膜以及 PNA-ECD 微囊

膜的光学显微镜照片及粒径分布如图8-19所示。制备的复乳模板、PNA 微囊膜以及 PNA-ECD 微囊膜均具有核壳型结构，且尺寸分布较窄。乳液和微囊的平均直径以及变异系数［variation coefficient，CV；见公式（8-7）］如表8-1所示。O/W/O 复乳模板、PNA 微囊膜以及 PNA-ECD 微囊膜的 CV 值均小于 5%，说明具有良好的单分散性。其中，PNA-ECD 微囊膜的平均内、外径分别为 306μm 和

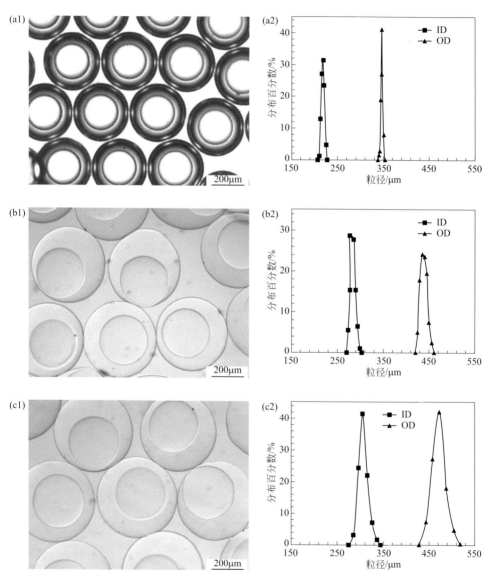

图8-19　大豆油中的复乳模板［（a1）、（a2）］、异丙醇中的PNA微囊膜［（b1）、（b2）］和PNA-ECD微囊膜［（c1）、（c2）］的光学显微镜照片及粒径分布（标尺为200μm）

470μm，其囊壁厚度约为82μm。此外，O/W/O复乳模板、PNA微囊膜和PNA-ECD微囊膜的外径依次增大，这是微囊在异丙醇中溶胀造成的。同时，由于β-环糊精的大环结构，当其引入微囊后，会使整个凝胶网络胀大，因此PNA-ECD微囊膜直径大于PNA微囊膜。

$$CV = 100\% \times \left(\sum_{i=1}^{N} \frac{(D_i - \overline{D_n})^2}{N-1} \right)^{\frac{1}{2}} / \overline{D_n} \qquad (8-7)$$

式中，D_i表示第i个微囊的直径，μm；$\overline{D_n}$表示平均直径，μm；N表示所测量微囊总数。

表8-1　复乳模板、PNA微囊膜以及PNA-ECD微囊膜的平均粒径和CV值

乳液/微囊膜	平均内径/μm	平均外径/μm	内径CV/%	外径CV/%
复乳模板	218	347	1.5	0.57
PNA微囊膜	283	437	1.79	1.59
PNA-ECD微囊膜	306	470	3.28	2.98

2．分子识别型智能凝胶微囊膜的化学成分

冻干的PNA微囊膜和PNA-ECD微囊膜的FT-IR谱图如图8-20。两种微囊膜在波数为1650cm⁻¹和1550cm⁻¹附近都出现NIPAM的特征双峰，分别为C＝O伸缩振动和N—H变形振动，证明PNIPAM成功共聚到微囊内。PNA微囊膜在1720cm⁻¹处出现了丙烯酸AA上羧基（—COOH）的特征峰，而PNA-ECD微囊膜红外谱图1720cm⁻¹处羧基特征峰消失，并且在1033cm⁻¹处出现了β-CD上C—O—C的特征峰。由此可知，在缩合反应过程中，PNA微囊膜上的羧基被完全反应掉，同时，β-CD被成功接到微囊中。综上，紫外线引发的聚合和缩合反应成功地合成了PNA-ECD微囊膜。

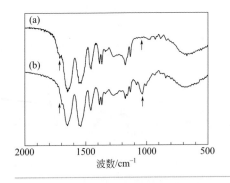

图8-20
PNA微囊膜（a）和PNA-ECD微囊膜（b）的FT-IR谱图

四、智能凝胶微囊膜的分子识别响应性能

1. NS 溶液浓度对 PNA-ECD 微囊膜温度响应的体积相变行为的影响

PNA-ECD 微囊膜在不同浓度 NS 溶液中的温度响应体积相变行为如图 8-21 所示。无论是在纯水还是 NS 溶液中，随环境温度升高，微囊的外径在某一温度附近迅速减小，之后趋于不变 [图 8-21(a)]。微囊识别后，其 VPTT 往高温迁移，这说明微囊具有分子识别智能响应特性。萘磺酸分子是一种强电解质，在水中会电离生成萘磺酸根离子。由于 NS 与 β-CD 结合形成配合物时，疏水的萘环进入 β-CD 空腔，而亲水性的磺酸根会暴露在外，磺酸根与水形成氢键，从而使微囊的亲水性增强，最终导致微囊 VPTT 升高。

PNA-ECD 微囊膜在 NS 溶液中与纯水中外径比随温度变化的曲线如图 8-21(b)所示。在同一温度下，微囊在 NS 溶液中的直径要大于在纯水中的直径，即 OD_{NS}/OD_W 始终大于 1，这是由于微囊在 NS 溶液中识别客体亲水性增强、微囊溶胀所致。随着温度的增加，OD_{NS}/OD_W 会在温度为纯水中的 $VPTT_1$ 和 NS 溶液中的 $VPTT_2$ 之间出现一个最大值。例如，微囊在纯水和 0.5mmol/L NS 溶液中的 VPTT 分别为 34℃ 和 49℃。在 0.5mmol/L NS 溶液中，其外径比 OD_{NS}/OD_W 在 43℃（34℃ 和 49℃ 之间）达到最大值 3.5。

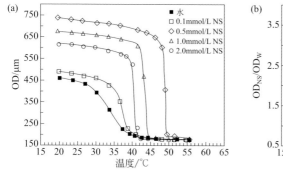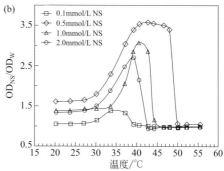

图8-21 PNA-ECD微囊膜在不同浓度NS溶液中直径随温度的变化

（a）微囊外径的变化；（b）微囊在NS溶液中与纯水中外径比的变化。OD_{NS} 和 OD_W 分别为微囊在NS溶液和纯水中的外径

PNA-ECD 微囊膜的 VPTT 随 NS 溶液浓度变化的曲线如图 8-22 所示。随着环境中 NS 浓度的升高，微囊 VPTT 先升高，当达到最大值后下降。微囊在 0.5mmol/L NS 中的 VPTT 最高，达到 49℃。这主要是由于分子识别与静电屏蔽两种效应共同作用的结果。当 NS 浓度不是很高的时候（低于 0.5mmol/L），分子识别占主导作用。NS 与 β-CD 结合形成 β-CD/NS 配合物，这会提高微囊的亲水性，

进而导致微囊 VPTT 往高温迁移。当 NS 浓度升高，更多的 β-CD/NS 配合物会形成，微囊的亲水性就越强，其 VPTT 往高温迁移得就越多，微囊 VPTT 随 NS 浓度升高而升高。然而，当 NS 浓度过高，过多的 NS 会电离产生大量电荷，溶液中的过量电荷会使 β-CD/NS 配合物支链之间的静电排斥力减小[11-15]，静电屏蔽作用变得显著，最终导致微囊的 VPTT 减小。

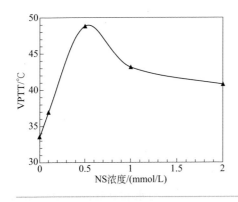

图8-22
PNA-ECD微囊膜在不同浓度NS溶液中的VPTT

2. 智能凝胶微囊膜可逆的分子识别响应性能

PNA-ECD 微囊膜可逆的分子识别等温溶胀曲线如图 8-23 所示。加入 0.5mmol/L NS 溶液后，微囊等温溶胀，在 20min 后外径平衡到初始值的 2.2 倍左右。当微囊周围溶液被迅速置换为纯水，微囊又恢复到初始的收缩状态，外径也

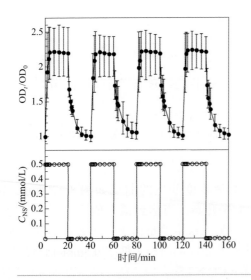

图8-23　PNA-ECD微囊膜可逆的分子识别等温溶胀曲线

环境温度43℃，NS 浓度为0.5mmol/L，OD_t 和 OD_0 分别为任意时刻和初始时刻微囊的外径

恢复到初始的大小。通过反复变换微囊周围溶液，微囊在4次循环实验中表现出可重复的等温溶胀与收缩行为，说明PNA-ECD微囊膜的分子识别等温溶胀行为具备良好的可逆性。

3. 智能凝胶微囊膜的分子识别等温溶胀控释性能

PNA-ECD微囊膜可通过识别客体分子NS实现等温溶胀模式的控制释放，结果如图8-24所示。具体地，当微囊浸没在43℃的水中，处于收缩状态，其直径不随时间变化，此时微囊的荧光强度也几乎不变。微囊在水中的VPTT为33.6℃，远小于此时的环境温度，因此微囊呈收缩状态，囊壁凝胶网络致密，内部以异硫氰酸荧光素标记的葡聚糖（FITC-dextran）透过囊壁的扩散阻力较大，几乎无法释放到微囊外。而当微囊周围溶液换为同温度下的0.5mmol/L NS溶液时，微囊识别NS等温溶胀，微囊迅速胀大，微囊荧光强度迅速降低。当微囊处于同温度下的0.5mmol/L NS溶液中时，微囊迅速等温溶胀，囊壁凝胶网络间隙变大，扩散阻力大大减小，微囊内部荧光物质在浓度差的推动下扩散到微囊外部。图8-24（b）和（c）都可以观察到微囊内部荧光物质的减少。

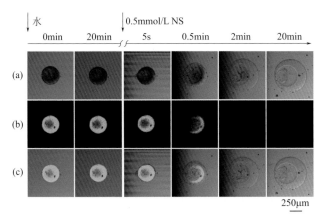

图8-24 PNA-ECD微囊膜43℃时分子识别等温溶胀控制释放过程的图片
（a）光学图片；（b）荧光图片；（c）叠加图片

微囊的荧光强度和直径比（OD_t/OD_0）随时间变化的曲线如图8-25所示。当微囊浸没在水中，仅有7%的FITC-dextran在20min内扩散到微囊外部；然而，在加入NS溶液4min后，95%的FITC-dextran已释放到微囊外部。制备的PNA-ECD微囊膜具有明显的分子识别等温溶胀控制释放特性。而且，NS诱导产生的等温溶胀控制释放，响应速度快，微囊内部的荧光药物分子释放彻底。

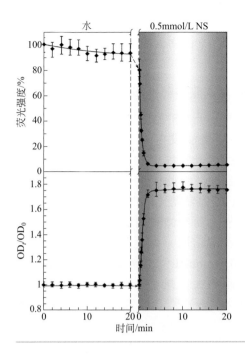

图8-25
PNA-ECD微囊膜的分子识别等温
溶胀药物控制释放行为（43℃）

参考文献

[1] 刘育，尤长城，张衡益. 超分子化学 —— 合成受体的分子识别与组装 [M]. 天津：南开大学出版社，2001.

[2] 杨眉. 环境响应型智能开关膜与手性拆分膜的制备和性能研究 [D]. 成都：四川大学，2009.

[3] 童林荟. 环糊精化学——基础与应用 [M]. 北京：科学出版社，2001.

[4] Yang M, Xie R, Wang J Y, et al. Gating characteristics of thermo-responsive and molecular-recognizable membranes based on poly (N-isopropylacrylamide) and β-cyclodextrin[J]. Journal of Membrane Science, 2010, 355: 142-150.

[5] 杨超. 芳环分子识别型智能微囊的制备与性能研究 [D]. 成都：四川大学，2014.

[6] Yang C, Xie R, Liang W G, et al. Beta-cyclodextrin-based molecular-recognizable smart microcapsules for controlled release[J]. Journal of Materials Science, 2014, 49: 6862-6871.

[7] Choi S, Munteanu M, Ritter H. Monoacrylated cyclodextrin via "click" reaction and copolymerization with N-isopropylacrylamide: guest controlled solution properties[J]. Journal of Polymer Research, 2008, 16(4):389-394.

[8] Li L, Guo X H, Fu L, et al. Complexation behavior of α-, β-, and γ-cyclodextrin in modulating and constructing polymer networks[J]. Langmuir, 2008, 24(15):8290-8296.

[9] Guo X H, Abdala A A, May B L, et al. Novel associative polymer networks based on cyclodextrin inclusion compounds[J]. Macromolecules, 2005, 38(7):3037-3040.

[10] Li L, Guo X H, Wang J, et al. Polymer networks assembled by host-guest inclusion between adamantyl and β-cyclodextrin substituents on poly (acrylic acid) in aqueous solution[J]. Macromolecules, 2008, 41(22):8677-8681.

[11] Amajjahe S, Choi S, Munteanu M, et al. Pseudopolyanions based on poly (NIPAAM-*co*-β-cyclodextrin methacrylate) and ionic liquids[J]. Angewandte Chemie International Edition, 2008, 47(18):3435-3437.

[12] Poptoshev E, Rutland M W, Claesson P M. Surface forces in aqueous polyvinylamine solutions. I. glass surfaces[J]. Langmuir, 1999, 15(22):7789-7794.

[13] Cho J, Heuzey M C, Bégin A, et al. Viscoelastic properties of chitosan solutions: Effect of concentration and ionic strength[J]. Journal of Food Engineering, 2006, 74(4):500-515.

[14] Zhang B, Ju X J, Xie R, et al. Comprehensive effects of metal ions on responsive characteristics of P (NIPAM-*co*-B18C6Am)[J]. The Journal of Physical Chemistry B, 2012, 116(18):5527-5536.

[15] Cho J, Heuzey M C, Begin A, et al. Physical gelation of chitosan in the presence of β-glycerophosphate: the effect of temperature[J]. Biomacromolecules, 2005, 6(8):3267-3275.

第九章

多重刺激响应型智能膜

第一节　温度/pH 双重刺激响应型智能膜　/ 268

第二节　温度/pH/ 磁场三重刺激响应型智能膜　/ 277

第三节　温度/pH/ 盐浓度 / 离子种类四重刺激响应型智能膜　/ 288

随着环境刺激响应型智能膜的不断发展，迄今已经设计开发出各种智能膜，包括温度响应型、pH 响应型、磁场响应型、光响应型、分子识别响应型等各种单一刺激响应型的智能膜。但是在实际应用中，往往同时存在两种甚至更多种环境刺激，单一刺激响应型智能膜已不能很好地满足应用要求，因此研发具有双重或多重刺激响应特性的智能膜已成为一个重要的发展方向。双重刺激响应型智能膜能分别或同时响应两种不同的环境刺激因素，多重刺激响应型智能膜则能够分别或同时响应环境中三种及以上刺激因素。

利用这些响应的协同作用，可以使智能膜的调控方式增多，并可以实现多种响应的协同作用，相互弥补不足，从而扩大其调控范围，达到一种智能膜同时满足不同要求的目的，进一步拓宽智能膜的应用领域。

第一节
温度/pH 双重刺激响应型智能膜

双重刺激响应型智能膜能响应两种不同的外界环境刺激因素。迄今，已开发出多种双重刺激响应型智能膜，如温度 /pH 双响应、温度 / 分子识别双响应、磁场 / 温度双响应等智能膜。其中，由于温度和 pH 是最常见且易靠人工实现的调控因素，因此，温度 /pH 双重刺激响应型智能膜研究最为广泛 [1]。

一、温度/pH双重刺激响应型智能膜的设计与制备

温度 /pH 双重刺激响应型智能膜的设计与制备，主要可以分为三种。第一种是基膜改性，即成膜后在膜基材上同时引入温度及 pH 响应型功能高分子；第二种是改性成膜，即在成膜前或成膜中引入温度及 pH 响应型功能材料；第三种是在成膜前及成膜后依次引入温度及 pH 响应型功能材料。但是这些方法尚存在一些问题。例如，基膜改性常常涉及一些复杂的化学反应，步骤烦琐，操作困难，难于控制，限制了该方法的工业放大生产；改性成膜虽操作简便，易于放大，但目前所制备的智能膜无法同时具备良好的温度及 pH 响应性，其温度或（和）pH 的调控范围非常有限，给其应用带来一定局限。因此如何利用简便方法制备出同时具有温度及 pH 响应特性的智能膜仍是一个有难度的研究课题。

Ma 等 [2, 3] 采用简单的"两步刮膜、一次分相固化"的方法构建了一种双层复合膜［图 9-1（a）］，并将 pH 和温度响应功能材料分别置于复合膜的两层中，便于两种响应的分别调控（图 9-1 b1，b2）。

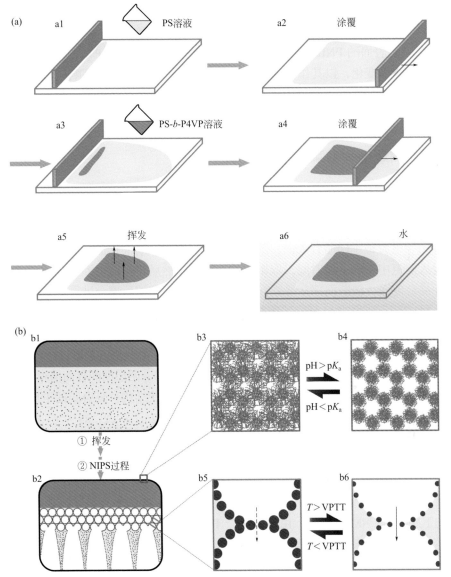

图9-1 温度/pH双重响应规整纳米多孔复合膜的制备（a）及双重响应机理（b）示意图[2,3]

一方面，利用嵌段共聚物聚苯乙烯-聚4-乙烯吡啶（PS-*b*-P4VP）这一pH响应型高分子的自组装与非溶剂诱导相分离（NIPS）的成膜方法，制备得到PS-*b*-P4VP膜，膜表面具有规整的纳米多孔结构，并且由于吡啶环上氮原子在低于其pK$_a$条件下发生质子化带电，从而使P4VP链排斥伸展，膜孔关闭；而在高于pK$_a$条件下去质子化，链收缩，膜孔打开。因此将PS-*b*-P4VP作为上层膜材，可以赋予复合膜良好的 pH 响应特性（图 9-1 b3，b4）。另一方面，将共混有温敏型聚（N- 异丙基丙烯酰胺）(PNIPAM) 微凝胶的聚苯乙烯（PS）作为复合膜的下层。分布在膜孔表面的 PNIPAM 微凝胶在其体积相转变温度（VPTT）附近能产生体积溶胀 - 收缩变化，以其作为膜的功能开关可以产生良好的温度响应特性（图 9-1 b5，b6）。并且由于 PS-b-P4VP 与 PS 之间具有相容性，分相前二者的铸膜液相互扩散，使 PS-b-P4VP 层与 PS 层紧密连接，而不发生剥离。

二、温度/pH双重刺激响应型智能膜的表征

1．智能膜的结构表征

智能膜的形貌使用扫描电子显微镜（SEM）进行表征。膜自然晾干后，表面直接用导电胶粘于样品台表面，随后喷金进行观察。断面样品的制备过程为：将膜浸入液氮中冷冻一段时间，取出后快速淬断，然后将平整的断面样用导电胶粘于样品台侧面，使断面部分暴露在样品台表面之外，随后喷金进行观察。

Ma 等 [2,3] 利用 SEM 观察了所制备温度 /pH 双重响应复合膜的表面及断面结构，如图 9-2 所示。结合嵌段共聚物 PS-b-P4VP 的自组装及非溶剂诱导相分离过程，所制膜表面具有规整的纳米多孔结构（图 9-2 a1 ~ e1）。由于 PS-b-P4VP 与 PS 之间的相容性，复合膜上下层之间紧密连接（图 9-2 a2 ~ e2），两层间的界面清晰可见（图 9-2 a3 ~ e3）。从断面图可见，复合膜的上层呈海绵状结构；复合膜的下层近界面处呈现胞状孔结构而远界面处呈指状大孔结构（图 9-2 a2 ~ e2，a3 ~ e3）。该下层结构与图 9-3 中利用非溶剂诱导相分离（NIPS）法形成的 PS 单层膜典型的指状孔结构完全不同，原因可能如下：制膜过程中，当把刮制好的双层液膜浸没到非溶剂（去离子水）中后，上层液膜中的溶剂（DMF、THF 和 DOX）与非溶剂交换，并使上层 PS-b-P4VP 固化，随后，溶解有 DMF、THF 和 DOX 的非溶剂与下层液膜接触，并和下层溶剂（NMP）交换。由于 DMF、THF 和 DOX 均是下层膜材 PS 的良溶剂，上述过程也就意味着 PS 液膜是在溶剂 / 非溶剂的混合液中固化。根据 Strathmann 等 [4] 的报道，在溶剂 / 非溶剂混合物中固化将减慢相分离的速度，导致胞状孔结构的产生。基于上述原因，在相分离过程中复合膜下层即出现胞状孔结构。

Ma 等 [2,3] 还研究了下层 PNIPAM 微凝胶含量对复合膜结构的影响。PNIPAM 微凝胶含量分别为 0%、10% 以及 15% 的复合膜（上层液膜厚度均为 200μm）的 SEM 图如图 9-2（a）~（c）所示。对于不含 PNIPAM 微凝胶的复合膜来说，下层近界面处为典型的胞状孔结构，且闭合的胞状孔被包封在 PS 聚合物基质中［图 9-2（a）］。当在下层铸膜液中加入 PNIPAM 微凝胶后，胞状孔结构产生明显改变。从图 9-2（b）、（c）可以清晰看到分布在膜孔 / 基质界面的 PNIPAM 微凝胶，

该微凝胶可以成为复合膜的温度响应功能开关。随着 PNIPAM 微凝胶含量从 0 增加到 10%，下层膜近界面处胞状孔扩大，同时出现一些开孔结构。这是由于在

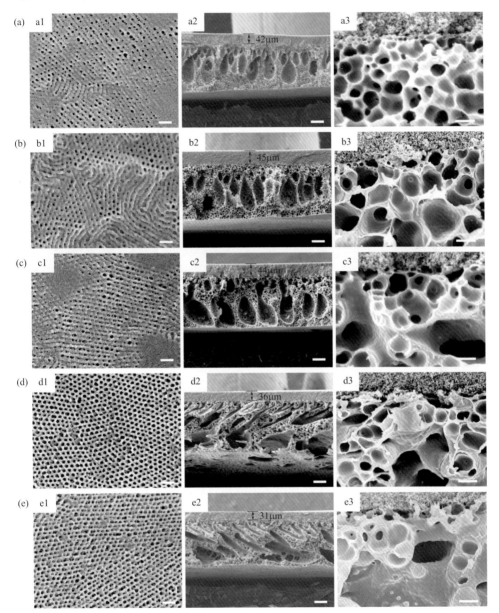

图9-2 不同制备条件下形成的复合膜的表面（a1~e1）（标尺：200nm）、断面（a2~e2）（标尺：50μm）及断面放大（a3~e3）（标尺：2μm）的SEM图[2, 3]

（a）0% PNIPAM 及 200μm 液膜厚度；（b）10% PNIPAM 及 200μm 液膜厚度；（c）15% PNIPAM 及 200μm 液膜厚度；（d）15% PNIPAM 及 150μm 液膜厚度；（e）15% PNIPAM 及 100μm 液膜厚度

相分离的过程中，处在膜孔/基质界面的亲水性PNIPAM微凝胶在胞状孔生长的过程中吸收更多的水分，从而使具有微凝胶的膜孔扩大并相互贯通（图9-2 b3）。当微凝胶含量进一步增加到15%，更多的开孔产生并且孔与孔之间也更贯通。

此外，由于上层膜的存在将影响复合膜的相分离过程，Ma等[2, 3]进一步研究了制备过程中上层液膜厚度的变化对复合膜形貌的影响。上层液膜厚度为150μm和100μm的复合膜（PNIPAM微凝胶含量均为15%）被相继制备。通过对比图9-2 c2～e2，随上层液膜的厚度降低，复合膜上层干膜厚度相应减小。并且较小上层液膜厚度将略微减弱其对下层的相分离行为的影响，最终使指状孔结构更典型，下层近界面区域出现更多的贯穿大孔结构。

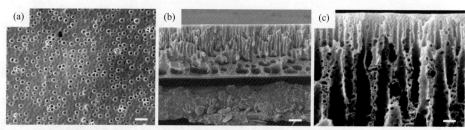

图9-3 PS单层膜表面（a）、断面（b）及断面放大（c）SEM图[2, 3]
（a）、（c）标尺为2μm；（b）标尺为50μm

2. 智能膜的通量表征

采用"死端过滤"装置对复合膜的温度及pH响应性能进行表征。将浸泡在水中的智能膜放入膜通量装置内，并在其中装满不同pH值的溶液，再打开水浴外循环，利用夹套控制膜通量装置中液体的温度，平衡一定时间。检测通量时，检测口处设有阀门，平衡时将阀门关闭，待平衡结束后开启阀门，待测液从装置内流出，称量一定时间t内收集的渗透溶液质量m。

通过通量公式（9-1）计算出水溶液透过智能开关膜的渗透通量：

$$J = \frac{m}{stp} \qquad (9\text{-}1)$$

式中，J为待测溶液的渗透通量，kg/（m²·h·bar）（1bar=10⁵Pa）；m为收集的透膜待测液质量，kg；s为智能膜渗透的有效面积，m²；t为测试时间，h；p为跨膜压差，bar。

Ma等[2, 3]考察了其所制备双层复合膜在不同温度和pH条件下的通量变化，温度范围为20～45℃；由于P4VP的pK_a约为3.5～4.5，pH范围为2.5～6.8。在不同条件下，测定静压力下其一定时间内通过膜的水的质量，并利用公式（9-1）计算出跨膜通量，结果如图9-4所示。

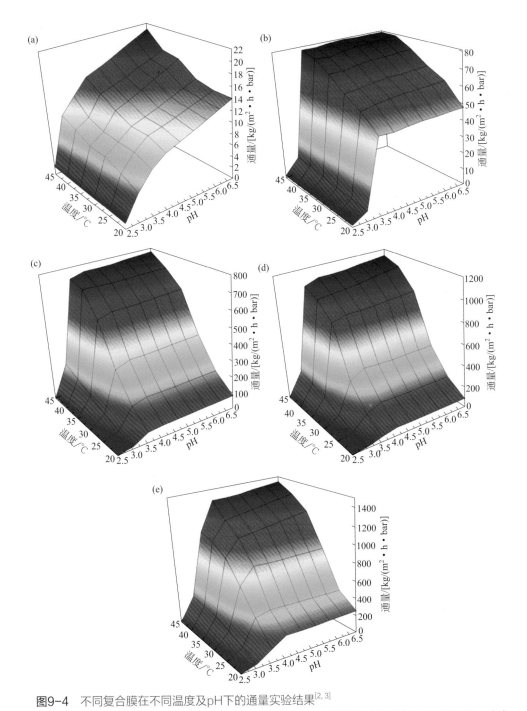

图9-4 不同复合膜在不同温度及pH下的通量实验结果[2, 3]

（a）0% PNIPAM 及 200μm 液膜厚度；（b）10% PNIPAM 及 200μm 液膜厚度；（c）15% PNIPAM 及 200μm 液膜厚度；（d）15% PNIPAM 及 150μm 液膜厚度；（e）15% PNIPAM 及 100μm 液膜厚度

由于上层膜中P4VP链的pH响应构象变化以及膜表面纳米多孔结构的存在，所有膜都具有良好的pH响应特性，即在特定温度下，随pH值的增加，膜的通量升高。当pH高于P4VP的pK_a时，P4VP链收缩卷曲，膜孔打开；而在低于P4VP的pK_a条件下，P4VP吡啶环上的氮原子质子化带电，静电作用使膜孔边壁的P4VP链伸展，从而将膜表面的纳米孔堵住。在此作用下，膜通量在pH 2.5～6.8间发生明显变化，并实现很好的pH响应特性。由于PNIPAM微凝胶的温度响应体积相变，下层含有PNIPAM微凝胶的复合膜也展现了良好的温度响应特性。当温度低于PNIPAM微凝胶的VPTT时，PNIPAM微凝胶处于溶胀状态，使得下层膜孔关闭，膜的有效孔径较小；而在温度高于VPTT时，PNIPAM微凝胶处于收缩状态，下层膜孔打开，膜的有效孔径增大。因此膜通量呈现在低温下较小、高温下较大的态势，实现了良好的温度响应特性。

当上层液膜厚度一致时（200μm），含0%、10%及15% PNIPAM微凝胶的复合膜的渗透行为明显不同［图9-4（a）～（c）］。对于不含PNIPAM微凝胶的复合膜来说，由于下层膜致密的胞状孔结构，复合膜的跨膜通量非常低［图9-4（a）］。其在20～45℃间通量的上升主要是由于温度增加导致的水黏度降低。随着PNIPAM微凝胶含量的增加，由于下层近界面处更多的大孔及贯穿孔结构，使膜结构更疏松，膜通量显著上升［图9-4（b），（c）］。并且，当复合膜中加入越多的PNIPAM微凝胶时，也就意味着更多的PNIPAM微凝胶充当膜的功能开关，从而使复合膜的温度响应特性也更显著。

此外，上层膜厚也对膜通量造成影响。当将上层液膜厚度从200μm降至100μm时（PNIPAM微凝胶含量固定在15%），由于上层PS-*b*-P4VP膜的存在，复合膜均展现明显的pH响应通量变化，由于下层足量的PNIPAM微凝胶的存在，复合膜通量随温度的变化也十分明显，但同时复合膜的最大通量却略有增加［图9-4(c)～(e)］。该结果与其膜的微观结构的变化趋势一致，即降低上层厚度，下层近界面处有更多的大孔出现，更疏松的结构使膜通量有一定程度的提高。

三、智能膜的温度/pH双重刺激响应性能

Ma等[2, 3]系统研究了PNIPAM微凝胶含量与上层液膜厚度对复合膜的温度/pH双重响应性的影响。复合膜在20℃/pH 2.5和45℃/pH 6.8条件下的水通量及对应的双重响应开关系数如图9-5所示。当处于20℃/pH 2.5环境中时，下层中PNIPAM微凝胶溶胀，上层中P4VP链伸展，上下层膜孔均处于关闭状态，PNIPAM微凝胶含量为0%、10%及15%的复合膜通量极低，分别为1.01kg/（$m^2 \cdot h \cdot bar$）、1.08kg/（$m^2 \cdot h \cdot bar$）和1.13kg/（$m^2 \cdot h \cdot bar$）；当处于45℃/pH 6.8环境中时，下层中PNIPAM微凝胶收缩，上层中P4VP链卷曲，上下层膜孔

均处于打开状态，膜通量变为 21.02kg/（m²·h·bar）、80.56kg/（m²·h·bar）及 778.03kg/（m²·h·bar）。计算可知，其温度/pH 双重响应开关系数分别为 20.81、74.59 及 688.52。由于在 20℃/pH 2.5 下，膜孔关闭较好，故三者的通量值十分接近；而在 45℃/pH 6.8 下，由于三者微观结构的显著区别，膜通量相差明显，从而导致三者的温度/pH 双重响应开关系数相差较大。

对不同上层厚度的复合膜而言，当处于 20℃/pH 2.5 环境中时，上层厚度为 200μm、150μm 及 100μm 的复合膜通量分别为 1.13kg/（m²·h·bar）、1.60kg/（m²·h·bar）及 2.76kg/（m²·h·bar）。当处于 45℃/pH 6.8 环境中时，通量分别

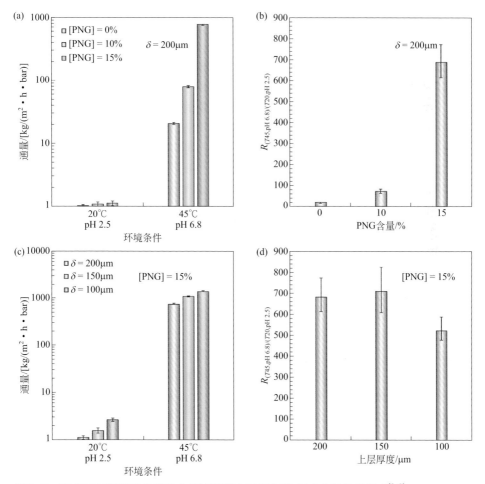

图9-5　PNIPAM微凝胶含量及上层液膜厚度对复合膜pH响应特性的影响[2,3]

（a），（b）不同微凝胶含量的复合膜在20℃/pH 2.5和45℃/pH 6.8的水通量（a）及温度/pH双重响应开关系数（b）；（c），（d）不同上层液膜厚度的复合膜在20℃/pH 2.5和45℃/pH 6.8的水通量（c）及温度/pH双重响应开关系数（d）

为 778.03kg/（$m^2 \cdot h \cdot bar$）、1138.95kg/（$m^2 \cdot h \cdot bar$）及 1441.00kg/（$m^2 \cdot h \cdot bar$）。计算可知，其温度/pH 双重响应开关系数分别为 688.52、711.84 及 522.10。

结果显示，添加 15% 微凝胶的复合膜具有非常卓越的双重响应性能，其温度及 pH 双重响应的开关系数高达 700，该开关系数较目前大部分的温度/pH 双重响应复合膜有数量级的提升。并且，通过对比可知，复合膜对温度和 pH 同时响应的开关系数远大于单一的温度或 pH 响应开关系数。这是由于复合膜上下层可同时分别地响应 pH 及温度的变化，P4VP 链及 PNIPAM 微凝胶构象的变化对通量的增加或减小均有贡献。该结果进一步证明增加调控方式可以增加复合膜的通量调控范围。

众所周知，一种刺激因素有"开"和"关"两种状态。那么两种刺激因素则可以产生四种开关状态，即"开-开""开-关""关-开"以及"关-关"。对于本节中的温度及 pH 响应复合膜而言，这四种开关状态体现为"开$_{pH}$-开$_T$""开$_{pH}$-关$_T$""关$_{pH}$-开$_T$"以及"关$_{pH}$-关$_T$"。图 9-6（a）展示了 PNIPAM 微凝胶含量为 15%、上层液膜厚度为 200μm 所制复合膜的通量等高线图，上述四种开关状态对应于通量等高线图的四个顶点。在 45℃/pH 6.8 时，P4VP 链卷曲，上层孔"开"，PNIPAM 微凝胶收缩，下层孔"开"，对应通量为 778.03kg/（$m^2 \cdot h \cdot bar$）。在 20℃/pH 6.8 时，P4VP 链卷曲，上层孔"开"，PNIPAM 微凝胶溶胀，下层孔"关"，通量变为 79.72kg/（$m^2 \cdot h \cdot bar$）。在 45℃/pH 2.5 时，P4VP 链伸展，上层孔"关"，PNIPAM 微凝胶收缩，下层孔"开"，通量降为 7.95kg/（$m^2 \cdot h \cdot bar$）。在 20℃/pH 2.5 时，P4VP 链伸展，上层孔"关"，PNIPAM 微凝胶溶胀，下层孔"关"，通量进一步降低至 1.13kg/（$m^2 \cdot h \cdot bar$）[图 9-6（b）]。这四种开关状态下，膜通量可以产生约 3 个数量级的变化，意味着可以通过简单地调节温度及 pH 来获得需要的通量值。此外，从此通量结果中还可发现，该复合膜的 pH 响应开关性能远强于温度响应开关性能。这是由于膜的刺激响应开关性能往往主要取决于该刺激因素导致的膜孔关闭程度。对于双层复合膜而言，由于上层膜孔边壁伸展的 P4VP 链可以将膜孔很好地关闭，因此在低 pH 条件下，通量接近于 0。而对于下层膜来说，由于溶胀的 PNIPAM 微凝胶所增加的尺寸与膜孔大小匹配程度不够，故溶胀的 PNIPAM 微凝胶只是减小了膜孔尺寸，而非完全将膜孔堵住。也就是说 P4VP 链所实现的膜孔关闭程度高于 PNIPAM 微凝胶，从而使 pH 响应性能也更显著。

为进一步证明该双层复合结构的稳定性，Ma 等[2,3]考察了跨膜压差和膜通量间的关系。实验结果如图 9-6（c）所示，在四种开关状态下，跨膜压差和膜通量间有非常好的线性关系，说明下层中包埋的 PNIPAM 微凝胶在 0～0.2MPa 的操作压力下均可以稳定存在而不发生脱落，同时也证明该双层结构在此范围的压力下不会发生塌陷。该稳定的结构使复合膜具有工业应用的基础。

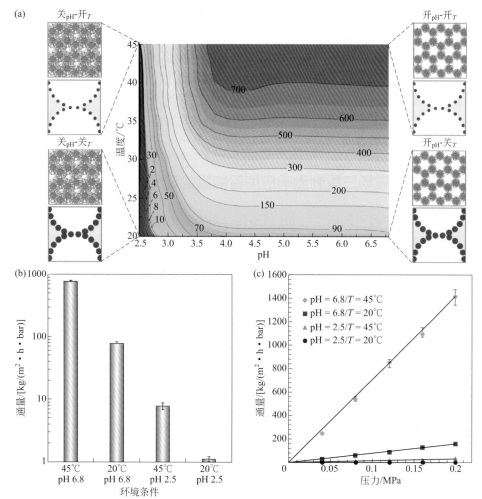

图9-6 PNIPAM微凝胶含量为15%、上层液膜厚度为200μm所制复合膜的通量[2, 3]

（a）复合膜通量的不同温度及pH条件下的等高线图，四个顶点对应于四种开关状态；（b）四种开关状态下对应的通量值；（c）四种状态下通量与跨膜压差的关系

第二节
温度/pH/磁场三重刺激响应型智能膜

环境刺激响应型智能微囊膜由于其贮库型结构和相对较快的环境响应速率，

被认为是最理想的智能化给药载体，受到了国内外研究者的广泛关注和重视。迄今，已研究报道的智能微囊膜包括有pH响应型、温度响应型、磁场响应型和分子识别响应型等各种响应模式的微囊膜，这些微囊膜可作为药物载体利用内在或外加的环境刺激实现靶向给药。然而，在实际应用中，往往同时存在两种甚至更多种环境刺激，单一响应型智能微囊膜不能很好地满足应用要求，需要多种刺激响应功能有机复合，协同发挥作用，因此研发具有多重刺激响应的微囊膜已成为一个重要的发展方向。

一、温度/pH/磁场三重刺激响应型智能膜的设计与制备

由于人体内不同部位的pH值不同，对于特定病灶也会产生局部pH的变化，且温度变化也是常见且易于进行人工控制的一类刺激，磁性是实现靶向式给药的关键。因此，将pH、温度和磁性进行有机复合，能更好地协同发挥作用。因此，设计和制备具有调速释放性能的pH、温度和磁场三重刺激响应型智能微囊膜对于实现更好的药物控释具有重要意义。

Wei 等 [5, 6] 设计了一种新型的具有调速释放性能的多重刺激响应微囊膜。该微囊膜可依靠外界磁场实现药物的靶向运输，并在病变部位根据pH的变化实现药物的自律式释放，同时还可以通过调节温度来调控药物的释放速度。该智能微囊膜的制备过程及其控制释放原理如图9-7所示。该微囊膜由交联的壳聚糖作为pH响应的微囊膜基材，在其中嵌入磁性纳米颗粒以实现"定位靶向"，并加入温敏亚微球作为"微型调节阀"以调节药物的释放速度。由于磁性纳米颗粒的加入，所制备的微囊膜具有在外加磁场作用下定向移动，并在特定部位靶向浓集的功能。交联的壳聚糖微囊膜具有典型的阳离子pH响应特性。当环境pH值高于壳聚糖的pK_a值时（壳聚糖的pK_a值约为6.2 ~ 7.0）[7]，例如在正常的组织部位（pH值为7.4左右），微囊膜处于收缩状态，囊层结构比较致密，导致药物很难从微囊膜中释放出来［图9-7（e）］；但当环境pH值低于壳聚糖的pK_a值时，例如在某些慢性伤口部位的pH值低至5.45[8]，微囊膜处于溶胀状态，囊层结构比较疏松，药物释放速度加快［图9-7（f）］。也就是说，所制备的微囊膜能根据病变部位pH值的不同实现自律式药物释放。更为重要的是，在药物释放的过程中，可以根据患者的具体情况，利用局部超声等方法加热控温改变囊层内温敏亚微球的体积大小，从而在微囊膜壁与亚微球之间形成空穴通道，并且该通道的大小可随温敏亚微球的体积变化程度灵活调控，从而调节药物的释放速度。当环境温度升高时，由于亚微球的收缩，导致亚微球和微囊膜之间的空穴通道变大，从而加快药物的释放［图9-7（g）］；但当环境温度降低时，亚微球的溶胀导致空穴通道变小，从而降低了药物的释

放速度 [图 9-7（f）]。

　　制备中，将含有温敏亚微球和磁性纳米颗粒的壳聚糖水溶液作为中间水相（middle fluid，MF），含有戊二醛的大豆油溶液分别作为内油相（inner fluid，IF）和外油相（outer fluid，OF）[图 9-7（a）]，以采用微流控技术制备得到的 O/W/O 的乳液 [图 9-7（b）] 为模板，通过戊二醛与壳聚糖之间的交联反应制备得到具有 pH、磁场和温度三重响应特性的微囊膜 [图 9-7（c），（d）]。其中，超顺磁性纳米颗粒采用化学共沉淀法制备，并用柠檬酸三钠修饰，制备得到在水中稳定的磁流体。采用沉淀聚合法制备聚（*N*-异丙基丙烯酰胺-共聚-丙烯酰胺）[P（NIPAM-*co*-AAm）] 温敏亚微球。

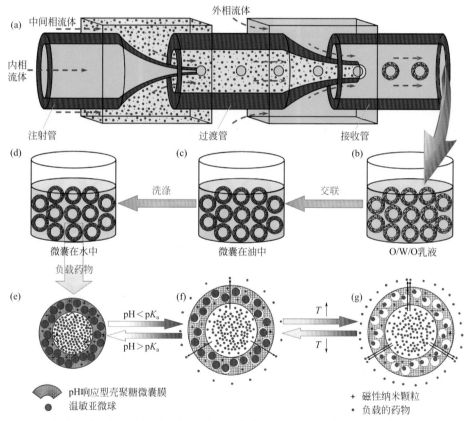

图9-7　具有调速释放性能的多重刺激响应微囊膜的制备过程 [（a）～（d）] 及其控制释放原理 [（e）～（g）][5,6]
（a）用于制备乳液的毛细管微流控装置；（b）所制备的 O/W/O 乳液；（c）在油中交联的微囊膜；（d）洗去内外油相的中空微囊膜分散在纯水中；（e）载有药物的微囊膜；（f）当环境 pH 值小于 pK_a 时，处于溶胀状态的微囊膜的药物释放示意图；（g）升高温度时，微囊膜的药物释放示意图

二、温度/pH/磁场三重刺激响应型智能膜的表征

Wei 等[5, 6]在制备多重刺激响应微囊膜的过程中，由于中间水相加入了荧光标记的温敏亚微球，因此，主要使用激光扫描共聚焦显微镜（CLSM）观察乳液中间水相和囊膜的荧光特性来考察温敏亚微球是否成功被包埋在囊层中。

图 9-8 是 O/W/O 乳液模板的 CLSM 照片。从图 9-8（a′）～（c′）可以看出，所制备的乳液具有良好的单分散性和稳定性。由于只有温敏亚微球是采用了红色荧光标记，因此只有中间水相含有红色荧光标记的温敏亚微球所制备的乳液的中间水相层显示出红色荧光，如图 9-8（c）所示，而其他两种乳液则不显荧光，图 9-8（a）、（b）所示。

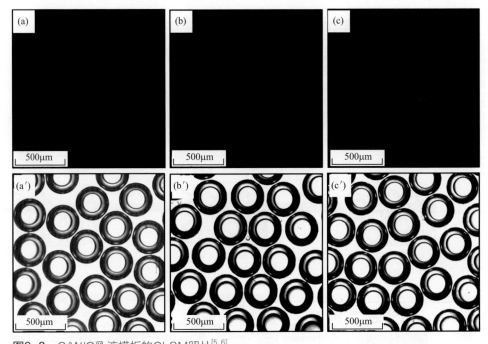

图9-8　O/W/O乳液模板的CLSM照片[5, 6]

（a）～（c）红色荧光通道，（a′）～（c′）透射通道；其中（a）、（a′）中间水相只含有壳聚糖，（b）、（b′）中间水相含有壳聚糖和磁性纳米颗粒，（c）、（c′）中间水相同时含有壳聚糖、磁性纳米颗粒和温敏亚微球

以该乳液为模板，则可以制备得到具有良好球形度的微囊膜，如图 9-9（a′）～（c′）所示。由于人体正常组织 pH 在 7.4 左右，而正常体温在 37℃附近，因此，将清洗干净的微囊膜分散在 pH 7.4 的缓冲液中，在 37℃下通过 CLSM 进行观察。从图中可以看出，在相同的条件下，只有含温敏亚微球的磁性壳聚糖（CS-M-T）微囊膜的囊层显示出红色荧光［图 9-9（c）］，而壳聚糖（CS）微囊

膜和磁性壳聚糖（CS-M）微囊膜囊层都不显红色荧光［图9-9（a），（b）］。从囊层的红色荧光可以看出温敏亚微球成功添加到了微囊膜中。

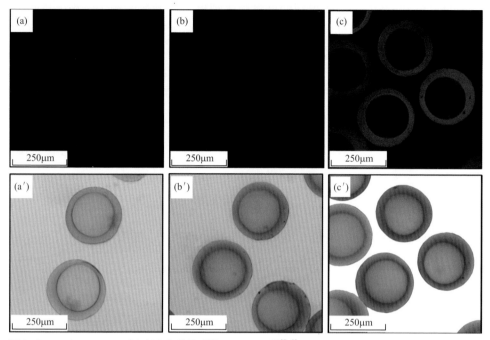

图9-9 37℃下pH 7.4缓冲液中微囊膜的CLSM照片[5, 6]
（a）~（c）红色荧光通道，（a'）~（c'）透射通道；其中（a）、（a'）为CS微囊膜，（b）、（b'）为CS-M微囊膜，（c）、（c'）为CS-M-T微囊膜

三、智能膜的温度/pH/磁场三重刺激响应性能

1. 智能微囊膜的 pH 响应性能

由于体内正常组织的 pH 值为 7.4 左右，而壳聚糖具有在酸性条件下溶胀的性质，因此，Wei 等[5, 6] 主要考察了 pH 值在 3.0 ~ 7.4 范围内微囊膜的 pH 响应溶胀行为。由于人体正常体温在 37℃附近，因此实验中固定环境温度为 37℃时，测定微囊膜的 pH 响应特性。把不同制备条件下制备得到的微囊膜放入不同 pH 值的缓冲溶液中浸泡 24h 达到溶胀平衡后，再在 37℃下恒温 1h，取其光学显微镜图片，测定其粒径的变化。

为了表征所制备的微囊的 pH 响应行为，利用外径溶胀比（$OD_{pH}/OD_{pH7.4}$）来对其不同制备条件下的 pH 响应行为进行比较。

图 9-10（a）是外相戊二醛浓度不同所制备的壳聚糖微囊膜的 pH 响应性。

从图中可以看出，两种微囊膜均表现出在酸性条件下溶胀的性质，即随着 pH 的降低，外径溶胀比和囊厚溶胀比都增大。但两种微囊膜的溶胀程度却不同：由相对较低交联剂浓度制备得到的微囊膜表现出更高的溶胀率。内相戊二醛浓度不同所制备的微囊膜也表现出相同的结果，即微囊膜均具有在酸性条件下溶胀的性质，但由相对较低交联剂浓度制备得到的微囊膜却表现出更高的溶胀率，如图 9-10（b）所示。这主要是由于随着戊二醛含量的减少，微囊膜交联密度降低，从而导致聚合物链的伸缩性增大，微囊膜的溶胀程度增大。

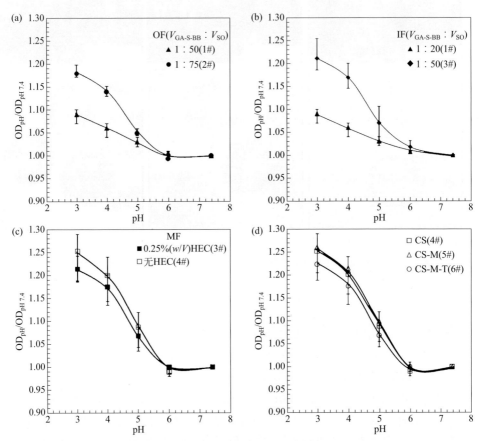

图9-10 （a）外相戊二醛不同浓度对所制备微囊膜pH响应特性的影响；（b）内相戊二醛不同浓度对所制备的微囊膜pH响应特性的影响；（c）HEC的加入对所制备微囊膜pH响应特性的影响；（d）CS、CS-M和CS-M-T微囊膜的pH响应性[5, 6]

$V_{GA-S-BB}$—戊二醛饱和的苯甲酸苄酯溶液的体积；V_{SO}—大豆油的体积

中间水相中羟乙基纤维素（HEC）的加入是为了增加水相溶液的黏度，从而使制备得到的乳液更加稳定，但中间相溶液黏度的增大会导致后续实验中磁性纳米颗粒和温敏亚微球不易分散均匀。为了使磁性纳米颗粒和温敏亚微球能够在中间水相分散均匀，而且考虑到后续实验中磁性纳米颗粒和温敏亚微球的加入同样能增加中间水相的黏度，因此在后续实验中都采用不含HEC的壳聚糖水溶液作为中间相。从图9-10（c）可以看出，无论中间水相是否含有HEC，所制备的微囊膜均表现出良好的阳离子型pH响应性；但中间水相不含HEC的条件下制备得到的微囊膜在酸性条件表现出略高的溶胀度。HEC是属于大分子化合物，其长分子链可能与壳聚糖的分子链相互缠绕，束缚了壳聚糖分子链在酸性条件下的伸展，因此使得含有HEC的壳聚糖微囊膜在酸性条件下的溶胀度略低。

通过在中间水相加入含磁性纳米颗粒的溶液，制备得到了磁性壳聚糖（CS-M）微囊膜。同时在中间相壳聚糖水溶液中加入温敏亚微球和磁性纳米颗粒，则制备得到了含温敏亚微球的磁性壳聚糖（CS-M-T）微囊膜。CS-M微囊膜和CS-M-T微囊膜均表现出良好的pH响应特性，如图9-10(d)所示。随着pH的降低，微囊膜逐渐溶胀。由于所加入的磁性颗粒十分小（约20nm），而且加入的量相对较小[0.15%（w/V）]，少量小颗粒的加入对微囊膜的pH响应性并不会产生影响。因此，磁性纳米颗粒的加入对微囊膜的pH响应性几乎没有影响；然而，所加入的温敏亚微球相对较大（室温下分散在水中约为1μm），而且加入的量较多[1%（w/V）]，相对较多的非pH响应材料的加入会降低微囊膜的pH响应特性，因此，含温敏亚微球的CS-M-T微囊膜比CS-M微囊膜在相同条件下表现出相对较低的溶胀率，如图9-10（d）所示。

2. 智能微囊膜的磁响应性能

囊膜中加入磁性纳米颗粒，可以使微囊膜对外加磁场具有响应特性。

Wei等[5,6]将磁性壳聚糖微囊膜和多重刺激响应微囊膜分别置于pH 7.4的缓冲液中，使用外加磁铁（尺寸为ϕ20mm×5mm，磁场强度为1.25T）施加外加磁场来吸引微囊膜定向运动聚集，以此来考察微囊膜的磁响应特性。如图9-11所示，在外加磁场的作用下，原本分散在缓冲液中的磁性微囊膜[图9-11（a），（b）]迅速聚集到放有外加磁铁的一侧[图9-11（a′），（b′）]，表明所制备的磁性微囊膜具有良好的磁响应性。

Wei等[5,6]同时用振动样品磁强计（VSM）在室温下测试洗净并干燥后的磁性壳聚糖微囊膜和多重刺激响应微囊膜的磁化曲线，以表征其磁学性能。如图9-11（a″）、（b″）所示，其中图9-11（a″）为磁性壳聚糖微囊膜的磁化曲线，图9-11（b″）为含温敏亚微球的磁性壳聚糖微囊膜的磁化曲线。可以看出，在外加磁场为零时，剩磁和矫顽力均为零，表明所制备的微囊膜具有超顺磁性。由于微囊膜中磁性纳米颗粒的含量相对较少，因此微囊膜的饱和磁强要比磁性纳米颗粒的饱和磁强（M_s为72.32emu/g）小很多，分别为4.47emu/g和4.11emu/g。为了证实磁性纳米颗粒能很好地被包埋在囊层中，实验中还测定了经过 20 次溶胀 - 收缩变化后微囊膜的磁化曲线，可以看出，经过 20 次溶胀 - 收缩的微囊膜的磁化曲线与溶胀 - 收缩前微囊膜的磁化曲线基本一致，表明即使微囊膜经过不断的溶胀，磁性纳米颗粒仍然被很好地包埋在囊层中。在加入壳聚糖溶液之前，磁性纳米颗粒经过柠檬酸三钠修饰而带上负电荷，而处于溶胀状态下的微囊膜由于壳聚糖结构中的氨基质子化是带正电荷的。正负电荷之间的静电吸引作用，使得磁性颗粒能被很好地包埋在其中而不易损失。

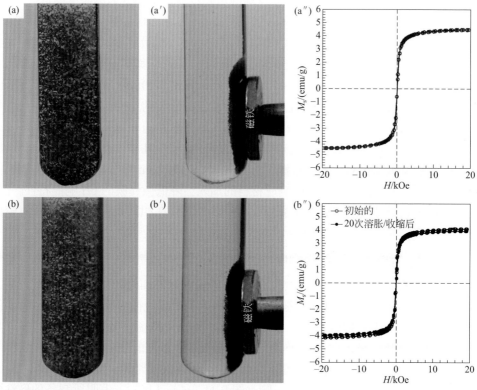

图9-11 CS-M［（a），（a′），（a″）］和CS-M-T［（b），（b′），（b″）］微囊膜的磁响应性[5,6]

室温下CS-M和CS-M-T微囊膜在pH 7.4缓冲液中响应外加磁场光学照片：（a）、（b）没有外加磁场，（a′）、（b′）在外加磁场作用下；（a″）（b″）室温下CS-M和CS-M-T微囊膜的磁化曲线。1Oe=79.6A/m；1emu=10^{-3} A·m^2

3. 智能微囊膜的控制释放性能

Wei 等 [5,6] 采用维生素 B_{12}（VB_{12}）作为模型药物来研究微囊膜的控制释放性能，根据 Fick 第一扩散定律来建立溶质分子透过微囊膜的扩散模型。经过推导，

VB$_{12}$ 透过微囊膜的扩散系数 P 可以通过公式（9-2）计算，式中，n 为微囊膜的总数量；$\bar{d}$ 为微囊膜的平均直径；K 为 $\ln\left[(C_f-C_i)/(C_f-C_t)\right]$ -t 图线中直线的斜率。如已知微囊膜的平均直径、体积以及外部溶液的体积，就能通过测定外部溶液浓度随时间的变化而计算得出溶质通过微囊膜的渗透系数 P。

$$P=\frac{V_s V_m}{A(V_s+V_m)}K=\frac{n\frac{1}{6}\pi\bar{d}^3}{n\pi\bar{d}^2}\frac{V_s}{V_s+V_m}K=\frac{1}{6}\bar{d}\frac{V_s}{V_s+V_m}K \qquad (9\text{-}2)$$

首先，Wei 等[5,6]考察了微囊膜的 pH 响应控释性能。在固定环境温度为 37℃的条件下，测定微囊膜在 pH 3.0 ~ 7.4 范围内对 VB$_{12}$ 的释放速率，考察其 pH 响应控制释放性能。将微囊膜浸泡在含有一定浓度（4×10^{-5}mol/L）VB$_{12}$ 的不同 pH 值的缓冲液中至少 72h，以期使微囊膜内外 VB$_{12}$ 的浓度达到平衡。取一定量的微囊膜分散溶液，再加入相同体积、相同温度及相同 pH 值的空白缓冲液进行混合，以降低外部 VB$_{12}$ 溶液的浓度，通过测定微囊膜外部溶液中 VB$_{12}$ 浓度随时间的变化，以确定 VB$_{12}$ 的释放速度。采用紫外分光光度计在 361nm 波长下检测出 VB$_{12}$ 溶液的吸光度，然后根据 VB$_{12}$ 的标准曲线计算出 VB$_{12}$ 的浓度，最后通过公式（9-2）计算出 VB$_{12}$ 的渗透系数 P。

VB$_{12}$ 在不同 pH 条件下透过微囊膜的渗透系数如图 9-12 所示。可以看出，随着 pH 值的降低，渗透系数逐渐增大。当环境 pH 值较低时，交联的凝胶网络结构由于氨基的质子化而带上正电荷，产生的静电斥力导致凝胶的网络结构溶胀。因此，随着环境 pH 值的降低，凝胶的网络结构逐渐疏松，使 VB$_{12}$ 透过囊膜的速度变快，即表现为渗透系数的增大。同时，引入了参数 $P_{pH}/P_{pH7.4}$ 来表征相对于正常组织 pH 而言，VB$_{12}$ 透过囊膜的渗透系数的变化程度。可以看出，随着 pH 的降低，渗透系数的变化程度也变大。总的来说，微囊膜的 pH 响应控制释放行为与其 pH 响应特性结果一致。

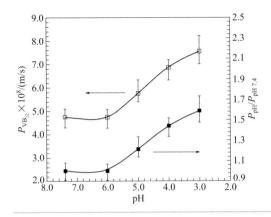

图9-12
37℃下VB$_{12}$透过微囊膜的渗透系数随pH的变化[5,6]

Wei 等 [5, 6] 还考察了微囊膜的控释传质可调性。温敏亚微球作为微型"调节阀"置于微囊膜囊层中，温度的改变可以改变微囊膜囊壁和温敏亚微球之间形成的空穴通道，从而改变药物从微囊膜内部扩散出的速度，达到调节药物释放速度的目的。因此，微囊膜的控释传质可调性研究主要是通过温度调控实现的。实验中主要考察了在 pH 3 和 pH 5 条件下微囊膜的控释传质可调性行为。在固定外部环境 pH（pH 值为 3 或 5）的情况下，测定微囊膜在 25 ~ 49℃范围内对 VB_{12} 的释放速度，考察其温度调控的控制释放性能。将微囊膜浸泡在含有一定浓度（4×10^{-5} mol/L）VB_{12} 的 pH 值缓冲液中至少 72h，以期使微囊膜内外 VB_{12} 的浓度达到平衡。然后将载有 4×10^{-5} mol/L VB_{12} 的微囊膜分散溶液体系预热到要测定的温度，再加入相同体积、相同温度及相同 pH 值的空白缓冲液进行混合，以降低外部 VB_{12} 溶液的浓度，通过测定微囊膜外部溶液中 VB_{12} 浓度随时间的变化，以确定 VB_{12} 的释放速度，并通过公式（9-2）计算出 VB_{12} 的渗透系数 P。

在固定环境 pH 为 3 的情况下，在 25 ~ 49℃范围内通过改变温度，测试 VB_{12} 透过微囊膜的渗透系数的变化，其结果如图 9-13（a）所示。可以看出，随着温度的升高，VB_{12} 透过 CS-M-T 微囊膜的渗透系数逐渐增大。尤其是在 34 ~ 43℃范围内，随着温度的升高，渗透系数增大许多；但在 25 ~ 34℃及 43 ~ 49℃范围内，渗透系数随温度的变化相对较小。这一结果与温敏亚微球随温度升高的退溶胀行为一致。温敏亚微球作为微型"调节阀"置于囊层中，囊层与亚微球之间的空隙决定着 VB_{12} 透过囊膜的速度。当温度升高时，亚微球收缩，体积减小，从而导致大量空隙的产生，为溶质分子 VB_{12} 透过囊膜增加了更多的通道，因而微囊膜的渗透系数增大；并且亚微球收缩越多，囊壁与亚微球之间的空隙越大，从而导致囊膜的渗透系数也越大。因而，在 34 ~ 43℃范围内，由于亚微球的体积收缩十分明显，从而导致渗透系数的变化十分明显；但在 25 ~ 34℃及 43 ~ 49℃范围内，由于亚微球的体积变化相对较小，从而导致渗透系数的变化较小。相比之下，不含温敏亚微球的磁性壳聚糖微囊膜的渗透系数在 34 ~ 43℃范围内并没有明显的变化，而只是随着温度的升高，渗透系数有轻微的增加，这主要是由于温度升高，导致水的黏度减小，从而减小了溶质分子的扩散阻力，扩散速率增大。

人体正常体温在 37℃附近，在此引入了参数 $P_T/P_{37℃}$ 来表征微囊膜在不同温度下相对于正常体温下的渗透系数的变化。其中，P_T 代表了在温度 T 下 VB_{12} 透过囊膜的渗透系数；$P_{37℃}$ 代表了在 37℃下 VB_{12} 透过囊膜的渗透系数。从图 9-13（b）可以看出，含温敏亚微球的 CS-M-T 微囊相比较不含温敏亚微球的 CS-M 微囊而言，表现出更明显的渗透系数的变化，尤其是在人体体温附近（37℃），通过改变温度能更好地调控微囊膜的渗透系数。表明温敏亚微球作为微型"调节阀"具有良好的调控效果，能很好地实现对药物扩散速度的调控。

Wei 等 [5, 6] 同样测定了在固定外部环境 pH 值为 5 时，在人体体温附近通过改变温度来调节渗透系数的变化，如图 9-13（c）、（d）所示。如同在 pH 3 条件下一样，随着温度的升高，VB$_{12}$ 透过 CS-M-T 微囊膜的渗透系数逐渐增大。但同等条件下，空白 CS-M 微囊膜的渗透系数变化不大，如图 9-13（c）所示。从图 9-13（d）中 $P_T/P_{37℃}$ 随温度的变化可以看出，含温敏亚微球的 CS-M-T 微囊相比不含温敏亚微球的 CS-M 微囊而言，在人体体温附近（37℃）表现出更明显的渗透系数的变化。表明在 pH 5 的条件下，CS-M-T 微囊膜同样能通过温度的调控从而实现对药物扩散速度的有效调控。

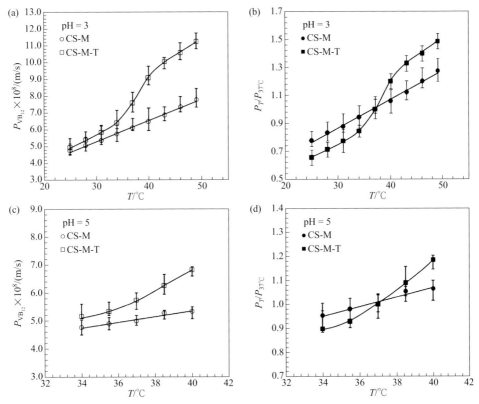

图9-13 pH 3［（a），（b）］和pH 5［（c），（d）］条件下VB$_{12}$透过微囊膜的渗透系数随温度的变化[5,6]

　　最后，Wei 等[5,6]考察了温敏亚微球含量对微囊膜的控释行为的影响。在固定外部环境温度为 37℃、pH 值为 3 的情况下，测定含有不同含量温敏亚微球的微囊膜的释放速度。将微囊膜浸泡在含有一定浓度（4×10^{-5}mol/L）VB$_{12}$ 的 pH 值为 3 的缓冲液中至少 72h，使微囊膜内外 VB$_{12}$ 的浓度达到平衡。然后，将载有 4×10^{-5}mol/L VB$_{12}$ 的微囊膜分散溶液体系预热到 37℃，再加入相同体积、相同温度及相同 pH 值的空白缓冲液进行混合，以降低外部 VB$_{12}$ 溶液的浓度，通过测定微囊膜外部溶液中 VB$_{12}$ 浓度随时间的变化，以确定 VB$_{12}$ 的释放速度，并通过公式（9-2）计算出 VB$_{12}$ 的渗透系数 P。

如图 9-14 所示，温敏亚微球的含量越大，VB$_{12}$ 透过囊膜的渗透系数越大。这主要是因为温敏亚微球和囊膜之间的空隙会随着亚微球含量的增大而增多，从而导致溶质分子 VB$_{12}$ 透过囊膜的通道增加，因此表现出更大的渗透系数。当所加入的温敏亚微球的量较少时，亚微球很好地分散在囊层中，亚微球体积的收缩可能不会引起通孔的形成，因此较低含量的温敏亚微球的加入对微囊膜的渗透系数的影响不大。但当温敏亚微球加入的量较多时，亚微球可能在囊层中紧密排列，因此亚微球体积的收缩可能会造成一些通孔的形成，从而导致 VB$_{12}$ 透过囊膜的速度加快。因此，当大量的温敏亚微球加入时，在 37℃下 VB$_{12}$ 透过 CS-M-T 微囊膜的渗透系数会增大很多。用 P_C/P_0 来表征亚微球的含量对 VB$_{12}$ 透过囊膜的渗透系数的影响程度。其中，P_C 代表 VB$_{12}$ 透过含有一定浓度（C）亚微球的 CS-M-T 微囊膜的渗透系数；P_0 代表 VB$_{12}$ 透过不含温敏亚微球的 CS-M 微囊膜的渗透系数。可以看出，随着温敏亚微球含量的增加，温敏亚微球对微囊膜的渗透系数的影响程度增大。

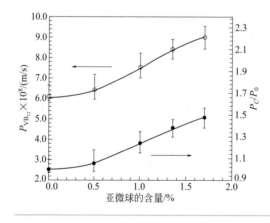

图9-14

在37℃、pH 3条件下VB$_{12}$透过微囊膜的渗透系数随温敏亚微球含量的变化[5,6]

第三节
温度/pH/盐浓度/离子种类四重刺激响应型智能膜

温度、pH、盐浓度和离子种类是最常见，也是最重要的物理、生物、生理和化学参数，设计和制备能同时和分别地响应温度/pH/盐浓度/离子种类响应型的开关膜有重要的意义。

一、温度/pH/盐浓度/离子种类四重刺激响应型智能膜的设计

Chen 等[9, 10]以尼龙6（N6）膜为基材膜，采用填孔接枝技术，利用原子转移自由基聚合法（ATRP）制备一种基于聚（N-异丙基丙烯酰胺）-聚（甲基丙烯酸）（PNIPAM-b-PMAA，PNM）嵌段共聚物的接枝开关膜，该智能开关膜对温度、pH、盐浓度和离子种类具有多重刺激响应特性。

一方面，PNIPAM 作为一种典型的温度响应型高分子，其在水溶液中的 LCST 大约为 32℃。当环境温度高于 PNIPAM 的 LCST 时，PNIPAM 链呈收缩状态；当环境温度低于 PNIPAM 的 LCST 时，PNIPAM 呈溶胀状态。PMAA 是一种典型的 pH 响应型高分子，其体积转变的 pK_a 值大约为 5.5。当环境 pH 值高于其 pK_a 时，PMAA 链由于其支链上的羧基电离程度较高，使得 PMAA 链间和链内的斥力较大，此时 PMAA 链呈伸展状态；当环境 pH 值低于其 pK_a 时，PMAA 链由于其支链上羧基电离程度小，PMAA 链间和链内的斥力小，此时 PMAA 链呈相对收缩状态。因此，对于接枝在膜孔内的含有 PNIPAM/PMAA 的嵌段聚合物链，环境中的温度/pH 的改变会使得 PNIPAM/PMAA 链的构象发生伸展-收缩的变化，从而使得膜的有效孔径也随之改变。

另一方面，盐析作用（或 Hofmeister effect）常用来解释高分子链在不同浓度的盐溶液和不同的盐溶液中的溶胀-收缩平衡。其中阳离子对高分子链的盐析作用影响很小，几乎可以忽略[11]；阴离子对高分子链的影响大。典型的阴离子对高分子链的影响顺序如下[12]：

$$SCN^- < ClO_4^- < I^- < NO_3^- \approx Br^- < Cl^- < F^- < H_2PO_4^- < S_2O_3^{2-} < SO_4^{2-} < CO_3^{2-} \qquad (9\text{-}3)$$

左边的离子对高分子链的溶解有增强作用的趋势，右边的离子对高分子链的析出有增强作用趋势。一般来说，由于盐析作用，对于 PNIPAM 类的非离子型温度响应聚合物，增大溶液中电解质的浓度会使其 LCST 向低温迁移，溶解度降低[13, 14]；而对于离子型聚合物如 PMAA，其电离程度和链上所带电荷的多少对链的构象有重要影响。根据 Hofmeister 系列，阴离子对聚合物的盐析作用一般按上述顺序逐渐增强。因此，改变加入聚合物-水体系里盐的种类也会导致聚合物在这三相体系里的电离平衡程度发生变化，从而链的形态构象不同。由此可见，对于接枝在膜孔内的 PNIPAM 或 PMAA 链段，改变加入盐的浓度和种类可引起 PNIPAM 和 PMAA 链的构象不同，体现出对盐浓度和离子种类的响应性。

正是基于这些原理，如图 9-15 所示，Chen 等[9, 10]所制备的 PNM 接枝开关膜，具有温度、pH、盐浓度和离子种类多重刺激响应特性。

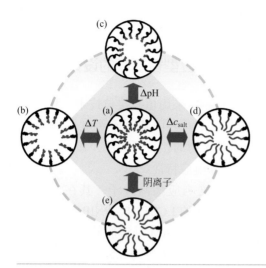

图9-15

PNM接枝开关膜对温度/pH/盐浓度/离子种类四重刺激响应性示意图[9]

二、温度/pH/盐浓度/离子种类四重刺激响应型智能膜的制备

如图 9-16 所示，Chen 等[10] 以尼龙 6（N6）膜为基材膜，采用填孔接枝技术，利用 ATRP 法制备基于 PNIPAM-b-PMAA 嵌段共聚物的 PNM 接枝开关膜。

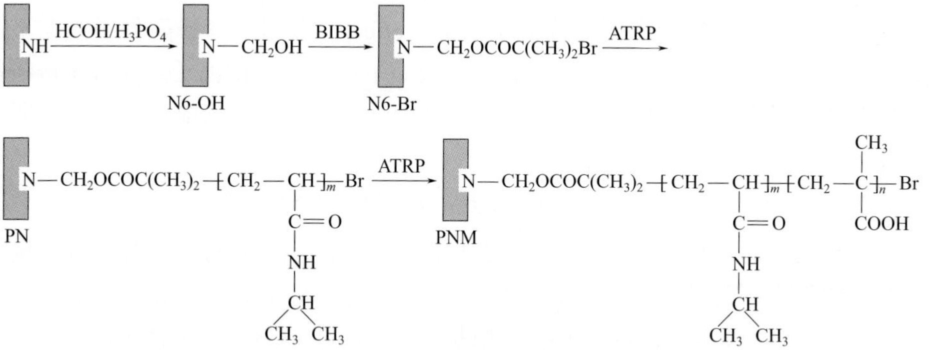

图9-16　N6膜表面引发接枝制备PNM接枝开关膜的示意图[10]

首先，在 N6 膜上固定 ATRP 引发剂：①用甲醛与膜表面的亚氨基反应使得膜表面（包括膜孔）羟基化，形成 N6-OH 膜；②膜表面的羟基与 2- 溴异丁酰溴反应把含溴引发剂固定在膜表面，形成 N6-Br 膜。其次，在膜表面引发原子转移自由基聚合得到合适接枝率的 PNIPAM 接枝膜；反应形成的链端溴又可以作为重新接枝 MAA 的引发剂，制备得到接枝 PMAA 嵌段的 PNM 接枝膜。

三、温度/pH/盐浓度/离子种类四重刺激响应型智能膜的表征

1．接枝开关膜的化学成分表征

基材膜和接枝完成后的接枝开关膜的化学成分一般用反射模式下的傅里叶-红外光谱仪（ATR-FTIR）进行表征。Chen 等[9, 10]对 PNM 接枝开关膜进行了化学成分分析，N6 空白膜和各步反应后膜的红外反射光谱如图 9-17 所示。

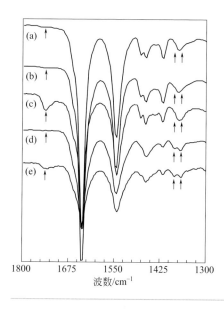

图9-17
基材膜、改性膜和接枝膜的ATR-FTIR谱图[9, 10]
（a）N6基材膜；（b）N6-OH；（c）N6-Br；（d）PN；（e）PNM

与基材膜相比较，表面羟基化的 N6-OH 在红外谱图上并没有明显的变化，这是因为接枝的羟基（—OH）基团特征峰出现在 3700 ～ 3200cm^{-1} 之间，有可能与膜表面本身的 N—H 键伸缩振动峰在 3300cm^{-1} 处重合叠加。而在 N6-OH 基础上与 2-溴异丁酰溴反应后的 N6-Br 膜，由于引入了羰基基团，可以清楚地看到，在 1741cm^{-1} 处出现了 C＝O 的特征伸缩振动吸收峰。因此，可以证明引发剂 Br 成功引入到了膜上。对于 ATRP 法接枝后的 PNIPAM 接枝（PN）膜，从谱图上可以看出在 1365cm^{-1} 和 1385cm^{-1} 出现了由于 PNIPAM 链上的异丙基裂分出的双峰，可以证明 PNIPAM 成功地接枝到了膜上，同时原有的 1741cm^{-1} 处的羰基特征峰消失，说明接枝 PNIPAM 是在酰溴反应的位点上进行反应引入到膜表面上的。对在 PN 接枝膜的基础上重新引发接枝 PMAA 的嵌段 PNM 开关膜，1741cm^{-1} 处的羰基峰又重新出现，说明 PMAA 也成功地引入到了膜上。

2. 接枝膜接枝量的表征

接枝开关膜的接枝率表示单位面积接枝前后膜质量的平均增加量。接枝率越大，单位膜面积的接枝物含量越多；接枝率越小，单位面积的接枝物含量越少。接枝开关膜的接枝率可以用公式（9-4）计算，其中，W_0 和 W_g 分别表示接枝前和接枝后膜的质量；A 表示接枝膜的面积。

$$Y = \frac{W_g - W_0}{A} \tag{9-4}$$

Chen 等[9, 10]选取了如图 9-18 所示的 1#、2# 和 3# 3 张 PNM 接枝开关膜，其第一段接枝物 PNIPAM 接枝率依次减少，第二段接枝物 PMAA 接枝率依次增大。可以发现，第一段接枝物的接枝率总是大于第二段接枝物的接枝率。原因可能是：①有活性的链端卤素引发剂经过第一段接枝反应过程后有所减少；②在接枝第二段接枝物的反应过程中，由于膜孔和第一段接枝物链的影响，单体扩散进入膜孔内与有活性的卤素引发剂反应变得更加困难。这两方面的因素都会导致第二段接枝物的接枝率比第一段低。

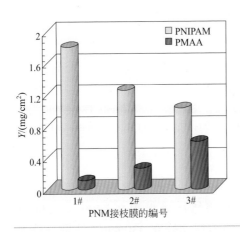

图9-18
PNM接枝膜的接枝率[9, 10]

四、智能膜的温度/pH/盐浓度/离子种类四重刺激响应性能

1. 接枝开关膜对温度的响应性

Chen 等[9, 10]研究了 PNM 接枝开关膜对温度的响应性，配制 pH 分别为 3 和 8、NaCl 浓度为 0.1mol/L 的缓冲溶液，在跨膜压力为 0.1MPa，温度为 25℃和 40℃下分别测定其通量。

如图 9-19 所示，无论是 pH 固定在 3 还是 8，对于不同 PNIPAM 和 PMAA

接枝率的 PNM 接枝开关膜，40℃的通量总是大于 25℃时的通量。这是由于嵌段共聚物开关中的 PNIPAM 链在 40℃时处于收缩状态，而 25℃时处于伸展状态，导致膜的有效孔径在 40℃时比 25℃时大，水通量比 25℃时大。

由通量数据还可以看出，当总的接枝率较大时，通量水平相对较低，所以在 25℃或 40℃时，1# 膜对应的通量均最低。对总接枝率相当的 2# 和 3# PNM 接枝膜，由于 3# 膜嵌段开关中 PMAA 所占的比例较多，PNIPAM 所占的比例较少，在 T=25℃、pH=3 时，接枝链中的 PNIPAM 部分处于伸展状态，接枝链中的 PMAA 部分处于收缩状态，所以 3# 膜的有效孔径较 2# 大，此时通量比 2# 膜的通量大［图 9-19（a）］；当 T=40℃、pH=3 时，接枝链中的 PNIPAM 部分处于收缩状态，接枝链中的 PMAA 部分也处于收缩状态。由于 3# 膜的 PMAA 接枝率比 2# 大，PNIPAM 接枝率比 2# 小，因为相同量的 PNIPAM 和 PMAA 比较，PMAA 的收缩程度比 PNIAPM 大，在 2# 和 3# 膜两者接枝率总量相当的情况下，3# 膜由于 PMAA 所占的比例多，收缩程度更大，有效孔径更大，因而相同条件下水通量也比 2# 大［图 9-19（a）］。当 pH=8 时，PMAA 链伸展的状态体现出较亲水的特性。这也就是当环境温度 T=25℃时，此时 PMAA 和 PNIPAM 链都处于伸展状态，3# 接枝膜总的接枝率要大，但是此时的通量还比 2# 稍高的原因［图 9-19（b）］；当 T=40℃，此时接枝链中的 PNIPAM 部分处于收缩状态，由于 PMAA 在伸展状态下具有非常亲水的性质，致使虽然 3# 膜接枝的 PMAA 比 2# 多，但是通量更大［图 9-19（b）］。

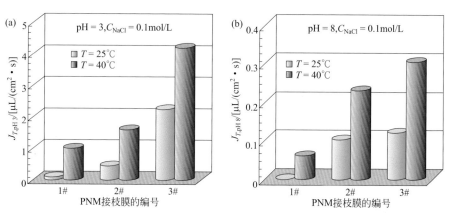

图9-19　pH 3（a）和pH 8（b）缓冲溶液在不同温度下通过PNM接枝开关膜的通量[9, 10]

pH 3 和 pH 8 缓冲溶液中 NaCl 的浓度固定在 0.1mol/L 时，温度响应开关系数定义为 40℃时溶液通过膜的通量与 25℃时通过膜的通量之比（当分母为零或接近零时，比值定义为 Null），如图 9-20 所示。从图 9-20（a）可以看出，pH=3

时，接枝 PNM 嵌段开关膜对温度响应开关系数随嵌段开关中 PNIPAM 接枝率的降低而明显减小。1# 膜总的接枝率较大，PNIPAM 的接枝率也较高，温度响应开关系数也最大。2# 和 3# 总的接枝率相当，其中 2# PNM 嵌段接枝共聚物中 PNIPAM 的接枝率高于 3#，温度响应开关系数 2# 比 3# 大。由此可见，要提高 PNM 接枝开关膜对温度的响应性，应适当提高其总的接枝率或其中 PNIPAM 部分的接枝率。当 pH=8 时，嵌段接枝 PNM 聚合物中 PMAA 处于伸展状态〔图 9-20（b）〕。此时由于 1# PNM 接枝开关膜总的接枝率较大，在 25℃时膜孔处于完全"关闭"状态，其对应的水通量为 0，所以按温度响应开关系数的定义记作 Null。2# 和 3#PNM 接枝开关膜总的接枝率相当，其中 3# PNM 嵌段接枝开关中 PMAA 的接枝率比 2# 大，但是由于 pH=8 时伸展的 PMAA 链较亲水，所以虽然 3# PNM 接枝开关膜有效孔径比 2# 小，但是通量比 2# 稍大，依此计算得到的温度响应开关系数也稍大。

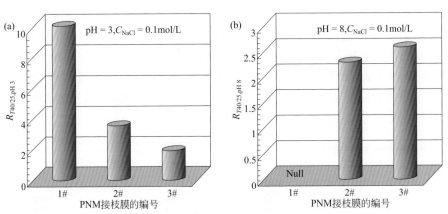

图9-20 PNM接枝开关膜的温度响应开关系数[9, 10]
（a）pH=3 ；（b）pH=8

2. 接枝开关膜对 pH 的响应性

T=25℃和 T=40℃，缓冲溶液中 NaCl 的浓度固定在 0.1mol/L 时，pH 响应开关系数定义为 pH=3 时缓冲溶液通过膜的通量与 pH=8 时通过膜的通量之比（当分母为零或接近零时，比值定义为 Null），如图 9-21 所示。对 1# PNM 膜，其总接枝率较高，当 pH=8 时，PMAA 处于溶胀状态，膜孔处于"关闭"状态，此时通量为零或很小，因此其对应的 pH 开关系数按定义记作 Null。对于 2# 和 3# PNM 膜，PNM 接枝聚合物总的接枝率相当，无论是 T=25℃还是 T=40℃，pH 响应开关系数与嵌段开关中的 PMAA 的接枝率增大而增大。PMAA 的接枝率较高，开关系数较大,接枝率较低,开关系数较小。这说明 PNM 接枝开关膜中的 pH 响应开关系数主要取决于 PNM 总的接枝率和其中 PMAA 的接枝率。因此要提高 PNM 接枝开关膜 pH 响应开关系数,可适当提高 PNM 嵌段开关聚合物总的接枝率或其中 PMAA 部分的接枝率。

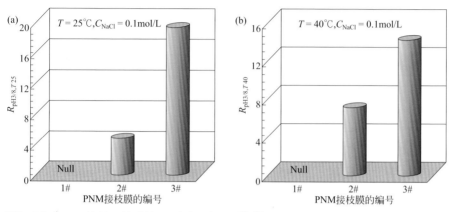

图9-21　PNM接枝开关膜的pH响应开关系数[9, 10]
（a）T=25℃；（b）T=40℃

3. PNM 接枝开关膜对温度 /pH 的同时响应性

如果把 PMAA 和 PNIPAM 链段在实验条件下都处于相对收缩的状态（pH=3,T=40℃）下,缓冲溶液通过膜的通量与它们都伸展时（pH=8,T=25℃）的缓冲溶液透过膜的通量的比值作为嵌段共聚物接枝开关膜对 pH 值和温度同时响应的开关系数（图 9-22）。可以看出:除了 1# PNM 接枝开关膜对温度和 pH 同时响应开关系数按定义计算无意义（记作 Null）外,可看到接枝开关膜对 pH 和温度同时响应的开关系数远大于单一的 pH 或温度响应开关系数。这是由于嵌段共聚物中的 PNIPAM 和 PMAA 同时分别地响应温度和 pH 的变化,它们构象的变化对通量的增加或减少都有贡献。比较 2# 和 3# PNM 开关膜对温度和 pH 同时响应的开关系数,3# 比 2# 要高。这一方面是由于 3# PNM 膜总的接枝率比 2# PNM 膜高,在 PNIPAM 和 PMAA 都伸展时容易获得较小的通量,有可能导致获得较大的同时响应开关系数;另一方面是由于 3# 膜中的 PMAA 比 2# 膜中的 PMAA 接枝率大,PMAA 对 pH 的响应性比 PNIPAM 对温度的响应性要显著,使得 3# 开关膜对 pH 和温度响应的开关系数比 2# 开关膜大。这说明,对于 PNM 类型的嵌段开关膜,要提高其对温度和 pH 的同时响应性,可以适当增大 PNM 嵌段接枝聚合物中 PMAA 的接枝率。

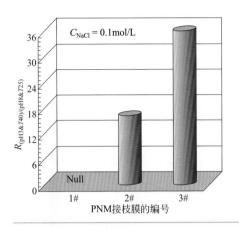

图9-22

PNM接枝开关膜对温度和pH双重响应
开关系数[9, 10]

温度和pH的组合分别为：$T=25℃$ & pH=8 和
$T=40℃$ & pH=3

4. PNM 接枝开关膜对盐浓度的响应性

Chen 等[9, 10] 配制了 pH=5、NaCl 浓度为 0.1mol/L 和 0.3mol/L 的缓冲溶液，在跨膜压力为 0.1MPa、温度为 30℃下测定其通量，以测定其对 NaCl 盐浓度的响应性。

由于盐析作用对非离子型聚合物 PNIPAM 和离子型聚合物 PMAA 的作用机理不同，当缓冲溶液中的盐浓度增大，会使得 PNIPAM 收缩，膜孔有效孔径变大，通量增大；而 PMAA 溶胀，膜孔有效孔径变小，通量减小。

在 $T=30℃$、pH=5 时，通过嵌段 PNM 接枝开关膜的缓冲溶液的通量随盐浓度变化关系及其对应的 NaCl 浓度响应开关系数如图 9-23 所示。NaCl 浓度为 0.3mol/L 的缓冲溶液透过膜的通量总是大于 NaCl 溶液为 0.1mol/L 的缓冲溶液透过膜的通量。但是随着 PNM 嵌段接枝共聚开关中 PNIPAM 接枝率的降低，PMAA 接枝率的增大，PNM 接枝开关膜对盐浓度响应性逐渐变小 [图 9-23（a）]，相应的盐浓度响应开关系数逐渐减小。当缓冲溶液中 NaCl 浓度由 0.1mol/L 上升到 0.3mol/L 时，PNIPAM 链收缩而 PMAA 溶胀，即 PNIPAM 有使得膜的有效孔径增大的趋势而 PMAA 有使得膜的有效孔径减小的趋势，PNIPAM 体现出"正"的开关特性，而 PMAA 体现出"负"的开关特性。所以对 1# PNM 接枝膜，PNIPAM 的接枝率最大，PMAA 接枝率最小，当缓冲溶液中 NaCl 浓度由 0.1mol/L 上升到 0.3mol/L 时，在 1# PNM 接枝膜中 PNIPAM 的接枝率较高，对 NaCl 浓度的响应性使得开关膜的有效孔径变大的趋势占优，总体仍体现出"正"的开关特性，通量变化最大，从而 1# PNM 接枝开关膜对 NaCl 浓度的响应开关系数也最大；相应地由于 2# 和 3# 中 PNIPAM 接枝率逐渐降低，PMAA 接枝率逐渐升高，PMAA"负"的开关特性逐渐抵消了 PNIPAM 对 NaCl 浓度升高"正"的开关特性，通量变化减小，相应的盐浓度响应开关系数也减小，对 3# PNM 接枝开关膜，嵌段开关中 PNIPAM 对 NaCl 浓度升高的"正"的响应性和 PMAA 对 NaCl 浓度响应使得开关膜有效孔径减小的"负"的响应性相当，也即是当缓冲溶液中 NaCl 浓度由 0.1mol/L 上升到 0.3mol/L 时，第一段接枝的 PNIPAM 链因为收缩的长度刚好与第二段接枝的 PMAA 链伸展的长度相当，所以膜的有效孔径变化不大，总体盐浓度响应开关系数约为 1，没有体现出响应性［图 9-23（b）］。可以预见，若 PNM 嵌段接枝开关中 PMAA 接枝率继续提高，可得到由 PMAA 决定的"负"的盐浓度响应开关膜。

这表明，不仅可以通过调节接枝率来获得所需盐浓度响应开关系数的 PNM 接枝开关膜，还可以通过调节嵌段开关膜中 PNIPAM 和 PMAA 的比例和总的接枝率来调控其对盐浓度响应性的大小，甚至可以让 PNM 接枝开关膜根据特定需要通过适当增大 PNIPAM/PMAA 的比例得到"正"/"负"的开关特性的开关膜。

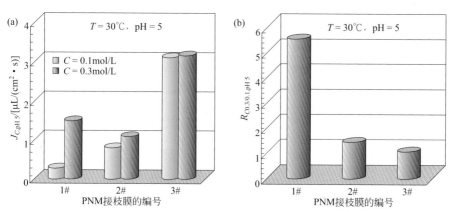

图9-23 不同NaCl浓度的缓冲溶液通过PNM接枝膜的通量（a）和其对应的浓度响应开关系数（b），缓冲溶液中NaCl浓度为0.1mol/L或0.3mol/L[9, 10]

5. PNM 接枝开关膜对离子种类的响应性

Chen 等 [9, 10] 配制 pH=3、NaCl 和 Na$_2$SO$_4$ 浓度为 0.3mol/L 的缓冲溶液，在跨膜压力为 0.1MPa、温度为 25℃下测定其通量，以测定其对离子种类的响应性。

在 T=25℃、pH=3 时，离子种类对缓冲溶液通过 PNM 接枝开关膜的通量的影响及接枝开关膜的离子种类响应开关系数如图 9-24 所示。0.3mol/L Na$_2$SO$_4$ 溶液通过 1# 和 2#PNM 接枝开关膜的通量比 0.3mol/L NaCl 溶液的通量大，相应的离子浓度响应开关系数大于 1，而 0.3mol/L Na$_2$SO$_4$ 溶液通过 3#PNM 接枝开关膜的通量比 0.3mol/L NaCl 溶液的通量小，相应的离子浓度响应开关系数小于 1。这是由于，当缓冲溶液中的盐由 NaCl 变为 Na$_2$SO$_4$ 时，PNIPAM 链收缩而 PMAA 溶胀，即 PNIPAM 有使膜的有效孔径增大的趋势（"正"的开关特性）而 PMAA 有使膜的有效孔径减小的趋势（"负"的开关特性）。由接枝率数据可知，按从 1#、2# 到 3# PNM 接枝开关膜，嵌段开关中 PNIPAM 的接枝率逐渐减小，PMAA 的接枝率逐渐增大。在 1# PNM 接枝开关膜中，PNIPAM 的接枝率最大，PMAA 接枝率最小，当缓冲溶液中加入的钠盐由 NaCl 变为 Na$_2$SO$_4$时，在 1# PNM 接枝膜中 PNIPAM 对离子种类的响应性占优，使膜有效孔径增大的量大于因为 PMAA 使膜有效孔径减小的量，总体仍体现出"正"的开关特性，通量增加最大，从而 1# PNM 接枝开关膜对离子种类的响应开关系数也最大；相应地由于 2# 和 3# 中 PNIPAM 接枝率逐渐降低，PMAA 接枝率逐渐升高，PMAA 对离子种类由 Cl$^-$ 变为 SO$_4^{2-}$ 时膜的有效孔径增大的量（"负"的开关特性）逐渐抵消了 PNIPAM 对离子种类由 Cl$^-$ 变为 SO$_4^{2-}$ 膜的有效孔径减小的量（"正"的开关特性），通量变化减小，相应的盐浓度响应开关系数也减小。对 3# PNM 接枝开关膜，由于嵌段开关中 PMAA 的接枝率较高，PNIPAM 对离子种类变化的"正"的响应性比 PMAA 对离子种类变化"负"的响应性小，也即是当缓冲溶液中加入的盐由 NaCl 变为 Na$_2$SO$_4$ 时，第一段接枝的 PNIPAM 链因为收缩的长度比第二段接枝的 PMAA 链伸展的长度小，所以膜的有效孔径总体变小，总体对离子种类的响应开关系数小于 1，总体体现出"负"的开关特性 [图 9-24（b）]。

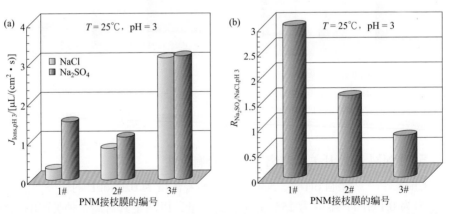

图9-24　含有不同离子的缓冲溶液通过PNM接枝膜的通量（a）和其对应的开关系数（b），缓冲溶液中分别加入0.3mol/L NaCl或Na$_2$SO$_4$[9, 10]

　　这表明，不仅可以通过调节接枝率来获得所需盐浓度响应开关系数的 PNM 接枝开关膜，还可以通过调节嵌段开关膜中 PNIPAM 和 PMAA 的比例和总的接枝率来调控其对离子种类响应性的大小，甚至可以让 PNM 接枝开关膜根据特定需要通过适当增大 PNIPAM 或 PMAA 的比例得到"正"的或"负"的开关特性的开关膜。

参考文献

[1] 江萍，吴义强. 温度和 pH 值响应型高分子智能膜的制备及应用 [J]. 科技导报，2016, 34(19):22-30.

[2] Ma B, Ju X J, Luo F, et al. Facile fabrication of composite membranes with dual thermo- and pH-responsive characteristics[J]. ACS Applied Materials & Interfaces, 2017, 9(16):14409-14421.

[3] 马冰. 环境刺激响应型规整纳米多孔膜的制备与性能研究 [D]. 成都，四川大学，2017.

[4] Strathmann H, Kock K, Amar P, et al. The formation mechanism of asymmetric membranes[J]. Desalination, 1975, 16(2):179-203.

[5] Wei J, Ju X J, Zou X Y, et al. Multi-stimuli-responsive microcapsules for adjustable controlled-release[J]. Advanced Functional Materials, 2014, 24(22):3312-3323.

[6] 魏竭. 温度、pH 和多重刺激响应型智能膜的制备及性能研究 [D]. 成都：四川大学，2014.

[7] Liu L, Yang J P, Ju X J, et al. Monodisperse core-shell chitosan microcapsules for pH-responsive burst release of hydrophobic drugs[J]. Soft Matter, 2011, 7(10):4821-4827.

[8] Dissemond J, Witthoff M, Brauns T C, et al. pH values on chronic wounds: Evaluation during modern wound therapy[J]. Hautarzt, 2001, 54(10):959-965.

[9] Chen Y C, Xie R, Chu L Y. Stimuli-responsive gating membranes responding to temperature, pH, salt concentration and anion species[J]. Journal of Membrane Science, 2013, 442: 206-215.

[10] 陈永朝. 单重/双重/多重环境刺激响应开关膜的制备和性能研究 [D]. 成都：四川大学，2010.

[11] Inomata H, Goto S, Otake K, et al. Effect of additives on phase transition of N-isopropylacrylamide gels[J]. Langmuir, 1992, 8(2):687-690.

[12] Zhang Y J, Furyk S, Bergbreiter D E, et al. Specific ion effects on the water solubility of macromolecules: PNIPAM and the Hofmeister series[J]. Journal of the American Chemical Society, 2005, 127(41):14505-14510.

[13] Ishida N, Biggs S. Salt-induced structural behavior for poly (N-isopropylacryamide) grafted onto solid surface observed directly by AFM and QCM-D[J]. Macromolecules, 2007, 40(25):9045-9052.

[14] Jhon Y K, Bhat R R, Jeong C, et al. Salt-induced depression of lower critical solution temperature in a surface-grafted neutral thermoresponsive polymer[J]. Macromolecular Rapid Communications, 2006, 27(9):697-701.

第十章

智能膜在控制释放中的应用

第一节　智能膜用于"开关型"控制释放 / 302

第二节　智能膜用于"突释型"控制释放 / 331

第三节　智能膜用于"程序式"控制释放 / 360

控制释放（controlled release）技术指的是在预期的时间内控制某种活性物质，使其在某种体系内维持一定的有效浓度，并在一定时间内以一定的速度释放到环境中的技术。控制释放技术在医药、食品、农业等领域已有了非常广泛的应用。特别是在医药领域，控释给药系统由于可以实现对药物传质过程的控制，不仅可以持续维持血药浓度在治疗范围，还可以减少给药的次数和剂量，在提高用药的安全有效性、降低药物毒副作用、改善患者顺应性等方面存在显著优势，具有巨大的市场价值和发展潜力，目前已成为发展最快的新型给药系统。

智能膜是实现控制释放最为有效的一种技术[1, 2]。利用智能高分子根据外界环境刺激变化改变高分子链构象的特点，智能膜的跨膜阻力随之变化，从而可调节物质的跨膜传质速率，因此智能膜在药物控制释放等领域具有广阔的应用前景。目前已报道的基于智能膜的控制释放模式主要包括："开关型"控制释放、"突释型"控制释放、"程序式"控制释放等模式。

第一节
智能膜用于"开关型"控制释放

一、"开关型"控制释放智能膜的设计与制备

将智能高分子链或智能微球作为控释"开关"构建智能开关膜，或者将智能高分子作为囊壁包载药物构建智能微囊膜，利用环境刺激灵活调节物质的跨膜传质阻力，可以实现灵活可控的药物"开关"式控制释放[3, 4]。

1. 膜孔接枝智能高分子的"开关型"控制释放智能膜

在具有多孔结构的膜基材上接枝环境响应型高分子链作为智能"开关"是最常见的一种构建智能开关膜方法[3]。这些智能高分子"开关"能感应环境因素的变化而改变自身的构象，从而引起膜的渗透性发生变化，实现对活性物质跨膜传质过程的控制。将环境响应型高分子接枝到膜孔内制备智能开关膜可以通过化学接枝、辐射接枝、等离子体接枝等方法来实现。例如，温度响应性"开关型"控制释放智能膜就是多孔基材膜接枝温敏型高分子"开关"制备的，其中应用最广泛的温敏型高分子是聚（N-异丙基丙烯酰胺）（PNIPAM）。

Chu 等[5]提出了一种在膜孔接枝温敏 PNIPAM 高分子的"开关型"控制释

放微囊膜，其结构示意图如图 10-1 所示。当微囊膜孔内 PNIPAM 接枝率在较低的情况下［图 10-1（a）］，主要利用膜孔内 PNIPAM 接枝链的膨胀 - 收缩特性来实现温度响应性"开关型"控制释放：当环境温度 T < LCST 时，膜孔内 PNIPAM 链膨胀而使膜孔呈"关闭"状态，从而限制囊内溶质分子通过，于是释放速度变慢；而当环境温度 T > LCST 时，PNIPAM 链变为收缩状态而使膜孔"开启"，为微胶囊内溶质分子的释放敞开通道，于是释放速度变快。当微囊膜孔内 PNIPAM 接枝率很高的情况下［图 10-1（b）］，膜孔即使在环境温度 T > LCST 时也呈现不了"开启"状态（膜孔被填实），这时主要依靠 PNIPAM 的亲水 - 疏水特性来实现感温性控制释放。当环境温度 T < LCST 时，膜孔内 PNIPAM 呈亲水状态；而当环境温度 T > LCST 时，膜孔内 PNIPAM 变为疏水状态。由于溶质分子在亲水性膜中比在疏水性膜中更容易找到扩散"通道"，所以在环境温度 T < LCST 时的释放速度比在 T > LCST 时要高些。

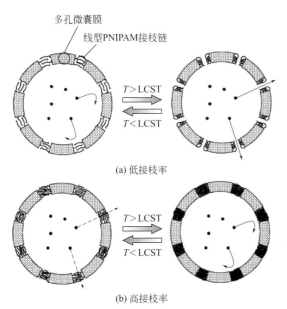

图10-1　膜孔接枝PNIPAM"开关"的温度响应型控制释放微囊膜示意图[5]

该"开关型"控制释放智能微囊膜是以中空聚酰胺多孔微囊膜为基材，采用等离子体诱导填孔接枝聚合法在多孔囊膜上接枝 PNIPAM 高分子链作为温敏"开关"，制备过程如图 10-2 所示，等离子体诱导填孔接枝聚合条件见表 10-1。中空聚酰胺多孔微囊膜由对苯二甲酰氯与 1,2- 乙二胺通过界面聚合反应制得，平均粒径为 36.7 ~ 43.1μm，具有明显的不对称多孔膜结构，适于在膜孔中接枝 PNIPAM 高分子链作为温敏智能"开关"制备控制释放智能微囊膜。

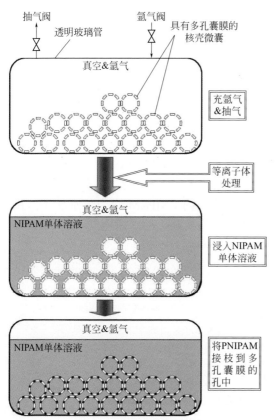

图10-2　膜孔接枝PNIPAM "开关" 的温度响应型控制释放微囊膜的制备过程示意图[5]

表10-1　等离子体诱导填孔接枝聚合条件[5]

| 编号 | NIPAM单体溶液 | | 接枝聚合时间/min |
	溶剂	NIPAM质量分数/%	
MC6281g05W20	水	0.5	20
MC6281g05WM20	水/甲醇（1∶1，体积比）	0.5	20
MC6281g10W20	水	1.0	20
MC6281g30W20	水	3.0	20
MC6281g30W60	水	3.0	60
MC6281g30W120	水	3.0	120
MC6281g30W180	水	3.0	180
MC6281g30W240	水	3.0	240

　　上述聚酰胺微囊膜由于采用传统的机械搅拌方法进行乳化，制备的微囊粒径较大，粒径分布较广。为了更精确地研究温度响应型控制释放微囊膜的控释行

为，使其更适合于药物递送系统，Chu 等[6]利用膜乳化技术，采用孔径大小均一的 SPG 膜进行乳化，制备了单分散、小尺寸的聚酰胺微囊膜，再利用等离子体诱导填孔接枝聚合法制备了单分散温度响应型控制释放微囊膜。

Yang 等[7, 8]采用界面聚合法制备了磁性聚酰胺多孔微囊膜，然后用等离子体诱导填孔接枝聚合法将 PNIPAM 接枝到微囊膜孔中，设计制备了一种能对磁场和环境温度产生响应的双重刺激响应型控制释放微囊膜。如图 10-3 所示，首先以水包油（O/W）微乳滴为模板，在油相添加亲油 Fe_3O_4 纳米颗粒，用界面聚合法成功地将亲油 Fe_3O_4 纳米颗粒共混包埋到囊膜的基材中，从而制备出具有超顺磁性的磁性聚酰胺多孔微囊膜［图 10-3（a）～（c）］。最后，采用等离子体诱导填孔接枝聚合法在磁性多孔聚酰胺微囊的膜孔内接枝温度响应型 PNIPAM 高分子链"开关"，制备出磁场 / 温度双重刺激响应型控制释放微囊膜［图 10-3（d）］。该智能微囊膜具有良好的温度响应控制释放性能［图 10-3（d），（e）］：当 PNIPAM 的接枝量较低时，微囊主要利用膜孔内 PNIPAM 高分子链的膨胀 - 收缩来实现感温性控制释放，PNIPAM 起到正相"开关"作用；当 PNIPAM 接枝量高到膜孔被填实时，微囊主要依靠 PNIPAM 的亲水 - 疏水特性来实现温敏性控制释放，PNIPAM 起到反相"开关"作用。

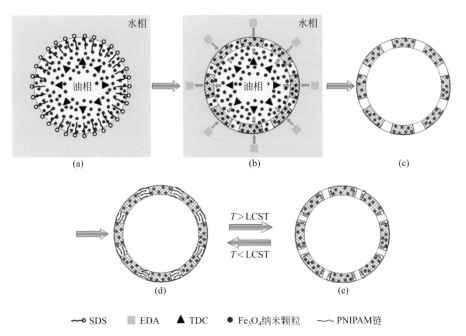

图10-3　磁场/温度双重刺激响应型微囊膜的制备过程［（a）～（c）］和温度响应机理［（d），（e）］示意图[7]

2．膜中嵌有智能微球的"开关型"控制释放智能膜

智能微球同样可以作为控释"开关"用以构建"开关型"控制释放智能膜。

Wang 等[9, 10]设计了一种温敏型复合结构海藻酸钙囊膜，囊壁中嵌有具温度响应性的 PNIPAM 微球。如图 10-4 所示，当环境温度低于 PNIPAM 微球在水中的相转变温度（VPTT）时，囊壁中的 PNIPAM 微球处于溶胀状态，海藻酸钙囊膜呈现"关"效应，囊内溶质分子的渗透系数较小；而当环境温度升高到高于 PNIPAM 微球的 VPTT 时，囊壁中的 PNIPAM 微球则转变为收缩状态，海藻酸钙囊膜呈现"开"效应，溶质分子渗透过囊壁的扩散速率明显加快。这样，复合结构海藻酸钙囊膜呈现出明显的温度响应型"开关"效应，可以通过改变环境温度来实现囊壁渗透性能的调控。

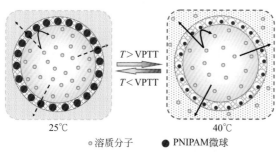

图10-4 温敏型复合结构海藻酸钙囊膜的温度刺激响应开关效应示意图[9, 10]

该温敏型复合结构海藻酸钙囊膜制备方法分为两部分：首先，采用沉淀聚合法制备具有温度响应性的单分散 PNIPAM 微球；然后将 PNIPAM 微球混入海藻酸钠外相溶液中，采用自主设计的毛细管共挤出技术制备得到囊壁嵌有温敏微球的复合结构海藻酸钙囊膜。如图 10-5 所示，采用两台速率可调的恒流泵分别推注内核溶液和外壳溶液，内核溶液为羧甲基纤维素钠溶液，而外壳溶液为海藻酸钠溶液；接着通过自主设计的毛细管共挤出装置在端口处形成双水相液滴，其外相为海藻酸钠水溶液；然后双水相液滴依次滴入一定浓度的氯化钙溶液中，Ca^{2+}迅速与海藻酸钠分子由外至内交联生成凝胶囊壁，形成具有超薄囊壁的核壳型海藻酸钙囊膜，囊壁中嵌有温敏性 PNIPAM 微球。

3．膜中填充智能凝胶的"开关型"控制释放智能膜

在多孔膜的膜孔内填充智能凝胶也可以构建"开关型"控制释放智能膜。

Yu 等[11, 12]设计和制备了一种具有温敏 PNIPAM 微球内核和囊壁镶有PNIPAM 凝胶"开关"的乙基纤维素（EC）的单分散 PNIPAM/EC 核壳型微囊膜。图 10-6 是该核壳型微囊膜的结构及其在升温过程中的温敏控制释放行为的示意

图：当温度低于 / 高于 PNIPAM 的 VPTT 时，由于内核 PNIPAM 微球和填充在多孔 EC 壳层中的 PNIPAM 凝胶"开关"的协同溶胀 - 收缩行为，导致包载药物的低 / 高释放速度，表现出令人满意的温敏控制释放行为。

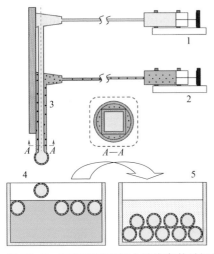

图10-5 制备温敏型复合结构海藻酸钙囊膜的装置与过程示意图[9, 10]

1—推注内核溶液恒流泵；2—推注含 PNIPAM 微球外壳溶液恒流泵；3—毛细管共挤出装置；4—氯化钙溶液；5—存储用器皿

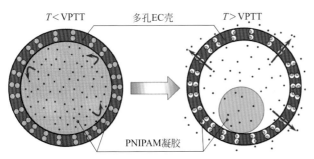

图10-6 PNIPAM/EC核壳型微囊膜的温度响应控制释放示意图[11, 12]

该 PNIPAM/EC 核壳型微囊膜通过两步法制备得到，如图 10-7 所示。第一步，通过 3D 玻璃毛细管微流控技术，由微流控乳化和溶剂扩散挥发法制备单分散的中空多孔 EC 微囊膜［图 10-7（a）～（d）］。第二步，通过自由基聚合反应，在多孔的 EC 囊层中填充 PNIPAM 内核微球和 PNIPAM 凝胶"开关"，制备得到 PNIPAM/EC 核壳型微囊膜［图 10-7（e）～（g）］。

首先，采用两级玻璃毛细管微流体装置，通过两步乳化，制得单分散的水包油包水［W_1/（W_2/O）/W_1］复乳模板［图10-7（a）］。然后，将所得 W_1/（W_2/O）/W_1 复乳［图10-7（b）］收集在大量去离子水中，室温下，中间油相中的乙酸乙酯（EA）溶剂逐步扩散到周围水环境中并最终挥发进入到空气中，而与此同时 EC 高分子在 EA 溶剂中逐步沉积下来［图10-7（c）］，并最终固化形成单分散的中空多孔 EC 微囊［图10-7（d）］。EC 高分子完全固化后，内水相和中间油相中的亚微米小水滴分别形成了微囊的中空空腔和囊壁孔洞。

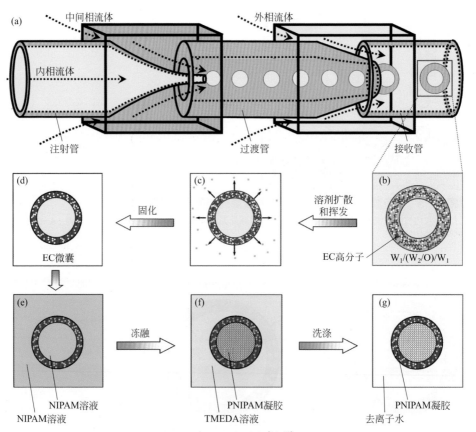

图10-7 PNIPAM/EC核壳型微囊膜的制备示意图[11, 12]

（a）制备 W_1/（W_2/O）/W_1 复乳的共轴玻璃毛细管微流控装置；（b）W_1/（W_2/O）/W_1 复乳；（c）随着 W_1/（W_2/O）/W_1 复乳中 EA 从中间油相扩散和挥发，EC 高分子逐步固化；（d）完全固化后的中空多孔 EC 微囊；（e）浸入 NIPAM 单体溶液中的 EC 微囊；（f）EC 微囊浸入 TMEDA 溶液引发微囊空腔和囊壁空腔中 NIPAM 单体自由基聚合；（g）EC 囊壁填满 PNIPAM 凝胶开关的 PNIPAM/EC 核壳型微囊

最后，PNIPAM 内核和囊壁中的 PNIPAM 凝胶"开关"通过自由基聚合法形成。在自由基聚合反应引发之前，冰浴下将多孔 EC 微囊从去离子水中转移到 NIPAM 单体水溶液中，使 EC 微囊的空腔内都充满 NIPAM 单体水溶液［图10-7

（e）］；低温下（约 −20℃），冰冻含有 EC 微囊的单体溶液过夜后再进行解冻。随后将 EC 微囊从 NIPAM 单体溶液中分离出来并迅速浸入四甲基乙二胺（TMEDA）水溶液中［图 10-7（f）］。冰冻与解冻的目的是为了完全去除 EC 微囊空腔中的空气。一旦 TMEDA 扩散进入 EC 微囊，遇到引发剂过硫酸铵（APS），NIPAM 单体自由基聚合反应将被引发，在室温下静置反应 12h。反应完成后，EC 微囊的中空空腔和囊壁中的孔洞都被 PNIPAM 凝胶填充而分别形成 PNIPAM 核和囊壁中 PNIPAM 凝胶"开关"［图 10-7（g）］。

二、"开关型"控制释放智能膜的表征

1. 膜孔接枝智能高分子的智能膜的表征

Chu 等[5] 用扫描电镜（SEM）观察了未接枝空白聚酰胺微囊膜（图 10-8）和 PNIPAM 接枝量不同的接枝聚酰胺微囊膜（图 10-9）的微观结构。可以看出，与未接枝 PNIPAM 的聚酰胺微囊膜结构明显不同，将 PNIPAM 接枝到多孔聚酰胺微囊膜的孔表面后，孔径明显变小。在整个膜厚范围内，接枝高分子覆盖了微囊膜断面上的多孔结构，且从微囊样品 MC6281g10W20、MC6281g30W20、MC6281g30W120 到 MC6281g30W240 覆盖密度逐渐增加。这说明，随着单体浓度的增加和接枝时间的延长，PNIPAM 接枝量增加。SEM 结果还表明，通过等离子体诱导填孔接枝聚合方法可以在多孔微囊膜中均匀接枝 PNIPAM 高分子。

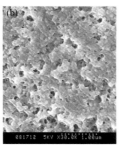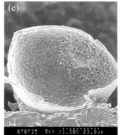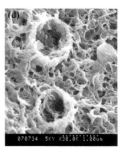

图10-8 未接枝空白聚酰胺微囊膜的SEM照片[5]
（a），（b）外表面；（c）横截面；（d）内表面

Yang 等[7, 8] 对接枝 PNIPAM 高分子的磁场／温度双重刺激响应型微囊膜进行了系统表征，用 SEM 观察了接枝磁性微囊膜上接枝高分子的分布情况；用磁场分离实验测试了接枝磁性微囊膜的磁场响应性能；用振动样品磁强计（VSM）测试了接枝磁性微囊膜的磁化曲线。

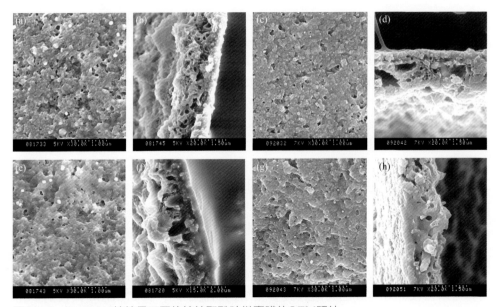

图10-9 PNIPAM接枝量不同的接枝聚酰胺微囊膜的SEM照片

（a），（b）MC6281g10W20；（c），（d）MC6281g30W20；（e），（f）MC6281g30W120；（g），（h）MC6281g30W240

　　如图 10-10 所示，通过空白磁性微囊膜与 PNIPAM 接枝磁性微囊膜表面和断面孔径大小、膜孔密度和膜孔深度的比较，发现接枝磁性微囊膜表面的膜孔孔径减小，膜孔密度降低；与此同时，接枝微囊膜断面处的膜孔孔深小于空白微囊膜，且贯穿微囊膜内外壁的膜孔明显减少，可以初步判断，在聚酰胺微囊膜膜孔内成功地填孔接枝了 PNIPAM 高分子。

　　接枝聚合反应时不同浸泡情况下制得的 PNIPAM 接枝磁性微囊膜的 SEM 照片如图 10-11 所示。聚酰胺微囊膜［图 10-11（c），（d）］在接枝反应前向反应体系中充氩气，提高体系内气压使得 NIPAM 单体溶液进入微囊，微囊全部下沉，有效地提高了微囊与 NIPAM 溶液的接触面积，接枝高分子在膜截面的分布比较

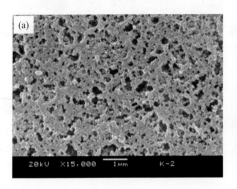

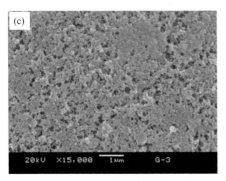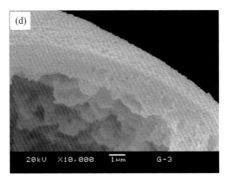

图10-10 聚酰胺微囊膜接枝效果的SEM对比照片[8]

(a),(b) 未接枝磁性微囊膜；(c),(d) 接枝磁性微囊膜

均匀。而微囊在接枝反应前未向反应体系中冲氩气，整个接枝反应过程中，几乎所有的微囊全部浮在单体溶液的上方，从［图10-11（a），（b）］可以看出，接枝高分子几乎都位于微囊膜表面。由此可知，增大微囊与NIPAM单体溶液的接触面积可以显著提高接枝率，并且接枝高分子在膜截面的分布将更加均匀。

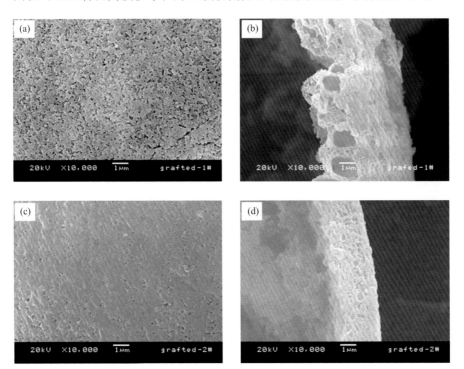

图10-11 无氩气加压［（a），（b）］和有氩气加压［（c），（d）］所制备的PNIPAM接枝磁性微囊膜的SEM照片[8]

如图 10-12 所示，在试管中加入一定量的 PNIPAM 接枝磁性微囊膜和去离子水组成的悬浊液，测试该悬浊液在外加磁场（磁场强度为 3T）的作用下的磁分离效果。可以看到，在外部磁场的作用下，微囊膜迅速被磁场磁化，受磁力的作用而集聚于磁铁一侧，悬浊液由没有外部磁场作用时的黑灰色变得透明澄清，该过程持续时间仅十几秒，这说明制备的 PNIPAM 接枝磁性微囊膜磁场响应速度快，具有良好的磁场响应性能，能用于磁场靶向定位和聚集。

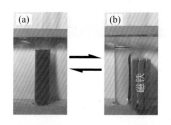

图10-12

接枝磁性微囊膜的磁分离效果[7,8]

（a）无外加磁场；（b）有外加磁场

如图 10-13 所示为 PNIPAM 接枝磁性微囊膜和其被去离子水清洗 30 次后的磁化曲线，在外加磁场为零时，剩磁和矫顽力均为零，这说明接枝磁性微囊膜与未接枝磁性微囊膜一样具有超顺磁性。并且，接枝磁性微囊膜用去离子水清洗 30 次后的 M_s 与清洗前的几乎相等，这说明接枝后的磁性微囊膜的磁性几乎没有随使用次数而衰减，也就是说，纳米 Fe_3O_4 颗粒在微囊膜中包埋得比较牢固，不易损失。这是因为聚酰胺对油酸改性纳米 Fe_3O_4 颗粒的包埋作用，以及两者之间的范德华作用力比较牢固。

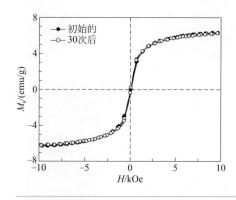

图10-13

新鲜PNIPAM接枝磁性微囊膜和其被去离子水清洗30次后的磁化曲线[7,8]

2. 膜中嵌有智能微球的智能膜的表征

Wang 等[9, 10] 表征了温敏型复合结构海藻酸钙囊膜的形貌和粒径大小。用数码相机记录内核为维生素 B_{12}（VB_{12}）溶液的海藻酸钙囊的形貌，并用相关软件对其粒径进行测量和分析。实验中，超过400颗的海藻酸钙囊被测量，用来统计和计算其平均粒径、粒径分布以及变异系数（CV值）。其中，CV值采用公式（10-1）进行计算：

$$CV = 100\% \times \left(\sum_{i=1}^{N} \frac{(d_i - \overline{d_n})^2}{N-1} \right)^{\frac{1}{2}} \Big/ \overline{d_n} \qquad （10-1）$$

式中，d_i 表示第 i 个囊的粒径，m；N 表示统计过的囊的总量；$\overline{d_n}$ 表示海藻酸钙囊的平均粒径，m。

温敏型复合结构海藻酸钙囊的壁厚（δ）则可由理论外半径减去理论内半径得到，具体采用公式（10-2）进行计算：

$$\delta = (R_o - R_i) \times \frac{R_o'}{R_o} = \frac{\overline{d_n}}{2} (\sqrt[3]{q_o + q_i} - \sqrt[3]{q_i}) \Big/ \sqrt[3]{q_o + q_i} \qquad （10-2）$$

式中，R_o'/R_o 表示海藻酸钙囊的壁厚校正因子；R_o' 表示海藻酸钙囊的测量外半径，m；R_o 和 R_i 分别表示海藻酸钙囊的理论外半径和内半径，m；$\overline{d_n}$ 表示海藻酸钙囊的平均粒径，m；q_o 和 q_i 分别表示外相和内相溶液的体积流速，mL/h。

通常来讲，CV值越小，所制备囊的粒径分布就越窄，其单分散性也越好。如图10-14所示，温敏海藻酸钙囊大小均匀且具有较好的球形度，其平均直径为2.96mm；而CV值为3.12%，说明其单分散性良好。通过计算，温敏海藻酸钙囊的囊壁较薄，平均厚度仅为0.11mm，非常有利于物质的跨膜扩散。

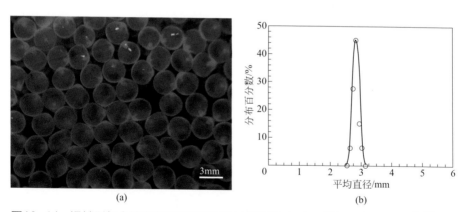

图10-14　温敏型复合结构海藻酸钙囊膜的光学照片（a）和粒径分布图（b）[9, 10]

3. 膜中嵌有智能凝胶的智能膜的表征

Yu 等 [11, 12] 对 PNIPAM/EC 核壳型微囊膜进行了系统表征，用 SEM 对微囊的微观结构进行表征；用傅里叶红外变换光谱（FT-IR）测定了微囊的化学成分；用光学显微镜和粒度分析软件对控释实验之后的微囊的形貌尺寸进行了分析；用带有温控台的光学显微镜在升降温过程中观察了去离子水中微囊的体积相变过程。

如图 10-15 所示，EC 微囊具有良好的球形度和单分散性，同时微囊膜具有中空结构和多孔的囊壁结构［图 10-15（a）～（c）］。多孔结构贯穿了整个 EC 微囊的囊壁，且具有大量不同尺寸和不同形貌的孔洞。亚微米孔是由于 EC 高分子固化过程中 EA 溶剂的快速扩散和挥发形成；而大量的微米级孔是由均质的 W/O 乳液作为中间油相模板所形成[13]。在制备 PNIPAM 内核和囊壁 PNIPAM 凝胶开关的过程中，EC 囊壁上连通性良好的多孔结构提供了反应物的扩散通道并大大减小了它们的扩散阻力，从而使得后续自由基聚合反应更容易进行。PNIPAM/EC 核壳型微囊保持了 EC 微囊模板良好的球形度和单分散性且不存在明显的变形［图 10-15（d），（e）］。PNIPAM/EC 微囊能明显地分辨出其核壳型结构［图 10-15（f）］。通过测量，微囊的 EC 壳层厚度为 $28.7\mu m$，十分接近中空 EC 微囊膜的厚度（$28.5\mu m$）。但是，与 EC 微囊相比，核壳型微囊外表面和 EC 壳层中的微米级孔明显减少［图 10-15（b），（c）和（e），（f）］，这是因为通过自由基聚合反应后，孔洞中被填充了 PNIPAM 凝胶。

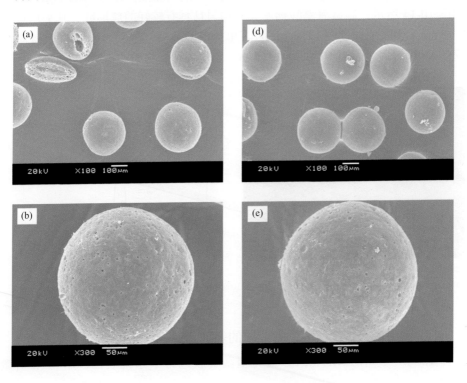

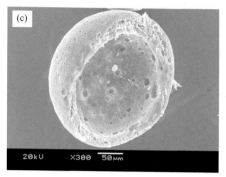 

图10-15 EC微囊［（a）～（c）］和PNIPAM/EC核壳型微囊［（d）～（f）］的SEM图[11, 12]

图 10-16 为 EC 微囊和 PNIPAM/EC 核壳型微囊的 FT-IR 谱图。与 EC 微囊相比，PNIPAM/EC 核壳型微囊的 FT-IR 谱图上在 $1650cm^{-1}$ 和 $1550cm^{-1}$ 处出现了强的酰胺基团（—CONH）伸缩振动峰。说明经过自由基聚合反应后，PNIPAM 核和 PNIPAM 开关成功地填充到了 EC 微囊空腔和囊壁孔洞内。在制备 PNIPAM 内核和 EC 囊壁 PNIPAM 凝胶开关过程中，空腔被 NIPAM 单体溶液所充满的 EC 微囊快速转移至高浓度催化剂 TMEDA 溶液中，一旦水溶性 TMEDA 分子扩散至囊壁中的孔洞中和中空空腔内，遇到引发剂 APS，将引发 NIPAM 单体聚合形成 PNIPAM 凝胶。从而具有 PNIPAM 内核和 EC 囊壁镶有 PNIPAM 凝胶开关的核壳型微囊得以成功制备。

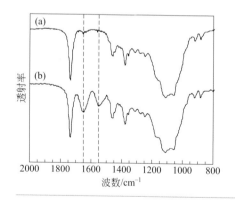

图10-16

EC微囊（a）和PNIPAM/EC核壳型微囊（b）的FT-IR谱图[11, 12]

为了考察 PNIPAM/EC 核壳型微囊膜的机械强度，将已完成了控制释放实验后的微囊用来分析其形貌和单分散性。如图 10-17 所示，EC 微囊和 PNIPAM/EC 核壳型微囊在光学显微镜下均不透明，两者都具有良好的球形度和单分散性，并且两者的粒径没有发生显著的变化。通过计算，EC微囊和PNIPAM/EC核壳型微囊的平均直径分别为290.3μm和291.5μm，其CV值分别为5.5%和6.3%。另外，PNIPAM/EC核壳型微囊在制备PNIPAM内核和PNIPAM凝胶开关以及温敏控制释放实验中，虽然经过了长时间的机械搅拌，但是微囊并没有出现塌陷或破裂现象，仍旧保持了其良好的球形度和单分散性，从而证实了PNIPAM/EC核壳型微囊膜具有良好的机械强度。

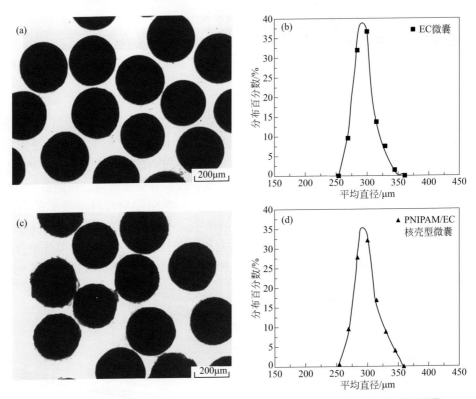

图10-17　室温下去离子水中EC微囊［（a）、（b）］和PNIPAM/EC核壳型微囊［（c）、（d）］的光学显微图片［（a）、（c）］及其尺寸分布［（b）、（d）］[11, 12]

图10-18显示了PNIPAM/EC核壳型微囊的可逆温敏行为。由于EC壳层不透光，而为了能直观地观察到PNIPAM/EC核壳型微囊的温度响应行为，实验中把PNIPAM内核从EC微囊中挤压出来，在装有热台系统的光学显微镜下观察挤出来的PNIPAM内核所表现的温敏行为。图10-18给出了被压破裂的PNIPAM/EC核壳型微囊在去离子水中，在温度低于和高于VPTT时的光学显微图片。可以看出，在温度低于PNIPAM的VPTT时，PNIPAM内核处于溶胀状态，呈透明状；随着温度逐步升高跨过PNIPAM的VPTT时，PNIPAM内核逐步收缩最终变

成不透明状。并且，该 PNIPAM 内核的体积相转变行为可逆，其在温度低于和高于 VPTT 的体积比值约为 6。由于核壳型微球中的 PNIPAM 内核和 PNIPAM 凝胶开关在室温下制备（$T <$ VPTT），从而表现出良好的温度响应特性。此外，可以看出，外层不透明的固体 EC 壳在不同温度下并没有表现出温敏行为。

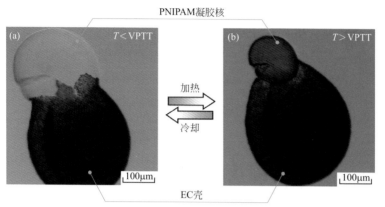

图10-18 破裂的 PNIPAM/EC 核壳型微囊的光学显微图片[11, 12]
（a）PNIPAM 内核在溶胀状态（$T <$ VPTT）；（b）PNIPAM 内核在收缩状态（$T >$ VPTT）

三、"开关型"控制释放智能膜的应用性能

1. 膜孔接枝智能高分子的智能膜的"开关型"控制释放性能

Chu 等[5] 分别以 NaCl 和维生素 B_{12}（VB_{12}）作为模型药物，研究了膜孔接枝 PNIPAM 高分子的聚酰胺微囊的"开关型"控制释放性能，测定了 NaCl 和 VB_{12} 在不同温度下从微囊中的释放行为，以单位时间内从微囊中释放的 NaCl 或 VB_{12} 的量来表征其释放速率。微囊膜的渗透系数 P 可由 Fick 第一扩散定律的衍生公式（10-3）进行计算[14]：

$$P = \frac{V_s V_m}{A(V_s + V_m)t} \ln \frac{C_f - C_i}{C_f - C_t} \qquad (10\text{-}3)$$

式中，C_i、C_t、C_f 分别为溶质在周围介质中的初始浓度、t 时刻中间浓度和最终浓度；V_m 和 A 分别为微囊的总体积和总表面积；V_s 为周围介质的体积。

实验中，公式（10-3）中 $\ln [(C_f - C_i)/(C_f - C_t)]$ 与时间 t 呈线性关系，由此可根据公式（10-4）计算渗透系数 P：

$$P = K \frac{V_s V_m}{A(V_s + V_m)} \qquad (10\text{-}4)$$

式中，K 为 $\ln\left[(C_f-C_i)/(C_f-C_t)\right]$ 与时间 t 之间的梯度系数。

图 10-19 为 NaCl 从低接枝率的 PNIPAM 接枝聚酰胺微囊膜中释放的渗透系数温度响应特性。可以看出，NaCl 在低接枝率的 PNIPAM 接枝微囊中呈正向温度响应释放性能：当温度为 25 ~ 31℃时，PNIPAM 接枝微囊膜中 NaCl 释放较慢，而当温度为 34 ~ 40℃时，NaCl 释放较快。当温度从 31℃升高至 34℃时，渗透系数急剧变化，这与 PNIPAM 的相变温度 LCST 在 32℃左右相对应。另外，在相同实验条件下，未接枝的微囊膜在 31 ~ 34℃的温度条件下，渗透系数并未出现如此急剧的变化。当温度低于 LCST 时，膜孔内接枝的 PNIPAM 高分子链处于伸展状态，膜孔被 PNIPAM "关闭"，因此，渗透系数较低。相反，当温度高于 LCST 时，PNIPAM 高分子链处于收缩状态，因此膜孔呈 "开启" 状态，渗透系数高。当温度从 25℃升到 31℃，以及从 34℃升到 40℃时，PNIPAM 接枝微囊膜的释放速率仅发生轻微变化，并且当温度从 25℃升到 40℃时，未接枝的微囊膜的渗透系数也有略微增加，这都归因于 NaCl 的扩散速度随着温度的升高而增大。

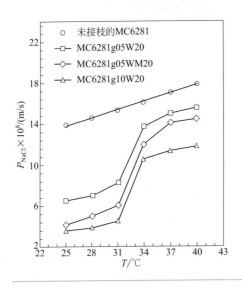

图10-19
NaCl从低接枝率的PNIPAM接枝聚酰胺微囊膜中正向温度响应释放[5]

不同接枝反应时间下制得的 PNIPAM 接枝微囊膜的温度响应 "开关" 渗透性如图 10-20 所示。已有研究报道[15]，在其他所有条件相同的情况下，等离子体诱导填孔接枝聚合中，接枝率与接枝反应时间成正比。因此，图 10-20 反映了接枝率对 PNIPAM 接枝微囊的温度响应 "开关" 渗透性的影响。有趣的是，温度对低接枝率和高接枝率的微囊膜的渗透系数有相反的影响。这表明，PNIPAM 高分子接枝率不同，存在两种不同类型的门控效应，即正向温度响应型和负向温度响应型：在较短的接枝反应时间（或较低的接枝率）下，微囊膜在 40℃时的渗透性高于其在25℃时的渗透性；而在较长的接枝反应时间（或较高的接枝率）下，微囊膜在40℃时的渗透性低于其在25℃时的渗透性。类似的现象也出现在温度响应型PNIPAM接枝多孔聚乙烯平板膜中[16]。

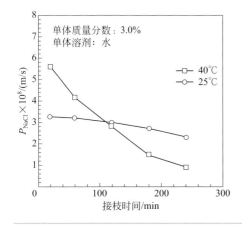

图10-20
接枝反应时间对PNIPAM接枝微囊膜的温度响应渗透系数的影响[5]

　　图10-21给出了NaCl在高接枝率微囊膜中的负向温度响应释放行为。当接枝率较高时，由于膜孔中有过多的PNIPAM接枝高分子，即使在高温（高于LCST）条件下，膜孔也不能重新打开，也就是，膜孔呈"关闭"状态。但是，接枝了PNIPAM高分子的微囊膜在温度低于LCST时仍然具有高亲水性，而在温度高于LCST时，PNIPAM发生显著相变而转变为疏水性。由于NaCl是水溶性的，在膜内的扩散主要发生在由PNIPAM高分子链填充的充满水的区域内。因此，NaCl更容易在具有亲水性的PNIPAM中扩散，而不是疏水的PNIPAM。因此，NaCl在高接枝率的PNIPAM接枝微囊膜中的释放速率在温度较低（低于LCST）时比在温度较高（高于LCST）时大。

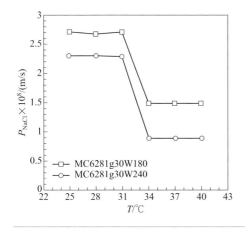

图10-21
NaCl在高接枝率的PNIPAM接枝聚酰胺微囊膜中的负向温度响应释放行为[5]

图 10-22 为 VB$_{12}$ 在不同接枝率的 PNIPAM 接枝聚酰胺微囊膜中的释放温度响应特性。与 NaCl 结果类似，PNIPAM 接枝微囊膜同样显示出两种不同类型的门控效应。当接枝率较低时，PNIPAM 接枝微囊膜呈现正向温度响应释放行为，而当接枝率较高时，则呈现负向温度响应释放行为。与 NaCl 的释放速率相比，低接枝率的 PNIPAM 接枝微囊膜对 VB$_{12}$ 的"开关"释放特性更为明显。这是由于，随着溶质尺寸的增大，溶质在水凝胶中的扩散率显著降低[17]。由于 VB$_{12}$ 分子的尺寸大于 NaCl，因此 VB$_{12}$ 通过 PNIPAM 凝胶的扩散速率远低于 NaCl。

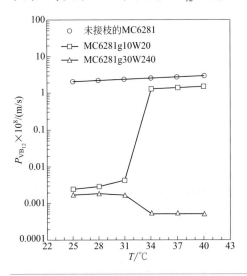

图10-22

VB$_{12}$在不同接枝率的PNIPAM接枝聚酰胺微囊膜中的温度响应释放行为[5]

为了验证 PNIPAM 接枝聚酰胺微囊膜"开关"控制释放性能的可逆性，Chu 等[5] 在 LCST 附近交替改变环境温度进行控制释放实验。温度变化过程为：40℃→25℃→37℃→28℃→34℃→31℃→40℃→25℃。在整个释放实验过程中，为了保证微囊膜内部有足够的溶质供释放，每次运行后，溶质（NaCl 或 VB$_{12}$）都重新负载到微囊膜内部空间。如图 10-23 所示，PNIPAM 接枝微囊膜的温度响应"开关"控制释放行为具有良好的可逆性和可重复性。这表明，即使在 LCST 附近经过反复的温度变化，微囊膜中 PNIPAM 接枝链"开关"仍能保持其温度响应性伸展 - 收缩和亲水 - 疏水特性。

Chu 等[6] 利用膜乳化技术结合等离子体诱导填孔接枝聚合法制备得到单分散温度响应型控制释放微囊膜，同样表现出良好的温度响应"开关"控制释放性能。图 10-24 显示了 NaCl 在 PNIPAM 接枝单分散聚酰胺微囊膜中的温度响应释放行为。在 25℃时，环境溶液中的 NaCl 浓度缓慢增加，在 40℃时，NaCl 浓度迅速增加；也就是说，在 25℃时，PNIPAM 接枝单分散微囊膜中 NaCl 缓慢释放，在 40℃时，NaCl 快速释放。

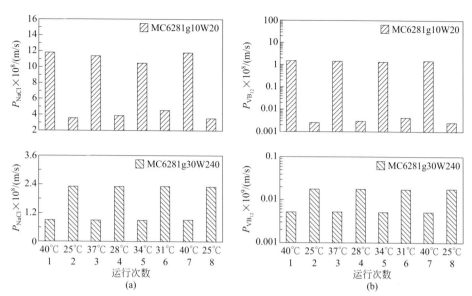

图10-23 不同接枝率的PNIPAM接枝微囊膜的可逆温度响应释放特性[5]

（a）NaCl的释放；（b）VB$_{12}$的释放

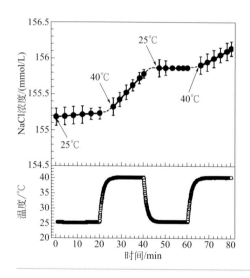

图10-24

NaCl在PNIPAM接枝单分散聚酰胺微囊膜中的温度响应释放行为[6]

图 10-25 显示了 PNIPAM 接枝单分散微囊膜中 NaCl 和 VB$_{12}$ 的可逆性温度响应释放特性。为了与上述尺寸较大的多分散接枝微囊膜进行比较，图 10-25 也给出了 MC6281G10W20 微囊膜的相关数据。同样，接枝 PNIPAM 的小尺寸单分散微囊膜的温度响应控制释放行为具有令人满意的可逆性和可重复性。与 MC6281G10W20微囊膜相比，单分散微囊膜在25℃和40℃下的渗透系数均更小，

这可能是由于小尺寸单分散微囊膜具有较小的孔隙率和较小的孔径。

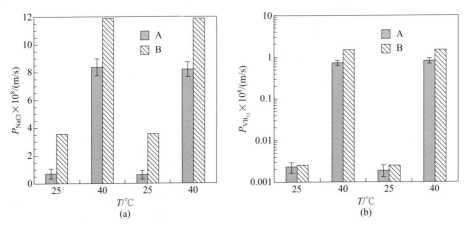

图10-25　不同接枝率的PNIPAM接枝微囊膜的可逆温度响应释放特性[5,6]
（a）NaCl的释放；（b）VB$_{12}$的释放
A—平均直径约为4μm的PNIPAM接枝单分散微囊膜；B—尺寸较大的多分散微囊膜MC6281G10W20

　　Yang 等[7,8]考察了接枝 PNIPAM 高分子的磁场/温度双重刺激响应型微囊膜的"开关型"控制释放性能。未接枝磁性微囊膜和接枝磁性微囊膜对 VB$_{12}$的释放结果如图 10-26 所示。可以看出，接枝磁性微囊膜对 VB$_{12}$的渗透系数具有显著的温度响应特性，VB$_{12}$在 25 ~ 31℃时释放较慢，而在 34 ~ 40℃时较快，其渗透系数在与 PNIPAM 的 LCST 相对应 31 ~ 34℃间有较大的变化。而在相同条件下，未接枝磁性微囊膜在 31 ~ 34℃间并未出现渗透系数的较大变化。这说明，这种膜孔内接枝了 PNIPAM 高分子的磁性多孔微囊膜显示出良好的正向温度响应"开关"特性。

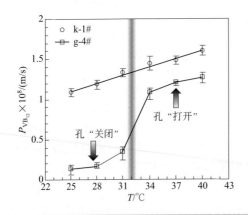

图10-26
未接枝磁性微囊膜（k-1#）和接枝磁性微囊膜（g-4#）对VB$_{12}$的渗透系数随温度变化的曲线[7,8]

2. 膜中嵌有智能微球的智能膜的"开关型"控制释放性能

Wang 等[9, 10]分别采用不同分子大小的溶质分子来考察囊壁含有不同浓度 PNIPAM 微球的温敏型复合结构海藻酸钙囊膜在不同温度下的渗透系数，溶质分子分别为 VB_{12}、PEG2000 和 PEG20000。为了更直观地显示复合结构海藻酸钙囊膜渗透性能的温敏"开关"控释效果，定义了温敏开关系数 R，用公式（10-5）来计算，式中，P_{40} 和 P_{25} 分别表示在环境温度为 40℃和 25℃时溶质分子渗透过复合结构海藻酸钙囊膜的渗透系数。R 值越大，说明复合结构海藻酸钙囊膜的温敏"开关"控释性能越好。

$$R = \frac{P_{40}}{P_{25}} \qquad (10\text{-}5)$$

图 10-27（a）是溶质分子 VB_{12} 在不同温度下渗透过复合结构海藻酸钙囊膜的渗透系数。当环境温度为 25℃时，含有不同浓度 PNIPAM 微球的复合囊膜的渗透系数大致相当，这是由于囊壁中的 PNIPAM 微球在低于其 VPTT 时处于溶胀状态，囊膜"关闭"，含有不同浓度 PNIPAM 微球的海藻酸钙囊壁的结构大致相同，故 PNIPAM 微球的含量对复合结构海藻酸钙囊膜的渗透性能影响不大。然而，当环境温度为 40℃时，复合囊膜的渗透系数明显大于 25℃时的渗透系数，且随着囊壁中 PNIPAM 微球含量的增加，渗透系数也随之逐渐变大。其原因在于 40℃（高于 VPTT）时，囊壁中的 PNIPAM 微球处于收缩状态，于是在囊壁中生成大量的孔隙，囊膜"开启"，为 VB_{12} 提供了渗透通道，导致囊膜的渗透系数增大。另外，随着囊壁中 PNIPAM 微球含量的增加，在温度高于其 VPTT 的环境下会形成更多的通道，溶质分子渗透过囊膜的速率也会大大增加，复合结构海藻酸钙囊膜的渗透系数也会逐渐增大。

Wang 等[9, 10]对比了不同 PNIPAM 微球含量的海藻酸钙囊膜的渗透系数，发现其在 40℃时的渗透系数均明显高于 25℃时的渗透系数，开关系数均大于 1.0，如图 10-27（b）所示。其中，对于不含 PNIPAM 微球的海藻酸钙囊膜，其渗透系数的增加主要由于温度升高导致溶液黏度降低，根据 Stokes-Einstein 理论囊膜的渗透系数会增大。随着囊壁中 PNIPAM 微球含量增加，复合结构海藻酸钙囊膜的温敏开关系数 R 值也随之增大，其原因是，随着 PNIPAM 微球含量的增加，囊壁在 40℃时形成的孔隙也会越多，从而使其渗透系数 P_{40} 增大；而 25℃时 PNIPAM 微球含量对渗透系数 P_{25} 影响不大。因此，随着 PNIPAM 微球含量的增加，P_{40} 和 P_{25} 差距越来越明显，其开关系数 R 值也越来越大。

Wang 等[9, 10]还选择了比 VB_{12} 分子量大一些的 PEG2000 和 PEG20000 作为溶质分子考察了其渗透过复合结构海藻酸钙囊膜的渗透系数和温敏"开关"性能，分别如图 10-28 和图 10-29 所示。和 VB_{12} 的扩散结果类似，PEG2000 和

PEG20000 的渗透系数也是在 25℃时随着囊壁中 PNIPAM 微球含量的增加而无明显变化，而在 40℃时随着 PNIPAM 微球含量的增加而逐渐增大。并且，明显地，复合结构海藻酸钙囊膜的温敏开关系数随着 PNIPAM 微球含量的增加而逐渐增大。

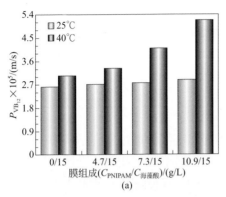 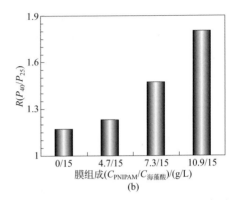

图10-27 具有不同成分的复合结构海藻酸钙囊膜在不同温度下的VB$_{12}$扩散系数比较（a）和相应温敏开关系数比较（b）[9, 10]

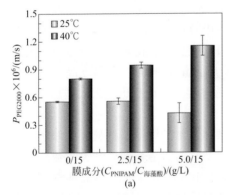 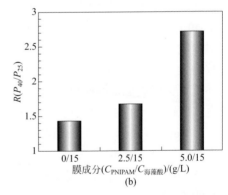

图10-28 具有不同成分的复合结构海藻酸钙囊膜在不同温度下的PEG2000扩散系数比较（a）和相应温敏开关系数比较（b）[9, 10]

另外，对于 PNIPAM 微球含量相同的复合结构海藻酸钙囊膜，在相同环境温度下溶质分子 VB$_{12}$ 的渗透系数明显大于 PEG2000，而分子量最大的 PEG20000 的渗透系数则最小。在 25℃时，VB$_{12}$、PEG2000 和 PEG20000 分别渗透过不含 PNIPAM 微球的海藻酸钙囊膜的渗透系数分别为 $2.60×10^{-5}$m/s，$5.53×10^{-7}$m/s 和 $3.75×10^{-7}$m/s，由此可知，溶质分子的尺寸越大，就越难渗透过相同复合结构的海藻酸钙囊膜。

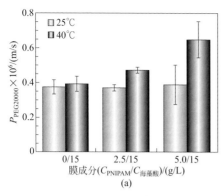
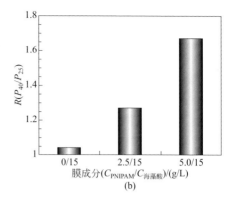

图10-29 具有不同成分的复合结构海藻酸钙囊在不同温度下的PEG20000扩散系数比较（a）和相应温敏开关系数比较（b）[9, 10]

Wang 等 [9, 10] 还研究了溶质分子大小对复合结构海藻酸钙囊膜的温敏开关性能的影响，结果如图 10-30 所示。对 $c_{PNIPAM}/c_{海藻酸}$=5.0g/L/15g/L 型复合结构海藻酸钙囊膜而言，温敏开关系数最大的既不是分子量为 1355Da 的 VB_{12}，也不是分子量为 20kDa 的 PEG20000，而是分子量为 2kDa 的 PEG2000。产生此现象的原因主要归结于溶质分子的尺寸大小与复合结构海藻酸钙囊囊壁中温敏微球开关的匹配度。

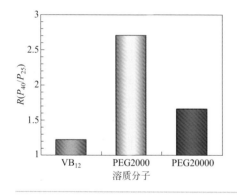

图10-30
不同尺寸的溶质分子渗透过复合结构海藻酸钙囊膜的温敏开关系数比较[9, 10]

图 10-31 显示的是不同分子尺寸的溶质分子在不同温度下分别渗透过复合结构海藻酸钙囊膜的示意图。如图所示，分子尺寸最小的 VB_{12} 分子渗透过囊膜的过程几乎不被温度变化过程中 PNIPAM 微球体积的变化所影响。当溶质分子的尺寸远远大于囊膜有效孔径或者在同一个数量级内时会发生排斥现象，溶质分子则不能渗透过囊膜。VB_{12} 分子非常小，以至于可以从 PNIPAM 微球收缩后生成的孔隙甚至从海藻酸钙与溶胀状态的 PNIPAM 微球高分子网络中自由扩散

而出，所以 VB_{12} 分子能够在 25℃ 和 40℃ 的环境温度下轻松渗透过复合结构海藻酸钙囊膜，其渗透系数 P_{40} 和 P_{25} 差别较小，故温敏开关系数 R 值接近于 1.0。而对于最大分子尺寸的 PEG20000 而言，其温敏开关系数也接近 1.0，但原因却不相同。与海藻酸钙和溶胀状态的 PNIPAM 微球的高分子网络甚至 40℃ 时微球收缩产生的孔隙相比，PEG20000 的分子尺寸明显较大，因此在 25℃ 和 40℃ 时都会发生明显的分子排斥，故其温敏开关系数 R 值较小。然而，对 PEG2000 而言，其在 25℃ 和 40℃ 时的渗透系数差异明显。25℃ 时，PEG2000 的分子尺寸与 PNIPAM 微球和海藻酸钙的高分子网络相比则较大，故会发生分子排斥现象，渗透系数 P_{25} 较小；而 40℃ 时，PNIPAM 微球体积明显减小，产生的孔隙的有效孔径比 PEG2000 分子大许多，于是 PEG2000 分子可以从形成的孔隙中自由扩散而出，故其渗透系数 P_{40} 明显增大。因此，三种分子中，溶质分子为 PEG2000 时 $C_{\text{PNIPAM}}/C_{\text{海藻酸}}$ = 5.0g/L /15g/L 型复合结构海藻酸钙囊囊壁的温敏开关性能最佳。

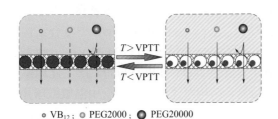

● VB_{12}；● PEG2000；● PEG20000

图10-31 溶质分子的尺寸大小对复合结构海藻酸钙囊膜的温敏开关性能影响的示意图[9, 10]

3. 膜中嵌有智能凝胶的智能膜的"开关型"控制释放性能

Yu 等[11, 12]利用共聚焦激光扫描显微镜（CLSM）考察了 PNIPAM/EC 核壳型微囊中 RhB（罗丹明 B）分子的动态温度响应控制释放行为。利用紫外分光光度计考察了 PNIPAM/EC 核壳型微囊中 VB_{12} 分子的温度响应释放行为。为了定量描述 PNIPAM/EC 核壳型微囊的温敏控制释放行为，引入控释因子（CF）参数，其定义如公式（10-6）所示，式中，v_1 和 v_2 分别表示在温度低于和高于 PNIPAM 凝胶 VPTT 时 VB_{12} 的释放速度，μmol/（L·h）。v_1 和 v_2 分别由 PNIPAM 凝胶在低于和高于其 VPTT 的浓度 - 时间曲线斜率计算所得。

$$CF = \frac{v_2}{v_1} \tag{10-6}$$

当环境温度从 23℃ 升高至 38℃ 时，囊内低分子量 RhB 分子从 PNIPAM/EC 微囊膜内向周围水环境扩散。图 10-32 显示了 EC 微囊（在 0s 和 25s 时）和 PNIPAM/EC 微囊（在 0s 和 200s 时）的 CLSM 照片及其相应的荧光强度图片。与 0s 时的荧光强度相比，EC 微囊在 25s 时的荧光强度急剧减弱，但 PNIPAM/EC

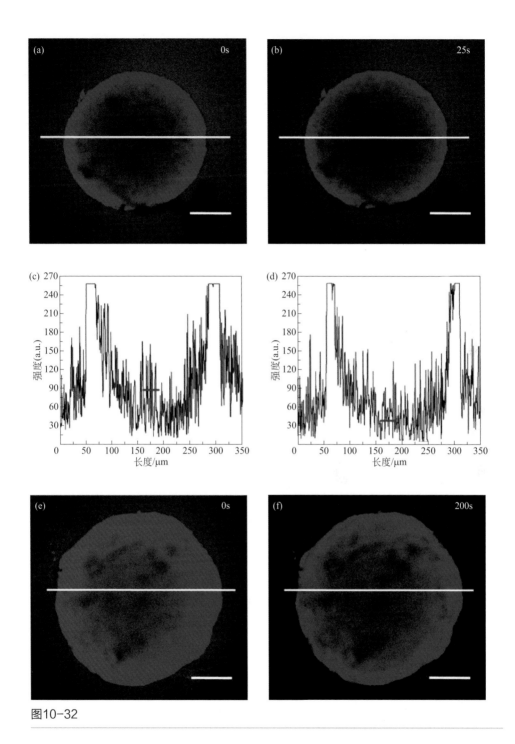

图10-32

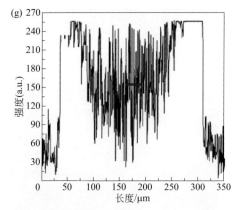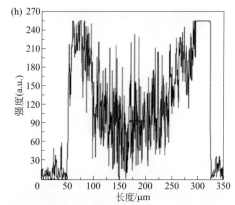

图10-32 EC微囊 [（a），（b）] 和PNIPAM/EC核壳型微囊 [（e），（f）] 的CLSM
照片，及其在控制释放中不同时间点相应的荧光强度图片 [（c），（d），（g），（h）]
（标尺：75μm）[11, 12]

微囊在 200s 时的荧光强度才有急剧减弱现象。EC 微囊中部（150 ~ 200μm）的
荧光强度在 0s 时大约为 88，仅在第 25s 时便锐减到 40；而 PNIPAM/EC 微囊中
部（150 ~ 200μm）的荧光强度在 0s 时约为 162，在 200s 时减至 80。显然，当
温度低于 PNIPAM 的 VPTT 时，由于溶胀的 PNIPAM 内核和 EC 囊壁中 PNIPAM
凝胶开关对溶质分子增加了扩散阻力，PNIPAM/EC 核壳型微囊对 RhB 分子的释
放速度远远低于其在 EC 微囊中的释放速度。

    选择在不同时间下 EC 微囊和 PNIPAM/EC 微囊的中部（150 ~ 200μm）荧
光强度平均值绘制 RhB 分子随时间的动态温敏释放曲线。由图 10-33（a）可知，
EC 微囊的 RhB 荧光强度在开始 25s 内急剧减弱随后变得缓慢。在最初的 25s 内，
在高浓度梯度作用下，低分子量的 RhB 分子在非常短时间内便通过具有良好连
通孔结构的 EC 囊膜，向外界水环境中扩散。与初始时刻相比，RhB 荧光强度在
短短 25s 内便减弱了 54.5%，随后随着 EC 囊膜内外 RhB 浓度差减小而呈线性缓
慢减弱。尽管升高温度会加强 RhB 荧光分子的分子运动，使得其扩散速度加快，
但在 25s 后 RhB 分子的释放速度仍呈现平缓减慢趋势，EC 微囊中部的 RhB 分子
的荧光强度随时间近似呈线性减弱。与初始时刻相比，在随后的 350s 内，荧光
强度仅减少了 34.1%。

    另外，PNIPAM/EC 核壳型微囊中 RhB 分子的荧光强度在最初的 180s 内逐
步减弱，随后从 180s 到 200s 的时间内呈剧烈减弱，而在 200s 之后减弱得缓慢
[图 10-33（b）]。在释放 RhB 分子的初始时刻，环境温度为 23℃低于 PNIPAM
凝胶的 VPTT，PNIPAM 内核和 EC 囊壁中的 PNIPAM 凝胶开关均处于溶胀状态，
包载在 PNIPAM 内核中的 RhB 荧光分子主要通过 PNIPAM 凝胶网络和呈"关闭"

状态的 PNIPAM 凝胶开关扩散出核壳微囊膜外。由此，RhB 分子的释放速度相当慢，从而在低于 PNIPAM 的 VPTT 的条件下，核壳型微囊中部位置 RhB 分子的荧光强度随时间变化比较小。与初始时刻的荧光强度相比，微球在前 180s 内荧光强度仅减弱了 27.2%。随着环境温度升高直至高于 PNIPAM 的 VPTT 时，PNIPAM 内核和 EC 囊壁中的 PNIPAM 凝胶开关收缩，包载的 RhB 荧光分子首先从 PNIPAM 内核进入到内核与 EC 壳层之间充满水的空间内，然后通过呈"开启"状态的 PNIPAM 凝胶开关向外部水环境快速扩散。由于溶质分子在水中的扩散速度远远大于其在凝胶网络中的扩散速度[18]，因此，RhB 分子在高温时从核壳型微囊内释放的速度很快，PNIPAM/EC 核壳型微囊中部 RhB 分子的荧光强度剧烈减弱。与 0s 时的荧光强度相比，从 180s 到 200s 的时间内，RhB 分子的荧光强度减弱程度高达 23.5%。而在 200s 之后，由于囊膜内外 RhB 分子浓度差减小，使得 RhB 分子的释放速度大大减慢，从而核壳型微囊中部位置 RhB 分子的荧光强度随着时间呈线性缓慢减弱。在随后的 175s 内，与初始时刻相比，RhB 分子的荧光强度仅仅减弱了 7.4%。这说明 PNIPAM/EC 核壳型微囊包载药物分子后，其显著的释放速度发生在 PNIPAM 凝胶的 VPTT 附近。

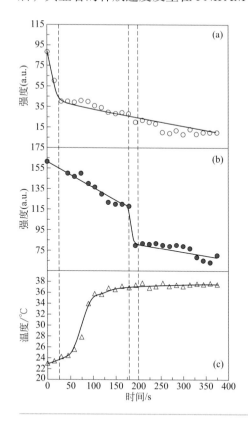

图10-33

EC微囊（a）和PNIPAM/EC核壳型微囊（b）对RhB的动态温敏释放曲线，及升温过程中温度随时间变化的曲线（c）[11, 12]

Yu 等[11, 12] 还考察了逐步升温过程中 PNIPAM/EC 核壳型微囊对 VB$_{12}$ 的温度控制释放行为。如图 10-34 所示，当环境温度从 27℃逐步升高至 39℃时，微囊周围水环境介质中 VB$_{12}$ 的浓度随着时间的增长而逐渐增加。当温度高于 PNIPAM 的 VPTT 时，VB$_{12}$ 的释放速度略微大于其在温度低于 PNIPAM 的 VPTT 时的释放速度，通过计算，得到 CF 值为 1.6。由于 EC 微囊没有温度响应特性，且温度在低于或高于 PNIPAM 的 VPTT 时，囊膜中孔洞的形貌和数量（即 VB$_{12}$ 分子的扩散通道）一直保持不变，也就是说 VB$_{12}$ 分子在低温和高温时通过多孔 EC 囊膜的扩散阻力相同。在高温下，VB$_{12}$ 分子的释放速度略微增大，是因为温度升高，VB$_{12}$ 分子运动加快，VB$_{12}$ 分子的扩散有所增强，从而使得其释放速度有所增大。

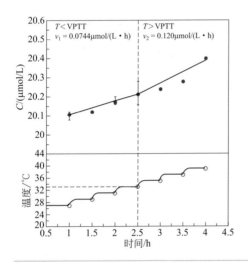

图10-34

EC微囊在温度升高跨过PNIPAM的VPTT过程中对VB$_{12}$的释放曲线[11, 12]

　　对于 PNIPAM/EC 核壳型微囊，VB$_{12}$ 分子在温度高于 PNIPAM 凝胶的 VPTT 的释放速度远远大于温度低于其 VPTT 的释放速度，CF 值达到 11.7（见图 10-35）。如图 10-6 所示，在温度低于 PNIPAM 的 VPTT 时，PNIPAM 内核和 EC 囊壁中的 PNIPAM 凝胶开关处于溶胀状态，且由于溶胀的 PNIPAM 凝胶开关，囊壁孔洞"关闭"。在此情况下，溶质分子扩散通道受阻，VB$_{12}$ 分子在 PNIPAM 凝胶网络和 EC 壳层中的扩散阻力增大，因此 VB$_{12}$ 的扩散阻力大。结果使得 VB$_{12}$ 分子嵌在溶胀的 PNIPAM 内核中，此时 VB$_{12}$ 分子通过 EC 壳层的释放速度很低。相反，当温度高于 PNIPAM 的 VPTT 时，EC 囊膜孔洞内填充的 PNIPAM 凝胶开关收缩，因此 EC 微囊膜孔开启，且大部分 VB$_{12}$ 分子由于 PNIPAM 内核的收缩快速从凝胶网络中随水被挤出。在此情况下，溶质分子扩散通道顺畅，VB$_{12}$ 分子是在水环境中扩散，VB$_{12}$ 分子扩散阻力很小，从而使得 VB$_{12}$ 分子通过微囊的速度非常快。

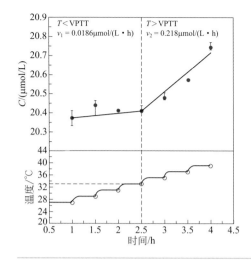

图10-35

PNIPAM/EC微囊在温度升高跨过PNIPAM的
VPTT过程中对VB$_{12}$的释放曲线[11, 12]

第二节
智能膜用于"突释型"控制释放

将环境响应型智能水凝胶材料作为囊壁构建智能微囊膜，利用环境刺激致使
囊壁快速剧烈收缩并破裂，或者致使囊壁快速分解，可以实现对内载物质的突然
释放，如这类智能微囊膜作为药物载体，"突释型"控制释放可以起到迅速发挥
药效、缓解病情的作用。

一、"突释型"控制释放智能膜的设计与制备

1. 自曝式"突释型"控释微囊膜

Chu 等[19]利用微流控技术设计制备了一种特洛伊木马式温度响应型单分散
"突释型"控释微囊膜，该微囊膜以温敏 PNIPAM 水凝胶作为囊壁，内部含有载
药油核。首先利用如图 10-36 所示的三级同轴聚焦毛细管微流控装置制备得到
单分散性良好的 W$_1$/O$_1$/W$_2$/O$_2$ 三重乳液作为模板，其中，中间相水相 W$_2$ 中含有
水溶性单体 NIPAM、交联剂及引发剂。三重乳液模板收集后，向外油相 O$_2$ 中
加入反应催化剂，从而引发中间水相 W$_2$ 内的单体发生聚合反应，形成交联的

PNIPAM 凝胶囊膜，囊膜内封装的油核含有数个水滴 W_1。

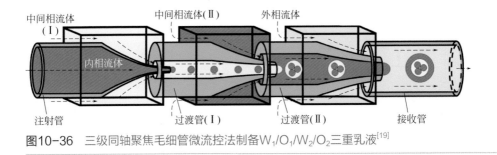

图10-36　三级同轴聚焦毛细管微流控法制备 $W_1/O_1/W_2/O_2$ 三重乳液[19]

Liu 等 [20, 21] 受自然界中喷瓜的启发，设计制备了一种热触发的、用于纳米颗粒喷射式"突释"的微囊膜。如图 10-37 所示，成熟的喷瓜果实会肿胀得非常大 [图 10-37（a）]；由于其本身的成熟或动物的触碰，成熟的果实可以通过果实壳层的收缩，将含有种子的黏液向空气中喷射出很远的距离 [图 10-37（b）]。所设计喷射式"突释"微囊的囊壁同样是由交联的 PNIPAM 凝胶组成，其内部是包裹了乳化在油中的水性纳米颗粒 [图 10-37（c）]。同样，该微囊膜也具有温度响应型"突释"特性，其释放行为像一颗微型纳米颗粒炸弹一样，当环境温度升高到 PNIPAM 的 VPTT 以上，PNIPAM 囊层急剧地收缩，使微囊内部的液压突然上升。当内部的压力增加到一个临界值时，由于微囊囊层有限的机械强度，PNIPAM 囊层突然破裂，包埋的纳米颗粒连同内部油相一起以较高的动量从微囊内部被喷射到环境中 [图 10-37（d）]，正如喷瓜将其种子喷射出一样。

这种热触发喷射式"突释"微囊的制备，是先用均质乳化机将含有纳米颗粒的水溶液分散到油相中形成 W_1/O_1 初乳，然后利用二级同轴聚焦毛细管微流控装置制备出单分散性良好的（W_1/O_1）/W_2/O_2 三重乳液模板，其中水相 W_2 中含有单体 NIPAM、交联剂及引发剂。三重乳液模板收集后，向外油相中加入油溶性光引发剂，然后将乳液体系在紫外线照射下引发聚合，从而在 W_2 水相内生成聚合反应形成交联的 PNIPAM 囊膜。

PNIPAM 的温度响应性的本质在于氢键作用和疏水作用之间的平衡。溶剂的加入不仅能改变水溶液的环境，还能与水分子和 PNIPAM 分子之间形成氢键作用，因此也能引起 PNIPAM 的相变 [22]。因此，Liu 等 [20, 23] 利用类似的核壳型 PNIPAM 微囊实现了醇响应型自爆"突释"，通过将内部油核从微囊内部喷出，演示了将醇浓度的变化转化为机械力的过程。在富含水的溶剂中，水分子可以和 PNIPAM 高分子链上的疏水基团形成笼状结构，同时与酰胺基团形成氢键 [24]。

因此，如图 10-38 所示，在低浓度醇溶液中，PNIPAM 微囊膜处于溶胀状态，油核被完全包埋在微囊内部。随着醇浓度的升高，因为溶剂 - 溶剂相互作用逐渐变成主导，水分子更容易和醇分子之间形成复合物，从而导致 PNIPAM 高分子链的水分子数量下降，致使 PNIPAM 的溶剂化程度降低。在特定的醇浓度范围内（$C_{c1} < C_{醇} < C_{c2}$），所有之前使 PNIPAM 溶剂化的水分子变成与醇分子结合。这就导致了水对 PNIPAM 的溶剂化程度降低，高分子 - 高分子之间的相互作用变成主导，从而 PNIPAM 高分子链变成卷缩状态，整个囊壁收缩[24-26]。因为微囊内部的油核是不可压缩的，囊壁的收缩受到阻碍，从而使微囊内部的压力急剧地升高。最终，累积的压力转化成机械力，撑破微囊膜并将油核喷射到环境中。

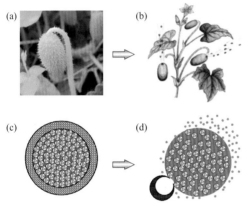

图10-37　（a）喷瓜的照片；（b）喷瓜喷射种子的示意图；（c）温度低于VPTT时，含有纳米颗粒W/O乳液的PNIPAM微囊；（d）温度高于VPTT时，纳米颗粒从微囊内被喷射"突释"出来[20, 21]

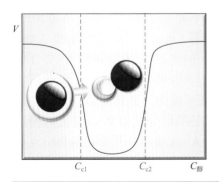

图10-38
PNIPAM微囊将醇浓度变化转化为机械力的设计示意图[20, 23]
V—微囊的体积

Wang 等[27, 28]在上述工作基础上，设计制备了一种具有核壳型结构的磁靶向热触发自爆"突释"型微囊膜，囊膜内部为油核，外层为包埋超顺磁性 Fe_3O_4 纳米颗粒的 PNIPAM 凝胶囊壁。内部油核可以用来封装亲脂性物质；具有温敏体积相变特性的 PNIPAM 水凝胶囊壁则作为释放内部油核的热触发执行器；囊壁中包埋的 Fe_3O_4 纳米颗粒则赋予微囊以磁导向靶向运输特性。如图 10-39 所示，当内部油核负载亲脂性物质的微囊，在外加磁场引导下靶向运输至特定位点后，便可以在外加温度控制下，通过热触发自爆"突释"过程，将内部油核及其中负载的亲脂性物质一并释放出来，从而实现亲脂性物质的靶向运输和控制释放过程。

图10-39 磁靶向热触发自爆式"突释型"微囊膜的结构和功能示意图[27, 28]

该磁靶向热触发自爆式"突释型"微囊膜的制备示意图如图 10-40 所示。首先将 Fe_3O_4 纳米颗粒用硅烷偶联剂修饰使其带上双键后［图 10-40（a）］，分散到 NIPAM 单体水溶液中作为中间水相 W；含有油溶性光引发剂的油溶液作为外油相。然后利用二级同轴聚焦毛细管微流控装置制得 O/W/O 双重乳液作为模板［图 10-40（b）］；在紫外线照射下，引发中间水相中 NIPAM 单体聚合形成交联的 PNIPAM 囊壁，从而制备得到了具有磁性 PNIPAM 水凝胶囊壁和内部油核的核壳型微囊膜［图 10-40（c）］。

基于类似的"突释"机制，Liu 等[29, 30]设计制备了一种钾离子触发自曝式"突释型"控释微囊膜。如图 10-41 所示，采用具有 K^+ 识别响应特性的聚（*N*-异丙基丙烯酰胺 - 共聚 - 丙烯酰胺 - 共聚 - 苯并 -15- 冠 -5- 丙烯酰胺）［P（NIPAM-*co*-AAm-*co*-B15C5Am）］凝胶作为囊壁（如图 10-42）。其中，15- 冠 -5 基团作为 K^+ 信号感受器（sensor）；PNIPAM 则作为执行器（actuator）；亲水基团 AAm 作为调节器（adjustor）调节操作温度至人体温度（37℃）[31]。在人体温度下，15- 冠 -5 基团识别 K^+，形成 2:1 夹心结构，囊壁会迅速收缩至突然破裂，负载药物的内部油核一起以较高的动量从微囊内部喷射到环境中，达到药物"突释"的效果（图 10-41）。该微囊同样利用微流控技术制备的单分散 O/W/O 复乳为模板，其中，中间水相中含有 NIPAM、B15C5Am 和 AAm 单体以及交联剂和引发剂，外油相中含有油溶性光引发剂。在紫外线照射下引发聚合，在中间水相内形成交联的 P（NIPAM-*co*-AAm-*co*-B15C5Am）囊膜。

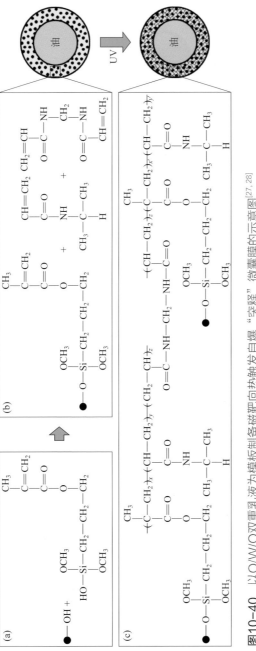

图10-40　以O/W/O双重乳液为模板制备磁靶向热触发自爆 "爆释" 微囊膜的示意图[27, 28]

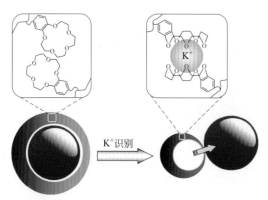

图10-41 P（NIPAM-*co*-AAm-*co*-B15C5Am）微囊膜的K⁺触发自爆"突释"示意图[29, 30]

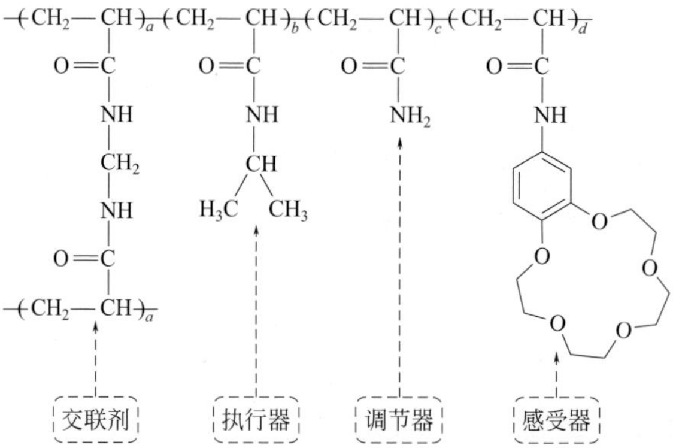

图10-42 P（NIPAM-*co*-AAm-*co*-B15C5Am）微囊膜的化学结构式[30]

2. 溶解式"突释型"控释微囊膜

Liu 等[20, 32]设计制备了一种具有酸响应"突释"特性的壳聚糖微囊膜，使其能够实现胃部靶向药物的迅速完全释放。如图 10-43 所示，该微囊膜是由对苯二甲醛交联的壳聚糖凝胶组成，在中性介质里，微囊能保持很好的球形度和结构完整性，从而保证了微囊在到达胃部以前不会提前释放药物。在酸性环境下，壳聚糖上的氨基因为质子化而带上正电荷，于是分子内静电斥力和增加的亲水性使壳聚糖凝胶急剧溶胀；随着壳聚糖氨基质子化的进行，对苯二甲醛交联壳聚糖的 Schiff 碱交联结构逐渐变得不稳定[33, 34]，最终壳聚糖凝胶解交联并完全溶解［图 10-43（a）］。因此，利用壳聚糖和对苯二甲醛之间这种可逆的交联作用，可以实现酸触发的突然释放［图 10-43（b）］。当环境的 pH 值越低，壳聚糖的质子化速度越快，从而壳聚糖的解离和"突释"过程越快。

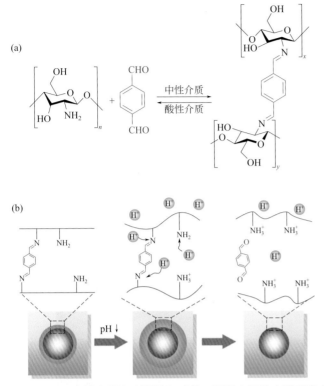

图10-43　中性介质中壳聚糖和对苯二甲醛之间的交联反应（a）及交联壳聚糖微囊膜的酸响应"突释"过程（b）的示意图[20, 32]

　　该酸响应型壳聚糖控释微囊膜是利用毛细管微流控技术制备的尺寸均一的O/W/O复乳作为模板，通过界面交联反应将复乳固化制成的，如图10-44所示。在O/W/O复乳模板中，壳聚糖被溶解在中间水相，而对苯二甲醛被溶解在内油相中。一旦内油相注入毛细管微流控装置的过渡管中，与中间水相发生接触，交联反应即在O/W界面上进行。这种一步法制备壳聚糖微囊膜的工艺优势在于其结构可控性和简单的步骤。此外，用这种方法可以很容易地将亲脂性物质包埋到壳聚糖囊膜内部。

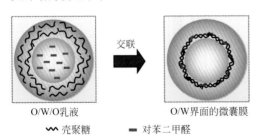

O/W/O乳液　　　　　O/W界面的微囊膜

〰 壳聚糖　　　▬ 对苯二甲醛

图10-44
制备交联壳聚糖微囊膜的示意图[20]

二、"突释型"控制释放智能膜的表征

（一）自曝式"突释型"控释微囊膜的表征

1. 热触发自曝式"突释型"控释微囊膜的表征

针对具有热触发喷射式"突释"性能的 PNIPAM 微囊膜，Liu 等[20, 21] 利用 CLSM 验证了在室温下囊内纳米颗粒的零泄漏。如图 10-45（a）所示，在室温下（低于 PNIPAM 的 VPTT），PNIPAM 凝胶囊壁是透明的，而其内部包裹的初乳是黑色不透光的。事实上，所制备的微囊膜的厚度并非是各处均匀的，而这种囊壁厚度的差异是由所制备的 W/O/W/O 乳液中的 W/O 初乳和单体水相之间的密度差引起的。结果，以该 W/O/W/O 乳液为模板聚合得到的微囊膜，一侧囊壁较厚，另一侧囊壁较薄。从微囊膜的 CLSM 绿色荧光通道照片 ［图 10-45（b）和（c）］所示，室温下没有观察到纳米颗粒的渗漏。该结果也可以通过荧光强度分布曲线

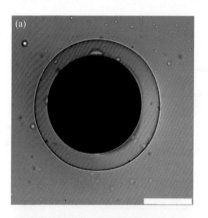
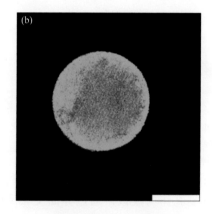
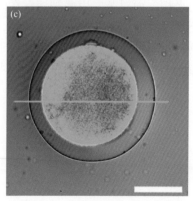
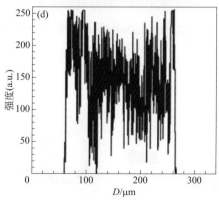

图10-45 室温下制备的热触发喷射式"突释型"微囊膜的CLSM照片 ［（a）~（c）］及其荧光强度分布曲线（d）（标尺：100μm）[20, 21]

得以证实［图 10-45（d）］。微囊内部的荧光强度从 50 ~ 260 不等，而外部的荧光强度则为零。最内层的纳米颗粒混悬液被微囊内部 W/O 初乳的连续油相与凝胶囊膜相隔开，而油相不能穿透 PNIPAM 凝胶囊膜，从而防止了所包埋的纳米颗粒的渗漏。

针对磁靶向热触发自爆式"突释型"微囊膜，Wang 等[27, 28]利用生物光学显微镜和工业光学显微镜表征了双重乳液模板及所制得微囊的形貌，并结合粒度分析系统分析了乳液和微囊的尺寸和单分散性；利用热重分析仪（TG）分别对干燥后的纯 PNIPAM 凝胶和包埋有 Fe_3O_4 纳米颗粒的 PNIPAM 囊壁凝胶进行了热失重分析，以测定出微囊膜内 Fe_3O_4 纳米颗粒的含量。

图 10-46 为 20℃下单分散 O/W/O 双重乳液模板和所制得的微囊在水中的光学显微照片。可以看出，双重乳液模板和微囊均具有明显的核壳型结构，且每个乳液模板和微囊膜内部都包含有一个大豆油核。并且，与透明的纯 PNIPAM 凝胶不同的是，因为这些微囊膜中均匀包埋有 Fe_3O_4 纳米颗粒，所以其 PNIPAM 囊壁在光学显微镜图片中显浅棕色。以乳液模板法制备得到的微囊，其尺寸和形貌均与作为其合成模板的 O/W/O 双重乳液的尺寸和形貌相似。

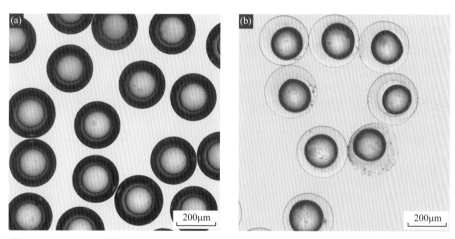

图10-46　20℃下单分散O/W/O双重乳液模板（a）及磁靶向热触发自爆微囊（b）的光学显微镜照片[27, 28]

图 10-47 是 20℃下的 O/W/O 双重乳液模板和磁靶向热触发自爆微囊在水中的粒径分布图。可以看出，双重乳液模板和微囊都具有较窄的粒径分布。双重乳液模板内部油核的直径（d_1）和外直径（d_2）的 CV 值分别为 0.5% 和 0.3%，而 20℃下在水中的磁靶向热触发自爆微囊外直径（d_m）的 CV 值为 2.6%。这表明了双重乳液模板和微囊均具有较好的单分散性。由于 20℃条件下微囊的 PNIPAM

囊壁在水中处于亲水溶胀状态，所以微囊的平均外直径比 O/W/O 双重乳液的外直径稍大些，而其相应的 CV 值也比 O/W/O 双重乳液的 CV 值高一些。结果表明微流控技术是制备具有单分散性微囊的有效方法。

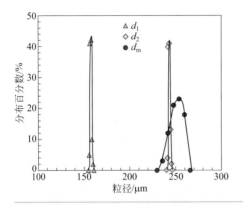

图10-47
20℃下的O/W/O双重乳液模板和磁靶向热触发自爆微囊在水中的粒径分布图[27, 28]

如图 10-48 所示为对干燥后的纯 PNIPAM 凝胶和磁靶向热触发自爆微囊测得的 TG 分析曲线的对比图。可以看出，当温度由 40℃逐渐升高到 800℃时，纯 PNIPAM 凝胶的质量分数由 100% 降低到了 0%；而自爆微囊（图中标记为 "Magnetic PNIPAM"）的质量分数则是由 95.0% 降低至了 12.7%，该结果说明了自爆微囊中 Fe_3O_4 纳米颗粒在囊壁中的含量约为 12.7%。

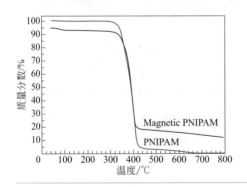

图10-48
纯PNIPAM凝胶和含有Fe_3O_4纳米颗粒的微囊的TG分析曲线图[28]

2. 醇响应型自曝式"突释型"控释微囊膜的表征

针对醇响应型自爆式"突释型"微囊膜，Liu 等[20, 23]利用工业显微镜测定了微囊在不同温度、不同醇浓度溶液中的粒径。醇浓度改变引起的动态体积相变过程通过安装在显微镜上的 CCD 相机记录。体积收缩率（shrinking ratio）按照公式（10-7）计算：

$$\text{shrinking ratio} = \frac{V_t}{V_0} \times 100\% \qquad (10\text{-}7)$$

式中，V_t 为加入醇溶液后 t 时刻微囊的体积；V_0 是加入醇溶液之前微囊在去离子水中的体积。

首先，Liu 等[20, 23] 考察了油核的存在对 PNIPAM 微囊体积收缩的影响，测定了含有油核的核壳型微囊和不含油核的中空微囊在同样刺激条件下的体积收缩行为。图 10-49 是在 25℃时，PNIPAM 核壳型微囊和中空微囊在加入 30% 甲醇溶液之后的粒径变化曲线。因为微囊内部的油核是不可压缩的，因此会阻碍凝胶囊层的收缩。在内部油核被喷出之前（虚线左侧），核壳型微囊的尺寸减小速率要稍慢于中空微囊。在油核刚好从微囊喷射出的时刻（图中虚线所指示的时刻），核壳微囊的尺寸迅速减小成与中空微囊差不多的大小。这说明，此时，阻碍核壳型微囊收缩的阻力消失了。当油核从微囊中喷出以后（虚线右侧），两种微囊在此时实际上具有相同结构，因此收缩速率几乎相等。

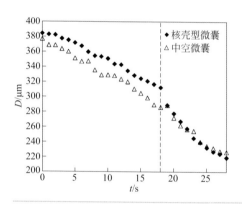

图10-49

25℃时，PNIPAM核壳型微囊和中空微囊在加入30%甲醇之后的粒径随时间 t 变化的曲线[20]

为了考察醇浓度对 PNIPAM 囊膜 VPTT 的影响，Liu 等[20, 23] 测定了在没有油核影响的情况下 PNIPAM 微囊在相变过程中的真实尺寸。图 10-50 是中空 PNIPAM 微囊在不同浓度的醇溶液中的直径随温度变化的曲线。可以看出 PNIPAM 微囊在不同浓度的醇溶液中具有不同的 VPTT。无论是在甲醇还是乙醇溶液中，囊膜 VPTT 的迁移具有相似的规律。在 0 ~ 40% 的醇浓度范围内，PNIPAM 囊膜 VPTT 随着醇浓度的升高呈线性下降的趋势。此外，在相同的醇浓度和温度下，乙醇表现出比甲醇更强的脱水能力，即随着醇浓度的升高，VPTT 下降得更快，这与此前的文献报道相一致[22]。在低醇浓度范围内，随着醇分子中碳原子数的增加 PNIPAM 凝胶的体积急剧地下降，而且 PNIPAM 凝胶在乙醇中能达到的最小体积比在甲醇中要小许多。

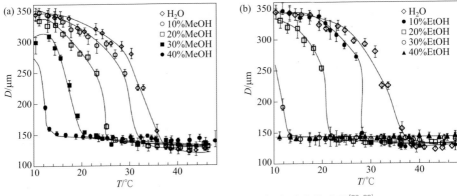

图10-50　中空PNIPAM微囊的直径（D）随温度（T）变化的曲线[20, 23]
（a）甲醇溶液；（b）乙醇溶液

　　在实际运用中，通常需要系统在室温条件下等温操作。从图10-51中可以看出，在所考察的醇浓度范围内，PNIPAM 微囊的 VPTT 从 12℃到 33℃不等。因此 Liu 等 [20, 23] 考察了在 20℃、25℃、28℃、30℃时，微囊的尺寸随醇浓度变化的趋势，如图 10-52 所示。所考察的醇浓度范围内（0 ~ 40%），PNIPAM 微囊随着醇浓度升高，从溶胀状态变为收缩状态。在所考察的温度范围内，PNIPAM 微囊在 40% 浓度的甲醇或者 30% 的乙醇中收缩到最小体积。对于同一种醇溶液，PNIPAM 微囊在不同温度下所能收缩到的最小体积几乎一样。说明在这些浓度下，PNIPAM 高分子链的周围没有多余的可以与醇分子结合的水分子。此外，PNIPAM 微囊在乙醇中所能收缩到的最小尺寸比在甲醇中要稍小，原因如前所述。

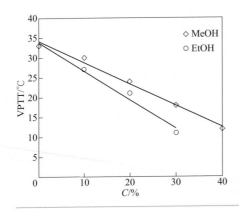

图10-51
PNIPAM囊膜的VPTT随醇浓度
（C）变化的曲线[20, 23]

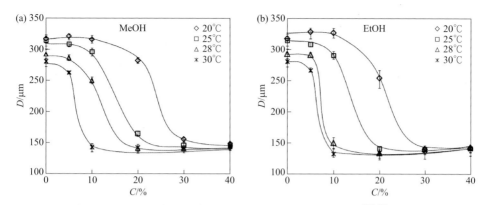

图10-52 中空PNIPAM微囊直径（*D*）随醇浓度（*C*）变化的曲线[20, 23]

（a）甲醇溶液；（b）乙醇溶液

  图 10-53 表示的是不同温度下引起微囊等温体积相变的醇溶液的临界浓度（C_c）。C_c 值随着温度的升高线性地下降，表明操作温度越高，引起等温体积相变所需要的醇浓度越低。在同样温度下，乙醇的 C_c 值要低于甲醇的。已有研究报道[25, 35, 36]，随着醇分子中碳原子数目的增加，PNIPAM 聚合物收缩到最小体积所需要的醇浓度也向低值迁移。对于 PNIPAM 微囊膜，C_c 值也具有相同的趋势。因为碳原子数目越多的醇类脱水化能力越强。较低的 C_c 值可以解释为醇分子的碳原子数目越多，在其周围形成窗格结构所需要的水分子越多，结果，越多的水分子被醇分子从 PNIPAM 高分子链周围夺去。

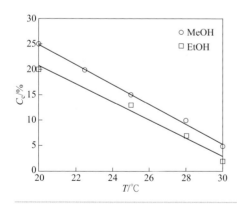

图10-53

PNIPAM微囊的 C_c 值随温度变化的曲线[20, 23]

  对于驱动器来说，响应速率是一个重要的指标。事实上，收缩速率在油核的喷射过程中起着非常重要的作用。因此，Liu 等[20, 23]还考察了 PNIPAM 微囊在醇溶液中的动态收缩过程。图 10-54 是 PNIPAM 微囊在加入醇溶液之后，体积收

缩率随时间变化的曲线。总的来说，醇浓度越高，微囊收缩得越快。PNIPAM
水凝胶在脱水化过程中很容易形成一层致密的皮层，皮层的形成使 PNIPAM 凝
胶囊膜很难破裂。微囊必须在形成皮层之前，收缩到足够小的尺寸以产生足够
的压力使囊膜破裂，否则就永远无法喷射出油核。尽管 25℃，20% 的甲醇溶液，
能够使中空的 PNIPAM 微囊产生相变，如图 10-54 所示，但是在该温度和醇浓
度下 PNIPAM 微囊不能将内部包裹的油核喷射出，这是因为在该条件下微囊的
收缩速度太慢的缘故，见图 10-54（a）。相反，在 25℃的 30% 或 40% 的醇溶液
中，微囊可以在 40s 甚至更短的时间内收缩到最小体积，因此，在这些条件下
微囊迅速地收缩可以产生足够大的机械力使囊层在皮层形成以前破裂，从而喷
射出油核。

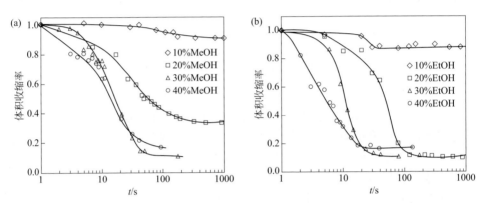

图10-54　25℃时加入甲醇溶液（a）和乙醇溶液（b）后，中空PNIPAM微囊体积收缩率随时间变化的曲线[20, 23]

3. K⁺ 触发自曝式"突释型"控释微囊膜的表征

针对 K⁺ 触发自曝式"突释型"控释微囊膜，Liu 等 [29, 30] 利用 CLSM 对微囊
的形貌和尺寸分布情况进行了表征；利用 FT-IR 分析了冻干微囊的化学成分；利
用 CLSM 分析了内含油核的微囊包埋荧光染料泄漏情况；通过带温控的工业显
微镜观察其在不同离子溶液中的体积相变行为来分析微囊的离子识别性。

图 10-55 是 PNIPAM 微囊和冠醚含量 10% 的 P（NIPAM-co-B15C5Am）微囊
的 CLSM 图及其荧光强度分布。可以看出，PNIPAM 凝胶膜层和 P（NIPAM-co-
B15C5Am）凝胶膜层都是透明的，同时也注意到微囊膜厚度并非是各处均匀，而
是偏心结构的。微囊膜的偏心结构是由 O/W/O 复乳中油相和水相之间的密度差
造成的，油核大豆油的密度比水要小，被水相包裹时会往上浮。O/W/O 复乳模
板是偏心结构，制备的微囊膜也是偏心结构。正是微囊膜这样的偏心结构，在微
囊膜收缩的时候，内部的油核由薄的囊层一侧挤出来，也就是说这样的偏心结构

有利于微囊膜的爆破释放过程的进行。同时，从图10-55看出，微囊膜虽然是偏心的，但里面油核包含的荧光染料不会透过囊层释放出来。

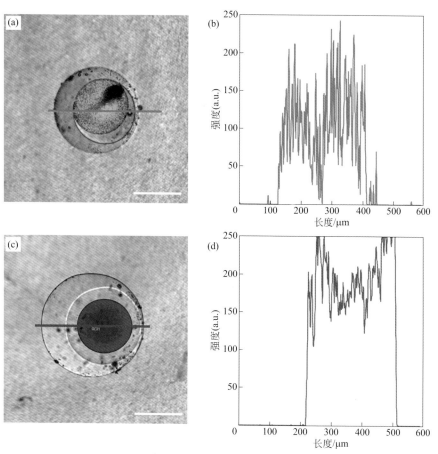

图10-55　PNIPAM微囊［（a）、（b）］和P（NIPAM-*co*-B15C5Am）微囊［（c）、（d）］的CLSM图［（a）、（c）］及其荧光强度分布曲线［（b）、（d）］（标尺：250μm）[29, 30]

图10-56是PNIPAM微囊、P（NIPAM-*co*-B15C5Am）微囊和P（NIPAM-*co*-AAm-*co*-B15C5Am）微囊的FT-IR谱图。在PNIPAM微囊的谱图中［图10-56(a)］出现了1388cm^{-1}和1366cm^{-1}的NIPAM中异丙基的特征峰。对比PNIPAM微囊的FT-IR谱图，P（NIPAM-*co*-B15C5Am）微囊在1518cm^{-1}处出现了苯环C=C骨架伸缩振动特征吸收峰，在1228cm^{-1}处出现了Ar—O—C的C—O不对称伸缩振动特征吸收峰，在1058cm^{-1}处出现了Ar—O—C的C—O对称伸缩振动特征吸收峰，这些特征峰充分证明了P（NIPAM-*co*-B15C5Am）微囊的组分［图10-56

（b）]。对于 P（NIPAM-co-AAm-co-B15C5Am）微囊，在 P（NIPAM-co-B15C5Am）基础上引入 AAm，因为丙烯酰胺的氨基与羟基的出峰位置十分相近。而空气中的水分和样品冻干后含有极少量的水分都可能造成实验误差，所以以氨基的出峰来判断 AAm 的存在并不严谨。从图 10-56（c）谱图中看出，在 1676cm^{-1} 位置出现肩峰，根据 AAm 的标准 FT-IR 谱图推测可能是 AAm 中羰基的出峰位置。

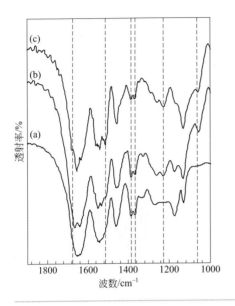

图10-56
不同组分微囊的FT-IR谱图[29, 30]
（a）PNIPAM微囊；（b）P（NIPAM-co-B15C5Am）微囊；
（c）P（NIPAM-co-AAm-co-B15C5Am）微囊

图 10-57（a）是在去离子水和不同离子溶液中，冠醚含量 10% 的 P（NIPAM-co-B15C5Am）微囊随温度升高其直径的变化情况。可以看出，有 K$^+$ 存在时，P（NIPAM-co-B15C5Am）微囊的直径变化趋势与其在去离子水中完全不同。在去离子水中，P（NIPAM-co-B15C5Am）微囊的体积相变温度（VPTT）约为 32℃。在 0.1mol/L Na$^+$ 溶液、0.1mol/L Ca^{2+} 溶液和含有 0.1mol/L Na$^+$ 和 0.1mol/L Ca^{2+} 的混合溶液中，P（NIPAM-co-B15C5Am）微囊的体积相变行为稍不同于在去离子水中的，可能的原因是高分子的盐析作用，使得微囊在离子溶液中的相变行为与去离子水中的不同。而且，溶液中含有的离子越多，盐析效果就越明显。图中，P（NIPAM-co-B15C5Am）微囊的体积相变行为在含有 0.1mol/L Na$^+$ 和 0.1mol/L Ca^{2+} 的混合溶液中受盐析作用的影响就比 0.1mol/L Na$^+$ 溶液和 0.1mol/L Ca^{2+} 溶液中的明显。而在 0.1mol/L K$^+$ 溶液和含有 0.1mol/L K$^+$ 的混合溶液中，P（NIPAM-co-B15C5Am）微囊的 VPTT 明显向低温迁移，降低了约 5℃（VPTT=27℃）。

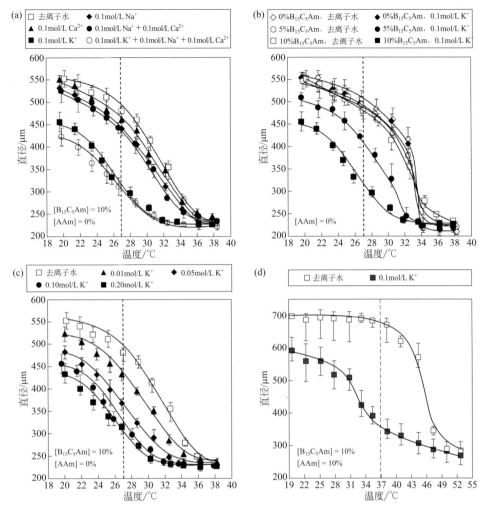

图10-57 PNIPAM、P（NIPAM-*co*-B15C5Am）和P（NIPAM-*co*-AAm-*co*-B15C5Am）微囊的体积相变行为[29, 30]

（a）离子种类对P（NIPAM-*co*-B15C5Am）微囊体积相变行为的影响；（b）15-冠-5含量对P（NIPAM-*co*-B15C5Am）微囊体积相变行为的影响；（c）K⁺浓度对P（NIPAM-*co*-B15C5Am）微囊体积相变行为的影响；（d）P（NIPAM-*co*-AAm-*co*-B15C5Am）微囊的体积相变行为

图 10-57（b）考察了不同冠醚含量的 P（NIPAM-*co*-B15C5Am）微囊在去离子水与 0.1mol/L K⁺ 溶液中的体积相变行为情况。结果显示，在去离子水中，冠醚含量对微囊的 VPTT 没有明显影响，其 VPTT 都在 32℃附近。而在 0.1mol/L K⁺溶液中，随着高分子中冠醚量的增加，高分子的 VPTT 就往低温迁移。随着冠

醚的增加，P（NIPAM-*co*-B15C5Am）凝胶网络中会有更多的冠醚基团与金属离子形成稳定的络合物，导致不同冠醚含量的P（NIPAM-*co*-B$_{15}$C$_5$Am）高分子在0.1mol/L K$^+$溶液中VPTT往低温迁移程度不同。

图 10-57（c）考察了P（NIPAM-*co*-B15C5Am）微囊在不同浓度的K$^+$溶液中的体积相变情况，微囊膜中15-冠-5的摩尔分数为10%。从图上看出，在K$^+$溶液中，P（NIPAM-*co*-B15C5Am）微囊的体积相变行为明显不同于去离子水中。随着K$^+$浓度的增加，P（NIPAM-*co*-B15C5Am）微囊的VPTT向低温迁移。当溶液中K$^+$浓度大于0.10mol/L时，该P（NIPAM-*co*-B15C5Am）微囊的VPTT约为27℃。在此温度下，P（NIPAM-*co*-B15C5Am）微囊在0.10mol/L K$^+$溶液中的直径要比去离子水中的小。也就是说，在27℃下，浓度为0.10mol/L的K$^+$可以作为外界刺激，使15-冠-5含量为10%的P（NIPAM-*co*-B15C5Am）微囊发生等温的体积收缩响应。

图 10-57（d）是P（NIPAM-*co*-AAm-*co*-B15C5Am）微囊在去离子水中和0.10mol/L K$^+$溶液中的体积相变图，其中15-冠-5的摩尔分数为10%，亲水基团AAm的摩尔分数为10%。亲水基团AAm的引入可以使P（NIPAM-*co*-AAm-*co*-B15C5Am）微囊在去离子水中的VPTT明显往高温迁移，迁移至47℃左右。而在0.10mol/L K$^+$溶液中，P（NIPAM-*co*-AAm-*co*-B15C5Am）微囊的VPTT往低温迁移。从图上可以看出，在37℃下，P（NIPAM-*co*-AAm-*co*-B15C5Am）微囊在去离子水中，微囊仍处于溶胀状态。而在0.10mol/L K$^+$溶液中的直径明显比纯水中的小。说明37℃下，识别K$^+$后，P（NIPAM-*co*-AAm-*co*-B15C5Am）微囊体积会明显变小。

AAm的引入能导致P（NIPAM-*co*-AAm-*co*-B15C5Am）微囊的VPTT向高温迁移，这要从PNIPAM相变机理解释：PNIPAM高分子或凝胶网络中有亲水基团酰胺基（—CONH—）和疏水基团异丙基［—CH（CH$_3$）$_2$］，PNIPAM中的疏水和亲水基团可与水分子形成相互作用，若改变环境温度会影响疏水和亲水基团与水分子的作用力，导致PNIPAM高分子或凝胶网络呈现不同的构象。当温度低于LCST时，PNIPAM因与水的氢键作用而使得亲水作用占主导，此时其高分子链段在水中充分舒展，高分子链亲水；当温度升高到30～35℃之间的某一温度时（因合成方法、合成条件等而异），由于氢键在高温下受到破坏，溶液则发生了相分离，变得疏水。当苯并-15-冠-5-丙烯酰胺引入到PNIPAM高分子或凝胶网络中，苯并-15-冠-5-丙烯酰胺有苯环疏水基团、酰胺和醚键亲水基团，推测因为苯并-15-冠-5-丙烯酰胺中亲水基团和疏水基团的原因，P（NIPAM-*co*-B15C5Am）与PNIPAM相比，P（NIPAM-*co*-B15C5Am）高分子或凝胶网络的亲疏水性在去离子水中没有明显改变，两者的VPTT在去离子水中相近。换句话说，苯并-15-冠-5-丙烯酰胺未引起PNIPAM的VPTT的迁移。在当额外引入亲水基团 AAm 时，P（NIPAM-co-AAm-co-B15C5Am）高分子或凝胶网络中亲水基团增加，高分子或凝胶网络会显得更亲水，需要更高的能量去破坏亲水基团与水分子之间的作用力，此作用力被破坏之后，高分子或者凝胶网络才显得疏水。所以，与 P（NIPAM-co-B15C5Am）微囊和 PNIPAM 微囊的 VPTT 相比，P（NIPAM-co-AAm-co-B15C5Am）微囊的 VPTT 明显向高温迁移。

（二）溶解式"突释型"控释微囊膜的表征

针对具有酸响应"突释"特性的壳聚糖微囊膜，Liu 等 [20, 32] 利用光学显微镜观察了乳液模板的形貌，利用 SEM 和 CLSM 对壳聚糖微囊的形貌进行了表征，并用粒度分析软件测定了乳液和微囊的尺寸及尺寸分布；壳聚糖微囊的化学成分用 FT-IR 进行了测定。

用微流控装置所制备的 O/W/O 复乳的光学显微照片如图 10-58（a）所示。所制备的复乳具有很高的尺寸单分散性，全部的乳滴均为一个水滴包裹一个油滴。该 O/W/O 复乳十分稳定，使其可以作为通过界面交联反应制备壳聚糖微囊的模板。图 10-58（a）中插入的图片显示了经过 24h 交联反应之后的乳液照片。从图中可以看出，在内油相和中间水相的界面处可以清晰地看见生成了一层薄薄的凝胶薄膜。因为对苯二甲醛微溶于水，随着对苯二甲醛分子从内油相往中间水相中扩散，对苯二甲醛与油水界面上的壳聚糖发生交联反应，生成一层薄薄的壳聚糖凝胶薄膜。由于所形成的交联壳聚糖薄膜逐渐增厚，阻碍了对苯二甲醛往水相中的继续扩散，所以生成的壳聚糖微囊的外径比复乳的外径要小许多。尽管如此，所得到的微囊仍然具有很高的单分散性，如图 10-58（b）所示。所制备的 O/W/O 复乳和壳聚糖微囊的平均外径分别为 292μm 和 224μm，CV 值分别为 0.94% 和 2.3%，说明两者都具有很窄的尺寸分布。

图 10-58（c）给出的 SEM 照片清晰地显示出壳聚糖微囊在空气中干燥之后的塌陷形态。囊膜塌陷的原因是由于在干燥过程中微囊内部水分挥发引起的。这进一步地证实了所制备的壳聚糖微囊的中空结构。由于所制备的微囊膜很薄，干燥后的微囊很难再像分散在水中的时候维持球形。

用戊二醛或者对苯二甲醛交联的壳聚糖因为生成的 Schiff 碱结构中的 C=N存在 n-π* 迁移，而具有自发荧光的性质 [37, 38]。图 10-58（d）是对苯二甲醛交联的壳聚糖微囊的 CLSM 照片，囊膜显示的绿色荧光表明壳聚糖发生了 Schiff 碱交联反应。

FT-IR 分析也证实了壳聚糖和对苯二甲醛发生了交联反应，见图 10-59。尽管—OH 和—NH_2 的伸缩振动峰在 3400cm^{-1} 附近出现了重叠，未交联的壳聚糖在 3136 ~ 3018cm^{-1} 和 2255 ~ 1900cm^{-1} 处仍然有两个宽峰。前者是—NH_2 弯曲振动的倍频和—NH$_2$的伸缩振动发生 Fermi 共振的结果；后者是—NH$_3^+$的吸收峰。在交联壳聚糖微囊的 FT-IR 谱图中，这两个吸收峰都消失了，说明相当一部分的—NH$_2$都发生了交联反应。对苯二甲醛在 817cm^{-1} 处的吸收峰是苯环上 C—H 的弯曲振动。在交联壳聚糖微囊的 FT-IR 谱图中，该吸收峰蓝移至 833cm^{-1} 处，这是因为交联之后空间位阻增大的缘故。这些结果都证实了壳聚糖和对苯二甲醛发生了交联反应。

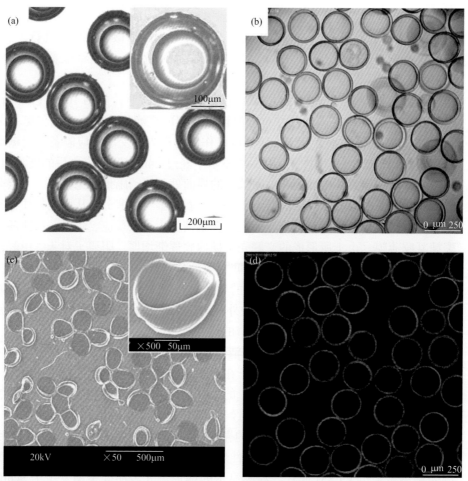

图10-58 （a）O/W/O复乳的光学显微照片（标尺：200μm）；（b）壳聚糖微囊的CLSM照片（透射通道，标尺：250μm）；（c）自然干燥的壳聚糖微囊的SEM照片（标尺：500μm）；（d）壳聚糖微囊的CLSM照片（绿色荧光通道，标尺：250μm）[20, 32]

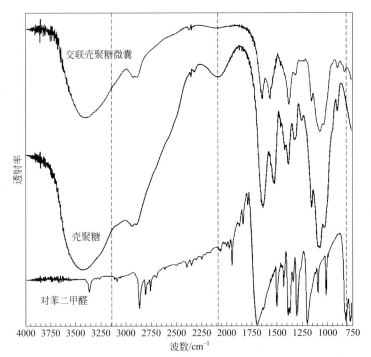

图10-59　壳聚糖、对苯二甲醛和交联壳聚糖微囊的FT-IR谱图[20, 32]

三、"突释型"控制释放智能膜的应用性能

1. 自曝式"突释型"控释微囊膜的控释性能

Chu 等[19] 利用光学显微镜观察了特洛伊木马式 PNIPAM 控释微囊膜的温度响应"突释"性能。如图 10-60 所示，当环境温度从 25℃加热至 50℃时，PNIPAM 凝胶囊膜迅速收缩，同时由于内部油核的不可压缩性，当 PNIPAM 凝胶囊膜收缩到某一临界程度时突然发生破裂，致使内部油核连同水滴被"突释"到外部环境中。可以看出，这种结构的"突释型"微囊膜具有特洛伊木马的行为，内载水溶性物质由于不能穿透油层，所以递送过程中凝胶囊膜保护最里面的水滴完全不会发生泄漏；当到达递送地点，可以通过温度诱导其突然释放。

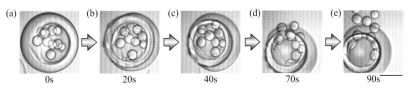

图10-60　特洛伊木马式PNIPAM微囊膜的温度响应"突释"行为[19]

Liu 等 [20, 21] 利用光学显微镜观察了内载纳米颗粒的 PNIPAM 微囊的热触发喷射式"突释"行为；利用 CLSM 获得了 PNIPAM 微囊在喷射前后的荧光照片和相应的荧光强度分布曲线。

为了观察升温之后纳米颗粒的喷射式释放，滴有微囊混悬液的载玻片被放置在显微镜下的热台上。如图 10-61 所示，当温度从 20℃升高到 50℃时，微囊的凝胶囊层急剧地收缩，内部油相不能穿透收缩之后的凝胶囊层，导致微囊膜变形。在微囊膜变形的过程中，W/O 初乳趋向于从原本囊壁较薄的一侧破出。当微囊膜收缩到很高的程度，整个微囊呈现出一个"8"字形，变形的微囊一端的凝胶囊层被不可压缩的油相撑得极度薄。当内部压力达到临界值时，已经被撑得极其薄的凝胶囊层会被撑破，内部的油相及其包裹的纳米颗粒被喷射到外部水环境中。

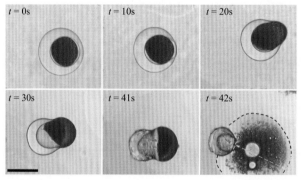

图10-61 环境温度从20℃升高到50℃时，纳米颗粒从微囊内的热触发喷射释放过程（标尺：200μm）[20, 21]

图 10-62（a）显示了纳米颗粒在喷射释放之后的典型分布。微囊所在的中心区域荧光强度非常低（50 ~ 100），而在收缩和破裂的微囊周围荧光强度则高达 250 左右，并且向着四周逐渐减弱，在距离微囊中心 200μm 处消失，见图 10-62（b）。该结果表明所包埋的纳米颗粒基本上完全被微囊喷射出来。同时，也发现有一些微囊是从侧面喷射出纳米颗粒的，例如图 10-61 中的情况。在这种情况下，纳米颗粒留下的荧光痕迹可以表示出喷射的方向，如图 10-62（c）所示，在喷射方向上的荧光强度最大可以达到 250，而其相反方向上的荧光强度只有 130 左右，见图 10-62（d）。从图 10-62（e）和（f）还观察到纳米颗粒在喷射释放之后，呈漩涡状分布的现象。推测这种分布可能是由于微囊在喷射纳米颗粒的过程中发生了旋转，从而使纳米颗粒向着与微囊相切的方向被喷射出。但是，对于大多数微囊来说，纳米颗粒的喷射还是朝着径向的方向进行的。

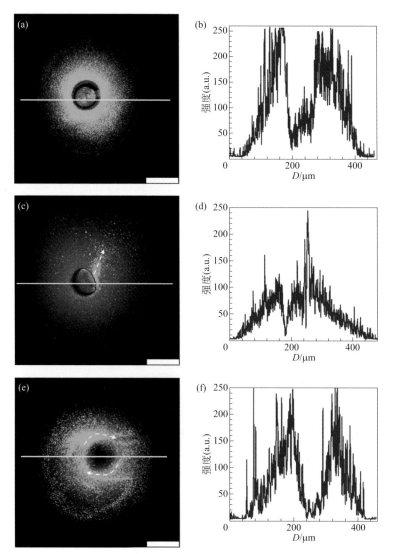

图10-62 纳米颗粒从PNIPAM微囊内喷射出后不同的分布情况及其相应的荧光强度分布曲线（标尺：100μm）[20, 21]

为了评价纳米颗粒从微囊中喷射出的速度，Liu 等[20, 21]比较了相同时间下从微囊喷射出来的纳米颗粒运动的距离与自由扩散的距离。根据 Stokes-Einstein 方程，计算出 50℃时，200nm 的纳米颗粒在纯水中的扩散系数 D 为 4.312μm²/s。但是在图 10-61 的显微镜明场截图中，可以看到在纳米颗粒从微囊中喷射出的最开始的 1s 内，纳米颗粒最远的移动距离可以达到 359μm，是纳米颗粒在相同时间内通过自由扩散能实现的距离的 87 倍。该结果表明这种热触发的喷射释放方式能够为纳米颗粒在介质中的迁移提供一个比传统自由扩散高许多的初始动量。

Wang 等[27, 28]对磁靶向热触发自爆微囊的磁靶向特性以及热触发自爆 "突释" 特性进行了研究：通过将微囊分散在盛有去离子水的玻璃瓶中，并使用磁铁在玻璃瓶侧面施加外加磁场以吸引微囊运动聚集，考察了微囊对外加磁场的响应特性；通过将装载有苏丹红的微囊分散在盛有去离子水的培养皿中，并在培养皿底部使用磁铁引导微囊从位点 A 沿着特定箭头路线运动到位点 B（其中，位点 A、B 及箭头均于实验前标记在培养皿底部），考察了装载有苏丹红的微囊在外加磁场引导下的靶向运输过程；通过光学显微镜观察了微囊在热触发下自爆 "突释" 内部油核的过程。

图 10-63 展示了磁靶向热触发自爆微囊对外加磁场的响应能力。在外加磁场的作用下，原本随机分散于水中的自爆微囊 [图 10-63 (a)] 由于其囊壁内所结合的磁性 Fe_3O_4 纳米颗粒受到外加磁场的作用，迅速被吸引到了放置有磁铁的一侧 [图 10-63 (b)]。当移除磁铁后，这些微囊仍聚集并黏附在玻璃瓶内侧 [图 10-63 (c)]，这是因为微囊本身具有的较高表面能，使得它们很容易黏附到带静电的硅酸盐玻璃表面。

图10-63 磁靶向热触发自爆微囊响应外加磁场的照片[27, 28]

图 10-64 所示的一系列照片展示了装载有苏丹红的磁靶向热触发自爆微囊从位点 A 运输到位点 B 的磁导向靶向特性。首先，装载有苏丹红的微囊被随机分散于装有纯水的培养皿中 [图 10-64 (a)]；然后，通过在培养皿中位点 A 所标记的位置底部放置一个圆柱状磁铁，使得这些微囊在外加磁场作用下被吸引聚集到位点 A [图 10-64 (b)]；接着，聚集的微囊在磁铁引导下沿着培养皿底部所标注的箭头路线迅速由位点 A 移动到位点 B，成功完成了靶向运输 [图 10-64 (c) ~ (f)]。微囊的这种磁导向特性使其可以用于特定位点或特定路线的靶向运输。

当磁靶向热触发自爆微囊被运输到指定地点后，利用 PNIPAM 囊壁的温敏体积相变特性，可以通过局部升高温度至 PNIPAM 囊壁的 VPTT 以上，使得 PNIPAM 囊壁收缩从而将所运载的物质释放出来，以实现热触发自爆释放功能。图 10-65 的一系列光学显微照片展示了温度从 20℃升至 60℃的过程中，磁靶向热触发自爆微囊的内部油核的突释过程。随着温度的不断升高，微囊的温敏性 PNIPAM 囊壁不断收缩。因为内部油核是不可压缩的，从而油核的内部压力随着囊壁的收缩不断增加，当增至某一特定的压力时，由于 PNIPAM 囊壁本身机械强度的限制，导致 PNIPAM 囊壁破裂从而使内部油核突然释放出来。随着 PNIPAM 囊壁的收缩和破裂，内部油相在很短的时间内被挤出，并很快散布到周围环境中。

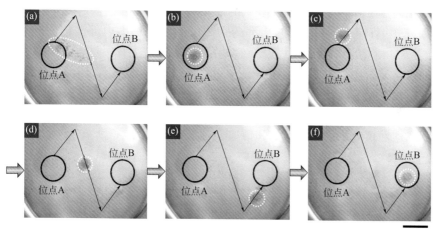

图10-64　装载有苏丹红的磁靶向热触发自爆微囊的磁导向靶向运输过程的光学照片（标尺：1cm）[27, 28]

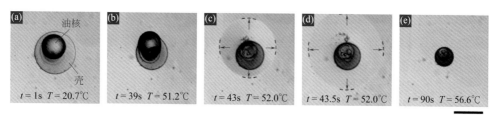

图10-65　微囊的热触发自爆"突释"过程的光学显微镜照片（标尺：200μm）[27, 28]

如图 10-66 所示，当运载有苏丹红的微囊［图 10-66（a）］经由局部升温触发将内部装载苏丹红的油核释放出来以后［图 10-66（b）］，再通过降温使得该微囊再次溶胀，从中可以看出微囊内部封装的油核连同溶解于其中的苏丹红，一同被完全释放出来，而微囊内部仅留下一个没有任何油相残留的空腔［图 10-66（c）］。这种控释微囊系统在释放药物后没有剩余药物残留，提高了对于所装载药物的利用率。

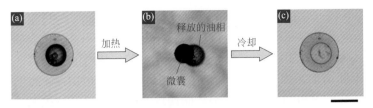

图10-66 磁靶向热触发自爆微囊对其内部油核的完全释放过程的光学显微镜照片（标尺：200μm）[27, 28]

磁靶向热触发自爆微囊对所装载的油相和亲脂性物质的快速、完全释放，使得可以在短时间内达到较高的局部药物浓度。为了估测内部油核的释放速率，Wang 等[27, 28] 研究了 PNIPAM 囊壁破裂后 3.2s 内的"突释"过程。图10-67 中的一系列光学显微照片表明，由于微囊囊壁的收缩和挤压作用，内部装载的油相被迅速地挤出，所释放出的油相的半径（r）在 3.2s 之内增加了约 250μm，该速率远远大于由扩散驱动的控制释放系统。微囊这种对物质的快速释放能力对在高黏度或低渗透性媒介中的物质释放和传递具有重要的意义。

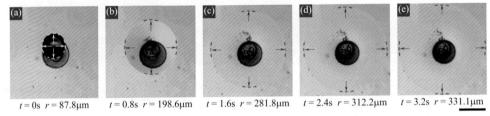

图10-67 磁靶向热触发自爆微囊对其内部油核的热触发自爆"突释"速率研究的光学显微镜照片（标尺：200μm）[27, 28]

针对醇响应型自爆式"突释"微囊膜，Liu 等[20, 23] 利用 CLSM 观察了PNIPAM 微囊在醇溶液中的喷射过程。图 10-68 展示了这种将醇浓度变化转化为使油核被喷出的机械力的实例。在 25℃下，微囊在去离子水中保持着完全溶胀的状态。接着，环境中的去离子水被吸走，在恒温状态下加入一定浓度的醇溶液，从而产生醇浓度变化的信号。在醇分子的脱水化作用下，微囊囊壁迅速地收缩。由于囊壁厚度的不均一性，囊壁收缩所产生的力度也不是各向均一的，因此，微囊内部的油核被挤到一侧。最终，微囊收缩到一定程度后致使囊壁破裂，微囊内部累积的压力使油核被喷射出来。该过程证明了这种核壳型 PNIPAM 微囊能够将醇浓度的变化转化成机械力。

针对 K⁺ 触发自曝式"突释型"控释微囊膜，Liu 等[29, 30] 利用 CLSM 观察了K⁺ 触发的 PNIPAM、P（NIPAM-co-B15C5Am）、P（NIPAM-co-AAm-co-B15C5Am）微囊膜突释药物行为。

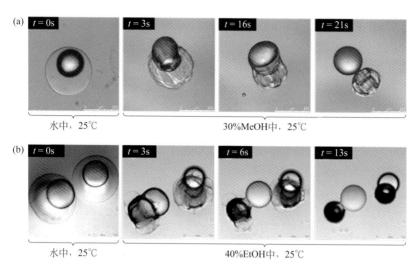

图10-68 25℃时，加入甲醇（a）和乙醇溶液（b）后，PNIPAM微囊喷射油核的过程（标尺：250μm）[20, 23]

图10-69是27℃下微囊周围环境溶液从去离子水置换为0.20mol/L K⁺溶液时，PNIPAM微囊的CLSM图。因为没有识别离子的15-冠-5基团，PNIPAM微囊在整个过程中都没有明显变化，都保持溶胀状态。不管在去离子水还是K⁺溶液中，具有PNIPAM凝胶膜的微囊都可以有效地包埋模型药物，没有泄漏的现象，突出了药物微囊化的优点。

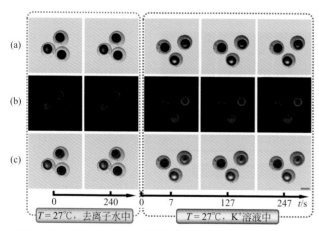

图10-69 27℃下溶液从去离子水变换到0.20mol/L K⁺溶液时，PNIPAM微囊的CLSM图[29, 30]
（a）明场显微照片；（b）绿色荧光场显微照片；（c）叠加场显微照片（标尺：250μm）

相比于 PNIPAM 微囊，15- 冠 -5 含量为 10% 的 P（NIPAM-*co*-B15C5Am）微囊的情况完全不同（如图 10-70）。在 27℃去离子水中，P（NIPAM-*co*-B15C5Am）微囊处于溶胀状态，且长时间内（240s）没有任何变化。接着，环境中的纯水被吸走，在恒温状态下（27℃）加入 0.20mol/L K⁺ 溶液。15- 冠 -5 含量为 10% 的 P（NIPAM-*co*-B15C5Am）微囊会识别到 K⁺ 信号，体积明显收缩，最终微囊破裂，微囊内部积累的压力使油核被喷射出来。15- 冠 -5 含量为 10% 的 P（NIPAM-*co*-B15C5Am）微囊具有偏心结构，因此囊壁能承受的最大压力是不同的。在 P（NIPAM-*co*-B15C5Am）微囊识别 K⁺ 信号后，微囊收缩，微囊内部的油核会从薄的囊壁一侧被挤出来。该过程证明了，在 27℃下，15- 冠 -5 含量为 10% 的 P（NIPAM-*co*-B15C5Am）微囊能识别 0.20mol/L K⁺ 后爆破，释放出微囊内部的油核，达到"突释"药物的效果。然而，人体的正常体温通常在 37℃左右，在这个温度下，由我们实验的结果可以推测不管是 PNIPAM 微囊还是 P（NIPAM-*co*-B15C5Am）微囊在去离子水中都已经收缩到最小，而 K⁺ 存在时，微囊也不会有体积的变化。这种识别 K⁺ 信号"突释"药物的 P（NIPAM-*co*-B15C5Am）微囊能应用到人体内，首先需要解决的问题就是保证 P（NIPAM-*co*-B15C5Am）微囊在人体温度下（37℃）没有 K⁺ 存在时，P（NIPAM-*co*-B15C5Am）微囊能够处于溶胀状态，能包埋药物。而在 37℃有 K⁺ 存在时，P（NIPAM-*co*-B15C5Am）微囊能够收缩，释放出内部油核。

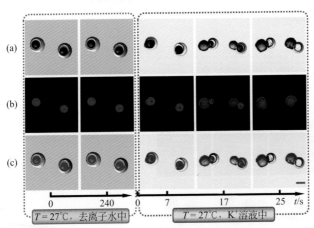

图10-70 27℃下溶液从去离子水变换到0.20mol/L K⁺溶液时，15-冠-5含量为10%的P（NIPAM-*co*-B15C5Am）微囊的CLSM图[29, 30]

（a）明场显微照片；（b）红色荧光场显微照片；（c）叠加场显微照片（标尺：250μm）

图 10-71 是周围环境 37℃下溶液从去离子水变为 0.20mol/L K$^+$溶液时，P（NIPAM-*co*-AAm-*co*-B15C5Am）微囊突释药物过程的激光共聚焦扫描图，其中 15- 冠 -5 的摩尔分数为 10%，亲水基团 AAm 的摩尔分数为 10%。在 37℃去离子水中，P（NIPAM-*co*-AAm-*co*-B15C5Am）微囊没有发生体积变化。与期望的一样，当环境中的去离子水替换成 0.20mol/L K$^+$溶液时，P（NIPAM-*co*-AAm-*co*-B15C5Am）微囊体积会变小，随后很快从微囊薄的一侧挤出油核，整个过程用时不到 30s。实验结果验证我们的设计，在人体温度（37℃）下，K$^+$触发 P（NIPAM-*co*-AAm-*co*-B15C5Am）微囊爆破，"突释"被包埋的药物。

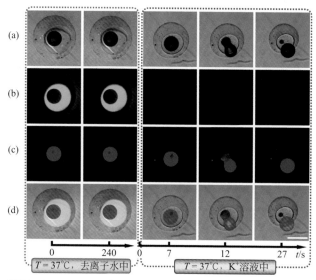

图10-71 37℃下溶液从去离子水变换到0.20mol/L K$^+$溶液时，15-冠-5含量为10%、AAm含量为10%的P（NIPAM-*co*-AAm-*co*-B15C5Am）微囊的CLSM图[29,30]
（a）明场显微照片；（b）绿色荧光场显微照片；（c）红色荧光场显微照片；（d）叠加场显微照片（标尺：400μm）

2. 溶解式"突释型"控释微囊膜的控释性能

针对具有酸响应"突释"特性的壳聚糖微囊膜，Liu 等[20,32]以一种红色的荧光染料 LR300 作为亲脂性模型药物包埋在交联壳聚糖微囊的内部。当向含有 LR300 的壳聚糖微囊加入 pH 3.1 的缓冲溶液时，微囊在 122s 之内就迅速地解离，只剩下裸露的溶解有 LR300 的油核，见图 10-72。这种微囊的酸触发突释模式具有迅速响应和完全释放的特点，有望作为胃部给药系统。

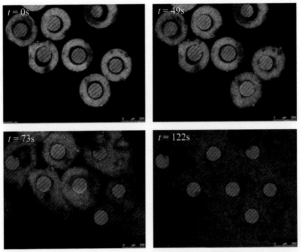

图10-72 壳聚糖微囊膜的酸触发解离过程的CLSM截图（pH 3.1缓冲溶液在 t = 0时刻加入）[29, 30]

第三节
智能膜用于"程序式"控制释放

迄今已报道的智能微囊膜控释系统，其控释传质模式相对较为固定、单一，很大程度上影响了其实际应用。可控设计制备具有新型复合结构的智能微囊膜系统，不仅可以将多种环境刺激响应特性复合到同一微囊膜系统中，还可以将"突释""开-关"控速释放等多种控制释放模式复合到同一微囊膜系统中。该复合智能微囊膜系统不仅能够实现不同药物的梯级多重储存、"程序式"控制释放，还可实现精确控制多种释药体系同时到达同一病变部位，而且多种释药体系的释药剂量及比例可以精确设计。

一、"程序式"控制释放智能膜的设计与制备

1. 具有"囊包球"结构的"程序式"控制释放智能微囊膜

Yang 等 [39, 40] 设计制备了一种具有"先突释后缓释"程序式释药性能的智能

微囊膜。如图 10-73 a1 所示，微囊的内核是同时含有游离药物分子和载药纳米粒的油溶液，囊层是交联壳聚糖凝胶。因为壳聚糖微囊膜存在明显的油 - 水界面，在中性条件下具有良好的稳定性，药物泄漏量较少，所以它能保护内含物在运载过程中的稳定，到达胃部前药物几乎没有泄漏；当到达 pH 值较低（pH = 1 ～ 3）的胃部时，由于壳聚糖微囊膜在酸性条件下发生分解，如图 10-73（a）所示，内核中的游离药物以及载药纳米粒立即被分散到周围水环境中实现首次"突释"给药；之后载药纳米粒在药物扩散以及纳米粒载体溶蚀的双重作用下继续缓慢地释放所包载药物，实现第二级缓释给药，过程如图 10-73（b）。这种核壳型载药壳聚糖微囊能实现首次"突释"大量药物让血药浓度快速达到有效水平，药物发挥疗效缓解症状；第二级缓释持续补充药量抑制并发症的同时治愈疾病，能提高药物的生物利用度、增加病人的顺应性，在急性胃炎治疗方面有良好的应用潜能。

　　实验中，Yang 等[39, 40]选用具有良好抗炎效果的天然提取物姜黄素（curcumin）作为模型疏水药物，用乳化 - 溶剂挥发法[41, 42]制备载疏水药 PLGA 纳米粒，载姜黄素 PLGA 纳米粒简写为 Cur-PLGA-NPs；选用具有良好抗炎效果的天然提取物儿茶素（catechin）作为模型亲水药物，采用复乳溶剂蒸发法[43]制备载亲水药物纳米粒，载儿茶素 PLGA 纳米粒简写为 C-PLGA-NPs；同时为方便载亲水药 PLGA 纳米粒的光学表征，制备了载亲水罗丹明 B（RhB）的 PLGA 纳米粒，简写为 RhB-PLGA-NPs。然后，利用毛细管微流控技术制备的粒径均匀的 O/W/O 复乳模板，成功制备了这种内核含有游离药物分子以及载药 PLGA 纳米粒的核壳型复合壳聚糖微囊膜。

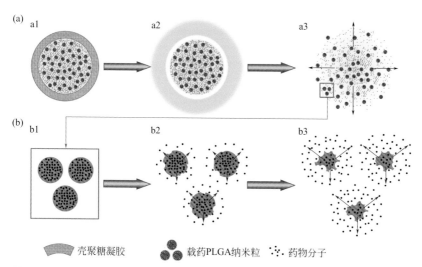

　　　　壳聚糖凝胶　　　　载药PLGA纳米粒　　　　药物分子

图10-73　核壳型壳聚糖微囊"程序式"释放药物示意图[39, 40]

（a）酸性刺激下壳聚糖囊层溶胀坍塌，内核游离药物以及载药纳米粒被喷射实现首次"突释"给药；（b）分散后的载药纳米粒在药物扩散以及基材溶蚀两种作用下缓释所包载药物实现第二级缓释给药

Mou 等 [44, 45] 提出了一种具有类适时保护功能的"囊包球"复合微囊膜系统，实现环境刺激响应型药物载体的按需保护和解保护。如上所述，对苯二甲醛交联的壳聚糖在 pH 较低的水溶液中会因为解交联而溶解，因此，将其作为药物控制释放载体，实现对一些脂溶性药物的包载，并响应环境中的 pH 进行释放。在靶向运输的过程中，为了防止其意外释放，使壳聚糖微球处于保护状态下，使其即使在酸性环境中也不会响应 pH 而释放药物；在到达合适的位置后，解除对壳聚糖微球的保护，恢复其 pH 响应性。

实验中，Mou 等 [44, 45] 结合均质乳化法和微流控乳化法制备（O_1/W_2）/O_3/W_4/O_5 乳液；进一步反应后，形成（$O_1/$ 壳聚糖微球）/O_3/PNIPAM 复合微囊 [图 10-74（a）]，简称 CS/PNIPAM 囊包球。由于壳聚糖微球被包载在油中，而和外界水溶液环境完全隔离，即使外界的 pH 满足其释放的条件，壳聚糖微球也不会表现出释放行为 [图 10-74(a)]；当壳聚糖微球被释放到环境中后 [图 10-74(b)]，在外界的 pH 满足其释放的条件时，壳聚糖微囊将响应 pH 而释放 [图 10-74（c）和（d）]。

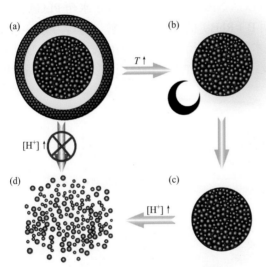

图10-74 具有"囊包球"结构的复合微囊控制释放示意图[44]

2. 具有"囊包囊"结构的"程序式"控制释放智能微囊膜

将微囊封装在微囊中所形成的具有"囊包囊"结构的复合微囊具有许多单层微囊难以实现的功能。例如，具有"囊包囊"结构的复合微囊与细胞的结构相似，因而可以将这种复合微囊作为人工仿生细胞，在其中同时包载多种活性物质并构建可控的催化反应体系。又如，在药物控释方面，具有"囊包囊"结构的复合微囊能够同时包载多种药物，然后按照一定的顺序进行释放，以达到最好的药物利用率和治疗效果。

Mou 等[44, 46] 提出了一种具有"囊包囊"复合结构的环境刺激响应型智能微囊，可响应不同环境刺激来实现类似于特洛伊木马式的"程序式"控制释放。复合微囊中的两层囊膜由不同的环境刺激敏感性水凝胶构成，分别控制各自囊膜内物质的释放，其制备过程如图 10-75（a）~（d）所示：利用四级毛细管微流控装置制备单分散 $O_1/W_2/O_3/W_4/O_5$ 四重乳液作为模板 [图 10-75（a）~（c）]，乳液中每一相的组成都经过精心设计，为制备复合微囊提供了稳定的相界面。将不同的功能成囊材料加入其内部（W_2）和外部（W_4）水层中，经过反应后，四重乳液转化为尺寸和结构均一的具有"囊中囊"结构的复合微囊 [图 10-75（d）]。这种"囊中囊"结构可以灵活地将不同的刺激触发释放机制设计成两层囊膜，以实现通用的"程序式"控释释放。为了证明这一点，Mou 等[44, 46] 设计制备了三种"囊中囊"复合微囊：通过外层囊膜分解（图 10-75 e1，e2）或囊膜破裂（图 10-75 e1，e3）实现第一次释放，随后通过内层囊膜分解（图 10-75 e4，e5）或持续释放（图 10-75 e4，e6）实现第二次释放。三种复合微囊分别是：壳聚糖囊膜包载壳聚糖囊膜（CS@CS）的复合微囊、PNIPAM 囊膜包载壳聚糖囊膜（CS@PNIPAM）的复合微囊、壳聚糖囊膜包载聚乙二醇双丙烯酸酯囊膜（PEGDA@CS）的复合微囊。当环境中的温度或 pH 值等参数发生变化时，复合微囊能够实现类似于特洛伊木马式的"程序式"释放行为。

二、"程序式"控制释放智能膜的表征

1. 具有"囊包球"结构智能微囊膜的表征

针对具有"先突释后缓释"的"程序式"控制释放性能的核壳型壳聚糖微囊膜，Yang 等[39, 40] 利用 CLSM 对制备的几组不同载药壳聚糖微囊膜进行了形貌和在中性环境中载药稳定性的表征。

图 10-76 是以复乳为模板制备的载疏水姜黄素的壳聚糖微囊在绿色荧光通道下的 CLSM 图，壳聚糖微囊壳层都有较强的绿色荧光，证实壳聚糖已经与对苯二甲醛实现良好交联。图 10-76（a）与（b）作为对照组，分别是内核仅含有游离姜黄素分子的壳聚糖微囊与内核仅含 Cur-PLGA-NPs 的壳聚糖微囊，两者内核都显示出由药物姜黄素带来的绿色荧光，但是图 10-76（a）壳聚糖微囊内核绿色荧光比图 10-76（b）更强，这是因为游离姜黄素和 Cur-PLGA-NPs 在相同浓度下（3mg/mL），后者的含药量较低（12.87%）。图 10-76（c）是同时含游离姜黄素

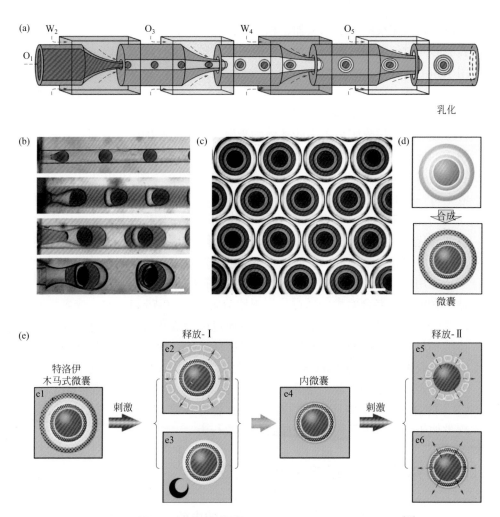

图10-75 具有"囊包囊"结构的复合微囊的制备和"程序式"释放示意图[46]

（a）~（d）玻璃毛细管微流控装置（a）通过次序乳化方法（b）产生均一的 $O_1/W_2/O_3/W_4/O_5$ 四重乳液模板（c）用于制备复合微囊（d）；（e）复合微囊通过环境刺激触发进行"程序式"两阶段次序释放，第一阶段：通过环境刺激触发微囊（e1）外层囊膜分解（e2）或外层囊膜收缩/破裂（e3），使外油芯（O_3）和内微囊突然释放；第二阶段：内微囊（e4）通过环境刺激触发内层囊膜分解（e5）或扩散缓释（e6）释放内油芯（O_1）。标尺：200μm

和 Cur-PLGA-NPs 的壳聚糖微囊，该种壳聚糖微囊拥有较薄壳层，与图 10-76（a）相似，内核也展现出很强绿色荧光；且内核形状与图 10-76（b）微囊内核相似；且尺寸也与图 10-76（a）和（b）一样。这些结果再次证实图 10-76（c）的复合微囊已经成功包裹住游离姜黄素分子以及 Cur-PLGA-NPs，且两种物质加入内核后并不会影响壳聚糖复合微囊的尺寸以及对应的结构稳定性。

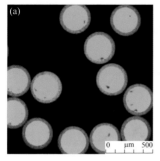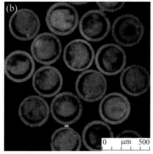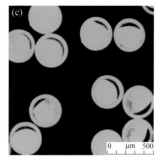

图10-76 壳聚糖微囊的CLSM照片[39, 40]

（a）内核仅含有游离姜黄素分子的微囊；（b）内核仅含有Cur-PLGA-NPs的微囊；（c）内核同时含有游离姜黄素分子以及Cur-PLGA-NPs的微囊

除了包载疏水药物的壳聚糖微囊外，制备的含亲水罗丹明B的壳聚糖微囊的表征如图10-77所示。图10-77（a）是内核仅含有游离罗丹明B的壳聚糖微囊，图10-76（b）是内核仅含有RhB-PLGA-NPs的壳聚糖微囊。除了内核展现的是红色荧光外，两种壳聚糖微囊的对比结果与图10-76（a）、（b）类似，包括内核荧光强弱差异以及载RhB-PLGA-NPs特殊内核形貌。图10-77（c）是内核同时含有游离罗丹明B和RhB-PLGA-NPs的复合壳聚糖微囊，该种壳聚糖微囊同样拥有较薄壳层，与图10-77（a）相似，内核展现很强的红色荧光；且内核形状与图10-77（b）微囊内核相似。这些结果证实尺寸均一、结构稳定的复合微囊已经成功包裹住游离罗丹明B以及RhB-PLGA-NPs。

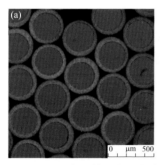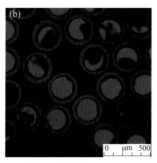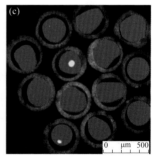

图10-77 壳聚糖微囊的激光共聚焦照片[39, 40]

（a）内核仅含有游离RhB的壳聚糖微囊；（b）内核仅含有RhB-PLGA-NPs的壳聚糖微囊；（c）内核同时含有游离RhB以及RhB-PLGA-NPs的复合壳聚糖微囊

除了游离药物与纳米粒包载同种药物于微囊内核的复合壳聚糖微囊外，也研究了游离药物与纳米粒所载药物不相同的复合微囊。图10-78（a）为内核同时含有游离姜黄素分子和RhB-PLGA-NPs的壳聚糖复合微囊，发现壳聚糖囊层显示出明显的绿色荧光，但本应显示绿色和红色叠加荧光的内核却只显示绿色荧光，这是因为 RhB-PLGA-NPs 所载罗丹明 B 量太少（2.94%），导致由罗丹明 B 带来的红色荧光被姜黄素带来的绿色荧光所掩盖，所以该复合微囊内核只显示出绿色荧光。但内核形貌与含有纳米粒微囊内核形貌相同，也证明 RhB-PLGA-NPs 是成功包载于复合微囊中的。图 10-78（b）为内核含有游离罗丹明 B 分子和 Cur-PLGA-NPs 的壳聚糖微囊，内核展现橙色荧光，这是游离罗丹明 B 分子带来的红色和 Cur-PLGA-NPs 包载的姜黄素带来的绿色叠加后所呈现的结果，内核形貌与含有纳米粒微囊内核形貌相同，说明形貌良好、结构完整的复合微囊已经将游离罗丹明 B 和 Cur-PLGA-NPs 成功包载于内核。

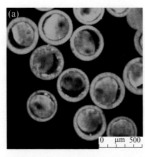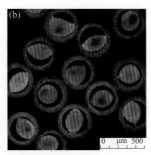

图10-78 壳聚糖微囊的CLSM照片[39, 40]
（a）内核同时含有游离姜黄素分子以及 RhB-PLGA-NPs 的壳聚糖复合微囊；（b）内核同时含有游离 RhB 以及 Cur-PLGA-NPs 的壳聚糖复合微囊

无论是对照组壳聚糖微囊还是实验组壳聚糖微囊都具有较薄壳层以及较大内核体积，这为装载更多游离药物分子以及载药纳米粒提供了可能。几组复合壳聚糖微囊的荧光图片证明它们已经成功地将游离药物和载药纳米粒同时包载于内核，为之后壳聚糖微囊梯级释药实验的开展提供依据。

涉及的两类（三组）复合微囊，代表着两种效果，一类是游离药物和包封相同药物的纳米粒的复合微囊，这类微囊包括内核含游离姜黄素和 Cur-PLGA-NPs 的壳聚糖微囊，以及内核含游离罗丹明 B 和 RhB-PLGA-NPs 的复合微囊，这类微囊包封药物相同，设想有增强药效、减少服药次数的效果。另一类是内核含有游离药物和包封不同药物纳米粒的复合微囊，这类微囊包括内核含游离姜黄素和 RhB-PLGA-NPs 的壳聚糖微囊以及内核同时含游离罗丹明 B 和 Cur-PLGA-NPs 的壳聚糖微囊，这类微囊包封药物不同，设想不同药物间能有协同作用，增强药效。复合微囊的形貌和尺寸表征结果说明这种复合微囊包封药物具普适性。

载药壳聚糖微囊在到达释药部位进行释药之前，需要对其在正常体液环境的稳定性进行考察，研究其药物泄漏。选择两类代表性微囊，一类是载疏水药姜黄素微囊（图 10-79），另一类是载亲水罗丹明 B 微囊（图 10-80）。通过测定负载不同类型药物的壳聚糖复合微囊在中性环境下包载药物的泄漏情况，记录微囊内核荧光强度随时间的变化，来分析评价复合微囊的载药稳定性。

　　图 10-79 是三种载疏水药姜黄素壳聚糖微囊稳定性结果，图 10-79（a）是内核仅含有游离姜黄素分子的壳聚糖微囊，图 10-79（b）是内核仅含 Cur-PLGA-NPs 的壳聚糖微囊，图 10-79（c）是内核同时含有游离姜黄素分子以及 Cur-PLGA-NPs 的复合微囊。三种壳聚糖微囊在 6h 内相对荧光强度几乎不变，数值一直接近于 1，这说明在 6h 内载疏水药物壳聚糖微囊几乎没有发生药物泄漏，载疏水药物壳聚糖微囊载药稳定性很好。

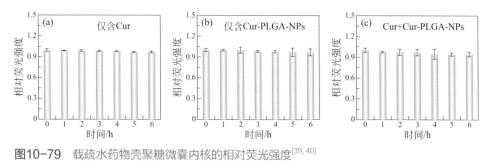

图10-79　载疏水药物壳聚糖微囊内核的相对荧光强度[39, 40]
（a）内核仅有游离姜黄素微囊；（b）内核仅含Cur-PLGA-NPs的微囊；（c）内核同时含游离姜黄素分子以及
Cur-PLGA-NPs的复合微囊

　　图 10-80 是三种载亲水药罗丹明 B 壳聚糖微囊稳定性结果，图 10-80（a）是内核仅含有游离罗丹明 B 分子的壳聚糖微囊，图 10-80（b）是内核仅含 RhB-PLGA-NPs 的壳聚糖微囊，图 10-80（c）是内核同时含有游离罗丹明 B 分子以及 RhB-PLGA-NPs 的复合微囊。这三种壳聚糖微囊在前 2h 内相对荧光强度几乎不变，数值接近于 1，说明 2h 内几乎没有药物泄漏，载亲水药物壳聚糖微囊稳定性好。但是从 3h 后三种载亲水性药物微囊内核的相对荧光强度下降明显，6h 时值已经接近 0.8，这是因为在前 2h 壳聚糖囊层溶胀不明显，内核和囊层间有 O/W 界面存在所以内核药物扩散速度不快，药物泄漏情况较弱。3h 后微囊壳层完全溶胀，交联的囊层网络结构空隙增大，药物扩散变快，亲水特性良好的罗丹明 B 分子更容易穿过溶胀囊层扩散到外水相，因此 3h 后三种载亲水性药物微囊的相对荧光强度降低明显。虽然载亲水药物微囊在 3h 后药物泄漏问题明显，但这不影响实际应用，因为微囊口服后到达胃部所需时间一般小于 2h，证实载药壳聚糖微囊在到达胃部之前，几乎没有发生药物泄漏，载药微囊的稳定性良好。所以无论载疏水药物壳聚糖微囊还是载亲水药物微囊，它们的稳定性结果都能满足实际应用。

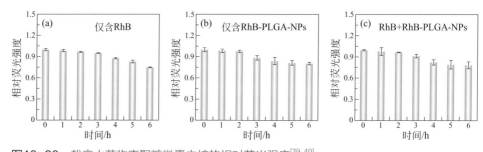

图10-80 载亲水药物壳聚糖微囊内核的相对荧光强度[39, 40]

（a）内核仅有游离罗丹明B微囊；（b）内核仅含RhB-PLGA-NPs的微囊；（c）内核同时含游离罗丹明B分子以及RhB-PLGA-NPs的复合微囊

针对具有适时保护功能的"囊包球"复合微囊膜系统，Mou 等[44, 45]利用光学显微镜、CLSM 和 SEM 对复合微囊膜的形貌结构进行了表征，并研究了复合微囊膜的温度响应特性。

图 10-81 为内含油的 CS@PNIPAM "囊包球"复合微囊在 25℃去离子水中的 CLSM 照片。PNIPAM 微囊膜呈现溶胀的透明状态，将油层和壳聚糖微球完好地包覆在其中［图 10-81（a）］。内部的壳聚糖微球中包载了大量溶解有 LR300 的细小油滴，发出强烈的红色荧光［图 10-81（b）］。

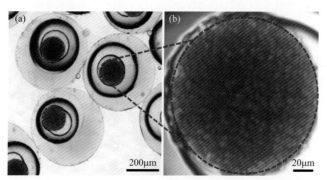

图10-81 25℃去离子水中含油的CS@PNIPAM "囊包球"复合微囊（a）和内部包载了油滴的壳聚糖微球（b）的CLSM照片[44, 45]

图 10-82 为 CS@PNIPAM "囊包球"复合微囊在不同温度的去离子水中的光学显微照片，图 10-83 为复合微囊的平衡温敏曲线。可以看出，随着温度逐步升高，外层 PNIPAM 微囊的内径和外径逐渐减小；而在整个温度升高的过程中，PNIPAM 微囊内部包载的壳聚糖微球尺寸不受温度的影响，基本没有变化。图 10-84 为 CS@PNIPAM "囊包球"复合微囊冻干后的 SEM 照片。外层的 PNIPAM 微囊在冷冻干燥过程中表面出现了大量的褶皱，内部包载了多孔的壳聚糖微球。

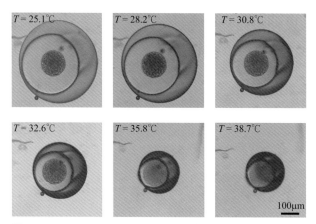

图10-82 CS@PNIPAM "囊包球"复合微囊在不同温度去离子水中的光学显微照片[44, 45]

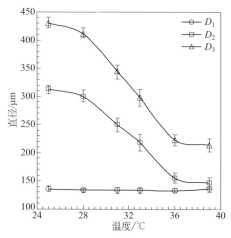

图10-83 CS@PNIPAM "囊包球"复合微囊的平衡温敏曲线[44, 45]

D_1—壳聚糖微球的外径;D_2—PNIPAM 微囊的内径;D_3—PNIPAM 微囊的外径

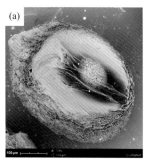
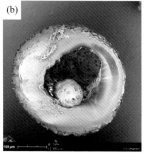

图10-84 CS@PNIPAM "囊包球"复合微囊冻干后的SEM照片[44, 45]

2. 具有"囊包囊"结构智能微囊膜的表征

（1）具有相同膜材料的"囊包囊"结构智能微囊膜　Mou 等[44,46]对具有"囊包囊"复合结构的智能微囊膜进行了表征。

对于 CS@CS 复合微囊，图 10-85（a）为所制备的 $O_1/W_2/O_3/W_4/O_5$ 四重乳液模板的光学显微照片，可以看出，制备所得四重乳液以及内含乳液粒径的 CV 值均小于 2%，表明所制备的乳液模板具有高度的单分散性和结构均一性。静置 4h 后，四重乳液转变为 CS@CS 复合微囊［图 10-85（b）］。

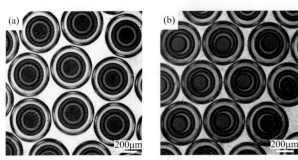

图10-85　$O_1/W_2/O_3/W_4/O_5$四重乳液（a）以及所得CS@CS复合微囊（b）的光学显微照片[44,46]

图 10-86 所示为不含油的 CS@CS 复合微囊的 CLSM 照片。对苯二甲醛和壳聚糖反应后会生成 Schiff 碱结构，从而具有自发绿色荧光的性质。内层壳聚糖微囊和外层壳聚糖微囊的数目都严格的为 1∶1，且皆具有良好的球形度。内层微囊的内径和外径以及外层微囊的内径和外径分别为 175.6μm 和 215.3μm、338.2μm 和 392.7μm，所有的 CV 值均小于 4%。内层壳聚糖微囊和外层壳聚糖微囊的平均厚度分别约为 19.9μm 和 27.3μm。所制备的 CS@CS 复合微囊表现出了高度的结构和尺寸均一性。图 10-87 为 CS@CS 复合微囊的 SEM 照片。在使用液氮冷冻复合微囊的过程中，由于复合微囊中的水变成冰时体积会膨胀，造成了微囊的破裂。透过外层壳聚糖微囊的破口，能清晰观察到微囊内包载了一个更小的壳聚糖微囊［图 10-87（a）］。外层壳聚糖微囊完全破裂时，可以直接观察到内层包有一个小破口的壳聚糖微囊，见图 10-87（b）。

图 10-88 为含油的 CS@CS 复合微囊的 CLSM 照片。绿色荧光是由对苯二甲醛交联的壳聚糖微囊发出的，红色荧光是由溶解在 O_3 中的 LR300 发出的。可以看出，所制备的微囊具有一致的结构和尺寸。每个壳聚糖微囊中，都精确地包载了一个更小的壳聚糖微囊。内外层微囊均保持了较好的球形度。复合微囊的外径和对应的 CV 值分别为 419.5μm 和 2.4%，表明微囊具有较好的尺寸单分散性。

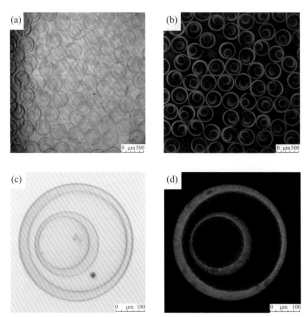

图10-86 不含油的CS@CS复合微囊在去离子水中不同放大倍数的CLSM照片[44,45]

（a），（c）透射通道；（b），（d）绿色荧光通道

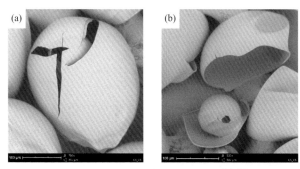

图10-87 CS@CS复合微囊的SEM照片[44,45]

（2）具有不同膜材料的"囊包囊"结构智能微囊膜 对于CS@PNIPAM复合微囊，图10-89（a）、（b）为制得的$O_1/W_2/O_3/W_4/O_5$四重乳液模板的光学显微照片。可以看出，乳液的尺寸和结构均一。将四重乳液模板在冰浴的条件下紫外线照射15min左右，然后静置4h后在光学显微镜下观察，如图10-89（c）、（d）所示，聚合后形成了具有"囊中囊"结构的CS@PNIPAM复合微囊。

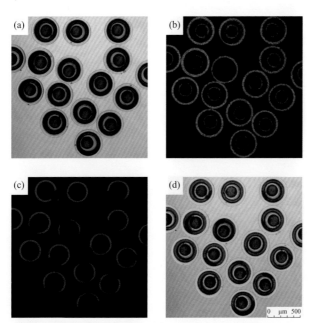

图10-88 含油的CS@CS复合微囊的CLSM照片[44, 45]

（a）透射通道；（b）绿色荧光通道；（c）红色荧光通道；（d）叠加通道

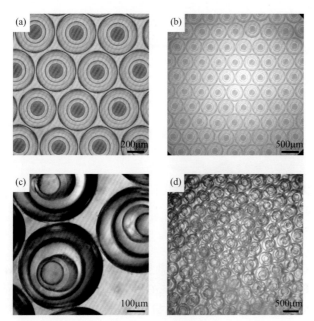

图10-89 $O_1/W_2/O_3/W_4/O_5$四重乳液［（a）、（b）］和所形成的CS@PNIPAM微囊［（c）、（d）］的光学显微照片[44, 45]

图 10-90 为 CS@PNIPAM 复合微囊在 25℃去离子水中的 CLSM 照片。可以看出，外层 PNIPAM 微囊和内层壳聚糖微囊都具有良好的球形度。壳聚糖微囊发出绿色荧光，而包载在内层壳聚糖微囊中的油核因溶解有 LR300 而发出红色荧光，并且红色荧光只出现在内层壳聚糖微囊内，而在内外层微囊之间的油相没有任何荧光，说明了制备的 CS@PNIPAM 复合微囊可以同时且独立地包载不同药物。

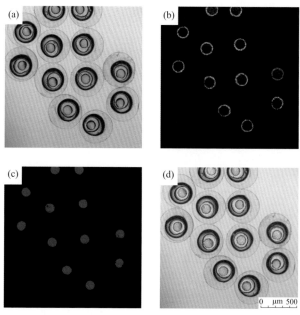

图10-90 CS@PNIPAM复合微囊在25℃去离子水中的CLSM照片[44, 45]
（a）透射通道；（b）绿色荧光通道；（c）红色荧光通道；（d）叠加通道

图 10-91 为冻干后 CS@PNIPAM 复合微囊的 SEM 照片。外层 PNIPAM 微囊在冻干过程中表面出现大量的褶皱；壳聚糖微囊的直径发生了明显的收缩，但具有光滑的表面。

图 10-92 为不含油的 CS@PNIPAM 复合微囊在不同温度去离子水中平衡后的 CLSM 照片。外层 PNIPAM 微囊不发荧光，而内层壳聚糖微囊发绿色荧光，壳聚糖微囊被完整地包载在 PNIPAM 微囊中。可以看出，外层 PNIPAM 微囊的内径和外径都随着温度的升高而逐渐缩小，而内层壳聚糖微囊的内外径都不受温度的影响。相对于 28℃时 PNIPAM 微囊的内外径，32℃时其内外径发生了明显收缩。在 36℃时，外层 PNIPAM 微囊收缩后紧贴在内层壳聚糖微囊的外壁上。通过测定不同温度下复合微囊的内层微囊和外层微囊的内外径尺寸，得到不含油的 CS@PNIPAM 复合微囊的平衡温敏特性曲线（图 10-93）。可以看出，外层 PNIPAM 微囊的内径和外径都随着温度的升高而减小，在 33℃附近发生明显的体积变化。

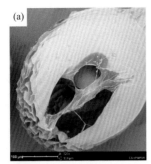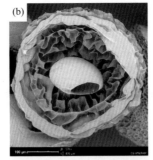

图10-91　冻干后CS@PNIPAM复合微囊的SEM照片[44, 45]

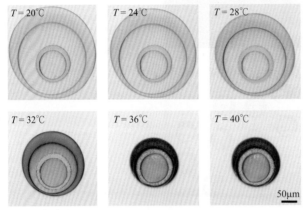

图10-92　不含油的CS@PNIPAM复合微囊在不同温度去离子水中平衡后的CLSM照片[44, 45]

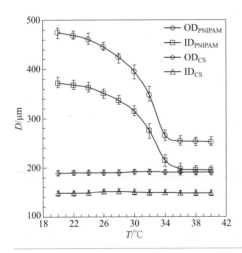

图10-93
不含油的CS@PNIPAM复合微囊在
去离子水中的平衡温敏特性曲线[44, 45]

对于 PEGDA@CS 复合微囊，图 10-94（a）为制备得到的 $O_1/W_2/O_3/W_4/O_5$ 四重乳液模板的光学显微照片。制备的四重乳液稳定性较好，尺寸和结构均一。图 10-94（b）为四重乳液经过紫外照射并静置 4h 后所得 PEGDA@CS 复合微囊的光学显微照片。

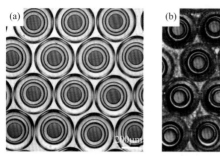

图10-94 $O_1/W_2/O_3/W_4/O_5$ 四重乳液（a）和所得 PEGDA@CS 复合微囊（b）的光学显微照片[44, 45]

图 10-95（a）和（b）所示分别为含油的和不含油的 PEGDA@CS 复合微囊的 CLSM 照片。含油的 PEGDA@CS 复合微囊中，溶解在内油相中的 LR300 发出红色荧光，并且红色荧光只出现在内层微囊内，而在内外层微囊之间的油相中并没有红色荧光，说明了聚合成的内层微囊完好，能将两种不同的油相完全分隔开。对苯二甲醛交联的壳聚糖发出绿色荧光，说明成功地制备了 PEGDA@CS 复合微囊。

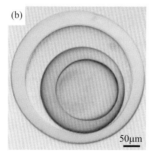

图10-95 含油的（a）和不含油的（b）PEGDA@CS复合微囊的CLSM照片[44, 45]

图 10-96 为冻融实验中 PEGDA@CS 复合微囊的 SEM 照片。经过冷冻干燥后，外层壳聚糖微囊囊壁变得非常薄。透过外层壳聚糖微囊，可以清晰地观察到内部的 PEGDA 微囊［图 10-96（a）］；壳聚糖微囊完全破裂时，可以观察到内部的带有破口的 PEGDA 微囊。

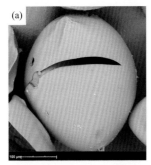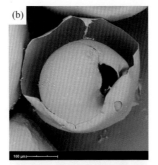

图10-96　冻融实验PEGDA@CS复合微囊的SEM照片[44, 45]

三、"程序式"控制释放智能膜的应用性能

1. 具有"囊包球"结构智能微囊膜的"程序式"控释性能

Yang 等[39, 40]研究了核壳型壳聚糖微囊膜具有的"先突释后缓释"的"程序式"控制释放性能。选择内核同时含有游离姜黄素以及 Cur-PLGA-NPs 的载疏水性药物微囊和内核同时含游离儿茶素以及 C-PLGA-NPs 的载亲水性药物微囊作为梯级释药研究的代表性微囊，用释放时间与药物累积释放百分数之间的关系来表征载药微囊的梯级释药行为。

图 10-97（a）是内核含有游离姜黄素分子以及 Cur-PLGA-NPs 微囊的梯级释放药物结果，发现前 10min 将微囊置于纯乙醇溶液的过程中，药物几乎没有释放，即药物在此环境下并未发生泄漏，这与之前研究载姜黄素微囊在中性环境中的稳定性结果类似。$t = 10$min 时，由于微囊悬浮液中加入了酸导致 pH 急速下降，微囊囊层坍塌内核药物以及 Cur-PLGA-NPs 暴露在外部环境中，导致外部溶液中药物浓度增加，药物累积释放率骤然上升数值瞬间增长到 56.2%，直观展现载疏水姜黄素微囊此间发生了"突释"药物行为。之后离心收集 Cur-PLGA-NPs 研究其释放药量，发现图 10-97（a）中释放曲线增长趋势变缓后再趋于平缓，在后面 2d 内共释放了载姜黄素微囊总药量的 19.3%，相较 1min 内释放 56.2% 药量的突释行为，微囊分散到溶液中的 Cur-PLGA-NPs 表现出了良好的缓释效果，释放药量与之前简单测量单独的 Cur-PLGA-NPs 结果接近，释放模式都符合"一级动力学模型"。负载疏水姜黄素的核壳型壳聚糖微囊成功实现了首次突释然后缓释的目的。

图 10-97（b）是内核含有游离儿茶素分子以及 C-PLGA-NPs 微囊的梯级释放药物结果，该壳聚糖复合微囊释药曲线的变化趋势与载疏水姜黄素复合微囊的

结果相似，只是在突释阶段释放的药量达到载儿茶素复合微囊总药量的59.58%，之后由分散的 C-PLGA-NPs 释放的药量 2d 内共累积达到总药量的 32.27%，纳米粒仍然具有良好的缓释效果。突释以及缓释百分数与载姜黄素微囊轻微的差异主要是由于儿茶素拥有较好亲水特性，释放时儿茶素溶解于溶液的速度更快，所以在同样的测量时间段内，载亲水儿茶素的壳聚糖复合微囊累积释放药量相对大一些。

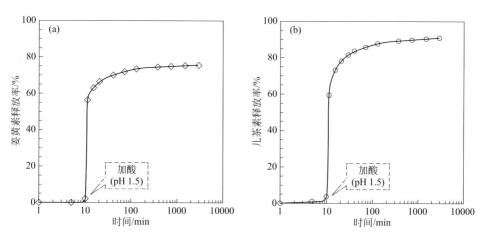

图10-97 载儿茶素壳聚糖复合微囊（a）和载姜黄素壳聚糖复合微囊（b）的梯级释药行为[39, 40]

Mou 等[44, 45]研究了 CS@PNIPAM "囊包球"复合微囊膜系统的"程序式"控制释放性能。将 CS@PNIPAM "囊包球"复合微囊静置在 pH 3 酸性缓冲溶液中。如图 10-98 所示，开始时刻（$t = 0$min）和静置 10min 后的微囊在结构和形态上没有明显的差别。这是由于内部的壳聚糖微球被油层隔离后不能直接和环境中的水溶液接触，因此在 pH 3 的酸性缓冲溶液中壳聚糖微球能够保持完整形态。

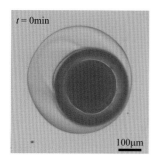 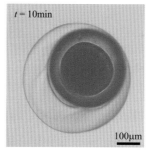

图10-98 CS@PNIPAM "囊包球"复合微囊在 pH 3 酸性缓冲溶液中 0min（a）和 10min（b）的光学显微照片[44, 45]

图 10-99 为通过控制环境温度来控制 CS@PNIPAM "囊包球" 复合微囊释放出壳聚糖微球的过程。当环境温度从 20℃上升到 50℃的过程中，外层 PNIPAM 微囊逐渐地收缩；由于内部所包载的物质不能穿过 PNIPAM 囊壁也不具有可压缩性，从而使微囊内的压力逐渐升高。当内部的压力超过 PNIPAM 微囊的承受能力时，PNIPAM 微囊发生了爆破，喷释出包载在其内腔中的物质——包括壳聚糖微球和包覆在微球外的油层。油层被释放后迅速地分散到环境中。壳聚糖微球被喷释出来后仍然完好，所以内部溶解有脂溶性模型药物的油滴依然包覆在其中。图 10-100 为壳聚糖微球在解保护状态下响应环境中 pH 变化的释放过程。$t=0s$ 时为 pH 3 缓冲液加入的时刻。壳聚糖在 pH 3 缓冲液中逐渐溶胀最终溶解并释放出包载在其中的细小油滴。

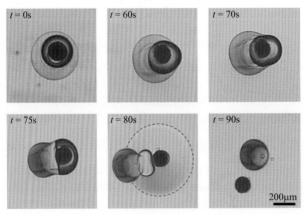

图10-99　"囊包球"复合微囊的微球释放过程的光学显微照片[44, 45]

图10-100　酸触发壳聚糖微球释放过程的光学显微照片[44, 45]

2. 具有"囊包囊"结构智能微囊膜的"程序式"控释性能

Mou 等[44, 46]研究了 CS@CS "囊包囊"复合微囊膜系统的"程序式"控制释放性能。使用 CLSM 观察了不含油的 CS@CS 复合微囊的 pH 响应特性。图 10-101 为 CS@CS 复合微囊在 pH 3 缓冲溶液中的变化过程。在室温下的去离子水中，不含油的 CS@CS 复合微囊保持了良好的球形度和结构的完整性。$t = 0s$ 时加入缓冲溶液。$t = 30s$ 时，内层壳聚糖微囊和外层壳聚糖微囊都发生了明显的溶胀。在 $t = 45s$ 时，内层微囊和外层微囊进一步溶胀而且发生了塌陷。相对于最开始的时候，微囊的荧光强度逐渐减弱。随着时间的推移，内层微囊和外层微囊均继续溶胀，最终在 $t = 90s$ 时复合微囊发生了分解。对苯二甲醛交联的壳聚糖微囊的 pH 响应型溶胀溶解机理是：在酸性缓冲溶液中，壳聚糖的自由氨基首先被质子化，带正电荷的壳聚糖分子链之间的静电斥力增强从而使微囊发生了溶胀。在溶胀的过程中 Schiff 碱结构被破坏，从而亲水性得到了加强，进一步使壳聚糖微囊发生溶胀。随着微囊的溶胀，微囊内空腔的体积越来越大，而外部的水来不及穿过微囊膜进入微囊内，所以在压力差的作用下造成了微囊在溶胀过程中坍塌。最终，微囊在静电斥力和逐渐增强的亲水性作用下完全分解。由于在缓冲溶液中，H^+ 的传质速率较快，能很快地穿过外层壳聚糖微囊，所以在整个溶胀过程中，内层壳聚糖微囊和外层壳聚糖微囊的溶胀几乎是同步进行的。

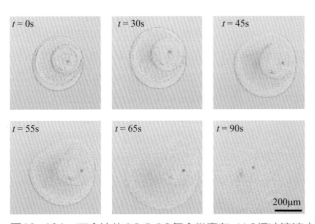

图10-101　不含油的CS@CS复合微囊在pH 3缓冲溶液中不同时刻的CLSM照片，$t = 0s$时加入缓冲溶液[44, 46]

　　CS@CS 复合微囊的释放顺序是先释放内外层微囊之间包载的油相，然后再是内层微囊中的油核。因此，可以通过设计脂溶性药物的包载位置来实现其释放顺序的先后控制。为了展示这种释放顺序的可调节性，将模型药物 LR300 包载在内层微囊中，而将另外一种模型药物脂肪黑 HB 装载在两层微囊之间的油相中。载药微囊在 pH 3 缓冲溶液中的"程序化"顺序释放过程如图 10-102 所示。可以看到，外层微囊首先溶胀然后溶解，释放出两层微囊之间的溶解有模型药物脂肪黑HB的油相和内层微囊；内层微囊和缓冲溶液接触后，逐渐溶胀然后溶解，释放出包载有模型药物 LR300 的油核。

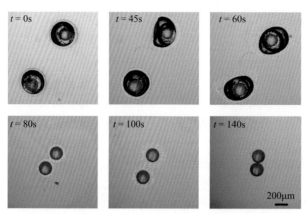

图10-102　载药CS@CS复合微囊在pH 3缓冲溶液中的"程序化"顺序释放过程[44, 46]

对于 CS@PNIPAM 复合微囊，图 10-103 给出了其"程序化"顺序释放过程的 CLSM 照片。$t_1 = 0s$ 时环境温度开始上升，环境温度从 25℃上升到 50℃时，由于 PNIPAM 微囊内所包载的物质不能透过微囊释放到环境中，也不具有可压缩性，PNIPAM 微囊内的压力逐渐增加。当 PNIPAM 微囊内的压力超过微囊囊壁所能承受的压力时，PNIPAM 微囊突然破裂，将内部所包载的物质突释出来，如图 10-103（a）所示。从 PNIPAM 微囊中喷释出来的物质包括了内外层微囊之间的油相和核壳型壳聚糖微囊。被喷释出来的油相迅速散布到环境中，而核壳型壳聚糖微囊内所包载的油核依然被包覆在壳聚糖微囊内，实现了通过控制温度的第一次释放。经过 30min 左右的平衡，环境温度回复到 25℃。通过控制环境中的 pH 值来控制复合微囊的第二次释放。$t_2 = 0s$ 时在溶液中加入 pH 3 缓冲溶液。壳聚糖微囊由于氨基质子化的作用逐渐溶胀溶解，并将溶解有 LR 300 的油核释放到环境中，如图 10-103（b）所示，实现了第二次释放。

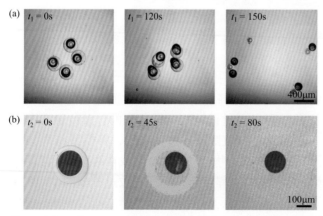

图10-103　CS@PNIPAM复合微囊"程序化"顺序释放过程的CLSM照片：当环境温度从20℃上升到50℃时的第一次释放（a）和在pH 3酸性缓冲溶液中的第二次释放（b）[44, 46]

对于PEGDA@CS复合微囊，图10-104给出了其在pH 3缓冲溶液中的释放过程。在酸性缓冲溶液中外层壳聚糖微囊逐渐溶胀溶解，壳聚糖微囊与PEGDA微囊之间的油相和核壳型PEGDA微囊被释放到环境中。核壳型PEGDA微囊在酸性环境条件下能够稳定存在。溶解在油相中的药物能在较长的一段时间内以非常缓慢的速度透过微囊层释放到环境中。PEGDA@CS复合微囊能够实现突释和缓释结合的梯级释放模式，为实现更有效的药物控释提供了一个有效参考。第一次突释使病变部位的药物浓度在较短的时间内达到有效治疗浓度，然后，通过随后的缓释过程维持药物浓度，从而提高药物的利用率，同时还能降低药物可能对其他组织的毒副作用。

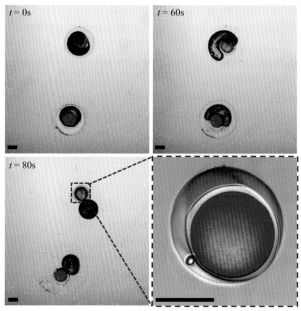

图10-104　PEGDA@CS复合微囊在pH 3缓冲溶液中释放过程的CLSM照片[44, 46]

上述的具有"开关型""突释型""程序式"控制释放性能的智能膜系统，有望用于药物控制释放、微反应和微尺度传质研究等领域。同时，研究工作所提出的制备方法还能为设计和制备其他具有复杂结构的膜材料提供有用的参考和指导。

参考文献

[1] 李艳，褚良银，朱家骅，等. 环境感应式控制释放开关膜的研究进展 [J]. 高分子材料科学与工程，2003, 19(5):37-41.

[2] Liu Z, Ju X J, Wang W, et al. Stimuli-responsive capsule membranes for controlled release in pharmaceutical applications[J]. Current Pharmaceutical Design, 2017, 23(2):295-301.

[3] Liu Z, Wang W, Xie R, et al. Stimuli-responsive smart gating membranes[J]. Chemical Society Reviews, 2016, 45(3):460-474.

[4] 秦佳旺，付国保，谢锐，等. 环境响应型智能开关膜的应用研究进展[J]. 膜科学与技术，2020, 40(1):294-302.

[5] Chu L Y, Park S H, Yamaguchi T, et al. Preparation of thermo-responsive core-shell microcapsules with a porous membrane and poly (N-isopropylacrylamide) gates[J]. Journal of Membrane Science, 2001, 192(1-2):27-39.

[6] Chu L Y, Park S H, Yamaguchi T, et al. Preparation of micron-sized monodispersed thermo-responsive core-shell microcapsules[J]. Langmuir, 2002, 18(5):1856-1864.

[7] Yang W C, Xie R, Pang X Q, et al. Preparation and characterization of dual stimuli-responsive microcapsules with a superparamagnetic porous membrane and thermo-responsive gates[J]. Journal of Membrane Science, 2008, 321(2):324-330.

[8] 杨文川. 磁性温度响应型微囊膜的制备与性能研究[D]. 成都：四川大学，2008.

[9] Wang J Y, Jin Y, Xie R, et al. Novel calcium-alginate capsules with aqueous core and thermo-responsive membrane[J]. Journal of Colloid and Interface Science, 2011, 353(1):61-68.

[10] 王继云. 新型复合结构海藻酸钙囊的制备及其温敏性渗透与固定化漆酶性能研究[D]. 成都：四川大学，2011.

[11] Yu Y L, Zhang M J, Xie R, et al. Thermo-responsive monodisperse core-shell microspheres with PNIPAM core and biocompatible porous ethyl cellulose shell embedded with PNIPAM gates[J]. Journal of Colloid and Interface Science, 2012, 376(1):97-106.

[12] 余亚兰. 具有温度响应性核和生物相容性壳的单分散功能微球的制备与表征[D]. 成都：四川大学，2013.

[13] Choi S W, Zhang Y, Xia Y N. Fabrication of microbeads with a controllable hollow interior and porous wall using a capillary fluidic device[J]. Advanced Functional Materials, 2009, 19(18):2943-2949.

[14] Kono K, Kawakami K, Morimoto K, et al. Effect of hydrophobic units on the pH-responsive release property of polyelectrolyte complex capsules[J]. Journal of Applied Polymer Science, 1999, 72(13):1763-1773.

[15] Yamaguchi T, Nakao S, Kimura S. Plasma-graft filling polymerization: Preparation of a new type of pervaporation membrane for organic liquid mixtures[J]. Macromolecules, 1991, 24(2):5522-5527.

[16] Peng T, Cheng Y L. Temperature-responsive permeability of porous PNIPAAm-g-PE membranes[J]. Journal of Applied Polymer Science, 1998, 70(11):2133-2142.

[17] Amsden B. Solute diffusion within hydrogels: mechanisms and models[J]. Macromolecules, 1998, 31(23):8382-8395.

[18] Chu L Y, Niitsuma T, Yamaguchi T, et al. Thermoresponsive transport through porous membranes with grafted PNIPAM gates[J]. AIChE Journal, 2003, 49(4):896-909.

[19] Chu L Y, Utada A S, Shah R K, et al. Controllable monodisperse multiple emulsions[J]. Angewandte Chemie International Edition, 2007, 46(47):8970-8974.

[20] 刘丽. 以复乳为模板的功能高分子微囊的微流控制备与表征[D]. 成都：四川大学，2012.

[21] Liu L, Wang W, Ju X J, et al. Smart thermo-triggered squirting capsules for nanoparticle delivery[J]. Soft Matter, 2010, 6(16):3759-3763.

[22] Zhu P W, Napper D H. Coil-to-globule type transitions and swelling of poly (N-isopropylacrylamide) and poly (acrylamide) at latex interfaces in alcohol-water mixtures[J]. Journal of Colloid and Interface Science, 1996,

177: 343-352.

[23] Liu L, Song X L, Ju X J, et al. Conversion of alcoholic concentration variations into mechanical force via core-shell capsules[J]. The Journal of Physical Chemistry B, 2012, 116(3):974-979.

[24] Crowther H M, Vincent B. Swelling behavior of poly-N-isopropylacrylamide microgel particles in alcoholic solutions[J]. Colloid and Polymer Science, 1998, 276(1):46-51.

[25] Chee C K, Hunt B J, Rimmer S, et al. Time-resolved fluorescence anisotropy studies of the cononsolvency of poly (N-isopropyl acrylamide) in mixtures of methanol and water[J]. Soft Matter, 2011, 7(3):1176-1184.

[26] Schild H G, Muthukumar M, Tirrell D A. Cononsolvency in mixed aqueous solutions of poly (N-isopropylacrylamide)[J]. Macromolecules, 1991, 24(4):948-952.

[27] Wang W, Liu L, Ju X J, et al. A novel thermo-induced self-bursting microcapsule with magnetic-targeting property[J]. ChemPhysChem, 2009, 10(14):2405-2409.

[28] 汪伟. 微流控技术制备具有新结构的乳液和功能材料的研究 [D]. 成都：四川大学，2012.

[29] Liu Z, Liu L, Ju X J, et al. K⁺-recognition capsules with squirting release mechanisms[J]. Chemical Communications, 2011, 47(45):12283-12285.

[30] 刘壮. 基于冠醚的铅 / 钾离子识别响应智能膜的设计、构建及性能研究 [D]. 成都：四川大学，2014.

[31] Xie R, Li Y, Chu L Y. Preparation of thermo-responsive gating membranes with controllable response temperature[J]. Journal of Membrane Science, 2007, 289(1-2):76-85.

[32] Liu L, Yang J P, Ju X J, et al. Monodisperse core-shell chitosan microcapsules for pH-responsive burst release of hydrophobic drugs[J]. Soft Matter, 2011, 7(10):4821-4827.

[33] Hejazi R, Amiji M. Stomach-specific anti-H. pylori therapy. Ⅰ: Preparation and characterization of tetracyline-loaded chitosan microspheres[J]. International Journal of Pharmaceutics, 2002, 235(1-2):87-94.

[34] Goycoolea F M, Heras A, Aranaz I, et al. Effect of chemical crosslinking on the swelling and shrinking properties of thermal and pH-responsive chitosan hydrogels[J]. Macromolecular Bioscience, 2003, 3(10):612-619.

[35] Saeed A, Georget D M R, Mayes A G. Synthesis, characterisation and solution thermal behaviour of a family of poly (N-isopropyl acrylamide-co-N-hydroxymethyl acrylamide) copolymers[J]. Reactive & Functional Polymers, 2010, 70(4):230-237.

[36] Dai Z, Ngai T, Wu C. Internal motions of linear chains and spherical microgels in dilute solution[J]. Soft Matter, 2011, 7(9):4111-4121.

[37] Wei W, Yuan L, Hu G, et al. Monodisperse chitosan microspheres with interesting structures for protein drug delivery[J]. Advanced Materials, 2008, 20(12):2292-2296.

[38] Wei W, Wang L Y, Yuan L, et al. Preparation and application of novel microspheres possessing autofluorescent properties[J]. Advanced Functional Materials, 2007, 17(16):3153-3158.

[39] Yang X L, Ju X J, Mu X T, et al. Core-shell chitosan microcapsules for programmed sequential drug release[J]. ACS Applied Materials & Interfaces, 2016, 8(16):10524-10534.

[40] 杨秀兰. 微流控技术制备结构可控的壳聚糖微囊及其性能表征 [D]. 成都：四川大学，2016.

[41] Yallapu M M, Gupta B K, Jaggi M, et al. Fabrication of curcumin encapsulated PLGA nanoparticles for improved therapeutic effects in metastatic cancer cells[J]. Journal of Colloid and Interface Science, 2010, 351(1):19-29.

[42] Pillai J J, Thulasidasan A K T, Anto R J, et al. Curcumin entrapped folic acid conjugated PLGA-PEG nanoparticles exhibit enhanced anticancer activity by site specific delivery[J]. RSC Advances, 2015, 5(32):25518-25524.

[43] Pool H, Quintanar D, de Dios Figueroa J, et al. Antioxidant effects of quercetin and catechin encapsulated into PLGA nanoparticles[J]. Journal of Nanomaterials, 2012: 86.

[44] 牟川淋. 微流控法构建具有新结构新功能的刺激响应型微球微囊系统的研究 [D]. 成都：四川大学，2014.

[45] Mou C L, Wang W, Ju X J, et al. Dual-responsive microcarriers with sphere-in-capsule structures for co-encapsulation and sequential release[J]. Journal of the Taiwan Institute of Chemical Engineers, 2019, 98: 63-69.

[46] Mou C L, Wang W, Li Z L, et al. Trojan-horse-like stimuli-responsive microcapsules[J]. Advanced Science, 2018, 5(6):1700960.

第十一章

智能膜在可控分离中的应用

第一节　智能膜用于手性分子拆分 / 386

第二节　智能膜用于分子亲和分离 / 400

第三节　智能膜用于蛋白质吸附分离 / 414

385

在环境刺激响应型智能膜分离过程中，透膜成分的跨膜传质阻力可以响应环境刺激的变化而主动调节，因为智能膜孔中的智能材料体积的环境响应型构象变化可实现有效膜孔大小的主动调节。利用智能膜，可以实现成分的按需跨膜传递。因此，环境响应型智能膜能应对手性拆分、药物分离、蛋白质纯化等高精度分离需求，其具有广阔的应用前景。本章将介绍手性分子拆分智能膜、分子亲和分离智能膜和蛋白质吸附分离智能膜的设计原理、表征和分离性能。

第一节
智能膜用于手性分子拆分

随着制药和化学工业的不断发展，世界范围内对单一对映体的需求量增长迅猛[1]。新兴的手性拆分膜技术由于其较之传统手性拆分技术所具有的许多优点，所以具有应用到大规模手性拆分过程中的潜力。手性液膜虽然具有选择性好以及传质通量大等特点，但由于稳定性较差，其应用受到限制[2-4]。近年来研究者们在手性固膜技术方面做了大量研究工作，以期获得高选择性与高通量[5-7]。扩散选择型固膜的通量和渗透选择性成反比，不能同时具备高通量和高选择性；吸附选择型固膜拆分过程为非稳态过程，当吸附点达到饱和后，两种对映体的扩散速率就趋于一致，膜就不再具有手性拆分能力，所以必须想办法进行膜清洗，以解决长久以来吸附选择型手性拆分膜再生困难的问题。四川大学褚良银教授团队设计和制备了一种新颖的温敏型手性拆分膜，并对膜拆分过程以及膜再生过程进行了深入分析，为同时具有高通量、高选择性和良好再生能力的拆分膜的制备和开发开辟新的途径[8, 9]。

一、手性分子拆分智能膜的设计

PNIPAM 在其低临界溶解温度（lower critical solution temperature，LCST）附近表现出可逆的相变行为。可以将主体分子 β- 环糊精（β-CD）的分子识别特性结合到 PNIPAM 温敏材料中，得到新型的分子识别型温敏智能材料，应用于环境感应分子识别和手性拆分等领域[10-22]。图 11-1 所示的是基于 NIPAM 与 β-CD 的温度响应型手性拆分膜的示意图。膜上的功能开关由 PNIPAM 高分子链以及附着在其上的 β-CD 分子所构成。通过结合 PNIPAM 的温敏相变能力和 β-CD 的手性识别能力，可以实现一个新颖的对映体拆分和解吸的膜过程。手性拆分过程是在低于膜孔中接枝链的 LCST 的温度（T_1）下进行的，此时接枝链处于伸展的状态，β-CD 与客体分子的结合系数较大[15, 21, 22]，较多客体分子与 β-CD 形成络合物，由于和 β-CD 空腔内手性识别点的作用，一种对映体与之形成包结络合物而被截留在膜中，另一种与 β-CD 结合系数较低的对映体优先透过膜，实现两种对映体的分离。另外，对映体解吸过程是在高于膜孔中接枝链 LCST 的温度（T_2）下进行的，此时接枝链转变为收缩的状态，β-CD 与客体分子的结合系数大大降低[15, 21, 22]，客体分子自动从 β-CD 空腔中解吸后从膜上脱落下来，从而实现了对映体分子的回收和膜的再生。整个膜过程操作简单、环境友好，不需在酸性、碱性以及高浓度盐或有机溶剂条件下即可完成，为设计和制备新型手性拆分膜系统提供了全新的思路[8, 9]。

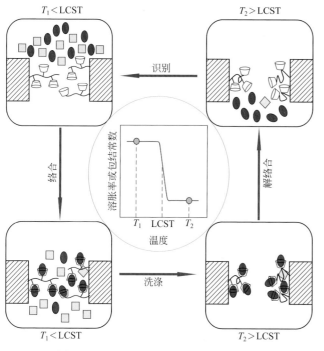

图11-1 基于NIPAM与β-CD的温度响应型手性拆分膜示意图

二、手性分子拆分智能膜的制备

　　笔者团队采用等离子体接枝和化学反应相结合的方法得到的聚（N- 异丙基丙烯酰胺 - 共聚 - 甲基丙烯酸缩水甘油酯 -2- 羟丙基乙二氨基 -β-CD）接枝膜

（PNG-ECD-g-N6）。首先利用等离子体诱导填孔接枝聚合法在尼龙6（N6）微孔膜上共同接枝单体为 NIPAM 和甲基丙烯酸缩水甘油酯（GMA）的聚合物——聚（N-异丙基丙烯酰胺-共聚-甲基丙烯酸缩水甘油酯）（PNG）。可以通过增加等离子体的照射时间、聚合反应温度和时间，目的是在尼龙6膜表面产生更多的自由基，增加单体反应的概率以及聚合物链增长的机会。具体制备路线示意图如图 11-2 所示，两种单体 NIPAM 和 GMA 通过等离子体诱导填孔接枝聚合法接枝到尼龙6膜表面和膜孔内，然后乙二胺代环糊精（ECD）与 GMA 的环氧基团反应，从而将 CD 固定到 PNG 高分子链上形成聚（N-异丙基丙烯酰胺-共聚-甲基丙烯酸缩水甘油酯-2-羟丙基乙二氨基-β-CD）（PNG-ECD）高分子，最终得到 PNG-ECD-g-N6 膜。由于 GMA 分子中含有乙烯基和环氧基团，可进行自由基聚合反应和离子型反应，Saito 等 [23-27] 曾用电子束射线诱导将 GMA 接枝在聚乙烯多孔中空纤维膜上，用以制备固定有牛血清蛋白的多层结构。此外，还有文献 [28, 29] 采用等离子体接枝聚合法将 GMA 固定在基材膜上。本节采用等离子体诱导填孔接枝聚合法在 N6 膜上接枝 GMA，其条件见表 11-1。

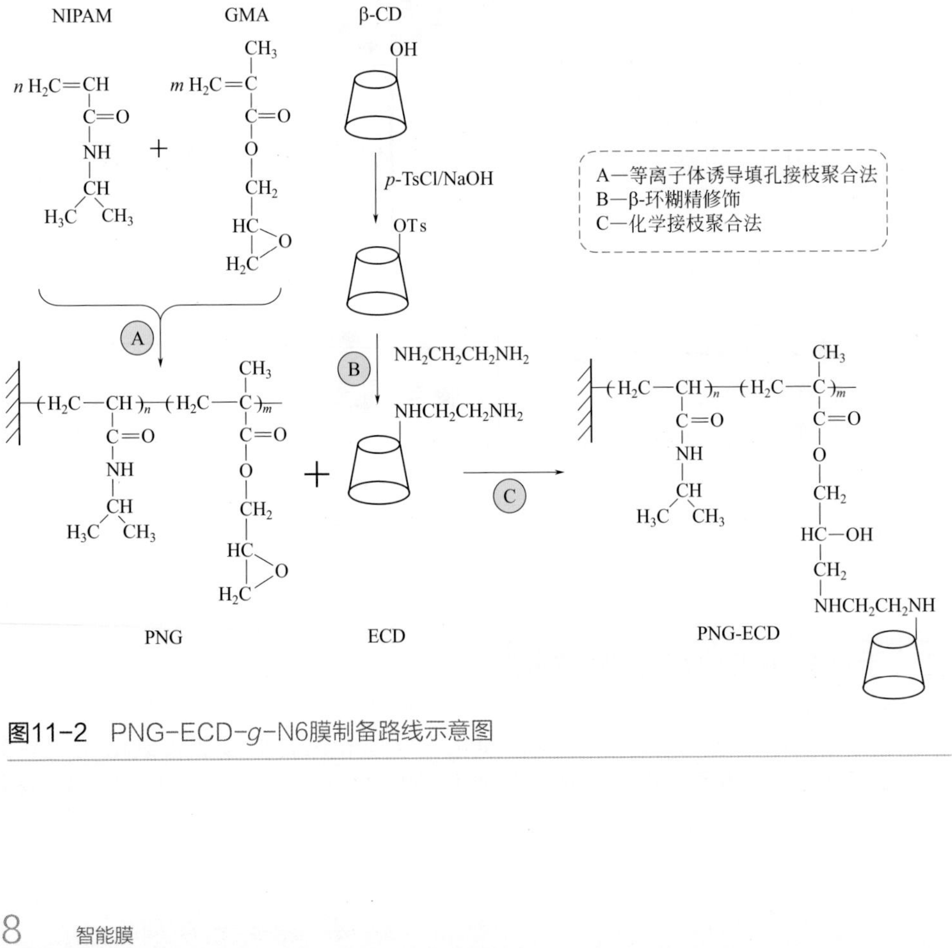

图11-2 PNG-ECD-g-N6膜制备路线示意图

制备 PNG-ECD-g-N6 膜的工艺条件根据前期预研定为：NIPAM 单体浓度为质量分数 1%，NIPAM 与 GMA 投料的摩尔比为 1∶1、4∶1 或 8∶1，单体溶液溶剂为水 - 甲醇混合液（体积比为 4∶1），等离子体处理时间为 60s，照射功率为 30W，反应温度为 60℃，反应时间为 4 ~ 24h。

表 11-1　PGMA-g-N6 膜的制备条件

编号	GMA 体积分数[1]/%	聚合温度 /℃	聚合时间 / h	Y /%
1	3	30	6	1.03
2	2	60	4	6.55

[1] 单体溶剂为 80mL 的体积比 4∶1 的水 - 甲醇溶液。

化学反应法固定 CD 衍生物的方法是将等离子体处理的接枝膜浸没在溶解有 ECD 的 1,4- 二氧六环的水溶液（体积比为 1∶4）中，50℃下反应 48h。反应结束后，将膜取出用去离子水清洗 24h（更换三次去离子水），50℃烘干后称量。

膜上的共聚物 PNG 接枝物的接枝率（Y_{PNG}）可以由多孔基材膜接枝前后的单位面积上质量变化率，即式（11-1）来计算：

$$Y_{PNG} = \frac{W_1 - W_0}{A_t}$$ （11-1）

式中，Y_{PNG} 代表 PNG 在膜上的接枝率，mg/cm²；A_t 代表膜的总接枝面积，cm²；W_1 和 W_0 分别代表膜在接枝后与接枝前的质量，mg。

而 Y_{PNIPAM}、Y_{PGMA} 和 Y_{PNG} 之间的关系又可以由式（11-2）和式（11-3）来表示：

$$Y_{PNIPAM} + Y_{PGMA} = Y_{PNG}$$ （11-2）

$$\frac{Y_{PNIPAM}}{Y_{PGMA}} = \frac{M_{NIPAM} N_{PNIPAM}}{M_{GMA} N_{PGMA}}$$ （11-3）

式中，Y_{PNIPAM} 和 Y_{PGMA} 分别代表 PNIPAM 和 PGMA 在膜上的接枝率，mg/cm²；M_{NIPAM} 和 M_{GMA} 分别代表 NIPAM 和 GMA 的摩尔质量，g/mol；N_{PNIPAM} 和 N_{PGMA} 则分别代表 PNIPAM 和 PGMA 在共聚物 PNG 中的物质的量，mol。

若膜上接枝的共聚物 PNG 中 PNIPAM 和 PGMA 的摩尔比与制备方案中的投料比基本保持一致，即 N_{PNIPAM}∶N_{PGMA} 可以视为一个定值 α，则通过式（11-2）和式（11-3）的演化，Y_{PNIPAM} 可以由式（11-5）计算：

$$\alpha = \frac{N_{PNIPAM}}{N_{PGMA}}$$ （11-4）

$$Y_{PNIPAM} = \frac{Y_{PNG}}{1 + M_{GMA} / \alpha M_{NIPAM}}$$ （11-5）

在化学法固载 ECD 的过程中，接枝率（Y_{CD}）由固载前后的膜单位面积上质量变化率，即式（11-6）来计算：

$$Y_{CD} = \frac{W_1 - W_2}{A_t} \qquad (11\text{-}6)$$

式中，Y_{CD} 代表 CD 在膜上的接枝率，mg/cm^2；A_t 代表膜的总接枝面积，cm^2；W_2 和 W_1 分别代表膜在固载后与固载前的质量，mg。

由于 PNIPAM 和 CD 是开关膜上起主要作用的功能组分，所以 Y_{PNIPAM} 和 Y_{CD} 被用来共同表征开关膜的接枝率。

三、手性分子拆分智能膜的表征

图 11-3 所示为 N6 膜基材和 PNG-ECD-*g*-N6 膜的表面和断面的 SEM 图。从图 11-3（a）和（b）可以看出，基材膜的顶端为一多孔功能薄层，可以清楚地看到其蜂窝状的孔结构。与接枝前相比，接枝后的膜表面孔径明显减小，这从表面 SEM 图 [图 11-3（a）和（c）] 中可以看出。而从断面 SEM 图 [图 11-3（b）和（d）] 可以观察到接枝聚合物在整个膜层的膜孔中均有覆盖。这一结果和第三章中用不同基材膜观察得到的研究结果一致。以上的结果表明，实验中采用的聚合方法可以将功能高分子接枝到膜的外表面和膜孔内，其具体成分构成还需要进一步讨论。

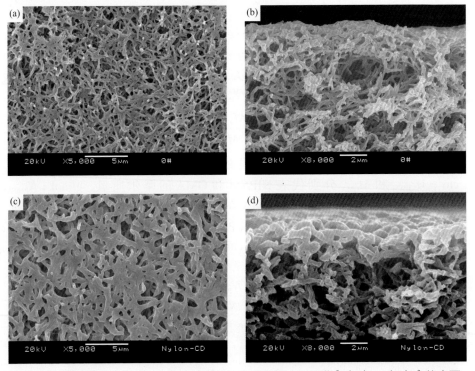

图11-3 N6膜基材 [（a）、（b）] 及PNG-ECD-*g*-N6膜 [（c）、（d）] 的表面 [（a）、（c）] 和断面 [（b）、（d）] 的SEM图

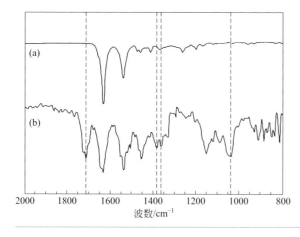

图11-4

N6膜和接枝膜的FT-IR谱图

（a）基材膜；（b）PNG-ECD-*g*-N6膜

图 11-4 所示为 N6 膜基材和 PNG-ECD-*g*-N6 膜的 FT-IR 谱图。从图 11-4 中可以看到基材膜的酰胺结构特征峰（1650cm^{-1}，s，C=O；1550cm^{-1}，s，N—H），但接枝膜谱图上却出现了 GMA 在 1720cm^{-1} 附近的羰基特征峰，PNIPAM 的异丙基中甲基对称弯曲振动的裂分双峰 1388cm^{-1} 和 1368cm^{-1}，以及 ECD 在 1030cm^{-1} 附近的醚键特征峰。综上可知，实验通过等离子体诱导填孔接枝聚合和化学反应两步，成功地将 PNG-ECD 固载到了 N6 膜基材上。

为了进一步佐证红外的测试结果，还对具有不同接枝率的膜做了 XPS 分析，包括空白膜、PNG-*g*-N6 膜以及 PNG-ECD-*g*-N6 膜，结果如图 11-5 所示。从图中可以看出，空白膜的 C1s 谱图中只有三个峰［图 11-5（a）］，相应的结合能分别为 284.8eV（C—C 键和 C—H 键中的 C 原子）、285.8eV（C—N 键中的 C 原子）、287.8eV（C=O 键中的 C 原子）。这些都是 N6 膜基材的特征峰。图 11-5（c）和（e）分别显示的是 PNG-*g*-N6 膜和 PNG-ECD-*g*-N6 膜的 C1s 谱图，这两个谱图上除了上面提到的三个峰外，都还另外出现了结合能为 288.3eV 的新峰，这便代表的是 GMA 中的 O=C—O 键中的 C 原子。以上结果表明 PGMA 已经成功接枝到了 N6 膜的表面。结合环氧基和伯氨基的反应的高活性[30] 和固载 ECD 前后膜重量的增加，可以判定 ECD 也成功附着到了膜上接枝的 PNG 链段上。另外，空白膜的 O1s 谱有一个代表 C=O 键中的 O 原子的结合能为 531.6eV 的峰［图 11-5（b）］。与其相比，PNG-*g*-N6 膜和 PNG-ECD-*g*-N6 膜的 O1s 谱新出现了一个结合能为 532.7eV 的峰，这代表了 GMA 的环氧基团中 C—O 的 O 原子［图 11-5（d）和（f）］。这同样表明了膜上接枝有 PGMA，而且图 11-5（d）和（f）中 C—O 中 O 原子的峰面积分别为 3314.6 和 2419.3，这个差别说明在固载 ECD 的反应中，有部分的环氧基被伯氨基消耗，由此也同样能确认 ECD 已经成功附着到了膜上接枝的 PNG 链段上。

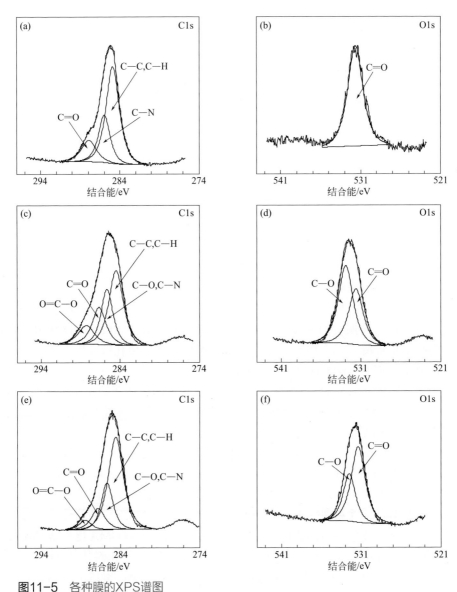

图11-5　各种膜的XPS谱图

（a），（b）空白膜；（c），（d）PNG-*g*-N6膜；（e），（f）PNG-ECD-*g*-N6膜

　　图 11-6 所示为空白膜、PG-ECD-*g*-N6 膜和 PNG-ECD-*g*-N6 膜的接触角随温度的变化。从图中可以看到，当环境温度从 25℃上升到 45℃时，空白膜的接触角有一定程度减小，从 34.0° 减小到 32.1°，原因主要是由于随温度升高气液界面的液体表面张力减小，所以导致接触角减小[31, 32]。而对于 PG-ECD-*g*-N6 接枝膜而言，其接触角变化与空白膜很相似，从 62.7° 减小到 60.5°。另外，PNG-

ECD-g-N6 膜接触角的变化趋势却与前面的现象明显不同：当环境温度从 25℃ 上升到 45℃时，其接触角从 48.8° 增大到 55.6°。这一现象主要是由膜表面的 PNIPAM 聚合物链在环境温度高于其 LCST 时由亲水状态变为疏水状态所导致，使得液体表面张力增加，故接触角随之增大。一般地，液体表面张力在高温时 会变小，但其影响与接枝到膜上的 PNG-ECD 在高温下的疏水作用相比就显得 微不足道，所以液体的总表面张力增加。接触角的测试结果说明通过等离子体 诱导填孔接枝聚合和化学反应两步，PNG-ECD 已经被成功固载到了 N6 膜基 材上。

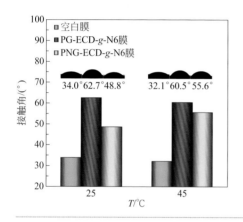

图11-6
N6膜、PG-ECD-g-N6膜和PNG-ECD-g-N6膜的温敏接触角变化

四、手性分子拆分智能膜的应用性能

1. 温度对消旋体在膜中扩散的影响

25℃和40℃条件下，色氨酸外消旋体（D,L-Trp）在接枝膜中的扩散情况如 图 11-7 所示。从图 11-7（a）中可以看出，未接枝的基材膜在 40℃时的扩散通量 比在 25℃时的扩散通量略有一些升高，这是由于扩散系数随温度的升高而增大。 这个现象可以由 Stokes-Einstein 方程来解释，一般来说，温度升高会使液体的黏 度减小，则由方程（11-7）可以看出，提高扩散温度会使扩散系数增大进而使扩 散通量增大。

$$D = \frac{k_B T}{6\pi\mu r_s} \tag{11-7}$$

式中，D 为扩散系数；k_B 为 Boltzmann 常数；T 为热力学温度；μ 为溶剂的黏 度；r_s 为溶质的 Stokes-Einstein 半径。

图 11-7（b）和（c）比较了具有近似环糊精固载量的 PG-ECD-*g*-N6 膜和 PNG-ECD-*g*-N6 膜在两个温度下的扩散通量。从图中可以看出，接枝 PG-ECD 的膜的扩散情况和空白膜相似［图 11-7（b）所示］，这说明 PGMA 的接枝链并没有温度敏感的特性。而接枝 PNG-ECD 的膜的扩散情况和空白膜明显不同，40℃ 时的通量比 25℃ 时的通量小得多，这是由接枝在膜上的高分子链在 LCST 附近发生了亲疏水的相变所导致的。

图 11-7（c）、（d）和（e）分别表示了具有不同接枝率的接枝 PNG-ECD 的膜的扩散情况。从图中可以看出，随着接枝率的增大，膜的扩散通量不断下降，两个温度下的通量大小也由于膜孔中接枝的 PNIPAM 的温敏特性而具有很明显的区别。当膜的接枝率较小的时候［图 11-7（d）］，40℃ 的通量大于 25℃ 的通量，这是由于当环境温度 T＜LCST 时，膜表层及孔内接枝的 PNIAPM 分子链处

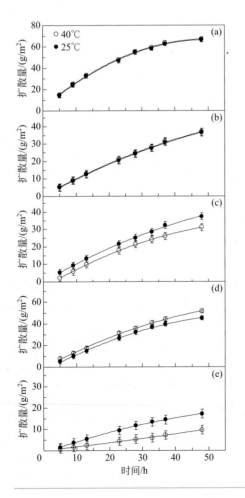

图11-7　温度对D,L-Trp在膜中扩散的影响

（a）空白膜；（b）接枝率为 $Y_{PNIPAM}=0mg/cm^2$ 和 $Y_{CD}=23mg/cm^2$ 的 PG-ECD-*g*-N6 膜；（c）～（e）接枝率分别为 $Y_{PNIPAM}=107mg/cm^2$ 和 $Y_{CD}=23mg/cm^2$、$Y_{PNIPAM}=65mg/cm^2$ 和 $Y_{CD}=20mg/cm^2$、$Y_{PNIPAM}=134mg/cm^2$ 和 $Y_{CD}=25mg/cm^2$ 的 PNG-ECD-*g*-N6 膜

于伸展构象，从而使得膜孔变小或关闭，于是通量较小；当 $T>$ LCST 时，膜表层及膜孔内接枝的 PNIPAM 分子链就处于收缩构象，使得膜孔变大或开启，于是通量变大。而当膜的接枝率较大的时候［图 11-7（c）和（e）］，变化趋势却正好相反了，即 40℃ 的通量小于 25℃ 的通量，这是因为接枝在膜上的高分子链在 LCST 附近发生了亲疏水的相转变，溶质在亲水环境中的扩散系数大于疏水环境中的扩散系数；而且，当接枝率较大的时候，接枝链会变得冗长和致密以至于将膜孔堵塞，膜的有效孔径减小，所以接枝率太大的膜 D，L-Trp 通量较小。

2．接枝率对膜手性拆分性能的影响

图 11-8 表示的是 PNG-ECD-g-N6 膜的接枝率对其拆分性能的影响。对映体过量（enantiomeric excess，ee）值可由式（11-8）计算：

$$ee = \frac{A_D - A_L}{A_D + A_L} \times 100\% \qquad (11\text{-}8)$$

式中，A_D 和 A_L 分别表示配体交换色谱法测定的 D-Trp 和 L-Trp 的出峰面积。

从图 11-8（a）和（b）都可以看出，无论是在 25℃ 还是 40℃，ee 值都随着接枝率的增加而增加，而且在拆分过程中都会出现一个选择性的峰值。这是由于色氨酸消旋体的拆分主要是依靠固载到膜基材上的修饰环糊精分子对两种异构体分子识别性能的差异，一旦膜上的手性位点达到了饱和，那拆分过程的选择性必然下降。因此，随着膜的接枝率的增大，固载到膜上的环糊精的量也逐渐增大，则拆分膜的手性选择性也不断提高，而过程中出现的峰值就正是识别位点被饱和的临界点，即最大 ee 值。

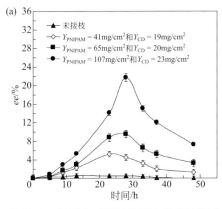
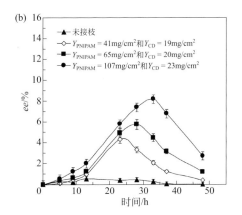

图11-8 接枝率对膜手性拆分性能的影响
（a）25℃；（b）40℃

图 11-9 表示的是不同接枝率的膜在两个温度下拆分过程中的最大 ee 值变化情况。从图中可以看出，最大 ee 值也随着接枝率的增加而增加，而且 25℃时的值总是大于 40℃时的值。这是由于当环境温度 $T>$ LCST 时，膜表层及膜孔内接枝的 PNIPAM 分子链就处于收缩构象，这样蜷缩的接枝链引起的空间位阻使得环糊精和色氨酸分子之间的结合系数降低，也就降低了膜的选择性。所以，我们选择了综合考虑具有较好拆分性能和较大通量的膜来进行后续研究。

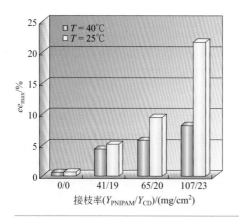

图11-9

接枝率对膜手性拆分中最大ee值的影响

3. 温度对膜手性拆分性能的影响及膜拆分效果优化

选择具有近似环糊精固载量的 PG-ECD 接枝膜和 PNG-ECD 接枝膜作为比较对象，考察了温度对于接枝膜的手性选择性的影响。从图 11-10 中可以看出，PG-ECD 接枝膜在 40℃时的选择性和在 25℃时的选择性几乎相等，这说明温度对其拆分性能影响不大；而 PNG-ECD 接枝膜在两个温度下的选择性差异明显。对比 PG-ECD 接枝膜来说，PNG-ECD 接枝膜在 25℃时选择性更好，而在 40℃时选择性要差一些。究其原因，可能由以下两个方面导致。一方面，PNG 高分子是 NIPAM 和 GMA 的两嵌段共聚物，这样的结构使得化学法固载的环糊精分子之间具有较充裕的自由活动空间，这是有利于 CD 识别包结色氨酸分子的，而 PG-CD 接枝的膜上，CD 分子之间的间隔很小，这种空间位阻会大大降低主客体分子的包结系数，所以在 25℃的时候 PNG-ECD 接枝膜的选择性比 PG-ECD 接枝膜好。另一方面，经过膜的接触角测定之后我们发现在 25℃的时候 PNG-ECD 接枝膜比 PG-ECD 接枝膜更亲水一些，而亲水的环境更有利于主客体分子之间的包结，这样也促进了膜的选择性的提高。然而，在 40℃的时候，PNG-ECD 接枝膜的选择性比 PG-ECD 接枝膜的选择性要差一些，这也主要是由于温度高于接枝链的 LCST 的时候，链段处于收缩的状态，这样包合物周围的位阻大大加强，降低了 CD 对色氨酸的包结识别 [14-16, 21, 22]。

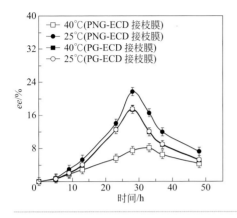

图11-10
温度对于接枝膜的手性选择性 ee 值的影响

为了更好地分析温度对拆分性能的影响，定义了手性温度响应系数 $R_{ee(25/40)}$，如方程（11-9）所示，其中 ee_{25} 和 ee_{40} 分别表示膜在 25℃ 和 40℃ 下的选择性，如果两者相同 $R_{ee(25/40)}$ 就定义为 1，即这种情况下膜的手性拆分性能没有温度响应性。

$$R_{ee(25/40)} = \frac{ee_{25}}{ee_{40}}$$（11-9）

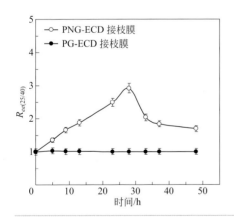

图11-11
温度对接枝膜的手性温度响应系数 $R_{ee(25/40)}$ 的影响

图 11-11 所示是温度对接枝膜的手性温度响应系数 $R_{ee(25/40)}$ 的影响。从图中可以看出，PG-ECD 接枝膜的手性温度响应系数始终在 1 附近徘徊，这说明温度对膜的手性选择性几乎没有影响。而 PNG-ECD 接枝膜的响应系数随着时间的延

长先增大再减小，这表明了温度对膜的手性选择性有影响，主要是由于接枝链中PNIPAM构象变化引起了CD和客体分子之间包结系数的变化，进而引起膜的选择性的变化。

当具有合适接枝率的PNG-ECD接枝膜作为研究对象时，进一步考察了温度对色氨酸拆分的影响，结果如图11-12所示。从图中可以看出，无论是在25℃还是40℃的条件下，膜对色氨酸都有选择性能，而且接收池样品中D-Trp的浓度都大于L-Trp的浓度（q），这说明D-Trp在接枝膜中的扩散速度较大。

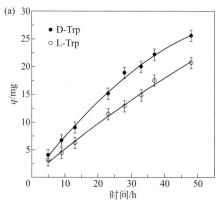

图11-12 D,L-Trp在接枝膜中的拆分
（a）25℃；（b）40℃

由文献［33］可知β-CD与L-Trp在25℃时1∶1包结配位的稳定常数$\lg K_s$为2.33（pH=7.4），而对D-Trp的稳定常数为1.11（pH=8.9）。由此可以判断，PNG-ECD接枝膜对D,L-Trp的手性拆分机理属于阻碍传输机理。当D,L-Trp从扩散池通过膜孔进入接收池的过程中，由于β-CD与L-Trp具有较高的包结稳定常数而更多地进入β-CD空腔，而与CD具有较低稳定常数的D-Trp较多地通过膜孔进入接收池，并在接收池中富集。被β-CD空腔结合的L-Trp可能从空腔中掉出来，并向接收池扩散，当遇到下一个β-CD时又进入其空腔，直到扩散到靠近接收池的膜边界而进入接收池中。由此看来，与β-CD有较强分子间作用的L-Trp具有较慢的扩散速度，而D-Trp具有较大的扩散速度，由于两种对映体扩散速度的差别，最终造成接收池中两种对映体浓度的差别，从而实现手性拆分的目的。两种异构体浓度的差异程度也说明了膜在25℃下的拆分性能优于在40℃下的性能，这主要是由PNIPAM构象改变导致的。

4．膜上色氨酸的解吸和温度响应型手性拆分膜的再生

由于 PNG-ECD 接枝膜对 D,L-Trp 的手性拆分机理属于阻碍传输机理，而按照阻碍传输机理进行手性拆分的膜通常被称作选择型吸附手性拆分膜。它的主要缺点是当膜中的手性识别点达到饱和后，两种对映体的扩散速度就趋于一致，此时膜不再具有手性拆分能力。在本章设计的手性分子从膜上解吸的过程当中，我们利用温敏材料 PNIPAM 作为影响 β-CD 与客体分子包结配位系数的"执行器"，大大加强了对映体的洗脱和膜的再生过程。

图 11-13 所示的是拆分结束后膜上氨基酸异构体的解吸情况。我们选择了具有近似环糊精固载量的 PG-ECD 接枝膜和 PNG-ECD 接枝膜作为比较对象。在40℃的条件下进行解吸。从图 11-13 中可以看出，不管是从解吸的两种异构体的绝对量［图 11-13（a）］还是解吸率［图 11-13（b）］来说，具有温敏能力的 PNG-ECD 接枝膜的情况都比不具温敏能力的 PG-ECD 接枝膜好。这是因为膜孔中的接枝链在温度高于 LCST 的环境中处于收缩和疏水的状态，造成的空间位阻使得 β-CD 和客体分子之间的包结配位系数大大减小，有力促使了膜中吸附的色氨酸异构体分子的解吸。而 PG-ECD 接枝膜不具温度敏感性，仅仅是依靠升温对包结行为的些许不利影响来解吸异构体分子，所以它的解吸率仅为 PNG-ECD 接枝膜的 1/3。

综上，采用了等离子体诱导填孔接枝聚合法成功地在 N6 微孔膜上接枝了 PNG 聚合物，再通过化学反应法将 ECD 固载到 PNG 接枝膜上，得到 PNG-ECD-g-N6 膜。温度对色氨酸消旋体在 PNG-ECD-g-N6 膜中的扩散有较大影响，当膜的接枝率较小时，40℃的通量大于 25℃的通量，这是由接枝在膜上的高分子链

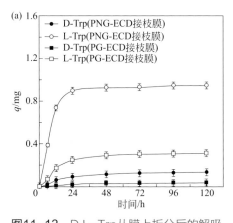
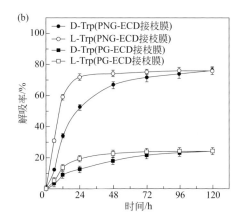

图11-13 D,L-Trp从膜上拆分后的解吸

（a）解吸样本中色氨酸对映体的量（q）；（b）解吸率的变化

在 LCST 附近发生了伸展 - 收缩的相变所导致的；而当膜的接枝率较大时，40℃的通量却反而小于 25℃的通量，这是因为接枝在膜上的高分子链在 LCST 附近发生了亲疏水的相转变，溶质在亲水环境中的扩散系数大于疏水环境中的扩散系数。而无论是在 25℃还是 40℃，ee 值都随着接枝率的增加而增加，而且在拆分过程中都会出现一个选择性峰值，并且最大 ee 值也随着接枝率的增加而增加，且 25℃时的值总是大于 40℃时的值。由于分子链空间结构以及亲疏水的原因 PNG-ECD-g-N6 膜在 25℃的时候选择性优于 PG-ECD-g-N6 膜，但在 40℃的时候，选择性比 PG-ECD-g-N6 接枝膜的选择性要差一些。PG-ECD-g-N6 膜的手性温度响应系数始终在 1 附近徘徊，而 PNG-ECD-g-N6 膜的响应系数随着时间的延长先增大再减小。拆分膜上色氨酸异构体的解吸结果表明由于接枝链高温下的相变和空间位阻效应，具有温敏能力的 PNG-ECD-g-N6 膜的解吸率优于不具温敏能力的 PG-ECD-g-N6 膜，设计制备的拆分膜可以有效得到再生。

第二节
智能膜用于分子亲和分离

膜孔中接枝悬挂主体分子的环境感应线型聚合物的分子识别智能膜，具有较快的响应速度，并可根据客体分子浓度改变膜孔径的特点[16, 9, 34, 35]。此外，膜孔内线型高分子上的主体分子可以特异亲和特定分子，智能膜则依靠分子亲和作用，实现物质的选择性分离和回收。

一、分子亲和分离智能膜的设计

笔者团队通过等离子体诱导接枝聚合法在核孔膜上共同接枝温敏性智能材料 N- 异丙基丙烯酰胺（NIPAM）和不同取代基长度的修饰环糊精，构建了分子亲和分离智能膜。在环境温度低于 LCST 时，PNIPAM 链伸展，β-CD 与客体分子的结合系数较大[16, 21, 22]，较多客体分子与 β-CD 形成配合物，从而吸附在膜上；当环境温度高于 LCST 时，PNIPAM 链收缩，β-CD 与客体分子的结合系数大大降低[16, 21, 22]，客体分子从 β-CD 空腔中解吸出来，吸附在膜上的客体分子就从膜上解吸下来（如图 11-14）[36]。整个膜分离过程为亲和膜过程，操作简单，不需要在酸性、碱性以及高浓度盐或有机溶剂条件下即可完成。该新型温度敏感分子识别智能膜基于吸附选择机理，有望同时获得高通量和高选择性的特异分子分离。由于 β-CD 能识别的客体分子或手性分子范围较宽，因此与分子印迹膜或基于其他分子识别主体分子的分离膜来说，该分子识别分离膜的应用范围更广。

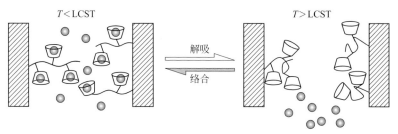

图11-14 温敏分子识别智能膜的温度控制分子亲和识别示意图

二、分子亲和分离智能膜的制备

这里采用聚对苯二甲酸乙二醇酯（polyethylene terephthalate，PET）核孔膜作为基材膜。采用等离子体接枝和化学反应相结合的方法得到聚（*N*- 异丙基丙烯酰胺 - 共聚 - 甲基丙烯酸 -2- 羟丙基乙二氨基 -β- 环糊精）［P（NIPAM-*co*-GMA/CD）-*g*-PET］膜。制备条件和方案如上所述及图 11-15，不再详细赘述。

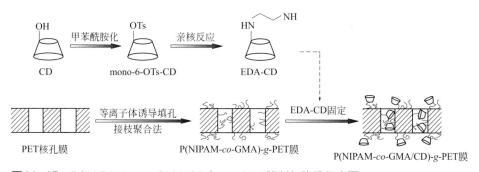

图11-15 P（NIPAM-*co*-GMA/CD）-*g*-PET膜制备路线示意图

三、分子亲和分离智能膜的表征

图 11-16 为 PGMA、PGMA/CD 和 P（NIPAM-*co*-GMA/CD）接枝膜的扫描电镜图。可以看出，PGMA-*g*-PET 膜（Y=8.1%）、PGMA/CD-*g*-PET 膜（Y=8.1%，CD 含量为 14.5μg/cm^2）和 P（NIPAM-*co*-GMA/CD）-*g*-PET 膜（Y=10.84%，CD 含量为 12.9μg/cm^2）的表面和断面都均匀地接枝了聚合物。

对于 PGMA-*g*-PET 膜（*Y*=8.1%）和采用一步接枝法制备的 P（NIPAM-*co*-GMA）-*g*-PET 膜（*Y*=6.56%）上聚合物的化学成分，首先用 FT-IR 进行了表征，如图 11-17 所示。GMA 环氧基和羰基的特征峰分别出现在 909cm^{-1} 和 1732cm^{-1} 处[37]。尽管 PGMA-*g*-PET 膜的接枝率高达 8.1%，但与基材膜相比，在 909cm^{-1} 波数处只有一个很小的新峰出现；而由于 PET 基材上也具有羰基，并在 1722cm^{-1} 处出现较强的特征峰，所以接枝膜在此处几乎没有变化。同样，P（NIPAM-*co*-GMA）-*g*-PET 膜在 909cm^{-1} 附近也出现一小峰，但强度比 PGMA-*g*-PET 膜更小。因为 P（NIPAM-*co*-GMA）-*g*-PET 膜两种单体的总接枝率为 6.56%，相比 PGMA-*g*-PET 膜较小，环氧基团在 P（NIPAM-*co*-GMA）-*g*-PET 膜中的含

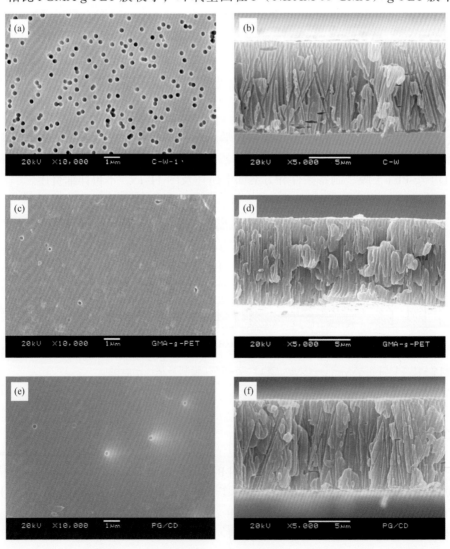

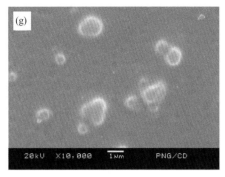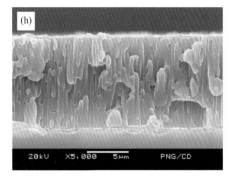

图11-16 空白膜［（a），（b）］，PGMA［（c），（d），Y=8.1%］、PGMA/CD
［（e），（f），Y=8.1%，CD含量为14.5μg/cm^2］和P（NIPAM-*co*-GMA/CD）
［（g），（h），Y=10.84%，CD含量为12.9μg/cm^2］接枝PET膜的表面和断面SEM照片

量比 PGMA 接枝膜中少，因此峰强度较小。而在 NIPAM 的羰基和氨基特征峰
1650cm^{-1} 和 1550cm^{-1} 处，未见有新峰出现。一方面是因为基材上有较强的羰基
峰，掩盖了 NIPAM 的羰基峰；另一方面可能是因为 GMA 的反应活性较 NIPAM
大，P（NIPAM-*co*-GMA）-*g*-PET 膜上 NIPAM 的量很少[37]。

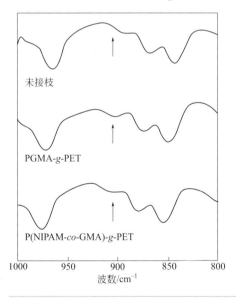

图11-17
接枝PGMA的PET膜的FT-IR谱图
PGMA-*g*-PET 和 P（NIPAM-*co*-GMA）-*g*-PET膜的接枝
率分别为8.1%和6.56%

为了证明采用一步接枝法在 PET 膜上能够同时接枝 NIPAM 和 GMA，考察了一
步接枝法制备的 P（NIPAM-*co*-GMA）接枝 PVDF 膜的表面化学成分（如图 11-18）。
由于 PVDF 基材膜与 PET 一样为疏水基材且只含有 C 和 F 两种元素［图 11-18（a）、（c）、
（e）、（g）］，更容易分析接枝物的成分。由图 11-18（b）、（d）、（f）、（h）可见，与

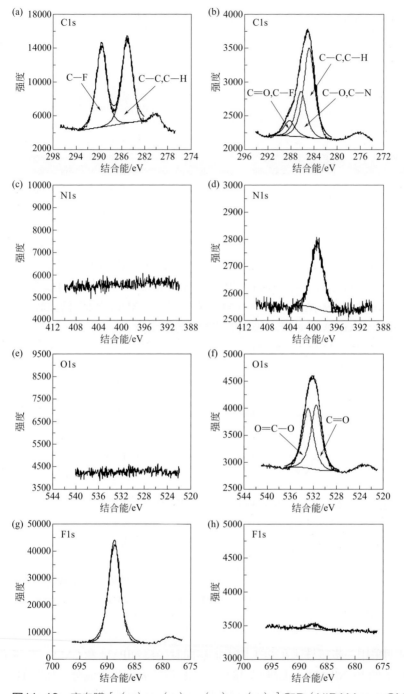

图11-18 空白膜 [（a），（c），（e），（g）] 和P（NIPAM-*co*-GMA）接枝 [（b），（d），（f），（h），总接枝率为5.93%] PVDF膜的XPS谱图

空白膜相比，接枝膜表面的 F 元素含量减少很多，一方面是因为等离子体照射造成了 F 元素的损失，另一方面是因为膜表面均匀地覆盖了一层接枝物。从 N 元素的增加和 C—N、C═O 特征峰的出现来看，可以证明接枝上了 NIPAM。O1s 谱在 531.5eV 和 532.9eV 处新增了 C═O 和 O—C═O 两个峰，说明 GMA 也成功地接枝在 PVDF 膜上。XPS 测试结果说明通过一步接枝法能够在 PVDF 膜上同时接枝 NIPAM 和 GMA。

图 11-19 为 PGMA/CD-g-PET 和 P（NIPAM-co-GMA/CD）-g-PET 膜的 FT-IR 谱图。与 PGMA-g-PET 和 P（NIPAM-co-GMA）-g-PET 膜相比较，固载 CD 的接枝膜在 3600 ~ 3200cm^{-1} 波数处的 C—OH 的伸缩振动略有加强。由于固载 CD 的量比较小，含量在 1% 左右，所以特征峰加强并不明显。尽管如此，综合考虑接枝率和 FT-IR 谱图，可以说明 CD 成功地固载到 PET 膜上。

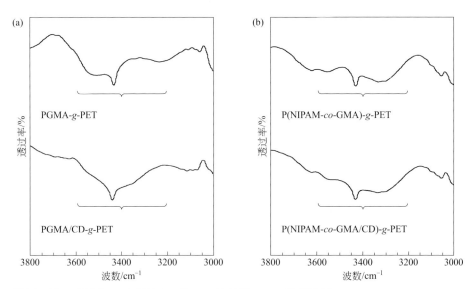

图11-19 未固定CD和固定CD的PET接枝膜FT-IR谱图比较

（a）PGMA（Y=8.1%）和PGMA/CD（Y=8.1%，CD 含量为 14.5μg/cm^2）接枝 PET 膜；（b）P（NIPAM-co-GMA）（Y=6.56%）和 P（NIPAM-co-GMA/CD）（Y=10.84%，CD 的含量为 12.9μg/cm^2）接枝 PET 膜

四、温敏型分子识别开关膜温度敏感特性

温敏分子识别膜中引入了 GMA 单体，对 P（NIPAM-co-GMA）-g-PET 膜的温度响应特性和开关温度的大小进行考察。通过水通量实验发现，当采用 NIPAM 和 GMA 单体摩尔比为 1.6∶1 时，一系列接枝率在 0.99% ~ 1.57% 范围内的 P（NIPAM-co-GMA）-g-PET 膜并没有表现出温度响应水通量变化特性。它

们的水通量随温度升高而线性增加，与空白膜的水通量变化相似。只有当接枝率比较高（即2.67%）时，P（NIPAM-*co*-GMA）-*g*-PET膜的水通量才在LCST附近有些变化。当NIPAM和GMA单体摩尔比增加到2.9∶1，接枝率为1.47%时，接枝膜表现出较好的温度响应特性。但对接枝率更小的接枝膜，不具有温度响应特性。NIPAM和GMA单体摩尔比越大，在相同的接枝率下，接枝膜中PNIPAM的含量就越高，膜的温度相应特性就越好。与PNIPAM接枝膜相比，在相同的接枝率下，P（NIPAM-*co*-GMA）-*g*-PET膜温度响应特性减弱。换句话说，GMA单体的加入使得接枝膜具有温度响应性的最小接枝率提高。欲得到较好的温度响应特性，需在一定程度上提高接枝率。然而能够进行水通量实验的接枝率范围是有限的（对PNIPAM接枝膜是0～4.02%），对于高接枝率的开关膜来说，只能采用扩散实验来考察温度敏感特性。

　　图11-20（a）是空白膜和不同接枝率的P（NIPAM-*co*-GMA）-*g*-PET膜（*Y*=1.47%和2.67%）的水通量随温度变化曲线。空白膜的水通量随温度上升而线性增加。而在相同的环境温度下，接枝率为1.47%的接枝膜的水通量在低于LCST（25～28℃）和高于LCST（34～40℃）的温度范围内随温度上升线性增加，而在28～34℃范围内有相对较大的变化。接枝率为2.67%的接枝膜的水通量随温度变化不明显，但在LCST附近温度范围内（28～34℃）的水通量变化相对25～28℃和34～40℃范围内变化大。接枝膜的水通量小于空白膜，并且随着接枝率越高，水通量越小。接枝率为2.67%时，水通量接近零。

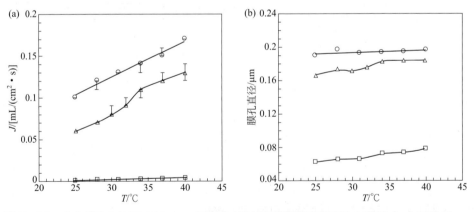

图11-20　空白膜和P（NIPAM-*co*-GMA）接枝PET膜温度响应的水通量（a）和孔径（b）变化

—○—未接枝；—△—P（NIPAM-*co*-GMA）接枝，1.47%；—□—P（NIPAM-*co*-GMA）接枝，2.67%

　　接枝率适中的P（NIPAM-*co*-GMA）-*g*-PET膜具有温度感应特性。当膜上没有接枝P（NIPAM-*co*-GMA）聚合物时，膜的水通量只与水的黏度有关，液体黏度随着温度上升而降低，因此空白膜的水通量随温度升高线性增加。而对于接枝膜来说，水通量不仅受到水黏度的影响，更大程度上还受孔径变化的影响，因为水通量与膜孔径的四次方成正比。当环境温度低于 PNIPAM 的 LCST 时，接枝在膜孔中的 P（NIPAM-co-GMA）链处于伸展构象，这时膜孔因 P（NIPAM-co-GMA）膨胀而减小，于是水通量变小；相反，当 $T>$LCST 时，膜孔内接枝的 P（NIPAM-co-GMA）链处于收缩构象，使得膜孔增大，于是水通量变大。因此，在 LCST 附近（31 ~ 34℃）接枝膜的水通量会发生较大变化。而在低于 LCST（25 ~ 28℃）和高于 LCST（34 ~ 40℃）的温度范围内，由于 P（NIPAM-co-GMA）开关构象不发生变化，膜孔大小不变，此时的水通量主要受水黏度变化的影响，因此，随温度升高而线性增加。当 P（NIPAM-co-GMA）-g-PET 膜的接枝率过大时（2.67%），接枝在膜孔中的 P（NIPAM-co-GMA）链将膜孔堵死，即使在接枝链收缩时，膜孔也处于关闭状态。此时，接枝膜的温度感应性不明显。由比较图 11-20（a）和图 11-21（a）可知，P（NIPAM-co-GMA）-g-PET 膜（$Y=1.47\%$）的水通量随温度变化趋势与 PNIPAM 接枝膜（$Y=1.42\%$）非常接近。疏水单体GMA 的加入并没有引起接枝膜开关温度的迁移，接枝率适中的 P（NIPAM-co-GMA）-g-PET 膜仍然能保持温度响应性。

空白膜的孔径在 25 ~ 40℃温度范围内保持不变，不具备温度感应特性；而接枝膜（$Y=1.47\%$）的孔径只在 34 ~ 40℃和 25 ~ 28℃范围内保持基本不变，而在 28 ~ 34℃范围内发生较大的变化，说明具有温度响应特性。对于接枝率较大的 P（NIPAM-co-GMA）-g-PET 膜（$Y=2.67\%$），膜孔径在 32℃附近发生相对明显的变化。空白膜的孔径接近 0.2μm，接枝膜孔径比空白膜小，并随着接枝率增大，膜孔径逐渐减小。接枝率越大，膜孔中填充的接枝物就越多，膜孔径自然减小。P（NIPAM-co-GMA）-g-PET 膜（$Y=1.47\%$）在高温时（34 ~ 40℃）的孔径是低温时（25 ~ 28℃）的 1.15 倍左右［如图 11-20（b）］。而 PNIPAM 接枝膜（$Y=1.42\%$）在高温时的孔径是低温时的 1.29 倍［如图 11-21（b）］。接枝链引入GMA 后，接枝膜的温度响应性略有降低。

图 11-22 为空白膜、PNIPAM-g-PET 膜和 P（NIPAM-co-GMA）-g-PET 膜的孔径比随温度变化的曲线。孔径比（$R_{d,T}$）是在相同温度下接枝膜与空白膜的平均孔径之比。在计算过程中，它忽略了水黏度对膜计算平均孔径的影响，只与膜孔实际大小有关。孔径比随温度的变化趋势与孔径变化相似。空白膜的孔径比在25 ~ 40℃温度范围内均为 1。P（NIPAM-co-GMA）接枝膜的孔径比小于 1，并随着接枝率增大，孔径比逐渐变小。P（NIPAM-co-GMA）接枝膜的孔径比只在34 ~ 40℃和 25 ~ 31℃范围内保持基本不变，而在 31 ~ 34℃范围内发生较明显的变化。与 PNIPAM-g-PET 膜相比，P（NIPAM-co-GMA）-g-PET 膜的孔径比略小。

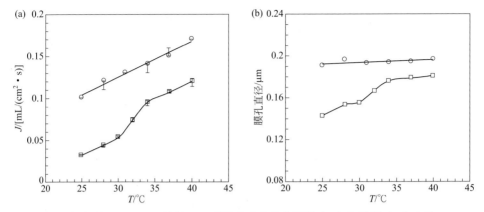

图11-21 空白膜和PNIPAM接枝PET膜温度响应的水通量（a）和孔径（b）变化
—○—未接枝；—□—PNIPAM接枝，1.42%

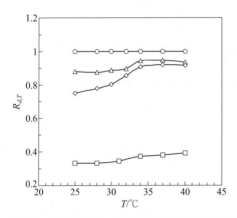

图11-22 空白膜、PNIPAM和P（NIPAM-*co*-GMA）接枝PET膜随温度变化的孔径比
—○—未接枝；—△—P（NIPAM-*co*-GMA）接枝，1.47%；—□—P（NIPAM-*co*-GMA）接枝，2.67%；—◇—PNIPAM接枝，1.42%

    总的来说，与空白膜相比，不同接枝率的 P（NIPAM-*co*-GMA）-*g*-PET 膜的水通量、孔径以及孔径比在32℃附近都有较大的变化。P（NIPAM-*co*-GMA）接枝膜（*Y*=1.47%）在高温时（34 ~ 40℃）的孔径是低温时（25 ~ 28℃）的 1.15 倍左右。疏水单体 GMA 引入接枝链中，P（NIPAM-*co*-GMA）-*g*-PET 膜仍然能保持温度响应性，开关温度范围也没有变化，但温度响应特性略有降低。在接枝率为 1.48% 的 P（NIPAM-*co*-GMA）-*g*-PET 膜上固载 CD（0.67μg/cm²），水通量实验表明该 P（NIPAM-*co*-GMA/CD）-*g*-PET 膜在 20 ~ 44℃范围内没有温度响应特性。可能的原因是，制备 P（NIPAM-*co*-GMA）-*g*-PET 膜的 NIPAM 和 GMA 单体摩尔比较小所致。

图 11-23 是空白膜和 P（NIPAM-*co*-GMA/CD）-*g*-PET 膜的表面接触角随温度变化的示意图。随着温度从 25℃ 上升到 45℃，PET 空白膜的表面接触角由 84.8° 减小到 77.1°。因为随温度升高，液气之间的表面张力降低，从而导致接触角减小。因此，空白膜的接触角随温度升高略有降低。而在相同的温度条件下，P（NIPAM-*co*-GMA/CD）-*g*-PET 膜的表面接触角却表现出相反的趋势。当温度从 25℃ 上升到 45℃，接触角反而由 65.0° 增加到 76.9°。接枝膜表面的 P（NIPAM-*co*-GMA）接枝层在 LCST 附近的亲水/疏水转变起到主导作用。在 45℃（*T*>LCST）时，膜表面接枝的 P（NIPAM-*co*-GMA）链变得疏水，使得接触角增大，大于 P（NIPAM-*co*-GMA/CD）-*g*-PET 膜在 25℃ 的接触角（尽管较高的液体温度会使接触角有所减小），但由于固载在膜表面的 CD 具有亲水外壁，此时的接触角仍然小于相同温度下空白膜的接触角；在 25℃（*T*<LCST）时，P（NIPAM-*co*-GMA）接枝层变得亲水，加之 CD 的亲水性，使得接枝膜的接触角比相同温度下空白膜的接触角要小得多（虽然较低的温度会获得较大的接触角）。根据实验结果可得出结论，接枝膜的水通量主要依赖于孔径的变化而不是膜表面亲疏水性的变化。

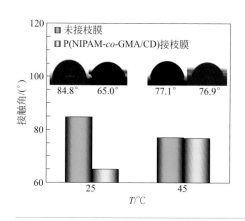

图11-23
空白膜与P（NIPAM-*co*-GMA/CD）接枝PET膜（*Y*=9.94%，CD的含量为11.5μg/cm^2）接触角随温度的变化

五、分子亲和分离智能膜的应用性能

1. 温敏型分子识别开关膜分子识别特性

为了考察温敏型分子识别开关膜对 8- 苯胺 -1- 萘磺酸铵盐（ANS）的吸附和解吸能力，常采用荧光光谱对吸附有 ANS 的接枝膜洗脱前和洗脱后的样品进行考察。图 11-24 显示室温下得到的 PGMA/CD-*g*-PET 膜和 P（NIPAM-*co*-GMA/CD）-*g*-PET 膜的荧光光谱谱图。PGMA/CD-*g*-PET 膜和 P（NIPAM-*co*-GMA/

CD）-g-PET 膜在未洗脱 ANS 之前，在荧光波长为 490nm 左右出现一较强的峰，并且前者的荧光强度比后者稍大。而在去离子水洗脱后，固载 CD 接枝膜在 490nm 处的峰都明显减小。可以推测此处出现的峰即为被 CD 包结的 ANS 的荧光波长（PET 基材上 ANS 的荧光波长约为 420nm）。在洗脱前，PGMA/CD-g-PET 膜的荧光强度比 P（NIPAM-co-GMA/CD）-g-PET 膜大的原因一方面是因为 PNIPAM 对 ANS 的吸附能力很弱[14]，因此膜上 PNIPAM-co-GMA 接枝链比 PGMA 接枝链对 ANS 的吸附量更少。另一方面是因为 P（NIPAM-co-GMA/CD）-g-PET 膜的 CD 固载量较 PGMA/CD-g-PET 膜的小，参与包结配位的主体分子少。综合以上两方面原因，PGMA/CD-g-PET 膜的荧光强度比 P（NIPAM-co-GMA/CD）-g-PET 膜的强。PGMA/CD-g-PET 膜用 30℃的去离子水洗一天后，荧光强度减小很多，说明接枝膜上吸附的大部分 ANS 分子能被洗脱下来。P（NIPAM-co-GMA/CD）-g-PET 膜分别用 30℃和 40℃去离子水洗一天后，在 490nm 波长处的峰几乎完全消失。说明用较高温度的水可以将吸附在接枝膜上的绝大部分 ANS 洗脱下来，实现接枝膜的再利用。同时，我们注意到在接枝膜洗脱后 420nm 处还有一强度较小的峰存在，说明少部分吸附在基材上的 ANS 还残留在膜上。

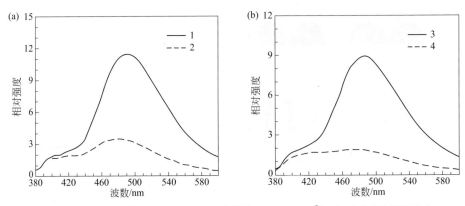

图11-24　PGMA/CD（Y=5.33%，CD含量为11.4μg/cm²）（a）和P（NIPAM-co-GMA/CD）（Y=5.95%，CD含量为10.5μg/cm²）（b）接枝PET膜在室温下的荧光光谱（激发波长为350nm）

1，3— 未洗脱；2—30℃去离子水洗一天；4—30℃去离子水洗一天，40℃去离子水再洗一天

2．温敏型分子识别膜的"低温吸附-高温解吸"特性

图 11-25 比较了不同温度下，ANS 在空白膜和接枝膜中的扩散系数。无论是空白膜还是接枝膜，ANS 在 40℃时的扩散系数总比 25℃时的大。当温度升高时，

液体的黏度减小，由斯托克斯 - 爱因斯坦（Stokes-Einstein）方程［式（11-7）所示］可知扩散系数 D 增大。与在空白膜中的扩散系数相比，ANS 在 PGMA-*g*-PET 膜中的扩散系数不论是在 25℃还是 40℃时都有所减小，这是因为膜孔中接枝了聚合物，ANS 分子在膜孔中的扩散通道减小使得 ANS 分子的扩散速率减慢。而 ANS 在 PGMA/CD 接枝膜中的扩散系数比在 PGMA 接枝膜中的大，一方面是因为 PGMA/CD 接枝膜的接枝率比 PGMA 接枝膜略小，另一方面是固载的 CD 对 ANS 分子具有促进传递的作用，促使 ANS 在膜孔中的扩散系数增加。由于 CD 对 ANS 的包结作用，ANS 更容易在接枝有 PGMA/CD 链的膜孔中找到扩散通道。由图 11-25 可知，40℃时 ANS 在 PGMA/CD 接枝膜中的扩散系数与 PGMA 接枝膜中的差值比在 25℃时大。因为 40℃时 CD 对 ANS 的包结能力降低[19, 20]，ANS 与 CD 形成的配合物很不稳定，ANS 容易与 CD 形成包结配合物，也容易从 CD 空腔中解吸出来，从而被附近的 CD 分子包结再解吸，这样 ANS 在膜孔中的扩散速率就大大增加了。因此 40℃时 ANS 在 PGMA/CD 接枝膜的扩散系数甚至比空白膜中的略高，虽然孔内的接枝高分子链会一定程度地减小扩散通道尺寸。可见，ANS 分子在膜孔中的扩散系数与扩散温度、CD 的包结系数和膜孔径都有关系。

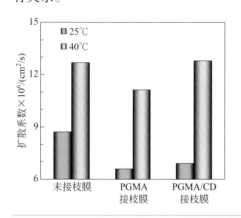

图11-25
不同温度下ANS在空白膜和接枝膜中的扩散系数
PGMA-*g*-PET膜的接枝率为3.27%，PGMA/CD-*g*-PET膜的接枝率为3.07%，CD含量为5.6μg/cm²

图 11-26（a）所示为客体分子 ANS 在 P（NIPAM-*co*-GMA/CD）接技膜单位面积上的吸附量随温度和时间变化曲线。在连续改变温度的吸附实验（25℃→40℃→25℃→40℃）中，可以观察到 ANS 在接枝膜上"低温吸附 - 高温解吸"的现象。低温下（25℃），接枝膜单位面积上的 ANS 吸附量随着时间增加而逐渐增加，最后趋于平衡。此时，将溶液温度由 25℃升高到 40℃，部分 ANS 分子从接枝膜上解吸下来，接枝膜单位面积上的 ANS 吸附量随时间逐渐减小。待接枝膜吸附平衡后，又将溶液温度降低至 25℃，ANS 分子又重新吸附到接枝膜上。再升高溶液温度，ANS 同样从接枝膜上解吸下来。CD 对 ANS 包结配合时，

ANS 分子的萘环进入 CD 空腔，苯环部分留在 CD 空腔之外[14]。在温度较低时（T<LCST），P（NIPAM-co-GMA）链由于 PNIPAM 呈伸展构象而舒展，CD-ANS 配合物周围有足够的空间，因此 CD-ANS 的包结配合稳定系数也比较高[19, 20]。当温度升高时（T>LCST），P（NIPAM-co-GMA）链收缩，CD-ANS 配合物周围比较拥挤，造成 CD-ANS 的包结配合稳定系数下降，ANS 容易从 CD 空腔中脱落出来。连续变温的吸附实验表明，P（NIPAM-co-GMA/CD）接枝膜对客体分子 ANS 的包结作用可以通过温度来控制。图 11-26（b）可知，高温与低温下，P（NIPAM-co-GMA/CD）接枝膜单位面积上 ANS 吸附量的差值为 1.2μg/cm^2 左右。第二组"低温 - 高温"交替实验中，ANS 在接枝膜上的单位吸附量比第一组"低温 - 高温"交替实验中小，原因可能是第一次高温实验时溶剂水部分挥发，导致 ANS 溶液的浓度略有增加，因此计算得到的接枝膜单位上的 ANS 吸附量就略有下降。但两组"低温 - 高温"交替实验中，低温与高温的吸附量差值仍很接近。

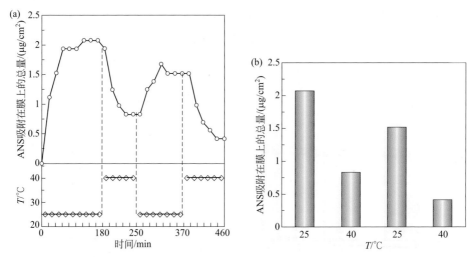

图11-26 ANS在P（NIPAM-co-GMA/CD）-g-PET膜（Y=5.95%，CD含量为10.5μg/cm^2）上的吸附曲线

研究表明，空白膜与 P（NIPAM-co-GMA）接枝膜对 ANS 的单位吸附量都很小，为 0.5μg/cm^2 左右，并且改变温度空白膜的单位吸附量不变，P（NIPAM-co-GMA）接枝膜低温吸附量比高温吸附量大 0.1μg/cm^2。比较图 11-27 中 P（NIPAM-co-GMA）接枝膜（Y=6.21%）和 P（NIPAM-co-GMA/CD）接枝膜（Y=5.95%，CD 含量为 10.5μg/cm^2）在低温下对 ANS 的单位吸附量可知，CD 对 ANS 的吸附作用比 P（NIPAM-co-GMA）接枝链的作用强得多。相比空白膜和 P（NIPAM-co-GMA）接枝膜，PGMA/CD 接枝膜对 ANS 的单位吸附量较大，约为 3.5μg/

cm^2，低温吸附量比高温吸附量大 0.15μg/cm^2。图 11-27 中 PGMA/CD 接枝膜的 CD 单位含量（11.4μg/cm^2）比 P（NIPAM-co-GMA/CD）接枝膜上的 CD 单位含量（10.5μg/cm^2）稍大，然而后者单位面积上 ANS 的吸附量低温时比高温时大 1.2μg/cm^2，前者低温吸附量与高温吸附量相差仅为 0.15μg/cm^2，充分说明 ANS 分子在 P（NIPAM-co-GMA/CD）接枝膜上表现出的"低温吸附 - 高温解吸"的现象，主要是由于 P（NIPAM-co-GMA）链的"伸展 - 收缩"构象变化所致。对于没有固载 CD 的 P（NIPAM-co-GMA）接枝膜，虽然接枝链在低温和高温时具有"伸展 - 收缩"的构象变化，对 ANS 的吸附量随温度变化不明显。综合以上两方面现象可知，接枝膜对 ANS 温度敏感的吸附能力是温度敏感的 P（NIPAM-co-GMA）接枝链和具有包结作用的 CD 主体分子的共同作用形成的。

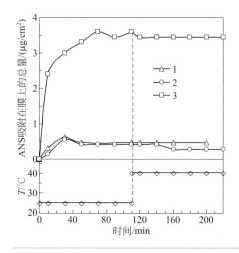

图11-27

ANS在空白膜（1），P（NIPAM-co-GMA）（2，Y=6.21%）和PGMA/CD（3，Y=5.95%，CD含量为10.5μg/cm^2）接枝PET膜上的吸附曲线

图 11-28 对比了空白膜和 P（NIPAM-co-GMA/CD）-g-PET 膜（Y=11.79%，CD 含量为4μg/cm^2）连续变温的 ANS 吸附实验。空白膜对 ANS 达到吸附平衡之后，在三次"低温 - 高温"交替的吸附实验中一直保持恒定的单位吸附量，而 P（NIPAM-co-GMA/CD）接枝膜表现出较好的"低温吸附 - 高温解吸"的现象。固定在接枝膜上的 CD 对客体分子 ANS 具有包结作用，在温度低于接枝链的 LCST 时，接枝链舒展，有利于 ANS 进入 CD 空穴，这时较多的 ANS 分子就吸附在膜上；当温度升高到高于接枝链的 LCST 时，P（NIPAM-co-GMA）接枝链收缩，在 CD 空腔周围形成空间位阻，导致 ANS 从 CD 的空穴中解吸出来，接枝膜上的 ANS 分子就减少了。图 11-28（b）说明三组实验表现出良好的重复性。图 11-28 中 P（NIPAM-co-GMA/CD）接枝膜（Y=11.79%，CD 含量为 4μg/cm^2）对 ANS 的低温吸附量比高温吸附量大 0.68μg/cm^2，图 11-26 中 P（NIPAM-co-GMA/CD）接枝膜（Y=5.95%，CD 含量为 10.5μg/cm^2）则为 1.2μg/cm^2，说明随着 CD

含量增加，ANS 在接枝膜上的"低温吸附 - 高温解吸"现象越突出。利用该现象，有望依靠控制温度实现新型高效的分子分离过程。

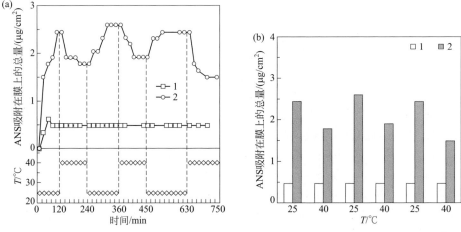

图11-28 ANS在空白膜（1）和P（NIPAM-*co*-GMA/CD）-*g*-PET膜（2，*Y*=11.79%，CD含量为4μg/cm²）上的吸附曲线

综上，ANS 在 P（NIPAM-*co*-GMA）-*g*-PET 膜和 PGMA/CD-*g*-PET 膜上的吸附量随温度变化很不明显，而 ANS 在 P（NIPAM-*co*-GMA/CD）-*g*-PET 膜表现出"低温吸附 - 高温解吸"的现象，并且具有良好的重复性。P（NIPAM-*co*-GMA/CD）-*g*-PET 膜对 ANS 的温度敏感性吸附能力主要是由于 P（NIPAM-*co*-GMA）链的"伸展 - 收缩"构象变化和主体分子 CD 对 ANS 较强的包结能力共同作用的结果。随着 CD 含量越大，P（NIPAM-*co*-GMA/CD）-*g*-PET 膜对 ANS 单位吸附量在低温和高温的差值越大。荧光光谱分析表明，吸附在 P（NIPAM-*co*-GMA/CD）-*g*-PET 膜上的客体分子 ANS 可以通过高温水洗进行分离，实现接枝膜的再生。利用该现象，有望依靠控制温度实现新型高效的分子分离过程。

第三节
智能膜用于蛋白质吸附分离

亲和分离膜是一类能识别和分离特异性分子的膜。在分离纯化蛋白质、酶、手性分子、疏水物质等过程中，亲和分离膜得到了广泛的应用[22, 38-43]。据报道，由 PNIPAM 接枝的温敏性凝胶，其功能性表面层可被用来吸附和解吸疏水物质[44]。当环境温度分别高于或低于 LCST 时，由 PNIPAM 接枝的温敏性凝胶表面能够呈现疏水性或亲水性。使用 PNIPAM 接枝的温敏响应膜可简单而有效地用来亲和吸附并分离疏水物质。

一、蛋白质吸附分离智能膜的设计

这里介绍一种以 SPG 膜作为膜基材，将 SiO_2 纳米微球沉积到 SPG 膜内构建膜孔内的二维微纳米结构表面，然后 PNIPAM 被接枝到二维微结构的膜孔表面的蛋白质吸附分离智能膜。SPG 膜的主要成分是 $CaO\text{-}Al_2O_3\text{-}B_2O_3\text{-}SiO_2$[45]。SPG 膜是一种多孔无机玻璃膜，光滑的 SPG 膜孔表面很难捕捉住蛋白分子［图 11-29（a）］。不过 SiO_2 纳米颗粒能够化学沉积到羟基化的 SPG 膜孔表面。当 SiO_2 纳米颗粒沉积到 SPG 膜表面后，光滑的 SPG 膜表面变成了具有纳米结构凹凸的粗糙表面。相比较光滑的基材膜，二维微结构膜更容易吸附蛋白分子，因为二维微结构表面能够提供给蛋白分子两个或三个立体吸附位点，并且能提供更大的吸附表面积［图 11-29（b）］。借助表面二维微纳米结构可以强化膜的表面亲水/疏水转换特性，在温度高于 LCST 时，接枝在二维微结构膜表面的 PNIPAM 链收缩呈现疏水状态，自身带有疏水基团的蛋白分子借助疏水相互作用力很容易吸附到膜孔表面［图 11-29（d）］[46]。另外，当温度低于 LCST 时，接枝在二维微结构膜表面的 PNIPAM 链溶胀呈现亲水状态，因此蛋白分子从非常亲水的膜孔表面解吸下来［图 11-29（c）］。这种二维微纳米结构的膜表面能够给 PNIPAM 接枝的

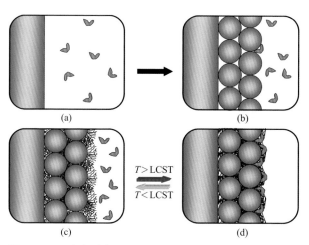

图11-29 牛血清白蛋白BSA在膜上的吸附/解吸机理示意图

▌SPG膜基材；●SiO_2微球；～～PNIPAM高分子链；BSA分子

温敏性"疏水吸附 - 亲水解吸"牛血清白蛋白（BSA）带来 3 个好处。第一，当环境温度低于 LCST 时，二维微纳米结构膜表面能够增强表面亲水性，因为在相邻两个纳米 SiO₂ 小球之间的空隙扮演了纳米毛细管的角色，借助毛细效应使得表面更加亲水；第二，二维微纳米结构增大了整个膜的比表面积，使得用于吸附 BSA 的表面积大大增加；第三，二维微纳米结构的凹凸表面可以提供给 BSA 分子两个或三个立体吸附位点，借助疏水相互作用力，使得 BSA 分子被牢牢地吸附在膜表面。以上三点原因，都大大增强了 PNIPAM 接枝温敏膜的疏水吸附能力。通过 PNIPAM 接枝温敏膜的"疏水吸附 - 亲水解吸"过程，可以实现蛋白分子的分离与纯化等应用[47]。

二、蛋白质吸附分离智能膜的制备

制作 PNIPAM 接枝的二维微结构温敏亲和膜的过程和温敏性可逆表面特性示意图见图 11-30。PNIPAM 接枝 SPG 膜微通道二维微结构表面的制备分为下面 3 个步骤：第一步羟基化 SPG 膜，第二步将 SiO₂ 微球沉积到 SPG 膜孔内制备二维微结构表面，第三步在二维微结构表面上利用等离子诱导接枝法接枝 PNIPAM。

（1）羟基化的 SPG 膜表面制备［图 11-30（a）］ 将 SPG 膜基材浸入到沸腾的食人鱼溶液［浓硫酸和 30% 过氧化氢的混合物（体积比 7 : 3），腐蚀性极强，使用当心］中 90℃下浸泡 90min，然后用高纯氮气吹干表面后真空干燥。

（2）二维微结构的 SPG 膜制备［图 11-30（b）］ 将羟基化的 SPG 膜基材浸入 SiO₂ 微球溶液中超声振荡 1min，以便让 SiO₂ 微球溶液能够完全地进入到 SPG 膜孔内（SiO₂ 微球溶液的制备，参照经典的 Stober 方法[48]）。超声振荡后，将 SPG 膜取出并放入到马弗炉中，在 210℃下煅烧 2h。取出冷至室温后，用大量的去离子水冲洗干净表面，用高纯氮气吹干。放在真空干燥箱中 50℃下干燥 12h，SiO₂ 微球就牢牢地沉积到了 SPG 膜孔内和表面上。取出后重复食人鱼溶液浸泡过程，就能使表面具备亲水特性。如果想要获得均匀致密的表面二维微结构，重复上述操作方法即可。在实验中，我们将上述步骤重复了 3 遍［图 11-30（c）］。

（3）等离子体诱导孔内接枝法制备二维微结构温敏 SPG 膜［图 11-30（d）］ 该方法是利用等离子体诱导基材表面产生自由基，并在二维微结构表面接枝上线型高分子链。等离子体诱导孔内接枝法参见文献［49-56］。

三、蛋白质吸附分离智能膜的表征

图 11-31 显示的是基材 SPG 膜和 PNIPAM 接枝的二维微结构 SPG 膜的内表

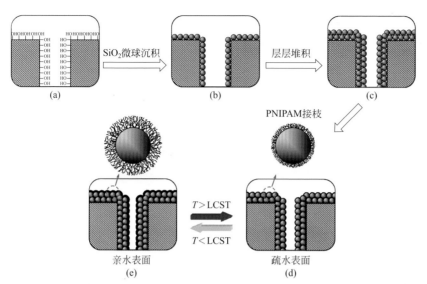

图11-30　用于疏水吸附的PNIPAM接枝多孔膜微通道二维微结构温敏性表面构建和温敏特性示意图

（a）羟基化基材膜；（b）SiO₂微球沉积1次的二维微结构表面SPG膜；（c）SiO₂微球沉积3次的二维微结构表面SPG膜；（d）PNIPAM接枝的二维微结构表面SPG膜在高于LCST时的收缩疏水状态；（e）PNIPAM接枝的二维微结构表面SPG膜在低于LCST时的溶胀亲水状态

▌SPG膜；●SiO₂微球；〜PNIPAM高分子链

面扫描电子显微照片。对于基材 SPG 膜［图 11-31（a）和（b）］，孔表面相对来说是光滑的；另外，对于 PNIPAM 接枝的二维微结构 SPG 膜［图 11-31（c）和（d）］，很明显地看到，平均直径 125nm 的 SiO₂ 微球均匀致密地分布在膜孔表面上。由图 11-31 可清楚地看到，PNIPAM 接枝的二维微结构 SPG 膜孔并没有被 SiO₂ 微球和接枝的 PNIPAM 堵住，膜孔的立体结构在沉积 SiO₂ 微球和接枝 PNIPAM 高分子聚合物后，几乎没有发生改变。SiO₂ 微球均匀致密地覆盖在膜孔表面上。

　　压汞仪结果显示基材 SPG 膜与 PNIPAM 接枝的二维微结构 SPG 膜的平均孔径分别是 1.57μm 和 1.56μm，比表面积分别是 5.668m²/g 和 6.814m²/g。这就再一次证明了基材 SPG 膜与 PNIPAM 接枝的二维微结构 SPG 膜的孔径几乎一致。另外，PNIPAM 接枝的二维微结构 SPG 膜的比表面积相对基材 SPG 膜的比表面积增大了 30%，这些都证明了二维微结构 SPG 膜相比基材 SPG 膜，可以提供更多的吸附表面用于疏水吸附。

　　X 射线光电子能谱的测试结果如图 11-32 所示，实验中对比了二维微结构的 SPG 膜在接枝 PNIPAM 前后的表面化学成分。对于二维微结构的 SPG 膜的 C1s

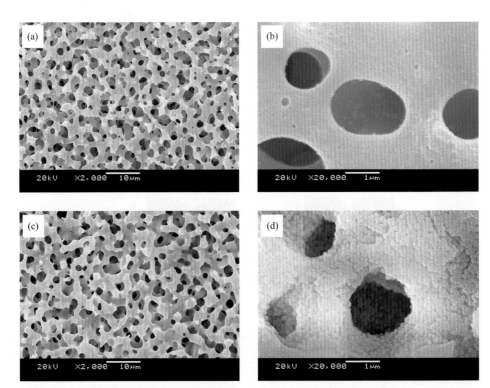

图11-31 基材SPG膜和PNIPAM接枝的二维微结构SPG膜扫描电镜图

（a），（b）基材SPG膜；（c），（d）PNIPAM接枝的二维微结构SPG膜（接枝率为0.1%）。基材SPG膜的平均孔径为1.8μm，SiO₂微球的平均直径为125nm

谱图［图 11-32（a）］，图中仅有结合能在 284.715eV 处的一个峰，即 C—H 键中的 C 原子；对于 PNIPAM 接枝的二维微结构 SPG 膜的 C1s 谱图［图 11-32（b）］，两个新峰出现了，它们的位置分别是结合能在 286.860eV 和结合能在 288.370eV 处，代表 C—N 键中的 C 原子和 C=O 键中的 C 原子。同样地，对于二维微结构 SPG 膜的 O1s 谱图［图 11-32（c）］，图中仅有结合能在 532.619eV 处的一个峰，即 Si—O 键中的 O 原子；而一个新峰出现在 PNIPAM 接枝的二维微结构 SPG 膜谱图 中结合能在 531.538eV 处，它代表 C=O 键中的 O 原子［图 4-3（d）］。二维微结构 SPG 膜的 N1s 谱图没有任何峰出现［图 11-32（e）］，而在 PNIPAM 接枝的二维微结构 SPG 膜的 N1s 谱图结合能 399.626eV 位置处出现了一个新峰［图 11-32（f）］，它代表 C—N 键中的 N 原子。对比二维微结构的 SPG 膜和 PNIPAM 接枝的二维微结构 SPG 膜，C 元素的比例从 11.79% 升高到了 58.49%，N 元素的比例从 0% 升高到了 6.29%，而 O 元素的比例从 47.08% 减少到了 20.43%。从以上数据可以看出，温敏性高分子化合物 PNIPAM 已经成功地接枝到了二维微结构 SPG 膜上。

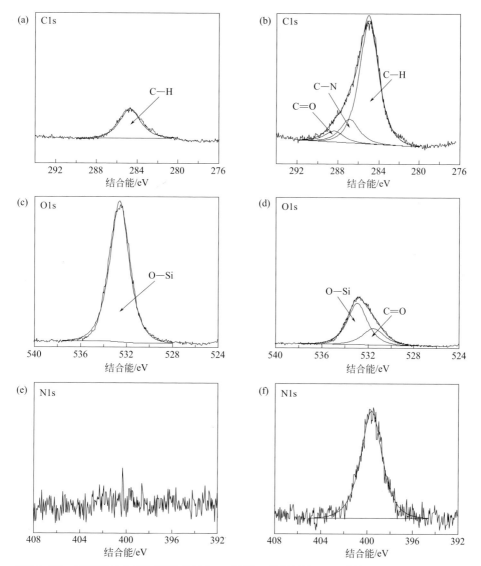

图11-32 二维微结构SPG膜和PNIPAM接枝二维微结构SPG膜的XPS谱图

（a），（c），（e）二维微结构SPG膜；（b），（d），（f）PNIPAM接枝二维微结构SPG膜

图 11-33 展示了水滴在基材 SPG 膜表面（在 20℃时）和二维微结构 SPG 膜表面（在 20℃时），以及 PNIPAM 接枝的二维微结构 SPG 膜表面（在 20℃ 和 40℃时）的动态接触视频截图。无论是基材 SPG 膜、二维微结构 SPG 膜和 PNIPAM 接枝的二维微结构 SPG 膜，在表面温度是 20℃时，膜与水的接触角都

为 0°，虽然水滴在膜上逐渐摊开或消失的过程不尽相同。因为基材 SPG 膜、二维微结构 SPG 膜和 PNIPAM 接枝的二维微结构 SPG 膜均为多孔结构，且在环境温度是 20℃时，表面都是亲水的。水滴在基材表面迅速摊开并最终被多孔膜微通道吸入以致从表面消失。比较基材 SPG 膜［图 11-33（a）］和二维微结构 SPG膜［图 11-33（b）］，二维微结构加快了水滴在膜表面摊开和消失的过程。水滴从刚开始接触基材到接触角变为 0° 的时间，基材 SPG 膜为 2s，二维微结构 SPG膜为 24ms。在 20℃时，对于 PNIPAM 接枝的二维微结构 SPG 膜［图 11-33（c）］，虽然二维微结构起到了促进表面亲水的作用，但是接枝到膜上的 PNIPAM 高分子链是溶胀的，结果导致水滴从膜表面完全浸入膜孔微通道中直至消失的时间相对长一点，为 8s。在 40℃时，对于 PNIPAM 接枝的二维微结构 SPG 膜［图11-33（d）］，虽然膜也是多孔结构，但是水滴在膜表面的接触角不随时间改变，一直维持在 130°，表面呈现疏水。

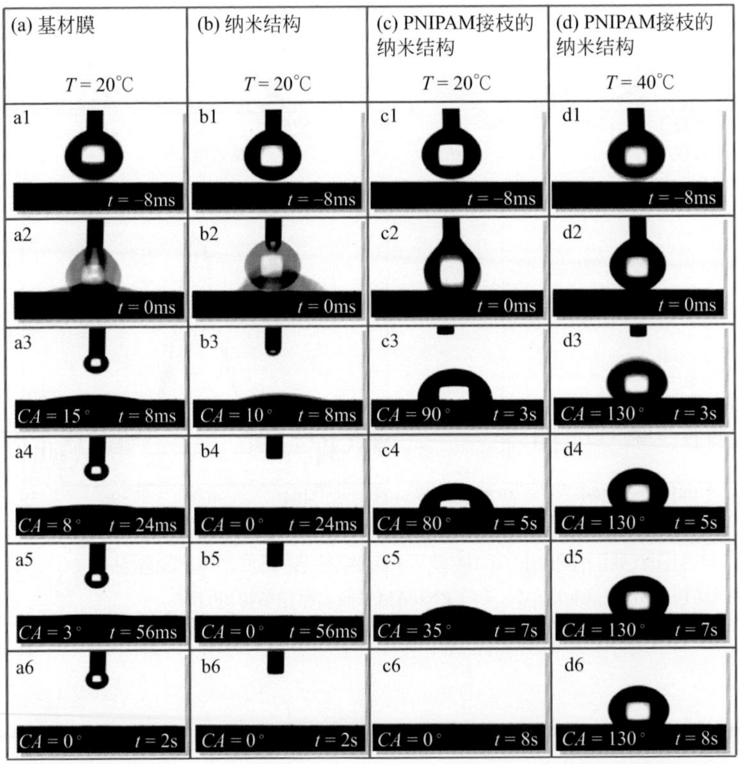

(a) 基材膜 $T=20℃$	(b) 纳米结构 $T=20℃$	(c) PNIPAM接枝的纳米结构 $T=20℃$	(d) PNIPAM接枝的纳米结构 $T=40℃$
a1 $t=-8ms$	b1 $t=-8ms$	c1 $t=-8ms$	d1 $t=-8ms$
a2 $t=0ms$	b2 $t=0ms$	c2 $t=0ms$	d2 $t=0ms$
a3 $CA=15°$ $t=8ms$	b3 $CA=10°$ $t=8ms$	c3 $CA=90°$ $t=3s$	d3 $CA=130°$ $t=3s$
a4 $CA=8°$ $t=24ms$	b4 $CA=0°$ $t=24ms$	c4 $CA=80°$ $t=5s$	d4 $CA=130°$ $t=5s$
a5 $CA=3°$ $t=56ms$	b5 $CA=0°$ $t=56ms$	c5 $CA=35°$ $t=7s$	d5 $CA=130°$ $t=7s$
a6 $CA=0°$ $t=2s$	b6 $CA=0°$ $t=2s$	c6 $CA=0°$ $t=8s$	d6 $CA=130°$ $t=8s$

图11-33 PNIPAM接枝二维微结构SPG膜的表面亲水/疏水特性

（a）基材 SPG 膜；（b）二维微结构 SPG 膜；（c），（d）PNIPAM 接枝二维微结构 SPG 膜在 20℃和 40℃时。水滴大小为 3μL

在稳定状态下，当温度是 20℃（低于 LCST）时，PNIPAM 接枝的二维微结构 SPG 膜与水的接触角为 0°；当温度是 40℃（高于 LCST）时，与水的接触角为 130°。PNIPAM 是温敏性高分子聚合物，当温度低于 LCST 时，高分子链溶胀并呈现亲水性，当温度高于 LCST 时，高分子链收缩并呈现疏水性。二维微结构借助纳米毛细效应会增强表面亲水性。对于实验中制备的 PNIPAM 接枝二维微结构 SPG 膜，在相邻两个 SiO₂ 微球之间的纳米空隙扮演了纳米毛细管的角色。因此，PNIPAM 接枝二维微结构 SPG 膜在 20℃时，表面呈现非常亲水，与水的接触角为 0°；而在温度为 40℃时，由于 SiO₂ 微球的存在，二维微结构增强了表面的疏水性[57]，使得接触角高达 130°。

图 11-34 展示了 PNIPAM 接枝二维微结构 SPG 膜表面的温敏性反复变换特性，随着环境温度在 20℃和 40℃之间进行变换。10 次温度循环变换下来，20℃时膜表面的平均接触角总是维持在 0° 附近，而 40℃时膜表面的平均接触角总是维持在 130° 左右。也就是说实验中制备的 PNIPAM 接枝二维微结构 SPG 膜，其表面温敏特性可反复使用。

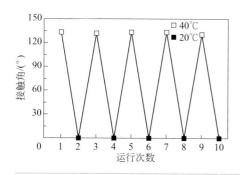

图 11-34
温敏膜表面接触角反复测试数据（水滴大小为 3μL，接触角为膜内外表面接触角的平均值）

四、蛋白质吸附分离智能膜的应用性能

将非离子型表面活性剂（OP-10）作为吸附模型分子，对 PNIPAM 接枝的二维微结构 SPG 膜的温敏性疏水吸附 - 亲水解吸性能进行了测试。在温度高于或低于 LCST 时，对膜进行了动态吸附 OP-10 的实验研究。

图 11-35 显示了膜的温敏性动态吸附 - 解吸 OP-10 分子实验结果。实验中选取了基材 SPG 膜和 PNIPAM 接枝的二维微结构 SPG 膜（接枝率 $Y_{PNIPAM} = 0.1\%$）进行对比。对于基材 SPG 膜，OP-10 在膜上的吸附量 Q_m 从实验开始的 5h 内，就升高到大约 $0.36mg/m^2$，并且无论环境温度如何变化，Q_m 值一直保持不变。这是因为辛基酚环氧乙烯醚（OP-10）是一种非离子型表面活性剂，它既具有亲水

基团羟基，又具有疏水基团辛基，且基材 SPG 膜表面富含羟基基团呈亲水状态，故 OP-10 可以吸附在基材 SPG 膜上。然而，由图 11-35 可明显看出，二维微结构 SPG 膜吸附 OP-10 分子并没有任何温度响应性。

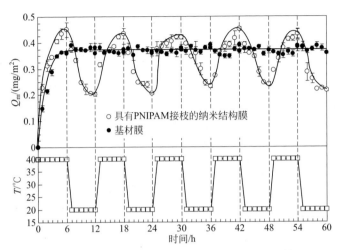

图11-35 OP-10在基材SPG膜和PNIPAM接枝二维微结构SPG膜上随温度变化的吸附-解吸特性曲线

对于 PNIPAM 接枝的二维微结构 SPG 膜，在 40℃时达到吸附平衡，吸附量值为 0.46mg/m²，它是大于基材 SPG 膜吸附 OP-10 分子达到平衡的值 0.36mg/m²。那是因为 PNIPAM 接枝的二维微结构 SPG 膜在温度高于 LCST 时呈现疏水状态，OP-10 吸附主要是借助疏水相互作用力，并且二维微结构增大了 SPG 膜吸附表面积的缘故。更为重要的是，PNIPAM 接枝的二维微结构 SPG 膜呈现出优良的温度相应性疏水吸附 - 亲水解吸 OP-10 分子行为。随着环境温度降低至 20℃时，吸附值 Q_m 在 6h 内迅速下降至 0.21mg/m²；当环境温度再次升高至 40℃时，吸附值 Q_m 又再次迅速增至 0.46mg/m²；当环境温度再降至 20℃时，吸附值 Q_m 又再次减少。如此循环改变环境温度，吸附值 Q_m 始终在 0.46mg/m² 和 0.21mg/m² 之间变化，在经历 10 次升温降温循环后，PNIPAM 接枝的二维微结构 SPG 膜仍然呈现出良好的温敏特性，可见实验中制备出的膜其温敏性疏水吸附 - 亲水解吸特性是可以反复利用的。实验证明，PNIPAM 接枝的二维微结构 SPG 膜具有很好的实际应用前景。

进一步将牛血清白蛋白（BSA）作为吸附模型分子，BSA 是大分子化合物，它的分子质量是 68kDa，分子体积是 4nm×4nm×14nm[58]，在温度高于或低于 LCST 时，研究了 PNIPAM 接枝的二维微结构 SPG 膜对 BSA 的动态吸附特性。

图 11-36 显示了膜的温敏性动态吸附 - 解吸 BSA 分子实验结果。实验中选取了基材 SPG 膜、二维微结构 SPG 膜和 PNIPAM 接枝的二维微结构 SPG 膜（接枝率 Y_{PNIPAM} = 0.1%）进行对比。无论环境温度是 20℃还是 40℃，基材 SPG 膜几乎不吸附 BSA 分子。对于二维微结构 SPG 膜，BSA 在膜上的吸附量 Q_m 在实验开始的 3h，就升高到大约 0.5mg/m²，并且无论环境温度如何变化，Q_m 值一直保持不变。相比较光滑的基材 SPG 膜，二维微结构 SPG 膜更容易吸附 BSA 分子，因为二维微结构表面能够提供给 BSA 分子两个或三个立体吸附位点，并且能提供更大的吸附表面积。然而，由图 11-36 可明显看出，二维微结构 SPG 膜吸附 BSA 分子并没有任何温度响应性。

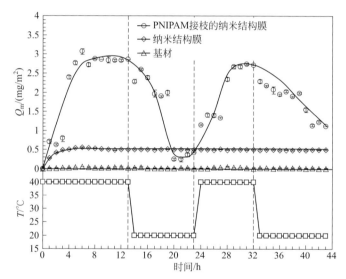

图11-36 牛血清白蛋白（BSA）在基材膜、二维微结构膜和PNIPAM接枝的二维微结构温敏膜上的吸附-解吸特性曲线

对于 PNIPAM 接枝的二维微结构 SPG 膜，在 40℃时达到吸附平衡，吸附量的值为 2.95mg/m²，它是远远大于二维微结构 SPG 膜吸附 BSA 分子达到平衡的值 0.5mg/m²。那是因为 PNIPAM 接枝的二维微结构 SPG 膜在温度高于 LCST 时呈现疏水状态，并且 BSA 吸附主要是借助疏水相互作用力的缘故。更为重要的是，PNIPAM 接枝的二维微结构 SPG 膜呈现出更加优秀的温度响应性疏水吸附 - 亲水解吸 BSA 分子行为。在温度 40℃时，PNIPAM 接枝的二维微结构 SPG 膜吸附 BSA 分子仅用了 3h，就很快达到最大吸附平衡值 2.95mg/m²，并且吸附实验在接下来的 7h 内，吸附值几乎没有任何变化。随着环境温度降低至 20℃时，在 6h 内吸附值 Q_m 下降至 0.25mg/m²，并且解吸实验在接下来的 4h 内，吸附值几

乎没有任何变化。当环境温度再次升高至40℃时，吸附值Q_m又再次迅速增至2.95mg/m²；当环境温度再降至20℃时，吸附值Q_m又再次减少。PNIPAM接枝的二维微结构SPG膜对BSA分子的吸附值，第一次温度变化循环要好于第二次温度变化循环，我们推测其主要原因可能是膜被第一次吸附上去的BSA分子所污染，并不是所有的在第一次温度循环中吸附上去的BSA分子都能够在第二次吸附循环中被解吸下来。

BSA分子在PNIPAM接枝的二维微结构SPG膜达到吸附平衡所花的时间是比较长的，这是由下面2个主要的原因所导致。第一个原因，BSA是大分子化合物，它的分子质量是68kDa，分子体积是4nm×4nm×14nm[58]，如此大的尺寸阻止了BSA分子快速地移动/吸附/解吸。据文献报道，BSA分子在无孔基材上吸附达到平衡的时间通常是1～10h，最长可达16h[59-61]。第二个原因，SPG膜是一类多孔基材，它的孔尺寸几乎完全一致并交错地贯穿整个膜的厚度[62]。PNIPAM高分子层和二维微结构已经贯穿整个PNIPAM接枝的二维微结构SPG膜，也就是说，BSA分子的吸附位点是贯穿整个膜厚度的。那当然会花掉相当长的一段时间，大尺寸的BSA分子穿过错综复杂的膜孔慢慢扩散到距离膜表面较远的膜孔中心，借助疏水相互作用力吸附在膜孔上，并最终受到温度的影响从膜孔上解吸下来。在实验中，PNIPAM接枝二维微结构表面SPG膜的接枝率为$Y_{PNIPAM} = 0.1\%$，在环境温度40℃时，吸附BSA的最大吸附量与环境温度20℃时的最小吸附量相差2.7mg/m²。也就是说，在40℃时被PNIPAM接枝二维微结构SPG膜吸附的BSA分子，当环境温度降为20℃时，有超过90%的BSA分子被解吸下来。

综上，引入二维微结构不仅增加了吸附表面积，而且比光滑表面提供了更多的立体吸附位点。当表面亲水时，相邻两个SiO_2微球之间的纳米空隙扮演了纳米毛细管的角色，二维微结构借助纳米毛细效应增强了表面亲水性。当表面疏水时，二维微结构借助荷叶表面效应增强了表面疏水性。总的来说，二维微结构的引入，使亲水表面更亲水、疏水表面更疏水，大大强化了温敏亲水/疏水转换效果，促进了膜的高温吸附-低温解吸行为。

参考文献

[1] Keurentjes J T F, Nabuurs L J W M, Vegter E A. Liquid membrane technology for the separation of racemic mixtures[J]. Journal of Membrane Science, 1996, 113(2):351-360.

[2] Armstrong D W, Jin H L. Enrichment of enantiomers and other isomers with aqueous liquid membranes

containing cyclodextrin carriers[J]. Analytical Chemistry, 1987, 59(18):2237-2241.

[3] Mandal D K, Guha A K, Sirkar K K. Isomer separation by a hollow fiber contained liquid membrane permeator[J]. Journal of Membrane Science, 1998, 144(1-2):13-24.

[4] Canet L, Vanel P, Aouad N, Tronel-Peyroz E, Palmeri J, Seta P. Impedance and electrical potential across supported liquid membranes: role of interfacial potentials on the active transport of a metal cation[J]. Journal of Membrane Science, 1999, 163(1):109-121.

[5] Lee S B, Mitchell D T, Trofin L, Nevanen TK, Soderlund H, Martin CR. Antibody-based bio-nanotube membranes for enantiomeric drug separations[J]. Science, 2002, 296(5576):2198-2200.

[6] Breccia P, Van Gool M, Perez-Fernandez R, Martin-Santamaria S, Gago F, Prados P, de Mendoza JC. Guanidinium receptors as enantioselective amino acid membrane carriers[J]. Journal of the American Chemical Society, 2003, 125(27):8270-8284.

[7] Afonso C A M, Crespo J G. Recent advances in chiral resolution through membrane-based approaches[J]. Angewandte Chemie-International Edition, 2004, 43(40):5293-5295.

[8] 杨眉. 环境响应型智能开关膜与手性拆分膜的制备及性能研究 [D]. 成都：四川大学，2009.

[9] Yang M, Chu L Y, Wang H D, Xie R, Song H. Niu C H. A thermoresponsive membrane for chiral resolution[J]. Advanced Functional Materials, 2008, 18(4):652-663.

[10] Zhang J T, Huang S W, Gao F Z, Zhuo R X. Novel temperature-sensitive, beta-cyclodextrin-incorporated poly(N-isopropylacrylamide) hydrogels for slow release of drug[J]. Colloid and Polymer Science, 2005, 283(4):461-464.

[11] Wei H L, Yu H Q, Zhang A Y, Sun L G, Hou D D, Feng Z G. Synthesis and characterization of thermosensitive and supramolecular structured hydrogels[J]. Macromolecules, 2005, 38(21):8833-8839.

[12] Zhang J T, Huang S W, Liu J, Zhuo R X. Temperature sensitive poly (N-isopropylacrylamide-co-acryloyl beta-cyclodextrin) for improved drug release[J]. Macromolecular Bioscience, 2005, 5(3):192-196.

[13] Liu Y Y, Fan X D, Hu H, Tang Z H. Release of chlorambucil from poly(N-isopropylacrylamide) hydrogels with beta-cyclodextrin moieties[J]. Macromolecular Bioscience, 2004, 4(8):729-736.

[14] Wang H D, Chu L Y, Yu X Q, Xie R, Yang M, Xu D, Zhang J, Hu L. Thermosensitive affinity behavior of poly (N-isopropylacrylamide) hydrogels with beta-cyclodextrin moieties[J]. Industrial & Engineering Chemistry Research, 2007, 46(5):1511-1518.

[15] Ohashi H, Hiraoka Y, Yamaguchi T. An autonomous phase transition-complexation/decomplexation polymer system with a molecular recognition property[J]. Macromolecules, 2006, 39(7):2614-2620.

[16] Yanagioka M, Kurita H, Yamaguchi T, Nakao S. Development of a molecular recognition separation membrane using cyclodextrin complexation controlled by thermosensitive polymer chains[J]. Industrial & Engineering Chemistry Research, 2003, 42(2):380-385.

[17] Zhang J T, Huang S W, Zhuo R X. Preparation and characterization of novel temperature sensitive poly (N-isopropylacrylamide-co-acryloyl beta-cyclodextrin) hydrogels with fast shrinking kinetics[J]. Macromolecular Chemistry and Physics, 2004, 205(1):107-113.

[18] Liu Y Y, Fan X D. Preparation and characterization of a novel responsive hydrogel with a beta-cyclodextrin-based macromonomer[J]. Journal of Applied Polymer Science, 2003, 89(2):361-367.

[19] Liu Y Y, Fan X D, Zhao Y B. Synthesis and characterization of a poly(N-isopropylacrylamide) with beta-cyclodextrin as pendant groups[J]. Journal of Polymer Science Part A—Polymer Chemistry, 2005, 43(16):3516-3524.

[20] Liu Y Y, Fan X D. Synthesis and characterization of pH- and temperature-sensitive hydrogel of N-isopropylacrylamide/cyclodextrin based copolymer[J]. Polymer, 2002, 43(18):4997-5003.

[21] Nozaki T, Maeda Y, Ito K, Kitano H. Cyclodextrins modified with polymer-chains which are responsive to external stimuli[J]. Macromolecules, 1995, 28(2):522-524.

[22] Nozaki T, Maeda Y, Kitano H. Cyclodextrin gels which have a temperature responsiveness[J]. Journal of Polymer Science Part A—Polymer Chemistry, 1997, 35(8):1535-1541.

[23] Tsuneda S, Saito K, Furusaki S, Sugo T. High-throughput processing of proteins using a porous and tentacle anion-exchange membrane[J]. Journal of Chromatography A, 1995, 689(2):211-218.

[24] Nakamura M, Kiyohara S, Saito K, Sugita K, Sugo T. Chiral separation of DL-tryptophan using porous membranes containing multilayered bovine serum albumin crosslinked with glutaraldehyde[J]. Journal of Chromatography A, 1998, 822(1):53-58.

[25] Kiyohara S, Nakamura M, Saito K, Sugita K, Sugo T. Binding of DL-tryptophan to BSA adsorbed in multilayers by polymer chains grafted onto a porous hollow-fiber membrane in a permeation mode[J]. Journal of Membrane Science, 1999, 152(2):143-149.

[26] Nakamura M, Kiyohara S, Saito K, Sugita K, Sugo T. High resolution of DL-tryptophan at high flow rates using a bovine serum albumin-multilayered porous hollow fiber membrane[J]. Analytical Chemistry, 1999, 71(7):1323-1325.

[27] Saito K. Charged polymer brush grafted onto porous hollow-fiber membrane improves separation and reaction in biotechnology[J]. Separation Science and Technology, 2002, 37(3):535-554.

[28] Yamada K, Haraguchi T, Kajiyama T. Plasma-graft polymerization of vinyl monomers with reactive groups onto a surface of poly(p-phenylene terephthalamide) fiber[J]. Journal of Applied Polymer Science, 1996, 60(11):1847-1853.

[29] Choi E Y, Strathmann H, Park J M, Moon S H. Characterization of non-uniformly charged ion-exchange membranes prepared by plasma-induced graft polymerization[J]. Journal of Membrane Science, 2006, 268(2):165-174.

[30] Virtanen J, Baron C, Tenhu H. Grafting of poly(N-isopropylacrylamide) with poly(ethylene oxide) under various reaction conditions[J]. Macromolecules, 2000, 33(2):336-341.

[31] Extrand C W, Kumagai Y. An experimental study of contact angle hysteresis[J]. Journal of Colloid and Interface Science, 1997, 191(2):378-383.

[32] Henn A R. The surface tension of water calculated from a random network model[J]. Biophysical Chemistry, 2003, 105(2-3):533-543.

[33] 刘育，尤长城，张衡益. 超分子化学—合成受体的分子识别与组装 [M]. 天津：南开大学出版社，2001.

[34] Xie R, Zhang S B, Wang H D, Yang M, Li P F, Zhu X L, Chu L Y. Temperature-dependent molecular-recognizable membranes based on poly(N-isopropylacrylamide) and beta-cyclodextrin[J]. Journal of Membrane Science, 2009, 326(2):618-626.

[35] Yang M, Xie R, Wang J Y, Ju X J, Yang L H, Chu L Y. Gating characteristics of thermo-responsive and molecular-recognizable membranes based on poly(N-isopropylacrylamide) and beta-cyclodextrin[J]. Journal of Membrane Science, 2010, 355(1-2):142-150.

[36] 谢锐. 温度响应与分子识别型智能核孔膜的制备与性能研究 [D]. 成都：四川大学，2007.

[37] Virtanen J, Tenhu H. Studies on copolymerization of N-isopropylacrylamide and glycidyl methacrylate[J]. Journal of Polymer Science Part A—Polymer Chemistry, 2001, 39(21):3716-3725.

[38] Roper D K, Lightfoot E N. Separation of biomolecules using adsorptive membranes[J]. Journal of Chromatography A, 1995, 702(1-2):3-26.

[39] Charcosset D. Purification of proteins by membrane chromatography[J]. Journal of Chemical Technology & Biotechnology, 1999, 71(2):95-110.

[40] Guo W, Ruckenstein E. Separation and purification of horseradish peroxidase by membrane affinity

chromatography[J]. Journal of Membrane Science, 2003, 211(1):101-111.

[41] Zeng X, Ruckenstein E. Membrane chromatography: Preparation and applications to protein separation[J]. Biotechnology Progress, 1999, 15(16):1003-1019.

[42] Xu F, Wang Y, Wang X, Zhang Y, Tang Y, Yang P. A novel hierarchical nanozeolite composite as sorbent for protein separation in immobilized metal-ion affinity chromatography[J]. Advanced Materials, 2003, 15(20):1751-1753.

[43] Xie R, Chu L Y, Deng J G. Membranes and membrane processes for chiral resolution[J]. Chemical Society Reviews, 2008, 37(6):1243-1263.

[44] Seida Y, Nakano Y. Adsorption and desorption proper-ties of thermosensitive polymer hydrogel under temperature swing[J]. Kagaku Kogaku Ronbunshu, 1999, 25(6):1024-1026.

[45] Vladisavljevica G T, Shimizu M, Nakashima T. Permeability of hydrophilic and hydrophobic Shirasu-porous-glass (SPG) membranes to pure liquids and its microstructure[J]. Journal of Membrane Science, 2005, 250(1-2):69-77.

[46] Meng T, Xie R, Chen Y C, Cheng C J, Li P F, Ju X J, Chu L Y. A thermo-responsive affinity membrane with nano-structured pores and grafted poly(N-isopropylacrylamide) surface layer for hydrophobic adsorption[J]. Journal of Membrane Science, 2010, 349(1-2):258-267.

[47] 孟涛. 多孔膜微通道表面二维微结构的构建及其在分离过程中的作用 [D]. 成都：四川大学，2010.

[48] Stober W, Fink A, Bohn E. Controlled growth of monodisperse silica spheres in the micron size range[J]. Journal of Colloid and Interface Science, 1968, 26(1):62-69.

[49] Fulghum T M, Estillore N C, Vo C D, Armes S P, Advincula R C. Stimuli-responsive polymer ultrathin films with a binary architecture: Combined layer-by-layer polyelectrolyte and surface-initiated polymerization approach[J]. Macromolecules, 2008, 41(2):429-435.

[50] Yamaguchi T, Nakao S, Kimura S. Evidence and mechanisms of filling polymerization by plasma-induced graft polymerization[J]. Journal of Polymer Science part A: Polymer Chemistry, 2000, 34(7):1203-1208.

[51] Kai T, Yamaguchi T, Nakao S. Preparation of organic/inorganic composite membranes by plasma-graft filling polymerization technique for organic-liquid separation[J]. Industrial & Engineering Chemistry Research, 2000, 39(9):3284-3290.

[52] Chu L Y, Niitsuma T, Yamaguchi T, Nakao S. Thermo-responsive transport through porous membranes with grafted PNIPAM gates[J]. AIChE Journal, 2003, 49(4):896-909.

[53] Li Y, Chu L Y, Zhu J H, Wang H D, Xia S L, Chen W M. Thermoresponsive gating characteristics of Poly(N-isopropylacrylamide)-grafted porous poly(vinylidene fluoride) membranes[J]. Industrial & Engineering Chemistry Research, 2004, 43(11):2643-2649.

[54] Xie R, Chu L Y, Chen W M, Xiao W, Wang H D, Qu J B. Characterization of microstructure of poly (N-isopropylacrylamide)-grafted polycarbonate track-etched membranes prepared by plasma-graft pore-filling polymerization[J]. Journal of Membrane Science, 2005, 258(1-2):157-166.

[55] Kai T, Suma Y, Ono S, Yamaguchi T, Nakao S. Effect of the pore surface modification of an inorganic substrate on the plasma-grafting behavior of pore-filling-type organic/inorganic composite membranes[J]. Journal of Polymer Science Part A—Polymer Chemistry, 2006, 44(2):846-856.

[56] Xie R, Li Y, Chu L Y. Preparation of thermo-responsive gating membranes with controllable response temperature[J]. Journal of Membrane Science, 2007, 289(1-2):76-85.

[57] Feng L, Li S, Li Y, Li H, Zhang L, Zhai J, Song Y, Liu B, Jiang L, Zhu D B. Super-hydrophobic surfaces: From natural to artificial[J]. Advanced Materials, 2002, 14(24):1857-1860.

[58] Peters T J. All about albumin: Biochemistry, genetics, and medical applications[M]. San Diego: Academic Press, 1996.

[59] Rezwan K, Meier L P, Rezwan M, Voros J, Textor M, Gauckler L J. Bovine serum albumin adsorption onto colloidal Al$_2$O$_3$ particles: A new model based on zeta potential and UV-Vis measurements[J]. Langmuir, 2004, 20(33):10055-10061.

[60] Rezwan K, Meier L P, Gauckler L J. Lysozyme and bovine serum albumin adsorption on uncoated silica and AlOOH-coated silica particles: The influence of positively and negatively charged oxide surface coatings[J]. Biomaterials, 205, 26(21):4351-4357.

[61] Alkan M, Demirbas O, Dogan M, Arslan O. Surface properties of bovine serum albumin - adsorbed oxides: Adsorption, adsorption kinetics and electrokinetic properties[J]. Microporous and Mesoporous Materials, 2006, 96(1-3): 331-340.

[62] Cheng C J, Chu L Y, Ren P W, Zhang J, Hu L. Preparation of monodisperse thermo-sensitive poly (*N*-isopropylacrylamide) hollow microcapsules[J]. Journal of Colloid and Interface Science, 2007, 313(2):383-388.

第十二章

智能膜在可控反应中的应用

第一节　智能膜用于催化反应调控 / 430

第二节　智能膜用于酶催化反应控制 / 439

智能膜能够根据外界环境刺激的变化灵活调控物质的跨膜传质过程，因而在反应、分离、检测等诸多领域均具有广阔的应用前景[1]。在反应过程中，传质过程对于反应的有效进行具有重要意义。比如，在催化反应过程中，反应物与催化剂之间的有效接触对于高效催化反应的进行具有十分重要的作用[2]。在酶催化反应过程中，底物与生物酶的有效接触有利于酶催化反应的高效进行，而产物的积累则会抑制酶活性[3]。通过将智能膜与金属纳米颗粒、生物酶等催化剂相结合，则可以有效耦合智能膜可控的跨膜传质过程，灵活调控反应物与催化剂之间的接触，从而实现对催化反应的有效调控[2, 3]。在本章中，针对智能膜在可控反应中的应用，重点介绍结合有金属纳米颗粒催化剂的温敏催化智能膜[2, 4]，以及包埋有生物酶的 pH 响应性酶催化智能微囊膜[3, 5]，这两种智能膜可响应外界刺激而改变自身的微观结构和物理化学特性，以调节物质的跨膜传质过程，从而实现有效的催化反应调控。

第一节
智能膜用于催化反应调控

一、催化反应调控智能膜的设计

PES/PNG@Ag 温敏催化智能膜的结构和功能如图 12-1 所示，其具有优良、稳定、可重复的温敏特性和催化特性[2, 4]。该智能膜主要基于具有多孔结构的 PES 基材，其相互连通的胞状孔的孔壁上结合了表面修饰有 Ag 纳米颗粒的 PNIPAM 纳米凝胶颗粒（PNG@Ag 纳米凝胶）[图 12-1（a），（b）]。其中，PNIPAM 纳米凝胶颗粒可赋予智能膜温敏特性，而 Ag 纳米颗粒则可以赋予智能膜催化特性。这些数目众多的微米尺度胞状孔能作为微反应器，提供大的比表面积用于 Ag 纳米颗粒催化剂与溶液中反应物分子的接触。而膜孔中的 PNIPAM 纳米凝胶颗粒可通过其可逆的温敏性体积收缩 / 溶胀相变过程，实现对膜孔"开启"和"关闭"的调控，以调节跨膜水通量以及反应液在膜中的停留时间，从而有效调节和强化催化反应过程，保持高的催化效率。当操作温度低于 PNIPAM 纳米凝胶的体积相转变温度（VPTT）时，膜孔中的 PNIPAM 纳米凝胶处于溶胀状态，从而使得膜孔"关闭"、膜孔阻力增大，因而导致较低的跨膜水通量和较长的反应液停留时间[图 12-1（c）]。当操作温度高于 VPTT 时，膜孔中的 PNIPAM 纳米凝胶处于收缩状态，从而使得膜孔"开启"、膜孔阻力减小，因而导致较高的跨膜水通量和较短的反应液停留时间［图 12-1（d）］。当反应液中反应物浓度较高时，为了保证催化过程的转化率，可调控操作温度至 PNIPAM 纳米凝胶的 VPTT 以下，使反应液在膜中停留时间增长、反应物分子能与膜孔中的 Ag 纳米颗粒催化剂充分接触，以获得高转化率；而当反应液中反应物浓度较低时，处理负荷相对降低，可调控操作温度在 PNIPAM 纳米凝胶的 VPTT 以上，从而使反应液在膜中停留时间变短，并在维持高转化率的情况下，大幅提高反应液的处理量。因此，通过调控操作温度，该智能膜可以在不同反应物浓度情况下实现高效、智能的催化过程。

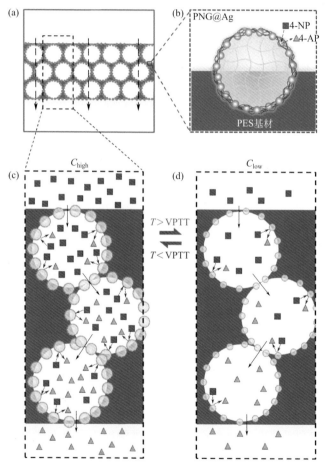

图12-1　PES/PNG@Ag温敏催化智能膜的结构和功能示意图

（a）膜断面结构；（b）膜孔壁上结合的PNG@Ag纳米凝胶颗粒；（c），（d）在低温（<VPTT）和高温（>VPTT）条件下利用NaBH₄为还原剂催化还原对硝基苯酚（4-NP）为4-氨基苯酚（4-AP）的过程示意图

PNG@Ag—PNG@Ag纳米凝胶；c_{high}—高4-NP浓度；c_{low}—低4-NP浓度

二、催化反应调控智能膜的制备

PES/PNG@Ag 温敏催化智能膜主要通过蒸汽诱导相分离法（VIPS）来制备[6]。首先，利用沉淀聚合法制备 PNIPAM 纳米凝胶颗粒；然后，基于聚多巴胺的优良黏附性，在 PNIPAM 纳米凝胶颗粒表面涂覆一层聚多巴胺；接着，基于聚多巴胺优良的还原性，通过将涂覆有聚多巴胺的 PNIPAM 纳米凝胶浸没入 $AgNO_3$ 溶液中，使得聚多巴胺涂层上还原生产得到 Ag 纳米颗粒[7-9]，从而制备得到 PNG@Ag 纳米凝胶。其中，制得的 PNG@Ag 纳米凝胶具有良好的温敏性，其在 20℃时的直径为 355nm，而在 50℃时的直径为 142nm。制得 PNG@Ag 纳米凝胶后，以含有 PES（20%,w/V）和 PNG@Ag 纳米凝胶（3%,w/V）的 N-甲基吡咯烷酮为铸膜液，由 VIPS 法制备膜孔内结合有 PNG@Ag 纳米凝胶的 PES 温敏催化智能膜，其蒸汽温度、相对湿度、暴露时间分别为 25℃、70% 和 2min。该制备方法较为简单，能方便地用于温敏催化智能膜的大规模生产。

三、催化反应调控智能膜的表征

如图 12-2（a）和（b）所示，当不添加纳米凝胶时，由相同的 VIPS 过程所制备得到的空白 PES 膜具有较为致密的表面结构，其断面呈现出典型的对称胞状孔结构。而由 VIPS 法制得的结合有 PNIPAM 纳米凝胶的 PES 膜（PES/PNG 膜）和 PES/PNG@Ag 膜的结构相似，其表面均呈现出大量的微米级孔结构［图 12-2（c）和（e）］，且孔的尺寸和数目较空白 PES 膜均有显著增加。同时，PES/PNG 膜和 PES/PNG@Ag 膜的断面均同时呈现出胞状孔和指状孔的复合结构［图 12-2（d）和（f）］。这主要是因为纳米凝胶的加入延缓了铸膜液的分相过程，并使得相分离过程中致孔的高分子贫相发生粗化合并所致。

图 12-3 所示为 PES 膜、PES/PNG 膜和 PES/PNG@Ag 膜断面以及其中的 Ag 纳米颗粒的透射电镜图。从图 12-3 可以看出，相比于空白 PES 膜较为均一的亚微米孔［图 12-3（a）］，PES/PNG 膜和 PES/PNG@Ag 膜的断面上均出现了几个微米尺寸的孔，且孔中具有多个 PNIPAM 纳米凝胶［图 12-3（b）］和 PNG@Ag 纳米凝胶［图 12-3（c）］。此外，在 PES/PNG@Ag 膜的微米尺寸孔中，可以清楚地看到其中的 PNIPAM 纳米凝胶上所结合的 Ag 纳米颗粒（白色点状物），其含量（质量分数）约为 0.56%。通过高分辨透射电镜表征 PNIPAM 纳米凝胶上 Ag 纳米颗粒的结构［图 12-3（d）］发现，其晶面结构和单质银是相符的，这说明了膜中的 Ag 纳米颗粒是以单质形式存在的。

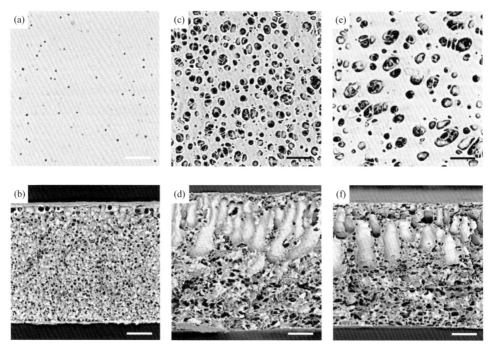

图12-2 PES膜［（a），（b）］、PES/PNG膜［（c），（d）］和PES/PNG@Ag膜
［（e），（f）］的表面［（a），（c），（e）］和断面［（b），（d），（f）］的扫描
电镜图

标尺为20μm

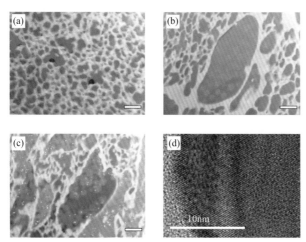

图12-3 PES膜（a）、PES/PNG膜（b）、PES/PNG@Ag膜（c）断面以及其中的Ag纳
米颗粒（d）的透射电镜图

（a）~（c）标尺为1μm；（d）标尺为10nm

四、催化反应调控智能膜的应用性能

1. PES 温敏催化智能膜的温敏性能研究

利用如图 12-4 所示的跨膜水通量测试装置对膜的跨膜水通量进行测试。如图 12-5 所示为空白 PES 膜、PES/PNG 膜和 PES/PNG@Ag 膜在温度由 20℃升高到 45℃过程中的跨膜水通量变化。从图 12-5 中可以看出，空白 PES 膜的跨膜水通量在 20℃时约为 0L/（m²·h·bar），且随着操作温度的升高其跨膜水通量基本保持不变。空白 PES 膜的低跨膜水通量主要是由于其封闭的胞状孔结构具有较大的传质阻力所致。然而，对于 PES/PNG 膜和 PES/PNG@Ag 膜，由于其内部在加入纳米凝胶后形成了更大的孔结构，因而两者在 20℃时的跨膜水通量约为 12L/（m²·h·bar）。而随着操作温度从 20℃提高到 45℃，PES/PNG 膜和 PES/PNG@Ag 膜的跨膜水通量剧烈升高到约 300L/（m²·h·bar）。这主要是由于 PES/PNG 膜和 PES/PNG@Ag 膜中的 PNIPAM 纳米凝胶和 PNG@Ag 纳米凝胶随着温

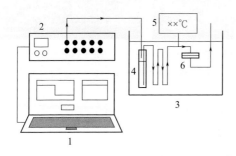

图12-4

跨膜水通量测试装置示意图

1—电脑；2—微泵系统；3—水浴；4—样品管；
5—热电偶温度计；6—膜组件

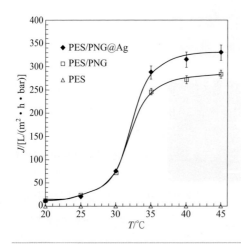

图12-5

PES膜、PES/PNG膜和PES/PNG@
Ag膜在0.05MPa、不同温度下的水通量

度升高而逐渐由溶胀状态转变为收缩状态，从而使得膜孔开启、阻力减小，因而跨膜水通量剧烈升高。PES/PNG 膜和 PES/PNG@Ag 膜的跨膜水通量在 20℃和 45℃时的显著差异，表明了这两种膜均具有良好的温敏性，这有利于有效调控膜催化反应过程中的跨膜传质通量。

2. PES 温敏催化智能膜的催化性能研究

利用 $NaBH_4$ 还原 4-NP 为 4-AP 的反应作为模型反应来测试 PES 温敏催化智能膜的催化性能［图 12-1(b)］。如图 12-6 所示为反应物 4-NP 在 20℃和 0.03MPa 条件下经过膜催化还原后的转化率（$NaBH_4$ 与 4-NP 的摩尔比为 100∶1）。反应物 4-NP 的转化率（α）定义为被转化为 4-AP 的 4-NP 量与进料液中的 4-NP 量之比，即 $\alpha=(A_0-A_t)/A_0$；其中 A_0 和 A_t 分别为紫外 - 可见分光光度计在 400nm 测得的进料反应液的吸光度和反应 t 分钟后的透膜液的吸光度。如图 12-6 所示，结合有 Ag 纳米颗粒的 PES/PNG@Ag 膜展现出了 95% 的高转化率，而空白 PES 膜和 PES/PNG 膜由于其不含有金属催化剂，因而不具备催化特性。

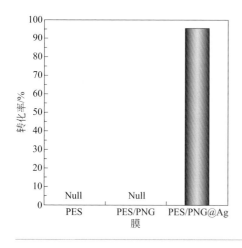

图12-6

PES膜、PES/PNG膜和PES/PNG@Ag膜的催化性能

Null—0

在膜催化反应过程中，溶液在膜中的停留时间决定了膜的渗透性能和催化性能。停留时间（τ）定义为膜孔总体积与溶液体积流率之比，即 $\tau=\delta\Phi/Q$，其中，δ 是膜的厚度，m；Φ 是膜的孔隙率；Q 是跨膜水通量，L/（$m^2 \cdot s$）。对于同样的膜来说，δ 和 Φ 的值是一定的，因此停留时间主要与溶液透过膜的体积流率成反比。如图 12-7 所示为操作温度和压力对进料反应液（$NaBH_4$ 与 4-NP 的摩尔比为 100∶1）透过 PES/PNG@Ag 膜时停留时间的影响。在相同的操作压力下，随着操作温度的提高，由于 PNG@Ag 纳米凝胶收缩导致跨膜水通量显著增加（图 12-5），因而反应液停留时间显著减少（图 12-7）。例如，当在 0.03MPa 压力条

件下将操作温度由 20℃升高到 45℃时，反应液的停留时间由 49.9s 降低为 2.9s。此外，在相同操作温度下，随着压力由 0.03MPa 升高到 0.05MPa，反应液跨膜通量增加、停留时间减少。

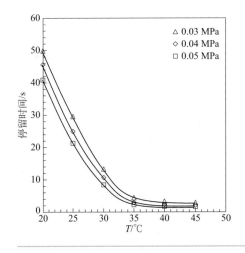

图12-7

不同操作温度和压力下反应液在PES/
PNG@Ag膜中的停留时间

反应液中NaBH₄与4-NP的摩尔比为100∶1

如图 12-8 所示为操作温度和反应物浓度对 PES/PNG@Ag 膜催化特性的影响。首先，在反应液浓度恒定时，随着操作温度的升高，跨膜水通量增加、停留时间减少，使得 4-NP 与 PNG@Ag 纳米凝胶上 Ag 纳米颗粒的接触时间缩短，因而 4-NP 的转化率随之下降。然而，不同浓度反应液的转化率在低温（25℃以下）时的下降趋势与高温时的下降趋势有显著区别。在较低的操作温度时（比如 20℃和 25℃），反应液在膜中的停留时间足够长，使得催化反应能充分进行，因而三个不同反应物浓度下的转化率均较高（约 95%）。而当温度高于 25℃时，转化率随着反应物浓度的增加而呈现出更明显的下降。例如，当进料反应液中 NaBH₄ 和 4-NP 的摩尔比为 100∶1 时，随着操作温度从 20℃升至 45℃，其转化率从 95.3% 快速降到了 72.5%。当 NaBH₄ 和 4-NP 的摩尔比为 250∶1 时，随着操作温度从 20℃升至 45℃，其转化率从 95.7% 降到了 84.5%。而当 NaBH₄ 和 4-NP 的摩尔比为 500∶1 时，即使操作温度从 20℃升至 45℃，其转化率仅从 95.0% 轻微下降到了 91.7%。此处，由于 NaBH₄ 的摩尔浓度是固定的，因而随着 NaBH₄ 和 4-NP 的摩尔比由 500∶1 减小为 100∶1，进料反应液中的 4-NP 量逐渐增多，此时意味着单位体积进料反应液中需要完成还原反应的 4-NP 量增多。因此，在高温下随着反应液在膜中的停留时间（<10s）减小，NaBH₄ 和 4-NP 的摩尔比为 100∶1 的进料反应液中由于具有较多的 4-NP 分子，导致部分 4-NP 分子不能很好地被还原，因而转化率降低。值得注意的是，在 20 ～ 45℃的温度范围内，

PES/PNG@Ag 膜均展现出了良好的催化性能，其对低浓度 4-NP（NaBH$_4$ 和 4-NP 的摩尔比为 500∶1 时）的转化率均高于 90%。此外，当在较低温度下进行反应时，三个进料反应液浓度下 PES/PNG@Ag 膜的转化率均能维持在 90% 以上，展现出良好的催化性能。

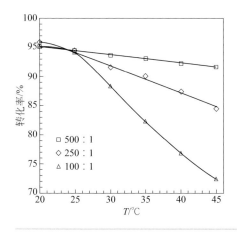

图12-8
不同操作温度和反应物浓度条件下催化反应的转化率
NaBH$_4$ 与 4-NP 的摩尔比为 500∶1、250∶1 和 100∶1，NaBH$_4$ 的摩尔浓度为 $25×10^{-3}$mol/L

如图 12-9 所示为 PES/PNG@Ag 膜在不同操作温度下的催化动力学研究结果。由于在反应液中 NaBH$_4$ 相比于 4-NP 是过量的，因此将考虑催化反应动力学属于准一级反应[10]。催化反应的表观动力学速率常数 K_{app}（min^{-1}）是 ln（C_t/C_0）对停留时间 t 做图得到的曲线斜率值，其中 C_0 和 C_t 分别为反应液中反应物的初始浓度和 t 时间时跨膜溶液中的反应物浓度。通过测定相应溶液的吸光度得到在不同停留时间下的 C_t/C_0 值，并进一步得到对应的 K_{app} 值。当 4-NP 浓度恒定时，K_{app} 的值随着反应时间的增加而增加。相比于文献报道的相应催化体系中 K_{app} 与反应时间之间的线性关系[10]，该 PES/PNG@Ag 膜催化体系中的 K_{app} 随着反应时间展现出了更显著的变化，特别是在 PNIPAM 纳米凝胶的 VPTT 附近。这主要是因为，当温度高于 VPTT 时膜具有较高的跨膜通量，使得膜中反应液的更新频率更快，从而有利于 Ag 纳米颗粒与相对较高浓度的反应物相接触。当 NaBH$_4$ 与 4-NP 的摩尔比为 500∶1 时，随着反应温度由 20℃升高至 45℃，K_{app} 的值由 7.1min^{-1} 增大到 37.9min^{-1}，优于文献中报道的相同催化体系的 K_{app} 值[10, 11]。此外，在恒定的操作温度下，K_{app} 的值随着溶液中反应物浓度的降低而减小。该结果表明跨膜通量和催化反应的动力学速率常数展现出了温度敏感的响应变化行为（图 12-5 和图 12-9）。

如图 12-10 所示为 PES/PNG@Ag 膜用于催化反应的稳定性和重复性研究

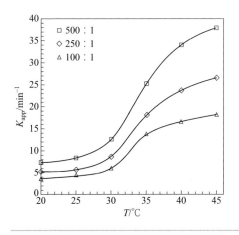

图12-9
不同操作温度和反应物浓度条件下催化
反应的表观动力学速率常数
$NaBH_4$ 与 4-NP 的 摩 尔 比 为 500∶1、250∶1 和
100∶1，$NaBH_4$ 的摩尔浓度为 25×10⁻³mol/L

结果。如图 12-10（a）所示，在连续催化反应 1h 的过程中，PES/PNG@Ag
膜在 25℃的高反应物浓度（$NaBH_4$ 与 4-NP 的摩尔比为 100∶1）条件下，以
及 45℃的低反应物浓度（$NaBH_4$ 与 4-NP 的摩尔比为 500∶1）条件下均展现出
了稳定的高转化率（>90%）。同时，该 PES/PNG@Ag 膜在保存 70d 后，其在
20℃和 39℃的跨膜水通量仍保持不变[9]。上述结果证明了 PNG@Ag 纳米凝胶
能稳定地固定在膜孔壁界面上，起到稳定的膜孔开关作用。此外，通过将 PES/
PNG@Ag 膜交替反复用于 25℃的高反应物浓度条件和 45℃的低反应物浓度条
件的催化反应，研究了其重复使用性能。在每次循环（1h）后，均将进料反应
液替换为纯水来对膜进行 30min 冲洗。在重复的催化反应实验中，在两种反应
条件分别反应 30min 后 4-NP 的转化率均保持不变［图 12-10（b）］，这表明了

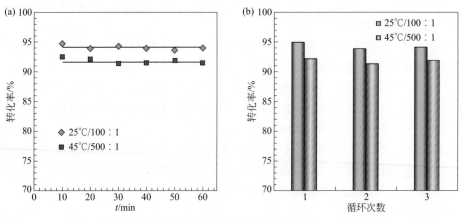

图12-10 基于PES/PNG@Ag膜的催化反应稳定性和重复性研究

PES/PNG@Ag 膜具有稳定、良好的催化性能。更重要的是，该 PES/PNG@Ag 膜能根据进料反应液中反应物的浓度变化情况，通过调控反应温度来对催化反应的产量进行灵活调节，从而保持高转化率。该特性充分耦合了智能膜系统的温敏和催化双重功能特性，使其可灵活稳定地调控和强化具有不同反应物浓度条件下的催化反应过程。

第二节
智能膜用于酶催化反应控制

一、酶催化反应控制智能膜的设计

如图 12-11 所示为具有 pH 响应性酶催化反应调控功能的海藻酸钙 / 精蛋白 / 二氧化硅（APSiE）微囊智能膜系统[3, 5]。该 APSiE 微囊膜具有两个功能膜层，一层是海藻酸钙 / 精蛋白复合柔软膜层，另一层是二氧化硅坚硬膜层。其中，海藻酸钙 / 精蛋白复合柔软膜层由于海藻酸钙凝胶网络与精蛋白分子间在不同 pH 环境下的静电吸附作用，可调控膜层的渗透性和传质过程，从而展现出 pH 响应性酶催化反应调控特性。当环境 pH 值高于临界 pH 值（简称 $pH_{critical}$，接近于海藻酸钙凝胶的电离平衡常数 pK_a）而低于精蛋白的等电点（简称 $pI_{protamine}$）（即当 $pH_{critical} < pH < pI_{protamine}$）时，海藻酸钙 / 精蛋白复合柔软膜层中带正电的精蛋白分子由于静电作用被吸附到带负电的海藻酸钙凝胶网络上，此时凝胶网络的传质通道通畅、处于"打开"状态，酶催化反应的底物和产物均可快速透过膜层，使酶催化反应有效进行［图 12-11（e）］；然而，当环境 pH 值低于 $pH_{critical}$ 且同时低于 $pI_{protamine}$（即当 $pH < pH_{critical} < pI_{protamine}$）时，海藻酸钙凝胶呈现电中性，此时精蛋白分子与凝胶网络间不存在静电作用，因而精蛋白分子相互排斥地分布于凝胶网络的扩散通道内，此时传质通道受阻、处于"关闭"状态，酶催化反应的底物和产物不能有效透过膜层，因而酶催化反应停止［图 12-11（d）］。在该过程中，外层的二氧化硅坚硬膜层可对其内部的海藻酸钙 / 精蛋白复合柔软膜层起到保护作用，使其稳定发挥 pH 响应性酶催化反应调控功能。

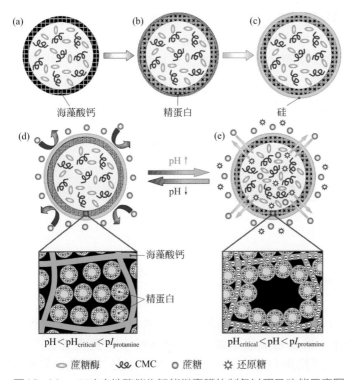

海藻酸钙   精蛋白   硅

海藻酸钙

精蛋白

$pH < pH_{critical} < pI_{protamine}$ $pH_{critical} < pH < pI_{protamine}$

蔗糖酶   CMC   蔗糖   还原糖

图12-11   pH响应性酶催化智能微囊膜的制备过程及功能示意图

（a）海藻酸钙微囊膜（AC微囊膜）；（b）海藻酸钙/精蛋白微囊膜（APC微囊膜）；（c）海藻酸钙/精蛋白/二氧化硅微囊膜（APSiE微囊膜）；（d），（e）APSiE微囊膜用于pH响应性酶催化反应"起/停"调控
CMC—羧甲基纤维素钠

二、酶催化反应控制智能膜的制备

APSiE 微囊膜主要通过共挤出技术结合精蛋白表面吸附过程及仿生硅化过程来制备[3, 12]，其制备工艺相对简单且反应条件较为温和，有利于酶的高效封装。采用了蔗糖酶作为模型酶以装载于 APSiE 微囊膜中用于酶催化反应。载有蔗糖酶的薄壁 APSiE 微囊膜的制备主要分为以下三个步骤（图 12-12）。首先，以含有蔗糖酶（5g/L）和羧甲基纤维素钠（1%，w/V）的溶液为内相流体、海藻酸钠（2%，w/V）溶液为外相流体，利用共挤出毛细管装置[12-14]在室温下产生 W/W 液滴，并逐滴滴入 Ca（NO_3）$_2$ 溶液（10%，w/V）中，以通过海藻酸钠与 Ca^{2+} 的快速交联连续制备载有蔗糖酶的海藻酸钙微囊膜（简称 AC 微囊膜）[图 12-12（a）]。然后，将制得的 AC 微囊膜浸入 pH=5 的硫酸鱼精蛋白水溶液（2.5mg/mL）中，经由静电吸附作用在 AC 微囊膜表面结合一层带正电的精蛋白层，从而制备得到载有蔗糖酶的海藻酸钙/精蛋白微囊膜（简称 APC 微囊膜）[图 12-12（b）]。最

后，将制得的 APC 微囊膜移入 pH=5.5 的硅酸钠溶液（60mmol/L）中，以将电负性的硅酸钠集聚在带正电的 APC 微囊膜表面，并经缩聚反应形成二氧化硅膜层[2, 3]，最终制得薄壁 APSiE 微囊膜 [图 12-12（c）]。此外，利用含有蔗糖酶（5g/L）和海藻酸钠（2%，w/V）的溶液为内相流体，经上述相同过程制备了厚壁的载有蔗糖酶的海藻酸钙/精蛋白/二氧化硅微囊膜（简称厚壁 APSiE 微囊膜），以系统研究微囊膜的膜层结构对酶催化反应的调控作用。

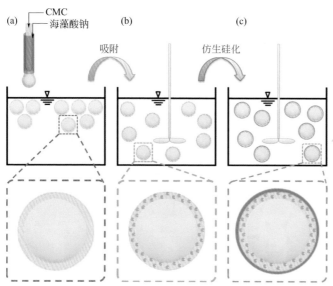

图12-12　经溶液共挤出、精蛋白表面吸附及仿生硅化制备APSiE微囊膜的示意图

三、酶催化反应控制智能膜的表征

图 12-13 为纯水中 AC 微囊膜、APC 微囊膜、薄壁 APSiE 微囊膜和厚壁 APSiE 微囊膜的光学照片。从图 12-13 中可以看出，AC 微囊膜呈现出透明的球形结构 [图 12-13（a）]；当 AC 微囊膜的表面吸附了精蛋白分子后，其所形成的 APC 微囊膜则展现为白色不透明的球形结构 [图 12-13（b）]；而进一步在其表面形成二氧化硅壳层后所得到的薄壁 APSiE 微囊膜 [图 12-13（c）] 和厚壁 APSiE 微囊膜 [图 12-13（d）] 均呈现出白色不透明的球形结构。AC 微囊膜、APC 微囊膜、薄壁 APSiE 微囊膜和厚壁 APSiE 微囊膜的平均直径分别为 3.9mm、4.0mm、4.2mm 和 3.5mm，其粒径分布分别如图 12-14 和图 12-15 所示。从图 12-14 和图 12-15 可看出，AC 微囊膜、APC 微囊膜、薄壁 APSiE 微囊膜和厚壁 APSiE 微囊膜的粒径均呈现出较窄的分布范围，且其粒径偏差系数 CV 值分别为 2.0%、3.6%、2.2% 和 4.2%，表明这些微囊膜均具有良好的粒径单分散性。

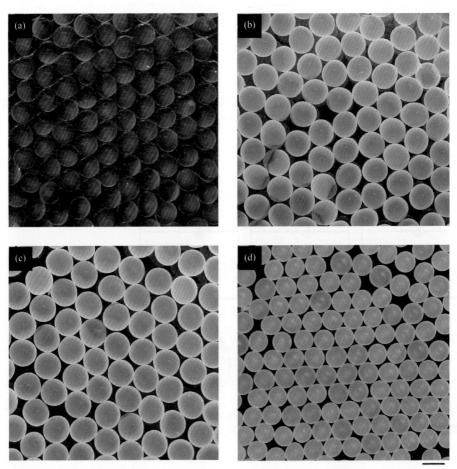

图12-13 AC微囊膜（a）、APC微囊膜（b）、薄壁APSiE微囊膜（c）和厚壁APSiE微囊膜（d）的光学照片

标尺为4mm

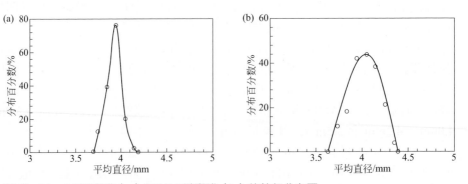

图12-14 AC微囊膜（a）和APC微囊膜（b）的粒径分布图

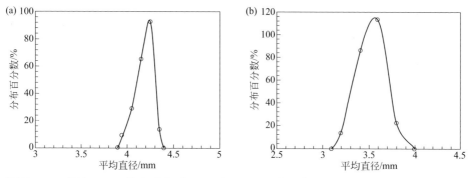

图12-15 薄壁APSiE微囊膜（a）和厚壁APSiE微囊膜（b）的粒径分布图

图 12-16 所示为薄壁 APSiE 微囊膜与厚壁 APSiE 微囊膜的扫描电镜图及激光共聚焦显微镜图。如图 12-16 所示，APSiE 微囊膜的断面均由两层组成，一层是表面的二氧化硅坚硬膜层 [图 12-16（a），（b）中的紧密层]；另一层是内部的海藻酸钙/精蛋白复合柔软膜层 [图 12-16（a），（b）中的疏松层及（c），（d）中红色荧光所显示的膜层]。经过测量得到，薄壁 APSiE 微囊膜与厚壁 APSiE 微囊膜的二氧化硅膜层的厚度分别为 2.0μm 和 8.2μm，而其海藻酸钙/精蛋白复合膜层的厚度分别为 50μm 和 110μm。该结果表明，通过使用海藻酸钠溶液作为内相流体后，微囊膜的二氧化硅膜层与海藻酸钙/精蛋白复合膜层的厚度均增加。

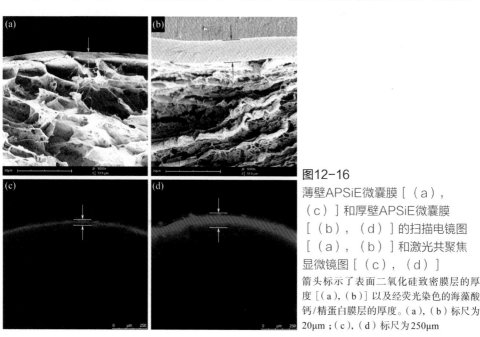

图12-16
薄壁APSiE微囊膜 [（a），（c）] 和厚壁APSiE微囊膜 [（b），（d）] 的扫描电镜图 [（a），（b）] 和激光共聚焦显微镜图 [（c），（d）]
箭头标示了表面二氧化硅致密膜层的厚度 [（a），（b）] 以及经荧光染色的海藻酸钙/精蛋白膜层的厚度。（a），（b）标尺为20μm；（c），（d）标尺为250μm

四、酶催化反应控制智能膜的应用性能

1．APSiE 微囊膜的传质调控性能研究

采用维生素 B_{12}（VB_{12}）作为模型溶质来研究 AC 微囊膜、APC 微囊膜和薄壁 APSiE 微囊膜在 25℃环境中的静态与动态传质释放性能。在传质释放实验前，首先将三种微囊膜分别浸泡于含 VB_{12}（0.4mmol/L）的不同 pH 的醋酸 - 醋酸钠（0.2mol/L）缓冲溶液中至少 72h，以在微囊膜中装载 VB_{12}。在静态扩散实验中，将装载有不同 pH 值的 VB_{12} 溶液（0.4mmol/L）的三种微囊膜分别于 25℃条件下移入 100mL 相应 pH 值的空白缓冲溶液中进行扩散实验，利用紫外分光光度计在 361nm 波长下测定溶液中 VB_{12} 浓度随时间的变化。通过公式计算一定 pH 条件下 VB_{12} 透过微囊膜的渗透系数 P[5]，其 P 表现为环境溶液中 VB_{12} 浓度随时间的增加速率。

图 12-17 和图 12-18 分别是不同 pH 条件下 AC 微囊膜、APC 微囊膜和薄壁 APSiE 微囊膜在静态扩散实验中的 $\ln\left[\left(C_f-C_i\right)/\left(C_f-C_t\right)\right]$ -t 关系图。从图 12-17 中可看出，不同 pH 条件下 AC 微囊膜的 5 条直线的斜率非常接近，即在不同的 pH 条件下，VB_{12} 分子由 AC 微囊膜内部跨膜扩散至外部溶液中的速率也非常接近，这表明 AC 微囊膜中物质的传质释放行为不受环境 pH 的影响。然而，图 12-18 中 APC 微囊膜和薄壁 APSiE 微囊膜在不同 pH 条件下的直线斜率则展现出很大的差异。在 pH=3 ~ 4 的环境中，APC 微囊膜和薄壁 APSiE 微囊膜中的 VB_{12} 分子由内部跨膜扩散至外部溶液的速率很小；而在 pH=5 ~ 7 的环境中，APC 微囊膜和薄壁 APSiE 微囊膜中 VB_{12} 分子的扩散速率则大大增加。该结果表明，海藻酸钙膜层经与精蛋白分子结合后，APC 微囊膜和薄壁 APSiE 微囊膜中 VB_{12} 分子的扩散速率随着环境 pH 的变化而改变，展现出了明显的 pH 响应性传质调控特性。

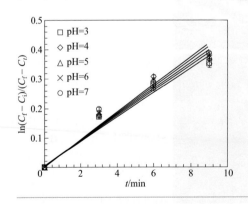

图12-17

静态扩散中AC微囊膜的ln［（C_f-C_i）/（C_f-C_t）］-t关系图

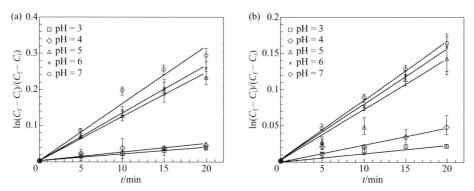

图12-18　静态扩散中APC微囊膜（a）和薄壁APSiE微囊膜（b）的ln［（C_f-C_i）/（C_f-C_t）］-t关系图

VB$_{12}$ 分子透过 AC 微囊膜、APC 微囊膜和薄壁 APSiE 微囊膜的渗透系数 P 值与 pH 间的关系如图 12-19 所示。从图 12-19 中可以看出，在不同的 pH 环境中，VB$_{12}$ 分子透过 AC 微囊膜的渗透系数 P 值大约在 25 ~ 27μm/s 之间，高于 APC 微囊膜和薄壁 APSiE 微囊膜中 VB$_{12}$ 分子的 P 值；这说明 AC 微囊膜中海藻酸钙凝胶膜层具有较大的孔隙，VB$_{12}$ 透过该膜层的传质阻力较小、透过速率较快。同时，从图 12-19 中 AC 微囊膜的直线变化趋势来看，随着环境 pH 值由 3 增加到 7，渗透系数 P 值略有上升。这是因为，当环境 pH 值较低时，AC 微囊膜的海藻酸钙凝胶网络因质子化而呈现电中性；而当环境 pH 值较高时，海藻酸钙凝胶网络由于去质子化而带上负电荷，从而因静电排斥作用导致凝胶网络溶胀率增加、渗透率增大，因而 VB$_{12}$ 的透过速率也随之增大。

相比于 AC 微囊膜，VB$_{12}$ 分子透过 APC 微囊膜和薄壁 APSiE 微囊膜的渗透系数 P 则随着环境 pH 在 4.5 左右的变化而出现了明显的突变。即两种微囊膜在 pH=3 和 pH=4 时的渗透系数 P 值要远远低于其在 pH=5、6 和 7 时的 P 值，而 pH=4.5 成为了两种微囊膜 P 值突变的转折点。

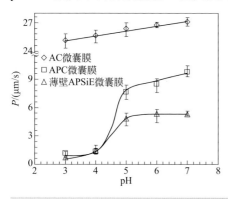

图12-19

在25℃、不同pH条件下VB$_{12}$透过AC微囊膜、APC微囊膜和薄壁APSiE微囊膜的渗透系数

通常，聚合物或凝胶的 pK_a 值都不同于其单体的 pK_a 值[15, 16]，造成单体与聚合物或凝胶 pK_a 值不同的原因主要是质子化作用产生的质子与电离产生的离子间的排斥作用增加了聚合物或凝胶进一步电离的阻力[15, 17]。海藻酸是由 β-D- 甘露糖醛酸（M 段）与 α-L- 古罗糖醛酸（G 段）通过 1,4- 糖苷键连接而成的线型嵌段共聚物。海藻酸分子中含有聚甘露糖醛酸链段（M-block）、聚古罗糖醛酸链段（G-block）及两者的镶嵌链段（MG-block）。文献报道称海藻酸 M 段与 G 段单体的 pK_a 值分别为 3.38 和 3.65[18]，而实验证明海藻酸被 Ca^{2+} 交联时主要占用了凝胶中的 G-block 与 MG-block，因而凝胶中 M-block 上的—COOH 基团仍然处于自由状态[19]；也就是说，相比于海藻酸单体来说，海藻酸钙凝胶所拥有的自由羧基的量较少。因此，该情况下会存在一个临界 pH 值（$pH_{critical}$），其接近于海藻酸钙凝胶的 pK_a 值，在该值附近，M-block 上自由的—COOH 基团会因环境 pH 变化而发生质子化或去质子化。当 pH 值高于 $pH_{critical}$ 时，海藻酸钙凝胶网络中 M-block 上自由的—COOH 基团会因去质子化而呈现电负性；而当 pH 值低于 $pH_{critical}$ 时，海藻酸钙凝胶网络中 M-block 上自由的—COOH 基团则会因质子化而呈现电中性。由于海藻酸钙凝胶含有自由羧基的量较少，其发生质子化作用时将会比海藻酸单体更早地达到电中性状态；因此，交联后的海藻酸钙凝胶的 pK_a 值高于其单体的 pK_a 值，且其 $pH_{critical}$ 值已比海藻酸单体的 pK_a 值高。而硫酸鱼精蛋白是从鱼精核中提取出来的，其等电点（$pI_{protamine}$）为 10 ~ 12[20]，当环境 pH 值低于其 $pI_{protamine}$ 值时，精蛋白分子带有较强的正电荷[20, 21]。由图 12-19 可知，海藻酸钙凝胶的 $pH_{critical}$ 值正是图中渗透系数发生突变时的环境 pH 值（pH=4.5），当环境 pH 值由 3 增加到 7 时，由于均未超过精蛋白的 $pI_{protamine}$ 值，因而精蛋白分子始终处于带正电的状态。

基于海藻酸钙凝胶网络和精蛋白分子的上述特性，如图 12-11 中该智能膜的响应机理所示，当环境 pH 值高于海藻酸钙凝胶的 $pH_{critical}$ 值（约 4.5）时，海藻酸钙凝胶网络呈现电负性，使得带正电的精蛋白分子由于静电吸附作用而被吸附到海藻酸钙凝胶网络上，使得凝胶网络中的传质通道保持通畅状态［图 12-11 (e)］；此时，溶液中的溶质透过凝胶膜层的阻力非常低，因而 APC 微囊膜与 APSiE 微囊膜展现出很高的渗透系数。相反地，当环境 pH 值低于海藻酸钙凝胶的 $pH_{critical}$ 值时，海藻酸钙凝胶网络呈现电中性，使得精蛋白分子与凝胶网络之间的静电吸附作用消失，因而大量带正电的精蛋白分子从网络上脱落，并相互排斥地分布在凝胶网络的孔隙中，使得网络中的通道被堵塞［图 12-11(d)］；此时，溶液中的溶质透过凝胶膜层的阻力大幅增大，因而 APC 微囊膜与 APSiE 微囊膜的渗透系数大大降低。同时，相比于 APC 微囊膜，APSiE 微囊膜的膜层表面多了一层二氧化硅膜层，因而 APSiE 微囊膜的传质阻力相对更大，其传质速率亦相对较低，因而渗透系数也较 APC 微囊膜低。

图 12-20 和图 12-21 所示分别是 AC 微囊膜、APC 微囊膜和薄壁 APSiE 微囊膜的动态扩散实验结果。结果显示，在固定的环境 pH 值下，三种微囊膜的 $\ln\left[\left(C_f-C_i\right)/\left(C_f-C_t\right)\right]$ 值均随着时间的增加而呈现线性增加。对于 AC 微囊膜来说，其在 pH=3 时的 $\ln\left[\left(C_f-C_i\right)/\left(C_f-C_t\right)\right]$ -t 直线斜率略高于在 pH=7 时的直线斜率，pH=7 时与 pH=3 时的直线斜率之比为 0.55。这主要是因为在 pH=3 时，AC 微囊膜中的大部分 VB_{12} 溶质已快速透过海藻酸钙凝胶膜层而扩散到了外部溶液中；因而当一定时间后将 AC 微囊膜转移至 pH=7 的空白溶液中时，AC 微囊膜内仅剩下少量的 VB_{12} 溶质，导致其扩散推动力减小、渗透速率也随之减小。然而，对于 APC 微囊膜和薄壁 APSiE 微囊膜来说，两者在 pH=3 时的 $\ln\left[\left(C_f-C_i\right)/\left(C_f-C_t\right)\right]$ -t 直线斜率远远低于其在 pH=7 时的直线斜率，即两者的渗透系数 P 值在环境 pH 值由 3 升高到 7 时发生了突变。APC 微囊膜和薄壁 APSiE 微囊膜在 pH=7 时与 pH=3 时的直线斜率之比分别为 73 和 64，远远大于 AC 微囊在 pH=7 时与 pH=3 时的直线斜率之比，这表明 APC 微囊膜和薄壁 APSiE 微囊膜均具有

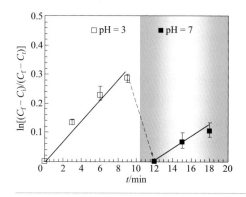

图12-20

动态扩散中AC微囊膜的$\ln\left[\left(C_f-C_i\right)/\left(C_f-C_t\right)\right]$ -t曲线

箭头表示pH值由3突变为7

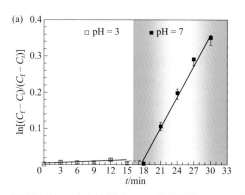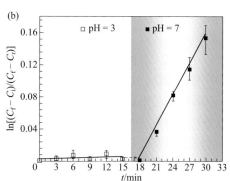

图12-21　动态扩散中APC微囊膜与APSiE微囊膜的$\ln\left[\left(C_f-C_i\right)/\left(C_f-C_t\right)\right]$ -t曲线

箭头表示pH值由3突变为7

优良的 pH 响应性传质调控特性。

2. APSiE 微囊膜的酶催化反应控制性能研究

在 25℃、不同的 pH 条件下进行微囊膜的酶催化反应。微囊膜的酶催化反应采用蔗糖酶作为模型酶，其在 25℃条件下可将蔗糖分解为葡萄糖和果糖（统称为还原糖）。通过游离的蔗糖酶以及载于 AC 微囊膜、薄壁 APSiE 微囊膜和厚壁 APSiE 微囊膜中蔗糖酶的静、动态酶催化实验，研究了微囊膜的 pH 响应性酶催化反应调控性能。

在静态酶催化实验中，将载有蔗糖酶的 AC 微囊膜、薄壁 APSiE 微囊膜和厚壁 APSiE 微囊膜以及经过核算的相同量的游离蔗糖酶分别放入由醋酸 - 醋酸钠缓冲液（0.2mol/L）配制的 50mL 蔗糖溶液（5g/L）中进行酶催化反应。酶催化反应在 25℃条件下连续搅拌进行，并测定反应过程的产物中还原糖的浓度（简称 C）随时间的变化，其中，还原糖的生成量根据 3,5- 二硝基水杨酸法（简称 DNS 法）由紫外分光光度计在 540nm 波长下进行检测 [22]，还原糖的浓度通过还原糖生成量（μg）除以检测样品的体积（mL）计算得到。由于还原糖生成浓度随时间的关系呈一条直线，于是将该直线的斜率定义为酶催化反应的速率 v，单位为 μg/（mL·min）。

在动态酶催化实验中，将一定量的载有蔗糖酶的 AC 微囊膜、薄壁 APSiE 微囊膜和厚壁 APSiE 微囊膜分别放入用醋酸 - 醋酸钠缓冲溶液（pH=4、0.2mol/L）配制的 50mL 蔗糖溶液（5g/L）中进行酶催化反应，一定时间后将微囊膜快速转移至用醋酸 - 醋酸钠缓冲溶液（pH=5、0.2mol/L）配制的 50mL 蔗糖溶液（5g/L）中继续进行酶催化反应。整个反应过程均在 25℃的连续搅拌状态下完成，并分别用静态酶催化反应过程中类似的检测方法测定产物中还原糖的浓度 C 随时间的变化。本章中，酶催化反应的速率是 C-t 直线的斜率，因而微囊膜在 pH=5 与 pH=4 条件下的催化反应速率比即为微囊膜在 pH=5 与 pH=4 条件下的 C-t 直线的斜率之比。

图 12-22 和图 12-23 分别是不同 pH 条件下游离的蔗糖酶和载于 AC 微囊膜中的蔗糖酶，以及载于薄壁 APSiE 微囊膜和厚壁 APSiE 微囊膜中的蔗糖酶在静态催化实验中还原糖生成浓度与时间的关系图。其中图 12-22（b）与 12-23（a）、（b）中的曲线均可分为虚线段与实线段，其中虚线段代表的是酶催化反应的起始阶段，而实线段则代表酶催化反应的稳定阶段。对载于微囊膜中的蔗糖酶来说，在起始阶段，底物蔗糖需从外部溶液穿过微囊膜逐渐扩散进入其内部与蔗糖酶接触，酶催化反应才得以进行；同时，酶催化反应生成的产物还原糖也需要穿过微囊膜逐渐扩散至外部溶液才能被取样检测。因而，与后面实线段所代表的稳定阶段相比，在起始阶段产物生成的速度明显比较缓慢，只有当进入稳定阶段后，才

能更有效地反映出微囊膜的 pH 响应性酶催化反应调控性能。而对于游离蔗糖酶来说，由于没有微囊膜的传质阻力影响，所以从酶催化反应初始阶段即进入了酶催化反应的稳定期，因而其在一定 pH 条件下的 C-t 曲线变化趋势相同，呈现一条直线［图 12-22（a）］。同时，从图 12-22（a）和（b）可看出，无论是游离蔗糖酶，还是载于 AC 微囊膜中的蔗糖酶，其静态催化实验结果趋势都是一致的，即图 12-22（a）和（b）中三条实线的斜率均随着环境 pH 值的升高而减小。该结果说明蔗糖酶的活性在 pH=4 时最高，pH=5 时次之，而 pH=6 时最低，同时还表明单纯的海藻酸钙囊膜层不具备 pH 响应性酶催化反应调控特性。与游离蔗糖酶和 AC 微囊膜相比，薄壁 APSiE 微囊膜和厚壁 APSiE 微囊膜的直线斜率则随着 pH 的不同而有明显的变化。如图 12-23（a）和（b）所示，薄壁 APSiE 微囊膜和厚壁 APSiE 微囊膜的实线斜率均不随着环境 pH 值的升高而减小，而是随着环境 pH 值的升高而增大。原本蔗糖酶在 pH=4 时应具有最高的活性，但由于在 pH=4 时 APSiE 微囊膜中的微观结构变化阻碍了底物的跨膜传质过程，因而使得此时的酶活性反而最低。该结果表明 APSiE 微囊膜具有 pH 响应性酶催化反应调控特性。

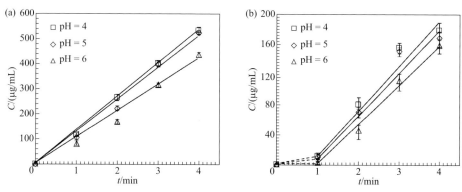

图12-22　静态催化实验中游离蔗糖酶（a）和载有蔗糖酶的AC微囊膜（b）的C-t曲线

图 12-24 与图 12-25 分别为游离蔗糖酶和 AC 微囊膜中的蔗糖酶，以及薄壁 APSiE 微囊膜和厚壁 APSiE 微囊膜中的蔗糖酶的静态催化速率实验结果。如图 12-24 所示，由于游离酶能直接与溶液中的底物相接触，无需克服微囊膜的传质阻力即可参与催化反应，因而在 pH=4、pH=5 和 pH=6 条件下均展现出了最高的催化反应速率，分别为 134.6μg/（mL·min）、133.8μg/（mL·min）和 110.8μg/（mL·min）。而当蔗糖酶被载于 AC 微囊膜、薄壁 APSiE 微囊膜和厚壁 APSiE 微囊膜中后，由于既存在底物蔗糖由外向内透过膜层的扩散阻力，亦存在产物还原糖由内向外透过壳层的扩散阻力，因而包埋后蔗糖酶的酶催化反应

速率低于游离状态下蔗糖酶的酶催化反应速率。同时，包埋于 AC 微囊膜中的蔗糖酶在 pH=4、pH=5 和 pH=6 环境下的催化反应速率分别为 57.6μg/（mL·min）、55.6μg/（mL·min）和 53.4μg/（mL·min），其变化趋势与游离酶的相同，这说明 AC 微囊膜不具备 pH 响应性酶催化反应调控能力。

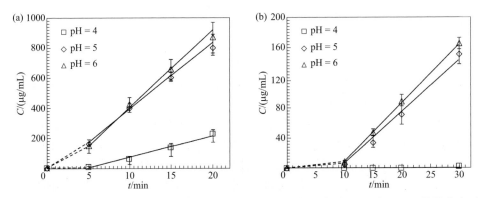

图12-23　静态催化实验中载有蔗糖酶的薄壁APSiE微囊膜（a）和厚壁APSiE微囊膜（b）的C-t曲线

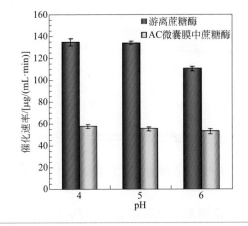

图12-24
静态催化实验中pH对游离蔗糖酶和AC微囊膜中蔗糖酶的催化速率的影响

　　相比之下，如图 12-25 所示，薄壁 APSiE 微囊膜和厚壁 APSiE 微囊膜均表现出了优良的 pH 响应性酶催化反应调控特性。包埋于薄壁 APSiE 微囊膜中的蔗糖酶在 pH=4 环境下的酶催化反应速率是 14.5μg/（mL·min），而在 pH=5 和 pH=6 环境下的酶催化反应速率分别为 42.3μg/（mL·min）和 47.9μg/（mL·min）；包埋于厚壁 APSiE 微囊膜中的蔗糖酶在 pH=4 环境下的酶催化反应速率是 0.06μg/（mL·min），而在 pH=5 和 pH=6 环境下的酶催化反应速率分别为 5.3μg/

（mL·min）和 5.8μg/（mL·min）。因此，包埋于两种 APSiE 微囊膜中的蔗糖酶均在环境 pH=4 与 pH=5 之间表现出酶催化反应速率随 pH 变化而突变的现象。这是因为，在 pH=4 时，由于该 pH 值低于海藻酸钙凝胶的 $pH_{critical}$（约 4.5）和精蛋白的 $pI_{protamine}$，因此海藻酸钙凝胶网络呈现电中性，带正电的精蛋白分子与凝胶网络之间不存在静电吸附作用，因而精蛋白分子相互排斥地分布在凝胶网络的孔隙中，阻碍了溶液中的底物蔗糖在膜层中的跨膜传质，因而包埋于 APSiE 微囊膜中的蔗糖酶无法有效进行酶催化反应。相反地，在 pH=5 和 pH=6 时，由于均高于海藻酸钙凝胶的 $pH_{critical}$、但低于精蛋白的 $pI_{protamine}$，因而海藻酸钙凝胶网络呈电负性，使得精蛋白分子因静电作用而吸附到海藻酸钙凝胶网络上，从而使网络中的通道保持通畅。这有利于溶液中的底物和产物的跨膜传质，因此在 pH=5 和 pH=6 时两种 APSiE 微囊膜中的蔗糖酶展现出了更高的酶催化反应速率。此外，由于厚壁 APSiE 微囊膜的膜层厚度更厚、传质阻力更大，因而包埋于厚壁 APSiE 微囊膜中蔗糖酶的酶催化反应速率低于包埋于薄壁 APSiE 微囊膜中蔗糖酶的酶催化反应速率。因此，APSiE 微囊膜有效实现了 pH 响应性酶催化反应调控。

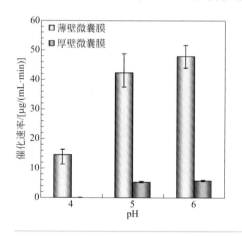

图12-25

静态催化实验中pH对薄壁APSiE微囊膜和厚壁APSiE微囊膜中蔗糖酶的催化速率的影响

图 12-26 和图 12-27 分别为薄壁 APSiE 微囊膜和厚壁 APSiE 微囊膜中的蔗糖酶在动态酶催化反应过程中的还原糖浓度随时间和 pH 的变化。从图 12-26 可看出，当环境 pH=4 时，还原糖的生成量随着时间的增加而缓慢增长；然而，当 pH 值从 4 突然变为 5 时，还原糖的生成量突然急剧增加。图 12-26 中的两条 $C\text{-}t$ 直线的斜率分别表示了薄壁 APSiE 微囊膜中的蔗糖酶在 pH=4 和 pH=5 条件下，单位时间内增加的还原糖的量，即反映了其催化反应速率。由计算得到，薄壁 APSiE 微囊膜中的蔗糖酶在 pH=5 和 pH=4 时的 $C\text{-}t$ 直线斜率值之比为 2.38，表明其在 pH=5 的条件下具有更快的酶催化反应速率。

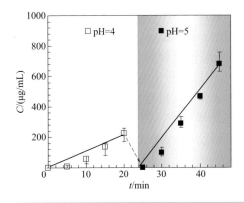

图12-26

薄壁APSiE微囊膜在不同pH条件下的动态酶催化反应过程中还原糖浓度随时间的变化

箭头表示环境pH值由4突变为5

图 12-27 所示为厚壁 APSiE 微囊膜中蔗糖酶的动态酶催化循环反应过程中还原糖浓度随 pH 的变化。厚壁 APSiE 微囊膜中的酶催化反应速率随着环境 pH 值在 4 和 5 之间循环交替变化而呈现出相应的变化行为。在环境 pH=4 时，厚壁 APSiE 微囊膜中的酶催化反应速率很低，而当 pH=5 时，厚壁 APSiE 微囊膜中能有效进行酶催化反应，其催化反应速率较高；该厚壁 APSiE 微囊膜中的蔗糖酶在 pH=5 和 pH=4 时的 C-t 直线斜率值之比为 123，该值远远高于薄壁 APSiE 微囊膜的。这是因为，相比于薄壁 APSiE 微囊膜，厚壁 APSiE 微囊膜不仅具有更厚的二氧化硅坚硬膜层，而且还具有更厚的 pH 响应性海藻酸钙 / 精蛋白复合膜层，其膜层越厚、跨膜阻力越大，因而，通过改变 pH 使得膜层内堵塞的通道开启后，厚壁 APSiE 微囊膜亦能展现出更明显的催化速率提升作用。此外，如图 12-27 所示，厚壁 APSiE 微囊膜在三次动态酶催化循环反应过程中均表现了优良的酶催化反应"起 / 停"控制性能。因此，APSiE 微囊膜具有优良的、可逆的、可重复性的 pH 响应性酶催化反应调控性能。

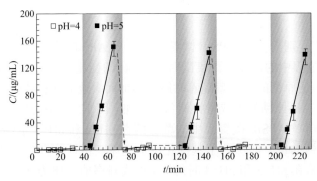

图12-27 厚壁APSiE微囊膜的动态酶催化循环反应过程中还原糖浓度随pH的变化

箭头表示环境pH值在4和5之间的突变

参考文献

[1] Liu Z, Wang W, Xie R, Ju X-J, Chu L-Y. Stimuli-responsive smart gating membranes[J]. Chemical Society Reviews, 2016, 45(3):460-475.

[2] Xie R, Luo F, Zhang L, Guo S F, Liu Z, Ju X-J, Wang W, Chu L Y. A novel thermoresponsive catalytic membrane with multiscale pores prepared via vapor-induced phase separation[J]. Small, 2018,14: 703650.

[3] Mei L, Xie R, Yang C, Ju X-J, Wang J Y, Zhang Z, Chu L Y. Bio-inspired mini-eggs with pH-responsive membrane for enzyme immobilization[J]. Journal of Membrane Science, 2013, 429: 313-322.

[4] 骆枫. 蒸汽诱导相分离法制备温敏型智能开关膜和催化膜的研究 [D]. 成都：四川大学，2017.

[5] 梅丽. 基于海藻酸钙 / 精蛋白复合结构的 pH 响应型生物医用载体研究 [D]. 成都：四川大学，2013.

[6] Luo F, Xie R, Liu Z, Ju X-J, Wang W, Lin S, Chu L Y. Smart gating membranes with in situ self-assembled responsive nanogels as functional gates[J]. Sci Rep, 2015, 5: 14708.

[7] Zhang L, Liu Z, Liu L-Y, Pan J-L, Luo F, Yang C, Xie R, Ju X-J, Wang W, Chu L-Y. Nanostructured thermoresponsive surfaces engineered via stable immobilization of smart nanogels with assistance of polydopamine[J]. ACS Applied Materials & Interfaces, 2018, 10(50):44092-44101.

[8] Zhang L, Liu Z, Liu L-Y, Ju X-J, Wang W, Xie R, Chu L-Y. Novel smart microreactors equipped with responsive catalytic nanoparticles on microchannels[J]. ACS Applied Materials & Interfaces, 2017, 9(38):33137-33148.

[9] Zhang L, Liu Z, Wang Y, Xie R, Ju X-J, Wang W, Lin L-G, Chu L-Y. Facile immobilization of Ag nanoparticles on microchannel walls in microreactors for catalytic applications[J]. Chemical Engineering Journal, 2017, 309: 691-699.

[10] Chen X, Wang Z, Bi S, Li K, Du R, Wu C, Chen L. Combining catalysis and separation on a PVDF/Ag composite membrane allows timely separation of products during reaction process[J]. Chemical Engineering Journal, 2016, 295: 518-529.

[11] Patra S, Naik A N, Pandey A K, Sen D, Mazumder S, Goswami A. Silver nanoparticles stabilized in porous polymer support: A highly active catalytic nanoreactor[J]. Applied Catalysis A: General, 2016, 524: 214-222.

[12] He F, Mei L, Ju X-J, Xie R, Wang W, Liu Z, Wu F, Chu L-Y. pH-responsive controlled release characteristics of solutes with different molecular weights diffusing across membranes of Ca-alginate/protamine/silica hybrid capsules[J]. Journal of Membrane Science, 2015, 474: 233-243.

[13] Wang J Y, Yu H R, Xie R, Ju X-J, Yu Y L, Chu L Y, Zhang Z. Alginate/protamine/silica hybrid capsules with ultrathin membranes for laccase immobilization[J]. AIChE Journal, 2013, 59(2):380-389.

[14] Mei L, He F, Zhou R-Q, Wu C-D, Liang R, Xie R, Ju X-J, Wang W, Chu L-Y. Novel intestinal-targeted Ca-alginate-based carrier for pH-responsive protection and release of lactic acid bacteria[J]. ACS Applied Materials & Interfaces, 2014, 6(8):5962-5970.

[15] Hadjiyannakou S C, Yamasaki E N, Patrickios C S. Randomly cross-linked homopolymer networks: synthesis by group transfer polymerization in solution and characterization of the aqueous degree of swelling[J]. Polymer, 2001, 42(22):9205-9209.

[16] Lowe A B, McCormick C L. Synthesis and solution properties of zwitterionic polymers[J]. Chemical Reviews, 2002, 102(11):4177-4190.

[17] Philippova O E, Hourdet D, Audebert R, Khokhlov A R. pH-responsive gels of hydrophobically modified poly (acrylic acid)[J]. Macromolecules, 1997, 30(26):8278-8285.

[18] Draget K I, Skjåk Bræk G, Smidsrød O. Alginic acid gels: The effect of alginate chemical composition and molecular weight[J]. Carbohydrate Polymers, 1994, 25(1):31-38.

[19] MørchÝA, Donati I, Strand B L, Skjåk-Bræk G. Effect of Ca²⁺, Ba²⁺, and Sr²⁺ on Alginate Microbeads[J]. Biomacromolecules, 2006, 7(5):1471-1480.

[20] Kontani M, Amano A, Nakamura T, Nakagawa I, Hamada S. Inhibitory effects of protamines on proteolytic and adhesive activities of porphyromonas gingivalis[J]. Infection & Immunity, 1999, 67(9):4917-4920.

[21] Arellano A, Canales M, Jullian C, Brunet J E. Fluorescence studies on clupein protamines: Evidence for globular conformation[J]. Biochemical & Biophysical Research Communications, 1988, 150(2):633-639.

[22] Miller G L. Use of dinitrosalicylic acid reagent for determination of reducing sugar[J]. Analytical Chemistry, 1959, 31(3):426-428.

第十三章
智能膜在传感检测中的应用

第一节　智能膜用于水中痕量铅离子检测 / 456

第二节　智能膜用于乙醇浓度检测 / 470

能响应环境刺激信号变化而灵活调控跨膜液通量的智能膜在传感检测领域具有重要作用。在传感检测过程中，如何有效地将微量待测物质的信号转变为易于检测的输出信号，是实现高效灵敏检测的关键。通过将多孔膜与环境刺激响应型智能凝胶纳米颗粒巧妙结合来构建智能膜，可以通过其膜孔中智能凝胶纳米颗粒在响应外界刺激时的体积变化，灵活调控膜孔的开启程度以及透膜液的通量，从而有效地将待测物质的浓度信号转变为便于检测的透膜液流速信号，实现对水中物质的灵敏有效分析检测。在本章中，针对智能膜在传感检测中的应用，重点介绍结合有 Pb^{2+} 响应型凝胶纳米颗粒的智能膜系统[1, 2]以及结合有乙醇浓度响应型凝胶纳米颗粒的智能膜微芯片系统[3, 4]，这两种智能膜系统可分别将待测液中的 Pb^{2+} 和乙醇浓度变化信号转换为便于检测的透膜液流速变化信号，从而实现对水中 Pb^{2+} 浓度和乙醇浓度的灵敏分析检测。

第一节
智能膜用于水中痕量铅离子检测

铅离子（Pb^{2+}）是一种常见的有毒重金属离子，亦是一种严重的环境污染物。Pb^{2+} 可通过皮肤、呼吸道、消化道等方式被人体摄入并在体内积累；即使微量的 Pb^{2+} 也会引起贫血、神经机能失调和免疫性疾病，尤其会对儿童的智力、生长发育造成严重影响。因此，微量 Pb^{2+} 的及时发现、检测对于环境保护和疾病诊断等具有至关重要的作用。目前，传统的 Pb^{2+} 检测方法通常包括电感耦合等离子体质谱法、原子吸收光谱法、电化学法等，这些方法通过将 Pb^{2+} 浓度（$[Pb^{2+}]$）信号转化成电信号进行检测，大多需要复杂昂贵的精密仪器和熟练的专业操作人员，且步骤烦琐、检测时间较长。利用结合有 Pb^{2+} 响应型智能凝胶纳米颗粒的智能膜［如聚碳酸酯（PC）智能膜或聚醚砜（PES）智能膜等］作为检测元件[1, 2]，可基于纳米凝胶响应 $[Pb^{2+}]$ 变化后导致的相应程度体积变化，将 $[Pb^{2+}]$ 有效转化为便于检测分析的透膜液流速变化，从而实现微量 Pb^{2+} 的便捷灵敏有效检测。

一、痕量铅离子检测智能膜的设计

1. 铅离子检测聚碳酸酯智能膜的设计

痕量铅离子检测聚碳酸酯（PC）智能膜的检测原理如图 13-1 所示[2, 5]。该

PC 智能膜具有直孔结构，其直孔中结合有 Pb^{2+} 响应型聚（N- 异丙基丙烯酰胺 - 共聚 - 苯并 -18- 冠 -6- 丙烯酰胺）（PNB）纳米凝胶，可用于痕量 Pb^{2+} 的高选择性灵敏检测。PC 智能膜直孔结构可提供多个纳米通道用于流体流通；而 Pb^{2+} 响应型 PNB 纳米凝胶则通过简单的过滤过程结合聚多巴胺（PDA）黏附从而固定在膜孔中，以作为 Pb^{2+} 纳米传感器和纳米阀门［图 13-1（a），（b）］。当纳米凝胶中的冠醚基团识别 Pb^{2+} 并与之形成络合物时，纳米凝胶中聚（N- 异丙基丙烯酰胺）（PNIPAM）高分子网络的体积相转变温度（VPTT）将由一个较低的温度（VPTT$_1$）迁移至更高的温度（VPTT$_2$）［图 13-1（c）］。通过将操作温度（T_d）设置在 VPTT$_1$ 和 VPTT$_2$ 之间，则纳米凝胶可以在响应［Pb^{2+}］增加时发生等温溶胀，从而使得膜孔中流通截面积减小、跨膜通量减小［图 13-1（b）］。由于纳米凝胶的响应性体积相变具有可逆性，因而当［Pb^{2+}］减小时纳米凝胶将发生等温收缩，使得膜孔中流通截面积增大、跨膜通量增大［图 13-1（a）］。因此，基于膜孔中 PNB 纳米凝胶高选择性的 Pb^{2+} 响应型体积相变特性，该 PC 智能膜能有效地将痕量的［Pb^{2+}］变化信号转换成便于读取的流量变化信号，实现对 Pb^{2+} 的高选择、高灵敏检测。

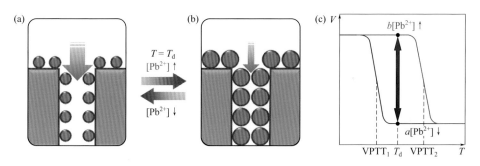

图13-1 痕量铅离子检测PC智能膜的检测原理示意图

（a），（b）基于PNB纳米凝胶的Pb^{2+}响应性等温收缩（a）和溶胀（b）变化来调控跨膜水通量；（c）PNB纳米凝胶的Pb^{2+}响应性等温溶胀 - 收缩体积变化

2．铅离子检测聚醚砜智能膜的设计

如图 13-2 所示为铅离子检测 PES 智能膜的 VIPS 制备过程和功能示意图[1,6]，该智能膜主要基于含有 Pb^{2+} 响应型 PNB 凝胶纳米颗粒的铸膜液［图 13-2（a）］，由蒸汽诱导相分离法（VIPS）来制备［图 13-2（b）］。该智能膜具有互穿多孔结构，处于膜孔连接处的 PNB 纳米颗粒作为 Pb^{2+} 识别响应开关，当外界环境中不含 Pb^{2+} 时，PNB 纳米颗粒（图 13-2 中红色球形颗粒）处于收缩状态，此时膜孔"打开"、跨膜通量较大；而当外界环境中存在 Pb^{2+} 时，PNB 纳米颗粒中的 18- 冠 -6 识别并捕获 Pb^{2+} 形成 18- 冠 -6/Pb^{2+} 复合物，从而使得凝胶网络因静电斥力

和亲水性增大而处于溶胀状态，此时膜孔"关闭"、跨膜通量减小。因此，基于该原理，PES智能膜亦能有效地识别[Pb²⁺]变化，并将其转换为流量变化信号，从而高选择、高灵敏地检测 Pb^{2+}。

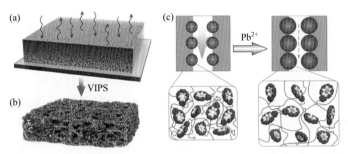

图13-2　铅离子检测PES智能膜的VIPS制备过程[（a），（b）]及其功能示意图（c）

二、痕量铅离子检测智能膜的制备

1. 铅离子检测聚碳酸酯智能膜的制备

在铅离子检测 PC 智能膜中，采用沉淀聚合与缩合反应相结合的"两步法"来制备 PNB 纳米颗粒[7]。首先，以 N- 异丙基丙烯酰胺（NIPAM）和丙烯酸（AA）为单体，过硫酸铵为引发剂，N,N'- 亚甲基双丙烯酰胺为交联剂，十二烷基硫酸钠为表面活性剂，由沉淀聚合反应制备 P（NIPAM-co-AA）（PNA）纳米颗粒；然后，再将 PNA 纳米颗粒与 4'- 氨基苯并 -18- 冠 -6 通过缩合反应制备得到 PNB 纳米颗粒。

制得 PNB 纳米颗粒后，采用先加压过滤后振荡涂覆相结合的"两步法"制备铅离子检测 PC 智能膜。首先，采用紧密叠放的两层空白 PC 膜（上、下层 PC 膜孔径分别为 800nm 和 220nm）为介质，对 PNB 纳米颗粒水溶液进行加压过滤，使其通过上层 PC 膜，但被下层 PC 膜截留，从而将 PNB 纳米颗粒简单沉积到 PC 膜表面及膜孔内；然后，基于聚多巴胺优良的黏附特性，通过振荡涂覆的方式利用多巴胺对 PC 膜表面和膜孔内的 PNB 纳米颗粒进行进一步固载，从而制得铅离子检测 PC 智能膜。

2. 铅离子检测聚醚砜智能膜的制备

在铅离子检测 PES 智能膜中，作为铅离子检测元件的 PNB 纳米颗粒主要通过利用 NIPAM 与含有不饱和双键的苯并 -18- 冠 -6- 丙烯酰胺（B18C6Am）为共聚单体、N,N'- 亚甲基双丙烯酰胺为交联剂，偶氮二异丁基脒盐酸盐（V50）为引发剂，经一步沉淀共聚法来制备[8]。制得 PNB 纳米颗粒后，通过以含有 PES（15%，质量分数）和 PNB 纳米颗粒的 N- 甲基吡咯烷酮溶液作为铸膜液，由 VIPS 法可制备得到铅离子检测 PES 智能膜（图 13-2）[9]。在 VIPS 制膜过程中，在系统界面能量最低的趋势的驱使下[10]，PNB 纳米颗粒迁移至生长粗化的膜孔和 PES 基材的界面上并发生原位组装，从而实现了 PNB 纳米颗粒在多孔 PES 膜膜孔壁面上的有效结合。

三、痕量铅离子检测智能膜的表征

1. 铅离子检测聚碳酸酯智能膜的表征

如图 13-3 所示，通过两步法制备得到的 PNB 纳米颗粒具有良好的球形结构、均一尺寸，其干样粒径约为 450nm，且具有良好的温敏性及 Pb^{2+} 响应性。如图 13-4 所示分别为不同 [Pb^{2+}] 下 PNB 纳米颗粒粒径随温度变化的曲线图。由图 13-4（a）可看出，在 [Pb^{2+}] 相同时，PNB 纳米颗粒由于其具有温敏性的 PNIPAM 高分子网络骨架，因而其粒径随温度的升高而降低，即低温时处于溶胀状态、高温时处于收缩状态。而在温度相同时，随着 [Pb^{2+}] 由 0mol/L 逐渐增加到 10^{-4}mol/L 和 10^{-3}mol/L，PNB 纳米颗粒粒径则逐渐增大。基于这种 Pb^{2+} 响应型体积变化特性，PNB 纳米颗粒可用作纳米智能阀用于调控多孔膜的膜孔尺寸，从而有效将 [Pb^{2+}] 变化转化为跨膜通量变化。

使用 Pb^{2+} 响应型溶胀比（$R_1 = D_{Pb^{2+}}/D_{Water}$）来反映 PNB 纳米颗粒在不同温度下的 Pb^{2+} 响应型体积变化程度，其中 $D_{Pb^{2+}}$ 和 D_{Water} 分别为相同温度下 PNB 纳米颗粒在 Pb^{2+} 溶液中和水中的粒径。由图 13-4（b）可看出，对于 [Pb^{2+}] 为 10^{-4}mol/L 和 10^{-3}mol/L 时，PNB 纳米颗粒的 R_1 值一开始随着温度由 13℃升高至 37℃而增加，随后又随着温度进一步由 37℃升高至 64℃而降低，并在 37℃时展现出了最大的 R_1 值。这表明，在 37℃时水中的 PNB 纳米颗粒可响应 [Pb^{2+}] 变化而展现出最大的体积变化。

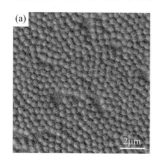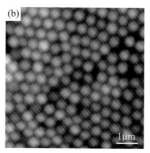

图13-3 PNB纳米颗粒的扫描电镜图（a）和原子力显微镜图（b）

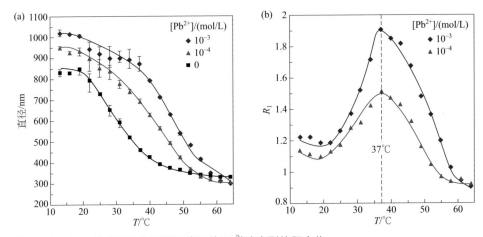

图13-4 PNB纳米颗粒在不同温度下的Pb²⁺响应型体积变化

（a）PNB纳米颗粒在不同浓度Pb²⁺溶液中的粒径随温度的变化；（b）PNB纳米颗粒在不同浓度Pb²⁺溶液中的粒径与其在水中的粒径之比（R_1）随温度的变化

　　PNB 纳米颗粒经结合到膜孔中并由 PDA 涂覆后，所得到的 PNB@PDA 纳米颗粒仍能表现出良好的温敏性和 Pb²⁺ 响应特性。如图 13-5（a）所示，PNB@PDA 纳米颗粒的粒径在［Pb²⁺］相同时随温度的升高而降低，而在温度相同时随着［Pb²⁺］升高而增大。但由于多巴胺本身具有亲水性，导致整个纳米凝胶网络的亲水性增强；因而相比于 PDA 涂覆前［图 13-4（a）］，其在去离子水及 Pb²⁺溶液中的 VPTT 均向高温迁移，并且，在 40℃时水中的 PNB@PDA 纳米凝胶可响应［Pb²⁺］变化而展现出最大的体积变化（R_1 值最大）［图 13-5（b）］。

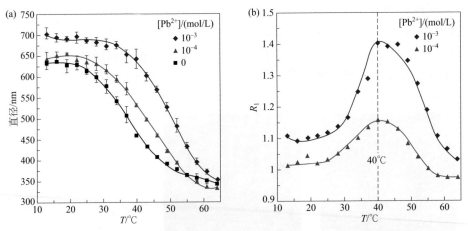

图13-5 PNB@PDA纳米颗粒在不同温度下的Pb²⁺响应型体积变化

（a）PNB@PDA 纳米凝胶在不同浓度 Pb²⁺溶液中的粒径随温度的变化；（b）PNB@PDA 纳米凝胶在不同浓度Pb²⁺溶液中的粒径与其在水中的粒径之比（R_1）随温度的变化

如图 13-6（a）和（b）所示，空白的 PC 膜（孔径 800nm）的表面具有多孔结构，从其断面看出其膜孔均为直孔结构。当将溶胀的 PNB 纳米颗粒经过滤截留和 PDA 涂覆黏附后，所得到的膜孔中结合有 PNB 纳米颗粒的 PC 智能膜的微观结构如图 13-6（c）～（f）所示。与空白 PC 膜相比，PC 智能膜的表面［图 13-6（c），（d）］和膜孔［图 13-6（e），（f）］中均堆积结合了 PNB 纳米颗粒。

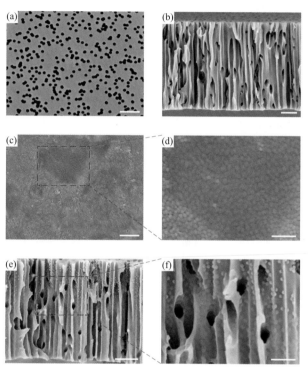

图13-6　空白PC膜［（a），（b）］及PC智能膜［（c）～（f）］的表面［（a），（c）］、断面［（b），（e）］及其表面（d）和断面（f）局部放大图
（a）～（c），（e）标尺为5μm；（d），（f）标尺为2μm

2. 铅离子检测聚醚砜智能膜的表征

如图 13-7 所示为一步法制备的 PNB 纳米颗粒的扫描电镜图，该 PNB 纳米颗粒同样具有良好的球形度和尺寸均一性以及良好的温度响应性，其在水中和 1mmol/L 硝酸铅溶液中时的粒径均随着温度的升高而逐渐减小［图 13-8（a）］。然而，由于其制备方法和配方的不同，该 PNB 纳米颗粒在约 34℃ 展现出了最大的 Pb^{2+} 响应型体积变化（R_1）［图 13-8（b）］。

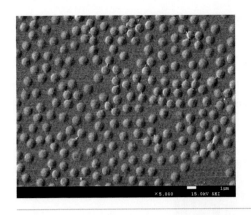

图13-7
PNB纳米颗粒的扫描电镜图

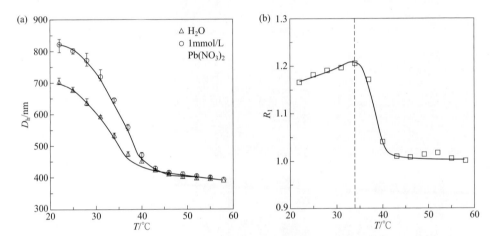

图13-8 PNB纳米颗粒在1mmol/L硝酸铅溶液和去离子水中的粒径（a）及粒径之比（R_1）（b）随温度的变化

　　如图 13-9（a）所示，空白 PES 膜表面结构致密，内部为胞状多孔结构，且其表面、底部以及内部断面上均未出现纳米凝胶。而如图 13-9（b）所示，随着铸膜液中 PNB 纳米颗粒的加入，所得到的 PES 智能膜的表面和底部均呈现出了孔结构和纳米颗粒（图 13-9 b1，b2），同时其内部断面呈现出了高度连通的互穿多孔结构（图 13-9 b3，b4），且其多孔结构的孔壁上均结合了紧密排布的纳米颗粒。这是因为蒸汽诱导相分离成膜过程是在 25℃ 条件下进行的，该温度低于 PNB 纳米颗粒的 VPTT，所以纳米颗粒处于亲水溶胀状态。此时，在蒸汽诱导过程中，亲水的 PNB 纳米颗粒在界面能驱使下迁移组装到生长的膜孔 / 基体界面，并可吸收大量的水到生长的膜孔中，使得固化后的膜孔尺寸增大[9]。因此，所制备得到的 PES 智能膜具有高度连通的互穿多孔结构，且孔壁上结合了紧密排布的纳米凝胶。

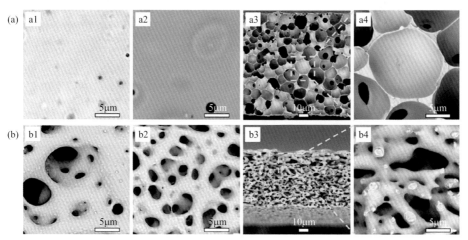

图13-9　空白PES膜（a）和PES智能膜（b）的表面（a1，b1）、底部（a2，b2）、断面（a3，b3）及断面放大（a4，b4）的扫描电镜图

四、痕量铅离子检测智能膜的应用性能

1. 铅离子检测聚碳酸酯智能膜的传感检测性能

PC 智能膜的超灵敏检测性能主要是基于 PNB 纳米凝胶在识别不同浓度 Pb^{2+} 后的体积相变。这种 Pb^{2+} 响应型体积相变可以调控膜孔尺寸，从而有效地将 $[Pb^{2+}]$ 信号转变为便于检测的跨膜通量变化。基于 PC 智能膜构建了用于 Pb^{2+} 超灵敏检测的智能膜检测系统，如图 13-10 所示，首先将 PC 智能膜放入可拆卸式过滤器中，将过滤器进口与结合恒压泵和电脑的微流体控制系统相连接，将过滤器出口与微型流量计相连接，再外加控温装置以调控 PC 智能膜的操作温度，以完成对该检测系统的构建。在该检测系统中，PC 智能膜在给定压力（0.015MPa）下的跨膜水通量展现出了温度响应性和 $[Pb^{2+}]$ 响应性变化特性（图 13-11）。如图 13-11（a）所示，在 $[Pb^{2+}]$ 相同时，随着温度的升高，PNB@PDA 纳米凝胶逐渐收缩，从而使得膜孔流通截面积增大，因而跨膜水通量增加；而在温度相同时，随着 $[Pb^{2+}]$ 由 0 增加到 $10^{-6}mol/L$，PNB@PDA 纳米凝胶逐渐发生溶胀，使得膜孔流通截面积减小，因而跨膜水通量减小。定义 PC 智能膜的 Pb^{2+} 响应系数为 $R_2=J_{Pb^{2+}}/J_{water}$，以反映不同温度下 PC 智能膜在响应 $[Pb^{2+}]$ 变化后的跨膜水通量变化；其中 $J_{Pb^{2+}}$ 和 J_{water} 为同一温度时 PC 智能膜分别对 Pb^{2+} 溶液和对去离子

水的通量。如图 3-11(b)所示，在 10^{-10} ~ 10^{-6}mol/L 的 $[Pb^{2+}]$ 范围内，当 $[Pb^{2+}]$ 相同时，R_2 均随着温度的升高呈现出先减小再增大的趋势，且在 40℃时呈现出了最小的 R_2 值。这表明智能膜在 40℃时可响应 $[Pb^{2+}]$ 变化而展现出最明显的跨膜水通量变化。该结果与图 13-5 所示的 PNB@PDA 纳米凝胶响应 Pb^{2+} 的最大粒径变化趋势相一致。此外，在 40℃时即使溶液中 $[Pb^{2+}]$ 低至 10^{-10}mol/L，PC 智能膜也能展现出明显的 Pb^{2+} 响应性水通量变化（$R_2 = 0.88$）。这种水通量变化可以很方便地通过流量计进行检测，因此，该 PC 智能膜对 $[Pb^{2+}]$ 的检测限可

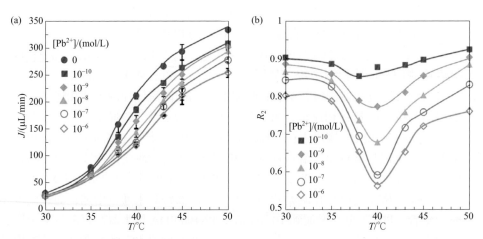

图13-10 基于PC智能膜的痕量Pb^{2+}检测系统的示意图

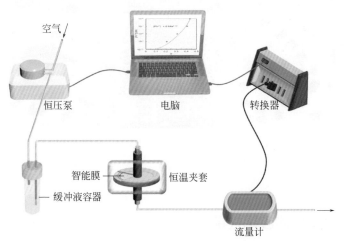

图13-11 PC智能膜的Pb^{2+}检测性能

（a）智能膜在不同Pb^{2+}浓度下跨膜水通量随温度的变化；（b）智能膜在不同Pb^{2+}浓度下的跨膜水通量与其在水中跨膜水通量之比（R_2）随温度的变化

低至 10^{-10}mol/L。我国国家标准（GB 25466—2010）中规定工业废水中的 Pb^{2+} 含量最高不超过 2.42×10^{-6}mol/L，而饮用水中 Pb^{2+} 含量不得超过 4.83×10^{-8}mol/L，因此该 PC 智能膜的检测限远低于国家标准要求，可满足工业乃至生活用水中的 Pb^{2+} 检测要求。

　　根据该 PC 智能膜在最佳操作温度 40℃下的跨膜水通量在 $10^{-10} \sim 10^{-6}$mol/L 的［Pb^{2+}］范围内变化的曲线［图 13-11（b）］，可拟合得到［Pb^{2+}］与 R_2 之间的关系表达式［Pb^{2+}］$=72.83e^{-4.74R_2}$。因此，通过检测 PC 智能膜在响应［Pb^{2+}］后的水通量变化，可计算得到 R_2 值，并进一步由图 13-12 所示公式得到待测溶液中的［Pb^{2+}］值。

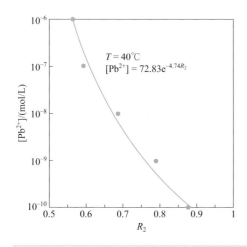

图13-12
PC智能膜的 R_2 值与［Pb^{2+}］之间的定量关系

　　基于 PNB@PDA 纳米颗粒中 18- 冠 -6 基团对于 Pb^{2+} 的识别能力，该 PC 智能膜可以实现高选择性 Pb^{2+} 检测。如图 13-13 所示为 PC 智能膜对含有不同离子（K^+、Na^+、Ba^{2+}、Ca^{2+}、Mg^{2+}、Sr^{2+}、Pb^{2+}）水溶液的跨膜水通量变化。定义了跨膜水通量变化量 $\Delta J = J_{water} - J_{ion}$ 来表征各种离子对 PC 智能膜水通量的干扰影响；其中 J_{water} 和 J_{ion} 分别是 PC 智能膜对去离子水以及对含有离子（10^{-6}mol/L）的水溶液的跨膜水通量，两者均在 40℃、0.015MPa 的条件下测定。如图 13-13 所示，当溶液中含有 K^+、Na^+、Ba^{2+}、Ca^{2+}、Mg^{2+} 或 Sr^{2+} 时，其 ΔJ 值均小于 9μL/min，这表明上述离子对 PC 智能膜水通量的变化影响很小。而当溶液中含有 Pb^{2+} 时，其 ΔJ 值为 96.5μL/min，远大于上述离子存在时的 ΔJ 值。这说明，相比于其他离子，由于 PNB@PDA 纳米颗粒中的 18- 冠 -6 基团对于 Pb^{2+} 的结合常数更高[11]，因此，PC 智能膜可以选择性地识别 Pb^{2+}，并展现出较大的跨膜水通量变化。通常来说，18- 冠 -6 基团与金属离子之间络合物的形成及其稳定性主要取决于 18- 冠 -6 基团的空穴结构与金属离子之间的尺寸 / 形状匹配效应。而两者之间的结合常数大小顺序通常为 Pb^{2+} > Ba^{2+} > 其他离子（如 K^+、Na^+、Ca^{2+}、Mg^{2+}、Sr^{2+}）[12]。因此，该 PC 智能膜可对 Pb^{2+} 展现出良好的选择性响应，可用于水溶液中 Pb^{2+} 的高选择、高灵敏检测。

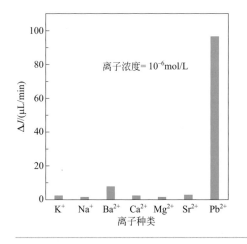

图13-13
40℃时PC智能膜对不同离子溶液的跨膜水通量变化

2. 铅离子检测聚醚砜智能膜的传感检测性能

使用如图 13-14 所示的过滤装置对 PES 智能膜的跨膜通量进行测试，并通过循环水和外加夹套分别对待测样品溶液和智能膜进行控温。图 13-15 为不同液柱高度下 PES 智能膜对去离子水和 Pb^{2+} 溶液的跨膜水通量，可以看出当液柱高度一定时，其跨膜水通量都随着 $[Pb^{2+}]$ 升高而减小。这主要是因为 PNB 纳米颗粒在识别 Pb^{2+} 后会发生体积溶胀，从而使得膜孔流通截面积减小、跨膜水通量降低；而当 $[Pb^{2+}]$ 越高，PNB 纳米颗粒体积溶胀越大，因而膜孔流通截面积越小，跨膜水通量越低。此外，从图 13-15 可看出，当 $[Pb^{2+}]$ 低至 10^{-9}mol/L 时，PES 智能膜的水通量相比于纯水时亦有明显减小，这说明该 PES 智能膜具有很高的 Pb^{2+} 检测灵敏度。

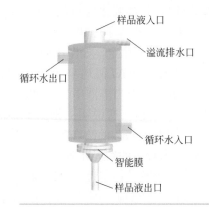

图13-14
测试PES智能膜通量的过滤装置示意图

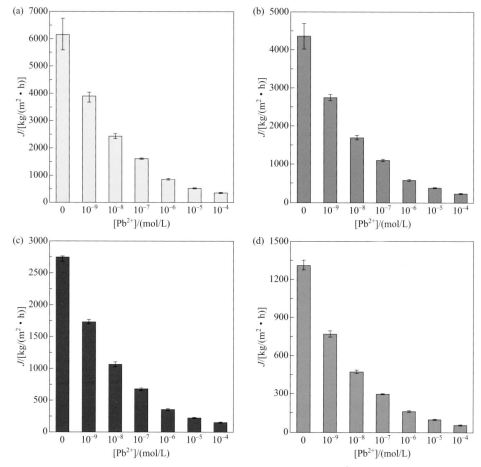

图13-15 不同液柱高度下PES智能膜对去离子水和不同浓度Pb²⁺溶液的水通量
液柱高度分别为（a）20cm；（b）15cm；（c）10cm；（d）5cm

如图 13-16 所示为 34℃、20cm 液柱高度条件下，PES 智能膜的跨膜溶液由去离子水迅速切换为不同浓度的 Pb²⁺ 溶液时的动态跨膜水通量变化。从图 13-16 可看出，当溶液迅速由去离子水转换为 Pb²⁺ 溶液后，PNB 纳米颗粒发生溶胀，导致跨膜水通量逐渐减小，直至达到动态平衡。而随着［Pb²⁺］从 10⁻⁹mol/L 增大到 10⁻⁴mol/L，PNB 纳米颗粒的溶胀程度越来越大，使得 PES 智能膜的平衡跨膜水通量逐渐减小。同时，随着［Pb²⁺］增大，PES 智能膜的跨膜水通量达到动态平衡时的时间会减小；这主要是因为［Pb²⁺］越大，越有利于其与冠醚形成络合物，因而导致 PNB 纳米颗粒快速溶胀，使得跨膜水通量达到动态平衡的时间变短。

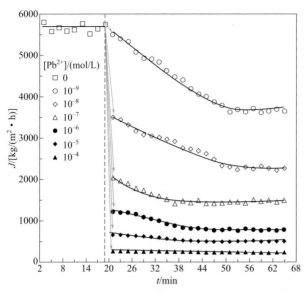

图13-16 34℃、20cm液柱高度条件下，PES智能膜的跨膜溶液由去离子水迅速切换为不同浓度Pb²⁺溶液时的动态跨膜水通量变化

基于PNB纳米颗粒中18-冠-6基团对于Pb²⁺的选择性识别，该PES智能膜同样可实现高选择性的Pb²⁺检测。如图13-17所示为PES智能膜对不同离子水溶液的跨膜水通量变化（ΔJ）。从图13-17中可以看出，当各溶液中所含离子浓度均为10^{-6}mol/L时，PES智能膜识别Pb²⁺后的ΔJ最明显，而其他干扰离子（Li⁺、Na⁺、K⁺、Mg²⁺、Ca²⁺、Sr²⁺、Ba²⁺、Cr²⁺、Cd²⁺）所引起的ΔJ值均相对较小。这主要是因为18-冠-6基团和Pb²⁺的络合常数最大，其次是Ba²⁺，而18-冠-6基团和其他阳离子的络合常数要小很多。如图13-18所示为PES智能膜在含有固定浓度的Pb²⁺（10^{-6}mol/L）以及不同浓度的4种干扰离子（Na⁺，K⁺，Sr²⁺，Ba²⁺）时的ΔJ值。从图13-18可看出，当4种干扰离子的浓度分别为［Pb²⁺］的1倍、10倍、100倍和1000倍时，PES智能膜的ΔJ值并未出现明显变化；即使其他干扰离子浓度都达到［Pb²⁺］的1000倍时，ΔJ值与只含有Pb²⁺时的ΔJ值相比仅增大了2.5%，说明此时其他离子的干扰作用可忽略，表明该PES智能膜可对Pb²⁺展现出良好的选择性响应。

如图13-19所示为PES智能膜在不同液柱条件下的$J_{Pb^{2+}}/J_{water}$值随［Pb²⁺］变化的曲线，从图中可以看出，5cm、10cm、15cm、20cm 4种液柱高度时PES智能膜的$J_{Pb^{2+}}/J_{water}$值在不同［Pb²⁺］条件下基本重合，这说明液柱高度对［Pb²⁺］变化所引起的跨膜水通量变化率$J_{Pb^{2+}}/J_{water}$几乎没有影响。通过不同液柱条件下的

$J_{Pb^{2+}}/J_{water}$ 值和 $[Pb^{2+}]$ 之间的关系曲线，可拟合得到 $[Pb^{2+}]$ 与 $J_{Pb^{2+}}/J_{water}$ 的定量关系式为：$[Pb^{2+}]=1\times10^{-10}\times(J_{Pb^{2+}}/J_{water})^{-4.6}$。因此，通过检测 PES 智能膜在响应 $[Pb^{2+}]$ 后的水通量变化来计算得到 $J_{Pb^{2+}}/J_{water}$ 值后，则可由图 13-19 所示公式得到所检测溶液中的 $[Pb^{2+}]$ 值。

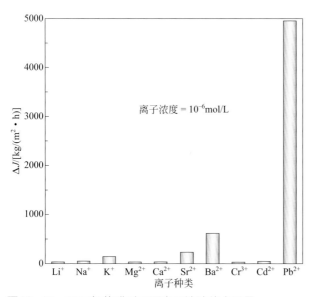

图13-17　PES智能膜对不同离子溶液的水通量

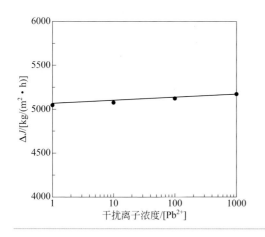

图13-18
PES智能膜在含有Pb^{2+}（10^{-6}mol/L）及不同浓度的Na$^+$、K$^+$、Sr^{2+}和Ba^{2+}时的水通量变化

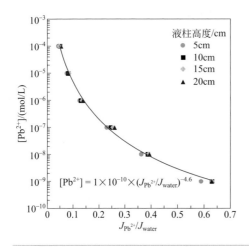

图13-19

不同液柱条件下PES智能膜的$J_{Pb^{2+}}/J_{water}$值随［Pb^{2+}］变化的曲线

第二节
智能膜用于乙醇浓度检测

乙醇在发酵、制药、新能源等领域都扮演着重要角色，目前70%以上的乙醇均通过传统的生物发酵法生产。生产过程中，酵母菌的代谢过程受限于环境中的乙醇浓度，随着乙醇浓度升高，酵母菌的活性会因为产物抑制作用而减弱[13, 14]，因而需要控制反应液中的产物浓度以维持较高生产效率。目前生产中所控制的最适乙醇浓度（体积分数）在10%左右[5]，在反应过程中需要对乙醇浓度进行实时监测，以及时得知乙醇浓度是否超过此阈值。目前，用于乙醇浓度监测的常用方法有红外光谱法[15]、拉曼光谱法[16]、高效液相色谱法[17]、气相色谱法[18]等，但这些方法往往需要大型复杂的仪器、专业的人工操作和耗时的分析检测过程。利用结合有乙醇响应型智能凝胶纳米颗粒的智能膜作为检测元件，再将其整合到微通道芯片中，则可利用纳米颗粒响应乙醇浓度变化后的体积变化，并结合微通道中液体的连续流动特性，将乙醇浓度连续地有效转化为便于检测分析的透膜液流速变化，从而实现乙醇浓度的实时在线灵敏检测[3, 4]。

一、乙醇浓度检测智能膜的设计

1. 乙醇浓度检测壳聚糖智能膜的设计

如图 13-20 所示为乙醇浓度检测壳聚糖（CS）智能膜微芯片的示意图[4, 19]。

该微芯片具有 X 形微通道，在微通道中间结合有 CS 智能膜［图 13-20（a）］。该 CS 智能膜主要通过在微通道内平行流动的油、水两相层流间的界面交联反应来原位制备，CS 智能膜中含有 PNIPAM 纳米颗粒作为乙醇的传感检测元件［图 13-20（b）］。当外界温度低于 PNIPAM 的 VPTT 时，PNIPAM 纳米颗粒处于溶胀状态，此时透膜水通量较小；当环境温度高于 VPTT 时，PNIPAM 纳米颗粒失水收缩，使得膜渗透性增大、透膜水通量变大［图 13-20（c），（d），（f）］。由于 PNIPAM 的温敏性本质在于其氢键作用和疏水作用之间的平衡，因而通过加入乙醇可改变 PNIPAM 和水分子之间的相互作用，使得 PNIPAM 纳米颗粒发生相应的体积变化[20, 21]，从而调控其透膜液通量。当乙醇浓度（C_E）低于 PNIPAM 纳米颗粒对乙醇的临界响应浓度（C_C）时，纳米颗粒呈现溶胀状态；而当 C_E 升高至 C_C 以上时，乙醇分子夺取了原来与 PNIPAM 高分子链结合的水分子，使得纳米颗粒发生收缩，膜的渗透性变大、通量增大［图 13-20（d），（e），（g）］。由

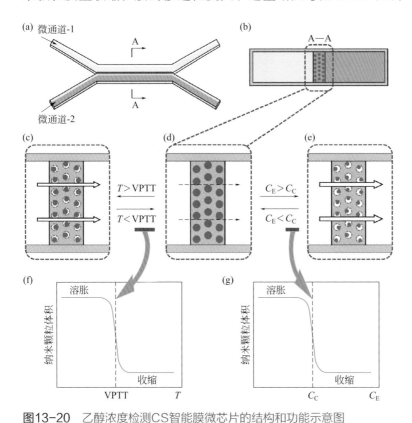

图13-20　乙醇浓度检测CS智能膜微芯片的结构和功能示意图

（a），（b）X形微通道中的CS智能膜（a）及其断面（b）的示意图；（c）～（e）温敏性［（c），（d）］和乙醇浓度响应性［（d），（e）］膜渗透性调控；（f），（g）PNIPAM 纳米颗粒的温敏性（f）和乙醇浓度响应性（g）溶胀-收缩行为

于在一定的 C_E 范围内，PNIPAM 纳米颗粒可展现出与 C_E 相对应的体积变化，因而通过测定 CS 智能膜的透膜液通量，则可以得到溶液中的 C_E 值。

2. 乙醇浓度检测聚醚砜智能膜的设计

如图 13-21 所示为乙醇浓度检测聚醚砜（PES）智能膜微芯片的示意图[3, 22]。该微芯片具有双层微通道结构，双层微通道中间由一层 PES 智能膜分隔［图 13-21（a），（b）］，该 PES 智能膜中含有 PNIPAM 纳米颗粒作为乙醇的传感检测元件。PES 智能膜微芯片具有 4 个开口，分别是作为样品进口的入口 -1、作为样品出口的出口 -2 和出口 -4，以及用于清洁装置的入口 -3［图 13-21（c），（d）］。当待测样品从入口 -1 通入微芯片后，大量的溶液会从出口 -2 流出；同时，PES 智能膜中的 PNIPAM 纳米颗粒会响应乙醇浓度变化而发生相应的体积变化，从而调控膜渗透性，使得相应的少量透膜液由出口 -4 流出。通过检测出口 -4 中流

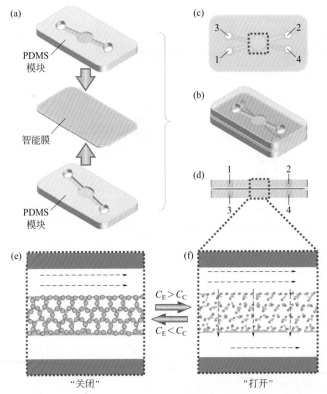

图13-21 乙醇浓度检测PES智能膜微芯片的结构和功能示意图

（a）PES智能膜微芯片的组装示意图及透视图（b）、俯视图（c）和侧视图（d）；（e），（f）乙醇浓度响应性跨膜通量变化

出液体的流速即可监测待测样品溶液中的 C_E 值。当 $C_E<C_C$ 时，PNIPAM 纳米颗粒处于溶胀状态，膜孔关闭、膜渗透性小，出口 -4 流出的溶液流速慢［图 13-21（e）］；当 $C_E>C_C$ 时，PNIPAM 纳米颗粒处于收缩状态，膜孔打开、膜渗透性增大，此时出口 -4 流出的溶液流速显著增大［图 13-21（f）］。该 PES 智能膜微芯片可以直接接入实际生产过程中，简便地实现溶液中乙醇浓度的可视化在线监测。

二、乙醇浓度检测智能膜的制备

1. 乙醇浓度检测壳聚糖智能膜的制备

用于构建 CS 智能膜的微芯片主要通过简易的玻片组装方法来构建[23]，而 CS 智能膜中所用的 PNIPAM 纳米颗粒则通过沉淀聚合法制备[24, 25]。在组装前，对玻片进行了亲疏水改性，使其一半具有亲水性、另一半具有疏水性。接着，通过将打磨过的玻片进行组装，构建具有 X 形微通道的微芯片，其 X 形微通道具有疏水的微通道 -1 和亲水的微通道 -2［图 13-20（a）］。为了在 X 形微通道中原位构建 CS 智能膜，使用了 PNIPAM 纳米颗粒含量（质量分数）为 40% 的 CS 水溶液，以及含有对苯二甲醛（TA）的苯甲酸苄酯和大豆油的混合油相溶液作为平行流动的两种液相；其中，混合油相用于在疏水的微通道 -1 中流动，而 CS 水溶液用于在亲水的微通道 -2 中流动。通过利用注射泵调控两种溶液的流速以在 X 形微通道中形成稳定的平行层流后，停止泵送并使两液相间在界面上发生 CS 与 TA 的快速交联反应；此时，CS 与 TA 在界面上快速交联成膜，并将溶液中分散的 PNIPAM 纳米颗粒包埋在交联的 CS 高分子网络中，实现了 CS 智能膜在微芯片中的原位构建。

2. 乙醇浓度检测聚醚砜智能膜的制备

利用以 PDMS 预聚体作为"胶水"的印章粘贴法[26, 27]，将含有 PNIPAM 纳米颗粒的 PES 智能膜结合到具有微通道的微芯片中。其中，含有 PNIPAM 纳米凝胶的 PES 智能膜（PNIPAM 纳米颗粒质量占 PES 质量的 17%）主要通过 VIPS 法制备[9, 28, 29]；而微芯片则以 PDMS 作为基材，通过软光刻技术来制备[30]。其中，PDMS 微芯片具有简单的直线通道，通道高度为 37μm、宽度为 500μm，通道中间具有一个直径为 4mm 的圆形区域，以使得流体在经过不同宽度的区域时，能够在交界处产生一定的压差，使其更容易发生压差推动下的跨膜扩散。将 PES 智能膜夹于两片具有凹陷通道的 PDMS 微芯片之间，利用印章粘贴法，以预交联的 PDMS 预聚体作为"胶水"将两片微芯片合并黏结，实现 PES 智能膜在微芯片中的结合，从而构建 PES 智能膜微芯片。

三、乙醇浓度检测智能膜的表征

1.乙醇浓度检测壳聚糖智能膜的表征

如图 13-22（a）所示的 PNIPAM 纳米颗粒的扫描电镜图可看出，PNIPAM 纳米颗粒呈现球形，且尺寸均一，其直径约为 350nm；同时，如图 13-22（b）所示的 PNIPAM 纳米颗粒激光共聚焦显微镜图所示，PNIPAM 成功地结合了荧光染料的 Polyfluor 570。该 PNIPAM 纳米颗粒可以响应温度和乙醇浓度的变化而展现出可逆的溶胀-收缩体积变化。如图 13-22（c）所示，当温度由 25℃升高至 40℃时，纳米凝胶的直径由约 760nm 降低至约 450nm。这种体积变化也可以通过改变乙醇浓度（质量分数）来实现。在 25℃条件下，当乙醇浓度由 0% 跨越 C_c（约 8%）至 30% 时，PNIPAM 纳米颗粒会发生显著的收缩。这种响应性体积相转变行为使得这些纳米颗粒可作为纳米阀门用于控制膜的渗透性。

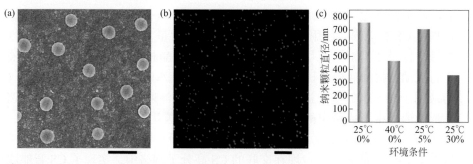

图13-22　PNIPAM纳米颗粒的扫描电镜图（a）、激光共聚焦显微镜图（b）以及温度和乙醇浓度响应型体积相变（c）

（a）标尺为1μm；（b）标尺为5μm

图 13-23 所示为基于 PNIPAM 纳米颗粒和 CS 为基材在微通道中制备得到的 CS 智能膜，其间隔于 X 形微通道的中间，膜厚为约 80μm。如图 13-24 所示为微芯片中不含荧光 PNIPAM 纳米颗粒的空白 CS 膜和含有荧光 PNIPAM 纳米颗粒的 CS 智能膜（图 13-24 a1，b1）。从图 13-24 中可看出，空白 CS 膜及 CS 智能膜均展现出了绿色荧光（图 13-24 a2，b2）；这是因为 CS 上的氨基与对苯二甲酸的双醛基反应生成的席夫碱结构具有自发荧光的性质[31, 32]。同时，如图 13-24 a3 和 b3 所示，与空白 CS 膜相比，CS 智能膜由于含有荧光标记的 PNIPAM 纳米颗粒而展现出了红色荧光；该结果证明了作为纳米阀门的 PNIPAM 纳米颗粒被有效地结合到了 CS 膜中。

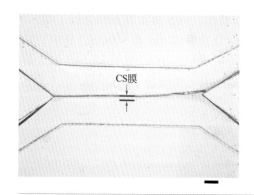

图13-23

微芯片中CS智能膜的光学显微镜图

标尺为250μm

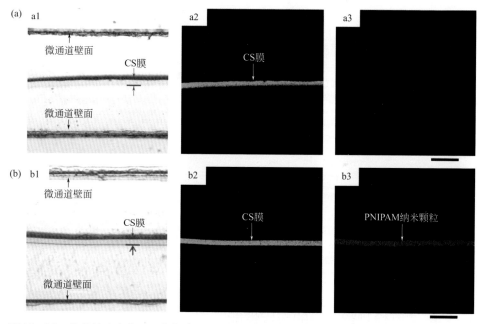

图13-24 微芯片中空白CS膜（a）和CS智能膜（b）的激光共聚焦图

标尺为250μm

2．乙醇浓度检测聚醚砜智能膜的表征

如图13-25所示为结合有PES智能膜的微芯片以及其内部PES智能膜的微观结构图。该微芯片的尺寸小巧，和一枚硬币相当［图13-25（a）］。从微芯片中PES智能膜的断面光学显微镜图［图13-25（b）］及其在键合区域和通道区域的

断面扫描电镜图[图 13-25（c）,（d）]可以看出，PES 膜很好地结合到了微芯片中，其膜厚为 60μm，而微通道的高度和宽度分别为 34μm 和 510μm。其中，从通道区域的 PES 智能膜断面[图 13-25（d）]可看出，由 VIPS 法制备的 PES 智能膜仍然呈现典型的对称结构，其胞状孔结构中有效地结合了 PNIPAM 纳米颗粒（粒径为约 520nm）[图 13-25（e）]。

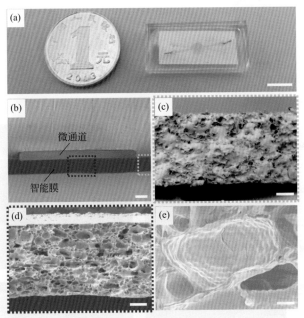

图13-25 微芯片中PES智能膜的结构形貌

（a）PES智能膜微芯片的数码照片，标尺为1cm；（b）PES智能膜断面的光学显微镜图，标尺为50μm；（c）、（d）PES智能膜在键合区域（c）和通道区域（d）的断面扫描电镜图，标尺为20μm；（e）PES智能膜中结合有PNIPAM纳米凝胶的孔结构的扫描电镜图，标尺为2μm

四、乙醇浓度检测智能膜的应用性能

1. 乙醇响应型壳聚糖智能微通道膜的应用性能

如图 13-26 所示为 25℃条件下 PNIPAM 纳米颗粒的粒径随 C_E 的变化。当 C_E（质量分数）从 0% 上升到 5% 时，由于此时水分子仍与 PNIPAM 高分子链上的疏水基团形成笼状结构，且同时与 PNIPAM 高分子链上的酰胺基团形成氢键，因此 PNIPAM 纳米颗粒的粒径并未出现明显改变。而随着 C_E 继续升高，溶剂-溶剂的相互作用逐渐地占据主导地位，乙醇分子争夺和酰胺基团形成氢键的水分子并形成复合物，使得 PNIPAM 的溶剂化程度降低，从而使得 PNIPAM 纳米颗粒体积收缩、直径减小。当 C_E 上升到 20% ~ 35% 时，与 PNIPAM 形成氢键的水分子全部转变为与乙醇分子结合，此时纳米颗粒收缩至最小（直径约 430nm）。

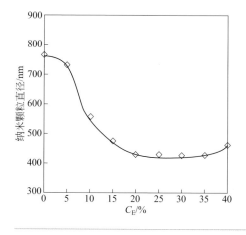

图13-26
25℃条件下PNIPAM纳米颗粒的粒径随乙醇浓度的变化

通过在 25℃条件下由微通道 -1 和微通道 -2 的左侧进口处分别通入含有和不含异硫氰酸荧光素（FITC）荧光染料的 PBS 缓冲液（流速均为 0.5mL/h），并采用激光共聚焦显微镜实时监测微通道 -2 中不同位置的荧光强度变化，以表征 FITC 分子的跨膜扩散传质通量。在微通道 -2 中建立如图 13-27 所示的坐标系，以对微通道 -2 中的不同位置进行标定。采用了相对荧光强度 $I_r = I_{(X_i, Y_i)}/I_{X_i}$ 来反映 FITC 分子的跨膜扩散传质通量；其中，$I_{(X_i, Y_i)}$ 为微通道 -2 中坐标为（X_i, Y_i）的位置处的荧光强度；I_{X_i} 为微通道 -1 的中线（middle line）上 X 坐标为 X_i 的位置处的荧光强度。

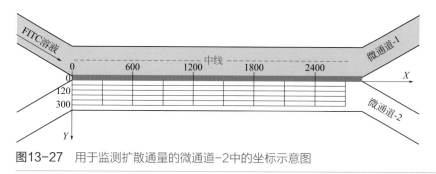

图13-27 用于监测扩散通量的微通道−2中的坐标示意图

图 13-28 所示为 25℃、$C_E = 30\%$ 时微芯片中的空白 CS 膜（$w=0\%$）和 CS 智能膜（$w=40\%$）的 FITC 跨膜扩散通量。从图 13-28（a）~（c）中可以看出，$C_E = 30\%$ 的乙醇溶液对空白 CS 膜的 I_r 值（即 FITC 的跨膜扩散通量）没有明显的

影响。相比之下，从图 13-28（d）~（f）中可以看出，由于 CS 智能膜中含有的 PNIPAM 纳米颗粒具有乙醇浓度响应型体积变化特性，因而 C_E=30% 的乙醇溶液对 CS 智能膜的 FITC 的跨膜扩散通量和 I_r 值具有显著影响。

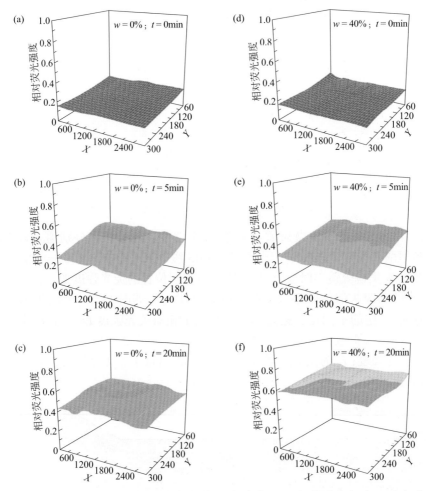

图13-28　微芯片中空白CS膜［（a）~（c）］和CS智能膜［（d）~（f）］的FITC跨膜扩散通量

C_E= 30%，T=25℃

　　图 13-29 所示为不同温度和乙醇浓度条件下，上述含有空白 CS 膜和 CS 智能膜的微芯片中微通道 -2 的特定位置处的 I_r 值。从图 13-29 可看出，对于坐标点为（0，120）的特定位置，当 C_E=0%、温度由 25℃升高至 40℃时，以及当温度为 25℃、C_E 由 0% 升高至 30% 时，空白 CS 膜的 I_r 值并未展现出明显的变化。

而对于 CS 智能膜，随着温度的升高以及乙醇浓度的增大，坐标点（0，120）处的 I_r 值均显著增大，并且在 C_E=30% 时的 I_r 值均比 40℃时的 I_r 值更大。此外，如图 13-30 可以看出，当温度和乙醇浓度循环变化时，CS 智能膜亦能展现出可重复的 I_r 值，表明其具有良好的可重复特性。因此，上述结果证明了 CS 智能膜具有优良的乙醇响应型渗透性调控功能。

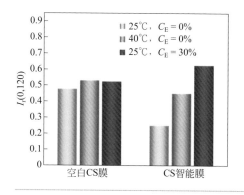

图13-29

不同温度和乙醇浓度下微通道-2中特定位置处的相对荧光强度

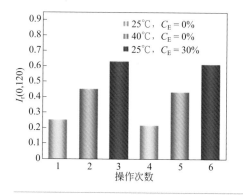

图13-30

微通道-2中特定位置处的相对荧光强度在温度和 C_E 循环变化条件下的重复特性

2．乙醇响应型聚醚砜智能微通道膜的应用性能

为了研究 PES 智能膜的乙醇检测性能，将微芯片的出口 -3 密封、出口 -4 与玻璃毛细管（内径 0.4mm）相连接，使得溶液经微芯片入口 -1 流入微通道后，一部分由出口 -2 流出，另一部分则透过微通道中的 PES 智能膜后，由出口 -4 流入玻璃毛细管中；进一步通过测量该玻璃毛细管中液柱的长度随时间的变化，则可以反映出 PES 智能膜的渗透通量以及与之相关的乙醇浓度。定义玻璃毛细管（内径 0.4mm）中液柱的流速为 $v_{m\text{-}0.4}$=$L_{m\text{-}0.4}/t$，其中 $L_{m\text{-}0.4}$ 和 t 分别为玻璃毛细管中透膜液液柱的长度（累计位移）以及对应的时间。在 30℃条件下利用注射泵

将水和乙醇溶液（15%，体积分数）以2000μL/h的流速连续注入微芯片中，水和乙醇溶液均用0.05%（质量分数）亚甲基蓝染色。从图13-31（a）和（b）可以看出，水和乙醇溶液的透膜液在玻璃毛细管内的$L_{m-0.4}$均随时间变化而呈现出良好的线性增长趋势；当t=60s时，水和乙醇溶液的透膜液在玻璃毛细管中分别移动了7.8mm和31.5mm，其平均流速$v_{m-0.4}$分别为7.7mm/min和31.1mm/min，展现出4倍的差距。这主要是因为，当通入水时，PES智能膜中的PNIPAM纳米颗粒处于溶胀状态，使得膜孔堵塞、处于关闭状态，因而透膜水通量很小、$L_{m-0.4}$和$v_{m-0.4}$均较小。而当通入乙醇溶液（15%）时，乙醇分子与PNIPAM竞争水分子，使得PNIPAM纳米颗粒发生收缩，从而导致膜孔打开、透膜水通量增加，$L_{m-0.4}$和$v_{m-0.4}$均较大。此外，从图13-31（c）中可看出，随着进料流速Q_0增大，水和乙醇溶液的流速$v_{m-0.4}$都呈线性上升，且在不同的Q_0下水和乙醇溶液的流速$v_{m-0.4}$之间均保持相同的倍数。这说明进料流速不会影响PES智能膜的乙醇浓度响应型渗透通量调控特性。在此情况下，可以选用较大的Q_0，使得玻璃毛细管中的液柱在较短时间内呈现出肉眼可观测的长度变化，从而快速反映出溶液中的乙醇浓度。因此，通过该PES智能膜将溶液中的乙醇浓度有效、快速地转换为便于肉眼观测的液柱长度，从而实现乙醇浓度的简便可视化检测。

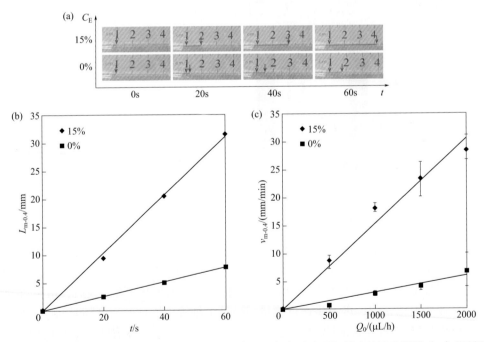

图13-31 透过PES智能膜的水和乙醇溶液（15%）在玻璃毛细管中的流动情况（a）及其液柱$L_{m-0.4}$随时间的变化（b）以及液柱$v_{m-0.4}$随进料溶液流速的变化（c）

为了研究 PES 智能膜对乙醇浓度的检测性能，将 PES 智能膜微芯片与乙醇浓度动态变化的循环系统进行了连接（图 13-32）。整个检测系统置于恒温培养箱中以控制温度。通过将乙醇在恒定流速下（300mL/min）连续通入装有 50mL 纯水的锥形瓶中，使得溶液的浓度连续增大，从而模拟发酵过程中因乙醇产物积累所导致的乙醇浓度增加。使用蠕动泵将待测溶液以 2000μL/h 的流速由入口 -1 注入 PES 智能膜微芯片中，其中大部分溶液由出口 -2 经连接管回流至锥形瓶内形成循环，而其余少量溶液则透过 PES 膜由出口 -4 流入聚乙烯管（内径 1.2mm）中。

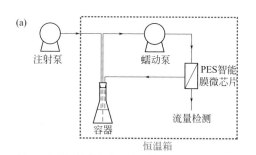

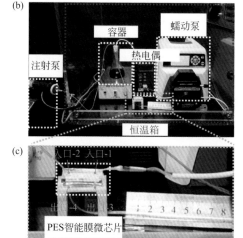

图13-32

基于PES智能膜的乙醇浓度检测系统

（a），（b）检测系统的示意图（a）和照片（b）；
（c）连接玻璃毛细管的PES智能膜微芯片的照片

由于 PNIPAM 是一种同时具有温度响应性和乙醇响应性的材料，操作温度会直接影响其乙醇响应性。如图 13-33（a）所示，当进料溶液的流速恒定为 2000μL/h 时，在相同的乙醇浓度（体积分数）下，温度越高 $v_{m-0.4}$ 越大。而在相同的温度下（25℃和 30℃），随着乙醇浓度由 0% 升高至 15%，PNIPAM 纳米颗粒失水收缩、膜孔开启，因而 $v_{m-0.4}$ 升高；在 25℃和 30℃条件下，PES 智能膜对乙醇的 C_c 值（体积分数）分别为 13.0% 与 7.8%，即在此浓度时 PNIPAM 纳米颗粒可发生最明显的体积收缩变化。但是，当温度为35℃时，$v_{m-0.4}$的值较25℃和30℃时更高，且$v_{m-0.4}$随C_E升高基本保持不变。这是因为，当操作温度为35℃时，已经高于PNIPAM在水中的VPTT（约32℃），此时PNIPAM纳米颗粒在水中处于失水收缩状态，使得膜孔开启、透膜水通量，因此在35℃时的$v_{m-0.4}$比25℃和30℃时更大。同时，由于35℃时PNIPAM纳米颗粒已处于失水收缩状态，即使C_E增加，PNIPAM纳米颗粒已没有水分子可失去，使得其不能进一步收缩、膜孔尺寸亦不会变化，因而流速$v_{m-0.4}$基本保持不变。此外，如图13-33（b）所示，在25℃和30℃时，通过向PES智能膜循环通入水和15%的乙醇溶液，其$v_{m-0.4}$值可展现出重复稳定的变化，从而证明了该PES智能膜可逆、可重复的乙醇响应性能。因此，通过改变操作温度，可以调节PES智能膜对乙醇的临界响应浓度，从而使其可重复、有效地监测所需的乙醇浓度阈值。

PES智能膜对乙醇浓度变化的响应速率对于其快速检测实际生产过程中波动的乙醇浓度变化具有重要意义。通过测量30℃条件下，当进料溶液纯水更换为乙醇溶液时PE管（内径1.2mm）中透膜液的流速（$v_{m-1.2}$），研究了PES智能膜对乙醇浓度变化的响应速率。如图13-34（a）所示，在前10min通入纯水时，$v_{m-1.2}$大约保持在1.4mm/min；当第10min时将C_E由0%突然提升至15%后，$v_{m-1.2}$亦出现骤升，并在大约几分钟后基本稳定在4.1mm/min。此外，如图13-34（b）所示，在25℃和30℃条件下，当C_E在30min内逐渐由0%升高至15%时，$v_{m-1.2}$值亦随着C_E升高而快速地升高，且分别在7.7%和13.1%的C_E值时展现出了显著的变化，其分别与PES智能膜在25℃和30℃时的C_C值相符合。上述结果均表明，PES智能膜具有快速的乙醇浓度响应特性，可有效地监测乙醇浓度的动态变化。

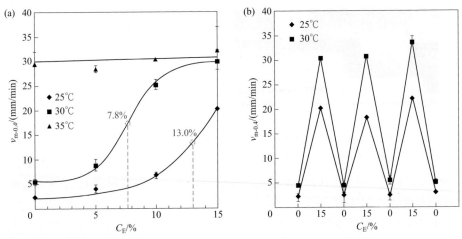

图13-33 在不同温度下的PES智能膜对乙醇浓度（体积分数）的响应特性（a）及其重复性（b）

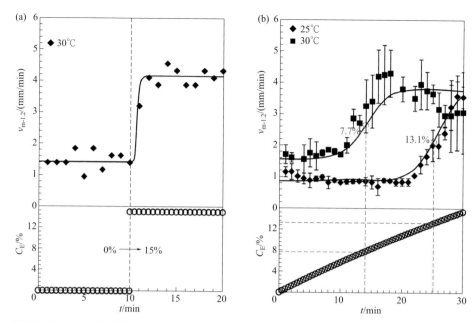

图13-34 PES智能膜对乙醇浓度变化的动态响应行为

通过以酵母发酵过程中的发酵液作为待测溶液，对 PES 智能膜的乙醇浓度检测性能进行了研究。如图 13-35 可看出，当进行无氧发酵 48h、60h 和 72h 后，发酵液中的乙醇不断积累、浓度逐渐升高。该过程中，由气相色谱测得 48h、60h 和 72h 时发酵液的 C_E（体积分数）值分别为 5.21%、6.50% 以及 9.24%，而经 PES 智能膜检测出的发酵液 C_E（体积分数）值分别为 4.8%、6.1% 和 9.1%，两者检测结果非常接近，表明 PES 智能膜具有优良的乙醇浓度检测性能，其在工业发酵过程中乙醇浓度的在线监测方面具有良好的应用前景。

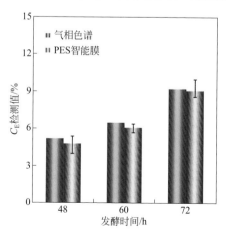

图13-35

气相色谱和PES智能膜对不同发酵时间的发酵液中乙醇浓度的检测结果

参考文献

[1] Wang Y, Liu Z, Luo F, Peng H Y, Zhang S G, Xie R, Ju X J, Wang W, Faraj Y, Chu L Y. A novel smart membrane with ion-recognizable nanogels as gates on interconnected pores for simple and rapid detection of trace lead (II) ions in water[J]. Journal of Membrane Science, 2019, 575: 28-37.

[2] Yan P J, He F, Wang W, Zhang S Y, Zhang L, Li M, Liu Z, Ju X J, Xie R, Chu L Y. Novel Membrane Detector Based on Smart Nanogels for Ultrasensitive Detection of Trace Threat Substances[J]. ACS Applied Materials & Interfaces, 2018, 10(42):36425-36434.

[3] Zou X Y, Luo F, Xie R, Zhang L P, Ju X J, Wang W, Liu Z, Chu L-Y. Online monitoring of ethanol concentration using a responsive microfluidic membrane device[J]. Analytical Methods, 2016, 8(20):4028-4036.

[4] Sun Y M, Wang W, Wei Y Y, Deng N N, Liu Z, Ju X J, Xie R, Chu L Y. In situ fabrication of a temperature- and ethanol-responsive smart membrane in a microchip.[J]. Lab on a Chip, 2014, 14(14):2418-2427.

[5] 颜培洁. 聚 (N- 异丙基丙烯酰胺 - 共聚 - 苯并 -18- 冠 -6- 丙烯酰胺) 智能微球复合膜的制备及铅离子检测性能研究 [D]. 成都 : 四川大学，2018.

[6] 王圆. 基于智能微凝胶的复合多孔膜及其铅离子检测性能研究 [D]. 成都：四川大学，2018.

[7] Luo Q, Guan Y, Zhang Y, Siddiq M. Lead-sensitive PNIPAM microgels modified with crown ether groups[J]. Journal of Polymer Science Part A: Polymer Chemistry, 2010, 48(18):4120-4127.

[8] Ju X J, Liu L, Xie R, Niu C H, Chu L Y. Dual thermo-responsive and ion-recognizable monodisperse microspheres[J]. Polymer, 2009, 50(3):922-929.

[9] Luo F, Xie R, Liu Z, Ju X J, Wang W, Lin S, Chu L Y. Smart gating membranes with in situ self-assembled responsive nanogels as functional gates[J]. Scientific Reports, 2015, 5: 14708.

[10] Chen L Y, Xu J Q, Choi H, Konishi H, Jin S, Li X C. Rapid control of phase growth by nanoparticles[J]. Nature Communications, 2014, 5(1):3879.

[11] Izatt R M, Terry R E, Haymore B L, Hansen L D, Dalley N K, Avondet A G, Christensen J J. Calorimetric titration study of the interaction of several uni- and bivalent cations with 15-crown-5,18-crown-6, and two isomers of dicyclohexo-18-crown-6 in aqueous solution at 25℃ and $\mu = 0.1$[J]. Journal of the American Chemical Society, 1976, 98(24):7620-7626.

[12] Zhang B, Ju X J, Xie R, Liu Z, Pi S W, Chu L Y. Comprehensive Effects of Metal Ions on Responsive Characteristics of P (NIPAM-co-B18C6Am)[J]. The Journal of Physical Chemistry B, 2012, 116(18):5527-5536.

[13] Bai F W, Anderson W A, Moo-Young M. Ethanol fermentation technologies from sugar and starch feedstocks[J]. Biotechnology Advances, 2008, 26(1):89-105.

[14] Borrull A, López-Martínez G, Miró-Abella E, Salvadó Z, Poblet M, Cordero-Otero R, Rozès N. New insights into the physiological state of Saccharomyces cerevisiae during ethanol acclimation for producing sparkling wines[J]. Food Microbiology, 2016, 54: 20-29.

[15] Mendes L S, Oliveira F C C, Suarez P A Z, Rubim J C. Determination of ethanol in fuel ethanol and beverages by Fourier transform (FT) -near infrared and FT-Raman spectrometries[J]. Analytica Chimica Acta, 2003, 493(2):219-231.

[16] Boyaci I H, Genis H E, Guven B, Tamer U, Alper N. A novel method for quantification of ethanol and methanol in distilled alcoholic beverages using Raman spectroscopy[J]. Journal of Raman Spectroscopy, 2012, 43(8):1171-1176.

[17] Terol A, Paredes E, Maestre S E, Prats S, Todolí J L. Alcohol and metal determination in alcoholic beverages through high-temperature liquid-chromatography coupled to an inductively coupled plasma atomic emission spectrometer[J]. Journal of Chromatography A, 2011, 1218(22):3439-3446.

[18] Hu H C, Chai X S. Determination of methanol in pulp washing filtrates by desiccated full evaporation headspace gas chromatography[J]. Journal of Chromatography A, 2012, 1222: 1-4.

[19] 孙易蒙. 原位法制备温度和乙醇双重响应型微通道智能膜的研究 [D]. 成都：四川大学，2014.

[20] Winnik F M, Ringsdorf H, Venzmer J. Methanol-water as a co-nonsolvent system for poly (*N*-isopropylacrylamide)[J]. Macromolecules, 1990, 23(8):2415-2416.

[21] Zhu P W, Napper D H. Coil-to-globule type transitions and swelling of poly (*N*-isopropylacrylamide) and poly (acrylamide) at latex interfaces in alcohol-water mixtures[J]. Journal of Colloid and Interface Science, 1996, 177(2):343-352.

[22] 邹笑一. 基于聚 *N*- 异丙基丙烯酰胺高分子材料的甲醇及乙醇检测新方法研究 [D]. 成都：四川大学，2016.

[23] Deng N N, Meng Z J, Xie R, Ju X J, Mou C L, Wang W, Chu L Y. Simple and cheap microfluidic devices for the preparation of monodisperse emulsions[J]. Lab on a Chip, 2011, 11(23):3963-3969.

[24] Cho E C, Kim J W, Fernández-Nieves A, Weitz D A. Highly responsive hydrogel scaffolds formed by three-dimensional organization of microgel nanoparticles[J]. Nano letters, 2008, 8(1):168-172.

[25] Pelton R. Temperature-sensitive aqueous microgels[J]. Advances in Colloid and Interface Science, 2000, 85(1):1-33.

[26] Wu H, Huang B, Zare R N. Construction of microfluidic chips using polydimethylsiloxane for adhesive bonding[J]. Lab on a Chip, 2005, 5(12):1393-1398.

[27] Chueh B H, Huh D, Kyrtsos C R, Houssin T, Futai N, Takayama S. Leakage-free bonding of porous membranes into layered microfluidic array systems[J]. Analytical Chemistry, 2007, 79(9):3504-3508.

[28] Susanto H, Ulbricht M. Characteristics, performance and stability of polyethersulfone ultrafiltration membranes prepared by phase separation method using different macromolecular additives[J]. Journal of Membrane Science, 2009, 327(1):125-135.

[29] Susanto H, Stahra N, Ulbricht M. High performance polyethersulfone microfiltration membranes having high flux and stable hydrophilic property[J]. Journal of Membrane Science, 2009, 342(1):153-164.

[30] McDonald J C, Whitesides G M. Poly (dimethylsiloxane) as a material for fabricating microfluidic devices[J]. Accounts of Chemical Research, 2002, 35(7):491-499.

[31] Liu L, Yang J P, Ju X J, Xie R, Liu Y M, Wang W, Zhang J J, Niu C H, Chu L Y. Monodisperse core-shell chitosan microcapsules for pH-responsive burst release of hydrophobic drugs[J]. Soft Matter, 2011, 7(10):4821-4827.

[32] Wei W, Wang L Y, Yuan L, Wei Q, Yang X D, Su Z G, Ma G H. Preparation and application of novel microspheres possessing autofluorescent properties[J]. Advanced Functional Materials, 2007, 17(16):3153-3158.

第十四章
智能膜在细胞培养中的应用

第一节　细胞培养智能膜的设计 / 488

第二节　细胞培养智能膜的制备 / 490

第三节　细胞培养智能膜的表征 / 491

第四节　细胞培养智能膜的应用性能 / 507

PNIPAM 修饰的膜材料，通过温度的刺激可以实现表面的亲疏水转换[1, 2]。即，当温度低于 PNIPAM 的低临界溶解温度（LCST，约 32℃）时，PNIPAM 高分子链与水分子形成氢键，呈现出舒展亲水的状态；当温度高于其 LCST 时，PNIPAM 高分子链与水分子之间的氢键发生断裂，呈现出收缩疏水的状态[3, 4]。所以，在 37℃下温敏膜表面的 PNIPAM 微球（PNG）失水收缩呈现出疏水状态，细胞在其表面贴壁生长；当将该细胞培养板从 37℃移到室温 20℃的环境下时，温敏膜表面的 PNGs 吸水溶胀呈现出亲水状态，由于其表面形成水合层细胞无法在表面贴附，此时细胞在细胞板表面发生脱附行为[5, 6]。相比于传统使用胰蛋白酶处理细胞使其脱附的方法，该方法只需改变温度便可以使细胞从细胞板上脱附，所以更为经济、有效，且对细胞膜本身无任何损伤。本章介绍一种基于聚多巴胺（polydopamine，PDA）黏附 PNG 构建温敏智能膜表面的方法，并介绍温敏智能膜的响应速率及细胞的可控贴附与脱附行为。

第一节
细胞培养智能膜的设计

Tanaka 和 Fillmore 的研究工作表明[7]，刺激响应型材料的特征响应时间直接正比于其特征尺寸的平方，而反比于高分子网络的溶液扩散系数。根据这一理论经过简单的计算可以推断出，当刺激响应型材料在至少一个方向的尺寸小于 10μm 时，该材料的特征响应时间将小于 1s。因此，为了使制备得到的温敏表面具有快速的响应速率，研究者们常常以表面接枝 PNIPAM 高分子刷或表面固定 PNIPAM 微球（PNG）作为构建温敏表面的常用手段。其中，表面接枝 PNIPAM 高分子刷往往通过表面活性自由基反应，如原子转移自由基聚合（ATRP）、可逆加成断裂键转移自由基聚合（RAFT）、等离子体照射等将 PNIPAM 高分子链以共价键的形式连接在基材表面[8, 9]。通过化学共价键的作用在基材表面修饰 PNIPAM 高分子刷制备得到的温敏表面具有良好的稳定性和均匀性。而表面修饰 PNG 往往是通过范德华力、氢键作用或电荷作用将 PNG 以物理非共价键的作用固定在基材表面[10-12]，固定过程主要有浸涂法（dip coating）[13]、旋涂法（spin coating）[14] 以及溶剂蒸发法（solvent evaporation）[15]。通过浸涂法在基材表面固定 PNG，只需要将基材浸入到含有 PNG 的溶液中，经过一段时间拿出基材反复冲洗便可以形成 PNG 涂层；使用溶剂蒸发法则更为简单，只需要在基材上滴一滴含有 PNG 的悬浮液，待水分在空气中蒸发完全则形成 PNG 涂层；旋涂法可以通过控制旋涂的速度来控制 PNG 涂层的密度。以上这三种方法一般都需要提前对 PNG 以及基材进行电荷或活性基团的修饰让 PNG 成功地固定在基材表面。

  笔者团队基于 PDA 的黏附性[16, 17]将温敏 PNG 通过一步溶液浸涂的方式固定在基材膜表面，PNG 在基材表面的固定原理及过程如图 14-1 所示。首先将 PNG 均匀分散到含有多巴胺（DA）的弱碱性三羟甲基氨基甲烷（Tris）缓冲溶液中（图 14-1 a1）；由于 PNG 的表面能远大于基材的表面能，因此 PNG 会在基材表面均匀地沉积以达到最低的能量排布。此时，溶液中的 DA 分子在氧气的存在下发生氧化作用，多巴胺分子中的邻苯酚基团去质子化氧化为苯醌基团进而与自身的氨基发生迈克尔加成反应并形成复杂的三聚体结构[18, 19]。溶液中生成的多巴胺寡聚物分子在基材表面以及 PNG 表面同时附着（图 14-1 a2）；接下

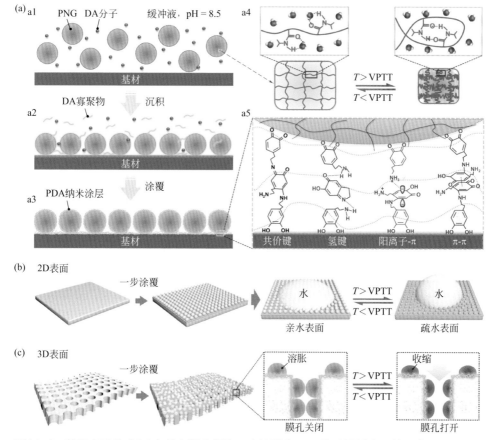

图14-1 基于多巴胺（DA）的自聚合行为一步法固定PNG构建温敏表面的示意图
（a）PNG在基材表面的固定过程（a1 ~ a3）及机理（a4、a5）；（b）PNG在二维表面上的固定及表面浸润性的变化；（c）PNG在膜孔三维表面的固定及膜孔开关过程

来，DA 的寡聚物分子会进一步地发生自聚合反应从而在 PNG 与基材表面同时形成 PDA 纳米黏附层，从而将 PNG 稳定地固定在基材表面（图 14-1 a3）。如图 14-1 a5 所示，PNG 与基材表面的固定作用分别为苯醌与氨基之间的迈克尔加成反应产生的共价键作用、含氮及含氧基团与氢原子之间的氢键作用、质子化的带正电的氨基与芳香环间的阳离子 -π 作用以及芳香环与芳香环之间的 π-π 堆积作用[18-20]。如图 14-1 a4 所示，与 PNIPAM 线型高分子相同，PNG 在低于或高于其体积相变温度（VPTT，约 32℃）时，PNG 凝胶网络内的酰胺基团会与水分子形成氢键或发生氢键断裂，从而产生溶胀亲水或收缩疏水的状态。PNG 通过 PDA 可以固定在膜表面实现膜表面润湿特性随温度的变化而发生改变［图 14-1（b）］；也可以固定在膜材料的孔道内，实现孔道尺寸随温度的变化而发生改变［图 14-1（c）］。上述的制备温敏膜表面的方法结合了化学方法的稳定性与物理方法的简易性，PNG 在基材表面的固定既有共价键的作用也有非共价键的作用，为细胞培养温敏膜的构建提供了一种简单、稳定，且不受基材类型限制的全新策略[21]。

第二节
细胞培养智能膜的制备

使用稀释 10 倍的浓盐酸水溶液调节 15mmol/L Tris 缓冲溶液的 pH，得到 Tris-HCl 缓冲溶液；将沉淀聚合制得的 PNG[22] 加入到 Tris-HCl 缓冲溶液中，超声 20min 使 PNG 充分分散；将一定量的 DA·HCl 加入到 20mL PNG 水溶液中，具体配方如表 14-1，超声溶解 10s 后加入待涂层基材，将上述体系置于 25℃的振荡水浴中敞口振荡反应 12h；反应结束后，取出基材用二次纯水反复冲洗后置于 40℃振荡水浴中清洗三次。将反应溶液离心水洗 4 次以上，去除溶液中未反应的 DA 分子及溶液中自聚合的 PDA 纳米颗粒，处理后得到含有 PDA 包覆后的 PNG(PDA-coated PNG) 水溶液，将洗涤后的 PDA 涂覆的 PNG 浓缩液冷冻干燥；将清洗过的基材置于真空干燥箱中常温干燥。

表14-1 PNG溶液配方

样品名	溶液pH值	多巴胺浓度/（mg/mL）	PNG浓度/（mg/mL）
pH-1-DA	1	2	5
pH-8.5-DA	8.5	2	5
pH-1-no DA	1	0	5
pH-8.5-no DA	8.5	0	5

第三节
细胞培养智能膜的表征

一、聚多巴胺包覆对PNG的影响

　　根据设计思路，PDA 对 PNG 的表面包覆对于 PNG 的温敏性和在基材表面固定的稳定性起到决定性的作用。如图 14-2 照片所示，空白 PNG 的水溶液及冻干后的样品为乳白色，而经过 PDA 包覆后的 PNG 溶液及冻干后的样品由乳白色变为灰黑色。这主要是由于 PDA 聚合物内含有 60% 以上的碳原子，高含量的碳成分使 PDA 涂层对不同波长的可见光都有一定的吸收作用，因此造成 PDA 涂层后的物体呈现出灰黑色。使用 TEM 对 PDA 包覆前后的 PNG 进行表征。如图 14-3（a）所示，空白的 PNG 单分散性好，表面光滑。而具有 PDA 涂层的 PNG 表面变粗糙，并且呈现出核壳结构［图 14-3（b）］。通过进一步测量发现 PDA 的涂层厚度约为 30nm，然而 PDA 涂层后的 PNG 的粒径却没有发生明显变化。这说明在反应过程中，DA 分子首先会进入到 PNG 凝胶网络内，然后从内向外发生自聚合作用，从而形成的 PDA 涂层一部分在凝胶网络内部，而另一部分在凝胶网络外部对 PNG 形成包裹作用。其中，从图 14-3（b）中可以看出，经过 PDA 处理后的 PNG 互相之间有连接，这是由于 PNG 凝胶网络内部渗透的 DA 分子在自聚合过程中使颗粒与颗粒表面发生相互粘接作用造成的，而这种相互作用也正是后续讨论部分要讲到的 PNG 可以在基材表面稳定固定的原因。通过观察 PDA 包覆前后的 PNG 形貌，可以说明 DA 不仅可以在硬质基材表面形成 PDA 涂层，而且可以在纳米凝胶微球的三维网络表面形成 PDA 涂层。

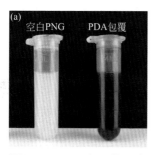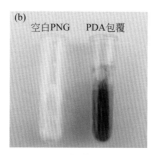

图14-2　PDA包覆前后的PNG的水溶液（a）及冻干样品（b）的照片

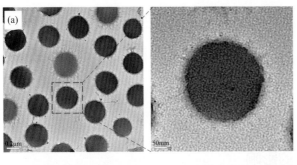

图14-3　PDA包覆前后的PNG颗粒的透射电镜图

（a）空白PNG；（b）PDA包覆后PNG

XPS 的测试结果如图 14-4 所示，实验中分别对 PDA 包覆前后的 PNG 的表面元素进行了表征。图中分别标示出了 C1s，N1s，O1s，O（kll）的峰强度和峰位置。对比图 14-4（a）和（b），PDA 包覆后的 PNG 的 N 元素的峰高相对空白 PNG 的明显增加。结合表 14-2 可以看出，具有 PDA 涂层的 PNG 的表面 N 元素的原子比例从 9.38% 升高到了 11.56%，而 O 元素的比例从 15.67% 减少到了 13.55%，C 元素的比例几乎没有变化。

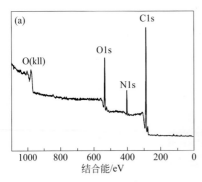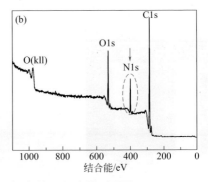

图14-4　空白PNG（a）和PDA包覆后PNG（b）的XPS全谱对照图

表14-2　PDA包覆前后PNG的表面元素成分分析对比

样品名	XPS元素含量/%		
	C	O	N
PNG	74.94	15.67	9.38
PDA-coated PNG	74.90	13.55	11.56

经过不同的 PDA 包覆时间得到的 PNG 溶液的照片如图 14-5 所示，随着 PDA 涂层时间的增加，PNG 溶液的颜色逐渐加深，这是因为多巴胺在空气中氧化形成聚多巴胺涂覆在了 PNIPAM 纳米凝胶颗粒表面；同时也可以看出，当涂层时间达到 6h 后，溶液的颜色并没有明显的变化，这表明当涂层时间达到 6h 后，PNG 表面的 PDA 涂层已经是稳定状态，所以溶液的颜色在宏观上不再发生明显的变化。

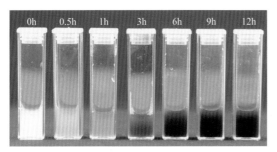

图14-5　不同PDA包覆时间的PNG溶液的照片

由图 14-6 可知，PNG 的水力学半径随 PDA 包覆时间（0 ~ 9h 内）的增加而整体呈现上升趋势。通过沉淀聚合法制备得到的 PNG 在 20℃的纯水中的水力学半径为 278nm，经过 PDA 包覆 1h 后 PNG 的水力学半径由 278nm 增加到 314nm。PNG 的粒径从 1h 到 6h 未发生明显变化，这说明 6h 后 DA 分子的自聚合过程已经趋于稳定。然而经 PDA 包覆 9h 后，PNG 的粒径大幅度上升至 342nm，这主要是由于此时溶液内的 PNG 在 PDA 的作用下发生团聚造成的，团聚后的大颗粒导致 PNG 的平均水力学粒径增加。经过 PDA 包覆 12h 后，PNG 的水力学半径又由 342nm 下降到 299nm，这说明此时溶液内 PNG 的团聚情况减弱。此时被 PDA 包覆的 PNG 的水力学半径相比于空白的 PNG 的水力学半径增加了 21nm，这明显小于前面通过 TEM 观察到的 30nm 的 PDA 涂层层厚。PDA 涂层并非是直接包覆在 PNG 的外表面，DA 分子是从 PNG 的凝胶网络内部开始自聚合并逐渐形成包覆状的 PDA 涂层。

纳米粒度仪测试了空白 PNG 以及 PDA 包覆 PNG 在去离子水中的温度响应性能，其水力学半径随温度变化的曲线如图 14-7 所示。从图 14-7 中

PNG 以及 PDA-coated PNG 的静态温敏体积相变曲线可以看出，当溶液温度为 20℃时，PNG 及 PDA-coated PNG 的水力学半径分别为 278nm 和 299nm。此时 PNG 凝胶网络与水分子形成氢键，处于亲水溶胀状态；当温度升高至 PNIPAM 的 LCST 附近（32℃左右）时，此时 PNG 凝胶网络与水分子间的氢键发生断裂，PNG 的凝胶网络处于疏水收缩的状态，因此造成 PNG 及 PDA-coated PNG 的水力学粒径急剧减小。以上数据表明 PDA 的包覆对 PNG 温度响应特性没有影响。同时这也说明了 PDA 在 PNG 凝胶网络表面形成的纳米涂层是具有多孔的柔性结构，其不会影响 PNIPAM 高分子链内基团与水分子的结合及断裂行为，且不会束缚 PNG 的收缩行为。这对接下来制备温敏表面及其可使用性提供了基础。

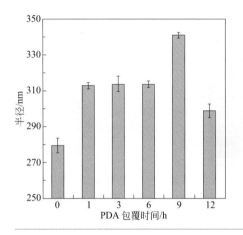

图14-6
不同PDA包覆时间的PNG的水力学半径

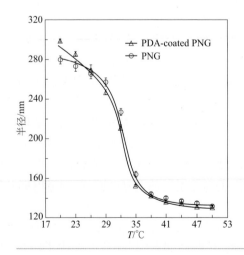

图14-7
PNG及PDA包覆PNG在去离子水中的水力学半径随温度变化的曲线

二、PNG在表面固定的稳定性

在不添加任何氧化剂或还原剂的情况下，溶液的 pH 值对 DA 分子的自聚合过程起到重要的作用。一般情况下，选择在弱碱性条件（pH 8.5）下使 DA 分子发生自聚合反应。这主要是因为在弱碱性条件下，DA 分子更容易发生去质子化，从而 DA 分子内的苯酚基团会失去质子化变为苯醌类物质，接下来再发生一系列的分子内反应最终形成交联的 PDA 纳米涂层。如图 14-8 所示，当 pH 值为 1 时，含有 DA 分子的水溶液在 12h 后仍然处于透明状态，其紫外 - 可见光谱在 280nm 的位置具有 DA 分子内特征基团苯酚的特征吸收峰，而在 400nm 左右的位置未发现醌类的特征吸收峰，这说明 DA 分子在 pH 1 的水溶液环境中不能发生自聚合反应，即苯酚在 pH 1 的情况下不会被氧化为醌类。而当 pH 值为 8.5 时，DA 水溶液从最初的无色透明状变为不透明的灰黑色，其紫外 - 可见光谱在 400nm 左右的位置出现了 PDA 聚合物中醌类复合物的特征吸收峰，同时在 280nm 的位置仍然有明显的苯酚类基团的特征吸收峰，这说明 DA 分子在 pH 8.5 的弱碱性水溶液环境中会发生剧烈的自聚合反应[23, 24]。反应后，生成的 PDA 上仍残留大量的苯酚基团。苯酚与醌类基团的存在使 PDA 聚合物之间发生分子内的作用力，这使得 PDA 包覆后的 PNG 可以被固定在同样被 PDA 涂层的基材上。为利用 DA 的自聚合作用在基材表面固定 PNG 制备温敏表面提供了依据。

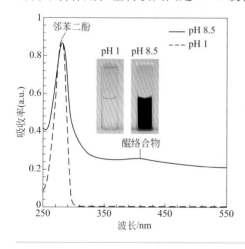

图14-8
DA在pH 1及pH 8.5的水环境下处理12h后的紫外-可见光谱

由于微流体管道内的流体流动都属于层流流动，服从牛顿剪切定律。可以利用毛细管冲刷实验对 PNG 在表面固定的稳定性进行研究。实验过程中将 PNG 沉积在 400μm 内径的玻璃毛细管内壁，利用流体在管内流动过程中产生的壁面剪切力对 PNG 在管壁的附着力进行测试。测试装置如图 14-9 所示。因此在圆管内任意位置的流体剪切应力可以由公式（14-1）进行计算[25]。

$$\tau = \mu \frac{\mathrm{d}u}{\mathrm{d}r} \qquad (14\text{-}1)$$

式中　τ——流体剪切应力，N/m^2；

　　　μ——流体动力黏度，Pa·s；

　　　$\mathrm{d}u/\mathrm{d}r$——速度梯度，s^{-1}。

　　根据公式（14-1）可以推导出圆管壁面处的剪切应力 τ_0 的计算公式，如公式（14-2）所示。

$$\tau_0 = \frac{4\mu}{\pi R^3} q_V \qquad (14\text{-}2)$$

式中　τ_0——圆管壁面处的流体剪切应力，N/m^2；

　　　μ——流体动力黏度，Pa·s；

　　　R——圆管的半径，m；

　　　q_V——流体的体积流量，m^3/s。

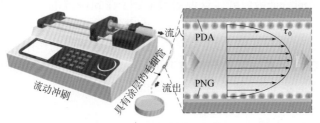

图14-9　毛细管冲刷实验测试装置示意图

　　由图 14-10 可知，商品化毛细管的标定直径为 400μm，而毛细管的实际测量半径的平均值为 203μm，正负偏差 2μm，仅为平均直径的 0.98%，因此可以忽略毛细管内径对实验造成的误差。

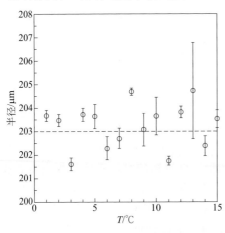

图14-10
毛细管的内径统计

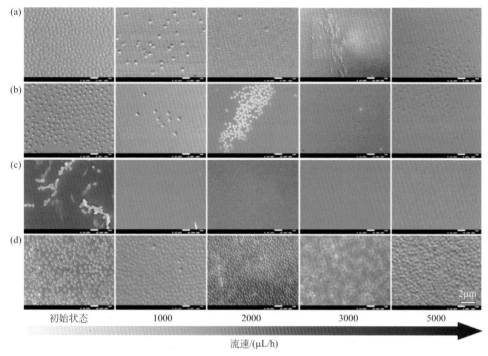

图14-11　以同条件制备的毛细管样品及其在不同流速冲刷后的毛细管管壁的SEM图
（a）pH-1-no DA；（b）pH-1-DA；（c）pH-8.5-no DA；（d）pH-8.5- DA

　　图 14-11 是以不同流速冲刷玻璃毛细管后毛细管管壁的 SEM 形貌图。实验中共制备了四组沉积有 PNG 的毛细管，根据沉积溶液的配方分别命名为 pH-1-no DA、pH-1-DA、pH-8.5-no DA、pH-8.5-DA。由图 14-11（a）及（b）可知，当溶液 pH=1 时，加入或不加入 DA 分子都可以使 PNG 最初在基材表面均匀、牢固地固定。但是经过不同流速冲洗后，基材表面固定的 PNG 基本上全部脱离基材。这说明当 pH=1 时，加入或不加入 DA 分子都无法使 PNG 在基材表面稳定固定。由图 14-11（c）可知，当 pH=8.5、不加入 DA 分子时，PNG 在基材表面固定十分不均匀，颗粒与颗粒之间发生团聚现象。经过不同流速冲洗后，PNG 完全脱离表面。而当 pH=8.5、加入 DA 分子时，在不同流速的冲刷下，PNG 都可以在表面稳定地固定。对于 pH-8.5-DA 样品，壁面剪切应力及壁面固定的 PNG 数量随冲刷流速的变化关系如图 14-12 所示。由图 14-12 可知，当冲刷流速达到 5000μL/h 时，壁面剪切应力为 0.21N/m^2，此时表面固定的 PNG 数量与最初表面的 PNG 数量几乎相同。这说明当 pH=8.5 时，DA 分子发生的氧化自聚合作用对 PNG 在基材表面的稳定固定起到决定性作用。

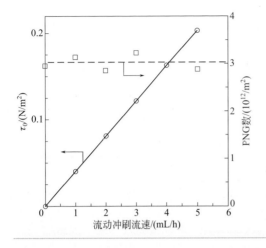

图14-12
壁面剪切应力与壁面固定的PNG的
数量随冲洗流速的变化关系

纳米颗粒由于具有较高的比表面积，其往往容易吸附电荷从而吸附在宏观基材表面上以减小其表面能，因此纳米颗粒的表面电荷常常会影响其在基材表面上的固定。PNG 在制备的过程中，由于凝胶网络内部会残留过硫酸根使其表面带负电荷[14]。当将 PNG 分散在水溶液中时，改变溶液的 pH 或表面包裹 PDA 都会对 PNG 的表面电荷造成影响。为了考察静电吸附对固载 PNG 的影响，并与玻璃毛细管冲刷实验里的实验参数做比较，分别制备了四组含有 PNG 的水溶液样品，分别为 pH-1-no DA、pH-1-DA、pH-8.5-no DA、pH-8.5-DA。通过 Zeta 电位仪测定了不同条件下 PNG 的表面电位，结果如图 14-13 所示。

从图 14-13 可以看出，在 pH 等于 1 或 8.5，或加入 DA 或不加入 DA 的四种情况下，PNG 的表面电位始终为负。有研究表明[13]，当水溶液的 pH 小于 4时，玻璃基材表面的电位为正；当水溶液的 pH 大于 4 时，玻璃基材表面的电位为负。因此当 pH 为 1 时，PNG 与玻璃毛细管壁之间会产生电荷的正负吸引作用，然而这种电荷吸引作用明显不能使 PNG 在玻璃基材表面稳定地固定。这说明 PNG 与玻璃毛细管壁面间的电荷吸引力远小于由流体冲刷带来的壁面剪切力。当 pH 为 8.5 时，PNG 与玻璃表面的电位都为负，此时 PNG 与玻璃基材表面产生电荷排斥力。因此在不加入 DA 分子时，PNG 很难在玻璃基材表面均匀固定。这也正是为何 PNG 会在毛细管玻璃基材表面产生团聚的原因［图 14-11（c）］。然而，当加入 DA 分子后，此时 DA 分子在 pH 8.5 的环境下会发生自聚合作用从而使 PNG 可以在玻璃毛细管管壁上稳定地固定。这一实验表明 PNG 在基材表面的稳定固定完全由 DA 分子的自聚合反应决定，而与表面电荷静电吸引作用无关。

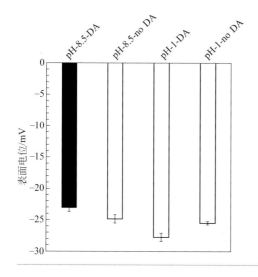

图14-13

不同条件下PNG的表面电位

三、PNG在表面的温敏性

1．PNG 在不同基材表面的稳定性和温敏性

目前大多数制备温敏表面的方法，无论是化学接枝法还是物理沉积法往往都受到适用基材类型的限制。例如，在进行化学接枝的过程中，常常首先对基材表面进行活化改性，然后再将温敏高分子连接到基材表面，然而这类方法对于塑料、金属等难以进行表面活化的基材就很难适用。再如，在进行物理沉积的过程中，往往需要对温敏纳米凝胶微球或温敏高分子以及待修饰基材进行电荷改性，然后再通过电荷吸引作用将温敏材料吸附到基材表面。然而这类方法对于一些表面难以进行电荷修饰的基材就无法使用。因此，在考虑到制备温敏表面的稳定性的同时还需要对其基材的适用性进行考察。DA 分子在弱碱性水环境下可以在自然界中几乎所有的材料表面形成 PDA 纳米涂层，例如，玻璃基材（无机材料）、PDMS（有机弹性基材）、PMMA（塑料基材）、不锈钢基材（金属材料）、铝片（金属材料）。经过 PNG 溶液浸泡后的上述 5 种基材的照片如图14-14 所示。经过含有 DA 的 PNG 溶液浸泡的 5 种基材在外观颜色上有一定的改变，但是并不影响其透光性（如玻璃、PDMS 和 PMMA）。通过 SEM 对 5 种基材的表面进行形貌观察，从图14-14 可以看出，经过 PNG 沉积后的 5 种基材的表面都均匀地固定有 PNG，并且在 PNG 及基材表面均可以看到由 DA 在自聚合过程中形成的 PDA 纳米团聚物。这里需要说明的是，由于 SEM 样品在制样的过程中需要干燥处理，使得 PNG 的凝胶网络严重塌陷，因此造成通过 SEM

观察到的基材表面的图像不是非常清晰。通过以上的结果我们可以推断，PNG
在基材表面固定的过程中，DA 分子充当了一种类似于"纳米粒子胶水"的角色。
在最初阶段，PNG 与 DA 分子都自由地存在于溶液中；经过一段时间后，单分
散的 PNG 由于表面能较高的原因而吸附在基材表面，与此同时 DA 分子在溶液
中发生氧化自聚合反应并同时在基材表面以及 PNG 表面形成 PDA 纳米涂层，
而 PNG 与基材表面之间的 PDA 聚合物层则充当"黏合剂"的角色将 PNG 以共
价键及非共价键的作用固定在基材表面，这种作用力与 DA 分子在自聚合过程
中的分子内作用力相同。

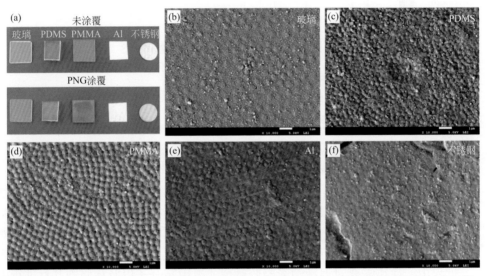

图14-14 PNG固定前后的5种基材的照片（a）及固定了PNG后的5种基材表面的SEM图
[（b）~（f）]

　　这里值得说明的是，在 SEM 观察过程中并未发现有多层 PNG 固定在表面的
情况。这种现象可能主要是由 PNG 及基材的表面能与表面电位造成的。在初始
阶段 DA 分子在 PNG 表面形成涂层，这使得溶液中的 PNG 之间会发生互相连接
从而形成团聚的 PNG，这一点可以通过前面的 TEM 形貌［图 14-3（b）］得到证
明。团聚后的 PNG 比表面积降低，而其表面电荷叠加使团聚后的 PNG 表面电位
升高，因此团聚的 PNG 与基材表面的电荷斥力剧增，这使得 PNG 难以在基材表
面再进行固定。

　　图 14-15 是不同基材表面的接触角测试结果的光学图片。从图 14-15（a）可
知，对于未经过 PNG 沉积的 5 种空白基材，当温度从 25℃升高至 45℃时，基材
的表面接触角测量值都有所减小（图 14-16）。这主要因为当温度升高时，液体的

黏度系数降低致使液滴更容易在基材表面进行铺展。而对于 PNG 沉积后的 5 种基材，当温度从 25℃升高至 45℃时，基材的表面接触角测量值都有所增加（图14-16），说明此时基材表面从相对亲水的状态变为相对疏水的状态。这主要是由于当环境温度高于 PNG 的 VPTT 时，PNG 的凝胶网络发生失水收缩，此时呈现出表面疏水的状态。其中，对于 PNG 沉积前后的玻璃基材，在低温下其接触角从沉积前的 40° 升高至 77.3°，即沉积 PNG 后玻璃表面变疏水了，这主要是由于 PNIPAM 高分子本身相对于玻璃基材较为疏水造成的。而对于其他 4 种基材，PNG 沉积后的表面接触角相对于沉积前的表面接触角在低温时都有所下降，这说明 PNIPAM 高分子相对于这 4 种基材表面更为亲水。以上结果表明，固定了 PNG 的材料表面的浸润特性会发生明显改变；更为重要的是，实验制备得到的固定有 PNG 的温敏表面都具有良好的温度响应特性。这一结果为后续温敏表面的应用研究提供了实验基础。

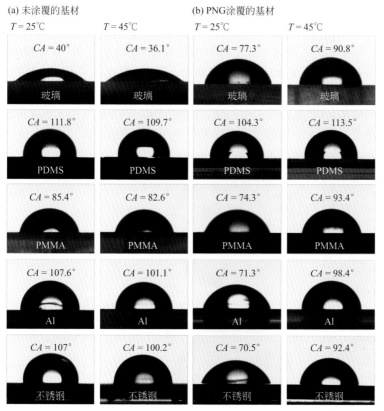

图14-15　PNG沉积前后基材表面在25℃和45℃条件下的接触角（*CA*）测量
（a）PNG沉积前；（b）PNG沉积后

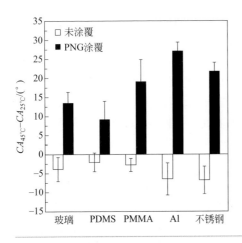

图14-16

PNG沉积前后基材表面的接触角由25℃
到45℃的变化差值

2．PNG改性聚碳酸酯膜的温敏性

为了研究温敏表面的响应速率，进一步选择孔径为1.2μm的商品化聚碳酸酯（PC）直孔膜作为膜基材，通过一步溶液浸涂法将PNG固定在PC直孔膜的膜孔内从而制备得到温敏型PC复合开关膜。实验中，对PC膜进行了不同次数的PNG涂覆，制备得到的PC复合开关膜的照片如图14-17所示。从照片可以看出，随着PNG沉积次数的增加，PC复合开关膜的颜色逐渐加深。这主要是由于多次沉积后，PNG的沉积数量及与PDA涂层的厚度在膜基材表面增加造成的。

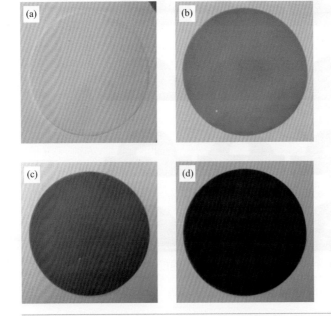

图14-17

空白PC膜（a）及PNG沉积
一次（b）、两次（c）、三次
（d）的温敏型PC复合开关膜
的照片

制备得到的 PC 复合开关膜的表面及断面 SEM 图如图 14-18 所示。从图 14-18（a）可以看出，空白 PC 膜的表面及膜孔断面都较为光滑，无颗粒状物质存在。而经过一次 PNG 沉积后，温敏型 PC 智能复合开关膜的表面和膜孔中出现了圆球状颗粒物质，且这种颗粒在膜孔及表面均匀分散［图 14-18（b）］。随着沉积次数的增加，温敏型 PC 智能复合开关膜的表面和膜孔内的 PNG 的数量逐渐增加［图 14-18（c）和（d）］。因此，SEM 的观察结果表明，通过一步溶液浸涂的

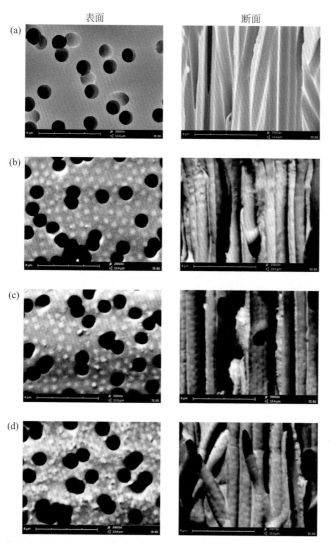

图14-18　空白PC膜（a）及PNG沉积一次（b）、两次（c）、三次（d）的PC膜的SEM图片

方式已经成功将温敏型纳米凝胶颗粒 PNG 固定在了 PC 膜的表面及膜孔中，且膜表面固定的 PNG 的密度可以通过 PNG 的沉积次数来加以控制。表面固定的 PNG 分散均匀并且保持了良好的球形度，在经过长时间清洗及储存后不会从膜材上脱落。

通过研究制备得到的温敏型 PC 复合开关膜在静压力下的温度响应特性，表征涂层响应速率。对该温敏膜在高低温下的水通量变化进行了测试，测试结果如图 14-19 所示。定义温敏型 PC 复合开关膜的开关系数（R）为该膜在 45℃的水通量与 25℃的水通量比值（J_{45}/J_{25}），通过图 14-19 测试得到的膜水通量数据可以计算得到不同膜的开关系数，其结果如图 14-20 所示。

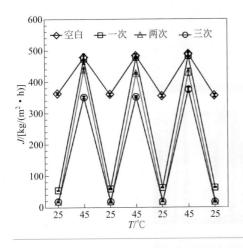

图14-19
温敏型PC复合开关膜的水通量随高低温循环温度（25℃和45℃）的变化

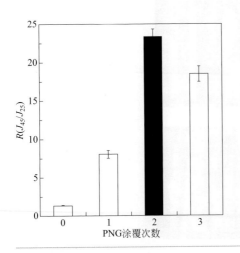

图14-20
不同PNG沉积次数的温敏型PC复合开关膜的开关系数

结合图 14-19 和图 14-20 分析可知，当温度由 25℃升高至 45℃时，由于高低温纯水黏度的变化，空白膜的水通量由 360kg/（$m^2 \cdot h$）升高至 483kg/（$m^2 \cdot h$），其开关系数为 1.33 左右。对于沉积一次 PNG 的 PC 复合膜，其低温水通量约为 60kg/（$m^2 \cdot h$），而高温水通量约为 479kg/（$m^2 \cdot h$），计算得到开关系数为 8.03。此时可以看到，沉积了一次 PNG 后，PC 复合膜的低温水通量明显减小，这说明沉积在膜孔内的 PNG 在低温时发生溶胀对膜孔起到了堵塞关闭的作用。当两次沉积 PNG 后，PC 复合膜的低温水通量骤减至 18.5kg/（$m^2 \cdot h$），而其高温水通量仍保持在 432kg/（$m^2 \cdot h$）左右，此时开关系数为 23.31。这说明当沉积两次 PNG 后，更多的 PNG 被固定在膜孔内，这使得在低温下 PC 复合膜的膜孔几乎被溶胀的 PNG 完全堵塞；而在高温时，由于 PNG 数量增加的原因，此时膜通量相对于空白膜只减小了约 50kg/（$m^2 \cdot h$）。当沉积三次 PNG 后，PC 复合膜的低温水通量仍然保持在较低值 19.4kg/（$m^2 \cdot h$），然而高温水通量明显减小至 360.3kg/（$m^2 \cdot h$），开关系数降低至 18.47。此时开关系数的降低主要是因为明显增多的 PNG 会同时减小膜孔的孔径，以至于高温时的水通量显著降低。由于两次沉积 PNG 得到的 PC 复合膜开关系数大，即温度响应性能优越。以上实验结果表明，通过一步溶液浸涂法制备得到的温敏型 PC 复合膜可以在静压力下响应温度的变化而做出膜孔的开关行为，且经过多次循环水通量测试后 PC 复合开关膜仍然表现出稳定的开关特性。

为了更直观地研究温敏型 PC 复合开关膜的膜孔开关情况，使用 AFM 分别在 30℃及 40℃的纯水环境下对 PC 复合开关膜的表面形貌进行观察，结果如图 14-21 所示。从图 14-21（a）和（b）中可以看到，在 30℃的纯水中，PNG 处于溶胀状态，此时膜孔被 PNG 堵塞处于关闭状态；当把温度升高至 40℃时，PC 复合膜表面的 PNG 及处于膜孔内的 PNG 发生明显的收缩行为，此时膜孔处于打开状态 [图 14-21（c），（d）]。

温度响应速率的大小可以直观地反映出温敏膜在响应温度变化后的膜孔的开关时间。通过简易装置 [图 14-22（a）] 观测了制备得到的温敏型 PC 复合开关膜在响应温度变化后的膜孔"开"和"关"的速率。待达到指定的 6cm 液柱高度后，此时计为测试零点并通过相机将液面的下降过程记录下来。从图 14-22（b）可以看出，当纯水温度为 20℃时，液柱的液面高度在 1min 内基本上没有发生变化，这说明此时 PC 复合膜的膜孔几乎处于完全关闭的状态。当倒入 50℃的纯水时，刻度管内的液面高度在 7s 后迅速下降 [图 14-22（c）]，这说明此时 PC 复合开关膜的膜孔在 7s 内已经完全打开。

图 14-22 中纯水液面在不同时间的下降高度可以计算出 PC 复合开关膜的跨膜水通量，如图 14-23 所示。如图 14-23（a）所示，当刻度管内的纯水温度为 20℃时，PC 复合膜的水通量在 60s 内基本维持在较低水平，此时用肉眼几乎看不到有液体从 PC 膜底面流出。当将刻度管内的 20℃的纯水溶液换为 50℃的

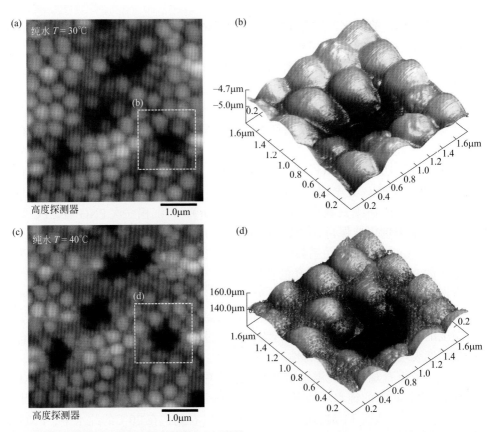

图14-21 温敏型PC复合开关膜的AFM图片

（a），（b）在30℃的纯水中的平面AFM图（a）及局部放大的三维AFM图（b）；（c），（d）在40℃的纯水中的平面AFM图（c）及局部放大的三维AFM图（d）

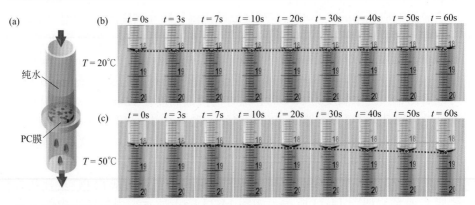

图14-22 温敏型PC复合开关膜的温度响应速率测试

（a）测试装置的示意图；（b）当纯水温度为20℃时，刻度管内的液面随时间变化的照片；（c）当纯水温度为50℃时，刻度管内的液面随时间变化的照片

纯水溶液时，在 7s 内 PC 复合膜的跨膜水通量从 12.4kg/（m²·h）快速增加到 416.4kg/（m²·h）[图 14-23（a）]，随后跨膜水通量会平衡在 428.6kg/（m²·h）左右。以上数据说明，制备得到的温敏型 PC 复合开关膜可以在 10s 的时间内从膜孔"关"状态转换为"开"状态。同样的，反过来测试了 PC 复合膜的瞬时跨膜水通量从 50℃测试温度快速降低到 20℃的变化情况。由图 14-23（b）所示，当刻度管内的纯水温度为 50℃时，PC 复合膜的膜孔处于完全"开"的状态，此时的跨膜水通量为 424.6kg/（m²·h）。当迅速将 50℃的纯水更换为 20℃的纯水时，PC 复合膜的跨膜水通量在 7s 内由 427.4kg/（m²·h）下降至 18.6kg/（m²·h）。这说明 PC 复合开关膜的膜孔可以快速响应温度的变化，可以在约 10s 的时间内从膜孔"开"状态转换为"关"状态。以上结果表明，温敏型 PC 复合开关膜可以在 10s 的时间内快速实现正向或反向的膜孔开关行为。

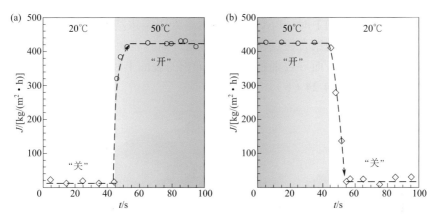

图14-23 当滤过液纯水由20℃变为50℃（a）和由50℃变为20℃（b）时，PC复合开关膜的跨膜水通量随时间的快速变化

第四节
细胞培养智能膜的应用性能

1. 细胞培养智能膜的可控贴附与脱附机理

近年来，温敏表面被广泛地运用于细胞培养、组织工程等领域。2001 年 5 月，日本 CellSeed 公司成立，开发温敏智能细胞培养器相关产品。该公司基于

PNIPAM 温敏型高分子材料，对细胞培养板进行改性涂层从而制备得到具有温度响应特性的细胞培养板。将这种细胞培养板用于细胞培养时，可以简单地通过改变环境的温度使细胞脱离细胞板壁面，从而免去了使用胰蛋白酶吹洗细胞的过程。与传统细胞脱附方法相比，这一方法为细胞的传代培养过程提供了更为有效的实验手段。虽然基于 PNIPAM 的商品化细胞培养板早已出现，但是在近年来研究者们始终未放弃对温敏表面的研究，这主要是由于目前制备温敏表面的方法还存在种种的局限性。CellSeed 公司通过电荷作用沉积或化学接枝的方法将 PNIPAM 高分子链固定在基材表面，可以实现细胞的可控脱附与贴附。

细胞在 PNG 沉积的温敏表面上同样可以脱附与贴附[6, 26-28]，其机理如图 14-24 所示。当细胞培养液温度高于 VPTT 时，PNG 的凝胶网络处于疏水收缩的状态，此时细胞表面的贴附蛋白分子与 PNG 的凝胶网络之间产生疏水缔合的作用，细胞可以贴附在 PNG 沉积的表面上进行铺展生长［图 14-24（a）］；而当细胞培养液温度低于 VPTT 时，PNG 的凝胶网络处于亲水溶胀的状态，此时 PNG 凝胶网络与细胞表面的结合位点被水分子占据，细胞表面与 PNG 凝胶网络间的疏水缔合作用减弱，从而导致细胞从 PNG 沉积的表面上脱附并呈球形状态悬浮在细胞培养液中［图 14-24（b）］。

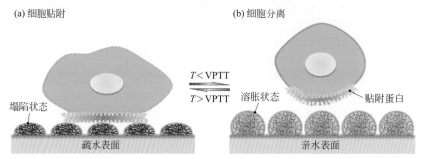

图14-24 细胞在固定有PNG的温敏型细胞培养板表面的可控贴附（a）与脱附（b）过程的机理图

2. 细胞培养智能膜的表面特性和生物相容性

相对于软物质表面，组织细胞更喜欢在较硬的表面上铺展生长[29]。利用 AFM 测量了沉积有 PNG 的温敏表面在不同温度下的杨氏模量，结果如图 14-25 所示，图中圆球状颗粒即为 PNG，当细胞培养液温度高于 VPTT 时，PNG 处于收缩状态，此时 PNG 的杨氏模量相对于处于低温溶胀的 PNG 的杨氏模量明显高出 2 ~ 3 个数量级[30]。因此完全可以认为，当温敏细胞培养板表面的 PNG 处于收缩状态时，细胞培养板表面为硬表面［图 14-25(a)］，此时细胞更容易在其表面生长；

而相反的，当温敏细胞培养板表面的 PNG 处于溶胀状态时［图 14-25（b）］，细胞培养板表面为软表面，此时细胞很难在其表面铺展生长。

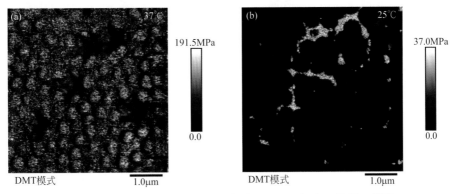

图14-25 固定有PNG的温敏表面在37℃（a）及25℃（b）下的杨氏模量

　　对于固载 PNG 的温敏智能膜的细胞毒性，使用 CCK-8 法对 PNG 颗粒、PDA 包覆的 PNG 以及温敏型智能膜细胞培养板进行测定，细胞毒性测试结果如图 14-26 所示。由图 14-26（a）可知，经过 24h 的培养后，不同浓度的空白 PNG 实验组及不同浓度的 PDA 包覆后的 PNG 的实验组均未发现明显的生物毒性，其细胞活性值约在 100%。在经过 72h 培养后［图 14-26（b）］，由于细胞的数量增加，这使得不同浓度的空白 PNG 实验组及不同浓度的 PDA 包覆后的 PNG 的实验组的细胞活性值均超过 100%。这说明空白 PNG 及 PDA 包覆的 PNG 具有良好的生物相容性。对于温敏型细胞培养板实验组［图 14-26（c）］，在经过 24h 细胞培养后，其细胞活性值约为 95%；当继续培养 48h 后，其细胞活性值增加至 105%。以上实验结果表明本实验制备得到的温敏型细胞培养板具有良好的生物相容性。

3. 细胞培养智能膜的可控贴附与脱附效果

　　之后，将含有细胞的悬浮液接种在温敏型智能膜的细胞培养板中，然后将细胞培养板放置在 37℃ 的二氧化碳细胞培养箱中进行培养，此时细胞在温敏型细胞培养板上贴附生长。当细胞生长到一定数量时，将细胞培养板从 37℃ 的二氧化碳细胞培养箱中取出。待细胞培养板及培养液的温度降低至室温时，使用生理盐水轻轻吹洗细胞培养板表面，即可将细胞从培养板表面脱附下来。接下来，将细胞悬浮液收集后重新接种到细胞培养板中或者放置于细胞培养瓶中，从而完成细胞的传代培养。实验结果如图 14-27 所示，对于普通的细胞培养板，当将培养环境的温度从 37℃ 降低到 25℃ 时，细胞始终处于梭形的贴附生长状态。经过多

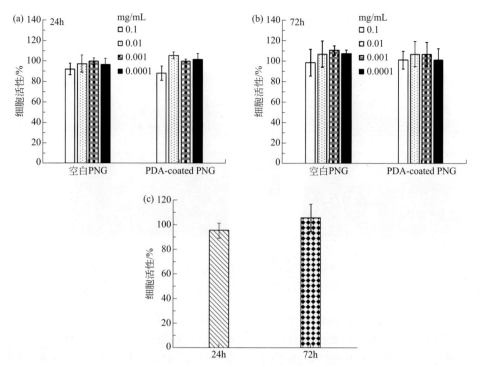

图14-26 细胞毒性测试结果

（a）不同浓度的空白PNG、PDA包覆的PNG与细胞作用24h的细胞活性；（b）不同浓度的空白PNG、PDA包覆的PNG与细胞作用72h的细胞活性；（c）温敏型细胞培养板与细胞作用24h及72h的细胞活性

次生理盐水的冲洗都无法将贴附的细胞从细胞板上脱附下来［图14-27（a）］。这说明对于普通的细胞培养板无法通过改变温度使细胞从其表面脱附。而对于温敏型智能膜细胞培养板［图14-27（b）］，发现细胞在温敏型细胞培养板上的贴附密度比在普通细胞培养板上的贴附密度要高。这是因为DA分子自聚合后在细胞培养板表面形成了PDA纳米涂层，而细胞培养液中的蛋白质及多糖分子会通过迈克尔加成反应被固定在PDA涂层上。这使得细胞在温敏型细胞板表面的生长状态更好。由图14-27（b）可知，当培养环境的温度为37℃时，此时细胞在培养板表面呈梭形贴附生长的状态；当将环境温度降低至25℃后，经过约30min，细胞的生长形态从梭形变为球形。此时使用生理盐水轻轻地吹洗培养板表面，即可将细胞从细胞培养板表面脱附下来，且细胞的脱附效率高达95%。为了进一步研究本实验制备得到的温敏型智能膜细胞培养板的循环使用稳定性，我们将上述已经使用过的细胞培养板再次接种细胞，进行细胞的第二次可控脱附实验，其实验结果如图14-27（b）所示。将经过一次细胞培养的细胞培养板再次用于细胞的贴附与脱附实验时，该固定有PNG的细胞培养板表面仍然表现出良好的细胞脱

附效果，其细胞脱附率仍然高达 95% 以上。

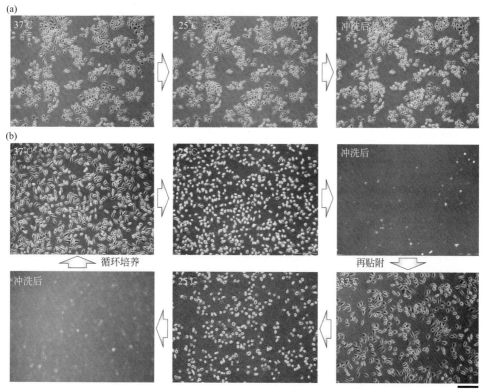

图14-27 普通细胞培养板（a）及温敏型细胞培养板（b）表面上的细胞在25℃和37℃的贴附与脱附状态的光学显微镜图片
标尺为200μm

　　为了进一步了解不同的温度下，细胞在固定有 PNG 的细胞培养板表面的物理形态特征，对 37℃ 和 25℃ 条件下培养的细胞进行冻干处理，然后利用 SEM 分别对其进行形貌表征。在 37℃ 和 25℃ 条件下培养的细胞形貌如图 14-28 所示，图 14-28（a）代表 37℃ 条件下培养的细胞经冻干后的 SEM 图，图 14-28（b）代表 25℃ 条件下培养的细胞经冻干后的 SEM 图。由图 14-28（a）可知，在 37℃ 的条件下进行细胞培养时，细胞可以在固定有 PNG 的细胞培养板表面贴壁生长并呈现出铺展的状态，此时细胞与培养板表面的接触面积较大；而当环境温度为 25℃ 时，细胞形态由铺展的棱形变化为紧缩的球形，此时细胞与固定有 PNG 的细胞培养板表面的有效接触面积大大减小。这也是为何通过轻轻吹洗就可以将细胞从温敏型细胞培养板的表面上脱附下来的原因。

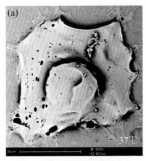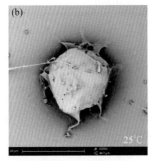

图14-28 不同温度下细胞贴附和脱附状态的SEM图

（a）37℃条件下细胞贴附图；（b）25℃条件下细胞脱附图

　　此外，为了研究经过多次使用后的温敏型细胞培养板表面PNG的固定情况，对多次使用后的温敏型细胞培养板的表面进行了SEM表征，实验结果如图14-29所示。温敏型细胞培养板在经过反复的升降温用于细胞的可控脱附和贴附培养后，其表面仍然均匀地固定有大量的PNG。这充分说明了通过本章实验制备得到的固定有PNG的温敏型细胞培养板具有良好的使用稳定性，在细胞培养过程中可反复利用。

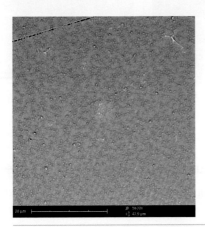

图14-29

经过两次使用后的温敏型细胞培养板表面的SEM图

　　传统细胞培养器中，细胞贴壁生长，需要加入胰酶进行脱附，对细胞膜蛋白会有损伤，细胞培养几代之后活性会大大降低。本章介绍了一步溶液浸涂的方式固载PNG形成温敏智能膜材料的方法，进而开发的智能细胞培养技术，是一种仅通过改变温度来控制细胞在培养板表面贴附生长和脱附的新技术。通过PDA黏附作用，PNG可以稳定固载于基材膜；表面固定有PNG的温敏表面具有良好的温度响应特性。CCK-8细胞毒性测试结果表明空白PNG、PDA包覆后的PNG颗粒，以及温敏智能膜细胞培养板均具有良好的生物相容性。温敏智能膜细胞培养板可以响应环境温度的变化使细胞在其表面进行脱附与贴附；当培养环境的温度为37℃时，此时细胞在培养板表面呈梭形贴附生长的状态；当将环境温度降低至25℃后，细胞的生长形态从梭形变为球形，此时使用生理盐水轻轻地吹洗培养板表面即可将细胞从细胞培养板表面脱附下来，且细胞的脱附效率高达95%；该温敏型细胞培养板在经过多次循环使用后仍然具有良好的细胞脱附特性。该智能膜细胞培养技术有望解决传统脱附方式损伤细胞的问题，将改变传统细胞培养模式，大幅提高细胞培养效率。

参考文献

[1] Sun T, Wang G, Feng L, Liu B, Ma Y, Jiang L, Zhu D. Reversible switching between superhydrophilicity and superhydrophobicity[J]. Angewandte Chemie International Edition, 2004, 116(3):361-364.

[2] Alarcon C D L H, Pennadam S, Alexander C. Stimuli responsive polymers for biomedical applications[J]. Chemical Society Reviews, 2005, 36(26):276-285.

[3] Heskins M, Guillet J E. Solution properties of poly (N-isopropylacrylamide)[J]. Journal of Macromolecular Science: Part A-Chemistry, 1968, 2(8):1441-1455.

[4] Schild H G. Poly (N-isopropylacrylamide):Experiment, theory and application[J]. Progress in Polymer Science, 1992, 17(2):163-249.

[5] Yamada N, Okano T, Sakai H, Karikusa F, Sawasaki Y, Sakurai Y. Thermo-responsive polymeric surfaces; control of attachment and detachment of cultured cells[J]. Die Makromolekulare Chemie Rapid Communications, 1990, 11(11):571-576.

[6] Takezawa T, Mori Y, Yoshizato K. Cell culture on a thermo-responsive polymer surface[J]. Nature Biotechnolgy, 1990, 8(9):854-856.

[7] Tanaka T, Fillmore D J. Kinetics of swelling of gels[J]. The Journal of Chemical Physics, 1979, 70: 1214-1218.

[8] Merlitz H, He G L, Wu C X, Sommer J U. Nanoscale brushes: How to build a smart surface coating[J]. Physical Review Letters, 2009, 102(11):115702.

[9] Edmondson S, Osborne V L, Huck W T S. Polymer brushes via surface-initiated polymerizations[J]. Chemical Society Reviews, 2004, 33(1):14-22.

[10] Serpe M J, Jones C D, Lyon L A. Layer-by-layer deposition of thermoresponsive microgel thin films[J]. Langmuir, 2003, 19(21):8759-8764.

[11] Schmidt S, Zeiser M, Hellweg T, Duschl C, Fery A, Möhwald H. Temperature-responsive substrates: Adhesion and mechanical properties of PNIPAM microgel films and their potential use as switchable cell culture substrates[J]. Advanced Functional Materials, 2010, 20(19):3235-3243.

[12] Menne D, Pitsch F, Wong J E, Pich A, Wessling M. Temperature-modulated water filtration using microgel-functionalized hollow-fiber membranes[J]. Angewandte Chemie International Edition, 2014, 53(22):5706-5710.

[13] Nerapusri V, Joseph L K, Vincent B, Bushnak I A. Swelling and deswelling of adsorbed microgel monolayers triggered by changes in temperature, pH, and electrolyte concentration[J]. Langmuir, 2006, 22(11):5036-5041.

[14] Schmidt S, Motschmann H, Hellweg T, von Klitzing R. Thermoresponsive surfaces by spin-coating of PNIPAM-*co*-PAA microgels: A combined AFM and ellipsometry study[J]. Polymer, 2008, 49(3):749-756.

[15] Uğur Ş, Elaissari A, YargiÖ, PekcanÖ. Reversible film formation from nano-sized PNIPAM particles below glass transition[J]. Colloid and Polymer Science, 2007, 285(4):423-430.

[16] Lee H, Dellatore S M, Miller W M, Messersmith P B. Mussel-inspired surface chemistry for multifunctional coatings[J]. Science, 2007, 318(5849):426-430.

[17] Silverman H G, Roberto F F. Understanding marine mussel adhesion[J]. Marine Biotechnology, 2007, 9(6):661-681.

[18] Lee H, Scherer N F, Messersmith P B. Single-molecule mechanics of mussel adhesion[J]. Proceedings of the National Academy of Sciences, 2006, 103(35):12999-13003.

[19] Hong S, Na Y S, Choi S, Song I T, Kim W Y, Lee H. Non-covalent self-assembly and covalent polymerization co-contribute to polydopamine formation[J]. Advanced Functional Materials, 2012, 22(22):4711-4717.

[20] Ye Q, Zhou F, Liu W. Bioinspired catecholic chemistry for surface modification[J]. Chemical Society Reviews, 2011, 40(7):4244-4258.

[21] 张磊. 基于多巴胺自聚合可控构建温敏及催化功能纳米表面的研究 [D]. 成都：四川大学，2017.

[22] Pelton R. Temperature-sensitive aqueous microgels[J]. Advances in Colloid and Interface Science, 2000, 85(1):1-33.

[23] Yang H C, Liao K J, Huang H, Wu Q Y, Wan L S, Xu Z K. Mussel-inspired modification of a polymer membrane for ultra-high water permeability and oil-in-water emulsion separation[J]. Journal of Materials Chemistry A, 2014, 2(26):10225-10230.

[24] Liu Y, Ai K, Lu L. Polydopamine and its derivative materials: Synthesis and promising applications in energy, environmental, and biomedical fields[J]. Chemical Reviews, 2014, 114(9):5057-5115.

[25] 黄卫星，李建明，肖泽仪. 工程流体力学 [M]. 北京：化学工业出版社，2009.

[26] Liu H, Liu X, Meng J, Zhang P, Yang G, Su B, Sun K, Chen L, Han D, Wang S. Hydrophobic interaction-mediated capture and release of cancer cells on thermoresponsive nanostructured surfaces[J]. Advanced Materials, 2013, 25(6):922.

[27] Cole M A, Voelcker N H, Thissen H, Griesser H J. Stimuli-responsive interfaces and systems for the control of protein-surface and cell-surface interactions[J]. Biomaterials, 2009, 30(9):1827-1850.

[28] Okano T, Yamada N, Okuhara M, Sakai H, Sakurai Y. Mechanism of cell detachment from temperature-modulated, hydrophilic-hydrophobic polymer surfaces[J]. Biomaterials, 1995, 16(4):297.

[29] Discher D E, Janmey P, Wang Y L. Tissue cells feel and respond to the stiffness of their substrate[J]. Science, 2005, 310(5751):1139-1143.

[30] Schmidt S, Zeiser M, Hellweg T, Duschl C, Fery A, Möhwald H. Adhesion and mechanical properties of PNIPAM microgel films and their potential use as switchable cell culture substrates[J]. Advanced Functional Materials, 2010, 20(19):3235-3243.

索引

A

氨基质子化　380

B

胞状孔结构　043, 174, 270
爆破释放　345
苯并 -18- 冠 -6　458
苯硼酸　199
变异系数　259
表观动力学速率常数　437
表面亲疏水性　127
表面涂覆法　030
丙烯酰胺　054

C

拆分性能　395
沉淀聚合　030
沉淀聚合法　165, 432
"程序式"控制释放　302, 360
"程序式"释放　363
尺寸效应　013
传感器　244
传质速率　446
醇浓度响应特性　154
醇浓度响应型智能凝胶微囊膜　181

醇响应型　340, 356
磁靶向　334
磁靶向特性　354
磁场响应型智能膜　011
磁场响应性能　309
磁导向　354
刺激响应材料　002
刺激响应通道　002
刺激响应性自调节　012
催化反应动力学　437

D

单分散性　165, 441
单一刺激响应型　268
等离子体接枝　191
等离子体诱导过氧化自由基聚合法　019
等离子体诱导接枝　005
等离子体诱导接枝法　019
等离子体诱导填孔接枝聚合　303
等离子体诱导填孔接枝聚合法　054
等离子体诱导自由基法　019
等温收缩　227
低临界溶解温度　054
低临界溶解温度（LCST）　009
低临界乙醇响应浓度（C_{E1}）　154

低温迁移　347

电离平衡　289

电离平衡常数　143

对异硫氰酸荧光素　211

多巴胺　488

多巴胺　030

多分散性指数（PDI）　102

多孔膜　002

多孔膜基材　002

多孔亚层　167

多重刺激响应特性　268, 289

E

二氧化硅　441

F

反相"开关"　305

反向响应特性　006, 054

仿生硅化过程　440

非对称结构　130

非对称孔结构　167

非溶剂诱导相分离　269

分级筛分分离　013

分子亲和分离智能膜　400

分子识别　244

分子识别触发的"关"效应　244

分子识别触发的"开"效应　244

分子识别开关效应　244

分子识别型智能开关膜　244

分子识别型智能凝胶微囊膜　256

分子响应型智能膜　010

封盖型　157

"负"的响应性　297

复合膜　272

G

高临界溶解温度　054

高临界溶解温度　009

高临界乙醇响应浓度（C_{E2}）　154

工业催化　051

功能开关　003

共混成膜法　018, 037

共混响应型聚合物微球　040

共挤出技术　440

共挤出毛细管装置　440

冠醚　010, 344

归一化跨膜水通量　087

归一化温度响应开关系数　086

过硫酸铵　458

H

哈根－泊肃叶方程　020, 058

海藻酸钠　440

核壳结构　491

核壳型结构微囊　182

核壳型微囊　326

痕量　214

厚度　108

互穿网络聚合物　009

化学/生物分离　051

化学阀门 051

化学检测器 051

化学接枝 005, 018

化学接枝法 018

化学组成 157

环糊精 244

环境刺激信号 006

J

基材膜 035

基膜改性法 018

甲基丙烯酸丁酯 054

甲基丙烯酸丁酯 155

甲基丙烯酸缩水甘油酯 245

钾离子触发 334

钾离子响应 226

检测限 464

交联水凝胶网络 003

胶囊膜 141

酵母发酵 483

接枝 004

接枝量 127

接枝率 022, 063, 156, 192

接枝率 022

接枝膜 020, 221

截留率 225

解吸 013

界面自由能 103

浸润特性 501

精蛋白 440, 441

静电斥力 142

聚（N- 异丙基丙烯酰胺） 003, 054, 199

聚（N- 异丙基甲基丙烯酰胺） 101

聚（N- 正丙基丙烯酰胺） 101

聚丙烯酸 190

聚丙烯酸 009, 115

聚丙烯酰胺 009, 115

聚电解质刷 126

聚多巴胺 432

聚合物富相 113

聚合物贫相粗化 113

聚醚砜 461

聚醚砜 038

聚偏二氟乙烯 190

聚偏氟乙烯 055, 175

聚碳酸酯 456

聚碳酸酯核孔 055

聚碳酸酯核孔膜 030

K

开关模式 006

"开关"渗透性 318

开关特性 219

开关系数 294

"开 - 关"效应 126

"开关型"控制释放 302, 303, 317

开关性能 003

抗污染膜 051

壳聚糖 470

壳聚糖微囊 359

可逆性 119

可视化检测 480

可重复性 037

客体 244

空白膜 020

孔径 108

孔隙率 108, 435

控释传质 286

控释因子 326

控制释放 051, 240, 302

控制药物释放 124

跨膜传质 386

跨膜扩散 239, 313

跨膜扩散传质 190

跨膜扩散系数 068

跨膜水通量 020, 193

跨膜水通量变化量 465

快速检测 223

扩散渗透 238

扩散渗透性 013

扩散通道 411

扩散温度响应系数 078

扩散系数 035, 250, 411

扩散阻力 328

L

离子强度响应型智能膜 011

离子识别型 214

离子通道 003

离子响应型智能膜 009

离子种类 297

力学性能 089

粒径偏差系数 441

两亲性嵌段高分子 038, 126, 131

临界醇响应浓度 183

临界响应浓度 471

零泄漏 338

罗丹明 B 210

M

酶固定化 141

门控效应 320

膜 002, 055

膜表面性质 002

膜孔径 002

膜孔径的温度响应系数 066

膜孔开关行为 033

膜乳化技术 305

膜渗透性 002

膜污染 014

膜选择性 002

N

纳米凝胶复合智能膜 080

纳米凝胶颗粒 430

"囊包囊"复合微囊膜 378

"囊包囊"结构 362

"囊包球"复合微囊 362, 368, 377

"囊包球"结构 376

囊膜　003

"囊中囊"结构　363, 371

尼龙6　155

凝胶"开关"　307

凝胶微球　003

O

偶氮二异丁基脒盐酸盐　458

P

排斥现象　325

喷射式"突释"　332

平板膜　003

葡萄糖浓度响应型智能膜　011

葡萄糖响应型　190

葡萄糖氧化酶　190

葡萄糖氧化酶　011

Q

铅离子　456

嵌段共聚物　270, 295

羟基化　155

亲和性　013

亲水性　014

氢键　165, 476

R

热触发喷射式　332

热力学不稳定性　085

人工智能膜　002

溶解式"突释型"控释微囊膜　349

溶液浸涂　512

溶胀 – 收缩　200

溶胀 – 收缩行为　307

溶胀状态　036

S

三重刺激响应型智能膜　277

伸展状态　139

渗透系数　148, 288, 447

渗透阻力　169

生化分离　141

十二烷基硫酸钠　458

实时在线灵敏检测　470

收缩状态　036

手性拆分　386

手性拆分膜　386

手性温度响应系数　397

手性选择性　397

疏水性　014

双连续结构　175

双重乳液　201

水处理　051

水力学半径　493

水力学渗透性　012

四重刺激响应型　288

酸响应"突释"　336

酸响应"突释"特性　349

缩合反应　257

T

碳二亚胺法　191

"调节阀" 286

梯级多重储存 360

梯级释放 381

体积溶胀率 206

体积收缩率 185

体积相变行为 347

体积相转变温度 054, 270

填孔聚合法 034

填孔率 055

填孔型 157

"突释" 行为 352

"突释" 药物 358

"突释型" 控制释放 302, 331

"突释型" 微囊膜 351

脱离能 107

W

微观结构 157

微流控 201

微流控乳化技术 181

微纳米结构 415

微囊膜 180, 190, 282

微球 027

微相分离 085, 130, 168

维生素 B_{12} 035, 250

温度 /pH 双重刺激响应型 268

温度响应开关系数 065, 170, 250

温度响应速率 033

温度响应特性 021

温度响应系数 025

温度响应型智能开关膜 054

温度响应型智能膜 009

温敏开关系数 220

稳定性 119

物理改性 018

物理改性法 030

X

吸附 013

吸附 - 解吸 421

系统界面能 044

系统界面能降低 107

细胞膜 002

细胞培养 488

"先突释后缓释" 376

纤维膜 003

酰化和接枝聚合 155

线型聚合物链 003

相变机理 348

相对密度 089

相转变温度 029

响应温度 160

响应系数 065

硝基苯粉 431

Y

盐析作用 289

阳极氧化铝 073

杨氏模量 508

氧化还原响应型智能膜 012

药物递送系统　305
药物控释　141, 214
药物扩散　367
药物微囊化　357
液滴模板　181
液体诱导相分离法　038, 164
液体诱导相分离法制备　080
液体诱导相分离共混法　038
胰岛素　196
乙醇浓度检测　470
乙醇渗透通量　169
乙二胺修饰环糊精　245
异硫氰酸荧光素标记的葡聚糖　263
阴离子型聚电解质　125
有效孔径　296
原位聚合法　181
原子力显微镜　031
原子转移自由基聚合法　073
原子转移自由基聚合接枝法　022

Z

蔗糖酶　448
蒸汽诱导相分离法　043, 084, 432
"正"/"负"的开关特性　297
"正"的响应性　297
正向温度响应　322
正向响应特性　006, 054
执行器　244
致密皮层　167
智能材料　004

智能催化膜　051
智能开关　002
智能开关膜　051, 124
智能膜　002
智能囊膜　142
智能凝胶膜　124
智能平板膜　142
重金属离子检测　214
紫外线响应型智能膜　010
紫外线诱导接枝法　027
紫外诱导接枝　005
自爆"突释"　332, 354
自爆微囊　340
自律式控制释放　201
自律式调控　197
自曝式"突释型"控释微囊膜　351
自清洁　014
自由基聚合法　308
自由基聚合方法　034

其他

2- 萘磺酸　245
2- 溴代异丁酰溴（BIBB）　155
3- 丙烯酰胺基苯硼酸　199
4- 氨基苯酚　431
8- 苯胺 -1- 萘磺酸铵盐　244
15- 冠 -5　357
K^+ 触发　344
K^+ 信号　358
N,N- 二甲基丙烯酰胺　155

N，*N'*-亚甲基双丙烯酰胺　458

NaBH$_4$　431

N-甲基吡咯烷酮　175，432

pH 响应开关因子　195

pH 响应特性　285

pH 响应型　132

pH 响应型智能膜　009，124

pH 响应性　195

PNIPAM　003

Schiff 碱结构　349

Stokes-Einstein 方程　025

β-环糊精　386

β-环糊精　010